U0196780

植物发育生物学

崔克明　著

图书在版编目(CIP)数据

植物发育生物学/崔克明著. —北京:北京大学出版社,2007.1
ISBN 978-7-301-10788-1

Ⅰ.植…　Ⅱ.崔…　Ⅲ.植物-发育生物学　Ⅳ.Q945.4

中国版本图书馆 CIP 数据核字(2006)第 060139 号

书　　　名:植物发育生物学
著作责任者:崔克明　著
责 任 编 辑:黄　炜
标 准 书 号:ISBN 978-7-301-10788-1/Q・0111
出 版 发 行:北京大学出版社
地　　　址:北京市海淀区成府路 205 号　100871
网　　　址:http://www.pup.cn
电　　　话:邮购部 62752015　发行部 62750672
编辑部 62752038　出版部 62754962
电 子 邮 箱:zpup@pup.pku.edu.cn
印　刷　者:北京大学印刷厂
经　销　者:新华书店
787 毫米×1092 毫米　16 开本　24 印张　590 千字
2007 年 1 月第 1 版　2009 年 1 月第 2 次印刷
定　　　价:43.00 元

未经许可,不得以任何方式复制或抄袭本书之部分或全部内容。
版权所有,侵权必究
举报电话:010-62752024　电子邮箱:fd@pup.pku.edu.cn

谨以此书献给我的老师

李正理教授和沈淑瑾教授

序

由于分子和细胞生物学的发展，植物发育生物学在过去二十多年中取得了极大的进展。形态学是发育生物学的基础之一，而实验形态学是试图用实验的方法来研究形态发生问题。北京大学李正理教授领导的研究组自20世纪50年代末即开始利用组织培养技术进行实验形态学的研究，取得了一系列重要的结果。崔克明教授师从李正理先生，近三十年来专注于研究植物营养体发育，特别是维管形成层活动的机理。他从事“植物发育生物学”教学十几年，根据自己多年研究工作的积累，试图建立一个新的体系。他所著的《植物发育生物学》一书，系统介绍了植物发育生物学，特别是形态发生各方面的基础知识，兼有教科书和专著两者的特点，不失为一本供从事植物科学的研究者和研究生阅读和参考的很好的书。

许智宏

2005年2月22日晚

前　　言

植物发育生物学是在植物形态解剖学、胚胎学、遗传学、生物化学及分子生物学等学科基础上发展起来的边缘学科，是生物学中继分子生物学后的又一个研究热点。像生物学中其他学科的发展一样，植物发育生物学的发展落后于动物发育生物学，不过，近年来有关研究的论文与日俱增，特别是有关维管形成层发生和活动的调控机理、发育中的信号传递及其作用方式、基因调控以及花芽分化基因调控的研究已取得很多成果。越来越多的发育生物学家开始利用现代细胞生物学和分子生物学的理论和技术研究生物个体发育的本质问题，同时也有越来越多的细胞生物学家、生物化学家和分子生物学家转向研究发育生物学，许多分子生物学家还寻求形态学家做自己的合作伙伴，共同进行发育生物学问题的研究。目前，我国在这方面的研究还较为落后，急需有人向大家介绍这些成果和前景，以推动这一学科在我国的发展。

本人长期在国家自然科学基金、高等学校博士学科点专项科研基金和国家重点基础研究和发展计划项目资助下，在对侧生分生组织较深入研究的基础上，对大量有关文献进行了系统的研究，根据自己的研究成果建立了全新的体系，用大量实验证据从组织学、细胞生物学和分子生物学等不同层次上对发育生物学中的一些重要理论问题作了系统而深入浅出的阐述，并用它们对各种发育现象作了解释。近 30 年来，不仅有二十多位研究生先后参加了有关的研究工作，而且二十多次以此书稿为讲义，为北京大学生命科学学院植物学专业的硕士和博士研究生（近 10 年来也有其他专业研究生选修），以及细胞学和遗传学专业的高年级本科生开设学位课或选修课，每次开课时都广泛听取学生的意见。特别应当指出的是，1998 年第一次作为讲义印刷时，原稿第十八章是请杨雄博士起草的，第十九和二十章是请林鸣博士起草的，这都是他们当时博士论文的内容，在使用期间经过多次修改，为了与全书一致，本人作了重写，并补充了大量新的进展，但他们对本书的贡献是本人永不忘怀的，并在此表示衷心的感谢。还应该说明的是，苏都莫日根教授和他的学生肖卫民博士特许我在第十八章有关嫁接的遗传变异一节中大量地使用他们的图和有关文字，在此表示深深的感谢。更应该指出的是，我的研究课题和这门课的开设都是我的老师李正理教授建议的，而且我长期在他的指导下开展工作，我的师母沈淑瑾教授也长期帮我修改论文的英文稿，因此这本书也是我对他们长期教导的回报，在某种意义上说，这本书也是我和我的老师、师母及近 200 名学生共同研究的成果，在此对他们谨表诚挚的谢意。在最后成书过程中，我的老师李正理教授和胡适宜教授又同意我在书中使用他们绘制的图，更使本书增色不少，在此对他们表示衷心的感谢。不过，由于本人水平有限，加之专业的限制，文献阅读有限，本书尚有许多不完善之处，甚至有不少错误，欢迎批评指正。

作者

2005 年 11 月 29 日

目　　录

第一章 绪 论

1.1 什么是植物发育生物学

植物发育生物学是从分子生物学、生物化学、细胞生物学、解剖学和形态学等不同水平上，利用多种实验手段研究植物体的外部形态和内部结构的发生、发育和建成的细胞学和形态学过程及其细胞和分子生物学机理的科学。这是在植物形态解剖学、植物生理学、植物生物化学、遗传学、分子生物学、生物物理学等众多学科基础上发展起来的一门边缘学科，是农业、林业和药材生产管理的基础。发育生物学是生物学中继分子生物学后的又一个研究热点，它利用生物学中已用过的和还没用过的一切实验手段，研究各种植物体及其器官、组织和细胞的分化和建成中需表达的基因，以及这些基因如何编码成控制它们发育式样的程序，又有哪些调节基因在时空上调控不同程序的有序表达以及如何调控，等等。总之，植物发育生物学是一门既古老又不断发展的科学。

应该指出的是各个学科之间不存在高低之分，也无先进、落后之分，而是各有分工，相互渗透，相互依存的。

1.2 植物的生长发育与动物的不同

植物和动物是人类最初认识生物时所分出的两个大界，可见他们之间有着明显不同，有着一眼能看出的不同特征。就发育来说，它们之间既有着许多相同点，也有着许多不同点。

(1) 动物在胚胎发育中其组成细胞可移动位置，植物的则不能移动，细胞间彼此联结很紧密。

(2) 动物细胞通常没有细胞壁，植物则有，因此后者细胞死后仍保持一定的形态，死细胞和活细胞共同组成植物体。

(3) 植物细胞比动物细胞更容易表现出全能性，容易在人工培养条件下发育成新的个体或器官。

(4) 动物胚胎发育完成后几乎是全面地生长，成熟动物体中不存在特定部位保留干细胞群(动物学和医学中的“干细胞”与植物学中的“分生组织细胞”具有同样的含义)，不再增加新的器官和组织。植物则是在特定部位保留有分生组织细胞群，形成局部生长，一生中不断形成新的器官和组织。

(5) 动物在环境中是可以自由移动的，因此它们就有一定逃避不良环境的能力，其本身对环境的适应能力也就较差，而植物则通常不能主动移动，无法逃避不良环境，因此其内部结构和外部形态，甚至其生理活动都较容易受环境的影响，随环境条件的变化而发生一定的变化，以适应这些变化了的环境而生存下来。

(6) 动物的减数分裂发生于形成配子时，只有二倍体的动物体，没有单倍体的动物体，因此没有世代交替。而高等植物的减数分裂则都发生于形成孢子时，既有二倍体的植物体，也有单倍体的植物体，两种植物体交互出现形成世代交替。种子植物的配子体寄生在孢子体上，这就使得植物，特别是高等植物的性别概念不同于动物，性别决定问题也就更复杂。

1.3 植物发育生物学的研究范围

由于动物胚胎发育成熟后不再形成新的器官，"动物发育生物学"，通常称做"发育生物学"，其研究范围往往与胚胎发育相平行(Gilbert, 2000; Muller, 1998)，而植物的发育中由于存在着世代交替，种子植物的配子体又寄生在孢子体上，人们习惯上就把孢子母细胞的发生、减数分裂及整个单倍体世代和受精完成到胚胎发育完成都归为生殖过程，对此过程的研究已由"植物胚胎学"发展为"植物生殖生物学"。此外"植物发育生物学"的研究范围还涉及由胚胎发育成成熟植物体及其分生组织的发生、活动形成新器官的过程。

1.3.1 植物的生长与分化

植物胚胎的发育过程与动物相似，是全面的生长发育，其间逐步完成器官的建成和组织的分化，发育完成后只由局部剩余的分生组织继续进行细胞分裂和分化。根据在体内的位置，分生组织分为两类：顶端分生组织(根端和茎端)和侧生分生组织，后者包括木栓形成层(cork cambium, phellogen)和维管形成层(vascular cambium)两类。

"生长"专指只有细胞数量的增加和体积的增大，例如，癌细胞、种子中的胚乳细胞、组织培养和组织再生过程中某些愈伤组织细胞的增多；"分化"则是指产生新的不同于母细胞(或母体)的新的细胞(或个体)，如由形成层原始细胞分化成木质部细胞或韧皮部(phloem)细胞。有些生长是没有细胞分裂的生长，如辐射小麦种子，有时候虽然 DNA 的合成和有丝分裂受到了抑制，但并不能抑制种子的萌发和幼苗的生长，从而长成 γ-小植株，该植株中没有细胞分裂，只是胚胎中已存在的各种器官原基的展开，这是因为辐射处理前胚中已有了早期的分化，而且这种分化控制了以后的生长。另外，某些低等维管植物(一些蕨类的雌配子体)的发育早期则只有分化而没有生长。实际上，植物体的发育就是各种分生组织不断形成新的器官和新的组织的过程，所以各种分生组织的活动式样及其调控是植物发育生物学研究的主要内容。

1.3.2 植物发育中的一些现象

1.3.2.1 极性

植物在发育中十分有秩序地形成各种形态结构，使植物体具有特定的方向性，即具有明显的两极，或者说"轴化"(axiate)的特性，植物的这一特性就叫"极性"(polarity)。极性实际上是分化的一种形式。

任何植物体都有极性，即使单细胞植物体也不例外，如衣藻(chlamydomonas)、裸藻、硅藻等的植物体都有前后端之分。高等植物从受精卵开始就有极性，一端无细胞核而有大的液泡，细胞质稀薄，而另一端则具有大的细胞核，无大的液泡且细胞质浓厚。植物体都具有"体轴"，其两端在结构和生理上都有着明显的不同，即分为茎端和根端。极性并不是植物固有的特性，而是植物体的一种不断运动的形式。通常没有分化的细胞，如未受精的卵细胞就看不到极性，以致受精以后才逐渐表现出各种不同的物质分化梯度，而且在空间上形成了一定的序列性。这种序列性还可因内外因素的影响发生各种变化，从而出现各种各样的极化现象。一旦一个细胞或细胞群极化之后，它们常常可以继续向前发展成一定的形态结构，不再需要另外的连续刺激。

1.3.2.2　位置效应

细胞或细胞群在整个植物体中的位置就决定了这个或这些细胞在未来分化中的命运，这就是位置效应(positional effects)。例如，胚胎的上端将来发育成茎叶系统，下端则一定发育成根系统。再如，维管形成层只有处在木质部和韧皮部之间才保持其形态，进行相应的活动，一旦暴露在外面就失去了形成层的一切特征。

1.3.2.3　再生作用

当植物体受伤后，很容易恢复或重新生长出失去的部分，或者可由植物体的一部分形成一完整的植物体的现象就叫再生作用(regeneration)，这是生产上应用最早的克隆技术的基本原理。例如：

(1) 树木剥皮后再生形成新的树皮。

(2) 树木剥皮后，在不能再生新皮之处植上取自其他植株的树皮后，不仅上下连接处能愈合，而且中间树皮还能再生出新的形成层，进而向内分化出木质部，向外分化出韧皮部，从而形成树干状结构。

(3) 树木去除木质部后，能由留下的树皮内表面再生形成缺失的形成层和木质部，进而形成树干状结构。

(4) 当将树木树皮的周皮(periderm)剥除后，还能再生出新的周皮，生产上正是用此法生产商用木栓(软木)。

(5) 果树和花卉上常用的扦插技术就是使所扦插的植物器官再生形成所缺失的器官：枝插再生形成根，根插再生形成芽，叶插再生形成芽和根。

(6) 果树和花卉上常用的嫁接技术则是将取自不同植株的互为补充的器官连接在一起，使其连接处的组织愈合在一起形成一新的完整的植物体。

(7) 细胞和组织培养是在人工培养条件下使单个细胞或细胞群(组织)发育成完整植株或器官，实为一种特定条件下的再生。

1.3.2.4　相关和对称

植物体建成的过程中，即植物的生长发育中，各种器官间、各种组织间及各种生理过程间都不是孤立的，而是互相关联的，这就是“相关”(correlation)。早在19世纪就提出了这一问题，就用相关现象来解释芽、叶和茎生长间的相关现象。20世纪以来，对相关现象的研究已涉及成花控制、果实生长、脱落现象以及维管形成层活动等，甚至创伤愈合和嫁接愈合都与之有关。生长发育中的相关现象是由于一系列复杂的遗传和生理因素的交互作用引起的，这些生长因素大多来源于其他地方，然后再影响到某一部分的细胞活动。这种延伸到一定距离的相关现象是组织与组织、器官与器官之间相关生长的一种特性，如营养芽和根之间的相关现象，顶端优势，营养生长与生殖生长之间的相关关系都非常明显。

无论动物体还是植物体，都有一个对称轴、面或几何中心，其周围或两侧的组织、器官等结构都成对称排列的现象就叫“对称”(symmetry)。植物体的轴不是物质结构意义上的“轴”,而只是一种几何学上的轴或面,由此将植物体或器官分成两面而成对称。这些沿着轴或纵向面的对称大致可分为辐射对称、两侧对称(也称左右对称)和腹背对称三种类型,辐射对称有三个或三个以上的对称面(图 1.1A),两侧对称具有两个对称面(图 1.1B),腹背对称只有一个对称面(图1.1C)。在植物体中,无论外部形态还是内部结构都有对称现象,前者如叶序(phyllotaxy)和侧根排列,后者如茎中维管束的排列及根中初生木质部的排列形式等。

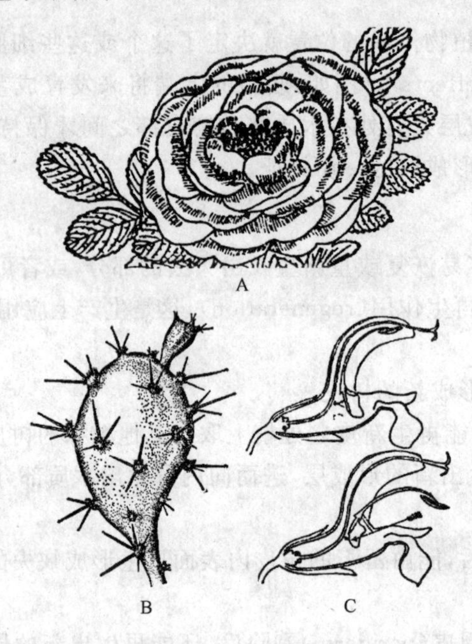

图 1.1 植物形态上的三种对称方式。A. 玫瑰(*Rosa rugosa*)花,示辐射对称;B. 仙人掌(*Opuntia* sp.)扁化的茎,示两侧对称;C. 鼠尾草(*Salvia* sp.)花,示腹背对称

1.4 植物发育生物学研究简史

1759 年德国 Wolff CF 在他的《发生论》(Theoria Generations)一书中就已提出,茎叶的生长是由于没有分化的顶端生长点不断发育,并且他还认为这种发育过程不是已形成结构的展开,而是由于胚性细胞的不断分化(后生论),但是 Wolff 的这些观点在当时并没有引起重视。一直到一个世纪以后,在 Nageli (1817—1891)一些理论的影响下,才对生长点分生组织的概念予以注意。也是在 18 世纪,法国的 Du Hamel (1700—1781)发现在木本植物和一些老的草本植物的软硬组织之间有一种胶质状的结构,它使植物体长粗,并称之为 cambium(形成层)。到了 19 世纪后期,Herman Vochting (1847—1918)在 1878 年出版的《植物的器官发生》一书中,深入全面地讨论了极性现象、分化和再生作用等问题,并初步勾画出了植物发育生物学所涉及的范畴。值得指出的是这方面早期的研究都注重在维管植物方面,但后来越来越多的试验证明,用低等植物也可以获得较好的结果,例如,在丝状的藻类植物中研究极性现象,利用粘菌的子实体研究形态发生的变化、进行生长与分化的分析等比高等植物更方便。一般说来,植物的许多初期分化现象都可在伞藻属(*Acetabularia*)中研究。

到了 20 世纪,这方面的研究发展更快。Haberlandt G 1902 年在他的论文中预言了离体细胞在合适的培养条件下能够像受精卵那样发育成完整的植株，即后人所称的全能性(totipotency)。这实际上就是预言了改变组织或细胞的位置可改变它们分化的途径。不过，直到1950年Steward才将胡萝卜(*Daucus carota*)根中的韧皮部薄壁细胞在分离的单细胞状态下培养成功，1958年以后Muir WH等和Steward FC等才同时用实验完全证实了这一伟大的预言，为现代生物工程，特别是遗传工程中转基因技术的出现打下了坚实的基础。后来的大量实验研究表明，植物体中的许多生活的细胞，甚至是去壁的原生质体，例如，各种分生组织细胞、叶肉细胞、小孢子细胞、花粉细胞、胚及胚乳细胞、韧皮部薄壁细胞、未成熟的木质部和韧皮部细胞等在人工培养下或创伤后暴露的条件下都能发育成完整的小植株或某种器官。近年来细胞和组织培养技术已广泛应用于生产和科学研究中，成为生物工程的一个最重要的方面。

由于历史的原因，长期以来该学科在我国的发展既晚又慢，整个20世纪50～60年代，该领域的研究基本上都属于发育解剖学的范畴，20世纪70年代随着细胞和组织培养技术的发展和逐步完善，才开始了植物形态发生的研究。进而到20世纪80年代，随着细胞和组织培养技术的日趋完善和损伤系统的创立及应用，使得植物形态发生领域的研究取得了很大发展。而到了20世纪90年代，随着分子生物学的发展，相关技术在该领域中的应用以及大量生物化学家、分子生物学家的加入，使其迅速发展为植物发育生物学。到了20世纪末我国科学家在该领域的研究水平已差不多与世界同步。

1.5 用于植物发育生物学研究的实验系统

1.5.1 细胞和组织培养系统

这是植物细胞和组织培养技术诞生以来用于研究植物发育生物学问题的最主要的实验系统，其优越性是在人工控制之下进行，发生发育的条件较清楚，便于调节，缺点是缺乏体内一些组织发育所需要的位置效应，因此难于用来研究特定组织的发育。

1.5.2 损伤系统(切割实验、剥皮和去木质部实验等)

这是植物细胞和组织培养技术诞生前应用最广的一种试验系统，就是其后也仍然在一些研究领域中发挥着其他实验系统不可替代的作用。现在主要用于以下研究领域：

(1) 关于形成层发生和活动的研究。

(2) 关于顶端分生组织分区及活动的研究。

(3) 关于维管组织分化的研究。

(4) 关于扦插和嫁接的研究。

1.5.3 整体系统

此系统是利用正常发育的植物体研究植物发育问题。在植物发育生物学发生和发展的整个历史过程中一直发挥着其他实验系统无法替代的作用，就是在该学科未来的发展过程中也将发挥着它的独特作用。该系统主要应用的研究领域包括：

(1) 正常胚胎发育过程的研究。

(2) 正常营养器官发育过程的研究。

（3）正常形成层活动周期的解剖学、细胞学、生物化学、生理学和分子生物学等的研究。

1.5.4 突变体系统

此系统是利用自然发生或人工诱导发生的突变体研究突变基因的结构及其在植物体发育过程中的功能和调控等。虽然此系统在植物发育生物学中应用是植物发育的分子生物学诞生以后的事，但却是此阶段所用的最重要、最基本的实验系统。

1.6 植物发育生物学和生产实践的关系

植物发育生物学的发生和发展是农林牧业生产发生和发展的必然结果，也就是说农林牧业生产的需要是此学科发生和发展的原动力。此领域的研究成果又反过来指导了农林牧业生产，推动农林牧业生产的发展，并主要应用于以下领域：

（1）用于增加新优品系或株系的繁殖系数（细胞和组织培养、扦插等）。

（2）用于植物育种，利用细胞组织培养中的变异扩大基因库；利用单倍体培养缩短育种时间；单倍体培养中进行物理或化学诱变，即应用微生物诱变育种的方法进行高等植物的育种；用于基因工程，如转基因植株的培育等。

（3）利用光周期控制观赏植物或育种中杂交植株的开花期。

（4）用于培养微缩植物。

（5）用于培养获得所需的组织或器官。

（6）用于中药材生产的工业化，如人参（*Panax ginsing*）愈伤组织的工业化生产，番红花（*Crocus sativus*）花柱的发酵罐生产等。

（7）用于研究花芽形成的规律以控制其发生发育，如修剪、外源激素的使用等。

（8）用于指导林业生产，研究形成层发生与活动的规律及影响它的因素，以利于林业的科学管理，培育适合生产要求的树种，选择合适的生产技术。

第二章　植物发育的细胞学基础

自 Schwann(1839)和 Schleiden(1838)创立细胞学说以来，人们已普遍承认细胞是生物体结构和功能的基本单位。任何植物发育(形态发生)的过程都是通过细胞的分裂和分化来完成的。所谓细胞分化，在细胞水平上就是指细胞由原始状态发育成具有一定结构和一定功能的成熟状态的过程；如果把由原始细胞分化为某一特定成熟细胞所需表达的全部基因称做基因群(gene group)，那么在分子水平上则是指细胞内特定基因群的有序表达过程，也就是说分化过程是由相应的一群基因编码的程序控制的。因此，细胞分化的调节机理是生物学的基本理论问题，这方面的研究非常多(翟中和，1995；李振刚，1985)，但还没有形成一个多数生物学家所能接受的理论。

2.1　细胞周期

2.1.1　处于不断分裂中细胞的细胞周期

20 世纪 50 年代以前，人们通过光学显微镜(简称光镜)看到的能连续分裂的细胞，除了分裂过程外就看不到其他变化，因此就把分裂期以外的时期称做"间期"，即把这种细胞从一次分裂到下次分裂的时间分为"分裂期"和"分裂间期"(或"静止期")两个阶段。1953 年 Howard 和 Pelc 用 ^{32}P 标记后的放射自显影技术研究蚕豆(*Vicia faba*)实生苗根尖细胞分裂过程时发现，有丝分裂过程必需的 DNA 复制发生于分裂间期中的一个区段，这一区段与有丝分裂期的前后各存在一个间隙期。由此他们明确提出了"细胞周期"的概念，专指连续分裂的细胞从一次有丝分裂结束到下一次有丝分裂结束所经历的整个过程，并把此过程划分为 4 个时期，即 S 期(DNA 合成期)、D 期(有丝分裂期，现称 M 期)、G_1 期(D 期结束到 S 期间的间隙，G 即为 gap 的缩写)和 G_2 期(S 期结束到 D 期间的间隙)。细胞在此周期中顺序经过 $G_1 \to S \to G_2 \to M$ 而完成其增殖(图 2.1)，其过程是由基因编码的程序控制的，过程进行中参与编制程序的各基因严格有序地按程序中的序列表达，其中有许多检验点，以保证每一时期正常完成后才能进入下一时期(图 2.2)。如果是分裂过程中的细胞就会再次进入 G_1 期，周而复始，直至其子细胞进入分化过程。

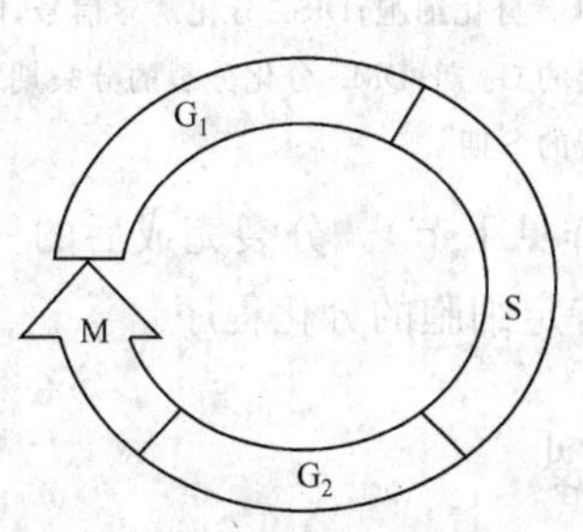

图 2.1　一直处于分裂状态的细胞周期示意图

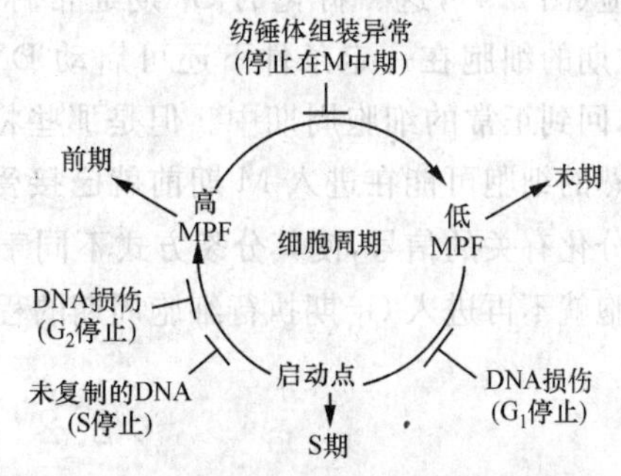

图 2.2　细胞周期中检验点调节与停止各时期进行的示意图(仿 Darnel et al，1995)

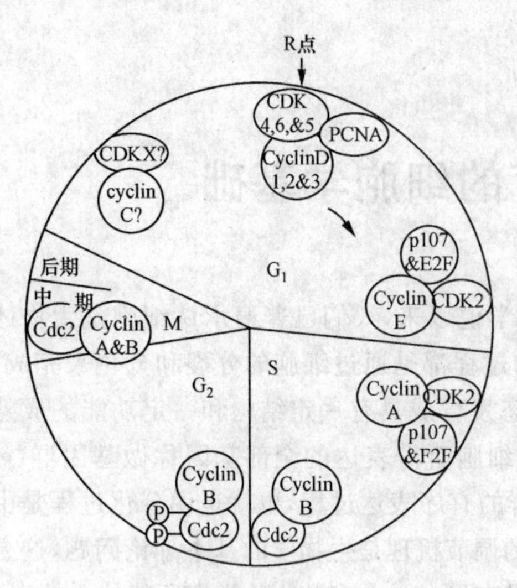

图 2.3 图解说明高等真核生物细胞周期中 CDKs-cyclin 作用。Cdc. 细胞周期基因；E2F, F2F. 周期蛋白；P. 蛋白激酶；PCNA. 细胞核复制抗原(仿 Jonathan et al, 1990)

G_1 期有大量蛋白质和 RNA 的合成，为此期中细胞的生长，特别是为 S 期中 DNA 的合成准备好原料和相关的酶等调节因子，但其最关键的事件是启动 DNA 的复制。S 期主要是进行 DNA 的复制，G_2 期主要为细胞进入 M 期在结构和功能上作准备，与有丝分裂装置有关的微管蛋白的合成开始于 S 期，完成于 G_2 期，M 期则是进行有丝分裂的各个时期，最后形成两个子细胞。近年有关真核生物细胞周期的研究中最引人注目的成果是发现了周期蛋白(cyclin)家族和依赖于周期蛋白的激酶家族(cyclin-dependent kinase, CDK)及其在周期运转中的重要调控作用(Boer, Murray, 2000)。这两个家族各有众多的家族成员，每种 CDK 结合不同类型的周期蛋白，两个家族成员之间的相互协调配合，调节细胞从 $G_1 \rightarrow S \rightarrow G_2 \rightarrow M$ 和退出有丝分裂的各个进程(图 2.3)。

2.1.2 细胞分化与细胞周期

多细胞生物，特别是高等生物都是由一个原始细胞经不断地分裂分化形成的细胞社会。其中有些细胞处在不断分裂中，也就是处在不断运转的细胞周期中。但是大部分细胞分裂一定次数后就不再分裂，有的还分化成熟为具有特定结构的细胞。这些细胞在执行细胞周期程序的 G_1 期中发生变化，在分化诱导信号(DIS)的诱导下，发生与分化有关的 DNA 复制，经过与分化有关的 DG_2 期，随后发生分化分裂(DM)，其分裂结果是一个子细胞回到正常的细胞周期，另一个子细胞分化为具有特定功能的细胞(DC)，不再进行 DNA 复制，只进行与分化有关的一系列生理生化反应(图 2.4)，这一特化的 G_1 期通常称做 G_0 期，此期的细胞在一定条件下还可启动 DNA 的复制，回到正常的细胞周期中。但是那些将要分化成熟的细胞可能在进入 M 期前就已接受了新的与分化有关的信号，使其分裂方式不同于一般的分裂(详见下节)。分裂完成后的一个或两个子细胞就不再进入 G_1 期执行细胞周期的程序，而是执行特定细胞的分化程序。

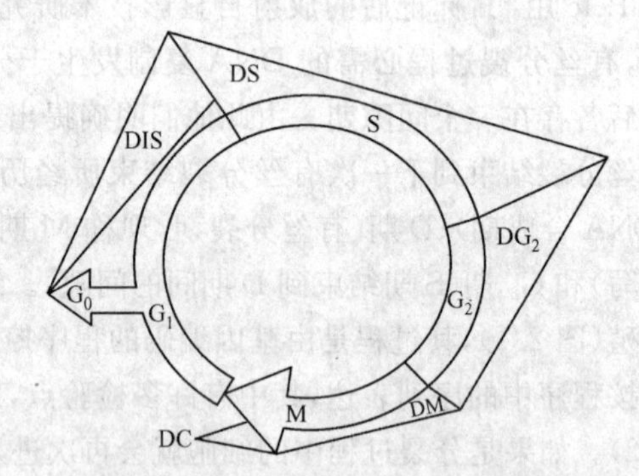

图 2.4 图解说明细胞周期与细胞分化的关系。DC. 分化细胞；DIS. 分化诱导信号；DG_2. 分化分裂的 G_2 期；DM. 分化分裂的分裂期；DS. 分化分裂的 S 期

2.2 细胞分裂

植物的细胞分裂有多种方式，根据其过程中染色体的变化可分为主要发生于生殖过程

的减数分裂，发生于所有生长发育过程的有丝分裂和发生于病态或其他特殊生理状态下的无丝分裂三种。减数分裂中细胞分裂两次，但只在第一次分裂前发生 DNA 复制，并发生染色体联会，而第二次分裂中既不发生 DNA 复制，也不发生染色体联会，所以分裂结果是产生四个单倍体细胞。减数分裂在植物的生殖过程中起着重要作用，它既保证子代能获得父母的全部遗传信息，又保证子代在各种性状上不完全相同，而且发生减数分裂时期的不同还决定着物种的生活周期中是否有世代交替。许多前期课程已对减数分裂的基本形态学过程作了详细描述，这里不再赘述，但应当指出的是，有关控制其过程的条件和分子机理的研究几乎还是空白。因无丝分裂只是发生于特殊情况，不在本书讨论范围。而有丝分裂则在每次细胞分裂前都要发生 DNA 复制，所以子细胞的染色体数与母细胞相同。有关其基本情况也已在不少教材中作了描述，本书也不再介绍。但这里要指出的是，此种分裂方式不仅是增加细胞的数量，而且往往是细胞分化的开始，根据所产生子细胞未来的命运可把此种细胞分裂分为增殖分裂和分化分裂两类。

2.2.1　增殖分裂

此种分裂产生的两个子细胞的大小、形态和细胞器的分布等都相同，也就是说这种分裂的结果只是细胞数量的增加，在植物体内的分生组织增加自身的一类细胞分裂就属此类。如顶端分生组织中央母细胞的分裂，木栓形成层和维管形成层母细胞的垂周分裂等。

2.2.2　分化分裂

此种分裂产生的两个子细胞的命运是不同的，它们将发育成完全不同的细胞。例如：

(1) 受精卵的第一次分裂，两个子细胞中的一个发育成胚本体，另一个则将发育成胚柄(详见第八章)。

(2) 形成层纺锤状原始细胞(fusiform initial)的平周分裂，其子细胞中的一个将发育成木质部母细胞或韧皮部母细胞，另一个则维持形成层纺锤状原始细胞的特征。被子植物韧皮部母细胞的进一步分裂仍为分化分裂，一个子细胞发育为筛管分子，另一个则发育为伴胞(companion cell)(详见第十一章)。

(3) 形成气孔器母细胞的分裂，其子细胞中的一个较小的形成保卫细胞母细胞，另一个则形成普通的表皮细胞(图 2.5)。

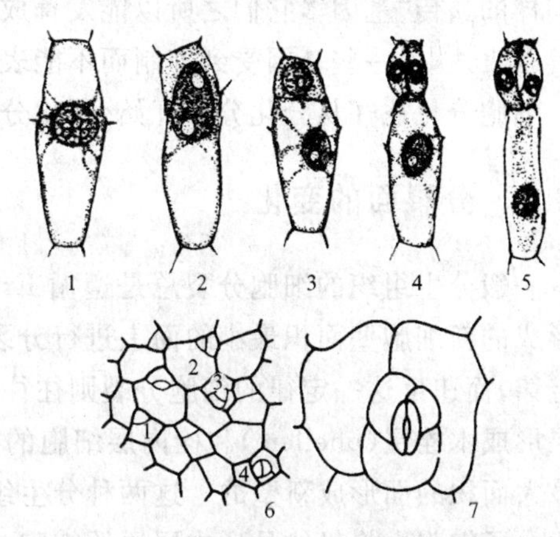

图 2.5　烟草(*Nicotiana*)气孔器形成中的第一次分裂。1～5. 不等分裂；6. 具有各发育时期气孔器的部分表皮；7. 成熟的气孔器(李正理提供)

(4) 形成根毛的第一次细胞分裂，两个子细胞中小而原生质浓厚的一个将来发育成根毛母细胞，另一个则仍形成表皮细胞(图 2.6)。

(5) 形成腺毛的第一次分裂，无论是叶表皮腺毛还是根或茎表皮腺毛发生的第一分裂都是典型的不等分裂，位于上面的小细胞将发育为腺体头部细胞，下面的大细胞将发育为柄(图 2.7)。

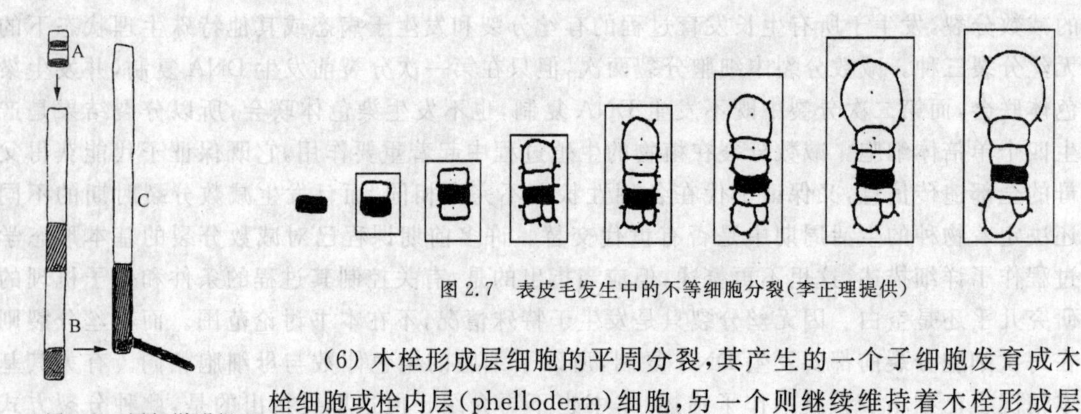

图 2.6　图解说明根毛发生的第一次细胞分裂

图 2.7　表皮毛发生中的不等细胞分裂(李正理提供)

(6) 木栓形成层细胞的平周分裂,其产生的一个子细胞发育成木栓细胞或栓内层(phelloderm)细胞,另一个则继续维持着木栓形成层细胞的特征(详见第十五章)。

2.3　细胞生长、分化及分化分裂的特点

单纯细胞体积的增大就叫细胞生长。但这种理论上的细胞生长是不存在的,因为任何细胞体积的增大总是伴随着液泡的形成和增大,这实际上也是一种分化。

由近乎等径的细胞核大、细胞质浓厚的分生组织细胞发育成具有特定结构和功能的特化细胞的过程就称做细胞分化。孢子体植物的每一个细胞都来自同一个细胞(受精卵或体细胞),配子体植物的每一个细胞则都来自同一个孢子,所以就同一个植物体来说,每一个细胞具有同样的遗传"基因",它们之所以能发育成结构和功能各异的千姿百态的式样,是由于某些基因得以表达,另一些基因受到抑制而不能表达。

细胞分化往往从分化分裂开始,分化分裂通常具有以下几个基本特点:

2.3.1　分裂面的变化

一般分生组织的细胞分裂总是遵循 Errera 定律(Errera's law)(1886),即细胞往往在所需形成的新细胞壁面积最小的面上进行分裂。实际上只有部分分生组织的增殖分裂才遵循这一定律,而违反这一定律的细胞分裂则往往是分化分裂。维管形成层形成维管组织和木栓形成层形成木栓层(phellem)和栓内层细胞的分裂都是沿纵轴分裂(平周分裂),也就是说,是沿着最大面积的面形成新壁的。这两种分生组织的垂周分裂,虽然是增加自身的分裂,它们产生的两个子细胞也将仍然是形成层原始细胞,也就是说它们的命运是相同的,从这个意义上说,这种分裂应该属于增殖分裂,但它们的子细胞已不是原来意义的增殖分裂所产生的子细胞,而是处在一定分化阶段的分生组织细胞。

2.3.2　分裂方向的变化

细胞分裂的方向由不定向转向定向,往往是分化的开始。例如:

(1) 胚胎发育过程中细胞分裂的方向都是一定的,从而决定了每个细胞将来的命运。如八细胞胚,每个细胞都进行平周分裂,外面一层细胞衍生出表皮原(dermatogen),它只进行垂

周分裂，最后发育成表皮，里面的细胞则进行各个方向的分裂，形成基本分生组织（ground meristem）（详见第八章）。

（2）维管形成层纺锤状原始细胞的分裂方向如果发生变化，其子细胞的命运也随之发生变化，发生垂周分裂只形成与自身相同的子细胞，发生平周分裂则分化出维管组织细胞和与自身相同的子细胞，如果发生横分裂则是形成另一种组织细胞——射线原始细胞（ray initial）（详见第十二章）。

（3）木栓形成层的分裂也与维管形成层的相似，发生平周分裂形成的是木栓层或栓内层和与自身相同的子细胞，如果发生垂周分裂则只产生与自身相同的两个子细胞（详见第十六章）。

2.3.3 不等分裂的发生

一个细胞内建立起极性以后，即引起不均等的细胞分裂，产生两个大小不等、命运不同的子细胞。常见的不等分裂如：

（1）受精卵的第一次分裂，在形成的两个子细胞中，具大液泡一端的大的子细胞将发育成胚柄，而细胞质浓厚的一端的子细胞则将发育成胚本体（详见第八章）。

（2）形成气孔器的第一次细胞分裂也是典型的不等细胞分裂，两个不等子细胞中小而细胞质浓厚的将发育成保卫细胞母细胞，而另一个大而细胞质稀薄的子细胞则将发育成一般的表皮细胞（图 2.5）。

（3）形成根毛的第一次分裂与形成气孔器的第一次分裂相似，不过是小而细胞质浓厚的一个子细胞将发育成根毛原始细胞（图 2.6）。

（4）形成腺毛的第一次分裂（图 2.7）与形成根毛的相似。

（5）小孢子发生的第一次分裂（详见第八章）。

（6）大孢子发生的第一次分裂（详见第八章）。

2.3.4 细胞直径的异化

由近乎等径变成沿一个方向伸长的细胞也是细胞开始分化的一个标志。例如：原形成层的发生（详见第九章）；再生木栓形成层的发生（详见第十三章）和再生维管形成层的发生（详见第十三章）。

2.3.5 细胞壁的变化

许多成熟细胞的特点都与细胞壁有关，许多成熟细胞甚至只有特化的细胞壁，如成熟的木质部分子、木栓细胞等。

2.3.5.1 细胞壁成分的变化

许多细胞在分化过程中其细胞壁成分都要发生变化，如，最幼小的分生组织细胞的细胞壁主要含果胶质和半纤维素，而较成熟的则含有非纤维素多糖和纤维素。有的细胞壁成分可作为一些特定细胞的鉴别特征，如，木质部细胞分化中的重要一步就是细胞壁中木质素的出现，因此木质素就成为了鉴定此类细胞的一个指标。而栓质的出现则为木栓细胞分化的特征，也是鉴定凯氏带细胞壁和木栓细胞细胞壁的一个指标（Wu et al，2001）。

2.3.5.2 细胞壁结构的变化

细胞在分化过程中，不仅细胞壁成分发生变化，细胞壁的结构也发生很大的变化。

(1) 初生壁

许多成熟后只有初生壁的细胞，在其分化过程中初生壁的结构也会随着其分化成熟后功能的不同而不同。如具有支持功能的厚角组织细胞，其初生壁发生不均匀的加厚(图 2.8A)；柿子(*Diospyros*)胚乳中具贮藏功能的细胞其初生壁则发生均匀的加厚(图 2.8B)；而具有短途运输和装卸载功能的传递细胞(transfer cell)，其初生壁就形成内突生长(ingrowth)(图 2.8C)；韧皮部中具运输有机营养物质功能的筛分子(sieve element)在其分化中，初生壁上可形成筛域(sieve area)或筛板(sieve plate)(图 2.8D)。……

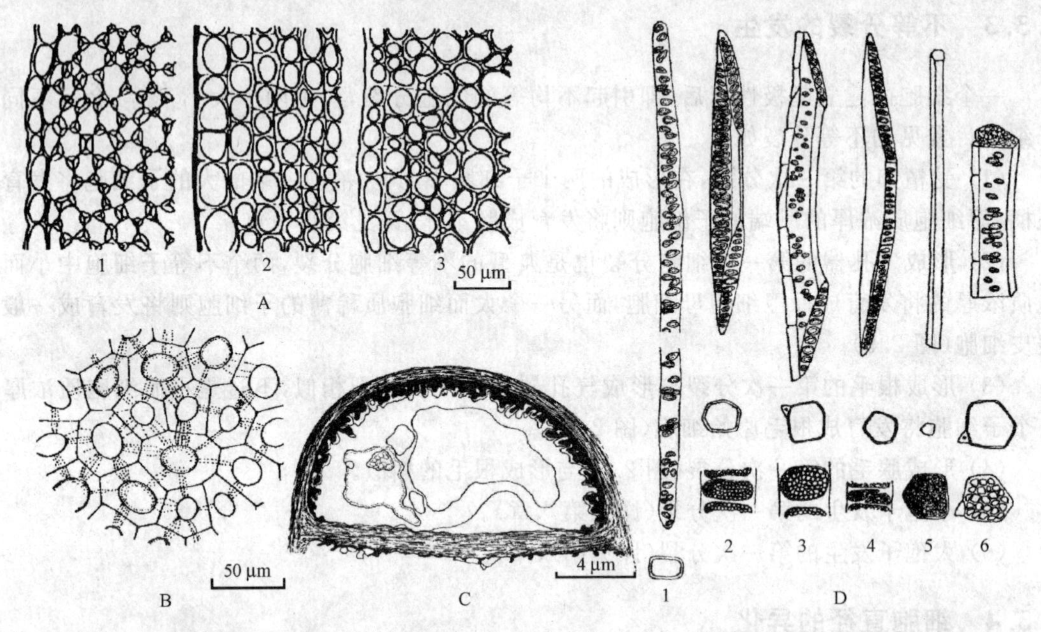

图 2.8 各种薄壁组织细胞初生细胞壁结构的变化(李正理提供)。A. 三种厚角组织初生壁的不均匀加厚：1. 南瓜(*Cucurbita*)茎的角隅厚角组织；2. 接骨木(*Sambucus*)茎的板状厚角组织；3. 莴苣(*Lactuca*)茎的腔隙厚角组织。B. 柿子胚乳均匀加厚的初生壁示胞间连丝。C. 狸藻(*Utricularia*)表皮层上腺体的初生壁具内突生长的顶端细胞(传递细胞)(李正理仿 Fineran 1980 照片，改绘)。D. 侧壁具筛域的筛胞和侧壁具筛域、端壁具筛板的各种筛管分子(李正理仿 Eames, MacDaniels, 1947, p. 106)：1. 铁杉(*Tsuga*)筛胞；2～6. 筛管分子，2. 核桃(*Juglas*)；3. 鹅掌楸(*Liriodendron*)；4. 苹果(*Malus pumila*)；5. 马铃薯(*Solanum tuberosum*)；6. 洋槐(*Robinia pseudoacacia*)

(2) 次生壁的发生及其加厚方式的变化

植物体中有许多细胞在其分化过程中，于初生壁内面又形成了具不同层、不同结构的次生细胞壁，以适应其成熟后所行使的功能。如具有支持功能的纤维(图 2.9A)和石细胞(图 2.9B)可形成具有单纹孔和分枝纹孔的次生壁；而具有运输水分和无机盐功能的木质部管胞(tracheid)分化出具有具缘纹孔的次生壁(图 2.9F)；同样具有这些功能的导管分子(vessel element, vessel member)则随着物种和位置的不同而分化出具有穿孔板及螺纹、环纹、网纹或梯纹等加厚的次生壁(图 2.9E 和 G)。

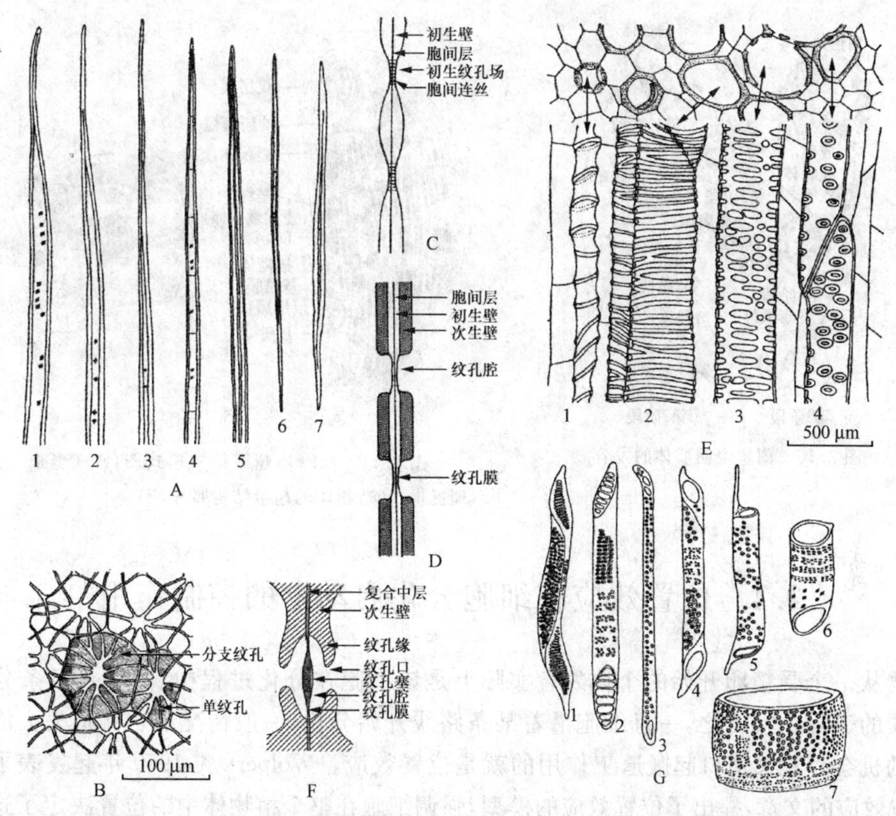

图 2.9　各种厚壁组织细胞次生细胞壁的加厚式样(李正理提供)。A. 各种纤维和纤维—管胞的结构：1. 苹果的纤维—管胞(示 2/3)；2. 美国鹅掌楸(*Liriodendron tulipifera*)的纤维—管胞(示 2/3)；3. 白栎(*Quercus alba*)的木纤维(示 1/4)；4. 桃花心木(*Swietenia mahogani*)的分隔纤维(示 1/2)；5. 红栎(*Quercurs borealis*)的胶质纤维(示 1/2)；6. 小糙皮山核桃(*Carya ovata*)的木纤维；7. 神圣愈创木(*Guajacum* sp.)木纤维；(仿 Eames, MacDaniels, 1947, p. 94 改绘)。B. 梨(*Pyrus* sp.)果实的石细胞，示分枝纹孔和单纹孔。C. 初生壁上的初生纹孔场模式图。D. 单纹孔模式图。E. 马兜铃(*Aristolochia* sp.)幼茎部分的初生管状分子，图中维管组织由左向右依次为：1. 环纹导管；2. 螺纹导管；3. 梯纹导管；4. 具缘纹孔导管(仿 Esau, 1965)。F. 具缘纹孔模式图。G. 各种植物的导管分子：1. 桦树(*Betula*)；2. 鹅掌楸；3. 红花半边莲(*Lobelia* sp.)；4. 白栎；5. 苹果；6. 梣叶槭(*Acer negundo*)；7. 白栎(仿 Eames, MacDaniels, 1947, p. 96 改绘)。

2.3.6　细胞器的变化

植物细胞在由原始细胞分化为各种具特殊功能的细胞时，其原生质体，特别是其中的细胞器都要发生不同程度的变化，尤其是质体和液泡的变化最大。

(1) 液泡的变化

几乎所有细胞在其分化过程中液泡都要发生明显的变化，通常从在光镜下看不到的分散的数量多的微小液泡发育成在光镜下能看到的明显的少而大的液泡。

(2) 质体的变化

随着原始细胞分化为具有不同功能的成熟细胞，质体也分化为具有相应功能的细胞器(图 2.10)。在分化为叶肉等光合组织的细胞中，质体分化为叶绿体(图 2.11A)；在分化为贮藏组织的细胞中则分化为造粉体(图 2.11B)；在花瓣等具颜色的组织细胞中则分化为杂色体。

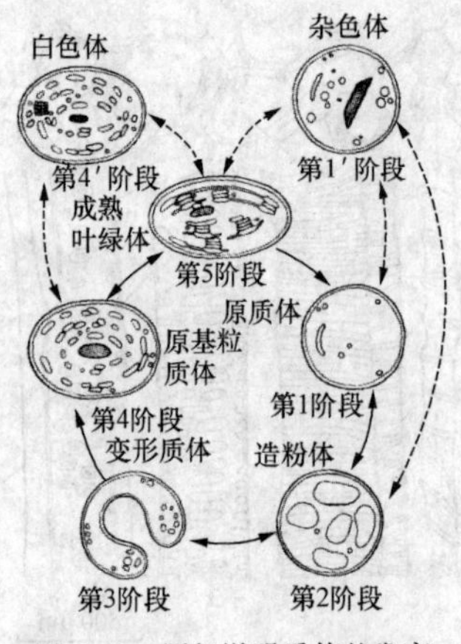

图 2.10 图解说明质体的发育

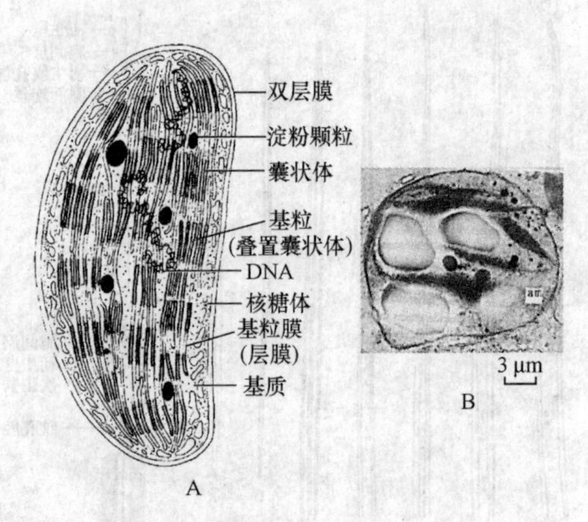

图 2.11 叶绿体超微结构模式图(A)(李正理提供)和造粉体的超微结构照片(B)

2.4 位置效应在细胞分化启动上的控制作用

植物从一个受精卵开始的个体发育实际上是该细胞在分化过程中,沿着一条条分支路径向前发展的过程。换言之,一旦细胞沿着某条路线开始分化,一般情况下它就将失去沿其他路径分化的机会。在叉道口起搬道工作用的就是位置效应。Wolpert 从 1969 年起发表了一系列有关位置效应的文章,提出了位置效应的模型,强调细胞在整个植物体中的位置决定了这个细胞分化的方向。1979 年出版的,由 Subtelny S 编辑的,1978 年 6 月在美国召开的发育生物学会第 37 届年会的会议文集"Determinants of Spatial Organization",1984 年又出版了 Barlow PW 和 Carr DJ 编辑的专著"Positional Controls in Plant Development",都是这方面的代表作,随后又不断有文章发表。近年有关形成层的一系列研究,对位置效应在控制细胞分化的启动上的作用有了更清晰的认识,其详细内容将在下一章详述。

2.5 细胞分化过程的阶段性和有限可逆性

一个特定的细胞分化过程被启动后就按照细胞内业已存在的既定程序一步步进行,这个过程可分成若干阶段,这些阶段按既定程序依次顺序进行。其间有一临界期,此前的分化过程在一定条件下可以发生脱分化,一旦过了这一阶段,分化过程就不可逆了,也就不能脱分化了,这就是植物细胞分化的阶段性理论(崔克明, 1997),其详细内容将在下面两章中阐述。

2.6 细胞分化中的临界状态

许多物质运动过程中都存在一种容易改变运动形式的临界状态,在讨论了细胞分化的启动和过程后,这里将探讨在细胞分化过程中是否也存在着一种容易改变分化方向的临界状态的问题。

2.6.1　一般概念上的临界状态

根据 Bak 和 Chen (1991)的描述,任何一个大而复杂的系统,不仅在强力的打击下可能会瓦解,而且在一根针掉下来时也可能会瓦解。大的相互作用系统朝着一种临界状态不断地自组织,在这种临界状态下,小事件引起的连锁反应可能导致一场大灾难。如堆沙子,起初沙粒紧靠在它们落下的位置上,但很快它们就叠加起来形成了具有平缓斜坡的沙堆。这个沙堆不时地会出现某处变得太陡的地方,这时沙粒就滑了下来,引起小的"雪崩"。随着沙堆的陡度增加,"雪崩"的规模也增加,当加入的沙粒数量与落在边缘之外的沙粒数量在总体上达到平衡时,沙堆就停止生长,系统在这时就达到了临界状态。向处于临界状态的沙堆加入一粒沙子,就能够引起任何规模的"雪崩",包括灾难性事件。这是因为,最初有序的动态系统和非线性系统经过一段时间后可能变成完全无组织的状态,即"混沌",即极相似的初始条件可能产生完全不同的结果。气象学中的混沌可用所谓"蝴蝶效应"作例证,即一只蝴蝶在里约热内卢扇动翅膀,可能引起芝加哥的天气变化。换句话说,当一个复杂系统达到混沌时的状态就是临界状态。

2.6.2　细胞分化中的临界状态

Kauffman (1991)用混沌理论讨论了生物进化问题,其中也讨论到细胞分化问题。植物体中的任何一个生活细胞都携带有这个物种全部遗传信息,即全部基因(基因组)。在基因组内任何一个基因的活动都是由很少几个其他基因或基因表达的产物直接调节的,并且按一定的规则控制着它们的相互作用。一个高等生物体,大约有几万至十万个基因,这些基因又组成了数百个基因类群,其中某一基因类群的有序表达就使原始细胞发育成一具有特定形态结构和功能的细胞,这就是细胞分化。有多少种基因类群就能分化出多少种类型的细胞。就一特定细胞类型来说,并不是全部基因都表达,只是特定基因类群的表达。根据有关研究的计算,细胞类型数应当近似等于基因数的平方根,那么,高等植物应当有 370 种细胞类型。细胞分化过程,可能就是一个由混沌到有序的过程。按照混沌理论,当所有基因都彼此发生关系,牵一发动全身时,就处于混沌状态,也就是临界状态。在混沌和有序的交界处,最容易改变细胞分化的方向。据此当细胞中全部基因彼此发生关系时,就处于临界状态,卵受精后可能就处于这种状态。这可能是由于刚受精的卵中来自精子和卵子的基因还没有建立稳定的关系,染色体的配对过程就是一个自组织过程,当此过程完成时所有基因间就都直接或间接地发生关系,所以就处于临界状态。当一个基因类群的基因都彼此发生关系时,可能就处于亚混沌状态,就可能很容易在这个基因类群内改变它们的分化方向。处于分化临界期之前的细胞可能就处于这种状态,处在临界状态的细胞应该最容易改变分化方向,取处于这一状态的细胞进行组织培养,应该最容易成功,掌握好培养条件,甚至想让其长成什么就长成什么。因此开展对细胞临界状态和临界期的研究,具有十分重大的理论和实践意义。

这里需要指出的是,这里所讲的"细胞分化的临界状态"和前面所讲的"细胞分化的临界期"是两个不同的概念,前者讲的是基因组内各基因间所处关系的情况,而后者则讲的是分化过程中的一个阶段。但二者间又有着密切的关系,处于临界期之前的细胞容易达到临界状态,而在过了临界期的细胞的基因组中,由于一些关键基因的解体而使所有基因间的关系被断开,从而已不可能再发生自组织而达到临界状态。如果确是如此,那么对于位置效应决定细胞分化的机理,合乎逻辑的推论应该是:处于特定位置的细胞之所以不分化为其他细胞,是由于在这个位置除了该表达的基因以外的所有基因都被抑制。

2.7　细胞分化和植物体发育的关系

本章的开头已述及,某一特定细胞的分化过程是由特定基因群编码的程序(子程序)控制的。一个植物体的发育过程则是由所需表达的全部基因编码的总程序控制的,这一总程序又由控制发育成各种器官的分程序组成(有多少种器官就有多少种分程序)。每一分程序又由控制组成这一器官的各种细胞分化的子程序组成。组织的分化可能没有特定的程序控制,而只是若干个子程序同时表达的结果,至于到底有多少个子程序同时表达则由控制不同器官发育的分程序控制。编码一个子程序的基因中既有结构基因也有调节基因。结构基因也称做结构蛋白基因,它们编码植物细胞各类结构蛋白;调节基因所编码的则是控制结构基因表达时空关系的程序。一个分程序则可能是由若干调节基因把所需表达的全部子程序编码成使这些子程序按一定时空关系表达的程序,同理,控制一个植物体发育的总程序就可能是由若干调节基因把所需表达的全部分程序编码成使这些分程序按一定时空关系表达的程序。每一个总程序、分程序和子程序的启动也都由特定的调节基因——启动子控制。

另外,由小孢子培养出单倍孢子体的成功说明,一套染色体中的基因就编码了发育为完整植物体(孢子体)的全部程序。这就提出了一个问题,两套染色体也编码同样的发育程序,但是总是显性基因参与发育程序的编码,那么,隐性基因在发育程序的编码中起不起作用,起什么作用,如果不起作用,又是什么抑制它的。这都是发育生物学中非常重要而还没有引起注意的问题。反之,按理具有双倍染色体的孢子体体细胞在一定条件下也应能发育成配子体,在自然界中多倍体植物的配子体就是其一,但至今却未见有关由孢子体离体细胞培养成配子体的报道。如果成功,将在研究发育程序的编制方式上具有重要意义。那就说明任何植物体细胞中的基因既有编码出孢子体发育程序的潜能,也有编码出配子体发育程序的潜能。

近年分子生物学的研究工作也在不断证明这一点,如有关花发育的研究证明,无论由分化叶向分化花萼等的转化,还是花瓣、雄蕊或雌蕊的分化都由一启动子在控制(王春新,1997)。

第三章　植物发育中的细胞社会学和基因社会学

任何一个植物体在从受精卵到成熟植物体的发育过程中，每个基因、每个细胞都不是孤立地发挥作用，而是在相互作用中发挥着各自应该发挥的作用。一群特定基因只有按编码好的一定程序有序表达时才能形成一特定的细胞，一群特定的结构和功能相同或不同的细胞按照一定规则排列并相互发生一定关系时才能组成一特定的器官，不同器官按照一定的规则排列并相互发生一定关系时才能构成一植物体。因此在研究植物发育生物学的课题时就不能像分子生物学中那样孤立地研究某个基因的功能，也不能像细胞生物学仅以具体的细胞作为研究对象，也不能像组织学、解剖学那样以具体的组织或器官作为研究的对象。在分子水平上研究发育生物学就应研究基因间的相互关系，一群基因如何编码成一定的程序，程序的开启、关闭和转换中基因如何发挥作用，以及程序与程序之间又是如何相互作用等，也就是说研究基因的社会行为和社会关系，这就是"基因社会学"(gene sociology)。

"细胞社会学"(cell sociology)研究的则是细胞的社会行为和社会关系，研究不同发育时期相同细胞或不同细胞的行为及其相互间的识别、连接、通讯以及由此产生的相互作用、作用方式和作用的本质，以及对形态建成的影响，进而研究信号的传递、接受和转换，最后如何翻译成专一的表型。

3.1　细胞社会学

细胞是植物体的基本结构和功能单位，如果将其比喻为社会中的人的话，一个植物体就是一个完整的社会。社会中的每一个人都不是孤立的，而是作为社会的一分子参加一个组织，按照一定的规则参加各种活动。也就是说人与人之间要发生一定的关系，行使一定的功能。植物体内的细胞也是如此。

3.1.1　位置效应——细胞的社会地位和社会关系

植物从一个受精卵开始的个体发育，实际上是在分化过程中，沿着一条条分支路径向前发展。换言之，一旦细胞沿着某条路线开始分化，一般情况下它就将失去沿其他路径分化的机会。在叉道口起搬道工作用的就是位置效应。所谓位置效应就是植物体内细胞或细胞群的位置决定了此细胞或细胞群未来分化的方向(崔克明，1997)。这是从发育过程的角度说的，如果从成熟植物体的角度来说，植物体中的任何一个细胞都占有一特定的位置，具有特定的结构和特定的功能。从社会学的角度看，就是具有特定的社会地位和社会关系。

3.1.2　位置效应的内涵

(1) 在一个发育的系统中，植物体内的任何一个细胞都占据一个特定位置。而一个三维系统中任何一点的位置都是由三个向量参数决定的(图 3.1)。

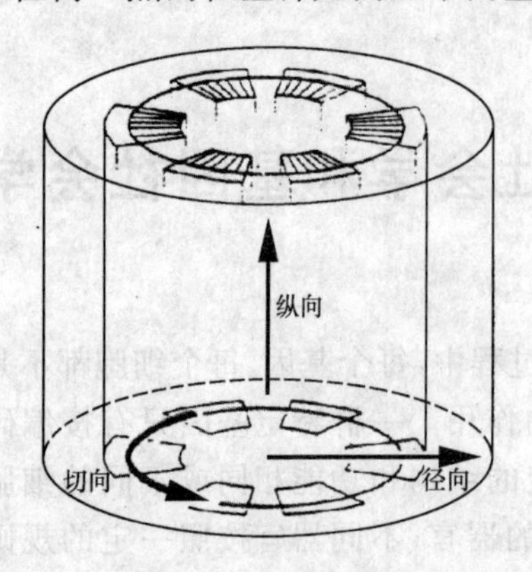

图 3.1 植物茎干中的位置信息。示每一个点的位置信息由纵向、径向和切向三个方向的信息组成

(2) 这个系统的极性,即方向性,说明给定细胞所处位置,也就是说极性说明并确定位置效应的方向。

(3) 任何细胞都是植物体发育过程中特定阶段的产物,都具有它自己所经历的发育过程,由受精卵细胞经历若干发育阶段发育而成。也就是说从受精卵极化开始到该细胞形成止,一系列基因类群的有序表达使该细胞在系统中占有特定的位置,此位置所有信息的综合共同诱导开启该细胞特定基因类群编码的程序,使其开始有序表达。因此它与周围细胞有着不可分割的联系,既有结构上的联系,如它们间的胞间联丝,也有发育过程的联系。换言之,系统中其他细胞基因类群的表达也影响着特定细胞的基因表达。因此位置效应启动了细胞分化过程。换句话说,除受精卵外,植物体中的任何细胞都不是最原始的细胞,由受精卵到该细胞的形成,已经历了一系列基因群的有序表达。

(4) 所有细胞生物的细胞分化过程都受位置效应控制。另一方面,位置效应的确切内涵又随位置的不同而不同。如维管形成层的位置信息包括了纵向的 3-吲哚乙酸(IAA)流、径向的压力和 IAA 与蔗糖的浓度比,以及这两个方向的信息的切向分布;而受精卵和其他发育成胚(embryo)的细胞,以及根、茎、叶等器官的位置信息都包括了孤立化(isolization)。

(5) 以适当方式改变处于细胞分化临界期(崔克明, 1997)之前细胞的位置,也就是改变其位置效应,该细胞的发育式样也就随之发生变化。

任何一个细胞的分化都是位置效应决定的。最典型的例子就是下节将要讲到的形成层及其衍生细胞的分化。Siebers (1971a,b) 将蓖麻下胚轴的束间组织块旋转 180°嫁接回原位的实验和 Thair (1976)将树皮块旋转 180°嫁接回原位的实验,虽然短期内改变了新形成维管组织的方向,但时间久了还是恢复到正常的方向。形成层带细胞在培养条件下不能再维持原来的分化方式,只能脱分化形成愈伤组织(张新英,李正理, 1981; Zhang, Li, 1984)。这一切都证明位置效应决定着细胞分化的方向。另一方面,所有组织培养、细胞培养和原生质体培养,实际上也是通过改变组织或细胞的位置(从植物体上的特定部位到一定培养空间中)改变它们的分化途径。Haberlandt 1902 年在他的论文中预言了离体细胞在合适的培养条件下能够像受精卵那样发育成完整的植株,即后人所称的全能性。这实际上就是预言了改变组织或细胞的位置可改变它们分化的途径。许多学者在阐述这一理论时只是讲,植物细胞有发育成完整植株的能力(Rashid, 1988),或者由此得出结论说高度分化的植物细胞仍具有全能性(翟中和, 1995),这显然是不全面的。就全能性的内涵来说,应该是任何生活细胞携带有该物种的全部遗传信息,因此就具有发育成完整植株或任何一种器官或任何一种组织的潜能。实践也证明,并不是随便取一块组织或一个细胞就能培养成一个完整的植株或一种器官。这除了需要掌握合适的培养条件外,还要考虑外植体本身的原因。发育时期已是大家公认的影响培养成功的重要内在因素,这就是由下面将要讨论的细胞分化过程的性质决定的。

当然,位置效应所包含的因素除了内部因素外,还有外部因素,如温度、日照长度和强度、水分等，这些都是空间因素，这里不再赘述。时间也是控制细胞分化的重要因素，如年龄的影响。许多树木都需要到一定的年龄才开花结实，树木随着年龄的增长，年轮(annual ring)宽度、木纤维、管胞和导管分子等的长度逐步增大，大到一定值后就趋于稳定(卢洪瑞，1985)，而温度、日照长度和强度、水分等环境因素的季节性变化也常表现为时间的影响。总之，控制细胞分化的是时间和空间诸因素的综合，也就是说位置效应实际是内外环境因素的综合。

3.1.3　木质部细胞的分化、脱分化和转分化都由位置效应控制

3.1.3.1　形成层细胞的社会地位和社会关系

形成层细胞及其衍生细胞的特殊位置决定了它们的特殊结构和特殊功能及其与其他细胞的关系。形成层处于体轴的侧面，木质部和韧皮部之间，所以也称做侧生分生组织(图 3.2)，它由两种具特殊结构的细胞组成(图 3.3)。它的原始细胞的分裂方式也与顶端原始细胞不同，都是违反 Errera 定律，沿细胞的长轴分裂(图 3.4)，所以它分裂末期非常长，两个子细胞核间的成膜体分别拉伸到细胞的两个端壁大约需要一周左右。它的衍生细胞向外分化形成韧皮部细胞，向内分化形成木质部细胞，这也是由于形成层两边的位置信息不同。大量的研究说明，此处的位置效应由三个向量参数决定，即纵向的来自芽和幼叶的呈波状的 IAA 流及来自根的由根尖合成的脱落酸

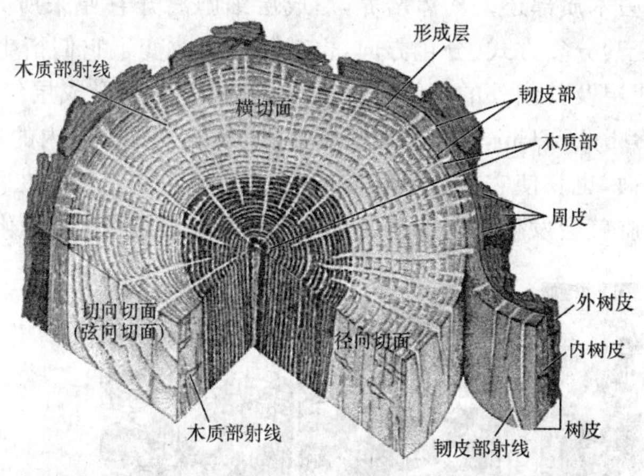

图 3.2　树木茎干模式图。示其各种组织结构的特定位置

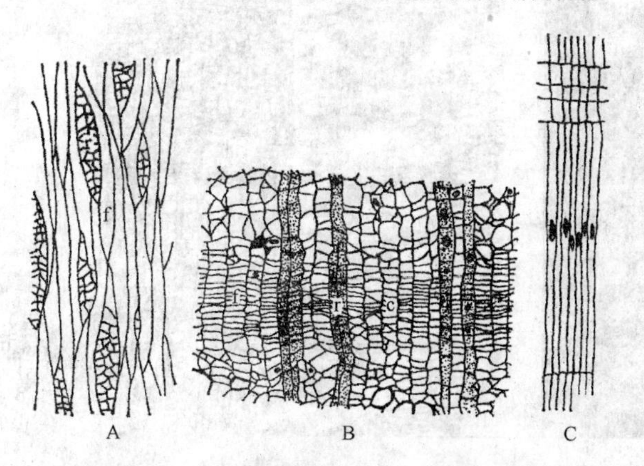

图 3.3　杜仲(*Eucommia ulmoides*)形成层在三个切面上的细胞形态。A. 弦切面；B. 横切面；C. 径向切面。图中 c. 形成层；f. 纺锤状原始细胞；r. 射线原始细胞

(ABA),可能还有细胞分裂素决定着形成层及其衍生细胞的形状和排列方式,待运输物质的纵向浓度差可能是另一纵向信息。径向的压力和IAA与蔗糖的浓度比梯度决定着形成层衍生细胞分化成木质部还是韧皮部,以及它们在切向上的分布决定着形成层及其衍生细胞的切向式样。

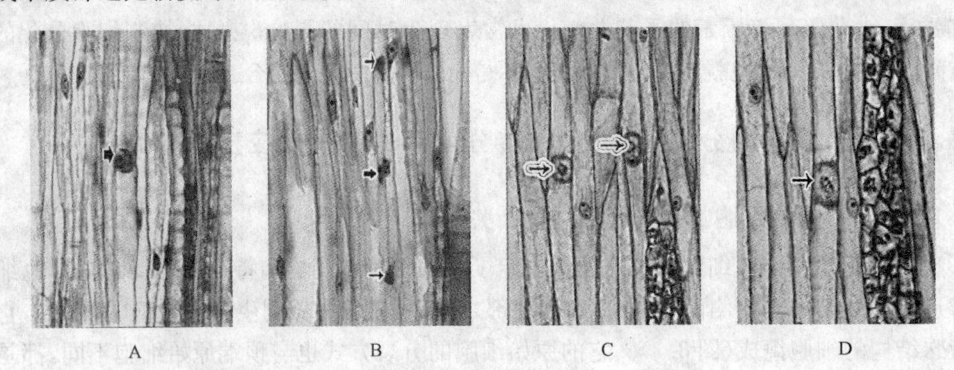

图3.4 形成层原始细胞的细胞分裂,示此细胞分裂是违反Errera定律的。A,B. 杜仲茎干径向切面;C,D. 构树(*Broussonetia pyparifera*)形成层弦切面。粗箭头示分裂后的细胞核;细箭头示成膜体

3.1.3.2 改变形成层细胞的位置,其分裂方式、结构和功能都将发生变化

无论剥皮、植皮、去木质部还是离体培养,形成层细胞离开它原来所处的位置后就不再是形成层细胞,而是改变其分裂方式、分化方向,也就相应地改变了它们衍生细胞的结构和功能。

树木剥皮,把形成层及其以外的组织都去掉了,只剩下少数形成层细胞和木质部细胞(图3.5)(李正理,等,1981b;Li, Cui, 1988),这样就使原来处于树皮以内的形成层细胞和未成熟木质部细胞暴露在外面,也就使它们在植物体中的位置发生了变化。在再生过程中处于不同位置(剥皮后的)的细胞就会发生不同的变化。表面细胞恢复分裂,脱分化形成愈伤组织,覆盖

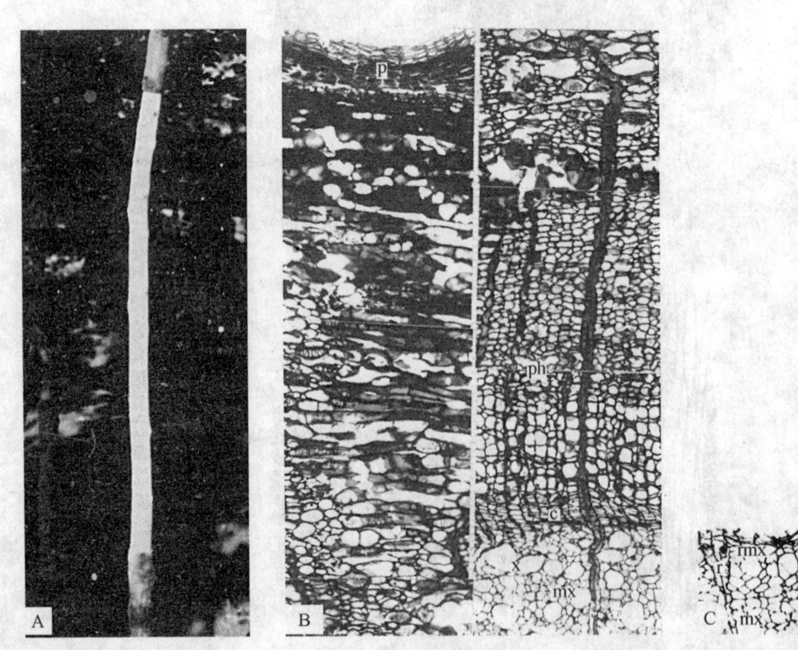

图3.5 杜仲刚剥完皮的树干(A)和剥皮前(B)后(C)的树干表面部分横切面。图中c. 形成层;p. 周皮;ph. 韧皮部;mx. 成熟木质部;rmx. 未成熟木质部

了整个表面，随后表面几层细胞再分化，细胞壁栓质化，形成木栓层，其下几层细胞恢复平周分裂，再分化形成木栓形成层(图 3.6B)。随之(剥皮后 10 天左右)更靠下的未成熟木质部细胞转分化形成韧皮部细胞，其中有的未成熟管状分子不经细胞分裂，细胞核继续发生着细胞编程死亡中的变化，直至解体，但原生质体中的其他细胞器，如线粒体和质体等则不再发生解体，初生细胞壁内不再形成次生壁，其上的初生纹孔场分化为筛域或筛板，从而转分化为筛分子(图 3.7B)。也有的未成熟木质部细胞直接转分化为筛管分子母细胞，再经一次纵向分裂，其子细胞中的一个分化为筛管分子，另一个经过或不经过横分裂后分化为伴胞(图 3.7C)。再后(14 天左右)，更深层的，接近成熟木质部细胞的未成熟木质部细胞恢复平周分裂，直接脱分化形成再生形成层(图 3.6A)。

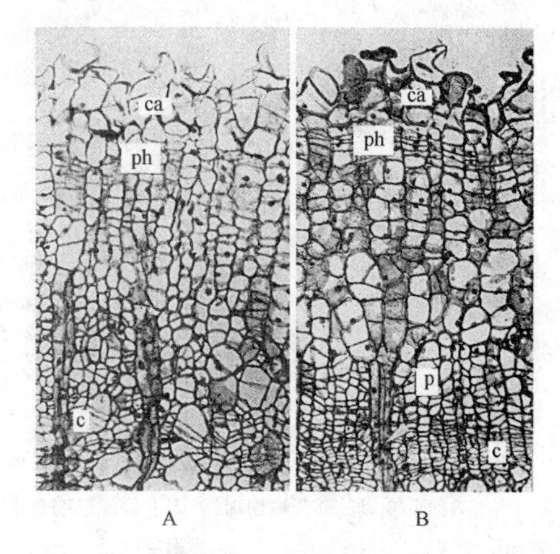

图 3.6　杜仲剥皮后 14 天(A)由未成熟木质部细胞开始脱分化发生形成层(c)，剥皮后 21 天(B)再生形成层已开始正常向外形成韧皮部(p)，向内形成木质部，愈伤组织(ca)下形成木栓形成层(ph)

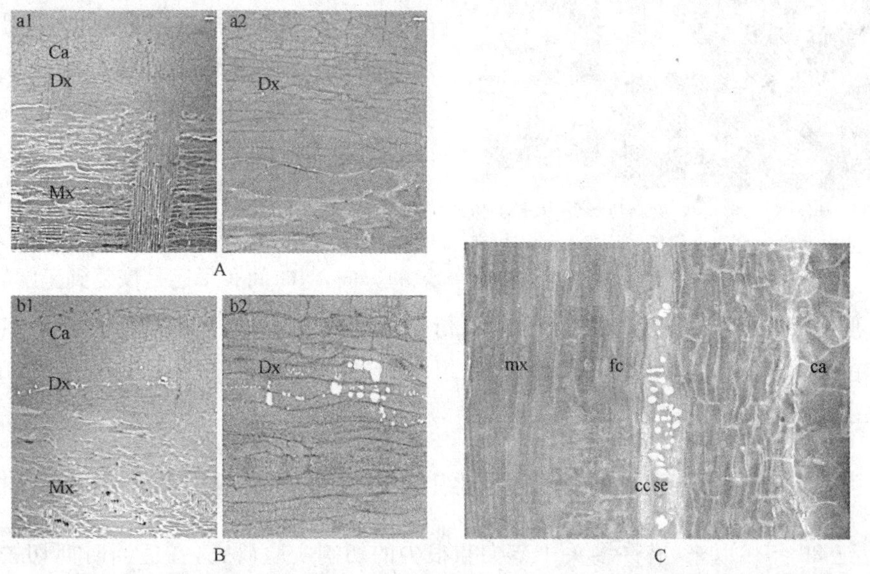

图 3.7　杜仲剥皮后 7 天(A)、10 天(B)和 12 天(C)时的部分茎干径向纵切面，用苯胺蓝染色后的荧光显微镜照片，强荧光部分为标记的胼胝质。A. 无胼胝质特异标记；B. 在深层未成熟木质部出现特异标记；C. 转分化形成的韧皮部中具明显的筛管分子(se)和伴胞(cc)。图中 Ca. 愈伤组织；cc. 伴胞；fc. 纺锤状细胞；Dx. 分化的木质部；Mx(mx). 成熟的木质部；se. 筛管分子；Bar=50 μm(a1－d1)；Bar=20 μm(a2－d2)

植皮后(Li et al，1988)或去木质部后(Cui et al，1989)暴露的未成熟韧皮部细胞中处于适当位置的细胞则转分化形成木质部细胞(图 3.8)。如果把剥皮后的未成熟木质部或未成熟韧皮部切下来进行培养，其留在表面的未通过细胞分化临界期的细胞会脱分化再分化形成再生的不定芽或不定根(图 3.9)。

总之，改变形成层及其衍生细胞的位置，处于分化临界期之前细胞的分化方向也发生变化。剥皮后处于原来韧皮部所处位置的未成熟木质部细胞转分化为韧皮部细胞，处于最外边的未成

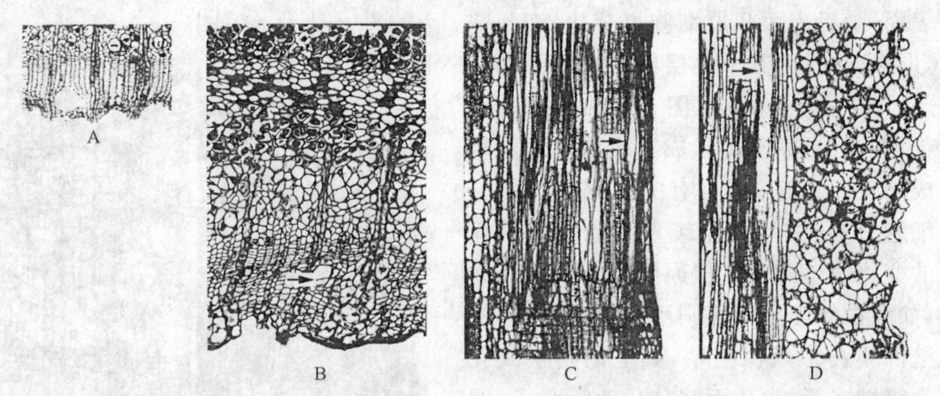

图 3.8 构树去木质部后再生过程中未成熟韧皮部细胞转分化为木质部细胞。A. 刚去木质部后的树皮内表面；B. 去木质部后 2 天的部分横切面，表面下较深层明显由未成熟韧皮部细胞转分化形成了木质部导管分子(箭头所示)，其内的细胞已脱分化为形成层；C. 去木质部后 2 天的部分径向纵切面，示筛分子转分化为导管分子(箭头所示)；D. 去木质部后芽死后 14 天，表面形成大量愈伤组织，其下的未成熟韧皮部细胞转分化为木质部细胞(箭头所示)

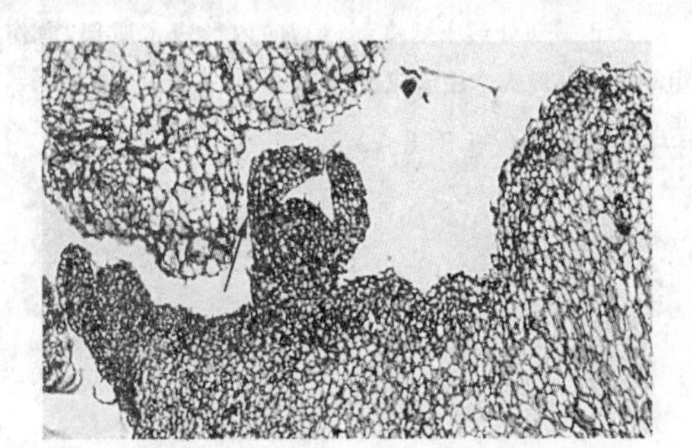

图 3.9 白杜(*Euonymus bungeanus*)未成熟木质部组织培养中形成的愈伤组织的表面发生了不定芽(箭头所示)

熟木质部细胞就脱分化再分化为木栓细胞、木栓形成层细胞。而在植皮再生或去木质部再生中，则是处于分化临界期之前的未成熟韧皮部细胞由于处在了原来木质部所处的位置，就转分化为木质部。另一方面如果将该类细胞取下来进行组织培养，它们就会形成芽或根。Siebers (1971a, b) 将蓖麻下胚轴的束间组织块旋转 180°嫁接回原位的实验和 Thair (1976)将树皮块旋转 180°嫁接回原位的实验，虽然短期内改变了新形成维管组织的方向，但时间久了还是恢复到正常的方向。

维管形成层的结构、组成及其活动方式、衍生细胞的发生、分化和功能都体现出它在植物体的特殊位置，也就是体现了它与其他细胞、组织和器官的相互关系，这也就是它在植物体内的社会关系和社会地位。

3.1.4 茎尖和根尖切割后顶端分生组织细胞位置的改变引起发育的变化

20 世纪 20 年代以来，有许多关于茎尖和根尖的切割实验研究，在适当时期切去一部分的器官都能恢复切去的部分。如将马铃薯的茎端破坏后短时间内就会再生恢复成完整结构(Sussex, 1964)；将蚕豆的茎端一分为二，就发育出两个茎端(图 3.10)(Pilkington, 1929)；将鳞毛蕨(*Dryopteris dilatata*)的叶原基与顶端分生组织分离，顶端分生组织会继续发生新的叶原基，恢复正常的茎端结构(图 3.11)(Wardlaw, 1949)；将茎端分生组织挖下来进行离体培养就会发育出完整植株(Smith, Murashige, 1970)，现在已将此法作为一种植物脱毒的有效方法。同样，当将根端分生组织切去一部分后也能通过再生恢复其切去的部分(图 3.12)(Clowes, 1953, 1954)，即使将平时基本不分裂的根尖中的"静止中心"挖出来进行培养也能再生形成一条根(图 3.13)(Feldman, Torrey, 1976)，甚至将叶原基切除一部分也能通过再生恢复其切除的部分，只是随着发育时期的不同略有差异(图 3.14)(Sachs, 1969)。这一切都说明，当将分生组织(都是处于细胞分化临界期之前的细胞)的一部分切去后,留下细胞的位置就发生了变化,因此它们的社会地位和社会关系也就发生了变化,所以它们的分化方向也就发生了变化。

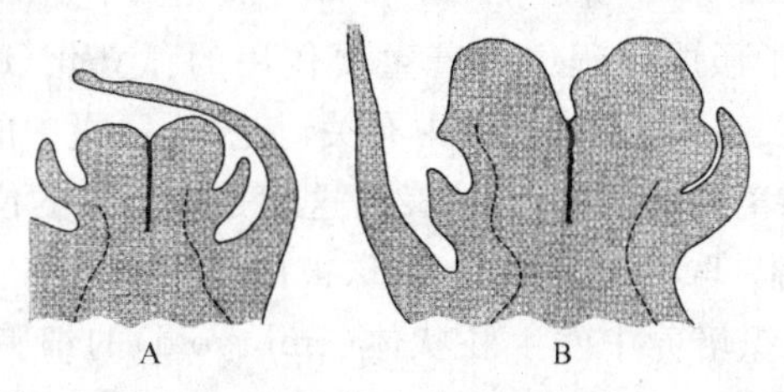

图 3.10　将蚕豆的顶端分生组织纵向劈成两半后,两半分别发育成独立的茎端分生组织。A. 劈开后 7 天,两半分生组织分别增大;B. 劈开后 13 天,两半分别发育成独立的顶端分生组织(根据 Pilkington, 1929 重绘)

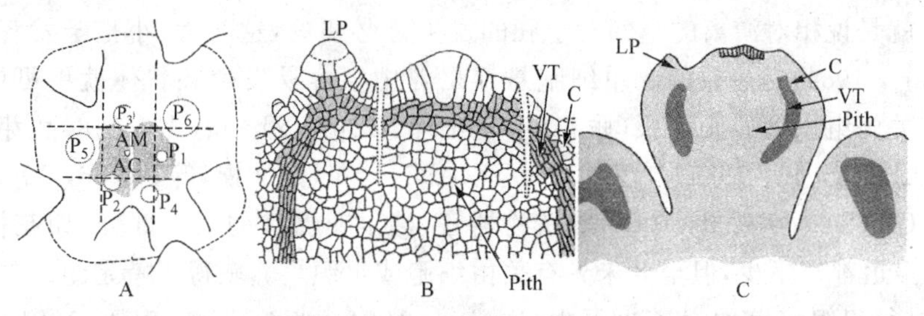

图 3.11　鳞毛蕨茎端的手术损伤实验。A. 示手术切割部位和方向的顶面观,虚线示切割线;B. 手术切割的茎端纵切面,示刀切至髓;C. 手术 5 周后茎端的纵切面,示周围的叶原基继续发育,中央分离出的顶端分生组织已发育成已分化出新的叶原基的完整茎端结构。图中 AC. 顶端细胞;AM. 顶端分生组织;C. 皮层;LP. 叶原基;P_1～P_6. 分生组织周围 6 个幼小的叶原基;Pith. 髓;VT. 维管组织 (根据 Wardlaw, 1947 重绘)

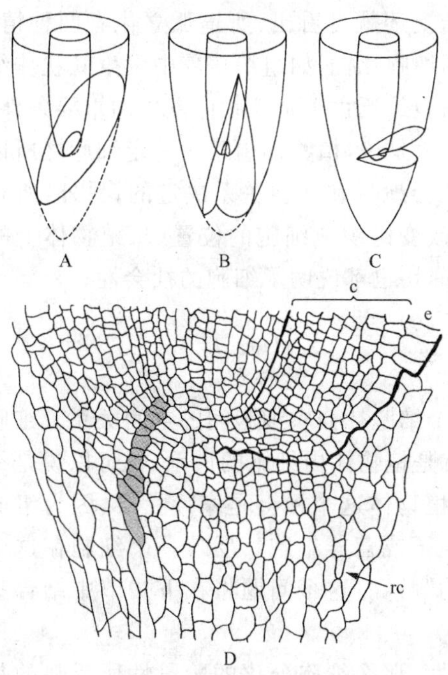

图 3.12　玉米(*Zea mays*)根端分生组织的切割实验。A～C. 对根端分生组织的三种不同的切割方式;D. 手术(A 或 B)8 天后已再生恢复完整根端结构纵切面。图中 c. 皮层;e. 表皮;rc. 根冠(根据 Clowes, 1953, 1954 重绘)

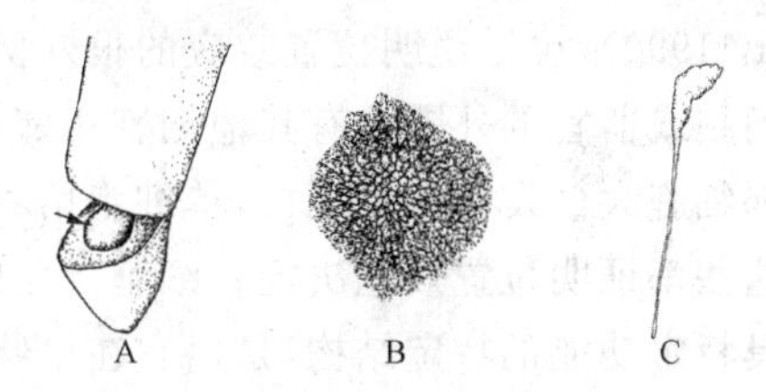

图 3.13　将玉米根尖中的静止中心挖出进行组织培养,长成一根状结构。A. 示切开的根端和将要挖出的静止中心组织块(箭头所示);B. 挖出的静止中心切面图;C. 由静止中心组织块发育成的根状结构

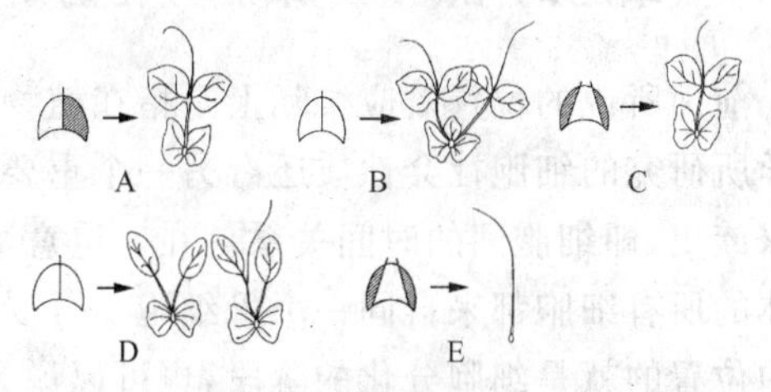

图 3.14　豌豆(*Pisum*)叶原基切割后的发育。A～C. 长度小于 70 mm 的叶原基:A. 将叶原基切去一半后仍发育为一个完整的叶;B. 将叶原基一分为二后发育为两个基部相连的叶;C. 切去叶原基的两个边缘后仍发育为一个完整的叶。D～E. 长度大于 70 mm 的叶原基:D. 将叶原基一分为二后发育成两个完整的叶;E. 切去叶原基的两个边缘后发育为一线状的叶(根据 Sachs, 1969 重绘)

3.1.5 孤立化所反映的细胞社会学

在胚胎发育和大小孢子形成过程中起着重要作用的孤立化(isolation),实际上反映的也是细胞的社会地位和社会关系(详见第八章中有关讨论)。胚囊中的受精卵除与胚囊的珠孔端连接外,其他面几乎都是游离的(胡适宜, 1982),这就是它所处的位置特点。所有发生不定胚的细胞,如助细胞、反足细胞、珠心表皮细胞、内珠被内表面上的细胞等都处于一个相对游离的空间中(胡适宜, 1982),组织培养中发生胚状体(embryoid)的细胞要么是处于外植体的表面(胡适宜, 1982;Konar, Nataraja, 1965b),或愈伤组织的表面,或愈伤组织中一些死细胞包围着的小的空间中。总之,不管是体内的胚还是离体的胚状体都由处于相对游离空间中的细胞发育而成,也就是说相对游离的空间对于胚的发生是必要的,这与大、小孢子发育过程中的孤立化(Bhandari, 1984)是一致的。单细胞悬浮培养中很容易发生胚状体就更可说明这一点。另外,现在有关由组织培养获得根(张新英,李正理, 1981; Zhang, Li, 1984)、芽(张新英,李正理, 1981; Zhang, Li, 1984)、叶(桂耀林,等,1984)、花(陆文樑,等, 1986, 1992;Chen, Li, 1995)、果实(Chichiricco et al, 1987)等植物器官,甚至花器官的某一部分(如花柱)(陆文樑,等, 1992)的报道都有不少,但至今未见有关由细胞或组织培养获得了特定组织的报道。用形成层带细胞进行组织培养的报道也不少(Brown, 1964; 张新英,李正理, 1981; Zhang, Li, 1984),但未见能使这些形成层带细胞像在体内那样活动的报道。所有这些只能用位置效应来解释,因为所有器官都是生长在相对游离的空间中,也就是都处于孤立化状态,而组织却是生长在植物体内的某一特定部位,其周围与其他细胞和组织相邻。通常芽为外起源,根为内起源(Fhan, 1990),也是说明位置效应的很好例证。总结上述就可看出,所谓孤立化有两种情况,一是细胞或器官的外围没有其他细胞相邻;二是相邻细胞死亡,如组织培养中发生胚状体细胞的相邻细胞大量发生编程死亡,单细胞培养中大量细胞的死亡也是胚状体发生的重要条件。

这些都证明位置效应决定着细胞分化的方向,也就是说,植物体内某一特定细胞之所以发育为具特定功能的特定结构,是由它在植物体内的社会地位和社会关系决定的;另外,所有组织培养、细胞培养和原生质体培养,实际上也是通过改变组织或细胞的位置(从植物体上的特定部位到一定培养空间中)改变它们的分化途径,这一切也都说明了细胞的社会性。

3.1.6 细胞的“龄”——细胞分化的阶段性

前面所说的位置效应实际上是指在植物体内这个细胞社会中细胞间的空间关系。细胞社会学所研究的细胞社会性质还有另一个重要方面,就是植物体内细胞的谱系,也可以说是细胞的家族史,即细胞间的时间关系。在一定意义上说,植物体这个社会是家族社会,因为组成植物体的所有细胞都来自同一个母细胞——受精卵、孢子或营养细胞。反映一个细胞在这个谱系中位置的就是细胞分化的阶段,也可以说是细胞的“龄”。这个问题将在下一节中结合基因社会学做出阐述。

如果说位置效应说明的是细胞在空间上的社会性,那么细胞分化的阶段性所反映的是细胞在时间上的社会性,也就是它的历史性。

3.2　基因社会学

任何细胞都具有全部的遗传信息——基因,但是在一个细胞的发育过程中所表达的基因却只有很少的一部分。也就是说少数基因表达,多数基因受到抑制。就是表达的那部分基因也不是同时表达或随机地表达,而是按照既定的程序有序地表达。正如前一章中所述及的,某一特定细胞的分化过程是由特定基因群编码的程序(子程序)控制的。一个植物体的发育过程则是由所需表达的全部基因编码的总程序控制的;这一总程序又由控制发育成各种器官的分程序组成(有多少种器官就有多少种分程序);每一分程序又由控制组成这一器官的各种细胞分化的子程序组成,所有这些发育程序所反映的就是在植物体内不同基因的社会地位及其相互间的社会关系。

3.2.1　基因社会学的研究内容

一个特定的细胞分化过程的启动,即特定基因群编码的程序的启动。这个程序由哪些基因编码而成以及这些基因怎样编制成程序,这个程序怎么开启、怎么进行和怎么终结,这一程序和其他程序怎么连接、转换等都是研究这些基因间以及这基因群与其他基因群间的关系,也就是这群基因间及其与其他基因群间的社会关系。植物细胞分化的阶段性理论所阐述的就是基因社会学的一个重要部分。

3.2.2　细胞分化过程的阶段性和有限可逆性

(1) 细胞分化过程可分为不同的阶段,这些阶段彼此相继、有序通过。也就是说中间阶段不可逾越。

(2) 细胞分化过程中有一个阶段是临界期,分化达到这个阶段前是可逆的,即可脱分化,一旦过了这一临界期,分化就成为不可逆的了,也就不能脱分化了。如核桃剥皮后留在暴露面上的未成熟木质部细胞分化程度较高,不能脱分化形成形成层,也不能形成愈伤组织,而是最多分裂几次后就木质化而死亡;由未通过细胞分化临界期的木射线细胞脱分化形成愈伤组织,进而分化为再生树皮(图 3.15)(Cui, 1992)。而杜仲剥皮再生中由于留在表面的未成熟木质部细胞的分化程度较低,也就是说它们的分化过程还没有通过临界期,全部参加了新皮的形成(图 3.6, 3.7)(李正理,等, 1981b;Li et al, 1982)。

再如,在组织培养中用做外植体的组成细胞如果已过了细胞分化的临界期就不可能培养成功。如果处于细胞分化的临界期之前,只要条件合适就可以培养成功。

小孢子正常发育时开启配子体发育程序,发生不等分裂形成雄配子体;而小孢子在离体培养条件下开启的则是孢子体发育程序,先形成胚状体,进而发育为孢子体(图 3.16)。这里所表现出来的是不同条件下启动了小孢子基因组中业已存在的不同的发育程序。

(3) 脱分化是分化的逆过程,也是一个阶段一个阶段的进行,中间过程不可逾越,如果原来分化经历了较多的阶段,脱分化到与受精卵分化阶段相当的胚性细胞就需要经历较多的阶段,当然脱分化过程也可以停在中间某一个阶段。杜仲剥皮后在光下再生新皮的过程,就是由未成熟的木质部细胞脱分化直接形成新的形成层细胞(李正理,等, 1981b; Li et al, 1982),杜

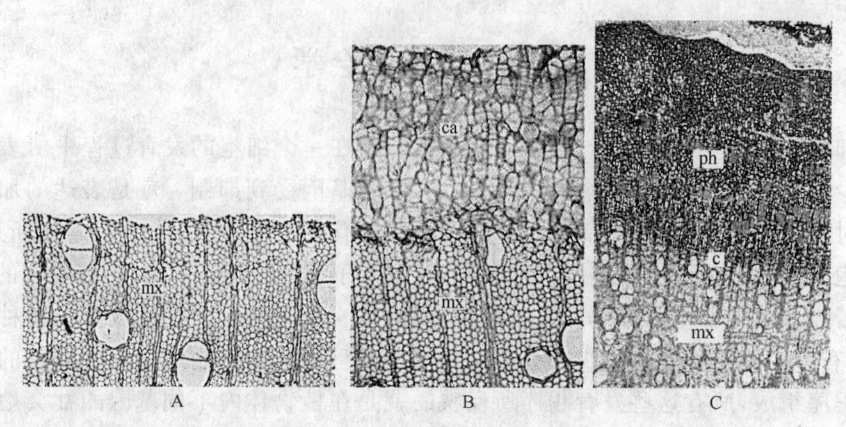

图 3.15 核桃(*Juglas regia*)剥皮后的再生过程。A. 核桃刚剥皮时的茎干部分横切面,示树皮从接近成熟的木质部中剥离;B. 剥皮后 28 天,木质部外形成的全是愈伤组织(ca);C. 剥皮后 3 个月,已形成结构正常的树皮。图中 c. 形成层;ca. 愈伤组织;mx. 成熟木质部;ph. 韧皮部

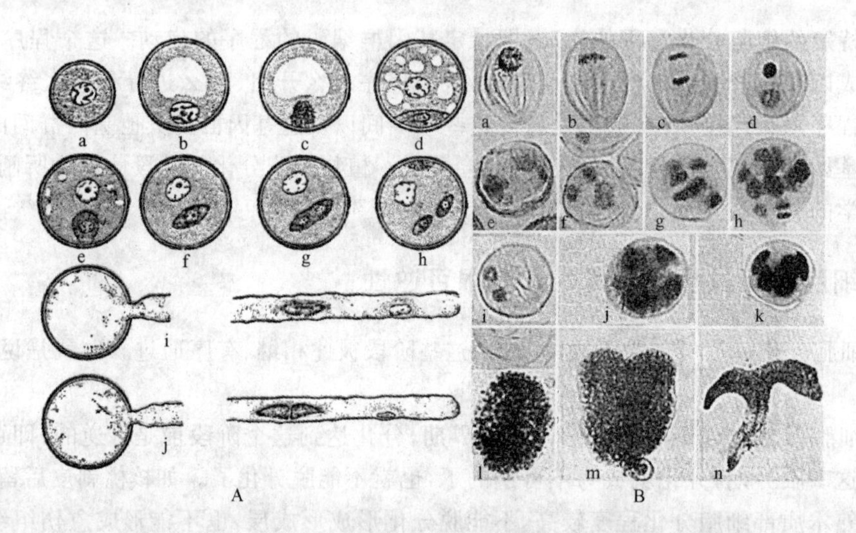

图 3.16 小孢子在不同条件下沿不同发育途径发育。A. 在体内正常发育为雄配子体:a. 新形成的小孢子;b. 小孢子发育后期,中央形成一大液泡,细胞核移到靠近细胞壁的位置;c. 小孢子核开始分裂;d. 分裂结束,形成一大的具大液泡的营养细胞和一个小的纺锤状的生殖细胞;e. 生殖细胞开始与细胞壁分离;f. 生殖细胞游离在营养细胞的细胞质内;g、h. 生殖细胞在花粉粒里分裂形成两个精子;i、j. 生殖细胞在花粉管内分裂形成两个精子。B. 烟草小孢子在离体培养下发育为孢子体的胚状体,进而发育为孢子体:a~h. 由营养细胞分裂形成多细胞花粉粒;i~k. 小孢子发生等分裂,形成多细胞花粉粒;l~n. 胚状体发育为幼苗的几个过程

仲植皮(Li et al, 1983)和构树去木质部后的再生(Cui et al, 1989)则是由未成熟韧皮部细胞直接脱分化形成新的形成层细胞,这种脱分化只经历了一个阶段。而杜仲(Li et al, 1982)和欧洲桦(*Betula pubescens*)(Cui et al, 1995b)剥皮后在黑暗中的再生过程则是先由未成熟木质部细胞脱分化形成愈伤组织,再由愈伤组织再分化形成形成层。愈伤组织中发生形成层比由未成熟木质部或未成熟韧皮部发生慢得多,这就说明前一个过程比后一个过程经历的阶段多。另外,组织培养中用花器官作外植体容易直接形成花器官或其一部分(陆文樑,等,1986,1992; Chen, Li, 1995);用子房作外植体容易形成无籽果实(Chichiricco et al, 1987);用营养

体的一部分作外植体则容易形成芽或根等营养器官(张新英,李正理,1981;Zhang,Li,1984);在叶片外植体上容易形成叶状体(桂耀林,等,1984)。这些都可能是外植体脱分化到一定阶段后就又再分化,而不是脱分化到受精卵那样的胚性细胞后再分化的。由此还可以看出,植物体内的任何一个细胞都留下了由受精卵极化开始到该细胞形成止所表达的所有基因群表达的痕迹。

(4) 分化到一定阶段,但还没有通过分化临界期的细胞在一定条件下还可以发生转分化,即改变原来的分化路径,沿着另一条分化途径分化成熟,当然,转分化前后的两条分化路径在转分化前的部分应基本相同。如杜仲剥皮后留在树干表面的部分未成熟木质部细胞转分化形成韧皮部细胞(图 3.7),而植皮再生或去木质部再生中留在树皮内表面上的未成熟韧皮部细胞则会转分化形成木质部细胞(图 3.8),这就说明同由形成层细胞分裂分化而来的木质部母细胞(早期未成熟木质部细胞)和韧皮部母细胞(早期未成熟韧皮部细胞)在生物学性质上是相同的。从这种意义上说,在离体培养条件下,小孢子不再发育为雄配子体,而发育为孢子体胚状体的过程实际上也是一种转分化。

(5) 细胞的编程死亡是细胞分化的最后阶段,临界期就处于死亡程序执行中的某个阶段。从对杜仲木质部细胞分化过程中细胞编程死亡的研究来看,在形态学上很可能核膜的解体就是临界期的结束(王雅清,等,1999;Wang et al,2000)。细胞的编程死亡是受一系列调控基因调控的,整个细胞分化过程也是受基因调控的,每一个阶段向另一个阶段的转变也都有其特定的基因调控。

因为任何植物的个体都是由一个细胞,即受精卵、孢子或一个体细胞发育而来,即任何植物细胞都是植物体发育过程中一定阶段的产物。在分子水平上也可以说是一定基因类群有序表达的产物诱导了特定基因类群的有序表达。受精卵极化可以说是细胞分化的第一阶段,这个基因类群有序表达的结果诱导了受精卵第一次分裂产生出命运不同的两个细胞——基细胞和顶细胞。基细胞的位置效应启动了植物体发育的总程序,在随后发育的相应阶段,相应位置的细胞分别启动了芽发育的分程序、叶发育的分程序、根发育的分程序、花发育的分程序等。每一个器官发育的相应阶段,相应位置启动相应细胞分化的子程序,无论子程序、分程序还是总程序都是由基因编码而成。这体现的就是基因的社会地位和社会关系。

第四章 植物细胞编程死亡及其与发育的关系

细胞编程死亡(programmed cell death,PCD)是细胞分化的最后阶段,在植物发育过程中像细胞分裂一样是必不可少的,没有细胞分裂就不可能形成植物体,没有细胞的编程死亡也同样不能建成植物体。

4.1 PCD的概念

PCD的概念首先由 Gluchsman 在 1951 年提出,他认为在生物体发育过程中普遍存在着一类在发育的特定阶段发生细胞死亡的现象。1972 年 Kerr 等将生理刺激下细胞的编程死亡命名为"凋亡"(apoptosis),指在生物体发育过程中普遍存在的不同于细胞坏死的特殊死亡形式,是外界环境因素诱导启动了细胞内业已存在的由基因编码的"死亡程序"而导致的细胞死亡。这方面的研究最早是从形态学开始的,随后引起了生理学、生物化学和分子生物学领域的科研人员的广泛注意,使这一研究被推向了高潮,并已成为细胞生物学研究中的热点问题之一。现在已普遍认为 PCD 概念的提出和细胞周期的提出具有同等重要的意义,因为生(细胞分裂)和死(PCD)是维持生物体正常发育所必需的,是生命活动的两大基本问题,而且这一问题的研究很快引起医学界的注意,并和癌症的治疗挂上钩,1995 年以来,就有大量的文献是有关诱导癌细胞编程死亡的。20 世纪 90 年代前有关 PCD 的研究还没有引起植物学家的注意,90 年代初研究人员将这一概念引入植物学,想当然地把管状分子发育成熟的过程称为 PCD (Taiz, Zeiger, 1991),1992 年开始见到这方面的论文,到 1994 年总共不到 5 篇,但 1995 年一年就发表了近 10 篇。近年来这方面的论文越来越多,而且和动物学中的有关研究比起来,起点高,研究领域广,但也受动物学中有关研究的影响,多集中于病原体引起的 PCD(Greenberg et al, 1994)。与动物学家比起来,植物学家对此问题的重视毫不逊色,这是因为植物体的整个发育过程中许多细胞自然死亡,如在许多被子植物中大孢子母细胞经减数分裂形成的四个大孢子中,靠近珠孔端的三个很快退化;雌配子体发育中的珠心细胞、胚囊中的助细胞和反足细胞以及胚发育中的胚乳细胞都要或早或晚地死亡;花药发育过程中绒毡层细胞在小孢子发育过程中解体并被小孢子所吸收;裸子植物雄配子体发育过程中原叶细胞的退化;管状分子、各种厚壁组织细胞、木栓细胞等分化成熟后都成为死细胞;筛分子成熟后成为无核的半死状态的细胞……总之,组成植物体的大量细胞都是死细胞,也就是说这些细胞分化的最后结果都是死亡。

4.2 PCD的特征及其与坏死的比较

Kerr 等(1972)把细胞的死亡分为两类,一为编程死亡,一为坏死(necrosis)。因为他们是做解剖学和组织学研究的，所以就将编程死亡称之为凋亡。从形态学上看，这些细胞首先被分割成一块块，然后被巨噬细胞吞噬，最后全部死亡，就像秋天树叶的凋落一样。在凋亡过程中，首先是核发生很大变化，染色质浓缩分离，趋近核膜；随后细胞质也浓缩，细胞核变形，细胞骨架折叠，核膜断裂，并随之（几分钟后）又分成许多小块，同时细胞质向外出芽，形成小泡，然后形成了膜包围的凋亡小体（apoptotic bodies），最后被周围细胞吸收，这些步骤的时序性很强，因此凋亡是指 PCD 的形态学特征。而坏死则是核和细胞膜都坏死，没有时序性，最后整个细胞破裂而死。

PCD 在生物化学上最明显的特征（Schroder, Knoop, 1995）就是 caspase（cysteinyl aspartate proteases，半胱氨酰天冬氨酸蛋白酶）的出现和 DNA 的降解。在绝大多数细胞凋亡类型中，DNA 的断裂分成两个阶段。第一阶段，染色质 DNA 被断裂成 M_r 较大的染色质 DNA 片段；第二阶段，断裂的染色质 DNA 被依赖于 Ca^{2+}、Mg^{2+} 的 DNA 酶Ⅰ（DNase Ⅰ）进一步内切成 180～200 bp 及其不同倍数的片段（Orzaez, Granell, 1997a; Ryerson, Heath, 1996; Wijsman et al, 1993; Wu et al, 2000）。有的研究发现，在 PCD 中有生物大分子的合成（Minami, Fukuda, 1995; Beer, Freeman, 1997; Martin, Green, 1995; Mittler, Lam, 1995; Schindler et al, 1995），因为这一过程可被放线菌素 D 抑制，因此可能有新蛋白质的合成。但也有的人提出，是一些蛋白质由非活性状态或抑制状态转变成活性状态。此外，细胞中的离子也发生变化，特别是 Ca^{2+}，如果细胞内 Ca^{2+} 增加，打开了 Ca^{2+} 通道，就开始了凋亡过程（Schindler et al, 1995; Bush et al, 1989; Kuo et al, 1996; Levvine et al, 1996; McConkey et al, 1995），但有的体系中没有发现这种变化。而 Zn^{2+} 是核酸酶的抑制剂，所以它能阻止凋亡过程。细胞骨架的变化是 PCD 的又一特征，有人发现，去掉微管可导致凋亡，而微丝对凋亡是必需的。

根据对动物和植物 PCD 的研究，一般 PCD 过程最明显的形态学变化是核内染色质浓缩并呈边缘化，DNA 降解成寡聚核苷酸片段，这与某些特异蛋白的表达有关。细胞一旦进入编程死亡，通常要经过以下过程：(1) 染色质浓缩前阶段，此阶段长短不一，无形态学变化，谷氨酰胺转移酶合成增加，某些蛋白酶被激活；(2) 染色质开始浓缩，并分布在核膜周围（边缘化），一些依赖于 Ca^{2+}、Mg^{2+} 的核酸内切酶被激活，使染色质 DNA 断裂成片段；(3) 细胞质浓缩，桥粒与中间纤维的连接被破坏，细胞膜形成膜泡，膜中糖蛋白的组成发生很大变化；(4) 膜泡形成凋亡小体，并通过特异识别蛋白被周围细胞或巨噬细胞吞噬，然后被溶酶体分解（翟中和，1995; Alberts, Lewis, 1994）。

4.3 检测 PCD 的方法

随着对 PCD 研究的逐步深入，对其机理的认识越来越接近实际，检测的指标也越来越多，下面介绍常用的几种检测方法。

(1) 细胞形态学变化

当细胞发生编程死亡时，如果用与 DNA 结合的荧光染料 DAPI 染色，在荧光显微镜下可看到细胞核的凝集固缩（图 4.1A）（Cao et al, 2003a），用其他核染料（如 Giema）也可得到类似效果。在电镜下可看到发生 PCD 的细胞典型的超微结构特征：体积减小；细胞核染色质凝集并呈趋边化，后期核膜破裂；细胞质染色逐步加深，内膜系统紊乱，液泡膜破裂崩溃，细胞器退化不可辨认，出现许多不同大小和电子致密的球状物（图 4.1B）（王雅清，崔克明，1998; Cao et al, 2003b）。

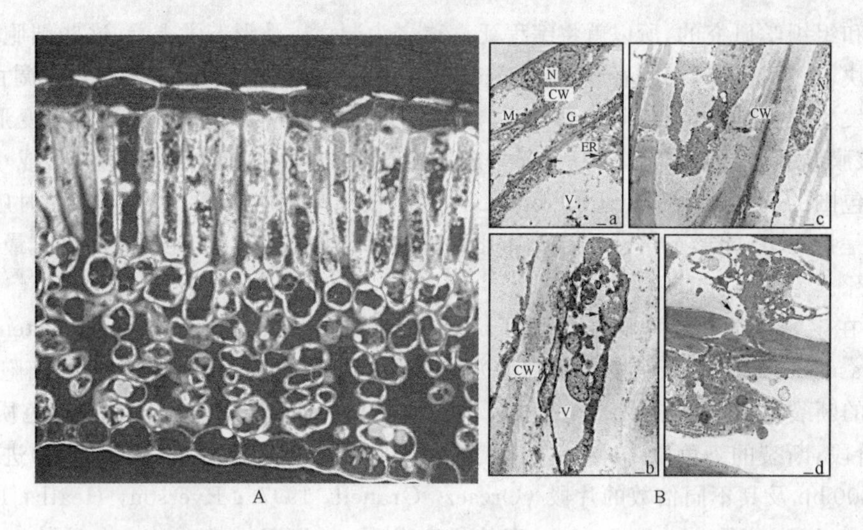

图 4.1 发生编程死亡细胞的形态学特征。A. 杜仲叶片衰老过程中叶肉细胞发生 PCD，DAPI 染色后，荧光镜下显示凝缩的细胞核；B. 杜仲木质部细胞分化中发生 PCD 的超微结构变化，显示原生质体的自溶降解。a. 形成层区域细胞，具有椭圆形的细胞核、大的液泡和许多细胞器；b. 分化中的木质部细胞，即发生 PCD 的细胞的细胞质中和液泡中可看到许多小的吞噬泡；c. 细胞核中的染色质发生凝缩，并趋边化（箭头所示）；d. 两个相邻细胞自溶的残留物通过纹孔连接在一起。标尺长 2 μm

(2) 总 DNA 凝胶电泳

用欲检测物为材料按常规方法提取总 DNA，置于含溴化乙锭（EB）的 1.0% 琼脂糖凝胶中进行电泳，如果发生了 PCD，则出现典型的梯状条带（DNA ladder），如果是发生坏死，则呈模糊的弥散状条带。不过应当指出的是，除少数由真菌引起的 PCD（Ryerson，Heath，1996）外，以前检测的植物 PCD 的组织细胞中都较难得到 DNA ladder（Mittler，Lam，1995；Wang H et al，1996）。然而近年来已用一些正常发育过程中发生的 PCD 的组织细胞得到了 DNA ladder（图 4.2）。

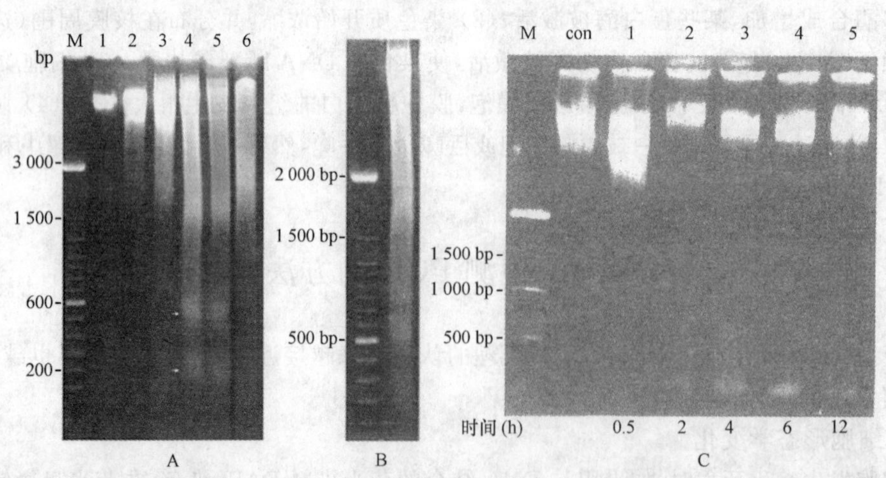

图 4.2 A. 杜仲叶片衰老：M. 标准品；1. 4 月，完整 DNA；2. 5 月，6 月，较完整 DNA；3. 7 月，8 月，小分子量 DNA 出现；4. 9 月，DNA Ladder 较明显；5. 10 月，DNA Ladder 明显；6. 11 月，smear (Cao et al，2003a)。B. 杜仲木质部分化中形成的 DNA ladder (Cao et al，2003b)。C. dATP、细胞色素 c 诱导的胡萝卜细胞发生 PCD，DNA 降解呈现电泳阶梯：M. 100 个片段的低分子 DNA 标准品；con. 未经诱导的细胞作对照；1～5，分别为诱导 1、2、4、6、8 小时后的材料（引自孙英丽，等，1999）

(3) 原位末端标记(TUNEL 检测)

用常规石蜡切片即可进行(Wijsman et al, 1993；王雅清，崔克明，1998)，其原理是核DNA 断裂后产生 3′-羟基末端，DNA 聚合酶Ⅰ可将 Biotin-11-dUTP 标记到 3′-羟基末端上，该生物素通过与亲和素的特异性结合使 HRP-Avidin(辣根过氧化物酶标记的亲和素)结合在DNA 断点部位，加入 DAB 显色液后，在原位出现黄褐色沉淀(图 4.3)。

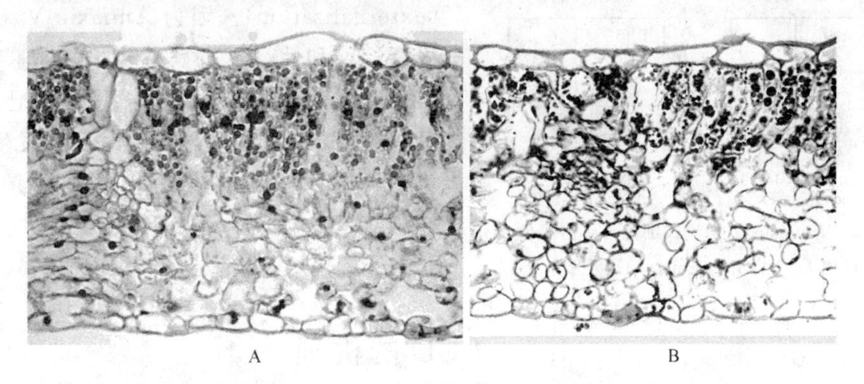

图 4.3　杜仲叶片衰老中叶肉细胞的细胞核被 TUNEL 反应标记上(Cao et al, 2003a)

(4) 流式细胞记数法

此项技术是根据发生 PCD 细胞的 DNA 发生断裂和丢失，用碘化丙锭使 DNA 产生激发荧光，通过流式细胞仪检出发生 PCD 的亚二倍细胞，同时又可观察细胞周期状态。

(5) 彗星电泳

彗星电泳(comet assay)是将单个细胞悬浮于琼脂糖凝胶中，经裂解处理后，在电场中进行短时间电泳，再用荧光染料染色进行观察。PCD 细胞中形成的降解的 DNA 片段，在电场中泳动的速度较快，使细胞核呈现出彗星状的图案(图 4.4)，而正常的未发生 DNA 断裂的核在泳动时保持圆球形，这也是一种简便的 PCD 检测法(姜晓芳，等，1998)。

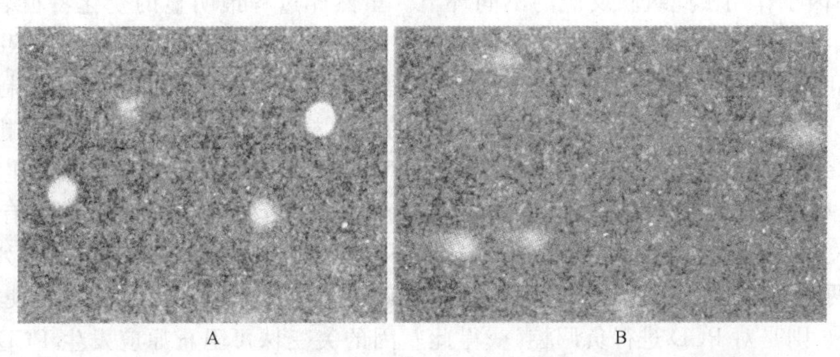

图 4.4　胡萝卜原生质体经中性法彗星电泳后 DAPI 染色的荧光图谱。A. 正常胡萝卜原生质体；B. 发生 PCD 的胡萝卜原生质体(引自周军，等，1999)

(6) Caspase 的检测

Caspase 是在 PCD 过程中起着关键作用的一个酶家族，通过对其具体家族成员的检测也可确定细胞是否发生 PCD，并可确定 PCD 已进行到哪一步。

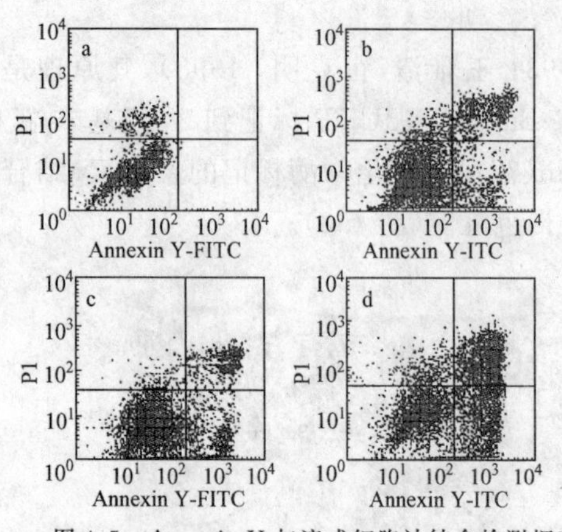

图 4.5　Annexin V 与流式细胞计结合检测烟草原生质体的 PCD(引自 Lei et al 2003)

(7) 钙结合蛋白 Annexin V 检测

此方法检测 PCD 的原理是,很多类型的 PCD 开始时,原先位于细胞膜内表面的膜磷脂——磷酸酰丝氨酸(phosphatidyl serine, PS)转位到细胞膜的外表面,此过程称做 PS 外化(externalization)。因为 Annexin V 对 PS 具有很高的亲和性,PS 一旦出现于细胞膜外表面就很容易与 Annexin V 结合而被标记。在 PCD 过程中,PCD 因子诱导 1 小时后就发生了 PS 外化,早于细胞核变化的发生,因此这是一种早期检测 PCD 的方法(图 4.5)(Sun et al, 1999; Lei et al, 2003)。

4.4　PCD 的机理

近年有关 PCD 机理的研究,无论是动物和人,还是植物方面都取得了重大进展。

4.4.1　PCD 的一般特征

根据生物医学中有关 PCD 的大量研究,一般 PCD 过程中会出现一系列生物化学变化。这些变化在不同物种间、同一物种的不同个体间,以及同一个体的不同器官、不同组织间都表现出很大的相似性,这就表明此过程由一些进化保守的分子介导(曾耀英, 1999)。大量的研究证明,这是由一个基因群编制的程序控制的严格有序的复杂分子过程,此过程受细胞内外多种信号系统的诱导和细胞内多种基因的级联反应的调控,各种诱导 PCD 的诱导因子和阻止 PCD 的存活因子作用于此级联反应的不同环节。虽然此过程最明显的变化特征表现在细胞核上,但近年的研究成果表明,线粒体在此过程中起着关键的调控作用(Green, Reed, 1998; Parrish et al, 2001),也就是说,细胞的死亡程序是由核基因和线粒体基因共同编制的。

线虫(*Caenorhabditis elegens*)是研究 PCD 的理想材料,对其 PCD 基因调控机理的研究已有较大的突破。线虫成体有 1 090 个细胞,在发育过程中有 131 个细胞必然发生编程死亡。在线虫中最早发现了与死亡有关的基因(Yuan et al, 1992, 1993),现已经证明它有 11 个基因与 PCD 有关:3 个基因与 PCD 的开始有关,其中两个基因 *ced-3* 和 *ced-4* 是细胞死亡所必需的,如果这两个基因发生突变,原来要死亡的细胞就可生存下来,并分化,甚至行使功能,第三个基因 *ced-9* 则是对 PCD 进行负调控,获得此基因的突变株可阻止原应发生 PCD 的细胞进入 PCD 过程;其余有 7 个基因 *ced-1*, *ced-2*, *ced-5*, *ced-6*, *ced-7*, *ced-8* 和 *ced-10* 在控制相邻细胞吞噬死亡细胞方面起作用;*nuc-1* 基因则是负责被吞噬细胞 DNA 的消化。另外 3 个基因 *ces-1*, *ces-2*, *egl-1*,决定着细胞是否进入死亡程序,这些基因可能与 *ced-9*, *ced-3* 和 *ced-4* 协同作用(Cryns, Yuan, 1998)。在人类细胞中已找到了 *ced-3*,*ced-4* 和 *ced-9* 表达的类似物,分别为 caspase-9,Apaf-1(apoptosis protease activating factor)和 Bcl-2(B-cell lymphomaz,人滤泡性淋巴瘤因染色体转位而活化的基因产物)(Cryns, Yuan, 1998),而且在植物中也有它们的类似物,由此足以证明这些基因的保守性。

4.4.2　PCD 机理

综合对动物的一系列有关研究，哺乳动物 PCD 的关键调节因子为三个蛋白质家族：Bcl-2 家族，caspase 家族和 Apaf-1 家族，它们分别是线虫细胞死亡基因 *ced-9*，*ced-3* 和 *ced-4* 产物的同源物。根据分子过程发生的先后将 PCD 过程划分为三个阶段，即启动阶段(initiation)、效应阶段(effector)和降解清除阶段(degradation)，每个阶段又包含了由若干分子事件参与的过程，根据线粒体在其中作用的不同，这三个阶段又分别称做前线粒体阶段(pri-mitochondrial phase)、线粒体阶段(mitochondrial phase)和后线粒体阶段(post-mitochondrial phase)。

4.4.2.1　启动阶段(前线粒体阶段)

此阶段涉及几类启动细胞内死亡程序的死亡信号的产生和传递过程，其中包括 TNFR(肿瘤坏死因子受体)基因家族的产物——死亡受体(death receptors)的活化、DNA 损伤应激信号的产生、存活信号的产生、DNA 损伤导致抑癌蛋白 p53 的活化和 Bcl-2 家族蛋白对编程死亡信号的调节等分子过程(曾耀英，1999)。

在正常情况下，PCD 的程序受到来自细胞环境的生存信号和细胞内细胞完整感受器信号的调控，细胞一旦失去与其生存环境的接触或经历无法补救的细胞内在损伤，便启动细胞的死亡程序，在细胞同时受到相互矛盾的分裂和停止分裂的信号时也可启动死亡程序。哺乳动物还进化出一套使机体能够主动指导其体内某一个细胞进行自杀的机制，即被称为"指令性"凋亡(instructive apoptosis)机制，这一机制对免疫系统功能的发挥尤其重要。在高等植物的发育过程中，这种"指令性"死亡程序更多、更普遍，植物体发育过程中许多细胞的 PCD 是发育过程所必需的，这些细胞的死亡是按既定程序定时、定点地发生，还有在对病原菌的反应中受侵染细胞的 PCD 也应是一种"指令性"的 PCD。死亡受体及其连接蛋白是细胞外"指令性"凋亡信号的接受者和传递者。近来的研究已经证明，木质部细胞分化中 PCD 的死亡信号就是诱导木质部分化的 IAA(Cao et al，2003b)，其死亡受体可能就是生长素结合蛋白 1(ABP1)。

在动物中死亡受体属于肿瘤坏死因子受体(tumour necrosis factor receptors，TNFR)基因家族。这类膜蛋白在结构上有一特征，就是皆有数个富含半胱氨酸、结构相似的胞外功能区和一个同源的胞内功能区，后者称做"死亡功能区"(death domain)。现在对结构和功能研究最清楚的死亡受体有 Fas(又称 CD95，Apol)和 TNFR1(又称 p55，CD120a)，了解比较多的还有 DR3，DR4 和 DR5，它们及其配体均为 TNFR 基因家族。它们与其配体配对，如 Fas 接受死亡信号后就与其配体 FasL 结合。FasL 和其他 TNF 家族成员一样是三聚体分子，每个 FasL 三聚体分子结合 3 个 Fas 分子，因而 FasL-Fas 的结合就导致死亡受体的胞内死亡功能区的聚集。一个名为 FADD(fas-associated death domain)的连接蛋白通过其自身的死亡功能区与受体的死亡功能区结合形成 FADD 的"死亡效应者功能区"(death effector domain，DED)，此区再与 caspase-8 的 DED 连接，使得局部聚集大量的 caspase-8 前体分子。随后 caspase-8 通过"紧密接触"或"寡聚体形成"的模式激活，活化的 caspase-8 再激活下游的效应者 caspase 前体，从而完成"指令性"凋亡信息的传递。总之，近年的研究表明，TNFR 家族死亡受体及其连接蛋白是细胞外"指令性"凋亡信号的接受者和传递者(Ashkenazi，Dixit，1998；Chang et al，1999；Kolesnick，1998)。近年来不仅已在分化中的木质部细胞和衰老中的叶肉细胞中检测到 caspase-8 类似物的存在(Cao et al，2003b)，而且在衰老顶芽发生 PCD

早期的细胞和维生素 K 诱导发生 PCD 烟草原生质体中皆检测到了 Fas 类似物的存在(Wang et al, 2002)。

另外,一些研究还证明,抑癌蛋白 p53 是细胞 DNA 损伤的感受器和细胞内凋亡信号的传递者(Evan, Littlewood, 1998; King, Cidlowwski, 1998),这种接受和传递的方式可能与植物中的差别很大,这里不再赘述。

有关 Bcl-2 蛋白家族的研究说明,该家族是细胞凋亡的关键调节者(Adams, Cory, 1998; Chao, Korsmeryer, 1998),根据其对 PCD 的影响分为抗 PCD 蛋白和促 PCD 蛋白两类,主要功能为:(1) 发现和记录各种细胞内的损伤;(2) 评价由其他细胞发出的正负信号;(3) 整合相互竞争和相互矛盾的信号;(4) 发出决定细胞生存或凋亡的指令。而其调节 PCD 的机理,现普遍认为一是通过其成员之间与 caspase 活化相关的辅助因子形成二聚体,从而调节 caspase 前体的活化;二是在线粒体膜上形成由多聚体组成的孔,控制线粒体内 caspase 激活物的释放。

4.4.2.2 效应阶段(线粒体阶段)

效应阶段涉及 PCD 的中心环节——caspase 的活化。caspase 家族是直接导致编程死亡细胞原生质体解体的蛋白酶系统,它控制着 PCD 的信号传导和实施过程。从线虫到人体都发现有此类酶,植物中也发现了此类酶的类似物,足见其保守性。在动物中已知此家族至少有 13 种,哺乳动物中有 12 种,可分成 3 个亚家族——ICE、caspase-2 和 caspase-3 亚家族。不同的 caspase 有不同的功能,有些可导致 PCD,有的则在动物中引起炎症反应。引起 PCD 的又可分为启动者(initiator) caspase 和效应者(effector) caspase。前者居于 caspase 级联反应(caspase cascade)的上游,通过其酶切作用激活下游的 caspase;而后者则直接酶解细胞的结构蛋白和功能蛋白,与细胞解体直接相关(Thornberry, Lazebnik, 1998; Kidd, 1998)。

关于效应阶段中 caspase 激活机理的研究是近年的热点,也取得了较大进展(Thornberry, Lazebnik, 1998; Kidd, 1998)。目前能被多数学者接受的是"紧密接触"(proximity)学说或称"寡聚体形成"(oligomerization)学说。该学说认为 caspase 以低浓度的单聚体形式存在于细胞中,促编程死亡信息提供一个辅助因子把两个或多个 caspase 前体拉到一起,产生"紧密接触"并形成寡聚体,从而产生分子间的自发酶解而激活。证明这一学说的证据有三:一是 caspase 的前体具有可检测的活性;二是 caspase 的活化要有二聚体形成;三是人工过量表达 caspase 前体可导致 caspase 活化。不过在植物中尚未见分离纯化 caspase 的报道,而且在拟南芥(*Arabitopsis*)全部基因序列测定完成后也没有发现 caspase 的同源物,但有一些 caspase 抑制剂实验和用 caspase 的抗体所做的检测皆说明,植物中存在着与细胞编程死亡有关的半胱氨酸蛋白酶(Pozo, Lam, 1998; Zhou et al, 1999b; Mitsuhara et al, 1999),也存在着 caspase 的类似物(Pozo, Lam, 1998; Zhou et al, 1999b; Cao et al, 2003a, b; Woltering et al, 2002)。近年不仅已从植物对病原体的超敏反应的 PCD 细胞中分离得到了 caspase 类似物(Coffeen, Worlpert, 2004; Chichkova et al, 2004),而且也从植物正常发育调节的 PCD 细胞中(Belenghi et al, 2004)证明了该类似物的存在。

效应阶段还涉及线粒体通透性改变。近年来的大量研究表明,线粒体的功能不仅在于产生 ATP,还在于产生 O_2^-、诱导 PCD 发生的物质等。在线粒体膜上存在着许多由不同蛋白质组成的透性可转变孔(permeability transition pore, PTP),Bcl-2,Bcl-XL 等抑制 PTP 的开放,从而抑制 PCD 因子的释放和阻止 PCD 的发生,而 Bax,Bad,Bak,Bik,Bcl-Xs 等的作用则是促进 PTP 开放,从而导致细胞色素 c(cytochrome c,简称 cyt c)的释放。释放到细胞质的 cyt c

与 Apaf-1 结合，后者在 ATP 存在的条件下再与 caspase-9 前体结合而激活 caspase-9；活化的 caspase-9 激发 caspase 级联反应，从而使细胞发生 PCD。如果 PCD 诱导因子导致渗透压发生明显变化，引起线粒体内间质空间扩大，乃至整个线粒体出现肿胀而使外膜破裂，cyt c 大量释放，直接影响线粒体呼吸链的电子传递和能量代谢，ATP 生成明显减少，O_2^- 大量产生，最终使细胞发生慢性坏死(Kroemer et al, 1998)。如果细胞内 Ca^{2+} 增加，打开了 Ca^{2+} 通道，也能启动凋亡过程(Schindler et al, 1995; McConkey, Orrenius, 1995)，这是因为活性氧、促氧化剂、Ca^{2+} 和 caspase 等因子皆可诱导线粒体 PTP 的开放，由于 Zn^{2+} 是脱氧核糖核酸酶(DNase)的抑制剂，所以它能阻止 PCD 过程。近来的研究说明，Bcl-XL 和 Ced9 也能抑制植物细胞的 PCD，但是否也抑制 PTP 的开放尚不明确(Mitsuhara et al, 1999)，试验也已证明 Ca^{2+} 通道的打开是启动管状分子分化中 PCD 的关键步骤(Groover, Jones, 1999)。近年的一些研究也已证明线粒体在植物细胞 PCD 中也起着重要作用(Jones, 2000; Danon et al, 2000; Lei et al, 2003)，而且 cyt c 也能诱导植物细胞 PCD(Sun et al, 1999; 孙英丽，等，1999)，并已证明由于植物中线粒体透性的改变而释放出 cyt c 和活性氧也能诱导 PCD 的发生(Robson, Vanlerberghe, 2002; Tiwari et al, 2002)。

4.4.2.3　清除阶段(后线粒体阶段)

此阶段涉及 caspase 对死亡底物的酶解，染色体 DNA 片段化以及吞噬细胞对凋亡小体的吞噬。目前对在效应阶段激活的 caspase 使细胞解体的机理仍然没有充分认识，不过，已知有三种解体细胞的方式(Thornberry, Lazebnik, 1998; Kidd, 1998)，一是酶解、灭活编程死亡抑制物；二是酶解细胞的结构蛋白；三是酶解分离具有酶活性的蛋白分子的调节区和催化区使其失活。一个能说明第一种解体方式的很好的例子是 ICAD 的酶解失活：在细胞中存在一种与 DNA 片段化有关的需 caspase 激活的脱氧核糖核酸酶 CAD(caspase-activated deoxyribonuclease)，在正常生活的细胞中 CAD 与其抑制物 ICAD 形成无活性的复合体，当细胞出现编程死亡时，活化的 caspase 使 ICAD 酶解失活，CAD 从复合体中游离出来而活化，然后，CAD 酶解染色体 DNA，产生出以 180 bp 为倍数长度的 DNA 片段，这就是细胞发生 PCD 时出现 DNA ladder 电泳图的原因。近年有关参与 PCD 过程中 DNA 片段化的 DNase 的研究非常多，已确认有此功能的 DNase 有二十多种(Lu et al, 2004)，其中既有将染色质 DNA 降解为核小体倍数的 DNA 片段的 DNaseⅠ(Ribeiro, Carson, 1993)，也有将染色质 DNA 降解为 M_r 较大的片段的大分子 DNA 片段化因子(LDFF)(Lu et al, 2004)和核酸内切酶 G(Endo G)(Parrsh et al, 2001)，Endo G 在正常细胞中位于线粒体中，而在 PCD 细胞中才转到核中发挥作用(Loo et al, 2001; Li et al, 2001)。Caspase 在 PCD 中起重要作用的另一个例子是对核膜薄层蛋白(lamin)的酶解。Lamin 分子首尾相连形成多聚体衬在核膜内层参与染色质有序分布的形成。Caspase 酶解 lamin 使细胞在编程死亡时出现染色质凝集现象。最新的研究已经证明，染色质凝集和 DNA 片段化可能是两个独立的过程(Lu et al, 2004)。

关于对凋亡小体的吞噬和清除机理的研究也已取得一些进展，实验发现，很多类型的 PCD 开始时，原先位于细胞膜内表面的一种膜磷脂——磷酯酰丝氨酸(phosphatidyl serine, PS)转位到细胞膜的外表面，发生 PS 外化。

4.5 植物PCD的特点

有关植物细胞PCD的研究起步较晚，但1995年以后，已进行的大量研究几乎遍及植物发育生物学的各个领域(Pennell, Lamb, 1997)。过去有些维管分子分化(Behmke, Sjolund, 1990; Groover et al, 1997)和胚胎发育过程中珠心组织细胞衰退过程(尤瑞麟，1985)的研究，实际上都涉及了PCD问题，只是没从这个角度考虑，但现在看来，与动物的PCD非常相似。遗憾的是原来对管状分子的研究多集中于细胞壁的形成，很少注意原生质体的变化，从对筛分子分化过程中原生质体变化(Eleftheriou, 1986)，以及近年对管状分子分化中原生质体变化的研究(王雅清，崔克明，1998; Groover et al, 1997, 1999; Fukuda, 1996, 1997; Cao et al, 2003b)发现，它们的细胞核变化与动物细胞的PCD中核的变化非常相似，染色质发生浓缩变形。尤瑞麟(1985)对小麦(*Triticum eastivum*)珠心组织衰退过程的超微结构研究，符近(1996)对马占相思(*Acacia mangium*)种子老化过程的超微结构研究，以及Li DH等(2002, 2003)对银杏(*Ginko biloba*)贮粉室形成过程中珠心细胞超微结构变化的观察，都说明它们具有PCD的典型形态学特征。被子植物小孢子发育过程中绒毡层细胞的死亡和被小孢子吸收的过程也是典型的PCD。近年来关于在*Zinnia*叶肉组织培养系统中管状分子分化的研究(Fukuda, 1997)，次生木质部导管分子的分化过程的研究(王雅清，崔克明，1998; Cao et al, 2003b)，单子叶植物种子萌发中糊粉层细胞的变化(Bush et al, 1989; Kuo et al, 1996; Wang M et al, 1996)、叶片和花瓣的衰老过程(Bleecker, Patterson, 1997; Orzaez, Granell, 1997; Cao et al, 2003a)以及根生长过程根冠细胞的死亡过程(Wang H et al, 1996)的研究都证明它们都是PCD过程。这些过程中不仅原生质体的形态学变化与动物的PCD过程相似，而且其间DNA的降解过程等生化变化也与之相似。早在1989年，Thelen和Northcote就从*Zinnia elegans*中鉴定、纯化了一种核酸酶作为木质部发生的蛋白质分子标记，Aoyagi等(1998)又分别从大麦胚乳的糊粉层和*Zinnia*分化的管状分子中克隆出与PCD有关的两个S1型DNase的基因(*benl*和*zenl*)。近年从杜仲正在分化的次生木质部中初步鉴定出一个与PCD过程中DNA片段化有关的、M_r为35 000的DNase，从杨树分化的次生木质部中鉴定出两个与PCD有关的、M_r约50 000的DNase，从衰老的杜仲叶片中鉴定出一个与PCD有关的、M_r为20 000的DNase(Cao et al, 2003a)，在杜仲和杨树正在分化的木质部中还分别检测到了caspase-3和caspase-8的类似物(Cao et al, 2003b)。Schindler等(1995)在研究玉米胚芽鞘中的阿拉伯半乳糖蛋白(AGPs)时发现，AGPs是木质部分化时死亡程序启动的标志，关于酸性磷酸酶(王雅清，等，1999)和ATPase在木质部分子分化(王雅清，崔克明，2000)和珠心组织细胞衰退时(田国伟，申家恒，1996; Tian et al, 1999)的超微细胞化学定位说明，这两种酶也都参与了PCD过程，这些酶是否也属于caspase家族尚未见报道。但从现有的研究看，它们是在PCD的效应阶段发挥作用的，但它们在PCD中占有什么地位、怎样被激活等都值得进一步研究。另外，植物中，特别是在植物的正常发育中，一些细胞PCD的诱导因子是什么、它们的受体又是什么、死亡信号是怎么传递的、线粒体是否也像在动物PCD中一样起着关键的调控作用等问题都没有解决。不过从以前的一些研究可以推测出，IAA可能是维管分子分化中PCD的诱导因子(Cao et al, 2003b)，其受体可能就是死亡受体。还有一些研究说明，乙烯(Zhou et al, 1999a; 周军，等，1999; Orzaez et al, 1997a)和一些诱导动物细胞发生PCD的因子，如cyt c，O_2^-等(Mittler et al, 1996; 孙英丽，等，1999；Robson，Vanlerberghe，2002；Tiwari et al，2002；Overmyer et al，2003)也都是诱导植物细胞 PCD 的因子。

Greenberg 等(1994)和 Ryerson 等(1996)研究了植物中活化病原体触发反应与多重防御功能关系中的 PCD，认为病原体诱导植物 PCD 是植物的一种防御反应，并用缺失一个促细胞死亡基因(*ACD*)突变体的研究发现一个对 PCD 进行负调节的基因(*ACD2*)。

综上所述，就 PCD 的发生来说，植物和动物一样，可分为两类：一是植物体发育过程中必不可少的一部分；二是植物体对外界环境，包括对病原体的一种防御性反应。可以说植物体的整个发育过程中充满了 PCD，就是组织培养中胚状体或器官的发生过程也离不开 PCD(McCabe，Pennell，1996；McCabe et al，1997；Mittler et al，1995；McCabe，Leaver，2000)。

和动物细胞的 PCD 比起来，除了其过程的细胞形态学变化外，Orzaez 和 Granell(1997b)的研究还证明，对植物细胞的 PCD 进行负调节的基因 *dad*(defender against apoptosis death)也与动物的同源，参与此过程的 DNase 和 caspase 也都起着相似的重要作用。另外，现在的一些研究也说明，植物和动物的 PCD 也有一些方面是不同的，最明显的是细胞死亡后产物的去向，动物中都是被其他细胞吞噬利用，而植物的有些细胞 PCD 过程的产物是主要用于本身细胞壁的构建(王雅清，崔克明，1998)。

总结至今有关植物 PCD 的研究可以看出，植物的 PCD 过程中启动阶段的死亡因子可能与动物存在不同，尤其是正常发育过程中发生的 PCD，如管状分子 PCD 的死亡因子可能是 IAA，木栓细胞 PCD 的死亡因子可能是乙烯和外界干燥的空气，叶子衰老中叶肉细胞 PCD 的死亡因子则可能是光周期信号等；它们的死亡受体也是不同的，但是死亡受体接受死亡信号后经过一定的级联反应后都要激活起始 caspase——caspase-8，再经一系列级联反应进入效应期，激活 caspase-3，caspase-3 活化 DNase，DNase 酶切 DNA，使之形成 180～200 bp 的 DNA 片段，并活化酸性磷酸酶、ATPase 等一系列水解酶，最终进入降解清除期，使细胞核、质体、线粒体、液泡、内质网和细胞壁等细胞器水解，但此期中并不都像动物那样，降解的产物都被其他细胞吞噬吸收，有的可能参与了次生壁的构建。

4.6　PCD 在植物发育中的作用

植物体的整个发育过程中许多细胞自然死亡，而且它们的死亡对植物的发育具有不可替代的重要意义，大体可概括为以下几点。

4.6.1　在生殖器官的发育中保证功能细胞的发育和生殖过程的完成

(1) 植物茎端分生组织由营养生长转化为生殖生长后，顶端原始细胞的变化。如果营养茎端变成无限花序端，则顶端细胞的分裂加快，从而使生长锥变长，花序和花分化的末期，整个生长锥细胞发生 PCD；如果营养生长锥变成花芽原基，则是最顶端的分生组织细胞发生 PCD，从而使顶端分生组织变平变宽，由周边组织逐步发生花器官各部的原基。

(2) 雌雄异花和雌雄异株植物的性别决定(sex determination)。由于种子植物的减数分裂发生在形成孢子时，故有世代交替，因此植物的性别决定实际是孢子叶决定(sporophyll determination)。所谓雄性(male)就是只形成小孢子叶或小孢子叶上最终发育出成熟的雄配子，不形成大孢子叶或大孢子叶上不能最终发育出成熟的雌配子；而所谓雌性(female)则正好相反。之所以只有一种孢子叶发育成熟,就是因为另一种孢子叶在发生和发育的不同时期,其组成细胞的多数或关键部位发生 PCD,从而在相应时期败育。不同的植物,发生败育的时期不同,如一年生山靛(*Mercurialus annua*)和菠菜(*Spinacia oleracea*)是在成花诱导后花芽分化时,孢子叶原基刚发生,其中一种就发生 PCD 而败育,另一种则正常发育;玉米发生于孢子叶原基发生后,开始发育的早期;麦瓶草(*Silene alba*)发生在孢子叶成熟时;芦笋(*Asparagus officinalis*)发生在孢子发生时;多倍体草莓(*Fragaria* spp.)则发生于配子形成时(Dellaporta, Calderon-Urrea, 1993, 1994)。如果启动 PCD 程序的基因发生突变,或由于环境因素的改变使 PCD 程序不能启动或死亡程序执行过程中被终止,都会使单性花变成两性花。植物中雄性不育的发生实际上也是一种特殊的单性化,是在从小孢子发生到雄配子体发育的不同阶段,小孢子或雄配子体组成细胞发生 PCD,其中一部分,也就是绒毡层细胞过早或过晚发生 PCD 造成的。而控制小孢子或雄配子体死亡程序的基因,有的是核基因,如温敏核不育谷子、光敏核不育水稻等(李泽炳, 1995),也有的是线粒体基因,如三系水稻、三系玉米、三系高粱等不育系就是由线粒体中的一个基因群编制的死亡程序控制的。

(3) 保证功能孢子的形成和发育。在许多种子植物中,大孢子母细胞经减数分裂形成的四个大孢子中靠近珠孔端或靠近合点端的三个退化,从对玉米(Russell, 1979)和银杏(Li et al, 2002,2003)无功能大孢子退化过程的超微结构研究来看,都是典型的 PCD,正是它们的死亡保证了功能大孢子的发育。

在多数被子植物的小孢子母细胞发生和形成过程中,绒毡层细胞逐步发育到高度发达的状态,但当减数分裂接近完成时,绒毡层细胞开始出现退化迹象,在小孢子发育过程中解体并被小孢子吸收,其超微结构研究(Papini et al, 1999)也说明退化迹象是典型的 PCD,一旦绒毡层细胞的 PCD 提前或推后,甚至不发生,就会引起小孢子退化(胡适宜, 等, 1977; 陈朱希昭, 等, 1984),即形成雄性不育,而且其超微结构变化说明小孢子退化也是发生了 PCD。

(4) 保证配子体的发育。在被子植物的雌配子体(胚囊)发育中,珠心组织细胞逐步发生衰退,而且为胚囊所吸收,这一过程也是 PCD(尤瑞麟, 1985)。而雄配子体发育的早期(成熟花粉粒)仍然依赖于绒毡层细胞的 PCD。裸子植物雄配子体发育过程中原叶细胞的退化和珠心组织细胞的衰退也是 PCD。

(5) 传粉后花粉管生长和受精后失去功能花结构的衰老退化。当有花植物完成传粉后,花粉管在柱头和花柱中的生长,就是靠了柱头或花柱组织细胞的编程死亡,而受精后,其花瓣、雄蕊群等结构就不再具有生理学意义,花瓣的衰老过程已证明是通过 PCD 来完成的,而且其抗程序性死亡基因(*dad*)是和动物的同源(Orzaez, Granell, 1997a, b),其死亡程序的启动是由授粉作用诱导的,而不像动物细胞 PCD 那样是由线粒体释放的 cyt c 诱导的(Xu, Hanson, 2000)。

4.6.2 在胚胎发育中保证受精卵发育成正常胚胎

植物传粉后,接受花粉管的那个助细胞衰退过程的超微结构变化也说明是 PCD(Jensen, 1965; Schulz, Jensen, 1968; You, Jensen, 1985),后来其他助细胞和反足细胞的退化过程也表明是 PCD,另外,无胚乳种子胚发育过程中胚乳细胞也发生 PCD。

4.6.3 在种子萌发中保证幼苗的形成

有胚乳种子萌发中糊粉层细胞的变化是典型的PCD(Bush et al, 1989; Kuo et al, 1996; Wang H et al, 1996; Fath et al, 2001),而且已证明赤霉素(GA)诱导这一过程的发生,而ABA则抑制这一过程(Fath et al, 2001),还从大麦(*Hordeum vulgare*)的糊粉层细胞中分离到了与PCD有关的一个M_r为35 000的DNase,并克隆了它的基因(*BEN1*)(Aoyagi et al, 1998)。在种子的萌发过程中其他的胚乳细胞(Eklund, Edqvist, 2003)和无胚乳种子的子叶中的一些贮藏细胞也要发生PCD。总之,没有这些细胞的PCD,幼苗就会饥饿而死。

综上所述,从花发生起,到胚胎发育完成,整朵花除了卵细胞受精后发育成胚外,其他细胞几乎都在不同阶段相继发生了PCD,也就是说那么多细胞的死保证了一个受精卵细胞的活。

4.6.4 在植物体发育中保证有关器官的建成和组织分化

(1) 叶的形态建成和脱落。在叶的发育过程中,叶缘各种裂、齿和叶片中空洞,如龟背竹(*Monstoria deliciosa*)和*Aponogeton madagascariensis*的叶片的形成都是由于相关部位细胞的PCD造成的(Gunawardena et al, 2004)。叶脱落前叶片的衰老过程也是PCD(Bleecker, Patterson, 1997; Cao et al, 2003a; Coupe et al, 2003)。

(2) 输导组织和机械组织的形成。植物体中各部位的运输水分和无机盐的管状分子和执行机械支持功能的各种厚壁组织细胞,成熟时都是死细胞,它们的发育成熟过程本身就是PCD,有关管状分子分化过程中PCD的研究工作已相当多(Lai, Srivastava, 1976; Fukuda, 1996, 1997; Groover, Jones, 1999; 王雅清,崔克明, 1998; Cao et al, 2003b),已鉴定出了与其DNA断裂有关的DNase及其基因(*ZEN1*)(Aoyagi et al,1998),也已初步鉴定出了杜仲导管分子分化中与DNA降解有关的DNase和在杨树木质部分化中与PCD有关的、M_r为50 000的DNase,并检测到caspase-3和caspase-8的类似物(Cao et al, 2003b)。此外,还克隆到在火炬松分化时的木质部分子中特异表达的*EST*——PtX_3H_6和*PtX14A9*(Loopstra, Sederoff, 1995),以及在*Zinnia*叶肉培养系统中,管状分子分化时特异表达的*TED1*至*TED4*(Fukuda, 1996)等基因,可以说,这些基因都参与了木质部分子分化中PCD的调控,是编制控制管状分子分化死亡程序的一部分基因,还需要搞清编码这一程序的其余全部基因,以及这些基因是怎么样编码成死亡程序的,才能真正了解管状分子分化的调节过程。此外,筛分子成熟后成为无核的半死状态的细胞,其细胞核的解体过程也是典型的PCD(Eleftheriou, 1986)。

(3) 次生保护组织的形成。周皮中的木栓层细胞分化成熟后也成为死细胞,其分化成熟过程也是PCD。

(4) 根生长过程中根冠表面细胞的死亡过程。研究已证明此过程是典型的PCD(Wang H et al, 1996),正是这些细胞的主动死亡保证了根端分生组织在根的生长过程中避免在与土壤摩擦时受伤。

总之,组成植物体的大量细胞都是死细胞,也就是说这些细胞分化的最后结果都是死亡,大量有关未成熟木质部或未成熟韧皮部细胞分化、脱分化的研究显示PCD是细胞分化的最后阶段(崔克明, 1997)。

4.6.5 在免疫反应和抗病中的作用

近年有关 PCD 的论文中这方面的文献非常多(Jackson, Taylor, 1996; Dang et al, 1996; Greenberg, 1997; Mittler et al, 1998; Chichkova et al, 2004; Coffeen, Wolpert, 2004)。这些研究说明,当病原体侵染植物时,植物就发生过敏反应(HR),其间与病原体接触的细胞就发生 PCD。Mittler 等人(1998)的研究还说明,烟草受到病毒侵染时,H_2O_2 脱毒的关键酶——胞质抗坏血酸过氧化物酶受到抑制,从而使活性氧(O_2^-,H_2O_2)增加,进而诱导了细胞的 PCD,这可使植物里面的生活细胞免受侵染,从而达到抗病的效果。过去有关杜仲再生新皮腐烂病的研究曾发现,当细菌侵染再生树皮时,侵染层下面就很快发生木栓形成层,如果它向外分化木栓层快,并很快栓质化就可将此病菌隔在木栓层外面而达到抗病效果,如果在高温高湿时期,病菌的侵染比栓质化快,再生新皮就会腐烂而死(李正理,等, 1984; 崔克明, 1983)。

植物细胞编程死亡在发育过程中的作用是多方面的,是与细胞分裂、分化起着同等重要的作用。现将在植物发育中发生 PCD 的主要过程总结如图 4.6。

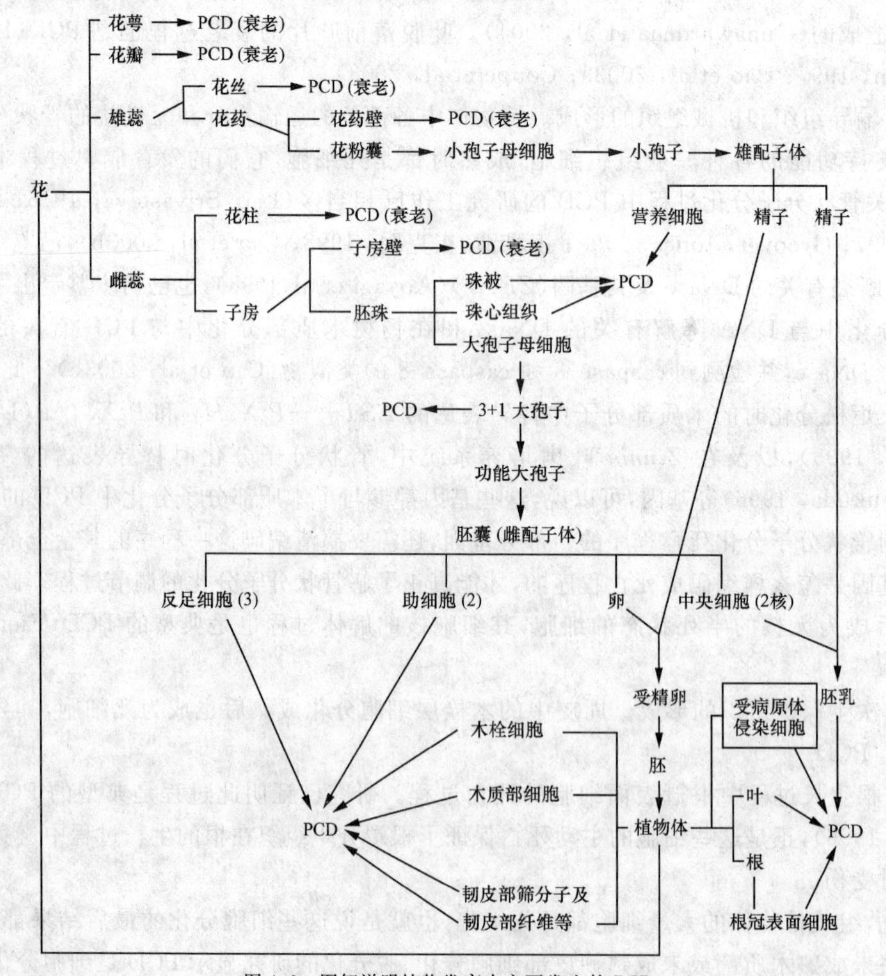

图 4.6 图解说明植物发育中主要发生的 PCD

4.7　植物 PCD 的诱导及死亡信号的接受和传导

像动物细胞一样，许多内外因素都可诱导植物细胞的 PCD。诱导产生一切分化成熟后为死细胞（管状分子、筛分子、纤维细胞、石细胞、木栓细胞等）的因子（如生长素、赤霉素、乙烯和脱落酸等激素，氧分压和干燥等外界环境条件）都是诱导 PCD 的因子（Schindler et al, 1995; Bush et al, 1989; Kuo et al, 1996; Pennell, Lamb, 1997; Fukuda, 1997; Wang H et al, 1996; Mittler et al, 1995; Mittler et al, 1996; Cao et al, 2003b）。在种子萌发中能活化 α-淀粉酶的赤霉素（Kuo et al, 1996; Fath et al, 2001）、病原体的侵入（Greenberg et al, 1994; Ryerson, Heath, 1996; Levvine et al, 1996; Mittler et al, 1995; 姜晓芳，等，1998; Chichkova et al, 2004; Coffeen, Wolpert, 2004）、高温（符近，1996; Chen et al, 1999）等也是诱导死亡程序开启的外界因子。所有这些因子都是死亡信号，而接受这些信号的受体就是死亡受体。现在杜仲木质部分化的研究已经证明 IAA 是死亡信号，生长素结合蛋白 ABP1 可能就是其死亡受体，该受体接受死亡信号后通过一些现在不知道的传递途径活化 caspase-8 类似物，再经一系列传递过程活化 caspase-3 类似物，进而活化 DNase 使染色质 DNA 片段化，细胞核凝缩变形，并开始次生壁构建和其他细胞器的逐步解体。现在的一些研究还说明，像诱导动物细胞发生编程死亡一样，cyt c（Stridh et al, 1998; 孙英丽，等，1999; Tiwari et al, 2002）和 O_2^-（Mittler et al, 1998; 李忌，郑荣良，1997; Fath et al, 2001; Tiwari et al, 2002）也是诱导植物细胞发生编程死亡的重要内在因子。这些内在因子的刺激首先抑制分解它们的酶的表达，使其浓度提高，进而诱导 PCD 发生。还有许多诱导植物细胞启动死亡程序的因子，我们仍然知之甚少，如胚胎发育过程中许多细胞的退化和解体的诱导因子。

由上可见，细胞的编程死亡是受一系列调控基因调控的，对动物中的这一过程已有一定了解，但对植物中的这一过程还知之甚少。不过从组成植物体的死细胞形态的多样性来看，控制这些细胞的死亡程序也应是不同的，所以才使它们分化形成的细胞壁各式各样。整个细胞分化过程也是受基因调控的，每一个阶段向另一个阶段的转变也都有其特定的基因调控，但对它们的了解还很少，还需要众多植物学家的共同努力。如果不仅证实了 PCD 确为细胞分化的最后阶段，而且还证明此过程中某一阶段的出现就是临界期的结束，如核膜的解体（王雅清，崔克明，1998），那么只要我们找到这一标记，就可以预测细胞或组织培养有无成功的希望。

第五章　植物发育的时间纪录

——龄

植物像一切生物一样，都有一个诞生、发育、成熟和死亡的过程，这个过程在时间上的度量单位就是“龄”，以年为单位就是“年龄”，以月为单位就是“月龄”，以天为单位就是“天龄”。同理，也可以有“时龄”、“分龄”和“秒龄”等。不过，这一指标只反映生物体从诞生起所经历的时间，并不能反映从诞生起所发生的分子生物学、生物化学、细胞生物学和形态结构的变化。而实际上，每一“龄”的生物体在这些方面都表现出一定的特征。死亡是一个生物体生命结束的特征，它在上述各方面也都有其特征。细胞分化是植物体发育的基础，细胞分化的阶段性反映了细胞的“龄”，也是植物体发育中“龄”的一个具体体现。

5.1　植物细胞分化的阶段性

在第三章中讨论基因社会学时已就细胞分化的阶段性理论作过较详细的讨论，但由于这也是细胞“龄”的一个重要表现形式，所以在这里将从另一个角度讨论这一问题。正如前述，按照该理论，细胞分化过程可分为不同的阶段（崔克明，1997；Cui，1992）：

（1）细胞分化过程可分为不同的阶段，各阶段有序进行，中间阶段不可逾越。

（2）细胞分化过程中有一个阶段是临界期，分化达到这个阶段前是可逆的，即可脱分化，一旦过了这一阶段，分化就成了不可逆的，也就不能脱分化了。如核桃剥皮后留在暴露面上的未成熟木质部细胞分化程度较高，不能脱分化形成形成层，也不能形成愈伤组织（图 5.1）（Cui，1992）。而杜仲剥皮再生过程中，由于留在表面的未成熟木质部细胞的分化程度较低，也就是说它们的分化过程还没有通过临界期，全部参加了新皮的形成（图 5.2）（李正理，等，1981；Li，Cui，1988）。根据近年的研究，临界期就处于死亡程序执行过程中的某个阶段，此阶段至少在杜仲木质部分化中有下述特点，即核 DNA 虽已发生片段化，但核膜仍完整，除高尔基体外还没有聚集大量的酸性磷酸酶和（或）ATPase（ATP 酶）（王雅清，崔克明，1998；王雅清，等，1999；Wang et al，2000）。

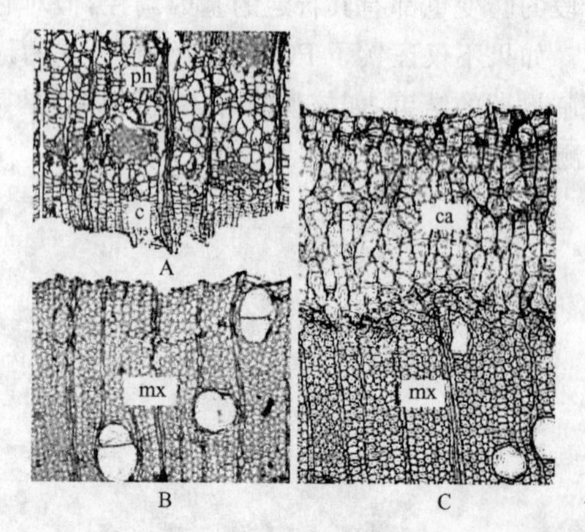

图 5.1　核桃剥下的树皮内表面（A）、剥皮后的树干表面（B）和剥皮 28 天后的树干表面主要由木射线形成的愈伤组织（C）。图中 c. 维管形成层；ca. 愈伤组织；mx. 成熟木质部；ph. 韧皮部

（3）脱分化是分化的逆过程，也是一个阶

段一个阶段地进行，中间过程不可逾越，如果原来分化经历了较多的阶段，脱分化到与受精卵分化阶段相当的胚性细胞就需要经历较多的阶段，因此脱分化过程也可以停在中间某一个阶段。杜仲(Li, Cui, 1983；李正理，等，1981b; Li et al, 1982; Li, Cui, 1988)、欧洲桦(Cui et al, 1995b)、构树(李正理，等，1988；贺晓，李正理，1991)和茄子等众多植物(Li et al, 1988；鲁鹏哲，等，1987；李正理，徐欣，1988)剥皮后在光下再生新皮的过程，就是由未成熟的木质部细胞脱分化直接形成新的形成层细胞的过程(图5.2)，杜仲植皮(Li et al, 1983)和构树去木质部(Cui et al, 1989；贺晓，李正理，1991)后的再生则是由未成熟韧皮部细胞直接脱分化形成新的形成层细胞(图5.3A)，这种脱分化只经历了一个阶段。而杜仲(Li et al, 1982)、欧洲桦(Cui et al, 1995b)、构树(崔克明，等，2000)剥皮后在黑暗中的再生过程和核桃剥皮后的树皮再生过程(图5.3B)则是先由未成熟木质部细胞脱分化形成愈伤组织，再由愈伤组织再分化形成形成层。愈伤组织中发生形成层比由未成熟木质部或未成熟韧皮部发生慢得多。这就说明前一个过程比后一个过程经历的阶段多，历时长。组织培养中用花器官做外植体容易直接形成花器官(图5.4)或其一部分(陆文樑，等，1986，1992，2000；Chen, Li, 1995；Zhao et al, 2001)，用子房做外植体容易形成无籽果实(Chichiricco et al, 1987；陆文樑，梁斌，1994)(图5.5)，用营养体的一部分做外植体则容易形成芽或根等营养器官(张新英，李正理，1981；Zhang, Li, 1984)，在叶片外植体上形成叶状体(桂耀林，等，1984)，这些都可能是外植体脱分化到一定阶段后就又再分化，而不是脱分化成受精卵那样的胚性细胞后再分化的。

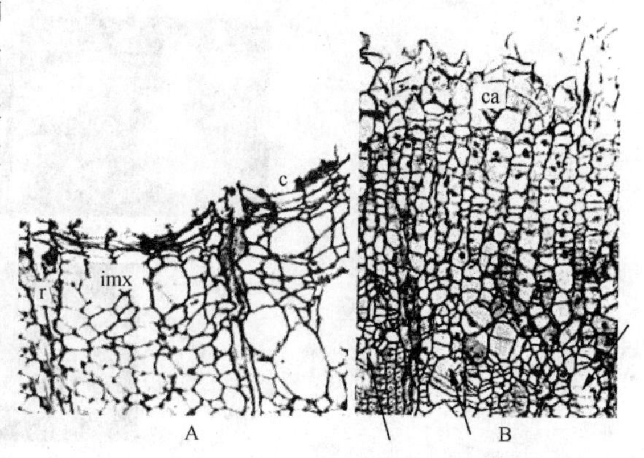

图5.2　杜仲剥皮后的树干表面(A)和杜仲剥皮3周后的再生树皮(B)。图中c. 维管形成层；ca. 愈伤组织；imx. 未成熟木质部；箭头示未成熟木质部细胞发生平周分裂形成再生形成层

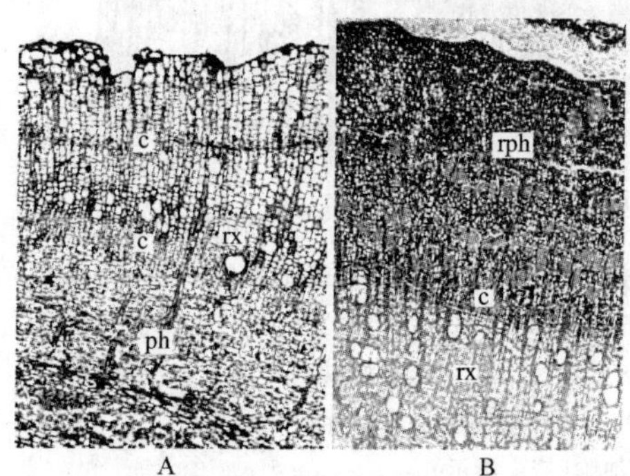

图5.3　构树去木质部8天后的再生树干状结构(A)和核桃剥皮3个月后的再生树皮(B)。图中c. 再生形成层；rph. 再生韧皮部；rx. 再生木质部；ph. 韧皮部

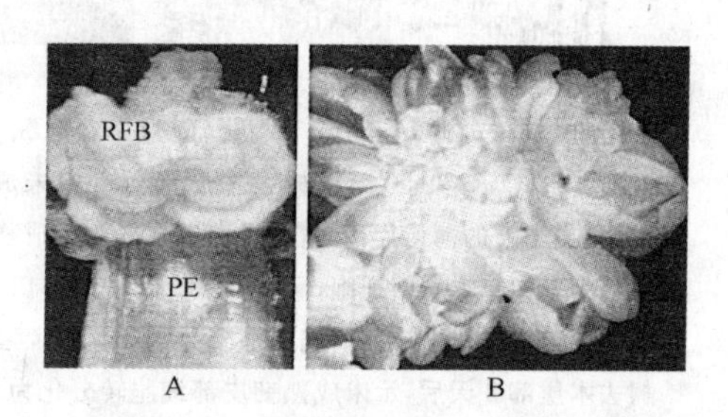

图5.4　风信子花被外植体分化出花。A. 培养40天的花被外植体已形成的具3轮花被片的再生花芽；B. 培养432天后再生花已分化出150多片的花被片。图中PE. 花被外植体；RFB. 再生花芽(引自陆文樑，等，2000)

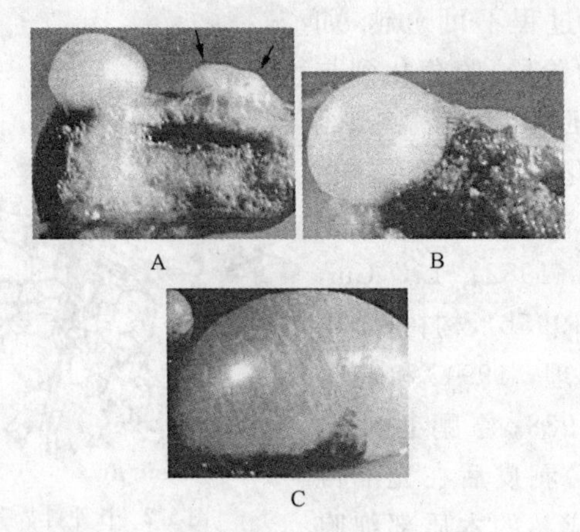

图 5.5 西红柿幼小果实外植体再生形成的果实状结构。A. 外植体表面形成幼小果实状结构;B. 培养两个月的果实状结构;C. 培养3个月的果实状结构(引自陆文樑,梁斌,1994)

(4) 分化到一定阶段,但还没有通过分化临界期的细胞在一定条件下还可以发生转分化,即改变原来的分化路径,沿着另一条分化途径分化成熟。当然,转分化前后的两条分化路径在转分化前的部分应基本相同,如杜仲剥皮后留在树干表面的部分未成熟木质部细胞转分化形成韧皮部细胞(图 5.6A),而植皮再生或去木质部再生中留在树皮内表面上的未成熟韧皮部细胞则会转分化形成木质部细胞(图 5.6D)。这就说明同由形成层细胞分裂分化而来的木质部母细胞(早期未成熟木质部细胞)和韧皮部母细胞(早期未成熟韧皮部细胞)在生物学性质上是相同的。

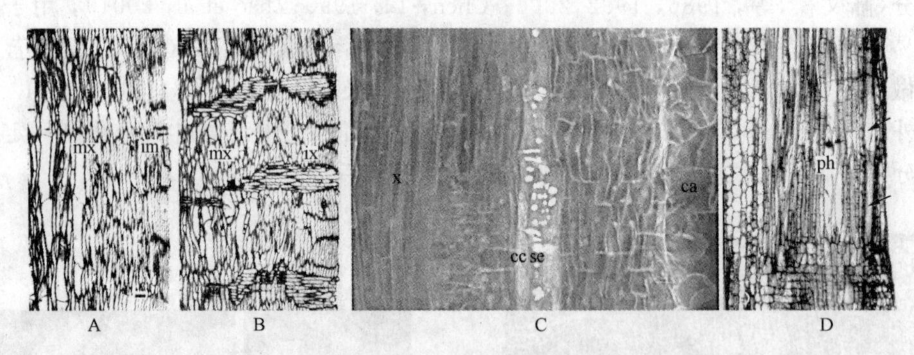

图 5.6 杜仲(A,B,C)和构树(D)茎干径向纵切面,示杜仲剥皮再生中未成熟木质部细胞转分化为韧皮部细胞(C,cc 和 se)和构树去木质部再生中未成熟韧皮部细胞转分化为木质部细胞(D,箭头所示)。A. 剥皮当天的薄切片,示留在表面的主要为未成熟木质部细胞;B. 剥皮后一天的薄切片,示留在表面的主要为未成熟木质部细胞;C. 剥皮 12 天后的厚切片,树脂蓝染色后在荧光显微镜下的照片,示未成熟木质部细胞转分化形成的韧皮部筛管分子(se)和伴胞(cc),其下的几层细胞将脱分化形成形成层(cl);D. 构树去木质部 2 天后,示未成熟韧皮部细胞转分化为木质部细胞(箭头所示)

(5) 细胞的编程死亡是细胞分化的最后阶段。植物体的整个发育过程中许多细胞分化成熟后为死细胞,即自然死亡。如许多被子植物中大孢子母细胞经减数分裂形成的四个大孢子,靠近珠孔端或靠近合点端的三个很快退化(Bell, 1996),花药发育时绒毡层细胞在小孢子发育过程中解体(Owen, Makaroff, 1995),管状分子分化成熟后成为死细胞(王雅清,崔克明,

1998；Mittler，Lam，1995；Fukuda，1996，1997；Cao et al，2003b)，筛分子成熟后成为无核的半死状态的细胞(Eleftheriou，1986)等。叶、花瓣、花萼、雄蕊、花柱和顶芽等的衰老过程都是其中的绝大多数细胞发生了编程死亡(Orzáez，Granell，1997a，b；Noodén，Leopold，1978；Gan，Amasico，1997；Cao et al，2003a)。

因为任何植物的个体都是由一个细胞，即受精卵或孢子或一个体细胞发育而来，也就是说，任何植物细胞都是植物体发育过程中一定阶段的产物。受精卵极化可以说是细胞分化的第一阶段，这个基因类群有序表达的结果诱导了受精卵第一次分裂产生出命运不同的两个细胞——基细胞和顶细胞。整个发育过程可用图 5.7 表示：

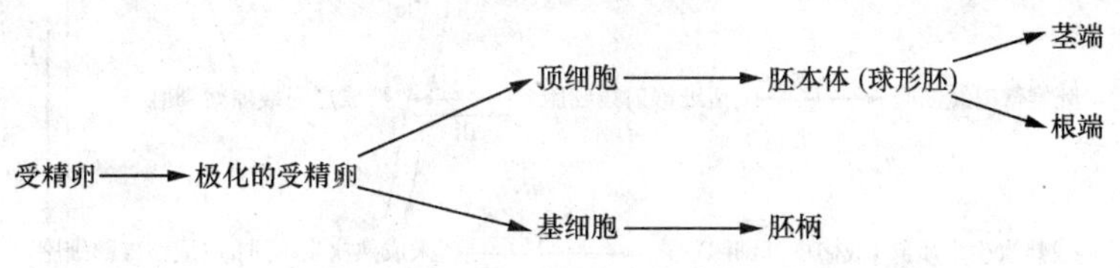

图 5.7 图解表示受精卵发育成胚的过程

在形成层发生及其衍生细胞的分化中，细胞分化的阶段性表现更为明显。Larson (1982) 和 Fahn (1990)提出原形成层和形成层是同一种组织的不同发育阶段(图 5.8)。

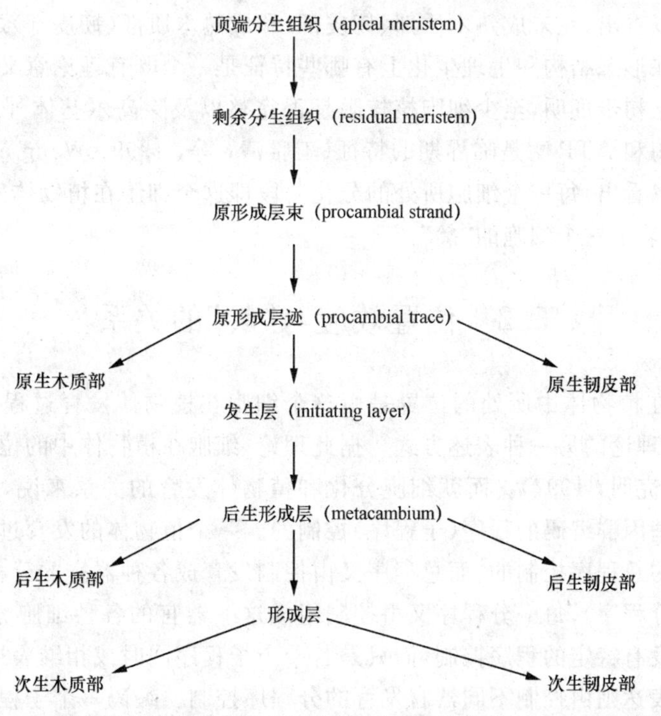

图 5.8 图解说明从顶端分生组织到形成层的发育过程(根据 Lasson，1982 修改)

图 5.8 说明了植物体中任何细胞都是经历若干阶段分化而成。根据我们对多种植物剥皮再生或去木质部再生的研究以及有关组织培养的文献，将有关组织分化、脱分化转分化的关系总结如图 5.9：

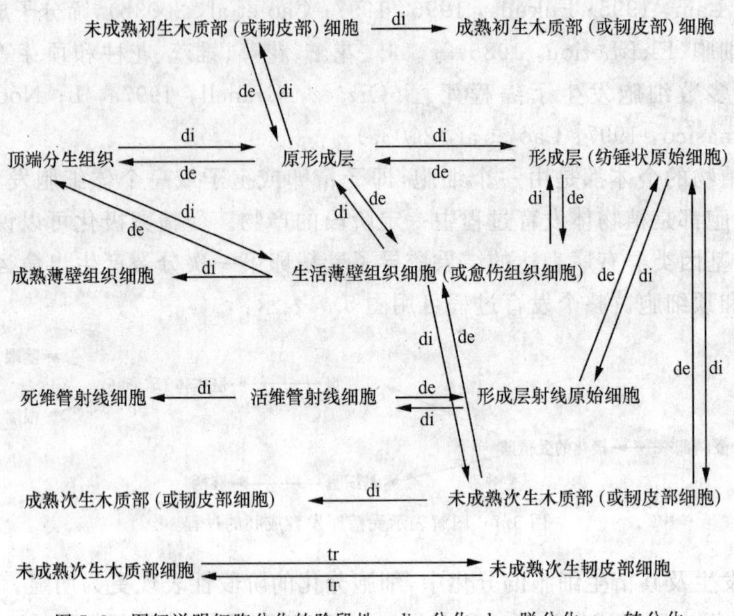

图 5.9 图解说明细胞分化的阶段性。di. 分化;de. 脱分化;tr. 转分化

从图 5.9 可以看出,在未成熟木质部(韧皮部)和成熟木质部(韧皮部)之间存在着临界期。研究临界期细胞在形态结构和生理生化上有哪些特征是一个既有理论意义又有实践意义的问题。近年的研究已初步证明,至少细胞核核膜是否完整以及除高尔基体外的细胞器上是否高度聚集酸性磷酸酶和 ATP 酶是临界期的特征(王雅清,等,1999;Wang et al,2000)。

从上述还可以看出,每一个细胞所处的分化阶段即这个细胞在植物体发育中形成的时期,也可以说,这就代表了这个细胞的"龄"。

5.2 位置效应与"龄"的关系

每一个细胞在植物体中所处的位置是由这个细胞在植物体发育过程中所处的阶段决定的,这是位置效应理论的另一种表述方式。据此理论,细胞在植物体中的位置就决定了这个细胞分化的命运(崔克明,1997)。而就细胞分化和植物体发育的关系来说,某一特定细胞的分化过程是由特定基因群编码的程序(子程序)控制的。一个植物体的发育过程则是由所需表达的全部基因编码的总程序控制的,而总程序又由控制发育成各种器官的分程序组成(有多少种器官就有多少种分程序),每一分程序又由控制组成这一器官的各种细胞分化的子程序组成。组织的分化可能没有特定的程序控制,而只是若干个子程序同时或相继表达的结果,至于到底有多少个子程序表达则由控制不同器官发育的分程序控制。编码一个子程序的基因中既有结构基因也有调节基因,结构基因编码植物细胞各类结构蛋白,调节基因所编码的则是控制结构基因表达时空关系的程序。一个分程序则可能是由若干调节基因把所需表达的全部子程序编码成使这些子程序按一定时空关系表达的程序,同理,控制一个植物体发育的总程序就可能是由若干调节基因把所需表达的全部分程序编码成使这些分程序按一定时空关系表达的程序。每一个总程序、分程序和子程序的启动也都由特定的调节基因控制。当然,单细胞的原核生物和真核生物的发育可能就简单得多,由于没有组织和器官的分化,也就不会存在分程序和总程序，子程序就等于总程序，但可能一种单细胞生物中存在着几种或更多的程序以适应在不同的环境下表达不同的程序。多细胞群体可能就只有子程序和总程序。

由此就可看出，所谓植物的"龄"，实质上就是控制发育成植物体的总程序表达过程在时间上的表现，而位置效应则是控制发育成植物体的总程序表达过程在空间上的表现。这二者间既有不同，又密切相关。因此，即使是同一细胞，或同一种器官、同一种组织，在植物体内所处位置不同，其"龄"也不同。如具异形叶的植物桉树（*Eucalyptus* sp.），其幼树的叶成卵圆披针形，而成树的叶为镰刀形（图 5.10），但在成年大树基部萌发出的枝条上的叶也是宽大的，而同年在树冠上形成的叶却是镰刀形的。胡杨（*Populus euphratica*）也有类似情况，幼树的叶像普通柳树的叶，呈披针形，而成年胡杨的叶则像普通杨树的叶，成卵圆形。这就说明在同一株树上同一年形成的芽中，上部的"龄"大于下部的"龄"。

A

B

图 5.10 幼年(A)和成年(B)桉树的叶形态

在树木的扦插繁殖中，一个人所共知的事实就是用成年树或老树基部枝条扦插长成的树不容易老化，而用其顶部枝条扦插长成的树就容易老化。

5.3 植物体上"龄"的痕迹

5.3.1 树木年轮是其公认的年龄

温带四季分明，一年中只有一个生长季，每年春季形成层恢复活动形成孔径较大的早材（early wood），进入夏季形成层形成孔径较小的晚材（late wood），秋末形成层停止活动进入休眠，第二年的早材和当年的晚材间界限明显，从而形成年轮。通常每年只形成一层，所以可以通过次生木质部中年轮的数目来判断树龄，因此北温带树木木材中的年轮是公认的树木年龄的标记（图 5.11）。热带四季不明显，只有雨季和旱季，这里的树木形成层活动通常没有生理休眠期，只有旱季胁迫形成的被动休眠期，而且雨季往往跨年度，虽然其木材也可看到一圈圈结构（图 5.12），但这一圈并不是一年内形成的，其数目也能反映树龄的大小，但称做年轮就不妥，因此，植物解剖学家建议使用生长轮（growth ring）这一术语，年轮只是生长轮的一种特例。大量的研究还说明，不仅年轮的数目反映树木的年龄，而且年轮的宽度也可在一定意义上反映树木的年龄。无论温带树木的年轮，还是热带树木的生长轮，都随年龄的增长而加宽，愈靠外的生长轮愈宽，过了它的生长大周期后其生长轮宽度会趋于稳定，甚至下降（图 5.13），当然，这是以降雨量和温度相似为前提的。

图 5.11 北温带树木的年轮。A. 四川都江堰公园中树龄在1700年以上的张松银杏；B. 一种古老松树部分木材的横切面，示年轮；C. 一种北温带阔叶树树干的横切面，示年轮。

图 5.12 热带树木烟洋椿(*Cedrera odorata*)树干部分横切面，示生长轮

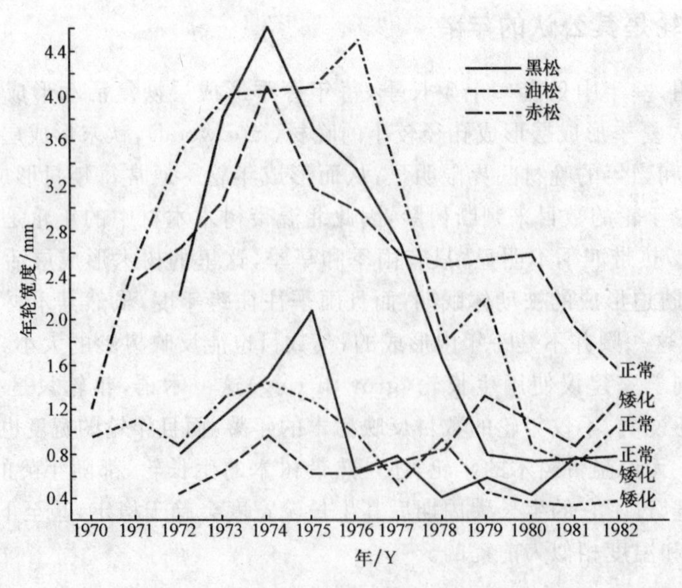

图 5.13 黑松(*Pinus thunbergii*)、油松(*P. tabulaeformis*)和赤松(*P. densiflora*)木材正常木材和矮化木材年轮宽度随树龄的变化（引自李正理，张新英，1985）

5.3.2　木质部细胞上"龄"的痕迹

对马占相思(*Acacia magium*)木纤维细胞的一些与造纸有关的性状的研究(王学文,崔克明, 2000),充分证明了在树木中不同部位的同一种组织或细胞有着不同的"龄",其他有关研究中也有类似结果,这些也是证明前述理论的一个很好例证。

(1) 纤维和管胞长度随生长轮变化。6 年生二倍体马占相思成熟树干中生长轮愈靠外,其纤维长度愈长($p<0.01$,图 5.14),二者呈非常显著的线性相关($y=602.5+72.2x$,$p<0.01$,式中 y 为纤维长度,x 为生长轮序号)。以前 Carlquist (1962)、Bailey 和 Tupper(1918) 及 Davidson (1976)的有关研究中也可看出类似结果(图 5.15)。

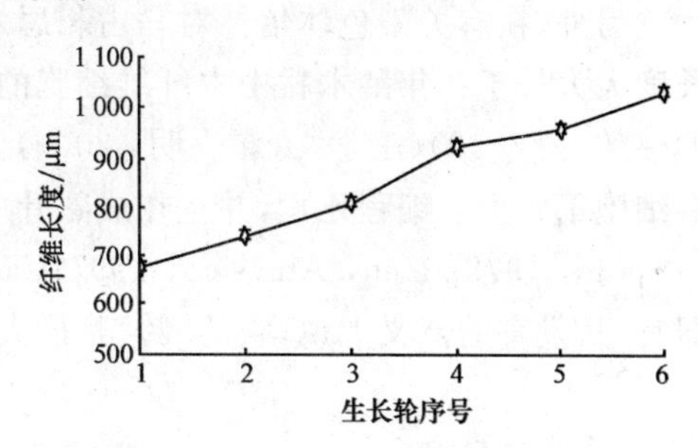

图 5.14　二倍体木纤维的长度随生长轮序号的变化(引自王学文,崔克明, 2000)

(2) 一年生枝条纤维长度随树龄的变化。不同树龄二倍体马占相思的一年生枝条中,木纤维长度随树龄的增加而显著增长($p<0.01$,图 5.16),但 6 年生的与 5 年生的相比却并没有显著地增长($p>0.05$),二者呈明显的正相关[$y=456.6+252.0\ln(x)$,$p<0.01$,式中 y 为纤维长度,x 为树龄]。

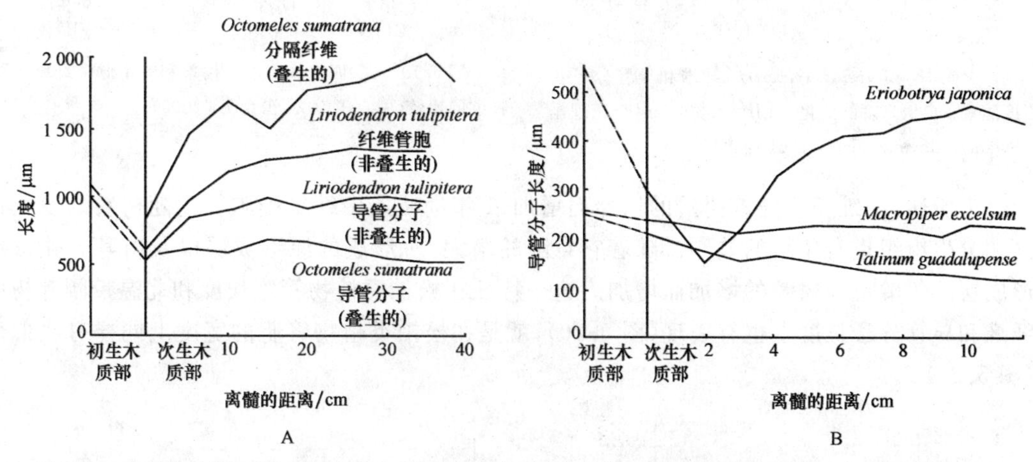

图 5.15　几种被子植物中木质部组成分子长度随基本反映年龄状况的离髓距离的变化(引自 Carlquist, 1988)

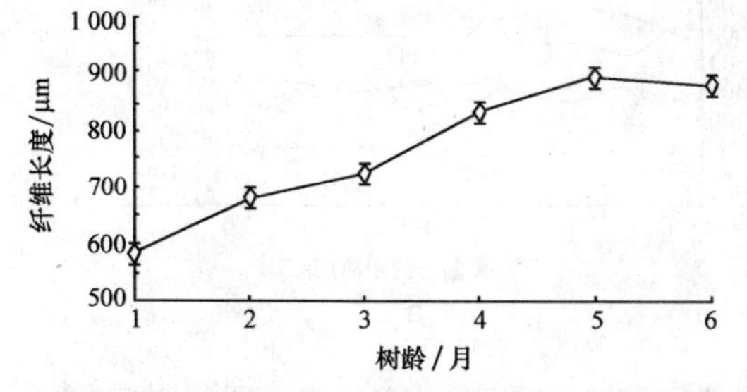

图 5.16　二倍体 1 年生枝条中纤维长度随树龄的变异(引自王学文,崔克明, 2000)

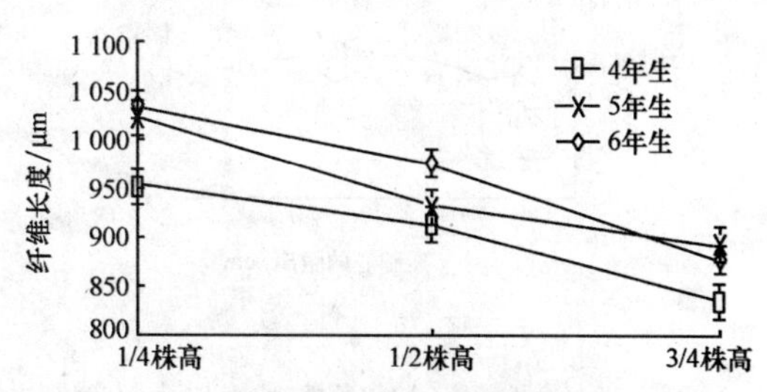

图 5.17　二倍体木纤维的长度随植株高度的变异(引自王学文,崔克明, 2000)

(3) 纤维性状随植株高度的变化。无论4年生、5年生还是6年生二倍体马占相思植株的最外一个生长轮的木材中,木纤维的长度皆随植株高度的增加而减少($p<0.05$,图5.17),而且5、6年生的树间差异不显著($p>0.05$)。4年生树的最外一个生长轮的木材纤维长度皆明显低于5、6年生的($p<0.05$)。早在20世纪60年代初Swamy等(1960)也曾在*Phoenix sylvestris*研究中报道过类似情况(图5.18)。

另外,在有关染色体倍性对马占相思木纤维性状影响的研究中发现,叶柄中木纤维细胞的长度大大长于各年龄木材中木纤维细胞的长度,而且不同倍性间的变化规律与1年生枝条中的一致(图5.19)(王学文,崔克明,2000)。而有关叶片衰老过程的研究都说明,衰老过程中所有细胞都发生了编程死亡,并且在成熟叶中叶肉细胞的核DNA早就发生了片段化(Noodén, Leopold, 1978; Gan, Amasico, 1997;Cao et al, 2003b)。这些都表明,叶子属于衰老阶段的器官,从发育的意义上说,它的"龄"是最大的,它的木纤维细胞最长也就不足为奇了。

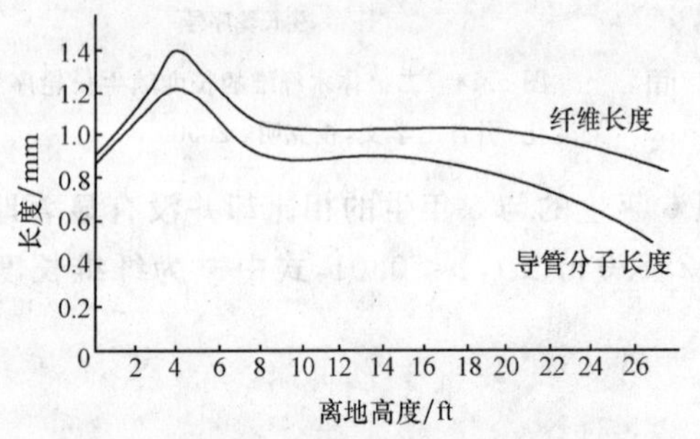

图5.18 *Phoenix sylvestris* 纤维和导管分子长度随茎干离地高度的变化。1 ft=0.3048 m(李正理据Swamy, Govindarajalu, 1961绘制)

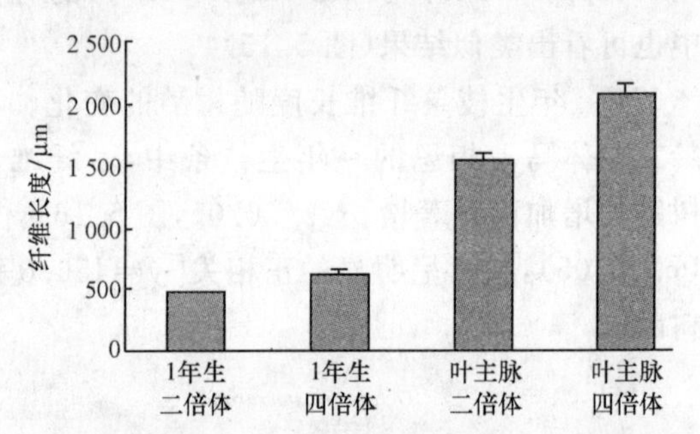

图5.19 二、四倍体1年生枝条和叶主脉中纤维长度的比较(引自王学文,崔克明,2000)

综上所述,纤维长度随着树龄的增加而增加,1年生枝条中纤维细胞长度随树龄的变化说明顶端分生组织也有年龄的差别。随着它年龄的增大,所形成的原形成层以及由其分化形成的形成层的年龄也随树龄的增加而增加。这一特征在松柏类植物管胞长度和北温带阔叶树中的纤维和导管分子长度上也有表现(图5.20),就是在松柏类植物管胞的宽度上同样有类似表现(图5.21)。

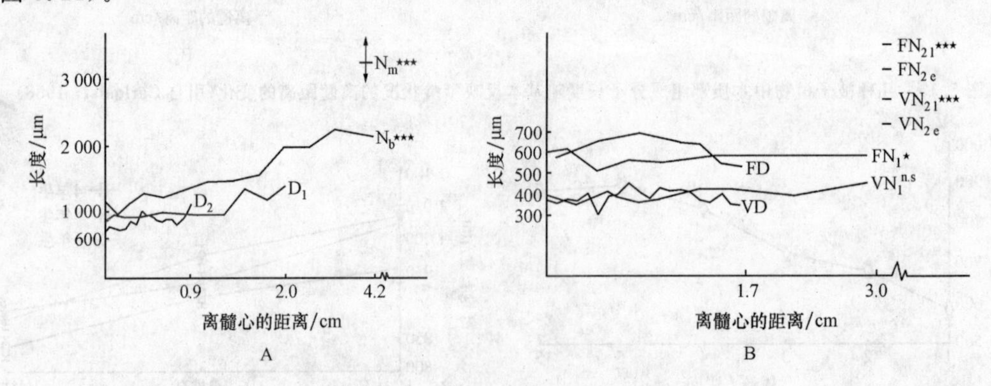

图5.20 赤松管胞(A)和刺楸(*Kalopanax pictus*)木材组成分子长度(B)随年轮的变化。图中FD. 矮化树木纤维;FN. 正常树木纤维;VD. 矮化树木导管分子;VN. 正常树木导管分子(引自Baas et al, 1984)

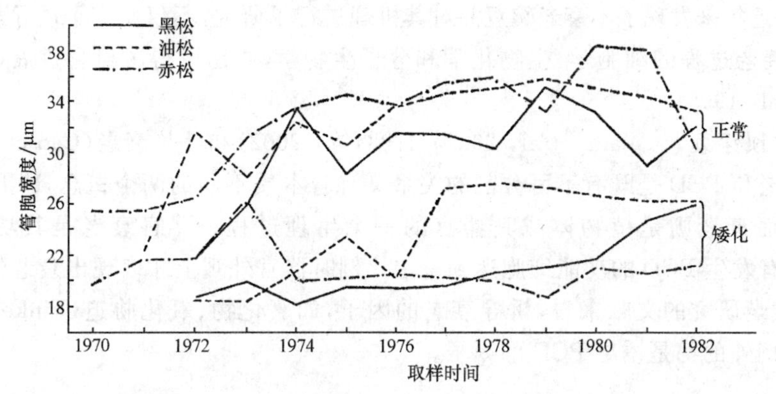

图 5.21 黑松、油松和赤松木材中管胞宽度随年龄的变化(引自李正理,张新英,1985)

5.4 植物发育中"龄"的实质及其形成机理

任何植物的发育过程都经历了诞生、幼年、成年、衰老和死亡,这就是有关"龄"度量的大的、适用于一切生物的尺度。因为植物孢子体的第一个细胞是受精卵,配子体的第一个细胞是孢子,因此这个细胞的形成就是该植物体"龄"的开始,此后细胞分化、分裂、形态发生和器官建成所经历的时间历程就是"龄"。其间无论就细胞来说,还是就整个植物体来说,无时无刻不在发生着分子水平、生物化学水平、生理学水平、细胞学水平和组织器官水平的变化,如果不发生意外,当它逐步走完诞生、幼年、成年、衰老各阶段后就按照既定程序死亡。就细胞来说现在把死亡分为坏死和编程死亡两类(Ker, 1972),前者是由于外因的直接作用,发生过程没有时序性。后者又分成两种情况,一是细胞本身对外界某一不利因子的主动反应,启动基因组内业已存在的死亡程序,主动自杀,以保护体内对生命活动更重要的细胞,从而继续完成其生命的历程,此类最典型的例子就是病原体诱导的 PCD(Greenberg et al, 1994; Greenberg, 1997);二是按照发育的既定程序在发育过程的特定时期、特定部位启动特定细胞内业已存在的死亡程序使其死亡,以完成植物体的细胞组织分化、形态发生和器官建成,此种 PCD 的典型例子有木栓细胞、管状分子和筛分子的分化过程,小孢子发育过程中绒毡层细胞的解体,大孢子发育过程中的珠心组织细胞的退化等。这两种 PCD 的共同特点是死亡过程中发生的分子事件、生物化学和形态学变化都有着严格的时序性(崔克明, 2000)。就整个植物体的衰老死亡来说,也可分成这样两类,一是外因致死,可以发生在发育的任何阶段,如淹死、旱死和病虫害致死等;二是自然死亡或称为编程死亡,这类也可因外因而加快其进程,但一定是在完成前面各阶段后才逐步发生衰老,直至死亡。

由上述就可看出,研究"龄"形成的机理就是研究整个植物体发育程序的基因组成、程序编制方式、表达时空式样及其表达的各级结果,这也就是植物发育生物学;对其诞生阶段的研究就是植物生殖生物学;对其幼年和成年阶段的研究就是形态发生生物学;而对衰老和死亡阶段的研究就是衰老生物学。对前几个学科的研究历史已相当悠久,相当深入,而对最后一个学科的研究则少得多。近年来此学科在人和动物方面的研究已引起了高度重视,2000 年 *Nature* 杂志上就发表了一个此方面综述文章的专辑。而对植物而言,此方面的研究则还相当少,而且许多研究是在重复动物方面的研究内容,如有关植物体内活性氧促进衰老、超氧化物歧化酶(SOD)对清除活性氧的作用及其对衰老影响的研究等(Song et al, 1994; 林植芳,等, 1988;宋纯鹏,等,1991; Slooten et al，1995）。近年来发现了不衰老豌豆并对其机理进行了研究，不仅研究了诱导豌豆衰老的因子，也研究了衰老过程的细胞学、生物化学和分子生物学，并已取得了可喜进展（Zhu，Davies，1997；Zhu et al，1998）。

近年有关顶芽衰老（Wang et al，2002；石鹏，等，2002）和叶片衰老（Cao et al，2003a）的研究表明，衰老和 PCD 是既有不可分割的关系又有着本质不同的两个概念，PCD 是细胞的一个生理过程，而衰老则是植物体或其器官的一个生理过程。器官衰老是其功能细胞发生 PCD，而且只有发生 PCD 的功能细胞达到一定比例时器官外观上才表现出衰老的特征。而就有关动植物衰老研究的文献来看，诱导衰老的因子，如氧化物、氧化胁迫（Finkel，Holbrook，2000）等无一例外的都是诱导 PCD 的因子。

5.5 研究植物“龄”的意义

植物“龄”的研究，特别是有关衰老生物学的研究将对研究植物寿命的决定机理具有十分重要的意义，而且对有关生物技术的改进和完善，以及新技术的发明也都有着重要的指导作用。

植物的寿命是由遗传决定的，也就是说是由基因编码的控制植物体发育的程序决定的。有的植物的寿命只有一周、一个月、两个月或三个月，如荒漠中的一些短命植物，有的植物只有一年、两年、三年等，但都是可知的有限时间，也有些植物的寿命几乎是无限的，至少到现在还不知道它们的极限，如大部分具有次生生长的树木。概括起来，植物可分成两大类，短寿命植物和长寿命植物。

短寿命植物　这类植物的一大特点是一生中只开花结实一次，一旦开始开花结实就停止营养生长，开花结实完成，生命就结束。有的植物因从幼年到开花的时间很长，所以寿命也可很长，如禾本科竹亚科植物。在花芽形成期间这类植物整个植株的顶芽往往由营养生长锥转化为生殖生长锥，即转变为花芽或花序芽。有的是此生殖生长锥在一定条件下几乎所有细胞逐步发生编程死亡，进而引起顶芽及至全株的衰老（Wang et al，2002；石鹏，等，2002；Li et al，2004），在这引起衰老的条件和诱导花芽形成的条件是一致的，如突变体 G2 豌豆是短日照诱导其花芽分化，诱导其衰老的也是短日照（图 5.22A）；而诱导其野生型开花的是长日照，诱导其衰老的也是长日照（图 5.22B），西葫芦与 G2 豌豆有类似情况（图 5.22C）。

另外，短寿命植物之所以形成这一特性，是在与环境的相互作用中经过长期的多次突变与选择而形成的对环境的一种适应。如短寿命植物就是对干旱的荒漠环境的适应，在短暂的雨后有限的土壤含水的时间内完成其生殖过程，以保留它们的后代。而一些一二年生植物则是在适宜的环境中尽快完成其生殖过程，以种子形式渡过不良环境。在这些植物中，控制其衰老过程的程序是由哪些基因编码的，这些基因又是如何编码、如何有序表达的；这些基因表达出的蛋白质（包括酶）又是如何相互作用，进而按一定程序完成形态发生和器官建成的，这些都是发育生物学中有待逐步解决的重大基础理论问题。

长寿命植物　这类植物最主要的是木本植物，他们都具有进行次生生长的侧生分生组织——木栓形成层和维管形成层，特别是维管形成层的活动不断产生次生木质部和次生韧皮部，使树木不断长粗，在温带树木中由于形成层的年周期活动和次生木质部的终生积累而形成了肉眼可见的年龄的痕迹——年轮。因此通过数年轮可知树的年龄。就以研究过的树来说，生长在

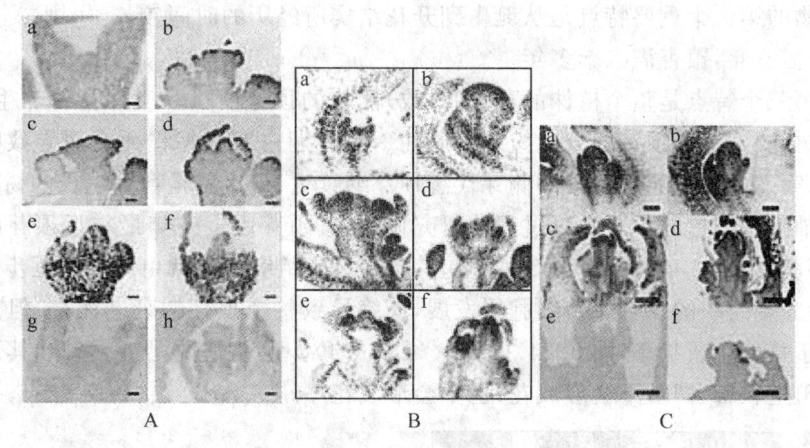

图 5.22 G2 豌豆(A)和西葫芦(C)在短日照下及野生型豌豆(B)在长日照下顶芽转化为花芽,并整个顶芽的细胞发生编程死亡,从而整株衰老(分别引自 Li et al, 2004; Wang et al, 2002; 石鹏,等, 2002)。A. TUNEL 反应检测 G2 豌豆顶端分生组织:a~f, 长日照处理,营养芽首先分化为花芽,花芽没分化完成,顶端分生组织就发生 PCD(b~f); g 和 h,短日照处理,保持营养生长状态。a 和 g 为培养 15 天,b、c、d、e 分别为培养 45 天、65 天、85 天和 105 天,f 和 h 为培养 125 天,标线示200 μm。B. 野生型豌豆在短日照下:a. 15 天营养生长锥;b. 30 天顶端分生组织开始变宽变短,开始向生殖生长锥转化;c. 40 天,顶端分生组织开始出现凹陷,周围分化出花萼和花瓣原基;d. 60 天,分化出雄蕊原基;e. 80 天,整个顶芽细胞变得模糊;f. 120 天,整个顶芽细胞结构已看不清,明显已解体,标线示 30 μm。C. a、c、e 生长在长日照下,始终处于营养生长状态;b、d、f 生长在短日照下,顶芽分化为花芽(fm),标线示 100 μm

美国加利福尼亚东南部白山上的一些刚毛球果松(*Pinus aristata*)的寿命已超过 4000 年(Ferguson, 1968; Lindsay, 1969),至今已发现的一株生活着的最老的刚毛球果松已达 4900 多年(Currey, 1965)(图 5.23A)。另据文献报道,在非洲发现的一段木材的年轮达 9000 年(Morey, 1973)。据文献记载的中国山东莒县的一株银杏树也已有 3000 多年,至今生长旺盛,年年结下大量种子;至今生活在湖北的地球上最古老的一株种子植物——水杉(*Metasequoia glyptostroboides*)王(图 5.23B)也是这类古树之一,可见它们寿命的无限性。这是这类植物的第一个重要特点。

图 5.23 美国加利福尼亚白山上的长寿松 (A)(引自 Currey, 1965)和中国湖北的水杉王(B)

这类植物的第二个重要特点是从诞生到开花结实所经历的时间较长，短则二三年，长则几十年，如杜仲需八年，银杏需二十多年。

它们的第三个特点是整个植株的顶芽和(或)侧枝的顶芽要么一直保持营养生长状态，即单轴生长的树；要么这种顶芽的分生组织细胞在一定时期内发生编程死亡而导致整个顶端分生组织死亡，第二年由最靠近顶端的侧芽代替顶芽继续生长，这就是合轴生长的树。近年有关杜仲这种合轴生长的树的顶芽发育过程的研究说明，其顶芽由上一年最靠近顶芽的侧芽发育形成，第二年萌发长成一新的枝，但 5 月下旬其顶芽分生组织细胞就由幼叶起逐步发生编程死亡，并向顶端分生组织的顶端原始细胞层发展，最终导致整个顶芽的衰老死亡，但其顶端分生组织始终处于营养生长状态(图 5.24)(Xu et al, 2004)。也就是说，无论怎样，其顶芽都不会转分化为生殖生长锥，即既不会形成花，也不会形成花序。

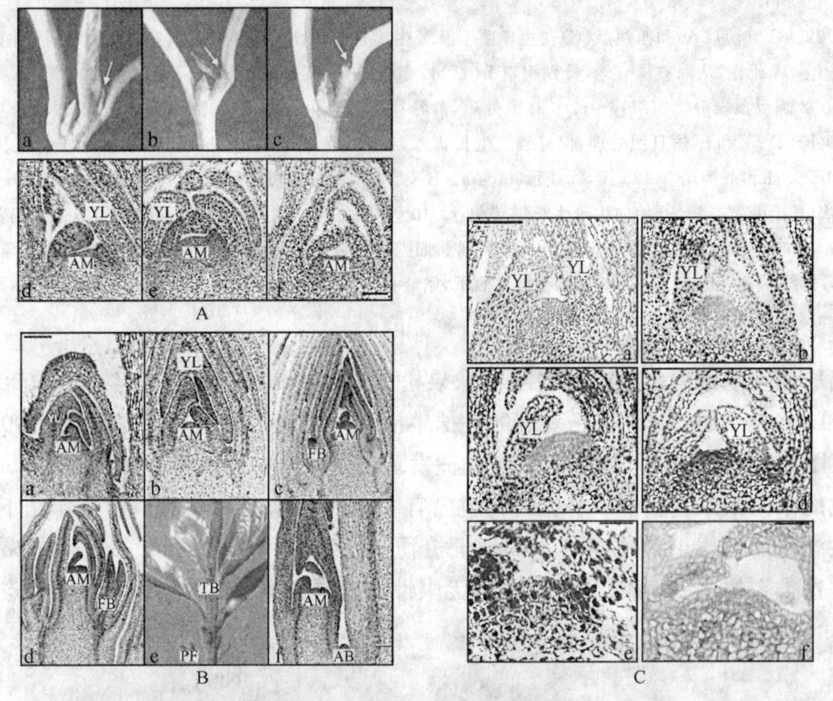

图 5.24 杜仲顶芽的衰老，示顶芽在营养生长状态下其组成细胞发生编程死亡。A. 图中 a、b、c 分别示 4 月、5 月、6 月顶芽外形的变化，d、e、f 则是它们相对应的顶芽内部结构的变化，f 示顶端分生组织顶端扁平，但没有分化为花芽，细胞已基本解体，标线示 50 μm。B. 当年叶腋间形成的侧芽的发育，图中 a、b、c、d 分别示 4 月、5 月初、5 月底、6 月花芽(FB)的分化，e. 第二年侧芽发育成的枝，f. 第二年 5 月的顶芽结构，图中 AB. 侧芽，AM. 顶端分生组织，FB. 花芽，PF. 雌花，TB. 顶芽，YL. 幼叶，标线示 50 μm。C. 用 TUNEL 反应标记的杜仲枝条的顶芽纵切面，图中 a、b、c、d 分别示 4 月 1 日、5 月 1 日、5 月 20 日、6 月 1 日的顶芽纵切面，e 和 f 分别为正对照和负对照，标线示 10 μm

第六章　调节植物发育的环境信号

很早以前人们就注意到水、温度、光照和空气等都影响着植物的发育，既影响着组织的分化，又影响着器官的建成，这正是由于植物不能主动逃避不良环境而形成的一种对环境的主动适应性反应。另外，植物在长期的进化中，这些环境因素又成了植物发育不可缺少的诱导和调节因子。

6.1　水

水是生物体内良好的溶剂，这是人所共知的事实。就植物的发育来说，水的影响是多方面的，不仅影响各种组织的分化，而且也影响着器官的建成，因为不论细胞分裂还是细胞体积的增大都依赖于水分的吸收、溶质的运输和积累以及细胞壁的松弛。另外，水不仅影响细胞的增殖分裂，也影响分化分裂，因而也就影响着细胞分化、组织分化和器官建成，这是因为，植物对环境中水分的变化能够做出快速而准确的反应，改变细胞分裂的速度和分化式样，以致器官的建成，以适应改变了的环境。如生长在山上石头缝中具有二十几年树龄的树的主干也就十几厘米高(图6.1)，这是盆景的主要来源。不过当环境中，特别是土壤中的水低到一定程度时，任何耐旱的植物也不能活，如在新疆塔里木河改道后的沙漠中，连抗旱性很强的胡杨和柽柳(*Tamarix chinensis*)也会因缺水而死亡(图6.2)。因此只有相对抗旱植物，不可能存在不需要水的植物，研究植物生长的极限水含量和极限(或称为临界)地下水位高度及其生物学指标对改造大西北和开发大西北就具有十分重要的意义。

图6.1　山东崂山上的矮化松树。A. 赤松；B. 油松(Baas et al, 1984)

除了水生植物外，绝大多数植物长期生长在水中会被淹死，但引起植物死亡的并不是水本身，而是因为水中所含氧气不能满足植物根的呼吸所需，因此只要提供足够的氧就可对植物进

图 6.2 新疆塔里木河改道后的沙漠中死亡的胡杨和濒临死亡的柽柳

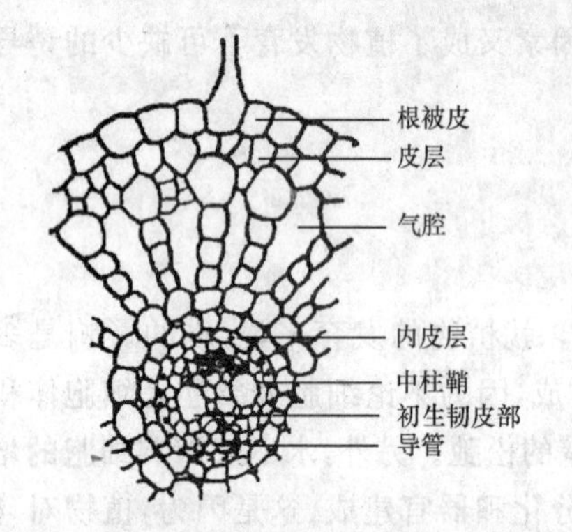

图 6.3 水生植物水鳖根的横切面，示通气组织——气腔

行水培。自然界中，有的植物根中形成了贮存氧的组织——贮气组织，如水鳖(*Hydrocharis morsus-ranae*)(图 6.3)，也有的植物形成了具负向地性的呼吸根，如生长在南方亚热带海滩上的红树(*Rhizophora*)(图 6.4A，B)，还有些植物虽然不是水生植物，但能很容易地形成气生根，即使不像普通水培那样通气也能在适当的水溶液中生长(图 6.4C)。还有些地方，水不断流动，普通植物也能生长，如四川的九寨沟，常年水流快的地方都生长着各种大树(图 6.5A)，而长年水流较慢的地方则像山上干旱的石头缝一样，大树长成了盆景(图 6.5B)。

图 6.4 海南岛的红树林中红树科(Rhizophoraceae)红海兰(*Rhizophora stylosa*)(A)及其呼吸根(B)和水培的花烛(*Anthurium andreanum*)(C)

图 6.5 四川九寨沟快速流水中的大树(A)和盆景滩缓慢流水中的盆景状树(B)

6.1.1　对器官建成的影响

6.1.1.1　根的形成

无论在扦插中还是在组织培养中由先形成的芽再诱导根的形成，适当的湿度都是必要的，不仅生根部位的土壤中需要含有较多的水，而且空气中也要求有较高的湿度。如移栽植物时移栽坑中一定要先浇水，就是要保证所移栽植物遭受损伤的根尽快形成新的不定根，根尖附近形成大量根毛，尽快恢复根的吸收功能。再如在扦插中，现在国际上广泛采用的全叶喷雾扦插法，就是使插条上的全部叶子都保留，并且都处在近乎饱和的水蒸气中，就可大大提高生根率(图 6.6)，这是因为过去采用的扦插技术都是剪去大部分叶子，以减少蒸腾作用，确保不定根的形成。但这样就大大减少了叶子的光合作用，也就减少了生根所需要的营养和内源激素。而全叶喷雾扦插法，则既保留了全部叶子，又保持了适当的湿度，高湿的土壤对生根的影响是人所共知的事实。如果在干旱条件下，切口表面的生活细胞就会干缩而死。这些都说明水分对根的发生和生长具有重要作用。但从实验结果看，水仅仅是根生长发育的条件，并不是根发生的诱导因子。

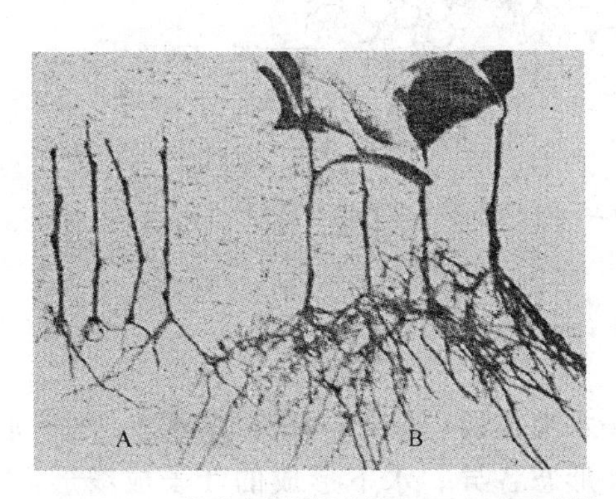

图 6.6　全叶喷雾扦插的插条(B)与去叶喷雾扦插插条(A)生根情况比较

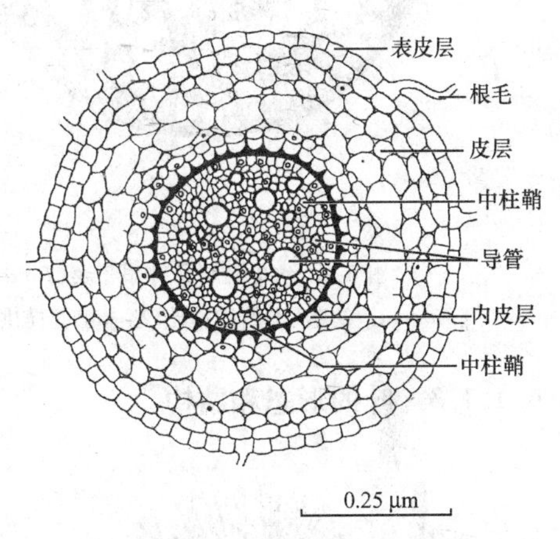

图 6.7　中生植物小麦次生根的横切面结构，与水生植物(图 6.3)相比，根中看不到通气组织(李正理提供)

另外，水对根的结构也有着重大影响，中生和旱生植物的根中细胞排列较紧密(图 6.7)，而水生或湿生植物则具丰富的通气组织(图 6.3)。水培植物不仅其根冠消失或不发达，而且不形成根毛。气生根也不形成根毛，根冠表面的细胞栓质化以防止水分的丧失(图 6.8)。

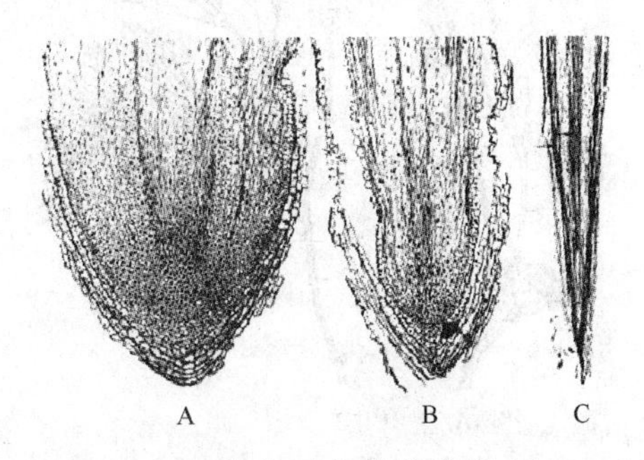

图 6.8　一种美国中部的棕榈(*Cryosophila guagara*)气生根发育过程的根端纵切面。A. 正常的根端；B. 根端伸长并进入衰退期，表皮的分化向分生组织扩展；C. 成熟的根尖，示根冠已经脱落，表皮和皮层正在脱落(引自 McArthur, Steeves, 1969)

6.1.1.2　茎端和茎的发育

适当的水分供应是叶原基和花原基发育的必要条件，小麦穗分化的单棱期浇水可增加小穗数，提高产量，相反，此期如果遭遇干旱而又无法浇水，则小穗数目减少，甚至不能抽穗。矮牵牛在适当的短日照的条件下，随着水势的增加，花的数量也增加。另外，土壤中的水分状况也影响茎的形态和结构，一般生长在空气中的植物茎表面都具有角质层或蜡质层，甚至还有毛，或者具有栓质化的周皮等防止水分丧失的结构，体内细胞排列较紧密，而水生植物的茎表面则没有这类结构，而且内部结构上具有大量的通气组织或贮气组织（图 6.9），甚至像中生或旱生植物的根一样有明显的具凯氏带的内皮层，这是对水生环境的适应，以通过原生质体的选择性吸收阻止有毒离子进入体内。

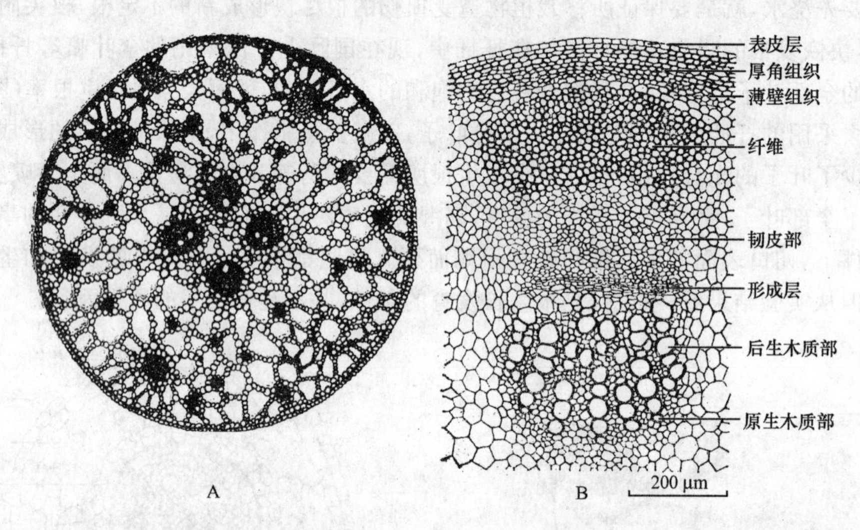

图 6.9 水生植物浮叶眼子菜（*Potamogeton natas*）(A)和中生植物向日葵（*Helianthus annuus*）幼茎(B)的结构比较（李正理提供）

6.1.1.3 叶的形态和结构

水毛茛属（*Batrachium*）在水上、水下形成的叶形态各异。水下形成的叶子成线形，而水上空气中形成的叶子则呈正常的片状。北京松山水域中生长的北京水毛茛的叶子就呈二型，沉水叶裂片丝形，上部浮水叶2-3 或 3-5 中裂至深裂，裂片较宽（图 6.10）。另外，水生植物的叶也与根一样，具有丰富的通气组织，而中生和旱生植物则没有，但旱生植物的叶表面却具有厚的角质层或蜡质层、表皮毛，或者还具有丰富的贮水组织（图 6.11）等旱生结构。

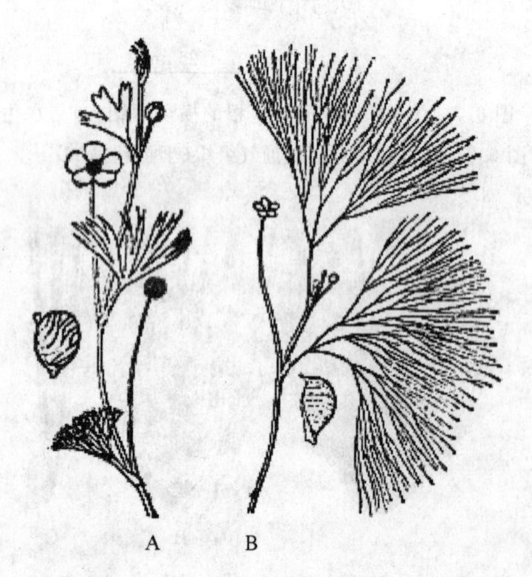

图 6.10 北京水毛茛（*Batrachium pekinense*）上部的水上叶和下部的水下叶(A)和长叶水毛茛（*B. kauffmanii*）的水下叶(B)（据贺士元等，1984，图 324 和 326 重绘）

6.1.2 对组织分化的影响

水不仅影响植物器官的外部形态和内部结构，而且对组织分化也有着很大影响。

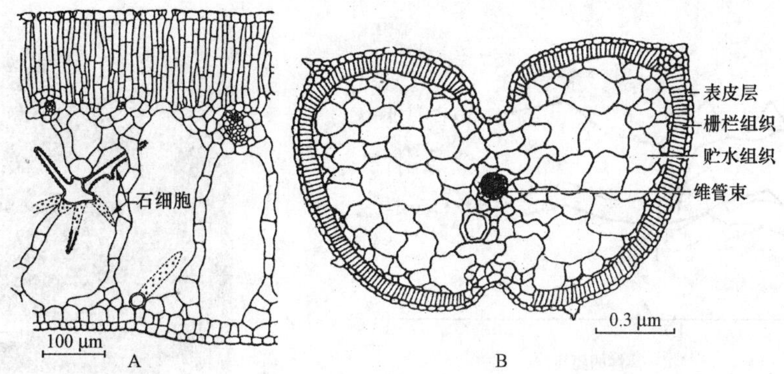

图 6.11 水生植物睡莲(*Nymphaea alba*)(A)和旱生植物籽蒿(*Astemisia sphaerocephylla*)(B)叶横切面结构的比较(李正理提供)

6.1.2.1 木材的形成

土中的含水量不仅影响木材形成中细胞分裂的发生和速率、细胞的增大、次生壁加厚,也影响早、晚材的形成和细胞的伸长,干旱可导致假年轮的形成。例如,生长在山顶石头缝中的、通常用以制作盆景的矮化树木中,年轮就会因异常干旱而非常窄(图 6.12),木纤维细胞比正常树木的短得多,导管分子和管胞的口径也比正常株的小得多(图 6.13)(Baas et al, 1984; 王宇飞,李正理, 1989; 李正理,1991; 李正理,张新英, 1985),次生木质部中树脂道却增多(林金星,李正理, 1993)。这一切主要都是由于干旱造成的,当然也有营养不足的问题。

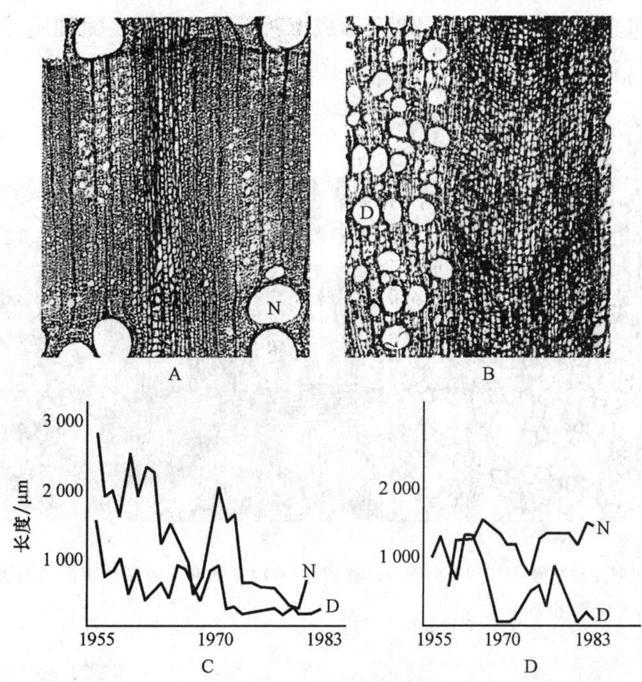

图 6.12 正常和矮化麻栎(*Quercus acutissima*)木材横切面结构(A 和 B)及年轮宽度(C 和 D)的比较(引自 Baas et al, 1984)。D. 矮化树;N. 正常树

6.1.2.2 形成层活动的开始和进行

许多作者的研究(Ladefeged, 1952; Bannan, 1955; Wilcox, 1962; Fahn, 1982, 1990; 崔

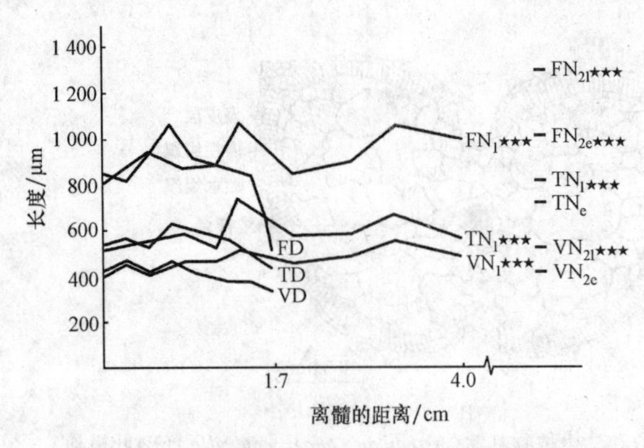

图 6.13 矮化和正常麻栎木材组成分子随年轮变化的比较(引自 Baas et al，1984) N. 正常树；D. 矮化树；F. 纤维；T. 管胞；V. 导管分子

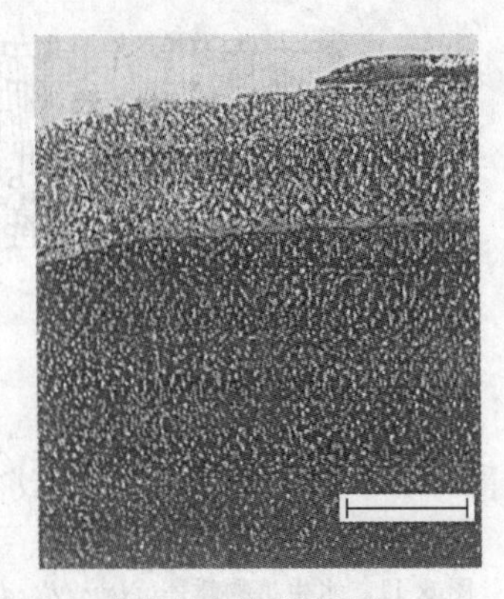

图 6.14 热带树木铁线子(*Manikara* sp.)木材中的年轮状结构(生长轮)，标线示 1 cm

克明，等，1992，1993；Yin et al，2002)都说明，形成层活动的第一个迹象就是细胞径向增大，细胞壁变薄。一般来讲形成层生理休眠期一过，只要温度合适，就开始活动，但实际上，这时如果遇到干旱，形成层同样不能开始活动，这也是热带树木生长轮形成的原因(图 6.14)，也是温带树木假年轮形成的原因。如果太干旱，就难于对树木剥皮，这是因为形成层活动受到抑制。

6.1.2.3 木栓形成层的发生及木栓细胞的分化

大量的实验说明，高湿不利于木栓细胞的栓质化，但有利于木栓形成层的发生。例如，许多树木剥皮后如果包裹以塑料薄膜，虽然能形成木栓形成层，但表面细胞始终呈愈伤组织状而不栓质化(图 6.15) (Li et al，1982)。

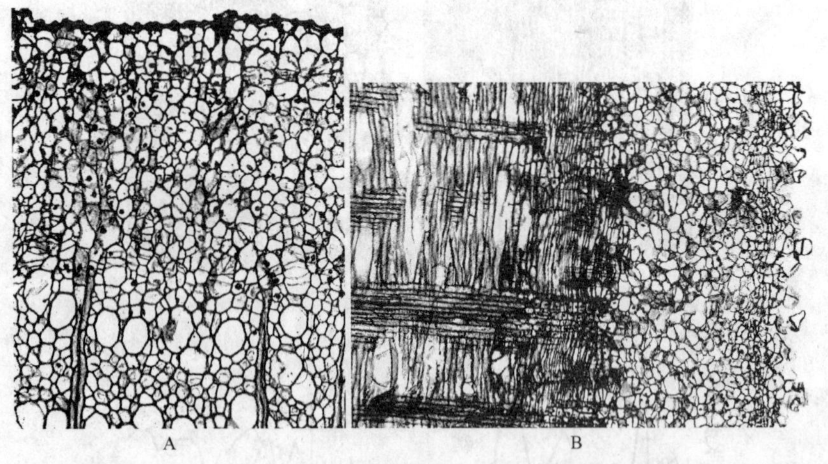

图 6.15 杜仲剥皮后暴露 21 天，表面细胞已栓质化(A)，而剥皮后包裹透明塑料薄膜一个月的表面再生愈伤组织细胞仍未栓质化(B)

6.1.3 水影响植物发育的机理

近年关于水分胁迫作用的研究非常多(陈培元，1996；蒋明义，1999；王俊刚，张承烈，2001)，有关这一胁迫作用的分子基础也已陆续有些报道。已有的报道说明，在干旱的胁迫下植物体内的 OH^-(蒋明义，1999)、活性氧(ROS)(Moran，Becaca，1994；王俊刚，张承烈，

2001)等明显增加,进而引起DNA的损伤,DNA受到轻度损伤后还可以修复,但损伤严重后就会引起细胞死亡。另一个研究重点是干旱胁迫信号的产生和传导(王学臣,等,1992;张蜀秋,等,1996;Allan et al,1994;Anderson et al,1994),大量的研究说明,根和叶是植物感知环境干旱胁迫的器官,而植物激素ABA是植物感知干旱胁迫后首先产生或迅速再分配的原已存贮的一种信号物质(Davies,Zhang,1991;Harris et al,1988;Hartung,Slovik,1991)。在正常情况下,ABA在植物组织和细胞中呈区隔化分布,当受到胁迫时植物各部分的ABA迅速增加,特别是保卫细胞质外体汁液中ABA含量剧增,促进气孔快速关闭(张蜀秋,等,1996;Zhang,Outlaw,1995),以减少叶子的蒸腾,同时还抑制茎叶生长、促进根的生长,增加根/冠比,提高植物的抗旱性(Muns,Sharp,1993;彭立新,等,2002)。根据近年的大量研究可以推测,其作用机理可能是根首先接收土壤干旱的信号,并对此信号作出快速反应,合成或使ABA由无活性的结合态变成有活性的游离态,新增加的ABA通过传递细胞装入管状分子,由管状分子快速向上运至叶中,再通过传递细胞卸下并运至保卫细胞;ABA在保卫细胞中又诱导了Ca^{2+}的流入和胞质中Ca^{2+}浓度的迅速增加,从而引起气孔的关闭。不过,这里仍有许多问题不得而知,显然,这只是植物抗旱的机理,还不是水分影响植物发育的机理。水分影响植物发育的机理应包括植物如何接受土壤中或空气中水含量的信号,或许还包括根或茎周环境中氧含量的信号,接受这些信号后又如何传导到相关细胞,接受这些信号的细胞又如何启动相关的分化程序,使其发育为特定细胞……总之,这里还有大量相关形态结构、细胞生物学、生物化学和分子生物学的工作要做。

6.1.4　植物对环境中水含量的适应方式

对于同一种环境,不同的植物有不同的适应方式,这一点在旱生植物中表现最为明显,如新疆荒漠中的短命植物是靠缩短生命周期,在雨后水分没有完全蒸发前完成生活史,开花结实以保证后代的延续,所以它在形态结构上与中生植物无异。有的旱生植物则是靠在体表发育出防止水分蒸腾和蒸发的结构,如荒漠上的许多植物全身上下生有毛、厚厚的角质层、叶子厚而小、气孔小而少或凹陷,甚至叶子发育成刺,如骆驼刺(*Alhagi sparsifolia*)、棘豆(*Oxytropis*)。也有的旱生植物则是在体内,特别是茎叶中形成发达的贮水组织,如景天科植物的肉质叶,籽蒿(*Artemisia salsoloides*)叶,纺锤树(*Hyophorbe verchaffeltii*)的茎,仙人掌(*Opuntia dillenii*)的茎等。绝大部分旱生植物都发育出长而庞大的根系,使之能吸收到位于土壤深层的水,抗盐碱性很强的芨芨草(*Achnatherum splendens*),其根系就十分庞大。

6.2　温　　度

温度是又一影响植物发育的非常重要的环境因素,它的影响也是多方面的。

6.2.1　改变细胞分化的方向

6.2.1.1　花药培养中低温有利于胚状体的形成

Nitsch和Norreel(1973)在研究毛叶曼陀罗(*Datura innoxia*)花药培养中胚状体发生时发现,正常花粉的发育途径是小孢子进行第一次细胞分裂后形成大小不等的两个子细胞,大的是营养细胞,小的是生殖细胞,从而形成雄配子体。但如果在培养前将花药置于低温(3℃)下48小时,则大部分小孢子的分裂面发生变化,在近于中间的部位形成新壁,从而形成两个近乎相同的子细胞,这两个细胞进一步分裂就形成孢子体的球形胚状体,可进一步发育形成单倍的孢子体(表6.1,6.2,皆引自Nitsch,Norreel,1973)。

表6.1 经变温处理或未经变温处理的毛叶曼陀罗花粉粒核的结构

花蕾的预处理		花粉细胞的时期						
		单核的	单倍体第一次有丝分裂	两核的营养核和生殖核都分化的	形成两个相同核	多核(4～5核)	死亡	观察的花粉粒数目
培养时	无	10.3%	71.2%	18.8%	0	0	0	379
	3℃,48小时	39.7%	28.9%	21.0%	16.7%	0	0	370
培养5天后	无	4.0%	0	1.1%	1.6%	0.6%	92.6%	668
	3℃,48小时	11.5%	0	3.9%	22.5%	0	62.2%	511

[注] 培养时,和培养5天后观察花粉粒(每种处理观察5个雄蕊)。

表6.2 冷冻对于培养的毛叶曼陀罗的花粉粒在花药中胚胎发生能力的影响

花蕾的预处理实验		接种花药数/个	胚胎发生的花药数/个	胚胎发生的花药百分数/(%)
第一实验	无	71	14	19.7
(1972-06)	3℃,48小时	60	32	55.3
第二实验	无	126	2	1.5
(1972-09)	24℃,48小时	161	5	3.1
	3℃,48小时	162	33	20
第三实验	无	36	0	0
(1972-10)	24℃,48小时	57	2	3.5
	3℃,48小时	57	13	23

6.2.1.2 改变维管组织分化的方向

任何植物体都有生长的最适温度,培养的植物细胞当然也不例外,其最适温度为25～30℃。但是温度不同就会使培养的细胞沿着不同的方向分化。

(1) 高温有利于组织培养中木质部分子的分化

Phillips (1977)在培养菊芋(*Helianthus tuberosus*)外植体中发现,30℃是愈伤组织生长的最适温度,而33℃下则引起所形成管状分子的比率最高。Naik (1965)也发现,菊芋外植体在35℃下培养4周后,整个外植体细胞的43%分化成了管状分子。这很可能是持续在高温下生长的培养物能够产生一种或多种刺激木质部分子分化的因子,这可能包括了导致产生生长素或细胞分裂素代谢过程的建立和诱导乙烯的产生。高温也可能提高了分化所需要的激素受体的可利用性(Syono,Furuya,1971)。

(2) 低温有利于韧皮部的分化

Gautheret (1966)在一些实验中观察了低温对菊芋培养物中维管分化的影响,培养4天后第一次看到维管组织的分化,6天(26℃)出现了形成层。15℃下培养3周后引起了韧皮部分子的分化,但没有分化出管状分子。在自然状态下,欧洲赤松(*Pinus sylvestris*)只在早春和晚秋形成韧皮部(崔克明,等,1992),也说明了这一点。

6.2.2 适当的温度有利于树木剥皮再生

大量的研究说明，适当的气温，特别是地温有利于剥皮后植株再生新皮的形成，过高或过低的温度则都不利于新皮的分化。

6.2.3 春化作用

这是20世纪50年代研究非常多的问题，20世纪90年代以来，随着开花分子生物学研究的升温，有关低温对植物成花影响的研究也大大增加(Lee, Amasino, 1995; Reitveld et al, 2000; Jack, 2004;Boss et al, 2004)。许多植物，主要是长日植物，尤其是越冬植物和二年生植物，在其生长过程中只有经过一段低温处理阶段才能形成花芽，像冬小麦(*Triticum aestivum*)，只有经过低温处理后，生长锥才开始伸长，进而分化出小穗、小花等，如果不经过这一低温处理过程，植物就始终处于营养生长阶段。在实验条件下，通常需要15天的低温处理才能完成春化作用(vernalization)使植物开花，有的植物要求70天以上。因此，相对于生化过程或基因表达过程，春化是一个非常漫长的过程，就其间发生各式各样的相互关联的代谢过程来说，在春化的不同时期对同一代谢抑制剂的反应完全不同，有的时期对春化毫无抑制作用，而在另一时期则对春化有着强烈的抑制作用，在所试验过的众多不同的代谢抑制剂中，没有一个抑制剂能在低温诱导的全过程中产生相同的抑制效果，这就说明植物体在低温诱导过程中不断发生有序的变化，从而改变了对外界刺激的反应，同时也说明了春化过程是多种代谢方式顺序作用的结果，是由多基因调控的(谭克辉，等，1981; 谭克辉，1983; 李秀珍，等，1987; 李秀珍，谭克辉，1987; 逯斌，等，1992; Pugsley, 1971; Lee, Amasino, 1995; Reitveld et al, 2000; Jack, 2004; Boss et al, 2004)，这一过程受到赤霉素和玉米赤霉素酮的调节(赵德刚，孟繁静，1997)。近年的一系列研究不仅已筛选出了与春化作用有关的蛋白质、mRNA(逯斌，等，1992; 谭克辉，1992)，并克隆到了一些与春化作用有关的基因，如*Vere17*，*Vere69*，*Vere203*，*Ver2*，*VRN2*等维持春化效果所需的基因(种康，等，1994; Chong et al, 1994,1998; Liang, Pardee, 1992; Coen, Meyerowitz, 1991; Liang et al, 2001; Sun et al, 1991; Burn, 1993; Zhao et al, 1998,1999; Xu et al, 2001)和开花阻抑物开花基因座C(*FLOWERING LOCUS C*，*FLC*)(Sheldon et al, 2000a,b,2002)。实验证明，春化作用能引起*FLC*在RNA、蛋白质水平上减少(Sheldon et al, 2000a;Gendall et al, 2001)，在春化过程中有新的RNAs和蛋白质出现(李秀珍，等，1987; 李秀珍，谭克辉，1987;种康，等，1994)，这就说明与春化相关的基因可能是在转录水平上进行调节的，而且茉莉酸能够诱导与春化有关的基因*VER2*的cDNA表达，这个基因可能是通过影响信号传导途径来控制诱导开花的春化作用(Xu et al, 2001; Chong et al, 1998)。大量有关春化作用的实验研究还说明，植物体对温度的感受部位是生长锥和其新形成的幼叶，而且春化作用不仅控制开花的起始，在小穗的形成和花的发育中也起着重要作用(Liang et al, 2001)。大量的研究还证明，在春化开始的一段时间内，给予高温处理，春化过程还会逆转，这就是所谓的"脱春化"(devernalization)。近年有关RNA原位杂交实验显示出*VER2*基因是由春化处理诱导的，而且是在顶端分生组织周围的幼叶中表达，这就表明接受春化信号的器官可能是顶端分生组织周围的幼叶，而不是过去一直认为的顶端分生组织(Xu, Chong, 2002)。Jack(2004)在总结前人工作的基础上，总结出了主要与春化作用有关的诱导成花途径(图6.16)。

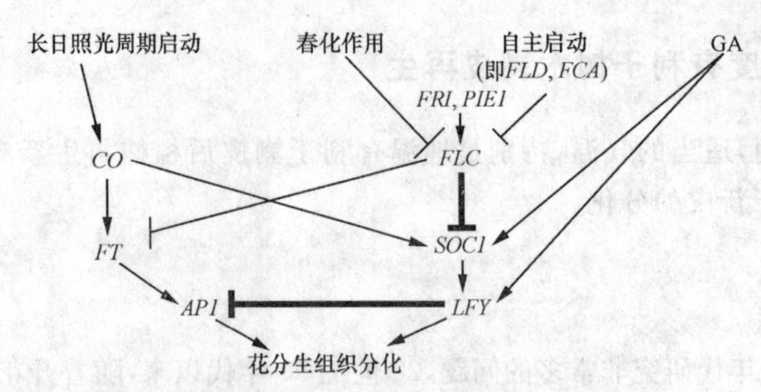

图 6.16 图解说明与春化作用有关的成花诱导途径，来自 4 条花诱导途径的信号由 *FLC*、*SOC1*、*FT* 和 *LFY* 基因综合在一起。已直接证明的用粗线表示：*AP1* 即 *APETALA 1* 基因，其功能是使侧芽原基由营养芽发育为花；*CO* 即 *COSTANS* 基因，*co* 突变体在长日照下开花晚；*FCA* 即 *FLOWERINGCA* 基因，一个控制开花时间的基因；*FLC* 是花抑制基因；*FLD* 即 *FLOWERING LOCUS D* 基因，是自主开花途径中的开花位点 D 基因；*FRI* 即 *FRIGIDA* 基因，感冻基因；*FT* 即 *FLOWERING LOCUS* 基因，开花位点基因；*LFY* 即 *LEAFY* 基因，其功能与 *AP1* 相同；*PIE1* 即 *PHOTOPERIODINDEPENDENT EARLYFLOWERING 1* 基因，不依赖于光周期的早开花基因；*SOC1* 即 *SUPPRESSOR OF OVEREXPRESSION OF CONSTANS* 基因，是抑制 *CO* 基因过表达的基因；——→示促进或诱导表达；——┤示降低表达(引自 Jack，2004)

6.2.4 维管形成层生理休眠期的完成

北温带树木进入生理休眠期后只有经过一定时间的低温才能完成这种休眠而进入被动休眠期。最近的研究说明，在生理休眠期，形成层区域 ABA 含量最高，IAA 则低到几乎检测不到，而且此时的 IAA 结合蛋白 ABP1(可能是 IAA 受体)也几乎不表达，但经过一段时间低温处理后，ABA 含量降低，ABP1 开始表达(姆旺戈，2003；侯宏伟，2004)。

6.2.5 冷诱导蛋白和热激蛋白

有关温度对植物生长发育影响的研究除有关春化作用的研究稍多外，其他方面的研究工作还微乎其微。不过近年有关冷诱导蛋白和热激蛋白的研究却非常多(王艇，唐振亚，1997；江勇，等，1999)，其一是把提高植物耐冻性相关的生理生化过程称为冷驯化(cold acclimation)，主要包括寒驯化(chilling acclimation)和冻驯化(freezing acclimation)两种类型。20 世纪初以来对低温胁迫诱导引起的植物形态解剖和生理生化变化进行了大量研究，80 年代起又开始集中研究冷驯化和耐冻性形成过程中的蛋白质代谢，特别是对在冷胁迫下新合成的蛋白——低温诱导蛋白的性质、结构和功能进行了大量研究。90 年代起 cDNA 文库的构建、DNA 序列分析和同源性分析、体外转录及翻译技术、核连缀转录、扣除杂交法(subtractive hybridization)、定位突变以及基因转化等分子生物学技术被广泛应用于这一研究领域。至今已建立了大麦、小麦、水稻(*Oryza sativa*)等多种植物的 cDNA 文库，从中分离到一些低温诱导基因(也称冷调节基因、低温应答基因)，并对它们进行了测序，研究了它们的基因结构、启动子内是否存在可能的低温应答组件等诸多问题。另外，植物对高温的环境条件也能做出应答，以保护细胞不受高温伤害。其方式也是在高温诱导下产生热激蛋白(heat shock protein)，编码热激蛋白的基因就称做热激基因。有关这方面的研究进展非常快(Neta-Sharir et al，2005)，至于植物怎么通过产生热激蛋白保护其细胞不受高温伤害，仍有大量工作需要去做。

6.3　光　照

光从光强和光质两方面影响植物的生长发育，它在植物发育中的作用是多方面的，这种光的作用总称为光形态建成(photomorphism)或光形态发生(photomorphogenesis)。光不仅是植物从环境中接受的重要信号之一，还是植物进行光合作用的能源，另外，光合作用又间接地影响着植物的生长发育。

6.3.1　作用方式

6.3.1.1　光周期

(1) 对花形成的影响

根据开花所需光周期(photoperiod)的不同，植物被分为长日照植物(long day plant, LDP)(后简称长日植物)、短日照植物(short day plant, SDP)(后简称短日植物)、中日性植物和日中性植物，这个问题在植物生理学中已有详细讨论，这里不再赘述。但不管什么植物都在其生长过程中需要一定的光周期，即每天需要一定的光照时间或黑暗时间，才开始花芽的分化，即由营养生长转变为生殖生长。通常在成花之前往往有节间的伸长，成花过程中最早的一个信号就是腋芽提早发育或花诱导之后顶端在大小和形状上都发生变化，肋状分生组织活动增加，顶端常常变得较为伸长或成圆锥状，表面积大大增加，菊花(*Dendranthema morifolium*)形成头状花序时，几小时内其表面积就差不多增加了400倍。

(2) 白菜包心的形成

短日照有利于大白菜(*Brassica pekinensis*)包心的形成，长日照则对包心的形成不利(陈机，1984)。

(3) 种子萌发

有些植物的种子是需光种子，只有在光下才能萌发，如烟草。而绝大多数植物的种子则是需暗种子，这些种子只有在黑暗中才能萌发。

6.3.1.2　对植物剥皮再生的影响

对杜仲(Li et al, 1982)、欧洲桦(Cui et al, 1995b)和构树(崔克明，等，2000)剥皮再生的研究都说明，光照有利于再生树皮正常的组织分化，黑暗则不利于维管组织的发生和分化(图6.17)。

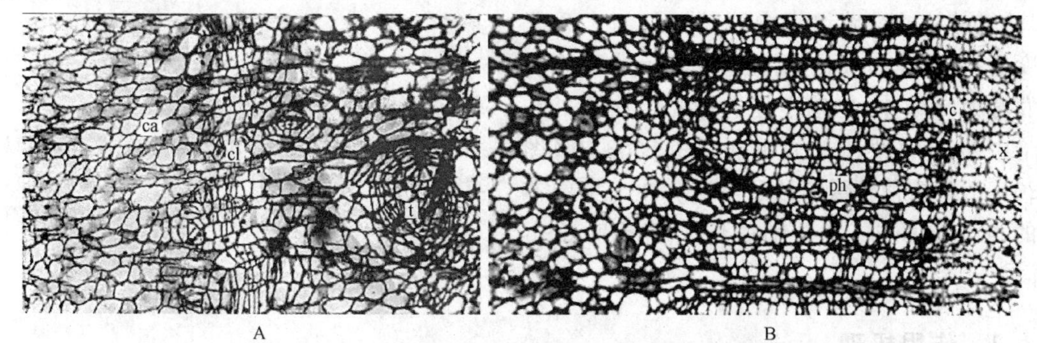

图6.17　杜仲剥皮后2个月的再生树皮。A. 包裹黑塑料薄膜，再生树皮中仍主要为愈伤组织(ca)，只是在愈伤组织中分化出了形成层状结构(cl)和管状分子团(t)；B. 包裹透明塑料薄膜，再生树皮已形成完全正常的结构，具有正常的韧皮部(ph)，形成层(c)和木质部(x)

6.3.1.3 对形成层休眠和活动的影响

许多树木都是在秋天日照不断缩短的条件下进入休眠的，当春天温度回升，日照时间不断延长的条件下又开始恢复活动（崔克明，1993a）。

图 6.18 在完全的黑暗中马铃薯块茎的芽直接发育为小块茎

6.3.1.4 对果实、块茎和块根形成的影响

花生的果实只有在黑暗中才能发育成熟，短日照有利于马铃薯块茎和番薯块根的形成，而且马铃薯块茎在完全黑暗中发出的芽可直接发育成小的新块茎，在光下则发育成正常的芽（图 6.18）。

6.3.1.5 对维管组织分化的影响

光对维管组织分化显然不是一限制性因素。1977 年 Dodds 研究了光对菊芋外植体中木质部产生的影响，先在散射日光中暴露大约 60 分钟后再在黑暗中培养。当在最低的可见绿光下切下外植体，然后将其转移到黑暗中 72 小时，管状分子的数量比在散射日光下高 50%，如果在连续的光照中培养 72 小时，整个细胞数目没有明显变化，但管状分子的数量却减少了 40%。在另一些研究中，发现光抑制 *Zimia* 叶肉外植体中管状分子的发生。

6.3.1.6 对器官建成的影响

组织培养中芽的形成需要光，这是大量实验证明了的。就是在根插中芽的形成也需要光，如杜仲的根插中就表现很明显（马惠玲，等，1994，1996），而许多植物的枝插生根则明显表现出需要黑暗。植物的幼苗如果长期生长在黑暗中节间就会长得很长，叶子不生长或长得很小，整个植株呈黄色，称之为黄化幼苗（图 6.19）。植株的维管组织中的机械组织木质化程度低，茎干纤细软弱，不能直立。叶中质体不能发育为叶绿体，也就不能进行光合作用。在黑暗中生长的幼苗首先伸长的是下胚轴（图 6.20），就是播种较深的种子萌发后在土壤中伸长的也是下胚轴，下胚轴的伸长使子叶长出地面。

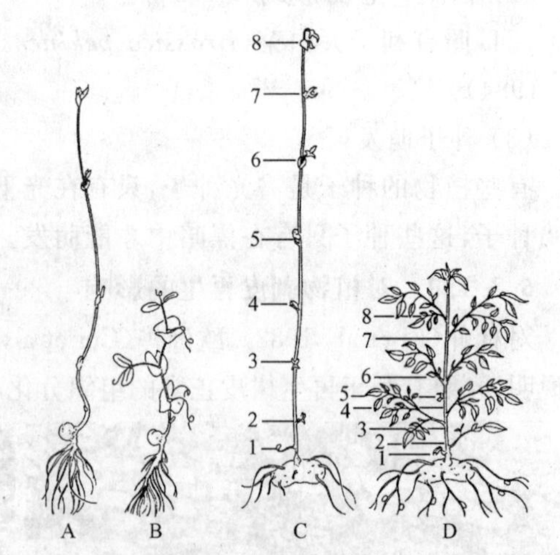

图 6.19 光对幼苗形态建成的影响。A、B 为豌豆（*Pisum satium*）实生苗，C、D 为马铃薯块茎长出的幼苗；A、C 为黑暗中生长的幼苗，B、D 为光下生长的幼苗。图中 1～8 表示茎的节数

6.3.2 作用机理

光作为影响植物发育过程的信号，首先植物体内相关部位要有接受光信号的受体，受体接

受光信号后再经一系列信号传导过程,逐步引起相关部位的基因表达和生理生化反应,最后才建成特异的形态结构。

植物的光受体(photoreceptor)是植物与外界光环境沟通的中介,也就是说植物就靠自身的光受体接受外界的光信号。至今在高等植物中发现的光受体至少有三种,接受红光和远红外光的光敏素(phytochrome)、蓝光/紫外光A区光受体(blue/UV-A receptor)隐花色素(cryptochrome)和原叶绿素酸酯(protochlorophylide, PChlide)。

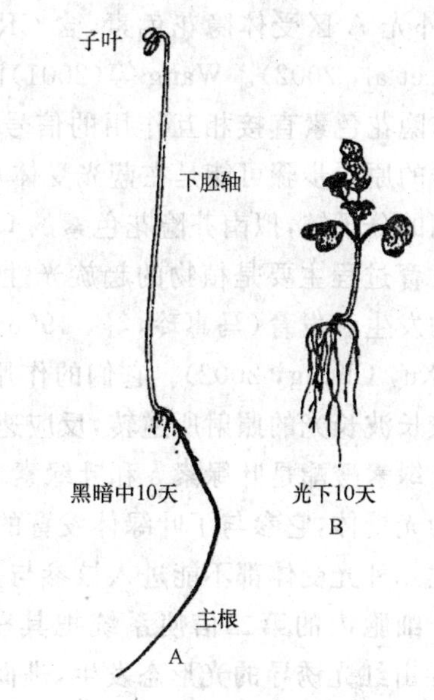

图6.20 在黑暗中(A)和在光下生长10天(B)的欧芥(*Sinapis alba*)幼苗形态比较。黑暗中生长的幼苗的下胚轴伸长得非常长

光敏素是一种有色蛋白质,是Butler等(1965)首先提纯的植物吸收远红外光和红光的最主要的光受体。20世纪80年代,我国科学家从水稻中提纯了光敏素(童哲,等,2000)。光敏素参与光周期反应、需光种子的萌发、向光运动等许多光形态发生反应。在植物体内以两种光转换的形式存在,即吸收红光形式(Pr)和吸收远红外光形式(Pfr)。在黑暗中生长的植物,其光敏素通常以无生理活性的Pr形式存在,而在光照下的植物内则以有活性的Pfr形式存在。Pr吸收红光(660 nm)后可转变成有活性的Pfr,同时诱导一系列生理生化变化,进而引起相应的发育过程。而远红外光(720～760 nm)则可使大多数Pfr形式变回到Pr形式,从而消除前面红光引起的反应(冯亮,1997)。外界环境中不可能存在着单纯的红光或远红外光,而只能是存在一定比例的红光和远红外光,一定的红光和远红外光的相对量诱导产生一定比值的Pr与Pfr,因此就以Pfr与光敏素总量的比值表示光敏素的光平衡(photoequilibrium),用此反映光受体反应中起重要作用的Pfr的动态平衡水平。光周期对开花的控制就是这样一种动态平衡的结果,即Pfr水平决定了促进还是抑制开花,Pfr在一定阈值以上时促进开花,而达到很高水平时就会抑制。光敏素像同工酶一样有多种形式,不同形式光敏素的功能多不相同,但也有的相同。总体上讲诱导不同生理生化和发育过程的光敏素的形式是不同的。在模式植物拟南芥中有关突变体的研究证实,光敏素有5个基因(*PHYA*,*PHYB*,*PHYC*,*PHYD*及*PHYE*),并证明它们以不同方式参与花序和花的发育调节,如*PHYA*有促进开花的作用,而*PHYB*则有抑制开花的作用。近年Ni等(1998,1999)的研究中发现了一个与*PHYA*和*PHYB*结合的核碱性蛋白,并克隆了它的基因,命名为*PIF3*(phyto-chrome-interacting factors,光敏素相互作用因子)。PIF3蛋白与光敏素B的活跃形(Pfr)的C-末端结合,并可被光解离,即这一过程受到光周期调控,这就证明了PIF3是光敏素的感光信号直接受体,在光信号的传导中起着重要作用。

对于蓝光/紫外光A区光受体的研究较少、较晚,而且蓝光和紫外光的受体至今也没有分开,根据其吸收光谱的不同,又可分为蓝光/紫外光A区光受体、紫外光B区光受体、紫外光C区光受体(童哲,连汉平,1985;Gressel,Rau,1983)。这一光受体在蓝光区有两个吸收峰(475 nm和450 nm)和一个肩(420 nm),近紫外区有一个峰(370 nm)。近年的研究已经分离到蓝光/紫外光A区受体隐花色素，含CRY1和CRY2两种，并已克隆其基因*CRY1*和*CRY2*(Shalitin et al, 2002)。Wang等(2001)已证明在拟南芥中存在着在光形态发生中COPs蛋白质家族与隐花色素直接相互作用的信号传导途径。Yang等(2000,2001)提出了拟南芥中发出光信号的原始步骤可能是在蓝光受体CRY1和COP1蛋白之间有一在光形态发生中起负调节剂作用的分子链，拟南芥隐花色素的C末端调节着这类光反应。此类光反应所参与的生理生化和发育过程主要是植物的趋旋光性运动、对气孔器的开启(李韶山，潘瑞枳，1993)、杜仲根萌芽的发生和发育(马惠玲，等，1996)等，也参与了植物花发育的调节，特别是光周期反应的调节(Xu, Chong, 2002)。它们的作用方式不同于光敏素，蓝光和紫外光诱导的反应不能被随后较长波长光的照射所逆转，反应速度也快，许多反应在蓝光诱导后几分钟即可发生。

原叶绿素酸酯是叶绿素a和叶绿素b的前体，它向叶绿酸酯的转变是严格依赖光的，所以被认定为光受体，它参与了叶绿体发育的控制。

上述几种光受体都不能进入核参与基因的调节，它们多位于细胞膜上。光敏素等光受体要借助于细胞内的第二信使系统把其获得的光信号转导到细胞内。近年已经证明游离的Ca^{2+}介导由红光诱导的光形态发生，进而将Ca^{2+}激活的钙调素(CaM)用微注射法注入光敏素缺陷的西红柿细胞，证明这些成分参与了光敏素信号途径，刺激了叶绿体的发育(冯亮，1997)。

6.4 气

气对植物形态建成的影响也是多方面的。这里所说的气主要是指氧、二氧化碳、臭氧和乙烯等。有关各种气体对植物发育影响的机理研究还很少。

氧 在液体悬浮培养中，培养液中溶解氧的相对浓度对胡萝卜外植体中所分化出的细胞类型具有明显的调节作用(Kessell, Carr, 1972)。低浓度的氧引起胚状体的发生，而高浓度的则引起根的发生，氧浓度可能通过乙烯间接影响维管组织分化，当氧低至一定程度时，就出现乙烯诱导的减少，而且，低到一定程度的氧能抑制乙烯进入组织，阻止氧化作用生成二氧化碳(Beyet et al, 1984)。

二氧化碳和臭氧 在培养的桃子(*Amygdalus persica*)的果皮外植体中，适当的二氧化碳可刺激木质部分子形成，这也主要是通过影响乙烯的浓度而影响它。臭氧在锦紫苏(*Coleus* sp.)节间中可引起木质部发生。

乙烯 乙烯是五大类植物激素之一，它对植物形态产生的影响也是多种多样的，将在下章有关激素的影响中讨论。

通风 通风则有利于木栓细胞的栓质化，这一点在大量有关维管组织再生的研究中表现得非常明显，凡是包裹塑料薄膜的，创伤后表面的再生组织表面形成的再生周皮的木栓细胞栓质化程度很低或根本不栓质化(Li et al, 1982;Cui et al, 1995b;崔克明，等，2000)，而创伤后暴露的表面形成的周皮都能形成栓质化程度很高的再生周皮(李正理，等，1981b)。

6.5 机械压力

Brown和Sax(1962)在他们有关掀起来的树皮条再生的研究中发现，机械压力有利于维管形成层细胞维持其形态和正常的分化活动。

大量的研究说明，木栓形成层往往是在一定层数的细胞下，特别是在封闭层或死细胞下发生，这就说明，可能是机械压力在木栓形成层的发生和活动中起着重要作用。

6.6 酸 度

组织培养用的培养基的起始 pH 是变化的，如果最初的 pH 调到 5.5，7 天后就升到 6.8，柠檬的组织培养一般为 5.5，这一起始 pH 直接影响着培养的外植体中的细胞分化。而且在培养过程中，pH 为 5 或 6 时，外植体中分化出的石细胞和管状分子的数量最多，而 pH 为 7 时则适于木纤维细胞的形成，pH 低于 3 时就既没有愈伤组织形成，也没有任何形式的细胞分化(Khan et al, 1986)。

第七章　调节植物发育的化学信号

——植物生长调节剂

植物生长调节剂(plant growth regulators)是在植物生长发育中起着重要调节作用的一类化学物质,其中绝大部分是植物体内自身产生、自身调节浓度,作为调节生长发育过程的信号起作用的,这就是平常所说的植物激素。植物激素与动物激素不同,它们是小分子的有机化合物,能以一定的低浓度促进或抑制植物的特定发育过程,过高或过低的浓度都会起到相反的作用。另外,一些化学结构与之相似,但植物体内不能合成、也不能分解的有机化合物对植物生长发育过程具有同样、甚至是更强的调节作用,这些物质与植物激素被统称为植物生长调节剂,也有的是仅把后者称作植物生长调节剂。现已知道的五大类植物生长调节剂:生长素(auxin)、赤霉素(gibbereline)、细胞分裂素(cytokinin)、乙烯(ethylene)和脱落酸(abscisic acid),还有一些新发现的生长调节剂。在植物发育中,不管是在器官建成中还是在组织分化中,植物生长调节剂都起着重要的调节作用。

7.1　决定细胞分化的方向

按照位置效应理论,细胞在植物体内所处的位置决定其分化的命运。在所有的位置信息中,激素是最重要的信息之一。

7.1.1　开启还没通过细胞分化临界期细胞的脱分化过程

2,4-D是一种人工合成的生长素类植物生长调节剂,它还具有一些天然生长素所不具备的特性。在组织培养中,如果用高浓度的2,4-D处理就可以开启外植体细胞的脱分化过程,有利于组织培养的成功和愈伤组织的形成。其原因可能是2,4-D有利于脱分化过程的开启和进行,很容易使开启的脱分化过程进行到底,即使已分化到一定程度的细胞也可一直脱分化到最原始状态,即与受精卵相当的细胞分化水平,并使这些细胞难于再分化,形成难于再分化的愈伤组织。在分子水平上,接受2,4-D的受体可能就是内源生长素IAA的受体,但由于2,4-D和IAA在结构上的不同,使信号的进一步传递发生问题,所以其作用超过天然生长素IAA。在植物的生长发育过程中,天然生长素能够开启不同类型的生长发育过程。至于生长素是怎样开启某一分化过程的,现在还不太清楚。

开启某一分化或脱分化过程之所以需要较高浓度的生长素,可能是由于需要克服一种分化的"惯性"。一旦某一分化或脱分化过程被开启,就应立即转移到一般的分化培养基上,否则就会出现异常生长。

7.1.2 改变细胞分化的方向

这一点与上一点是一致的,在组织培养中改变培养基中各种植物激素的比例就会改变外植体细胞分化的方向,如多数情况下,2,4-D 有利于愈伤组织的形成,而不利于愈伤组织细胞再分化,再如,在形成层分化中,根据 Warren Wilson(1978,1984)的多年研究,生长素和蔗糖的浓度比,其径向的梯度决定着形成层衍生细胞的分化方向,而 Sachs(1981,1984),Little(1981)和 Savidge(1983)等人的一些研究又说明,IAA 的纵向波动流决定着形成层细胞的形态和排列方向。

7.2 在形成层活动中的控制作用

7.2.1 控制形成层活动周期

在温带树木中形成层的活动存在着明显的周期性:每年初春形成层开始活动,春夏季活动旺盛,夏末秋初活动变慢,秋末冬初进入休眠。大量的试验说明植物激素参与了这一过程的调节。许多松柏类树木去芽、去叶或环剥后,一年生枝条形成层区域的 IAA 水平降低,而且使生长枝条中的形成层活动停止,而当补充以外源 IAA 时,就会阻止 IAA 水平的降低,使形成层恢复活动(Little, Wareing, 1981; Poradowski, 1982;Savidge, Wareing, 1981a, 1982, 1984; Sheriff, 1983)。在北美云杉(*Picea sitchensis*)(Little et al, 1972)、欧洲赤松(Sandberg, Ericsson, 1987)、小干松(*Pinus contorta*)(Savidge, Wareing, 1984)和胶枞(*Abies balsamea*)(Sundberg et al, 1987)中木质部发育期间形成层区域 IAA 水平明显比休眠期高。但是 Sundberg 等(1990)的研究却说明,在形成层活动旺盛期 IAA 水平提高,浓度却降低,这可能是由于分化中的木质部和韧皮部增加(图 7.1)。

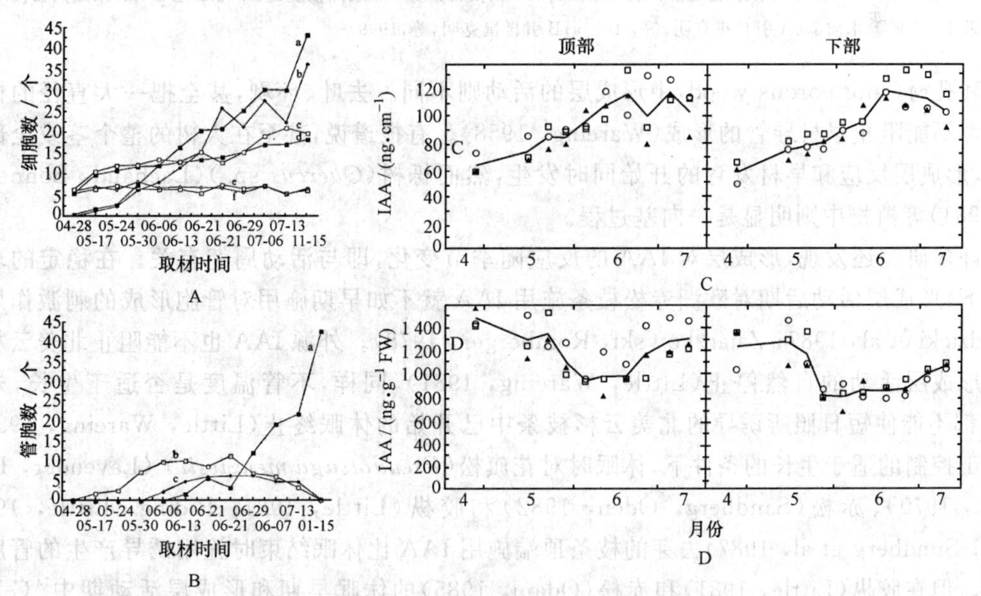

图 7.1　欧洲赤松形成层恢复活动期间各种细胞的数量变化(A,B)和内源 IAA 浓度变化(C,D)。A 图中 a. 下部木质部;b. 上部木质部;c. 下部韧皮部;d. 上部韧皮部;e. 下部形成层;f. 上部形成层。B 图中 a. 成熟管胞;b. 增大中的管胞;c. 次生壁加厚中的管胞。C. 单位面积中的含量(水平)。D. 单位鲜重中的含量(浓度)(A 和 B 引自崔克明,等,1992;C 和 D 引自 Sundberg et al, 1991)

松柏类和散孔硬材树木中，春季形成层活动都是由绽开的芽基部开始，沿着幼干或幼枝以 1 cm/h 的速度向基运输(Webber et al, 1979)，这正是 IAA 向基运输的速度。不过 Lachaud 和 Bonnemain(1981, 1982)发现，欧洲水青冈(*Fagus sylvatica*)等散孔材(diffuse porous wood)中活动几乎在各处同时开始，当伸长生长和叶发育停止后及去叶后形成层活动也立即停止，散孔材构树中也有类似情况(图 7.2)(崔克明，等，1993,1995a,1999)。如果将散孔材在早春去芽，直到新芽长出之前形成层不活动。从最近研究的半环孔材杜仲形成层区域在其活动周期中内源 IAA 和 ABA 含量的变化来看，IAA 促进形成层活动，而 ABA 则抑制形成层活动(图 7.3) (Mwange et al, 2003a)。

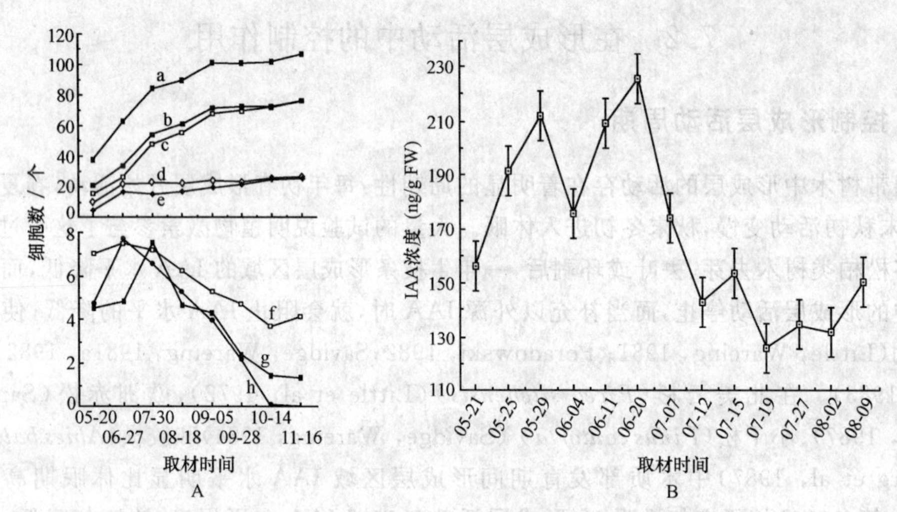

图 7.2　构树形成层活动周期中各种细胞层数的变化(A)和内源 IAA 浓度的变化(B)。A 图中 a. 形成层带和维管组织总数；b. 木质部总数；c. 成熟木质部；d. 韧皮部总数；e. 成熟韧皮部；f. 形成层带；g. 未成熟韧皮部；h. 未成熟木质部(A 引自崔克明，等，1995a；B 引自崔克明，等，1999)

环孔材(ring porous wood)中形成层的活动则不同。去叶、环剥，甚至把一大直径的树干砍短都不能阻止早材导管的形成(Wareing, 1958)。有报道说，甚至在大树的整个茎或全部分枝中，形成层反应和早材发育的开始同时发生，然而栎树(*Quercus* sp.)(Lachaud, Bonnemain, 1981)等植物中则明显是一向基过程。

许多研究还发现，形成层对 IAA 的反应随季节变化，即与活动周期有关。在稳定的环境条件下，形成层活动后期对欧洲赤松枝条施用 IAA 就不如早期施用对管胞形成的刺激作用大(Wodzicki et al, 1987; Zajaczkowski, Romberger, 1978)。外源 IAA 也不能阻止北美云杉枝条中形成层活动的自然停止(Little, Wareing, 1981)，同样，不管温度是否适于生长，外源 IAA 都不能使短日照所诱导的北美云杉枝条中已开始的休眠终止(Little, Wareing, 1981)。在人工控制的适于生长的条件下，休眠时对花旗松(*Pseudotsuga menziesii*) (Lavender, Hermann, 1970)、赤松(Sandberg, Oden, 1982)和胶枞(Little, 1981; Riding, Little, 1984, 1986; Sundberg et al, 1987)去芽的枝条顶端施用 IAA 比休眠结束时施用诱导产生的管胞少得多。但在胶枞(Little, 1981)和赤松(Odani, 1985)的休眠早期和形成层活动期中 ^{14}C-IAA 的运输相似，这就说明休眠早期形成层对外源 IAA 反应较小不能归因于 IAA 的运输不足。这也似可说明 IAA 不是控制形成层休眠的直接因素。不过有一些研究却说明 ABA 的水平与形成层休眠密切相关，外源 ABA 能抑制形成层活动。当对白云杉(*Picea glauca*)插条基部施用 ABA(Little, 1968)或将 ABA 注入辐射松(*Pinus radiata*)幼苗(Pharis et al, 1981)时,形成层细胞平周分裂的频率和管胞径向增大的范围减小,而且每年从早材向晚材的转变,以及形成层细胞分裂的停止都是由于内源 ABA 的积累(Little, Wareing, 1981; Telewski et al, 1983)。Webber 等(1979)对花旗松(*Peseudotsuga menziesii*)枝条中内源 ABA 的测定说明,休眠期 ABA 的水平明显比形成层活动期高。正如前述,最近的研究说明,杜仲形成层活动周期中,生理休眠期内源 ABA 含量最高,而几乎检测不到内源 IAA,被动休眠期中内源 ABA 升高或降低,内源 IAA 则是降低或升高,活动期则是内源 IAA 含量最高,内源 ABA 最低(图 7.3),外源试验说明是 ABA 抑制形成层活动(Mwange et al, 2004)(图 7.4)。进一步的研究说明,ABA 是通过抑制 IAA 受体蛋白 ABP1 的表达来抑制 IAA 对形成层活动的促进作用(侯宏伟 2004)。有限的证据说明,乙烯也参与了形成层活动的控制,在核桃和 *Prunus serotina* 中形成层的休眠与内源乙烯水平密切相关(Nilson, Hillis, 1978),乙烯可以代替冷冻使形成层渡过生理休眠期。

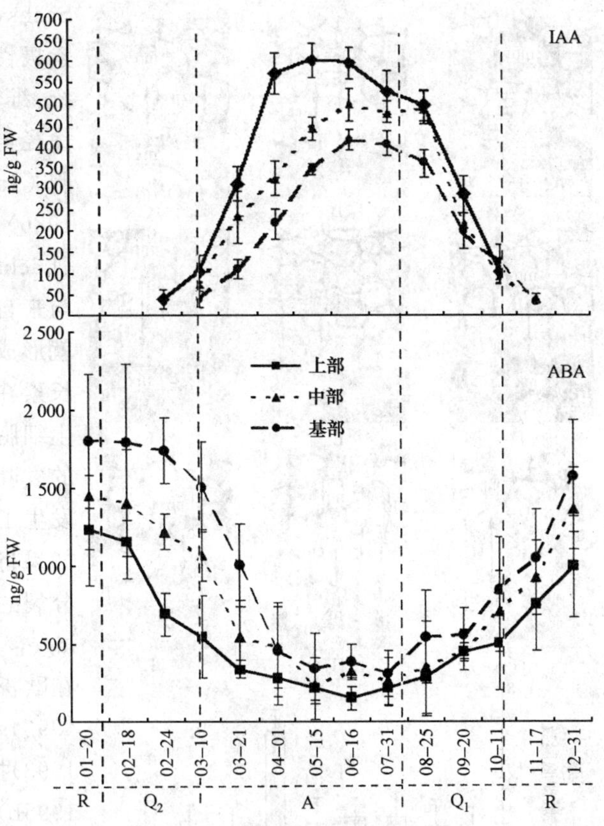

图 7.3　杜仲形成层活动周期中内源 IAA 和 ABA 的变化(引自 Mwange et al, 2004)

7.2.2　维持形成层纺锤状细胞的形态和排列方向

大量的研究说明,由幼叶产生的生长素沿茎轴向根尖的运输有两条主要途径(Morris, Kadir, 1972);一条是诱导维管组织分化的极性运输,从幼叶开始,途经原形成层、形成层和分化中的维管分子和薄壁组织向根运输(Morris, Thomas, 1978),此途径对生长素极性运输抑制剂非常敏感(Meicenhemer, Larson, 1985),而且此途径由于运输速度的振动而沿着植物的轴呈波形移动(Wodzicki et al, 1984, 1987; Zakrewski, 1983; Zakrewski et al, 1984),这种沿体轴成波形移动的信号也传递着形态发生和位置效应的信息;第二条途径是从成熟叶开始经过韧皮部筛管快速而非极性的移动,当成熟叶下面的筛管被切断后,这种生长素可促进维管组织再生。

Sachs(1981,1986)通过一系列实验研究提出,来自幼叶的生长素流的形成决定着维管分化的规则式样。这种生长素流最初是以在细胞中扩散的形式出现,进而诱导了生长素的极性运输。这种运输方式与分化间的关系是一种正反馈,即生长素流越强,细胞运输生长素的能力就越强,也就是说分化能提高细胞运输引起这一分化的信号物质的能力。生长素围绕着创伤区域的水平扩散就沿着一新的水平极性诱导出运输生长素的细胞(Gersani, 1987; Gersani,

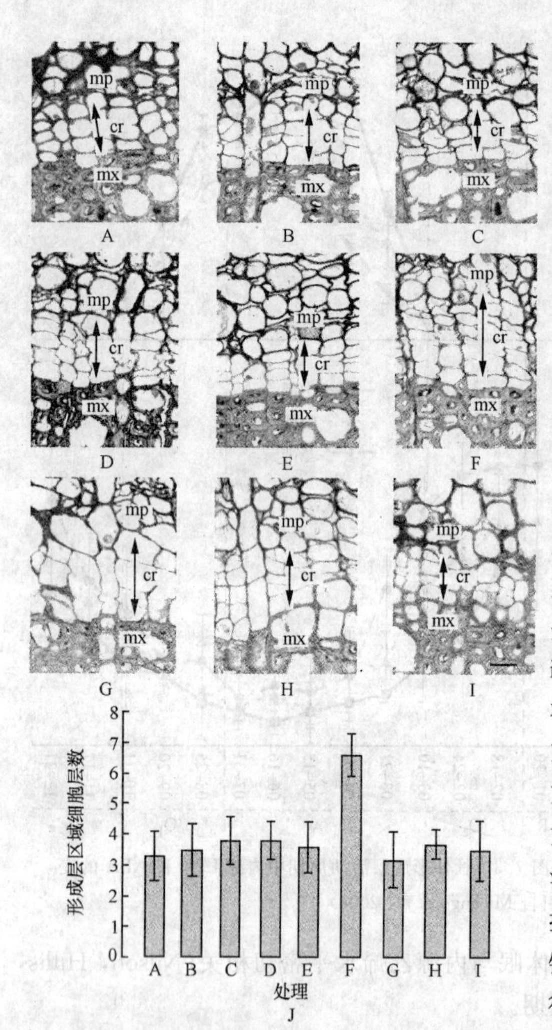

图 7.4　被动休眠期外源 IAA 和 ABA 对水培杜仲插条中形成层活动的影响。A. 处理前；B. 仅用羊毛脂；C. 应用含 10 mmol/L ABA(ABA1)的羊毛脂；D. 应用含 1000 mmol/L ABA(ABA2)的羊毛脂；E. 应用含 10000 mmol/L ABA(ABA3)的羊毛脂；F. 应用含 1 mg IAA/g 羊毛脂；G. 用含 IAA+ABA1 的羊毛脂；H. 用含 IAA+ABA2 的羊毛脂；I. 用含 IAA+ABA3 的羊毛脂；J. 各种处理培养 3 周后形成层区域细胞层数比较。图中 cr. 形成层区域；mp. 成熟韧皮部；mx. 成熟木质部，标尺示 50 μm（引自 Mwange et al，2004）

Sachs，1984；Cui et al，1995b）。连续的生长素极性流就可最后诱导形成一复杂的维管系统，维管系统又维持着进行生长素极性运输的途径与维管束结合的具有运输生长素能力的细胞（Jacohs，Gilbert，1983；Jacohs，Short，1986）。维管束是运输生长素最快的路线(Lachaud，Bonnemain，1984)，当这些维管束与来自幼小的发育中的叶子的生长素流接触时就形成了维管束网。从另一方面说，也就是生长素在维持维管形成层纺锤状原始细胞及其衍生细胞的形态上起着重要作用。在小干松幼小的去叶和芽的茎段中，形成层纺锤状原始细胞发生了横分裂，形成了轴向短的薄壁组织细胞，如果将去芽端加上外源 IAA 就会阻止这种横分裂的发生，维持住纺锤状细胞的形态（Savidge，1983，1985；Savidge，Wareing，1982）。在欧洲赤松（崔克明，等，1992；Cui，Little，1993）和欧洲云杉（*Picea abies*）（Cui，Little，1993）插条中和欧洲桦剥皮后的茎干(Cui et al，1995b)上都看到了这一现象。杜仲剥皮后如果没能再生新皮，也就是切断了树冠和树干的连接，2～3 个月后剥皮处以下树干中的形成层纺锤状原始细胞及其衍生细胞就不再与茎轴平行，有的甚至与茎轴垂直(图 7.5)(李正理，崔克明，1984)。如果环剥后只留下一具有全部组织的斜桥，这就改变了 IAA 的运输方向，从而引起桥中纺锤状细胞的重新定向，直到其长轴与斜桥的方向平行（Harris，1981；Savidge，Farrar，1984；Wodzicki et al，1987)，而当在胶枞(Zagorska-Marck，Little，1986)的螺旋环剥处分别施以吲哚丁酸(IBA)或 IAA 则抑制了桥上部边缘附近纺锤状细胞的重新定向，这就表明是 IAA 流的方向影响着纺锤状细胞的定向(图7.6)。不过 Zagorska-Marck 和 Little (1986)还发现，在当年生枝条的螺旋桥中^{14}C-IAA 的运输受到抑制，环剥后一天，这种抑制的范围明显大于 11 天后生长期结束时，但在桥的底部边缘附近却出现了不少重新定向的纺锤状细胞。这里虽然肯定存在着斜向运输(Wodzicki et al，1987)，但在重新定向前，斜桥中可能已存在着大量平周分裂和管胞分化。因此纺锤状细胞的定向可能还包括了 IAA 以外的因素，物理压力可能就是其一(Brown，Sax，1962；Hejnowica，1980；Lintilhac，Vesecky，1984)。

图 7.5 欧洲云杉枝条去芽后 5 周的径向纵切面(A)和横切面(B),示形成层细胞已发生多次横分裂,形成纵向很短的薄壁组织细胞(c)(引自 Cui, Little, 1993)。图中 c. 形成层区域; p. 韧皮部; x. 木质部

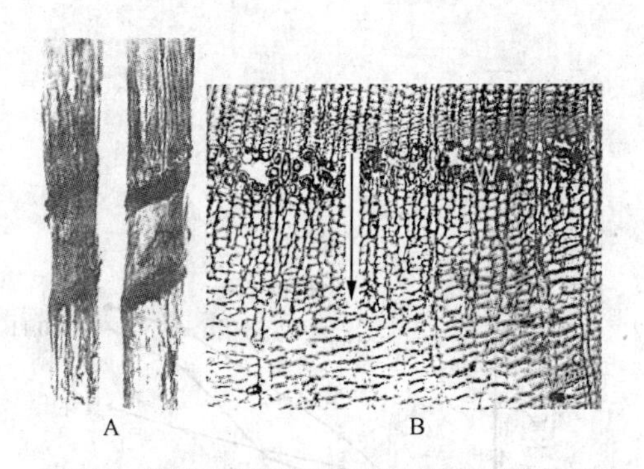

图 7.6 螺旋环剥后的胶枞茎干(A)及其横切面(B),示管状分子的排列方向发生变化,与环剥的螺旋方向平行(引自 Zagorska-Marck, Little, 1986)

7.2.3 控制木质部分化

五大类植物生长调节剂几乎都参与了木质部分化的控制。无论是对松柏类还是硬材树种,IAA 都能促进木质部分化。在北美云杉(Nelson, Hillis, 1978)和辐射松(Sheriff, 1983)等裸子植物中的实验证明,IAA 促进了管胞的形成。这些实验还说明,内源 IAA 水平影响着形成层衍生细胞的量和产生的速率。在北美云杉(Little, Wareing, 1981)、欧洲赤松(Savidge, 1983)、小干松(Savidge, Wareing, 1984)和胶枞(Sundberg et al, 1987)中发现,木质部发育期间形成层区域的 IAA 水平比休眠期高。对去芽的处于被动休眠期的一年生小干松(Savidge, 1983; Savidge, Wareing, 1981a)、欧洲赤松(Sundberg et al, 1987; Cui, Little, 1993; 崔克明,等,1992)和欧洲云杉(Cui, Little, 1993)等的插条施用外源 IAA 时,可大大促进管胞的产生(图 7.7)。对硬材的一年生去芽的插条顶端弦切面施用外源生长素,就可刺激处理部位以下的形成层活动和木质部发育(Zakrzewski et al, 1984),而且 IAA 还能刺激发育中的导管分子径向扩大(Odani, 1980; Sheldrake, 1973; Smolinski et al, 1980)。但是 IAA 的这一作用随着树木的年龄有所变化,对小干松(Savidge, 1983; Savidge, Wareing, 1981a)的去叶的二年生插条施用 IAA,只在施用点附近和插条基部刺激管胞分化,中间的形成层没反应,如果用在三年生或更老的茎段上,则无论单独用 IAA 还是与其他植物生长调节剂共同用都不能诱导形成层活动。在胶枞(Riding, Little, 1984)中外源 IAA 对管胞产生的促进作用也随着形成层年龄的增大而减少。在硬材中也有类似反应,对一年生的环孔材插条,IAA 可促进发育着的管状分子径向扩大(Odani, 1980; Shaybany, Martin, 1977; Sheldrake, 1973),但在 20 年生的夏栎(*Quercus robur*)树的 3～5 年生枝条上施用 IAA 则可刺激形成层活动和木质部发育(Zakrzewski, 1983)。

植物生长抑制剂 ABA 在形成层活动中也起着抑制作用。ABA 可使辐射松幼苗中管胞的径向增大范围减小(Pharis et al, 1981),并可使胶枞插条中的管胞分化减少(Little, Eidt, 1970)。另一些实验说明 ABA 是通过改变 IAA 的运输抑制管胞分化。而且从早材向晚材的转化，以及形成层活动的停止都与内源 ABA 的积累相平衡。

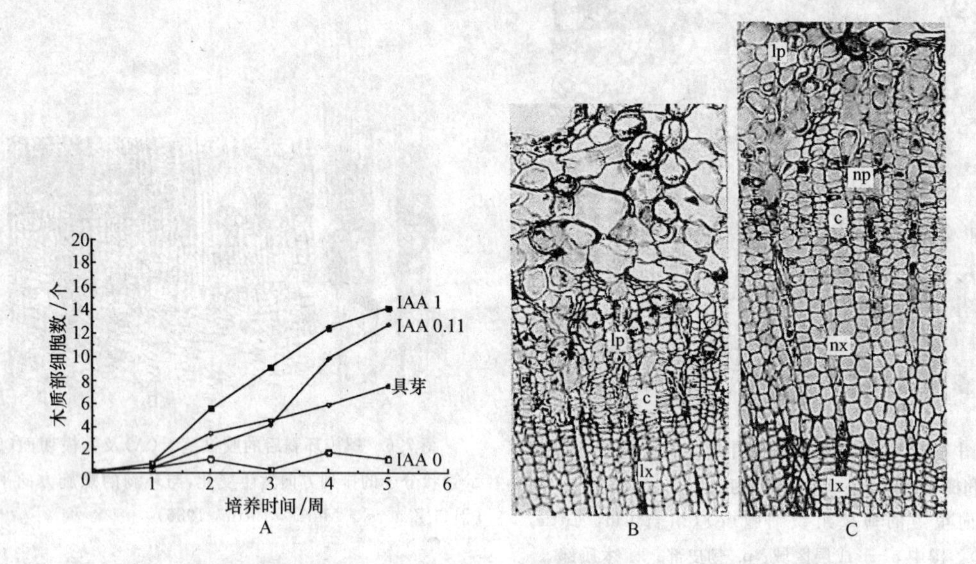

图 7.7 IAA 对欧洲赤松水培 5 周的一年生枝条中木质部形成的影响. A. 去芽或去芽并顶部用含 IAA 0、0.11 或 1 mg/g 的羊毛脂处理的木质部细胞数比较；B. 仅去芽的枝条横切面，没有新的木质部和韧皮部细胞形成；C. 去芽并顶部用含 IAA 1 mg/g 的羊毛脂处理的枝条横切面，已有大量新的木质部和韧皮部细胞形成；图中 c. 形成层带；lp. 前一年形成的韧皮部；lx. 前一年形成的木质部；np. 新形成的韧皮部；nx. 新形成的木质部（A 引自崔克明，等，1992；B,C 引自 Cui，Little，1993）

关于 GAs 对木质部形成的作用的实验结果很不一致，甚至相互矛盾。有的研究说明，松柏类中外源 GAs 可促进管胞产生(Savidge，Wareing，1981a,b)，有的说没有作用(Lavender，Hermann，1970；Philipson，Coutts，1980)，也有的报道说有抑制作用(Cui，Little，1993)。而用硬材树种所做的实验则说明，当 GAs 和 IAA 并用时对木质部产生，特别是对纤维分化和伸长有着明显促进作用(Aloni，1985；Saks et al，1984；Zakrzewski，1983)。

细胞分裂素只有与生长素和(或)赤霉素共同使用时才能对木质部的形成和分化有一定作用。对环割的北美云杉茎单独使用 6-苄基腺嘌呤(BA)或与 IAA 共同使用都可促进木质部产生(Philipson，Coutts，1980)。Zakrewski (1983)在夏栎中发现，随着季节的变化，激动素可提高或减少 IAA＋GAs 所引起的形成层活动，玉米素(Z)和玉米素核苷(ZR)与 IAA 在促进导管发育上也有交互作用。在爆竹柳(*Salix fragilis*)中使用 IAA,GA 和激动素比只用其中的一种或两种都更能促进形成层活动和木材形成(Roberts et al，1988)。

乙烯也参与了木材形成的调节。外源乙烯可抑制 *Malus domestica* 茎的伸长，但却刺激茎的长粗(Robitaile，Leopold，1974)。对爆竹柳枝条使用乙烯，可在使用部位引起茎的膨大和木材形成(Sundberg，Little，1987)，而对桑(*Morus alba*)使用乙烯则可提高管胞的量，减小管胞直径，从而抑制加粗生长(Sharma et al，1979)。在爆竹柳中高水平的乙烯诱导形成含有明显的晶体、高度木质化并出现横隔的纤维的木质部(Phelips et al，1975)。另外的实验说明乙烯也与应力木(reaction wood)的形成密切相关。Nilson 和 Hillis (1978)的研究说明内源乙烯水平的提高与应拉木(tension wood)的形成有关。在小干松形成应压木(compression wood)的底面发现了乙烯前体 ACC(Savidge et al，1983)。对辐射松(Barker，1979)和火炬松(*Pinus taeda*)(Telewski，Jaffe，1986；Telewski et al，1983)使用乙烯明显提高了垂直茎的径向生长。在绿干柏(*Cupressus arizonica*)形成应压木的枝干中乙烯的释放增加,而且枝干向上一半比向下一半释放乙烯更多(Blaker, 1980)。Telewski 和 Jaffe (1986)还发现由风和机械引起的枝干的弯曲也使乙烯的产生增加,并使管胞的产生也增加,而管胞的长度则变短(Shaybsany,Marris, 1979; Telewski, Jaffe, 1986a,b)。

7.2.4　控制韧皮部分化

由于观察韧皮部困难,有关植物生长调节剂对韧皮部分化影响的研究较少。但也有一些研究说明,IAA 不仅能促进木质部分化,也能促进韧皮部分化(Ewers, Aloni, 1985),而且对韧皮部纤维的伸长更有着明显的刺激作用(Roberts et al, 1988)。IAA 还对欧洲赤松和欧洲云杉插条中韧皮部的产生有着明显的促进作用(Cui, Little, 1993)。萘乙酸(NAA)和 GA 共同作用可促进杜仲剥皮后再生韧皮部的发育(图 7.7,7.8)(李正理,崔克明, 1985)。少数报道说乙烯也可促进韧皮部的分化(Yamamoto et al, 1987; Yamamoto, Kozlowski, 1987a,b)。对北美云杉的环割实验说明,6-苄基腺嘌呤单独使用或与 IAA 共同使用都可促进韧皮部的产生(Philipson, Coutts, 1980)。

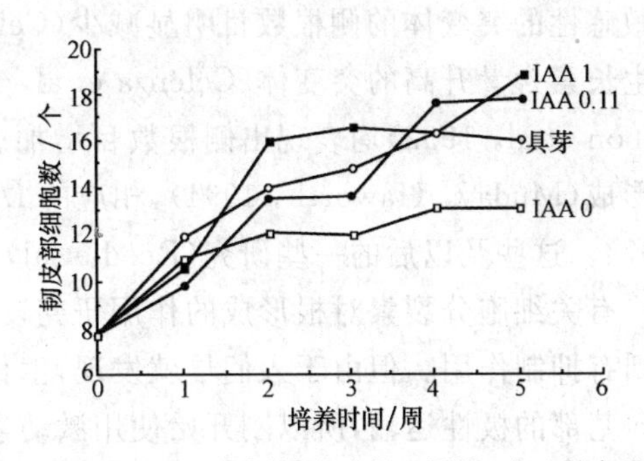

图 7.8　IAA 对欧洲赤松水培 5 周的一年生枝条中韧皮部形成的影响(引自崔克明,等, 1992)

7.3　诱导器官建成

7.3.1　根的形成

早在 20 世纪 40 年代 Skoog 和崔澂就在培养烟草髓外植体的试验中发现,腺嘌呤与生长素的浓度比决定着愈伤组织分化的方向,当此比例高时分化出芽,而当此比例低时则分化出根。1957 年 Skoog 和 Miller 发现激动素的效果更好,其活性是腺嘌呤的 3 万倍。后来许多人的研究说明,在组织培养中有的分化出根后,再诱导芽变得十分困难,也有的正好相反,不过先诱导出根后很难再诱导出芽的现象更为普遍。

早在发现生长素之前,1933 年 Zimmerman 就在扦插中发现一些当时不知道的气体(后来证明是乙烯、一氧化碳和乙炔等)都能促进不定根的发生及其后的发育。20 年后才发现乙烯是植物体内天然存在的一种植物激素。

1934 年和 1935 年发现生长素 IAA 和 IBA 都能促进不定根的形成,后来发现许多生长素类物质——IAA,IBA,NAA,2,4-D 等都能促进不定根的发生。低浓度的 2,4-D 对一些植物能非常有效的诱导生根,但非常不利于芽的发生,甚至对某些植物是有毒的。还有许多研究发现,两种或更多种类的生长素的混合物更有利于根的形成。如 IBA 和 NAA 混合后共同诱导生根的效果远远大于单独施用其中任何一种的效果。现已证明产生根原始细胞的第一次细胞分裂依赖于生长素。

研究说明,豌豆插条不定根的发生可分为两个阶段,第一阶段是发生阶段,根分生组织形成,其又可分为两个小阶段:① 生长素活动阶段,大约持续四天,这一阶段中必须连续补充生长素(来自顶芽或外源)才能形成根;② 生长素不活动期,也持续四天,其间生长素不起促进作用但也无害。第二阶段是根的伸长和生长阶段,根端生长穿过皮层,最后由表皮穿出,随之在新根中形成维管组织。

20 世纪 90 年代以来的大量研究说明,侧根的发生与生长素的极性运输密切相关(倪为民,等, 2000)。使用外源 IAA 可促进侧根的发生(Muday, Haworth, 1994),一些对生长素失去敏感性的突变体的侧根数目明显减少(Celenza et al, 1995; Muday et al, 1995),而一些内源生长素含量升高的突变体(Celenza et al, 1995)或转 IAA 合成基因(*iaaM* 和 *iaaH*)的植株(Sibon et al, 1992)均表现出侧根数目增加。另外,使用外源 IAA 极性运输抑制剂可抑制侧根形成(Muday, Haworth, 1994),相应的 IAA 极性运输突变体不能形成侧根(Ruegger et al, 1997)。这些及以后的一些研究(Reed et al, 1999)皆说明,IAA 的极性运输调控侧根的发生。

有关细胞分裂素对根形成的作用研究较少,一般认为,低浓度时促进根原基发生,高浓度时则有抑制作用。但由于人们早就发现,生长素(主要是 IAA)在植物体内的运输主要是由顶端向基部的极性运输,所以刚开始使用激动素以促进插条生根时,都是像使用生长素一样,将激动素施用于插条的生理上端,但大量的试验说明,将激动素施用于插条的基部效果较好,这是因为激动素的源主要是根。

高浓度的 GA 抑制不定根的发生,这种抑制是一种直接的局部效应,它阻碍早期的细胞分裂,包括由成熟茎组织转变为分生组织的过程;低浓度的 GA 则能促进豌豆插条根的发生。在秋海棠(*Begonia*)叶插中应用 GA 可阻止根原基发育中生长素的作用。

ABA 对不定根发生的作用至今没有肯定的结论,试验结果是矛盾的,似乎与根砧植物的营养状态有关。

有关乙烯对根形成的作用的研究更少,有报道说,很低浓度的乙烯可引起根原基的发生,这一作用也是由于乙烯诱导了 IAA 发生。

这里应该注意的是植物激素在促进插条生根的效果是随植物的不同而发生变化的,这可能是因为植物的内源激素水平不同,体内控制内源激素水平的机理也可能不同。

7.3.2 芽的形成

前边已述及,在组织培养中当激动素和生长素的比例高时有利于芽的形成。在根插或叶插中不定芽的形成是一关键问题,试验证明,施用细胞分裂素(如激动素,BA,PBA 等)有利于不定芽的发生。如秋海棠叶插中高浓度的细胞分裂素可促进芽的形成,但抑制根的形成;而高浓度的生长素则得出相反的结果。低浓度的 IAA 促进不定芽的形成,可增强激动素的作用,而低浓度的激动素则可增强 IAA 对根原基形成的促进作用。

7.3.3 茎的伸长

IAA 和 GA 对茎的伸长都有促进作用,两者相比,IAA 又大于 GA,而当两者共同使用时则具有明显的交互作用。两者的作用方式也有不同,IAA 的作用曲线类似于指数曲线,GA 的作用曲线则类似于对数曲线。上一章中所述光对植物发育的影响至少其中一部分是通过激素的作用,特别是生长素的作用来实现的,例如,光对植物茎伸长的调控就需要生长素作为中介物质

(Behriger, Davies, 1992)。生长素极性运输突变体的光合作用、物质运输和生长等都出现异常(Shinkle et al, 1998)就说明极性运输在光形态建成中起着重要作用。Shinkle 等(1998)的实验还证明光照可以增加下胚轴生长素极性运输的能力,Jensen 等(1998)用生长素极性运输抑制剂所做的实验说明,在光下生长的拟南芥下胚轴和根的伸长受 NPA(N-1-氨甲酰苯甲酸萘酯)抑制,而在黑暗中生长的则不受 NPA 抑制,而且下胚轴伸长受抑制的程度还与光强成正比,这就表明生长素的极性运输参与了光照下生长的下胚轴伸长的调节,而对黑暗中生长的下胚轴的伸长则无此作用。

乙烯对茎的伸长也有一定的作用,对绝大多数植物都是减少细胞的伸长,但能增大细胞的直径。用乙烯处理的植物的节间与没处理的相比又短又粗。它的作用与高浓度的 IAA 相类似,这说明 IAA 很可能是通过高浓度刺激了体内乙烯的产生而发挥作用的。乙烯的这一抑制作用在暗中比在光下强,对于这一作用的作用机理至今还不清楚,但已有证据说明乙烯的释放可能受到红光和远红光的影响,这当然要通过光敏素调节机理。

7.3.4　胚的极性建立和叶的形态建成

20 世纪 90 年代以来大量有关植物突变体的研究,特别是有关模式植物拟南芥突变体的研究说明,IAA 的极性运输与植物胚胎两侧对称和极性建立及叶子的形态建成密切相关(Cooke et al, 1993)。刘春明等(1993)利用芥菜幼胚培养的研究证明,IAA 极性运输抑制剂处理导致了筒状子叶的发生,对拟南芥生长素极性运输突变体 *pin1* 胚胎的观察也证明这一点(Galweiler et al, 1998),Hadfi 等(1998)的工作也得到了相似的结果,随后的工作证明,单子叶植物胚胎发育中也有类似情况(Fisher, Neuhaus, 1996)。许智宏等在利用烟草、景天属(*Sedum*)和二月兰(*Orychophragmus violaceus*)等植物的外植体建立的芽分化试验,以及烟草和青菜(*Brassica chinensis*)种子的萌发试验中,皆已证明在培养基中加入生长素极性运输抑制剂就导致喇叭状叶或联体叶的形成(图 7.9)(倪迪安,等, 1996; Xu, Ni, 1999)。所有这一切都说明,生长素的极性运输在子叶和叶等两侧对称器官的式样形成中起着重要的调节作用。

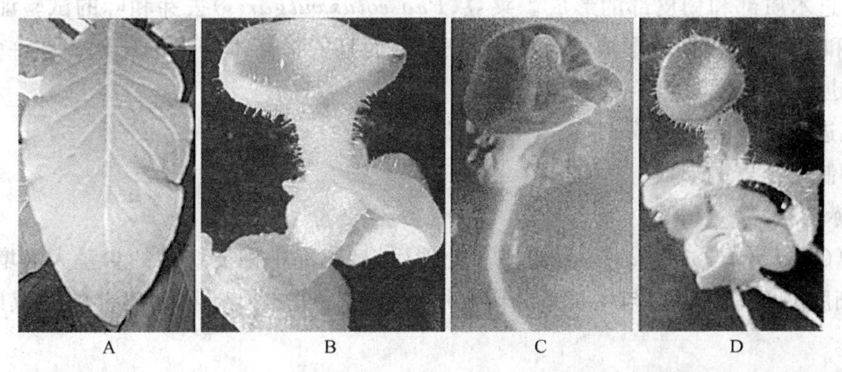

图 7.9　烟草正常叶(A)和其外植体培养中加入生长素极性运输抑制剂再生形成的喇叭状叶(B,C,D)(引自倪迪安,等, 1996)

7.3.5　花的形成

应用生长素促进开花的企图一次也没有成功过,但却发现许多长日植物在短日照下施用

GA_3 可以诱导开花，像莴苣(*Lactuca sativa*)、萝卜(*Raphanus sativus*)、甜菜(*Beta vulgaris*)、甘蓝(*Brassica oleracea* var. *capitata*)等需要低温处理的植物。但其中许多植物用 GA_3 处理后只抽薹不开花。还有一些长—短日植物，如 *Bryophyllum crenatum* 和 *B. daigremontianum*，正常情况下需要先在长日照下一段时间再转到短日照下一段时间才能形成花芽，如果用 GA_3 处理后就可完全在短日照下开花。GA_3 也可以代替冷冻处理(即春化作用)。

除了赤霉素之外，其他一些生长调节剂也能刺激一些植物开花，这些生长调节剂既有自然的也有人工合成的。应用生长素类 2,4-D 可以诱导菠萝(*Ananas comosus*)开花，也可用乙烯诱导，施用 2,4-D 实际上也是诱导植物体内乙烯的合成；应用激动素和腺嘌呤可以促进 *Berilla* 和 *Zeatin* 开花，也能诱导水生植物 *Wolffia microscopica* 开花；天然存在的抑制剂 ABA 也能促进几种植物开花；人工合成的生长延缓剂 CCC 和 B9 也能促进一些植物开花，如苹果和梨树(*Pyrus*)；其他一些生长调节剂，如三碘苯甲酸、马来酸、维生素 E，甚至蔗糖都能诱导一些植物开花。但是至今，一些短日和长日植物还不能用已知的植物生长调节剂诱导开花。尽管早在 20 世纪 40 年代 Clailakhyan 就提出了开花素(anthesin)的假说，而且也有各种各样的实验间接证明它的存在，但至今也没有证实到底开花素是什么物质。

7.4 组织分化

各种植物生长调节剂在控制各种组织分化中也有着重要的作用。

(1) 生长素

① 抑制石细胞的形成。黄杉(*Pseudotsuga sinensis*)的叶子含有大量的石细胞，如果在去芽和叶的枝条上涂上含有生长素的羊毛脂就会大大减少新生叶中石细胞的数量。用灰藜(*Chenopodium glaucum*)所做的试验也得到相似的结果，低浓度时发育出的石细胞的细胞壁薄而非木质化。培养黄杉芽时只形成少数的石细胞，如果提高生长素的浓度，新形成的叶子中就几乎没有石细胞的形成。

② 促进木质部和韧皮部的形成。菜豆(*Phaseolus vulgaris*)去芽和叶的试验证明，生长素可代替芽和叶的作用，促进形成层分化出木质部，而且能提高木纤维的比例。在许多木本植物中的试验也证明了这一点。

③ 促进棉花(*Gossypium*)表皮毛的伸长。

④ 抑制气孔器的形成。

(2) 赤霉素

黄麻(*Corchorus capsularis*)经过 GA 处理后，韧皮部中韧皮纤维的含量大大增加，纤维长度延长，细胞壁增厚。当它与生长素共同使用时更能促进木质部和韧皮部的形成以及纤维的比例增加。

(3) 激动素

培养离体的豌豆(*Pisum sativum*)茎段时，使用生长素可促进腋芽的形成，而且叶子明显发育出表皮毛，如果用激动素处理，其表面上则没有表皮毛的发生，也就是说，激动素抑制表皮毛的形成。

(4) 乙烯

用杜仲所做的实验研究说明，乙烯促进木栓细胞的栓质化。在榆树(*Ulmus pumila*)和白蜡树(*Fraxinus chinensis*)幼苗中,乙烯可促进韧皮部的分化。在木质部形成中,它与生长素和激动素有着交互作用,可控制木质部分子的木质化。

(5) ABA

根据 Wodzicki T 和 Wodzicki A(1980)对欧洲赤松茎基部区域的研究,生长季末期,ABA在形成层带和未成熟韧皮部中积累。ABA 的增加就抑制了生长素的极性运输,因此就导致了发育后期的管胞中原生质体解体的延迟。由于这种延迟一直到成熟期,从而引起晚材管胞细胞壁的增厚。许多研究也说明,ABA 在植物芽和形成层休眠中起着重要作用(Little, Eidt, 1968; Little et al, 1972; Djilianov et al, 1994; Kumar et al, 2001; Mwange et al, 2004)。

7.5　植物生长调节剂调节植物发育的机理

植物生长调节剂可分为促进剂(如生长素、赤霉素、细胞分裂素和乙烯)和抑制剂(ABA)两大类。促进剂促进的都是植物的生长发育过程,在细胞水平上就是促进细胞分化过程,因为细胞分化的最后阶段是编程死亡(崔克明, 1997),所以其作用的最后结果是启动死亡程序,如促进木质部、韧皮部的产生和分化,特别是对管状分子和纤维细胞分化的促进最为典型。抑制剂则是抑制细胞分化过程,实际是抑制死亡程序的开启,像 ABA 对管胞分化的抑制。两者又不是绝对的,有时又表现出两重性,如过去多把乙烯归为抑制剂,但就其促进果实成熟、木栓层细胞栓质化来说就应属于促进剂;生长素有时也表现出抑制剂的作用,如抑制石细胞的形成;相反 ABA 就其促进离层的形成来说,又应属于促进剂。

关于植物激素是通过什么样的机理调节植物生长发育的,至今仍知之不多。但多年来的研究已证明细胞中接受激素信号的是受体蛋白(Chadwich, Garrod, 1986),不同的激素由不同的受体蛋白接受,植物细胞的壁、质膜和核膜上都可有这种受体蛋白,甚至细胞核内也可有激素(如 IAA)的受体蛋白。这些受体蛋白接受激素信号后会激活细胞内某种(些)不活化的酶,或者合成新的酶,再经过一系列至今仍不清楚的信号传递系统,最后引起特定基因类群的有序表达(Libbenga, Mennes, 1986)。

20 世纪 90 年代以来有关激素受体的研究大大增加,特别是有关生长素极性运输及其输入和输出载体的研究取得了重要进展。早在 70 年代已初步形成了生长素极性运输的化学渗透偶联学说(Rubery, Shelsrake, 1974; Raven, 1975; Goldsmith, 1977),认为在酸性细胞壁中,生长素以弱酸的形式经载体协同运输或自由扩散的方式进入细胞,进入中性的细胞质后生长素就主要以离子的形式存在并在细胞中大量积累,离子形式的生长素通过分布于细胞基质中的离子载体顺浓度梯度输出细胞,正是由于输出载体在细胞中成极性分布,从而决定了生长素的极性运输,而生长素极性运输所需要的能量则是由跨膜质子电位提供。进一步的研究,特别是有关模式植物拟南芥突变体的研究已经证实,植物中存在着生长素极性运输的输入(Hicks et al, 1989; Lomax, Hicks, 1992; Bennett et al, 1996; Okada, Shimura, 1992; Hasenstein, Evans, 1988; Delbarre et al, 1996; Yamamoto, Yamamoto, 1998; Lomax et al, 1995)和输出(Lomax et al, 1995; Jacobs, Gilbert, 1983; Bernasconi et al, 1996; Bell, Maher, 1990; Oakda, Shimura, 1990)两种载体,前者参与生长素的进入细胞,也就是细胞对生长素的吸收,后者则是一种在细胞内成极性分布的膜蛋白,参与生长素在细胞内的极性运输及输出细胞。对生长素运输和结合的研究表明,所有生长素极性运输抑制剂的作用位点都与生长素的结合位点不同,即抑制剂的结合并不影响生长素的结合，这就表明输出载体复合物至少包括运输和调节活性两种组分(Lomax et al，1995)，但要完全搞清其作用机理还有大量工作要做。有关IAA结合蛋白的研究也证明，细胞和细胞质，以及细胞核和核内都有IAA结合蛋白存在(图7.10)(崔克明，等，1999)，这间接说明细胞中既有输入蛋白，也有输出蛋白。最新研究还说明，在杜仲形成层区域IAA的结合蛋白可能是APB1，而且ABA抑制形成层活动就是通过抑制IAA结合蛋白的表达，还证明IAA运输抑制剂也抑制ABP1的表达，这就暗示ABP1可能也是IAA的转运蛋白。

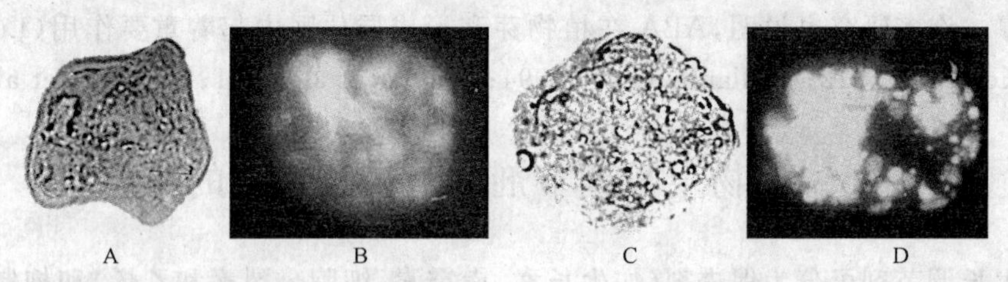

图7.10 去壁的正常形成层细胞(A,B)和剥皮后两天的未成熟木质部细胞(C,D)。A、C为对照，B、D为用荧光标记的细胞

近年有关植物激素受体的研究又取得了新的重要进展。最早分离得到的激素受体是乙烯受体蛋白，并克隆了编码它的基因(Chang et al，1993；Schaller，Bleecker，1995)，这是从拟南芥克隆到的*ETR1*基因，其序列中具有与一个大的起调节作用的信号转导蛋白家族相似的结构域(domains)，并且证明这是含有5个成员的蛋白家族，每一个都含有一C-端组氨酸激酶结构域(Gamble et al，2002；Mason，Schaller，2005；Napier，2004)。近年的大量研究不仅集中于其作用机理而且还用于研究插花寿命的延长和水果的贮存等与生产实践有关的问题(de Wild et al，2005；Desikan et al，2005；Marty et al，2005；Narumi et al，2005a，b；Trainotti et al，2005)。第二个分离并克隆了编码它的基因的受体蛋白是生长素，即转运抑制剂应答1蛋白(transport inhibitor response 1，TIR1)(Callis，2005；Dharmasiri et al，2005；Kepinski，Leyser，2005；Woodward，Bartel，2005a，b)。生长素作用途径中有两个蛋白质家族起着重要作用，一个是生长素应答因子(AUXIN RESPONSE FACTOR，ARF)蛋白，它与一个对生长素应答的启动子序列相互作用(Ulmasov et al，1997a)，ARF蛋白既可促进又可抑制靶基因的表达(Ulmasov et al，1999)。另一个蛋白质家族是由生长素诱导的基因编码的Aux/IAA蛋白(Auxin/IAA proteins)，它能直接与活动的ARF蛋白结合，从而抑制ARF诱导的基因的转录(Ulmasov et al，1997b；Tiwari et al，2001，2004)，该蛋白是一种短命蛋白(Abel et al，1994)，而且IAA可促进它的降解(Gray et al，2001；Zenser et al，2001)。生长素必须与含有TIR1的泛素连接酶复合体(ubiquitin ligase complexes) SCFs(Gray et al，1999)或有

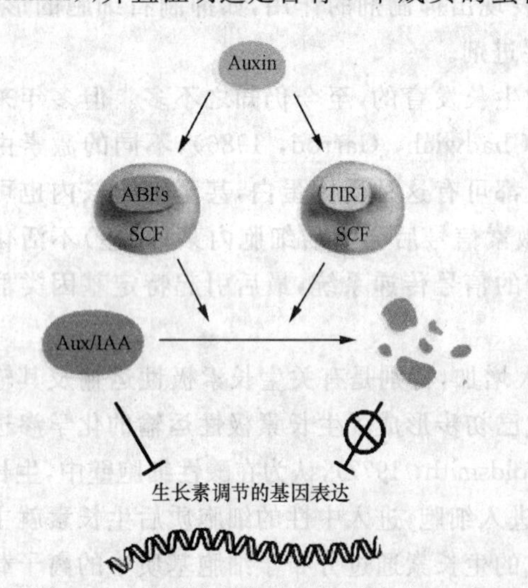

图7.11 生长素作用模型。生长素首先与含TIR1或ABFs蛋白的SCF结合组成以复合体，再作用于Aux/IAA蛋白，催化其解体，从而解除了Aux/IAA蛋白对生长素应答基因的抑制，使相关基因做出应答(仿Callis，2005)

关的生长素结合因子 ABFs(auxin-binding factors)一起组成一新的复合体,这一新的复合体催化 Aux/IAA 蛋白(能直接抑制带来生长素应答的基因表达)解体,从而实现生长素的应答(Callis, 2005; Dharmasiri et al, 2005; Kepinski, Leyser, 2005; Woodward, Bartel, 2005a,b)(图 7.11)。

有关赤霉素的相关研究一直较少,2005 年初的文献中所报道的还多是有关生理功能的研究(Al-Ahmad, Gressel, 2005; Lin et al, 2005; McCullough et al, 2005),只有少数有关其信号传导途径中有关蛋白及编码其基因的研究(Botwright et al, 2005; Han et al, 2005; Horvath et al, 2005; Nalini et al, 2005),有关其结合蛋白的研究也很少。直至 2005 年 9 月才在 *Nature* 上发表了发现赤霉素受体的报道(Bonetta, McCourt, 2005; Ueguchi-Tanaka et al, 2005),这是在一种水稻 GA 敏感型矮化突变体(GA-insensitive dwarf mutant gid1)中发现的 *GID1* 基因编码的一种与对激素敏感的脂肪酶相似的蛋白质,它的过量表达将产生对 GA 高度敏感的表型,并已证明 GID 是水稻中一种调节 GA 信号的可溶性受体(Ueguchi-Tanaka et al, 2005)。其调节方式如图 7.12 所示。

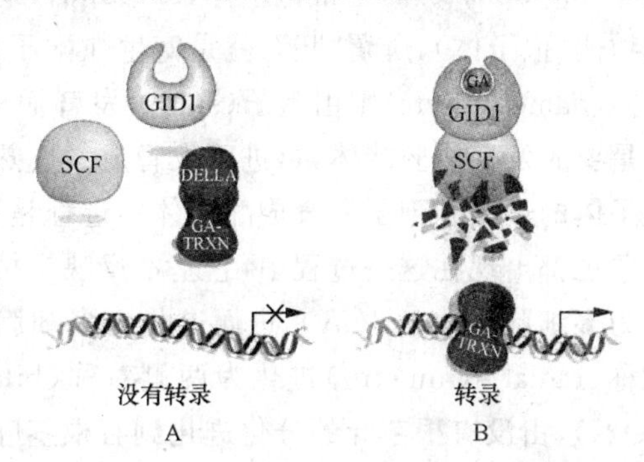

图 7.12　水稻中的赤霉素作用模型。A. 没有赤霉素的情况下,抑制蛋白(DELLA)干扰了依赖于赤霉素的转录因子(GA-TRXN);B. 当赤霉素与 GID1 蛋白结合后,立即将其确认为受体,GID1 就与泛素连接酶复合体(ubiquitin ligase complexes) SCF 发生作用。随即 SCF 复合体就降解抑制蛋白 DELLA,从而释放 GA-TRXN 以刺激相关基因表达(引自 Ueguchi-Tanaka et al, 2005)

对其他三大类植物激素受体的研究至今仍未取得突破性进展。对细胞分裂素(Igarashi et al, 2001; Karavaiko et al, 2004; Kobayashi, 2002; Kobayashi et al, 2000; Kulaeva et al, 2000, 2002; Laman et al, 2000; Selivankina et al, 2004; Shepelyakovskaya et al, 2002; Veshkurova et al, 1999)和脱落酸(Bethke et al, 1997; Desikan et al, 1999; Leung, Giraudat, 1998; Levchenko et al, 2005; Morton et al, 1997; Ritchie et al, 2000, 2002; Wan, Hasenstein, 1996; Yamazaki et al, 2003; Zhang et al, 2002)的有关研究中只是克隆到有关的结合蛋白,并进行了大量有关其传导和功能的研究,至今还没有准确证明哪一种是受体。

第八章　植物体第一个细胞的诞生和早期发育

——胚胎发育

除少数嵌合体(chimaera)外,所有植物的成熟植物体都是由一个细胞发育来的。有胚植物(embryophyte)的正常孢子体(sporophyte)是由受精卵(zygote)发育成胚,进而发育成成熟植物体(孢子体),所谓“胚”,就是寄生在配子体上发育成的幼小孢子体(Cronquist,1982)。配子体(gametophyte)则由孢子(spore)发育而成;而由一个体细胞脱分化而成的受精卵性细胞也是要先发育成胚状体,再进而发育成一成熟的植物体(孢子体)。其中,由受精卵发育成成熟孢子体的过程和孢子发育成配子体的过程是一完整的包括了所有阶段的发育过程,所有发育现象也都出现在这一过程中,它基本反映了植物界中细胞生物的进化历程,即由单细胞个体进化为多细胞群体(colony),进而进化为多细胞个体,多细胞个体又由简单进化到复杂,由辐射对称(radial symmetry)进化为两侧对称(bilateral symmetry)和腹背对称(dorsiventral symmetry),由没有根茎叶的分化进化到有根茎叶的分化等,这也就是个体发育反应系统发育的理论——重演律(law of recapitulation or biogenesis law)。种子植物中观察胚胎发育过程是研究发育生物学的最早的最基本的方法。无论是由受精卵、孢子还是由体细胞脱分化而成的受精卵性细胞发育成胚,细胞分裂,尤其是分化分裂是其第一步,也可以说分化分裂是胚胎发育的起点。

8.1　第一个细胞的发生及其后的分裂

8.1.1　小孢子的发生和雄配子体的发育

种子植物的雄蕊相当于一些蕨类植物的小孢子叶(microsporophyll)(图 8.1),未分化花药表皮下孢原细胞(sporogenous cell)的分裂是一典型的分化分裂,它的分裂方向是一定的——平周分裂(periclinal division),它的分裂结果是产生两个命运完全不同的子细胞——外面一个为初生壁细胞(primary parietal cell),将来分化出花药壁的各层,里面一个成为初生造孢细胞(primary sporogenous cell),它们的进一步发育将形成花粉囊(小孢子囊)(microsporangium),这即相当于非种子植物的无性生殖器官——孢子囊(sporangium)。初生造孢细胞进而发育成次生造孢细胞(secondary sporogenous cell),分裂或不分裂而产生小孢子母细胞(microspore mother cell),这种分裂是增殖分裂,小孢子母细胞再进行一种特殊的分裂——减数分裂(meiosis)而形成四个小孢子,即无性生殖单位(图 8.2)。其间小孢子壁中沉积胼胝质,一方面使它们与母体分离,另一方面小孢子间彼此分离,这就是具有重要生物学意义的孤立化(Waterkeyn, 1962),这是任何一个新的植物体或器官发育过程开始的必要条件,即使之发育成新个体的位置效应的具体内涵。小孢子是雄配子体的第一个细胞,因此减数分裂过程及其后的孤立化过程就使得由孢子体产生的孢子母细胞转变成了配子体的第一个细胞。开始时这个细胞是均匀的,细胞核在中央,它所处的环境是花粉囊中的空间。在其分裂前，这个细胞首先极化，细胞核移向一边，另一边出现大的液泡。其分裂是典型的分化分裂的一种——不等分裂，分裂的结果是产生大小不等的两个子细胞，其中具大液泡的大的子细胞是营养细胞，另一小的是生殖细胞。具两细胞的或三细胞的成熟花粉就是成熟雄配子体，这是一单倍体的植物体，不能独立生活，靠寄生在孢子体上生活，成熟离开孢子体后只能生活很短的时间。雄配子体的营养体在被子植物中仅由一个细胞（营养细胞）组成；在裸子植物中，它含有两个原叶细胞；在蕨类植物中，它是一能独立生活的原叶体；在进化程度最低的高等植物——苔藓植物中，它是生活周期中的主体。配子体产生的生殖器官是有性生殖器官，包括颈卵器和精子器，在被子植物的雄配子体中，开始作为营养体的营养细胞到发育的后期又直接转化为精子器，生殖细胞在其中分裂产生两个雄配子——精子（图 8.3）。如果小孢子的第一次分裂不是不等分裂而是等分裂，那么它的两个子细胞的命运也就相同，它们将共同形成胚状体（孢子体的）——花粉胚。花药培养中许多胚状体的形成和一些植物花粉的异常发育都是按这条途径发育的。也就是说，不等分裂和等分裂分别启动了小孢子中业已存在的配子体发育程序和孢子体发育程序。

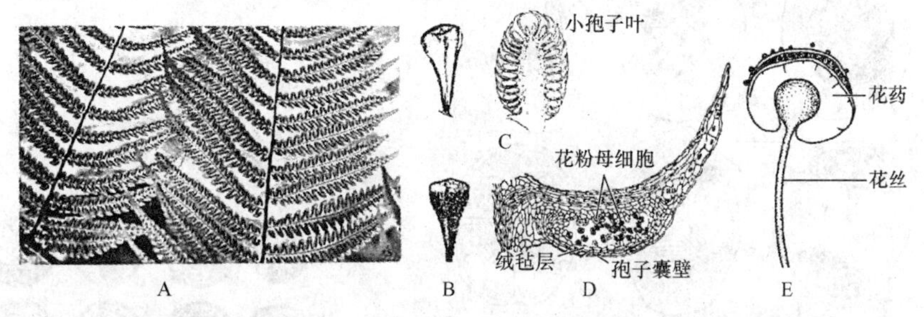

图 8.1　几种维管植物小孢子叶的比较。A. 蕨类植物桫椤（*Alsophila spinulosa*）；B. 仙湖苏铁（*Cycas fairylakea*）；C. 油松小孢子叶球；D. 油松小孢子叶；E. 草棉（*Gossypium herbaceum*）雄蕊。全图只示外形，没有显示大小比例

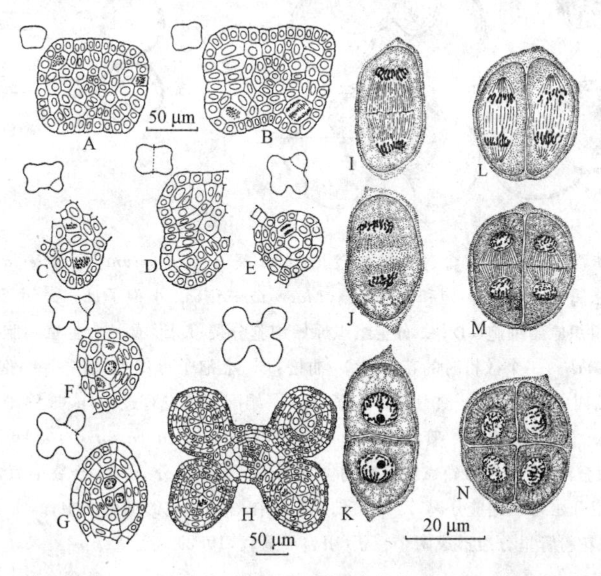

图 8.2　小麦小孢子囊的形成（A～H）和小孢子母细胞经减数分裂形成 4 个小孢子（四分体）（I～N）。A～B. 未分化的花药，角隅处表皮下细胞发生平周分裂，成为孢原细胞；C. 表皮下孢原细胞在分裂；D. 形成初生壁细胞和初生造孢细胞；E～G. 示初生壁细胞和初生造孢细胞继续发育的几个时期；H. 次生造孢组织形成及由初生壁层细胞分裂形成三层花药的壁；I. 小孢子母细胞减数分裂Ⅰ后期；J. 减数分裂Ⅰ末期；K. 产生分割壁形成二分体；L. 减数分裂Ⅱ后期；M. 减数分裂Ⅱ末期；N. 四分体形成（引自胡适宜，1982）

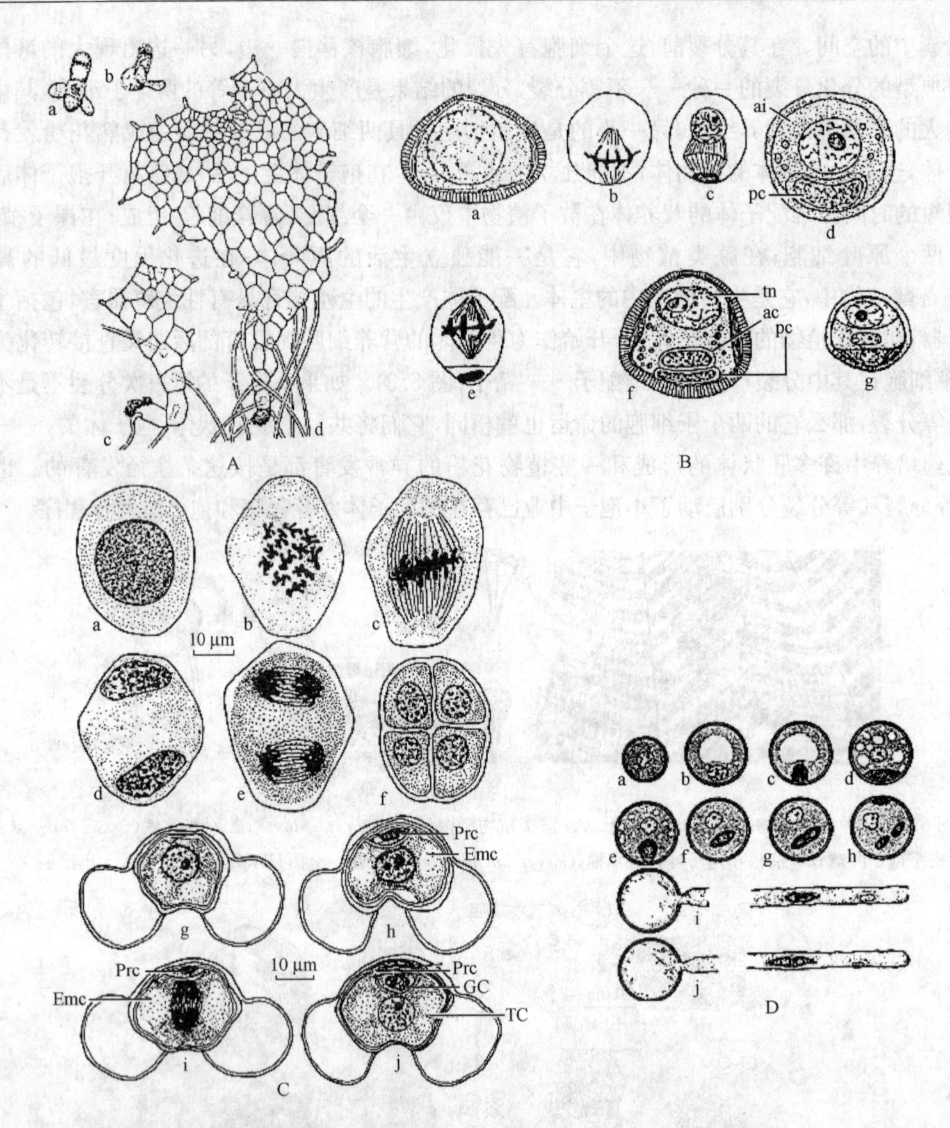

图 8.3 几种维管植物雄配子体发育过程的比较。A. 真蕨：a. *Athyrium*；b. *Pieridium*；c～d. *Dryopteris*。B. 苏铁：a～f. 角果查米属(*Ceratozamia*)和大查米属(*Macrozamia*)，a. 小孢子；b～c. 小孢子分裂；d. 形成一个原叶细胞(pc)和一个分生组织原始细胞(ai)；e. 分生组织原始细胞分裂；f. 形成一个生殖细胞(ac)和一个管细胞(tn)；g. 拳叶苏铁(*Cycas circinalis*)一个散粉时的花粉。C. 油松：a. 小孢子母细胞；b～e. 小孢子母细胞的减数分裂过程；f. 处于四分体时期的四个小孢子；g. 具气囊小孢子；h～i. 雄配子体发育过程；j. 成熟雄配子体；图中 Emc. 胚性细胞；GC. 生殖细胞；Prc. 原叶细胞；TC. 管细胞。D. 荠菜(*Capsella bursa-pastoris*)：a. 新形成的小孢子；b. 小孢子发育的后期，中央形成大液泡，细胞核移到靠细胞壁的位置；c. 小孢子核分裂；d. 分裂结束，形成一个营养细胞和一个生殖细胞；e. 生殖细胞开始与细胞壁分离；f. 生殖细胞游离在营养细胞的细胞质中；g，h. 生殖细胞开始在花粉粒里分裂；i，j. 生殖细胞在花粉管里分裂形成两个精子(引自胡适宜，1982)

8.1.2 大孢子的发生和雌配子体的形成

被子植物中的大孢子叶(macrosporophyll)是组成子房(ovary)的单位——心皮(carpel)(图 8.4)，胚珠(ovule)中的珠心(nucellus)组织相当于大孢子囊(megasporangium)(图 8.5)。

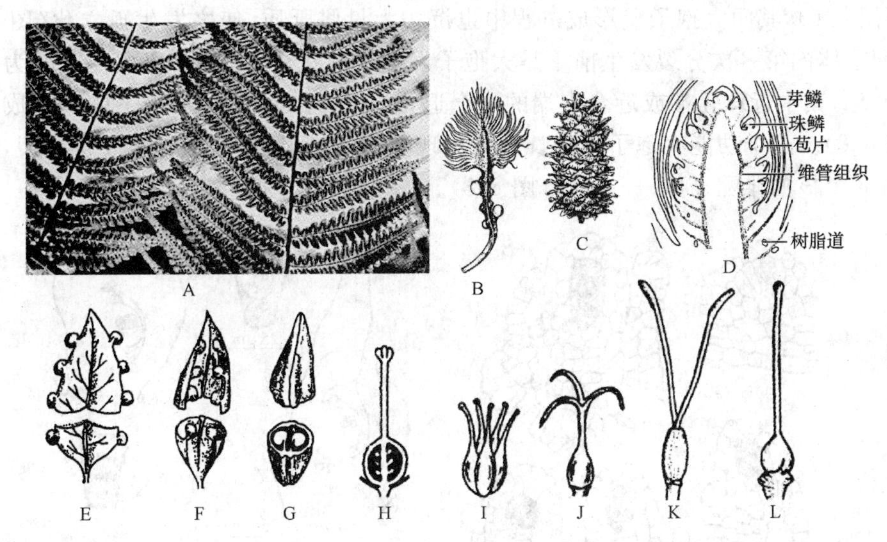

图 8.4　几种维管植物的大孢子叶形态比较。A. 蕨类植物桫椤；B. 仙湖苏铁；C. 油松大孢子叶球；D. 油松大孢子叶球纵切面；E～H. 被子植物大孢子叶——心皮；I～K. 被子植物的雌蕊类型；各图只表示形态，不表示大小比例

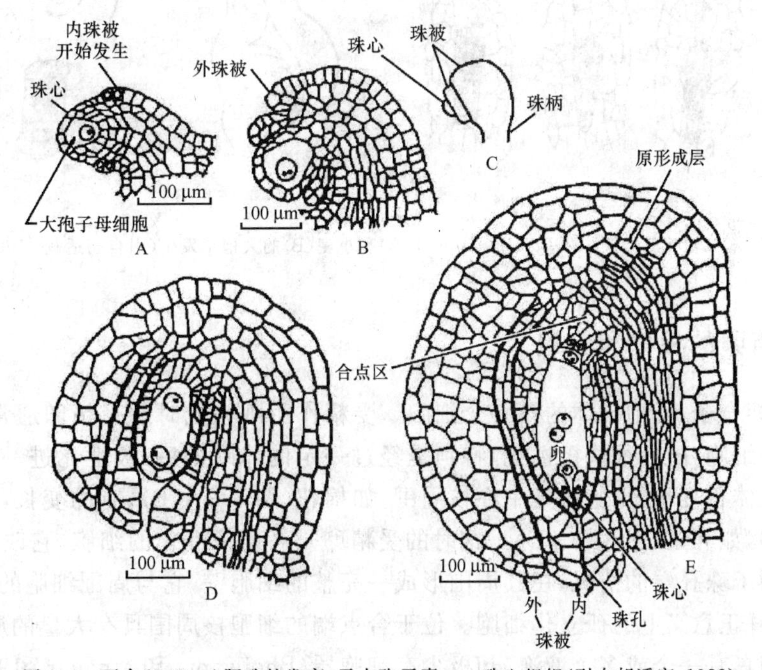

图 8.5　百合(*Lilium*)胚珠的发育，示大孢子囊——珠心组织(引自胡适宜，1982)

大孢子发生的过程与小孢子相似，它始于珠心中表皮下分化的一个孢原细胞，这个细胞处在特定的位置，发育出特殊的形态——体积大、细胞质浓厚，具一大的细胞核。这个细胞可直接起到大孢子母细胞(megasporocyte)的作用，有的植物中它还进行一次平周分裂，这次分裂也是一次不等分裂，它所产生的两个子细胞大小和未来的命运都不同；靠近珠孔端的一个体积小的是周缘细胞(parietal cell)，将来进行不定向的增殖分裂形成新的珠心组织；而另一端体积大的子细胞，则是造孢细胞，直接起大孢子母细胞的作用。大孢子母细胞也通过减数分裂形成 4 个

大孢子(图 8.6)，其间大孢子壁形成过程中也沉积大量胼胝质，使之发生孤立化(图 8.7)。但形成雌配子体的第一次分裂发生前不是大孢子发生极性化，而是这 4 个大孢子作为一个整体发生极性化，其中近珠孔端或近合点端的 3 个退化，即发生编程死亡，剩下的一个成为功能大孢子(图 8.8)。这个功能大孢子首先长大并出现液泡，随后其中的细胞核发生分裂，最后形成 7 个细胞 8 个核的雌配子体——胚囊(图 8.8)。

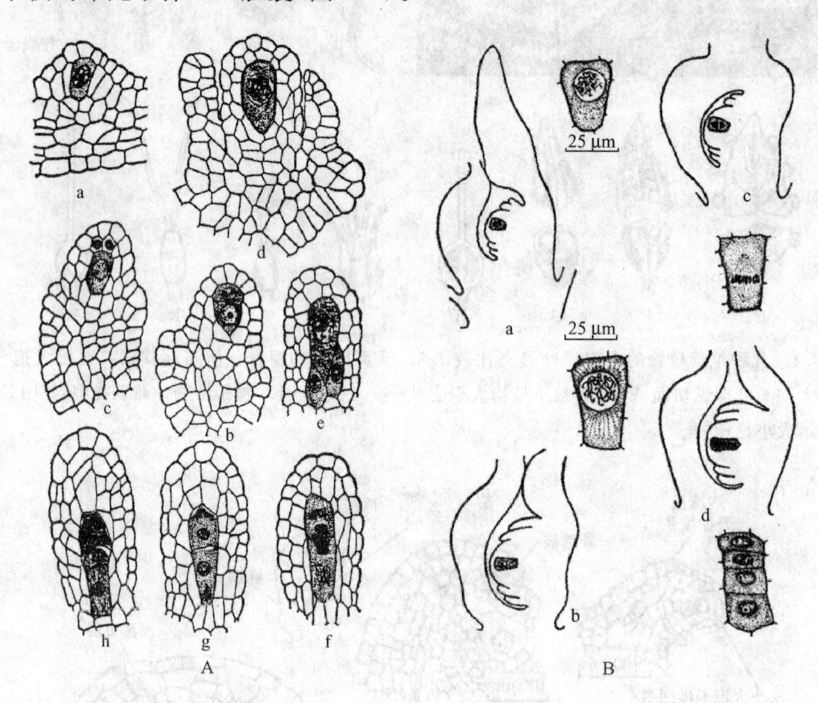

图 8.6 轮叶黑藻(*Hydrilla verticillata*)(A)和小麦(B)的大孢子发生(引自胡适宜，1982)

8.1.3 受精卵的极化和分裂

受精卵，即合子，是孢子体的第一个细胞。受精作用刚完成时的受精卵通常是核在中央、细胞质均匀的细胞，随后很快极性化，特别是经过一定的休眠期后，极性化进一步加强。有的植物中合点端体积变小，细胞质集中在核周围，如棉花(图 8.9A,B)；有的变长，细胞质集中在狭窄的合点端，如荠菜(图 8.9C,D)。这时的受精卵是高度极性化的细胞，它改变了细胞壁在受精前只局限于珠孔端的情况，在其周围形成一完整的细胞壁，它与周围细胞的胞间联丝联系被阻断，成为真正意义上的孤立化细胞。位于合点端的细胞核周围具有大量的质体和线粒体，而其珠孔端却具有一个或多个液泡，却极少有细胞器(Bhojwani, Bhatnagar, 1979)，这样它的第一次分裂也是不等分裂。第一次分裂通常为横分裂，所形成两个子细胞中靠近合点端的一个为顶端细胞(apical cell)，体积较小、细胞质浓厚，将来发育成胚本体；靠近珠孔端的另一个则为基细胞(basal cell)，体积较大、细胞质稀薄，将来多数发育成胚柄(图 8.10)，行营养的功能，最后也发生编程死亡，而且一旦胚柄不发生编程死亡，胚将不能正常发育(Bozhkov et al, 2002,2004,2005; Filonova et al, 2000)。

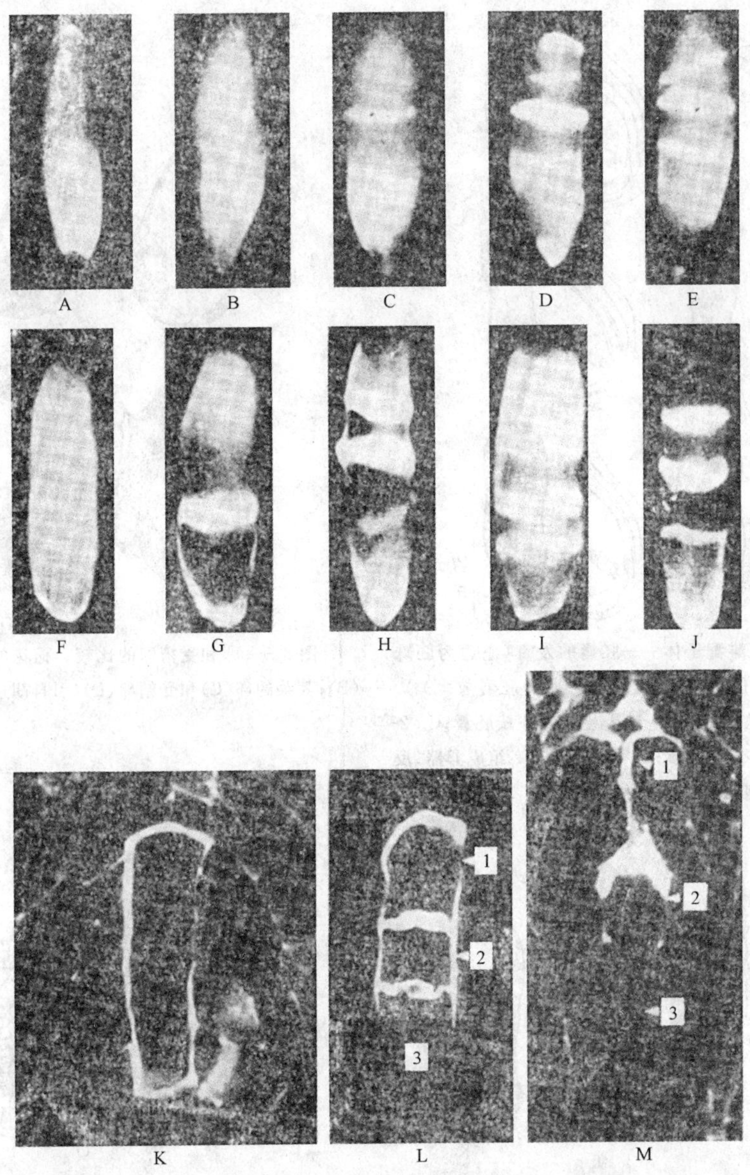

图 8.7　大孢子发生过程中通过胼胝质的积累使之发生孤立化(苯胺蓝染色后的荧光照片)。A～E. 长花劳伦菊(*Laurentia longifilora*),从大孢子的合点端开始沉积胼胝质,逐渐包围整个细胞(A),在四分体时期合点端的大孢子缺少胼胝质(E),为功能大孢子,进一步发育为胚囊(蓼型);F～J. 月见草(*Oenothera odorata*),从大孢子的珠孔端向合点端积累胼胝质,在珠孔区胼胝质逐渐减少,珠孔端的大孢子缺少胼胝质(J),成为功能大孢子;K～M. 玉米,K 示大孢子母细胞整个被胼胝质包围;L. 大孢子三分体,示有功能的大孢子缺少胼胝质;M. 1～2 核时期的胚囊,示退化的无功能大孢子有显著的胼胝质。1. 二分体细胞;2. 无功能大孢子;3. 有功能大孢子(转引自胡适宜,1982)

8.1.4　原胚发育中的细胞分裂

原胚发育过程中的细胞分裂表现出严格的顺序性,顶端细胞开始时的分裂,首先进行横分裂还是纵分裂,有其种的确定性,但基本遵循 Errera 定律。当形成 8-细胞原胚后,细胞分裂

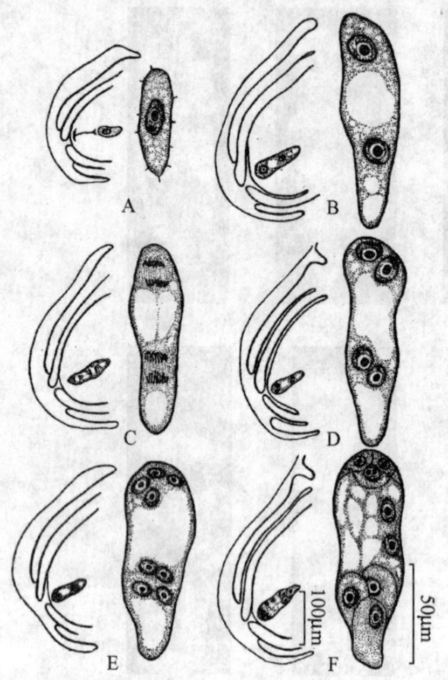

图 8.8 小麦雌配子体——胚囊的发育(左边为胚珠一部分,示胚囊的位置,右边为相应时期的胚囊放大)A. 发育的合点端大孢子(其余 3 个退化);B. 2-核胚囊;C. 2-核在分裂后期;D. 4-核胚囊;E. 8-核胚囊;F. 组成卵器、反足细胞和中央细胞的成熟胚囊(引自胡适宜,1982)

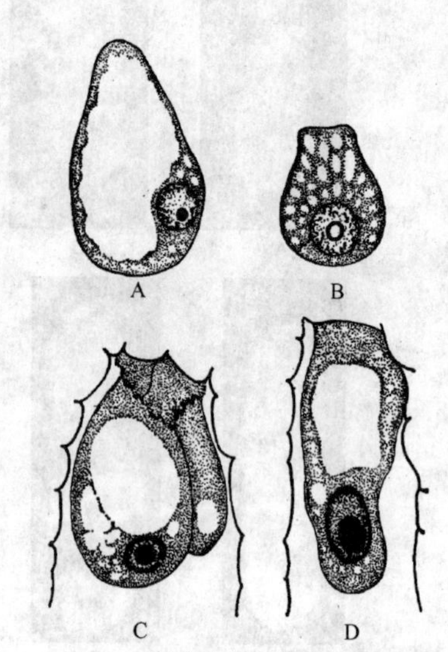

图 8.9 卵和受精卵的比较。棉花的卵(A)和受精卵(B);荠菜的卵(C)和受精卵(D)(引自胡适宜,1982)

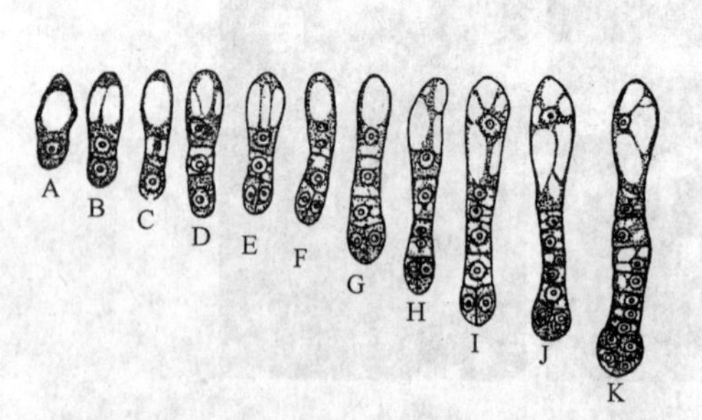

图 8.10 荠菜受精卵的极化、分裂和原胚的形成(引自胡适宜,1982)。

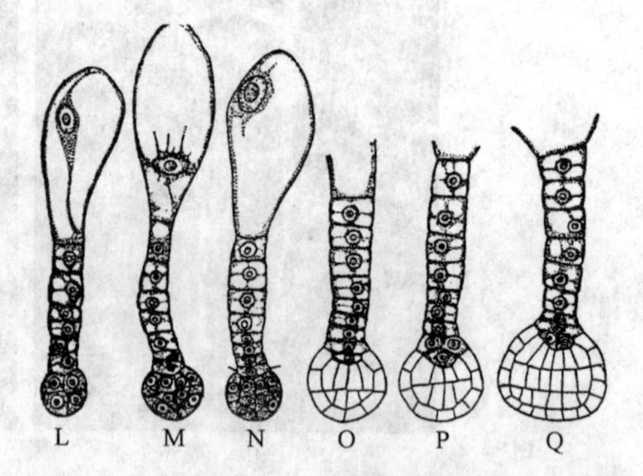

图 8.11 荠菜原胚发育为球形胚过程中的细胞分裂(引自胡适宜,1982)

就出现了分化分裂。8-细胞原胚进行的细胞分裂有其确定的分裂方向——平周分裂,这是典型的分化分裂。外面的一层子细胞为原表皮细胞,此后它们只进行垂周分裂;里面的八个子细胞虽然一开始时进行的是统一的纵分裂,但后来的分裂则是遵循 Errera 定律的各个方向的分裂,这种情况一直持续到球形胚形成(图 8.11)。

综上所述,无论是孢子体还是配子体形成的第一次分裂都是分化分裂,这种分裂发生前,植物体的第一个细胞都要先发生极性化和孤立化。看来这是开启胚胎发育程序的必要条件,也是任何形态发生过程中都存在的普遍现象。

8.2 器官发生

在某种意义上,可以说球形胚是一种没有极性化的多细胞群体。有一个很有意思的现象,即被子植物的球形胚通常可增大到32个细胞,而绿藻中的多细胞群体(团藻目的实球藻)的最大个体细胞数与之完全相同,这里面是否包含了从量变到质变的共性,值得深思。

(1) 子叶的发生和心形胚的形成

当球形胚长到一定大小时,就开始器官的发生。首先随着球形胚体积的增大,表皮原细胞也不断进行垂周分裂,逐步发育为原表皮。此时周围区域的细胞分裂增多,胚胎变扁,逐渐形成两侧对称,即发生极性化。原表皮层下面出现平周分裂和垂周分裂,很快在靠近合点端的两侧处,细胞分裂的频率进一步增加,两者间的细胞分裂则频率降低,主要是不断的垂周分裂使两侧隆起,形成子叶原基。位于子叶原基之间的几个细胞仍没有分化,将来它们发育为胚胎的茎端生长点。子叶开始发生的时候,胚胎下部的一列细胞继续分裂和分化,逐步成为胚胎的胚轴或下胚轴,从而形成了心形胚(图8.12)。此时与子叶原基相对的一端,来自基细胞衍生细胞的胚根原发生出根皮层原始细胞,与其紧靠的顶细胞衍生细胞开始向最初的原形成层分化,细胞开始伸长,并开始液泡化过程。

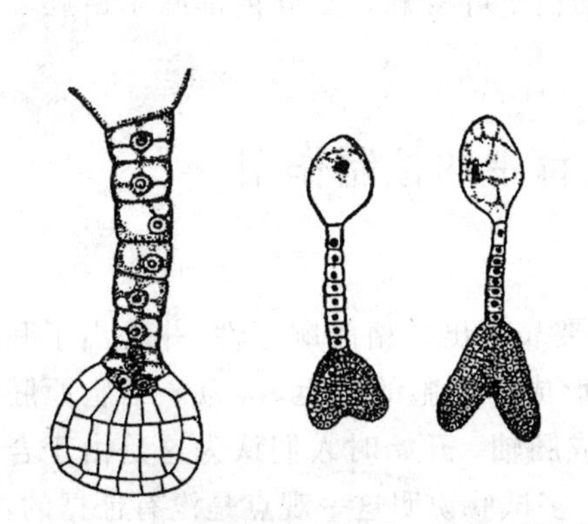

图8.12　荠菜由球形胚发育为心形胚,示子叶的发生(引自胡适宜,1982)

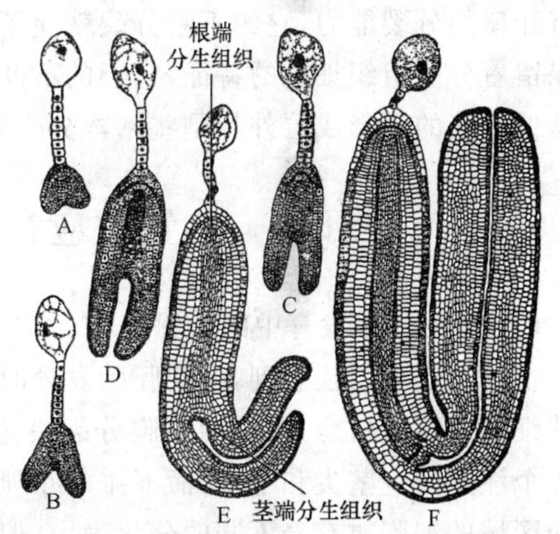

图8.13　荠菜胚的后期发育,从心形胚发育成鱼雷胚,示根端分生组织和茎端分生组织发生(引自胡适宜,1982)

(2) 茎端的发生

当心形胚进一步发育时,子叶原基发育成幼小的子叶,子叶和将来称做下胚轴的主轴的伸长而形成鱼雷胚,这时在子叶之间的心形胚形成时没有分化的几个细胞恢复分裂,并且分裂的频率快速增加,从而形成一小丘状结构——胚轴的顶端分生组织(图8.13)。

(3) 根端的发生

早在心形胚形成后期,胚的近基端,由部分基细胞衍生细胞和顶细胞近基端的部分衍生细胞共同发生根端(图8.13),随着子叶及其以下部分未来的下胚轴的伸长,来自基细胞衍生细胞的细胞逐步分化成根冠——表皮原,然后进一步分化出根冠和根的表皮;而来自顶细胞衍生细胞的则为根端。

综合器官发生的情况可以看出,所有器官都发生于局部孤立化的细胞群,这与胚胎发育初期细胞的孤立化有所不同:① 器官发生是由细胞群发生,而不是由单个细胞发生;② 孤立化发生于局部区域,而不是全部,如子叶原基与上胚轴相连。

8.3 组织分化

(1) 原形成层的发生和维管组织分化

早在球形胚发育后期,当平周分裂产生出原表皮层,随后又不断进行垂周分裂时,就描绘出了维管柱原形成层的轮廓,与包括皮层在内的基本分生组织界限分明。当子叶原基发生时,其下的细胞就逐步伸长形成原形成层,这些细胞的液泡化程度增加,但其中的质体却没有分化,与这二者都不同的是原表皮细胞液泡化程度不及前两种细胞。随后,随着胚的不断发育,特别是随着子叶的长大,原形成层细胞也不断伸长,在子叶和下胚轴中分化出一完整的原形成层系统(图 8.13D,E,F)。虽然偶然也发现其中有成熟的木质部分子,但更普遍的是成熟的胚中也只有正在分化中的木质部和韧皮部分子,个别情况下,甚至这两类维管分子都还没有形成。

(2) 子叶中的组织分化

子叶原基形成后,子叶顶端区域的细胞,细胞质浓厚并具丰富的核酸和蛋白质。这些细胞具有旺盛的分裂能力,它的不断分裂就使子叶不断伸长、变扁,子叶轴的两个侧面边缘的细胞也保留着分生组织细胞的特征,它们的不断分裂活动使子叶变扁。子叶内部除了由胚轴中分化延伸过来的原形成层外都是些基本分生组织。

8.4 位置效应在胚胎发育中的控制作用

(1) 早期胚胎发育中的位置效应

很早人们就已注意到,早期胚胎发育时,细胞分裂表现出严格的顺序性,并提出了胚胎发生的细胞预定性概念,即早期细胞分裂决定了相继形成的细胞的命运,认为 8-细胞原胚中上排 4 个注定产生茎尖和子叶,而下排 4 个则必然形成胚轴。开始时人们认为这是由于合子中不同区域的细胞质有着不同的分化潜力,但后来的许多试验说明这一观点是没有证据的,因为电子显微镜的研究不能证明八分体胚中各细胞的基本细胞质存在什么不同。现在的大量研究说明,这是由位置效应决定的,也就是说,每次细胞分裂所产生的子细胞在胚中所占的位置决定了这个细胞将来的命运。所以将球形胚一分为二后就会发育为两个胚,人和动物中的同卵双胞胎就是这样形成的。至于位置效应在这里的本质机理是什么,还不大清楚,很可能与内源激素源的位置及其传导方式和路线有关。近年有关体胚(samatic embryo)发育的研究说明,在即将发生胚状体的细胞中和胚状体早期发育过程中有的基因在表面细胞特异表达,因此认为这些基因可能与孤立化有关(Magioli et al,2001)。近期的研究说明,受精卵的第一次分裂形成的命运不同的两个子细胞中就有各自特异的基因表达(Haecher et al, 2004; Willemsen et al,2003)。

(2) 整个植物体或器官形成的环境是发生源的孤立化

在胚胎发育的整个过程中,无论是整个胚还是一个器官都是在一个相对空的环境中发生发育的,也就是说处于孤立化状态。例如,雄配子体是在花粉囊中发育的,而从成熟的小孢子起就是彼此孤立的；雌配子体的形成环境也大致如此；胚是在胚囊中发育的，其环境也是相对空的；子叶的发育环境与胚一样……总之，这种空的环境使它们孤立化，也就是它们处于特殊位置。这种位置在组织培养中最容易满足，所以在组织培养中可以培养出小植株或各种器官。

另外，减数分裂发生的条件是形态发生中很值得研究的问题，但至今还是空白。李懋学等(1994)在金花茶(*Camellia petelotii*)花药组织培养中观察到了体细胞发生减数分裂，这是一个研究减数分裂非常有利的条件。这个问题的深入研究无论在理论上还是在实践上都有着重要意义。也有一些研究报道了减数分裂中特异表达的基因(Cunado, Santos, 1998; Nonomura et al, 2004; Schmit et al, 1996; Shamina, 2005; Sanchez-Moran et al, 2005)，其中包括了控制染色体配对的基因(Nonomura et al, 2004)，但至今对减数分裂发生的条件及调控机理的研究仍未取得重要进展。

(3) 多胚现象

许多植物中存在着多胚现象(polyembryony)(图 8.14)，无论是花粉胚、配子胚、助细胞胚还是珠心组织产生的体细胞胚等，都是由处在相对空的环境中使其自身孤立化的细胞或细胞群发育成的。由这些还可以看出，无论是传粉还是受精都是诱导胚胎发育的条件，但不是必要条件，更不是唯一条件，也就是说别的条件可以代替它，而位置效应——孤立化则是胚胎发育的必要条件，若缺乏，胚胎发育程序就不能启动。

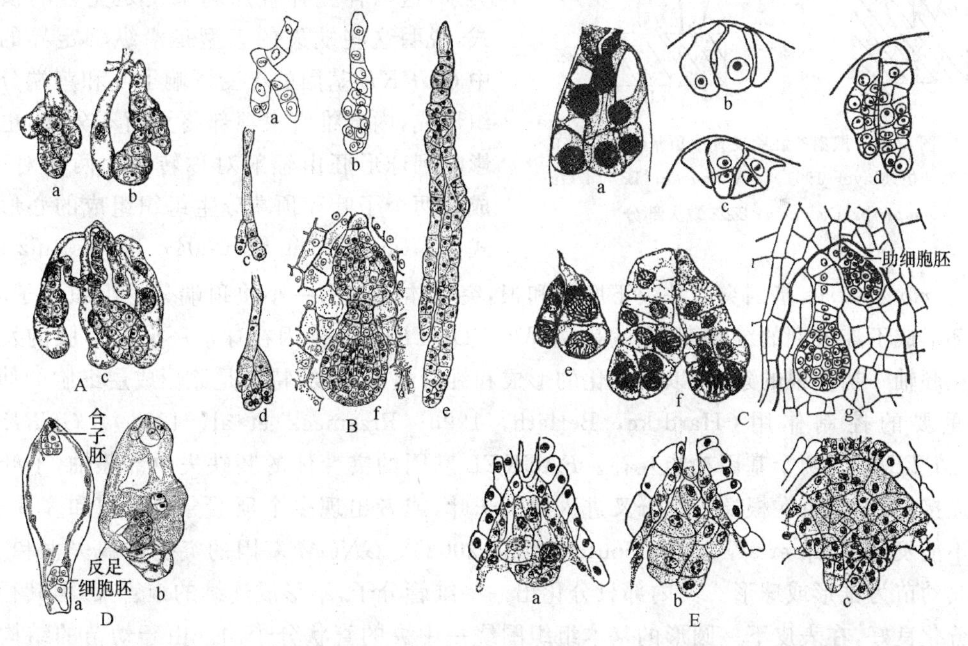

图 8.14　被子植物中常见的多胚现象。A. 美冠兰(*Eulophia epidendraea*)的裂生多胚：a. 由合子形成的一群细胞产生了三个胚；b. 从胚的右边产生"芽"；c. 由一单胚裂开形成两个胚。B. 胚柄细胞增殖形成多数胚，基部胚由胚柄细胞增殖产生：a～b. 猕猴桃(*Actinidia chinensis*)；c～e. 外果木(*Exocarpus sparteus*)；f. 悉辉半边莲(*Lobelia syphililica*)。C. 从助细胞来的胚：a. 禾状慈菇(*Sagittaria graminea*)；b～d 蓟罂粟(*Argemone mexicana*)，b. 胚囊的上部，具合子、花粉管和一宿存助细胞；c. 两个 2-细胞原胚，左边的由助细胞衍生；d. 更后期；e～f. 头巾百合(*Lilium martagon*)，示两个原胚，在 e 中小的一个和在 f 中右边的一个是助细胞；g. 岩白菜(*Bergenia delavayi*)，示双生原胚，右边小的一个是从未受精的助细胞衍生。D. 起源于反足细胞的胚：a. 无毛榆(*Ulmus glabra*)；b. 鸭毪草(*Paspalum scrobiculatum*)。E. 美洲鹿百合(*Erythronium americanum*)的裂生多胚：a. 胚囊上部，示合子产生的胚团块；b～c. 胚团块中的细胞增殖形成多个胚(引自胡适宜，1982)

8.5 胚胎发育的控制机理

8.5.1 胚胎发育调控的分子生物学

这方面的研究开始于 20 世纪 90 年代(王春新,刘良式,1997)。研究胚胎发育调控分子生物学的方法与研究其他方面分子生物学的相同,也是通过筛选突变体,进而筛选特异蛋白,分离有关 mRNA 和基因。用的植物材料最多的也是分子生物学中应用最广的模式植物——拟南芥(*Arabidopsis thaliana*)。近年的研究说明,有 4 个基因突变影响胚胎轴向(顶基)模式的 4 个部分(图 8.15)(Mayer, 1991; Vroemen et al, 1996),即顶部区、基部区、中部区和末端区。顶部区缺失和基部区缺失形成一种互补关系,中部区缺失和末端区缺失形成另一种互补关系,这两种互补叠加起来便是完整的顶基模式,说明这些缺失的表型是沿纵轴定界的。其中 *GURKE* 基因的突变影响子叶和茎端分生组织形成,内部维管束顶部终止而不分叉,也就是影响到球形胚出辐射对称转变为两侧对称,形成有两个子叶和顶端分生组织组成的心形胚的式样(Kajiwara et al, 2004; TorresRuiz et al, 1996)。*monopteros* 基因突变缺失下胚轴和根,突变体只显示一小块顶端分生组织和子叶,子叶内部形成不连成网的维管束,也就是说,*MONOPTEROS* 基因在球形胚向心形胚的发育过程中在胚轴—初生根的建立,以及轴化的形成和维管组织形成,特别是原形成层细胞的伸长中起到重要的控制作用(Hardtke, Berleth, 1996; Przemeck et al, 1996)。*GURKE* 和 *MONOPTEROS* 两个基因功能互补。*FACKEL* 基因的突变体的胚缺失中部胚轴,子叶直接与根连接,其维管束在根端上部分叉进入两个子叶,或者出现多个顶端分生组织和多片子叶,而根不能发育(Jang et al, 2000; Souter et al, 2002)。*GNOM* 基因的突变体缺失根和子叶,因此其幼苗为锥形或球形。其内部只分化出一些维管分子,不形成连续的维管束,但其径向模式仍分化良好,在表皮下一圆形的基本组织围绕一中央的管状分子团。由于幼苗的结构原基在心形胚期就显示出来,因此这 4 种突变体的胚亦显示这些结构的基本特点。早已分离出的 *GNOM* (*EMB*30)基因含有 3 个外显子,编码 1451 个氨基酸残基,蛋白 M_r 为 163 000(Shevell et al, 1994; Busch et al, 1996)。而 GNOM 蛋白含有多个糖基化、磷酸化和十六烷基化(即肉豆蔻酰化,myristoylation)位点,但无疏水信号肽,可能是胞质蛋白(Busch et al 1996)。*GNOM* 基因是在整个胚胎发育过程中都表达的特异性基因,从受精卵的第一次分裂到心形胚的形成都起作用(Busch et al, 1996; Geldner et al, 2004; Willemsen et al, 2003),甚至在植物的所有组织中都能表达。*gnom* 突变体苗由于细胞间接触不紧而经常出现松散的组织,而且

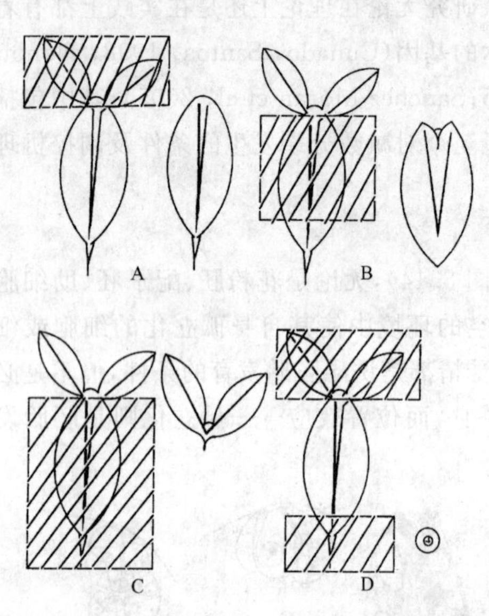

图 8.15 拟南芥胚胎发育中顶基模式组件的缺失(仿 Mayer 1991)。A. *gurke*; B. *fackle*; C. *monopteros*; D. *gnom*; ▨ 缺失部分

其子叶中海绵组织和栅栏组织的位置发生了对调，这些都说明*GNOM*基因具有多效性(Shevell et al, 1994; Raghavan, 2004)。最近的研究说明，该基因与*VAN3*基因相互作用以控制维管组织的连续(Sawa et al, 2005)，在向日葵的有关研究中也发现了起着相似作用的这些基因的同源物(Tamborindeguy et al, 2004)。

另外也发现了一些径向模式缺陷的突变体，*knolle*和*keule*基因突变影响的是径向模式，涉及三种组织。大多数*knolle*突变体幼苗看似圆形或管形，表面粗糙，缺乏发育良好的表皮细胞，在球形胚时期无法区分外层细胞和内层细胞，变成一些分布不规则的伸长的细胞团。*keule*突变体缺乏表皮层，表面变得粗糙，成长管状结构，很少具子叶，但其内部具正常的基本组织和维管组织(Mayer, 1991)。进一步的研究说明该基因参与胞质分裂的控制(Lauber et al, 1997; Lukowitz, 1996; Mayer et al, 1999)，它编码的是一种在胞质分裂中定位于分裂面上的融合蛋白(syntaxin)，通过使囊泡融合参与了细胞板形成的控制，所以只在细胞分裂的末期高表达，细胞分裂结束该蛋白就消失(Volker et al, 2001)，该基因的突变体可以出现多核的大细胞(Strompen et al, 2002; Schantz et al, 2005)。Schantz等(2001)的研究证明，在辣椒(*Capsicum annuum*)果实发育的细胞分裂旺盛期也克隆了该基因的同源物，也是在细胞分裂的末期表达，这就进一步证明此基因很可能参与了所有增殖分裂的调控。

Liu等(1999)在豌豆中发现了一个子叶的突变体*sic*(*single cotyledon*)，而且还有一系列中间状态的突变株(图8.16)。

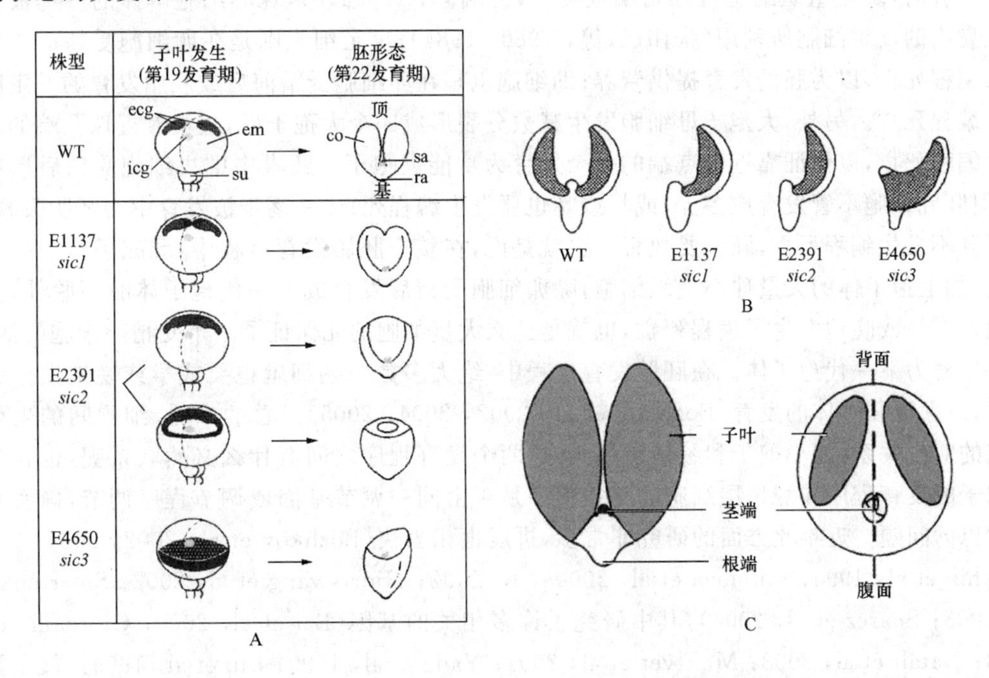

图8.16　豌豆野生型(WT)和一个子叶的突变体中子叶形成的模式图。A. 示立体变化：WT为野生型，子叶从靠近球形胚背面的一小团细胞(icg)发生，而茎端(胚芽——著者注)(sa)则靠近腹面发生；*sic*突变体从右列开始，细胞团增大到不同程度，某些情况下是在不同方向(ecg)；第22发育期的胚的形态在右列中描绘出，图中没有显示大小比例。B. 图解说明野生型和三种突变体纵切面的形态，阴影区示豌豆球蛋白基因(vicilin gene)的表达区。C. 从腹面观(左图)和顶面观(右图)图解说明第22发育期胚的形态，示原始分生组织单对称线的位置。图中co. 子叶；em. 胚本体；ra. 根端；sa. 茎端(胚芽)；su. 胚柄；WT. 野生型(仿Liu et al, 1999)

总之，有关胚胎发育调控分子生物学的研究还刚刚起步，不过已可看出，调控胚胎发育式样的基因所调节的是一种控制某一器官或组织发育的基因编码的程序。另外，如前一章所述，生长素的极性运输参与了球形胚极性的建立和由辐射对称向两侧对称的转变，但是胚胎发育中最早的 IAA 合成基因是何时、何处和如何活化的都是没有解决的问题。

8.5.2 一些细胞的编程死亡是胚胎发育过程中必不可少的正常过程

在植物大小孢子、雌雄配子体和孢子体胚胎的发生和发育过程中发生一系列细胞的编程死亡，从大量实验观察的结果来看，这些细胞的死亡是各种发育过程所必需的，如果这些细胞该死的时候不死，就会引起正常发育过程的终止，使不该死的细胞死亡。如当小孢子母细胞减数分裂接近完成时，也就是小孢子即将诞生时，花药壁的内层——绒毡层细胞就开始出现退化的迹象，即开始启动死亡程序，当小孢子发育完成，并逐步发育为雄配子体时，绒毡层细胞就仅留下残迹或已不存在，即已完成细胞的编程死亡。这些死亡细胞并不是像在自然界中那样被降解成最简单的有机分子，甚至无机分子，而是在降解中间就被发育中的小孢子或雄配子体吸收(是怎么样被吸收的，至今仍不清楚)。如果在小孢子形成后绒毡层细胞不发生编程死亡，而是继续发育，就会引起小孢子的败育，这就是许多植物雄性不育形成的原因(胡适宜，1982；陈朱希昭，等，1984；胡适宜，等，1977)。再如珠心组织和胚囊发育的关系也有点类似，当胚囊开始发育时，珠心组织细胞就开始编程死亡(尤瑞麟，1985a，b)，珠心细胞解体的产物被发育中胚囊内的反足细胞所利用(张伟成，等，1980，1984)；反足细胞则是在卵细胞受精前或后就发生编程死亡，以为胚的发育提供营养；助细胞也是在卵细胞受精前后或胚胎发育的一定阶段发生编程死亡。另外，大孢子母细胞发生减数分裂形成四个大孢子后，通常靠近珠孔端的三个发生编程死亡，以保证靠近合点端的一个发育为功能大孢子。胚囊中中央细胞受精后形成胚乳，但胚乳细胞不管发育成多少，或早或晚也要发生编程死亡，并逐步被发育中的胚所吸收，如果胚乳不发生编程死亡，胚就要败育。也就是说，在整个胚胎发育过程中，雌配子体中的七个细胞，加上孢子体的大量珠心组织细胞，除卵细胞受精后发育成下一代孢子体的胚胎外，所有细胞都或早或晚地发生了编程死亡，也就是这么大量细胞的死保证了一个受精卵细胞的活，并使其发育为下一代孢子体。在胚胎发育过程中，绝大多数胚柄细胞也要或早或晚地发生编程死亡，以保证胚本体的发育(Bozhkov et al，2002，2004，2005)。总的来看，细胞间的生死有一定的对应关系，如小孢子和绒毡层细胞，这两个发育程序之间有什么必然联系呢，也就是说小孢子的发育程序和绒毡层细胞的死亡程序是否由同一调节基因或调节程序调节，确实是很有意思的问题。近年此方面的研究非常多，进展也相当快(Bozhkov et al，2002，2004，2005；Brukhin et al，1996；Filonova et al，2000a，b，2002；Hjortswang et al，2002；Smertenko et al，2003；Suarez et al，2004)，其中研究了许多相关的基因(Bai et al，2000；Giordani et al，2003；Natali et al，2003；McElver et al，2001；Yang et al，1999；Liu et al，1999)，最主要的是研究了胚柄细胞的编程死亡与胚发育的关系。在胚柄细胞的编程死亡中发现了 caspase 类似物的重要作用，一旦抑制了该酶的活动，胚柄的编程死亡和胚的发育都将受到抑制(Bozhkov et al，2003)，而且 F-肌动蛋白(actin)的解聚也可使胚柄细胞的编程死亡和胚的发育皆停止(Smeitenko et al，2003)。有的研究还发现，编码亚精胺合成酶(spermidine synthase)的基因在心形胚(heart embryo)到鱼雷胚(torpedo embryo)的发育过程中起着重要作用(Imai et al，2004)，一种编码类似于纤维素合成酶的葡萄糖转移酶(glycosyltransferase)的基因 *AtCS-*

LA7 在细胞壁的构建和胚胎式样形成中起着重要作用，抑制它的表达，胚乳不能正常分化(Goubet et al, 2003)。

综上所述，胚胎发育的控制机理可能包括以下几个方面：

(1) 将发育为胚的细胞的分化阶段处于最原始阶段，即相当于受精卵的分化阶段。

(2) 此阶段细胞的全部基因具有同等的表达机会，可能都处于活化状态，也就是处于细胞分化的临界状态。

(3) 当处于上述状态的细胞一旦处于孤立化的位置时就具有了发育为胚的全部潜能。

(4) 此细胞所处环境中的激素条件可能是启动胚发育的信号。

(5) 此细胞所处环境中的营养成分和酸度、温度等是胚发育的充分条件。

(6) 当细胞或细胞群的分化阶段处于与有关器官相当的分化阶段时，即处于某一特定亚临界状态时，如果满足相应的孤立化和各种环境条件就将发育为相应的器官。

8.6 重 演 律

个体发育过程基本反应了系统发育过程，即重演律。生物进化为细胞生物之前，还经历了非细胞生物进化为原核生物(prokaryote)的过程，非细胞生物如病毒，原核生物则包括了仅有细胞膜和核物质(DNA 和 RNA)及核糖体，连核区都没有的支原体(mycoplast)，和出现了细胞壁、核区及一些片层结构的细菌和放线菌等。原核生物中的细菌可能是真核生物细胞中线粒体的来源，原核生物中的蓝藻门植物是真核植物细胞中叶绿体的来源，这是早在 19 世纪 80 年代就已提出，20 世纪 70 年代又重新被提出的生物进化中的吞噬学说(phagocytosis theory)(张昀，1998)。但当 1975 年发现原绿藻(*Prochloron didemni*)(图 8.17)(Lewin et al, 1975, 1976)之后，原绿藻就被看做是原核生物中高等植物的真正祖先，因为其含有与高等植物相同的叶绿素 a 和 b，因此如果吞噬学说成立的话，被吞噬而成为叶绿体的应是原绿藻，而不是只含藻胆素和叶绿素 a，而不含叶绿素 b 的蓝藻。在原核生物中最进化的个体是多细胞群体，如蓝藻中的念珠藻(*Nostoc*)和颤藻(*Oscillatoria*)等，还看不到多细胞个体的出现。当由原核生物进化产生具有核膜的真正的核以后才成为现代生物界的统治者——真核生物(eukaryote)。真核生物中最简单最原始的是单细胞藻类，如团藻目中的衣藻，每一个细胞就是一个个体，它有着植物所具有的全部功能，而且许多团藻目中的藻类植物的第一个细胞的形态结构和功能都与之相似，这与高等植物中的受精卵很相似。而团藻目中的实球藻(*Pandorina*)，最多由 32 个形态结构与衣藻相似的细胞组成，每个细胞既有营养功能也有生殖功能，是典型的多细胞群体，这与被子植物中的球形胚有许多相似之处。球形胚最大时也是 32 个细胞，而且在组织或细胞培养中，如果球形胚形成后不及时转移到分化培养基中，球形胚就会继续进行细胞分裂，不出现分化，不形成心形胚状体，而形成没有分化的愈伤组织。在团藻目中凡细胞数目超过 32 个的藻类都出现了细胞分化，而成为多细胞个体，如团藻(*Volvox*)就有了营养细胞和生殖细胞的分化；形成多细胞群体的盘藻属(*Gonium*)个体的最大细胞数是 16，但它是排成盘状；也是多细胞群体的空球藻属(*Eudorina*)的最大个体含 64 个细胞，但其球体的中央充满液体，细胞分布在球体表面(图 8.18)。被子植物的心形胚阶段在现存的植物中很难找到与它相似的物种，只与一些古老的蕨类植物裸蕨的二歧分支现象相似，到了鱼雷胚就与现在存活的许多植物相差无几了(图 8.19)。

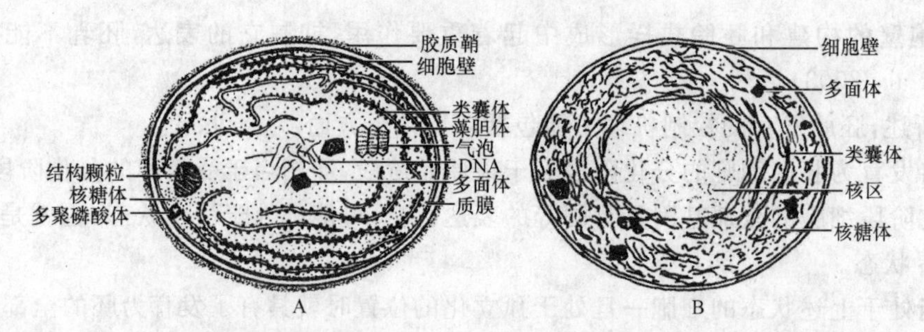

图 8.17 蓝藻和原绿藻的结构比较。A. 蓝藻；B. 原绿藻(据周云龙，2004 重绘)

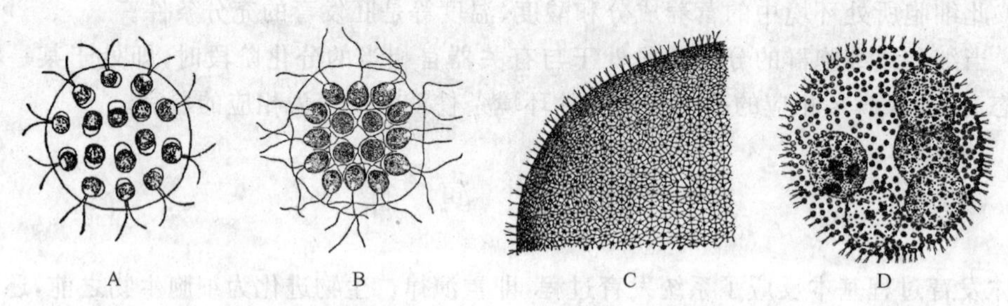

图 8.18 几种团藻目的藻类。A. 空球藻(*Eudorina elegans*)；B. 盘藻(*Gonium peetorale*)；C. 团藻部分植物体表面观，示细胞的形态和原生质联络丝；D. 团藻植物体全形，母体内有 5 个小团藻，成列的小细胞是精子群的侧面观(据张景钺，梁家骥，1965 重绘)

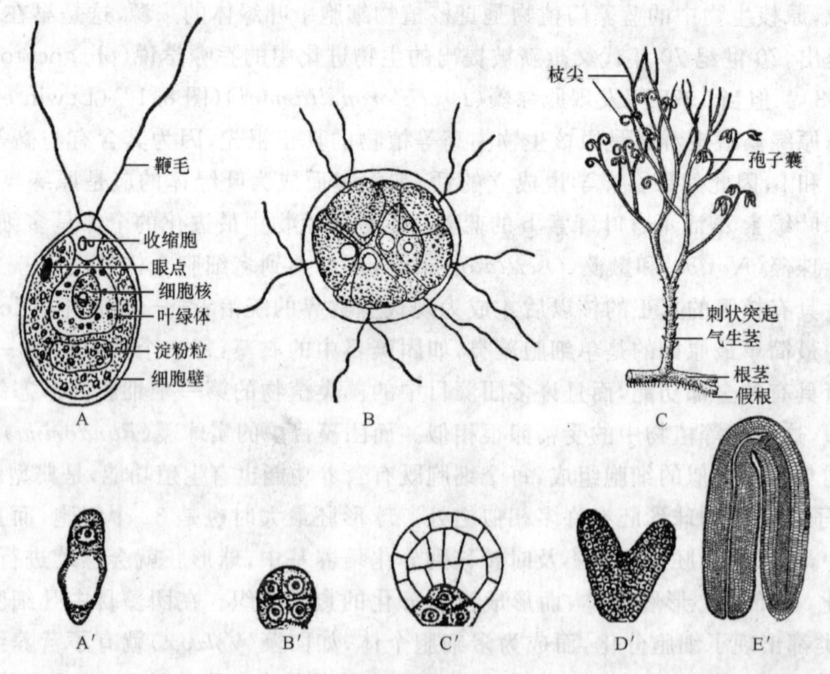

图 8.19 荠菜胚发育的几个时期(A′～E′)与相应植物结构(A～C)的比较。A. 衣藻，A′. 受精卵；B. 实球藻，B′. 球形胚，C′. 球形胚；C. 裸蕨，D′. 心形胚，E′. 鱼雷胚(A～C 据张景钺，梁家骥，1965 重绘，A′～D′引自胡适宜，1982)

第九章　成熟植物体中新器官的建成和新组织的发生

——I 茎端结构及其分生组织活动式样

茎端是植物产生主要器官茎、叶、花和果实等的场所，即由于这里的分生组织的不断活动产生出新的叶和芽，芽进而发育成新的枝条，有的在一定条件下产生出花序或花，进而发育出果实。因此研究它的形态结构和分生组织活动式样及其控制就一直是植物发育生物学研究的一个重要领域。

9.1　茎端结构及有关组成方式

维管植物的茎端结构随着物种的不同而有所变化，但不管怎么变化，其最顶端部分都是一群或一个具有分生能力的细胞，它(或它们)的分裂活动方式都有其种的特异性，但活动的产物却都是叶和芽。所以自从有了显微镜以后，人们总想发现一种适用于一切植物的顶端分生组织结构和活动式样，因此就出现了关于此问题的各种各样学说。从近代的进展来看，不同学说适用于不同的植物类群。

(1) 顶端细胞学说(apical cell theory)(图 9.1)

这是 1844 年 Nageli 根据对大多数隐花维管植物(蕨类植物)的研究提出来的。主要观点是最简单的顶端分生组织，结构上只有一个大的原始细胞——顶端细胞(apical cell)。此种细胞通常成倒金字塔形，有的可成双凸透镜状。它的分裂面一般和其他各方面的细胞(最外面一层除外)都平行，因此它的衍生细胞形成有规则的排列，即使分裂几代以后，仍会表现出它们与顶端细胞的关系。这种单个的顶端细胞不仅形状较大，而且液泡化也较显著，最靠近它的衍生

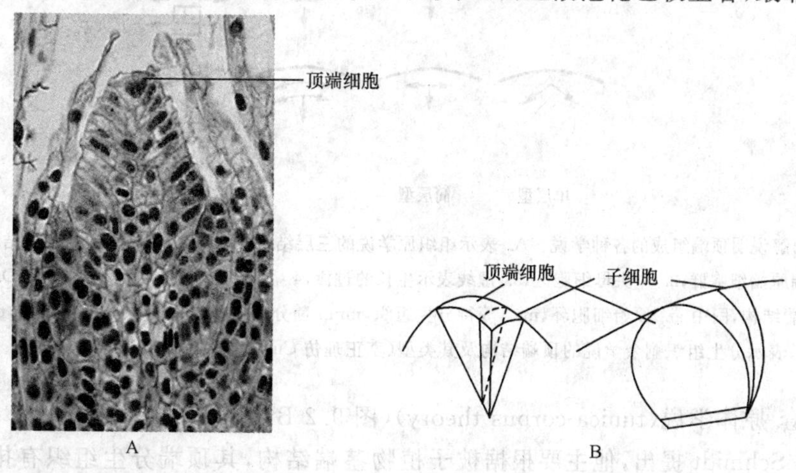

图 9.1　木贼(*Equtsetum* sp.)顶端分生组织纵切面。A. 照片示顶端细胞；B. 示细胞分裂的图解

细胞也高度液泡化，但是当它们分裂完成时，就产生出体积较小、细胞质较浓厚的子细胞。

(2) 组织原学说(histogen theory)(图 9.2 A)

1868 年 Hanstein 根据种子植物的顶端分生组织结构特点提出，顶端分生组织可划分为三个原始细胞区(或称组织原区)，即表皮原、皮层原和中柱原。这些细胞普遍地排列成行，最外面一层就为表皮原，由此分化出表皮层；其下为皮层原，由此分化出皮层；中央就是中柱原，由此分化出维管组织和髓。这一学说现在多用于说明根端的结构。

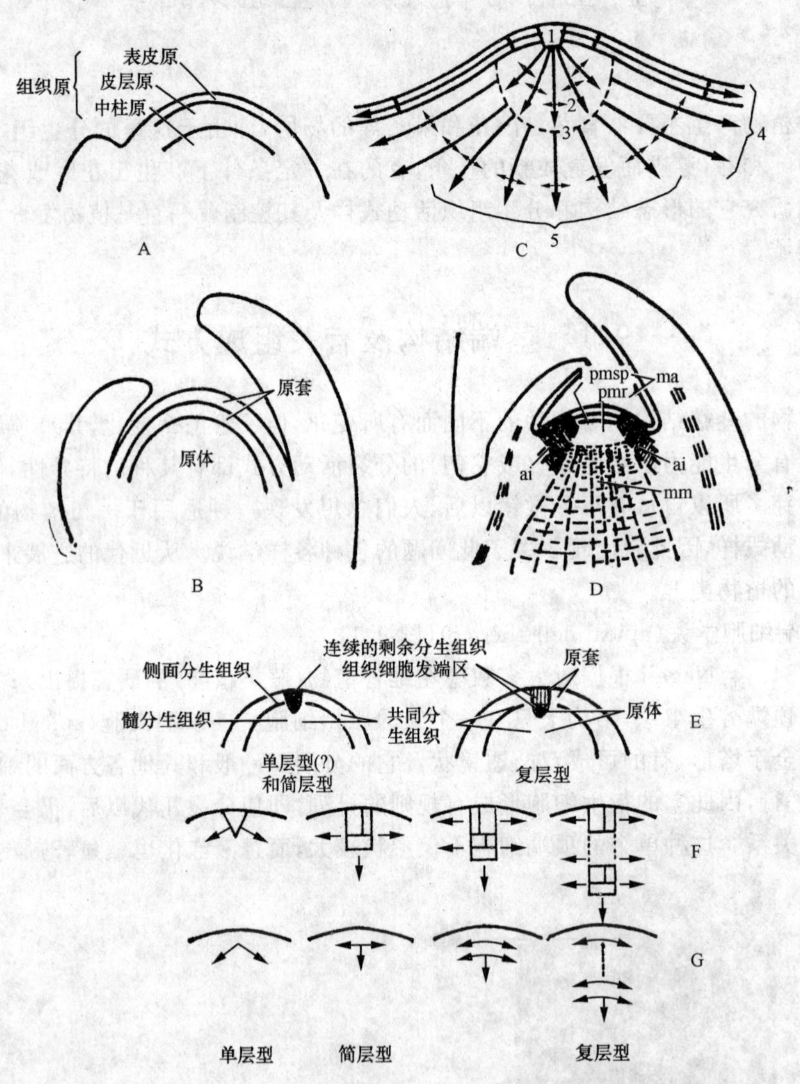

图 9.2 图解说明顶端组成的各种学说。A. 表示组织原学说的三层结构；B. 原套-原体学说的两层结构；C. 银杏的分区现象：1. 顶端原始细胞群，2. 中央母细胞区，3. 虚线表示生长的过渡，4. 周围区，5. 肋状分生组织区；D. 表示等待分生组织学说的顶端结构，图中 ai. 原始细胞环，ma. 等待分生组织，mm. 髓分生组织，pmr. 原分生组织托，pmsp. 造孢原分生组织，E～G. 表示分生组织剩余学说的顶端结构及其类型(李正理仿 Cutter，1976，p. 59)

(3) 原套-原体学说(tunica-corpus theory)(图 9.2 B、图 9.3)

1924 年 Schmidt 提出，他主要根据被子植物茎端结构，其顶端分生组织有排列成层的现象，两层或多层各自独立生长，各有其原始细胞，不过原始细胞和刚衍生的细胞在形态上很难区别。这一学说认为，顶端分生组织的原始区域包括① 原套(tunica)，只沿垂直于分生组织表面的方向进行分裂(垂周分裂)的一层或几层周围细胞；② 原体(corpus)，包括原套下的几层细胞，其中的细胞向各个方向的分裂，不断增加体积而使茎的顶端增大。

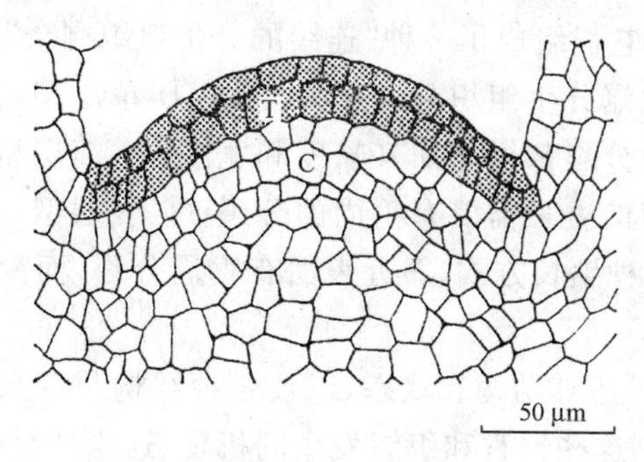

图 9.3　锦紫苏茎端结构纵切面，示原套(T)和原体(C)(李正理提供)

(4) 细胞组织分区概念(concept of cell-tissues zonation)(图 9.2 C、图 9.4)

Forster (1938)根据他对银杏及其他裸子植物茎端的研究，主要根据染色的不同把顶端分生组织分成不同的区。这种分生组织沿着顶端的表面含有一团原始细胞和它们侧面及附近的衍生细胞，其下部的细胞形成了中央母细胞区。这些远端细胞群都明显的液泡化，并特别伴有比较低的有丝分裂活动。中央母细胞常具有增厚的初生壁，上有明显的初生纹孔场。顶端分生组织周围围绕有周围区或周围分生组织(常常不恰当地称做侧面分生组织)，而中央母细胞下面是髓分生组织。周围分生组织一部分起源于顶端原始细胞的衍生细胞，一部分来自中央母细胞，髓分生组织沿着中央母细胞周围，由一层称为过渡区的细胞分裂所形成。其中周围区细胞活动旺盛，形成叶原基，引起茎的伸长(横向分裂)和增粗(平周分裂和垂周分裂)，髓分生组织细胞相当液泡化，横向分裂，因此衍生细胞形成了纵向的行列。这样生长的分生组织称做肋状分生组织。从近年有关发育的分子生物学定位研究来看，此学说用于描述这类发育变化很方便，而且在不同分生组织区间有较大的变化(Xu et al, 2004)。

图 9.4　银杏茎端纵切面，示顶端分生组织的分区概念

(5) 等待分生组织学说(théorie méristème d'attente)(图 9.2D)

最早由法国细胞学家 Buvat(1955,1961)根据对茎端结构的研究提出来的。此学说提出：远轴细胞轴区是比较不活动的，而真正发生细胞分裂的区域是在周围和顶端下面的区域，由此产生出茎的组织和叶原基，在胚胎或后胚的生长顶端结构组成之后，远端的一群细胞成为等待分生组织，它停留在不活动状态，一直到生殖阶段，才在远端的细胞恢复了分生组织活动。在

营养阶段,分生组织活动集中在原始细胞环(与周围区相似)和髓分生组织。

(6) 分生组织剩余学说(meristem-residue theory)(图 9.2E~G)

Newman (1965) 提出,茎端上没有一个细胞是永久的原始细胞。所谓原始细胞只是茎端一些细胞连续分裂的产物,它们组成了一种“连续的分生组织剩余”,具有原始细胞的类型。根据此理论,把维管植物的顶端分生组织分为三种类型:① 单层型,如蕨类植物,分生组织剩余在表面层,任何一个细胞的分裂都可增加其长度和宽度;② 简层型:如裸子植物,分生组织剩余成为一单个表面层,体积的生长需要有垂周的分裂;③ 复层型:如被子植物,分生组织剩余至少有两个表面层,具有两种生长方式,靠近表面有垂周分裂,而深入的顶端分生组织则至少有两个方向的分裂。

以上六种学说都只是描述其结构和状态,以及各种结构与后来所形成的器官或组织发生的关系,但并没有说明控制这些器官和组织发生的机理,这当然是位置效应的神奇功效,但在这里位置效应的具体内涵是什么,并不清楚。

9.2 叶的发生、发育和衰老

叶子是茎上重要的附属器官,也是植物进行光合作用的器官,所以其结构就适应这一功能:通常叶子扁平而薄以增加其接收光的表面积;由于光中的紫外线又容易对细胞造成伤害,因此,表面又增加了许多保护性结构,如角质层、蜡质层和毛等;光合作用的原料除了作为能源的光之外,还有水和 CO_2,水由根吸收,叶子则进化出了吸收 CO_2、放出光合作用产生的 O_2 的气孔。但气孔的出现也相应出现了生理上的蒸腾作用,所以当处于干旱环境,蒸腾作用对植物的生长产生副作用时,叶就又退化掉,或结构上发生变化以适应干旱缺水的环境,另外,叶子结构上的特征也决定了其不能适应寒冷的条件,因而也就产生了冬季来临前落叶的特点,这就是叶子的衰老。近年的大量研究已经证明,在叶子的衰老过程中,功能细胞逐步发生编程死亡(Cao et al, 2003b)。总之,叶子的发生、发育和衰老是反应植物发育与环境相互作用的典型范例。

9.2.1 叶原基的发生

大多数被子植物的叶原基由顶端分生组织的第二层细胞发生平周分裂,随后邻近细胞发生广泛分裂;有些单子叶植物可能由原套的表面层发生平周分裂开始,随叶序不同发生方式也略有差异。具交互对生或轮生叶序的植物,开始发生时,可同时在不止一个地方发生叶原基,开始叶原基向上生长,最后则侧向扩展。由于发生叶原基用掉一部分分生组织,所以叶原基发生时,顶端分生组织的表面积最小,而恰好在叶原基形成前达到最大值。也就是说,顶端分生组织的表面积维持在一定范围内,当达到最大值时就要产生叶原基,达到最小值时它的活动就只增加自身。

9.2.2 叶序的形成

所谓叶序就是指叶在茎轴上的排列式样,它具有很强的种的特异性,也就是说这是遗传决定的。就一个节上叶片的数目来说,有的是每个节上着生着三片或三片以上的叶子——轮生

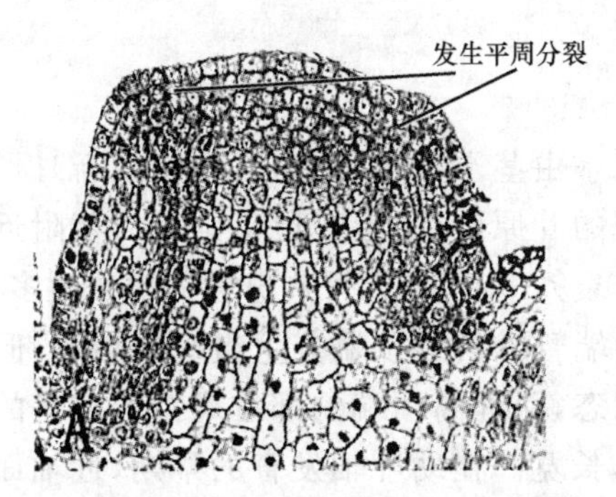

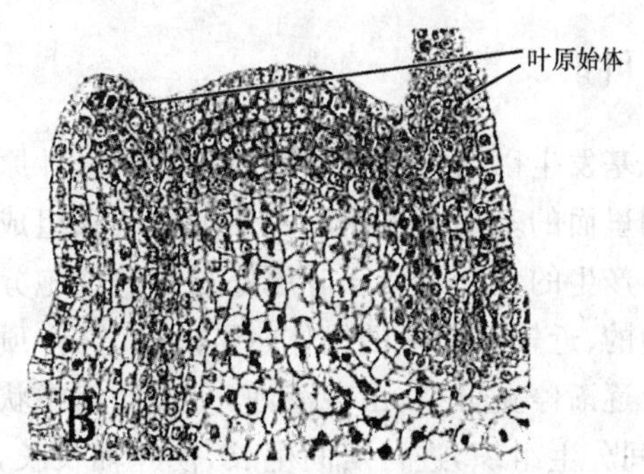

图 9.5 马铃薯顶端分生组织发生叶原始体。A. 顶端分生组织两侧的原套细胞刚发生平周分裂;B. 叶原始体已形成(引自 Sussex, 1955)

叶,有的是每个节上着生着两片叶子——对生叶,还有的植物,每个节上只有一片叶子——互生叶(图 9.6)。而就互生叶来说,从顶面观,所有叶原基都发生在一螺旋线上,两叶之间的夹角是相等的,这一夹角称做两叶间的展开角,而且这一展开角与轴的周长成一定数学关系(Cutter, 1971; Williams, 1975),即为周长的1/2、1/3、2/5、3/8、5/13 等,这恰成费氏级数,它们都接近于 0.382 (137.5°的展开角)。因此一般就可称 1/2 叶序,1/3 叶序等(分子为螺旋数,分母为这些螺旋上的叶数)。这些数字也说明了叶沿着发生螺旋线的分布情况,例如,5/13 叶序就是在轴上 5 次螺旋就包含了 13 个叶子。也就是说第 n 片叶子和第 $n+13$ 片叶子是排在上下垂直的一条线上。此外,除了螺旋斜列线外,还有其他的斜列线系统,如叶与茎之间的夹角也有变化,有的较大,叶较平,有的夹角较小,叶较陡,有的顺时针旋转,有的逆时针方向转。而具有交互对生和两列叶序的植物,在重叠的叶子间有直线的关系,这种叶子系列称为直列线。

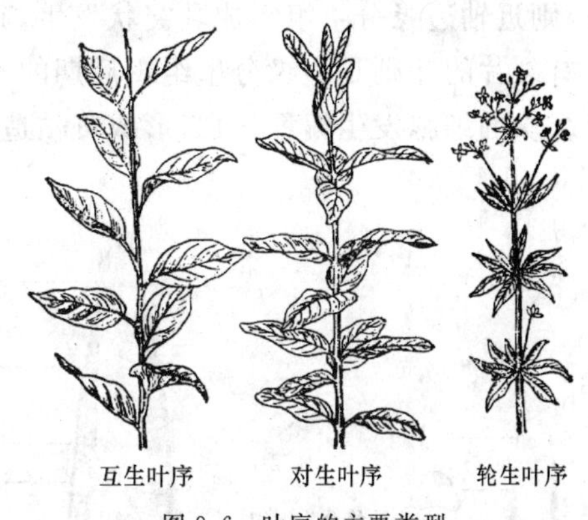

图 9.6 叶序的主要类型

就一个种来说,叶序的类型是非常稳定的,显然是由基因编码的程序调控的,而且有着严格的时间和空间顺序性,控制它的由特定基因类群编制的分程序的开启是由位置效应控制的。虽然有关这里位置效应的具体内涵也有一些理论,如第一有效空间理论(first available space),认为叶原基发生在茎尖下的第一空间中,占有最小宽度和最小距离(Snow, Snow, 1947);叶场(leaf fields)或叶原基场(primordial fields)理论,认为叶原基与顶端分生组织一起形成一个生理学单位,即新叶原基必须在与叶场有关的特殊点上形成(Wardlaw, 1968);多叶螺旋线(multiple foliar helices)理论认为特殊的有丝分裂信息沿着叶斜列线向顶传递,此斜列线终止于原始细胞环(anneu initial)中起叶发生中心作用的部位(Plantefol, 1947)。不过,所有这些理论只是从现象上作了解释,而没有涉及本质问题,是否与生长素的合成及运输有关,值得进一步探讨,但由于技术上的原因,却很难取得进展,至于控制它的基因有哪些,它们是如何协调起作用的,目前也知之甚少。

9.2.3 叶的发育

叶原基发生以后，由于连续的细胞分裂，叶原基由茎端突出，成为乳头状或新月形的由原表皮层和里面的基本分生组织及原形成层束组成的叶原座，原形成层束则是从茎附近的原形成层向顶产生的。随后由于叶原座顶端的细胞分裂频率高，基部平周分裂的次数增多，从而发育为渐尖的、近轴面扁平的锥体（图 9.7），锥体顶端暂时具有顶端分生组织的功能，但很快这些细胞就逐渐停止分裂，出现液泡，呈成熟组织状态，而远离顶端的部位维持着旺盛的细胞分裂，成居间分生组织，进行居间生长，使叶轴长长，长宽。在幼叶轴发育的早期，近轴面边缘的细胞（边缘分生组织）就发生频繁的分裂，比内部的基本分生组织快得多，呈边缘生长。如果是单叶，整个边缘产生两个翼状的带；有叶柄的则叶轴基部的边缘生长下凹；如果是羽状或掌状复叶，则近轴边缘分生组织成乳突状发生，其发生顺序有的是向顶的，如核桃，但大部分是向基的。有裂片的叶则是边缘分生组织后期的不均匀活动引起的。具穿孔的叶，是由于发育早期小组织块的细胞发生编程死亡，形成斑枯造成，如龟背竹。

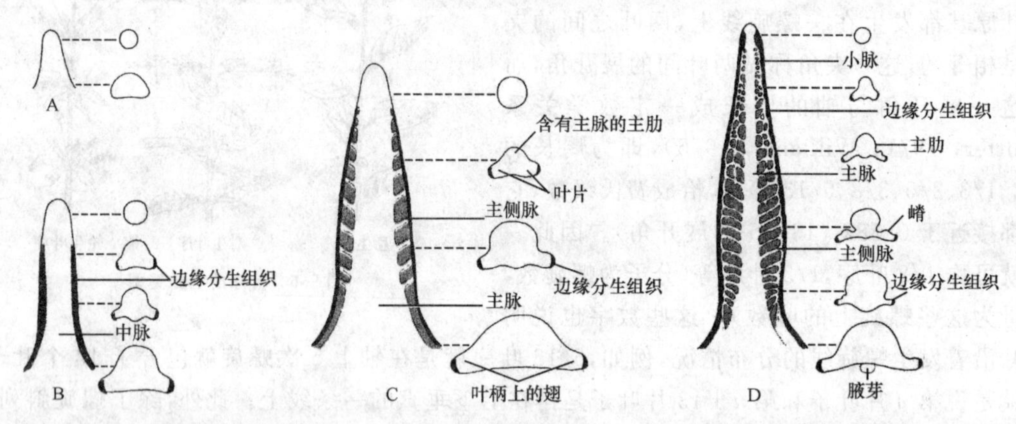

图 9.7　烟草营养叶发育的早期阶段。每张图的左边为表面观，右边为虚线连接对应处的横切面，叶原始体首先发育为小的基部最粗的圆锥状，后来由于边缘分生组织活动引起的生长而扁化（根据 Raven et al, 1987 重绘）

虽然边缘生长持续的时间比顶端生长长，但不久也停止，随之叶片各细胞层开始分裂，而且这时的细胞分裂多为垂周分裂，因此形成一板状分生组织，它活动的结果只是增加了叶的表面积，没有增加其厚度。它的细胞成层排列，由外往里，分别发生表皮层和叶肉组织各层（图 9.8，9.9）。

有关叶子中维管束发育的研究较少。但已有资料说明，叶轴发育时中央的原形成层束就随之向顶发育，这就是未来的主脉，叶片发育的同时发育出大侧脉原形成层（图 9.10）。而居间生长时，以及其后逐步形成更小叶脉的原形成层，而且小脉原形成层束是向基形成的。

叶子的长大与生长素浓度有关，生长素刺激或抑制中脉和小脉的生长，但却很少影响叶肉组织。有证据说明，控制叶肉生长的激素由根产生。如将辣根（*Amoracea laputhifolia*）切掉根尖后，就不会发育出脉间组织。某些植物，如小麦和 *Phascolus*，用赤霉素处理可刺激叶的生长。

有关叶发育的分子生物学的研究也是从筛选突变体入手。在玉米中已分离到 7 个影响叶鞘和叶片边界形状的突变体（*kn1*，*rs1*，*lg3*，*lg4*，*lxm1*，*hsf1*，*rld1*），不过迄今只发现了叶片向叶鞘转化的突变体，而无由叶鞘转化为叶片的突变体，因此，这些突变体又称为“叶舌极性突变”。*rs1*,*lg3* 和 *lg4* 均编码类似 KN1 的同源异型蛋白(Vollbrecht et al, 1991)。*hsf1* 与 *lxm1* 为另一类突变,具多效性和异时性,在其他器官中也出现异常类型(如毛状体增多等)。*hsf1* 基因已定位在 5 号染色体长臂上(Freeling et al, 1992)。*rld* (rolled)突变使叶的近轴面与远轴面的遗传特征颠倒,叶舌长在叶的背面。

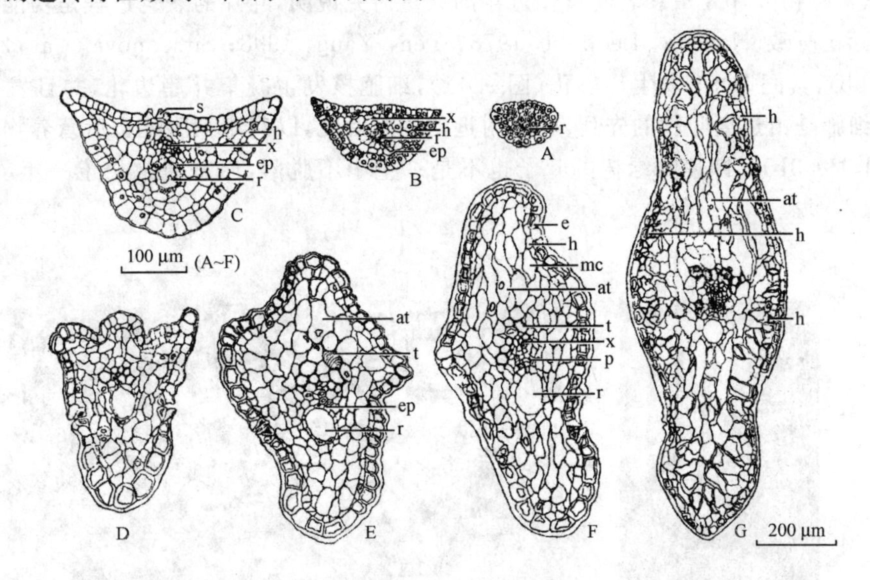

图 9.8　一种陆均松(*Dacrydium pierrei*)幼叶发育时期中央横切面,示平行发育的幼叶变成垂直的过程。at. 副转输组织;e. 表皮层;ep. 上皮细胞;h. 下表皮;mc. 黏液细胞;p. 韧皮部;r. 树脂道;t. 转输组织;x. 木质部(李正理提供)

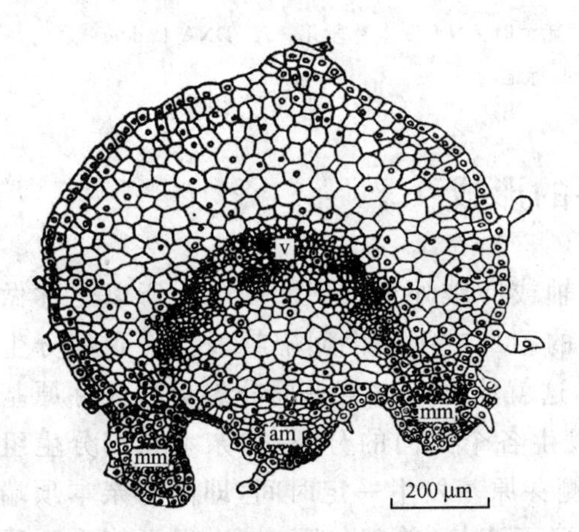

图 9.9　马铃薯叶原基横切面,示边缘分生组织(mm)和近轴分生组织(am)。v. 分化中的维管组织(李正理仿 Cutter,1978 照片重绘)

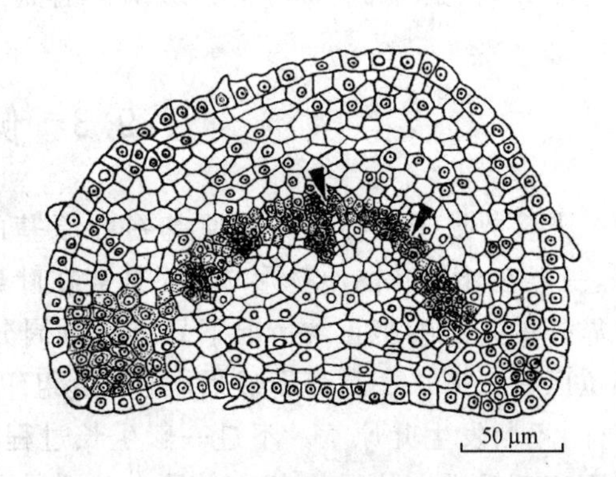

图 9.10　马铃薯叶原基横切面,示远轴面正在成熟的筛分子(箭头所示)(李正理提供)

影响叶发育的条件非常多,最重要的是光,正如第六章中所述黑暗中叶子不能完成其形态建成,叶绿体也不能正常发育。缺水条件下发育出小的叶子,甚至不能发育,水生植物在水中和水面上发育出不同形态的叶子。

9.2.4 叶的衰老

落叶树的叶子通常在上一年形成的芽中已完成其形态建成，当年春天萌芽时叶片展开长大成熟，秋末冬初叶片开始衰老变黄。近年的大量研究说明，叶片的衰老过程是功能细胞大量发生编程死亡所致(Noodén, Leopold, 1978; Yen, Yang, 1998; Simeonova et al, 2000; Cao et al, 2003b)，其间DNA发生片段化(图9.11)，细胞核发生凝集并趋边化，并且发生编程死亡的叶肉细胞是由远离叶脉的先死，叶脉附近的细胞后死，以利于细胞死亡后营养物质的运出(Cao et al, 2003b)。即使常绿树的叶子也不是一生中不脱落，而是通常长于一年，而且不是同时脱落。

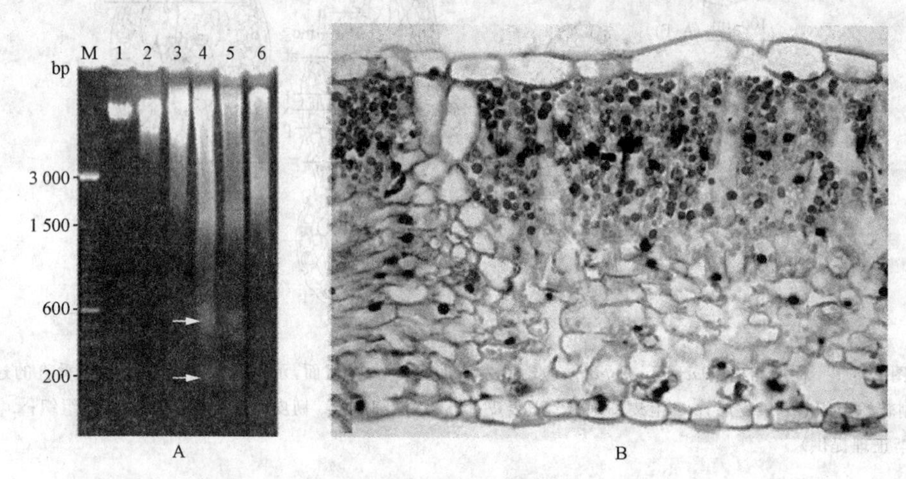

图9.11 杜仲叶片衰老中叶肉细胞发生程序性死亡时DNA发生片段化。A. DNA Ladder的形成(条带箭头所示位置)；B. 叶肉细胞的TUNEL标记

9.3 侧芽的形成

大多数被子植物的侧芽原基在叶原基的近轴或叶腋处形成(图9.12)，所以也称做腋芽，一般在外包叶的原基形成后，通常在叶原基的第二或第三个间隔期发生。顶端分生组织靠外的几层细胞正常情况下只进行垂周分裂，这就使之与发生平周分裂形成侧芽原基的部位区别开来。一旦芽形成后，其分生组织就发生各个方向的分裂，像亲本顶端分生组织一样，不断发生叶原基。不过一般生长过程中，侧芽原基发生一定时间，即离开亲本顶端一定距离后就进入休眠状态。这是由什么控制的还不清楚，单就休眠来说，很可能受到顶端优势的影响，或由老叶子产生的某种或某些激素的控制，也可能受到温度、日照长度等外界环境因素的控制。

一些实验说明，这种发育方式是一种位置效应。这种位置效应的实质是什么，研究尚少。

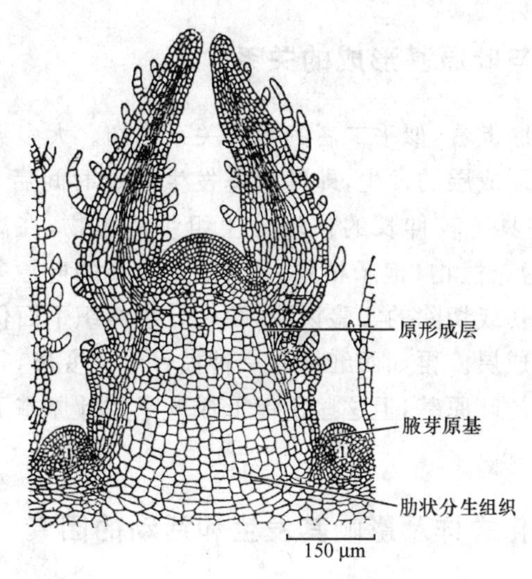

图 9.12 锦紫苏茎端纵切面,示侧芽的发生(李正理提供)

9.4 茎的伸长

茎在长度上的伸长主要是由近顶端的分生组织——肋状分生组织(髓分生组织)的活动完成的(图 9.12)。近年有人主张叫"初生伸长分生组织"。从顶端分生组织到近顶端区域通常是逐步过渡的,没有明确的界线。莲座型植物中这一区域的分生组织很少活动,所以很少有茎的伸长。如果施用 GA 就可促进这一伸长过程。GA 主要促进这一区域中的细胞分裂。菊花在近顶端区含有较高浓度的内源 GA,如果施用外源 GA,会由于 GA 浓度过高而抑制茎的伸长。银杏中长短枝的结构开始时是相似的,但伸长生长开始后就出现了明显差异,长枝伸长快,含较高浓度的 IAA,它具有明显的肋状分生组织或叫初生伸长分生组织,而在短枝中则无这些特点。

9.5 原形成层的发生和分化

9.5.1 原形成层的发生

最远端的顶端分生组织的细胞具有浓厚的细胞质、较小的液泡和较大的核。如果从顶端向基作一系列横切面,最早看到的变化是这些细胞逐步液泡化,最后只留下一个染色较深的具浓厚细胞质的细胞柱,它们在横切面上形成一圈,这即所谓的"剩余分生组织"。在向基发展过程中,有些区域染色较深,而且与叶原基有位置上的关系,即将要发生叶迹原形成层的部位。细胞柱中的其他细胞也逐步液泡化,分化形成束间薄壁组织。

原形成层高度分生组织化,细胞质浓厚、细胞核大,但沿轴纵向伸长,并经常发生有丝分裂。在种子植物中,它们与茎上较老的,已较分化的维管组织连续。

9.5.2 原形成层发生与叶原基形成的关系

从二者自然发生的顺序上看,似乎二者的发育关系密切。大多数被子植物茎端中,在最小的叶原基水平上看不到原形成层的发生,即叶原基发生一定时间后才在其下看到原形成层的发生(图 9.12)。但在有些具有较伸长的顶端分生组织的植物,在离顶端较远处发生叶原基时,以及一些具小型叶的隐花植物(孢子植物)中,在最幼小的叶原基水平上即可看到原形成层。将刚发生的叶原基刺伤或切除的实验说明,顶端分生组织下面仍能分化出原形成层,发育出与叶隙连接的一圈原形成层。再如西红柿有一种披针形突变体,是没有叶子的缩短型植株,大多数只具有非常不发育的叶原基,但这些不能形成叶子的叶原基下仍能发育出原形成层,进而分化成维管组织。

9.5.3 原形成层的分化式样及影响其发生和活动的因素

原形成层只有一种纵向伸长的细胞,一般开始分化出初生维管组织时就不再发生细胞分裂,直接由原始细胞分化成初生维管组织(原生和后生)。

Wardlaw (1944)曾指出,原形成层的分化与活跃生长的分生组织有关,并认为是活跃生长的分生组织中的某些因子控制原形成层的分化。Young (1954)的试验表明,除去羽扇豆(*Lupinus*)顶端第二个最幼小的叶原基,表皮下面的组织就分化为薄壁组织,如果在叶残柄上加含有 IAA 的羊毛脂,则残柄下的组织仍保持分生组织状态,但不分化出原形成层。

许多研究过的植物都说明,原形成层是向顶分化的,但少数被子植物和若干裸子植物中原形成层的发生与叶原基形成的位置没什么关系,甚至早期还有人认为是原形成层决定叶原基的位置,但在被子植物和蕨类植物的切割实验表明,当设法破坏向顶发育的原形成层,或在发生叶原基的部位和原形成层间加一障碍物,都照样发生叶原基。

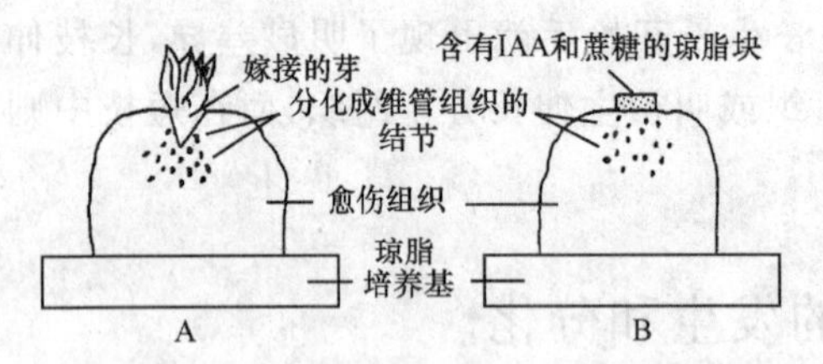

图 9.13 嫁接芽或含有 IAA 和蔗糖的琼脂块都能诱导愈伤组织分化出维管组织节(根据 Wareing, Phillips, 1981 重绘)

侧芽中原形成层的分化是向顶的,也可以是向基的。当芽紧靠顶端发生时,一般是向顶的。如果在远离顶端处发生或由离生分生组织,或由薄壁组织发生时,原形成层的发生则是向基的。如果在蕨类植物和被子植物中切断顶端分生组织中央无叶区与母体维管组织的连接,此处新发生的原形成层和维管组织的分化也是向基的,这些表明,顶端分生组织中有些向基运输的物质参与原形成层的发生和分化活动。Wetmore 和 Rier (1963)观察到,将芽嫁接到愈伤组织上,和用含 IAA 和蔗糖的琼脂块代替芽,都能诱导愈伤组织中一定距离上形成维管组织(图 9.13)。这就说明有一纵向传导的物质浓度梯度影响着维管组织分化。

Sachs(1968)用豌豆下胚轴的实验也说明,IAA 与维管组织分化有关。将上胚轴部分切出一条组织,如果在分出的组织条上加上含 IAA 的羊毛脂,可使皮层薄壁组织分化出木质部束,使加 IAA 处与维管柱连接,如果两处都加,则都不形成连接。有些物质的向顶分布的浓度梯度也控制着原形成层的发生和活动(图 9.14)。

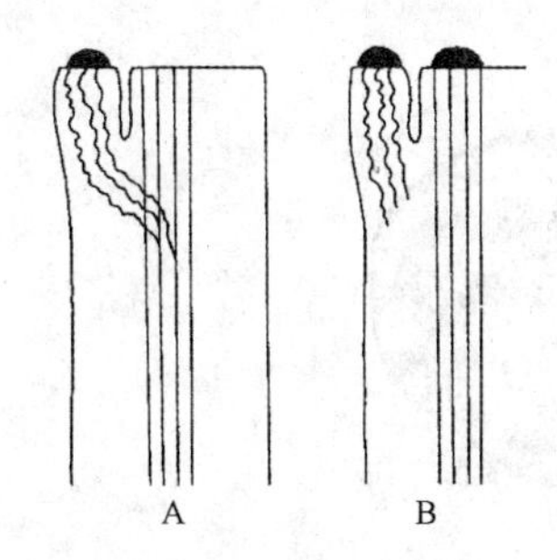

图 9.14　将羽扇豆下胚轴切下后上端劈开成两部分，一部分具中央维管束，另一部分无中央维管束，用含 IAA 的羊毛脂诱导之。A. 只在一边放上含 IAA 的羊毛脂，新诱导的维管束与中央原维管束连接；B. 当两半都放上含 IAA 的羊毛脂后，新诱导的维管束与中央原维管束不能连接（根据 Steeves, Sussex, 1989 重绘）

9.6　初生加厚分生组织

初生生长时，轴的加粗生长主要是由于髓和皮层中有些细胞的平周分裂和细胞增大。但不同植物中，加粗生长的方式也不同，在具次生生长的植物中，初生加厚生长很少，而在特殊的植物中，如莲座型或肉质型的草本双子叶植物，以及许多单子叶植物都有大量的初生加厚生长，这种生长常常靠顶端分生组织很近。使得顶端分生组织像插入在扁的锥体上，甚至下陷凹入。双子叶植物的初生加厚主要在髓部或皮层或分散在整个轴中。有些单子叶植物的加厚生长，在靠近轴周围的比较窄的区域上最多，这种明显的区域，特称为"初生加厚分生组织"（图 9.15）。

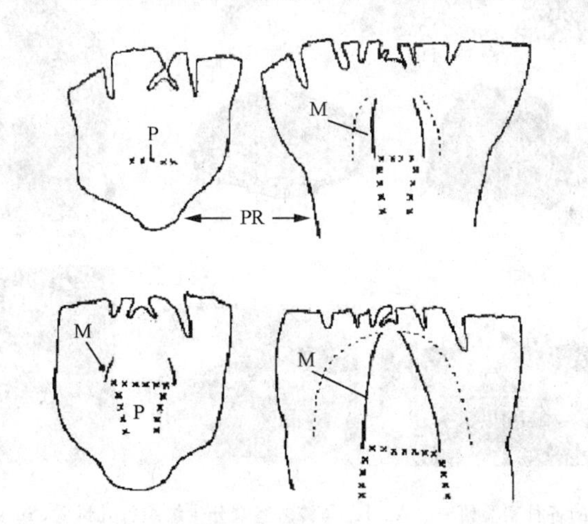

图 9.15　图解说明初生加厚分生组织的位置和活动式样。M. 初生加厚分生组织；P. 髓；PR. 初生根

9.7　茎端分生组织的实验研究和分化的分子调控

茎端分生组织的各种实验研究证明，无论是茎端分生组织发生叶或侧芽等器官，还是发生相关的组织，都是由位置效应决定的。当将茎端最顶端的分生组织用针破坏后会在原位再生出类似的分生组织，恢复原来的结构（图 9.16A～B），而当只留出最顶端一块分生组织，将周围的叶原基和其余分生组织统统切除后（图 9.16C～D），留下的分生组织小块就会很快又发育成能分化叶原基的完整顶端分生组织结构（图 9.16E）。如果用刀片把顶端分生组织与周围的叶原基切开，周围的叶原基继续发育，分出的顶端分生组织 5 周后就会发育成一完整的顶端

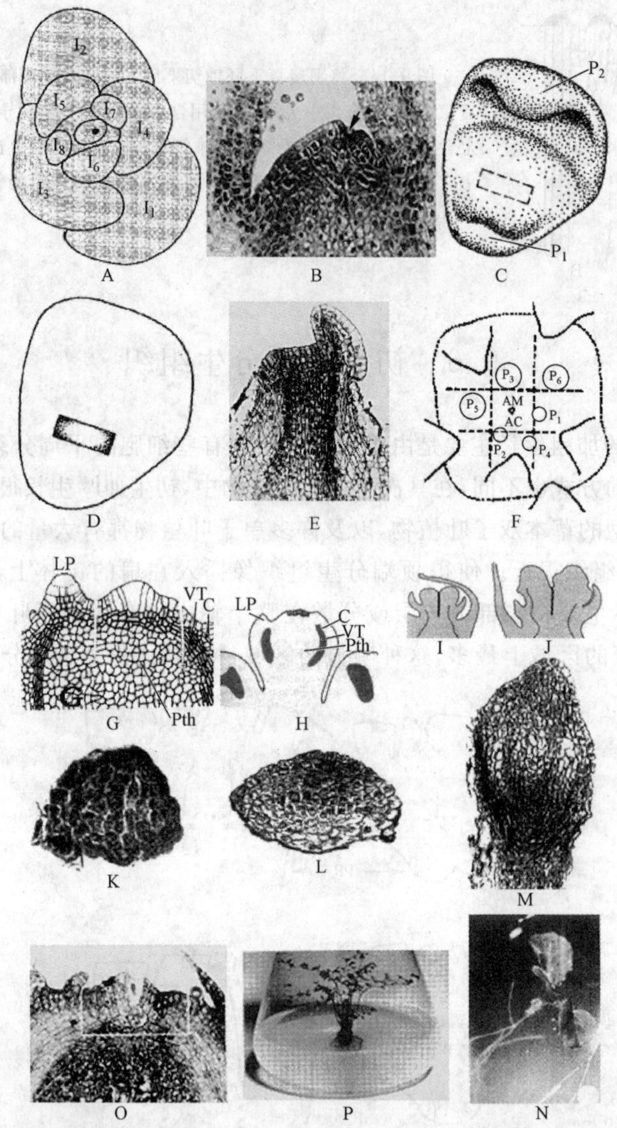

图 9.16 茎端分生组织的各种实验研究。A～B. 马铃薯茎端分生组织打孔试验(Sussex, 1964)：A. 图解显示顶端分生组织中央用针破坏的部位(黑点)和周围已形成的 8 个幼叶和叶原基；B. 茎端纵切面，箭头示用针破坏的位置。C～E. 马铃薯茎端分生组织的再生(Sussex, 1964)：C. 图解说明做试验所用顶端分生组织上的两个叶原基(P_1，P_2)和试验后将留下的嵌片(panel)(虚线框)；D. 图解显示试验中将周围分生组织全部切除，仅留下中央嵌片；E. 由中央嵌片已形成一个叶原基和含有原形成层的顶端分生组织。F～H. 手术分离一种鳞毛蕨顶端分生组织(Steeves, Sussex, 1989)：F. 顶端分生组织顶面观示意图，示 4 个将顶端分生组织与周围叶原基和分化中的组织分开的切面的位置；G. 手术分离顶端分生组织的纵切面，示该组织已经与周围组织分离，但下面仍具完整的髓分生组织，并与其下的组织相连；H. 手术分离顶端分生组织 5 周后的茎端纵切面，此分生组织已经连续生长分化出新的叶原基、皮层、维管组织和髓等组织，图中 AC. 顶端细胞，AM. 顶端分生组织，C. 皮层，LP. 叶原基，P_1～P_6. 分生组织周围的 6 个幼叶原基，VT. 维管组织。I～J. 蚕豆茎端被纵向切成两半后几天的纵切面示意图(Pilkington, 1929)：I. 切成两半 7 天后，分生组织已增大；J. 术后 13 天，再生形成两个茎端，其上已有新的叶原基形成。K～N. 分离的烟草茎端分生组织外植体的离体培养(Smith, Murashige, 1970)：K. 分离的顶端分生组织；L. 培养 6 天后的分生组织外植体；M. 培养 12 天后右上方已形成一叶原基；N. 外植体发育成一生根的小植株。O～P. 铁线蕨(*Adiantum*)茎端分生组织离体培养(Wetmore, 1954)：O. 茎端纵切面，示分离培养的茎端分生组织外植体所处位置；P. 由外植体在培养基上长成小植株

分生组织结构(图 9.16F～H)。当将顶端分生组织沿中央线一切为二时,两半会分别再生形成一新的茎端分生组织(图 9.16J～I)。如果把茎端分生组织挖出来放在营养培养基上培养,它就不再按茎端分生组织的活动方式活动,不断产生叶原基和侧芽原基,而是发育成完整植株(图9.16L～P)。这些就充分说明是位置效应决定了细胞的分化方向,而不是顶端分生组织中各细胞预决定的。但是这种位置效应的确切内涵至今仍然是个谜。

关于顶端分生组织发生和活动调控的分子机理,专门的研究很少,但在关于营养生长向生殖生长转化的研究以及关于叶子分化的研究中都涉及。前一个方面的研究将在第十九章中讨论,其中 *LEAFY*(*LFY*)基因实际上就是控制叶发育程序向花被及孢子叶发育程序转化的基因。关于模式植物拟南芥胚胎发育中突变体相关基因的研究也已在上一章中述及,其中没有子叶和生长点、没有胚根、没有胚轴等突变体(图 8.15)都与顶端分生组织有关。再就是 Jiirgens 实验室的工作有一些研究涉及茎端分生组织形成的突变体,其中主要有 *SHOOT-MERISTEMLESS*/*KNOT-TEDl*(*STM*/*KNl*),*WUSCHEL*(*WUS*),*CLAVATA*(*CLAV*)和 *CUP-SHAPED COTYLE-DONE*(*CUC*) 四类基因的突变体。最早分离出来的基因是 *STM*,突变体最明显的特点是种子在萌发后茎尖生长异常,没有正常的幼叶 (Barton, Poethig, 1993),研究发现它与较早从玉米中分离出的一个表型为叶片基部显现瘤状结构的突变体 *knottedl* 的基因同源,编码含 Homeodomain 的转录因子。有关表达模式的研究说明,*STM* 基因在茎端分生组织及发育早期的胚珠中特异表达,最早在球形胚晚期到心形胚早期之间即可看到它的表达(Long et al, 1996; Long, Barton, 1998; Zhao et al, 2002),但有关其 *stm* 突变体和转基因的试验研究却说明,*stm* 突变体虽然幼苗的顶端生长异常,但在有些情况下确能形成顶端分生组织正常的侧芽,说明它并不像早期人们预测的那样是控制顶端分生组织发育的基因(Endrizzi et al, 1996; Teo et al, 2001; Semiarti et al, 2001)。后来人们又发现了在维持茎端分生组织结构和功能中起着重要作用的 *WUS*、*CLAV* 和 *CUC* 基因,*WUS* 编码一类含 Homeodomain 的转录因子,特异地在第二层原套细胞下的细胞中表达(Mayer et al, 1998),随后的一系列研究表明,该基因的功能可能是使茎端分生组织细胞保持分生组织状态,而且与 *CLAV* 基因共同维持顶端分生组织的大小(Baurle, Laux, 2005; Li et al, 2004; Hamada et al, 2000; Laux et al, 1996; Mayer et al, 1998; Schoof et al, 2000; Xu et al, 2005);*CLAV* 基因则是编码一类蛋白激酶,它发生突变后,茎端分生组织像是失去控制一样生长而变得异常大,也就是不能正常有规律地分化叶原基(Clark et al, 1997; Fletcher et al, 1999);*CUC* 属于 *NAC* 基因家族,是一类转录因子,其功能初步证明可能是建立和维持顶端分生组织和子叶原基之间的边界,维持子叶或叶原基的发生位置和形状,参与其调节的还有 *PIN-FORMED1* (*PIN1*) 和 *MONOPTEROS* (*MP*)基因(Aida et al, 1997, 2002)。

第十章　成熟植物体中新器官的建成和新组织的发生

——Ⅱ 根端结构及其分生组织的活动式样

根端是顶端分生组织的另一所在地，它的活动结果是形成植物的地下系统——根系。因此，研究它的结构及其活动式样也是研究植物形态建成和植物发育生物学的重要内容之一。

10.1　根端结构

根端和茎端在结构上有着很大的不同，通常在分析根端分生组织细胞的活动式样时，有可能追溯出细胞分裂面和生长的方向。也就是说，根中成熟的任何组织都和顶端分生组织的一定细胞有着密切的空间上的联系，说明它们之间存在个体发育上的关系。

维管植物中，组织区域和顶端分生组织细胞之间的关系有两种类型：① 封闭型。将根端划分为三个区域：维管柱、皮层和根冠，它们都可追踪到顶端分生组织中各自独立的细胞层（原始细胞）。表皮层由皮层的最外层分化出，或者表皮与根冠同源（图 10.1）。如大部分种子植物。② 开放型。所有各区都由共同的原始细胞发生（图 10.2）。或者至少是皮层和根冠有一共同的起源。如裸子植物和蕨类植物。

与茎端分生组织相似，对于根端分生组织也有不同的学说。

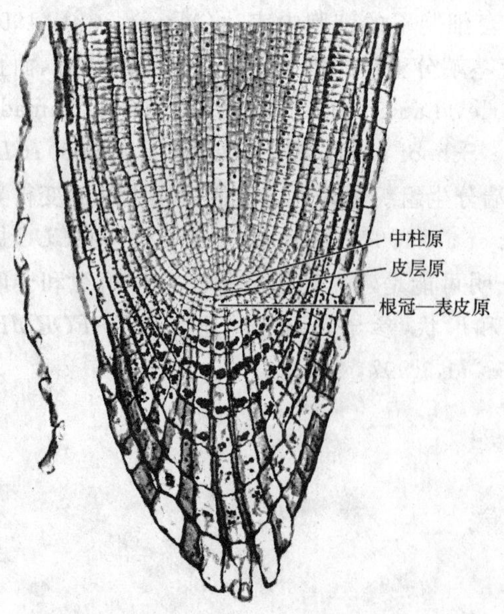

图 10.1　萝卜根尖纵切面，示封闭型结构

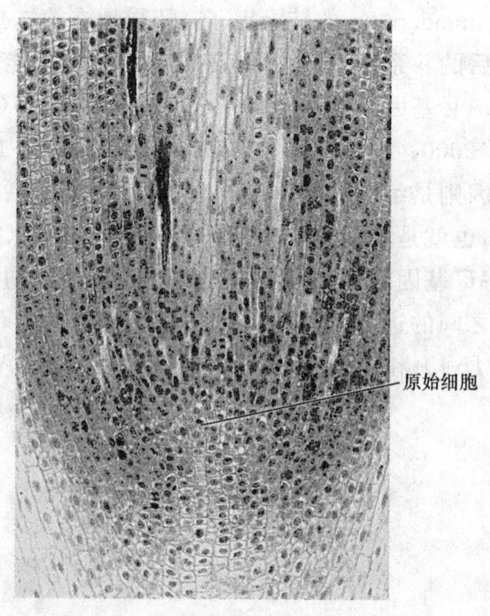

图 10.2　银杏根尖纵切面，示开放型结构

(1) 组织原学说(histogen theory)

19 世纪中期由 Hanstein 提出,该学说对解释茎端结构不太适用,但可以很好地解释封闭型的根端结构。双子叶植物中,通常为根冠—表皮原,皮层原和中柱原(图 10.1);而单子叶植物中则是根冠原,表皮-皮层原和中柱原(图 10.3)。

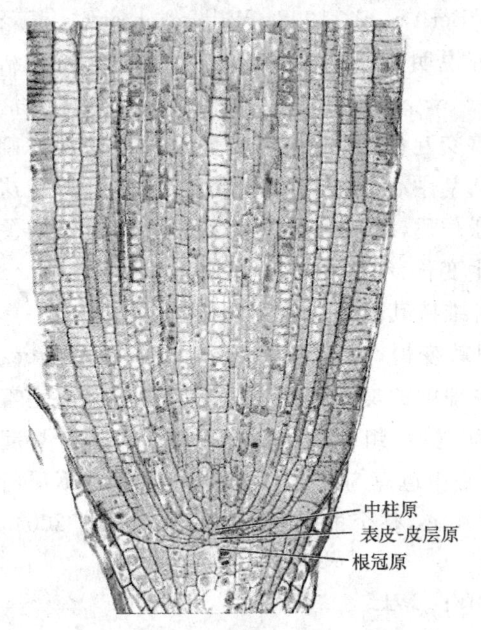

图 10.3　小麦根尖纵切面,示组织原

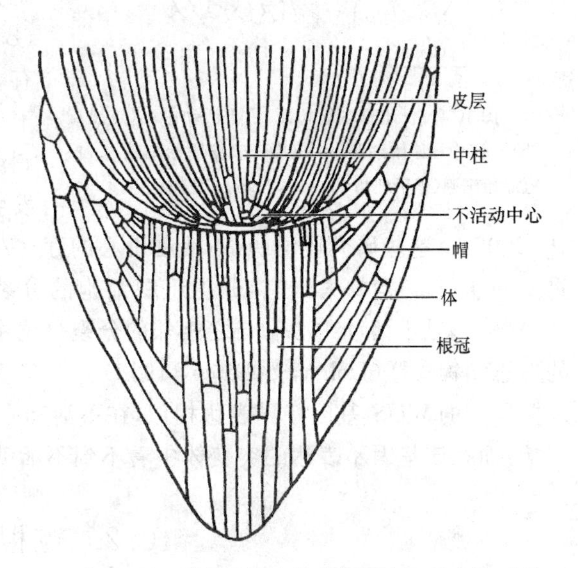

图 10.4　玉米根尖细胞排列式样图解,示皮层、中柱和根冠中的"T"字形分裂,"T"字上的一横即为帽,"T"字下的一竖即为体(李正理提供)

(2) 体-帽概念(Körper-Kappe theory)

这是 1917 年 Schüepp 提出的,用于分析根尖的细胞式样和生长之间的关系。它强调细胞的分裂面。生长时,纵向的和横向的分裂,按下述方式结合进行:细胞列增加的地方,在某一行细胞的横向和纵向的壁形成"T"字形(图10.4),如果根冠有它自己的原始细胞,则细胞列中"T"字顶上的横杠方向清楚地背向根的基部,而在根的本体中,"T"字上面的一横杠是面向顶端的。体-帽概念也说明了在顶端的细胞数目最少(低等维管植物只有一个),由于它们的分裂面的变化就增加了样式。

(3) 不活动中心理论(quiescent centre theory)

根据根的正常发育和各种手术处理,以及 DNA 合成的标记示踪等广泛研究,已表明在根后来的生长中,上面所说的所谓原始细胞大部分停止了有丝分裂活动,这即"不活动中心"(图 10.5)。按英文的原意,应为被动休眠中心。按此理论,根本体的最远端细胞(中柱原和皮层原的原始细胞)不常分裂,大小的变化也很小,并且合成蛋白质和核酸的速率也很低(李正理,张新英,1983;Fahn,1990;Cutter,1976;Esau,1982)。这种不活动中心不包括根冠原始细胞形成的部分,其体积变化明显和根的大小有关,在细小的根中,这部分较小或没有。在胚发育的早期,其初生根和幼小的侧根原基中没有不活动中心,它们的所有细胞都能分裂,在其后的发育中才发育出不活动中心(Clower,1958)。近年这方面仍有大量研究(Barlow,2004;Barlow,Luck,2004;Boudonck et al,1998;Castellano,Sablowski,2005;Christmann et al,

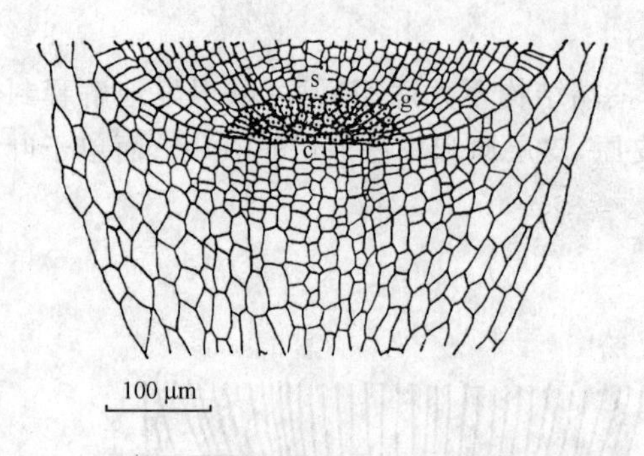

图 10.5 玉米根端纵切面，示不活动中心(点黑点处)。s. 中柱原始细胞；g. 皮层—表皮原始细胞；c. 根冠原始细胞(李正理仿 Clowes, Juniper, 1964)

2005；Dolan et al, 1998；Hamann et al, 1999；Liso et al, 2004；Nawy et al, 2005；Ponce et al, 2005；Rodriguez-Rodriguez et al, 2003；Suzuki et al, 2004；Tirlapur et al, 1999；van den Berg et al, 1998；Willemsen et al, 1998)，研究说明有些蕨类植物的根中看不到此结构(Barlow et al, 2004)，生长素和乙烯对其活动有着交互作用，生长素极性运输抑制剂可刺激不活动中心细胞的分裂，而乙烯则可逆转这一刺激作用，它们可使不活动中心和根冠的关系发生变化，细胞排列的式样发生变化(Ponce et al, 2005)。这些研究还说明，不活动中心的存在对维持其附近分生组织细胞的分裂能力具有重要的作用，一旦缺失了它，分生组织细胞的分裂就变慢，以至停止(Rodriguez-Rodriguez et al, 2003)，是不活动中心和与之相邻的分裂分化中细胞的交互作用(一种动态平衡)决定着根的形态结构式样(Dolan, Scheres, 1998)。与在茎端分生组织分生区中对维持细胞分裂起着重要作用的 *WUS* 基因特异表达相似，在不活动中心中也有与此类似的基因 *TONSOKU* 特异表达，而在该基因不表达的突变体中看不到不活动中心，整个根也变短(Suzuki et al, 2004)。

10.2 侧根的发生

10.2.1 侧根发生的部位

侧根通常发生在离顶端分生组织不同距离的维管柱的周围，通常在母根内部深处发生，所以称为内起源，又根据其发生于哪一级根上，分别称做次生根(主根上发生)和三生根(次生根上发生)等。但裸子植物和被子植物的侧根不论发生在主根、支根或不定根上，通常都是从中柱鞘发生，有的内皮层也可参与侧根的形成。当侧根开始发生时，几个在一起的中柱鞘细胞的细胞质变浓厚，并进行平周分裂，随后再进行平周分裂和垂周分裂，进而形成突起的细胞群，即根原基(图 10.6)(Beakbane, 1969)。当根原基生长伸长时，内皮层开始进行垂周分裂，有的就直接转变成根冠细胞，皮层细胞被挤压，推向一边，也可能有一部分被酶解，也有的内皮层进行一次垂周分裂后就停止分裂而被挤压，当根原基经过皮层时开始发生顶端分生组织和根冠，并在顶端分生组织后形成维管组织(图 10.7)。

10.2.2 侧根发生和母根结构的关系

(1) 维管连接

中柱鞘发生的侧根一开始就紧靠母根的维管组织，随后两者相连，侧根的发生部位与母根木质部有一定的位置关系，而且与母根的维管形式有关。二原型的根，侧根发生在母根的木质部和韧皮部之间，三原型、四原型的则对着母根木质部(图 10.7A)，多原型的单子叶植物根则对着韧皮部。

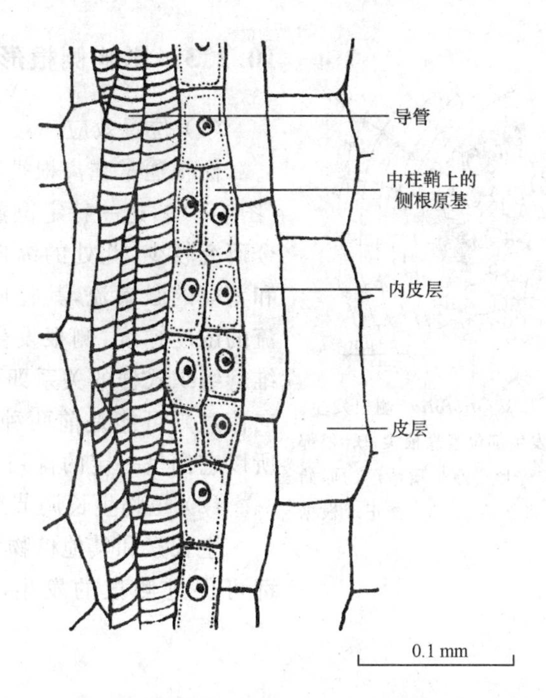

图 10.6　棉花根部分纵切面，示侧根发生时中柱鞘细胞首先发生平周分裂形成侧根原基（李正理提供）

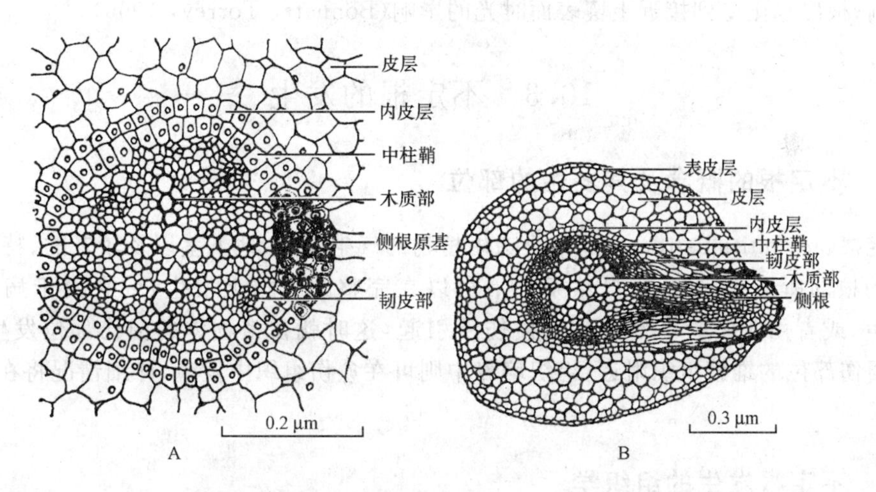

图 10.7　棉花根的横切面，示侧根原基对着四原型维管束的木质部发生（A）和伸长中穿透整个皮层和表皮（B）（李正理提供）

（2）侧根发生方式与其在母根位置上的关系

侧根发生的部位不同，母根细胞受其影响也发生一些变化，当侧根紧靠顶端分生组织发生时，因母根细胞还没完全分化，所以许多细胞直接参加侧根的形成，内皮层细胞进行垂周分裂直接形成根冠，如果内皮层已发生凯氏带，则往往在增殖的中柱鞘细胞外面的内皮层细胞分裂几次后又形成凯氏带。

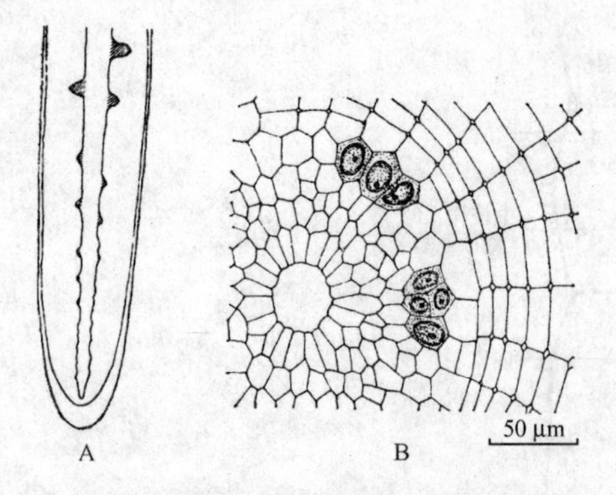

图 10.8 慈菇(*Sagittaria sagittifolia*)侧根发生。A. 根纵切面图解,示侧根的发生部位紧靠根尖;B. 根部分横切面,示侧根发生初期首先形成原生质浓厚的原始细胞(绘出细胞核)(李正理,张新英,1958,李正理根据照片重绘后提供)

10.2.3 影响侧根形成的因素

(1) 位置效应

侧根通常在离根端不远的中柱鞘部位发生(图 10.8),这一特定位置为什么能发生侧根,至今研究较少,此处的纵向信息可能是来自根端和茎端的激素流,其径向信息可能是径向物质流的浓度梯度,侧根发生的位置与主根中初生维管组织式样的关系即可说明这一点。而其切向信息则可能是前两种信息在切向上的分布。所以它们呈一定的排列式样。

(2) 植物生长调节剂的影响

生长素和其他植物生长调节剂中的促进剂都可促进侧根的发生,抑制剂则抑制侧根的发生。

(3) 光的影响

田旋花(*Convolvulus arvensis*)根的离体培养说明,根出芽和侧根最初发生时的原基是一样的,在地下生长时形成根,光下生长时则形成芽。根的生长受重力感受机理(平衡石)和光敏素所控制,根出芽则受到接近土壤表面时光的影响(Bonnett, Torrey, 1966)。

10.3 不定根的发生

10.3.1 不定根的概念及其发生的部位

不定根(adventitious root),通常泛指由植物的气生部分、地下茎以及较老的、特别是有次生生长的根部所形成的根,在自然条件下可以在完整的植株上发生,或者由于病原物的侵染而发生,或者由于实验手术或其他损伤所引起,这时就在植物体的损伤部位发生,而且多发生于损伤部位的维管组织附近,组织培养中则可在愈伤组织中发生,详细情况将在第十一章中述及。

10.3.2 不定根发生的组织学

不定根的起源和发育像侧根一样,通常是内起源,发生在十分靠近维管组织的地方,所以其生长过程中必须经过该部位以外的组织(图 10.9)。当在较老的茎或根上发生时,由于维管组织周围常常形成厚壁组织,而且这些厚壁组织常常成带状分布,这就使得不定根偏离正常的径向伸展途径,甚至使不定根难于长出(图 10.10),有些植物扦插难于生根可能就是这个原因,如一些蔷薇属植物,这时只要切断厚壁组织带就可解决。

不定根的组织分化基本上与一般初生根的分化一样,例如,马铃薯块茎上发生不定根部位的横切面上可以清楚地看到五原型的维管组织。

双子叶植物和裸子植物幼小茎上的不定根,通常由束间薄壁组织发生,较老的茎上则由靠近维管形成层的维管射线发生。因此,新生的根十分靠近木质部和韧皮部。插条上形成的不定根往往在插条基部创伤面上形成的愈伤组织中发生,或者由创伤面附近的维管射线部位发生。

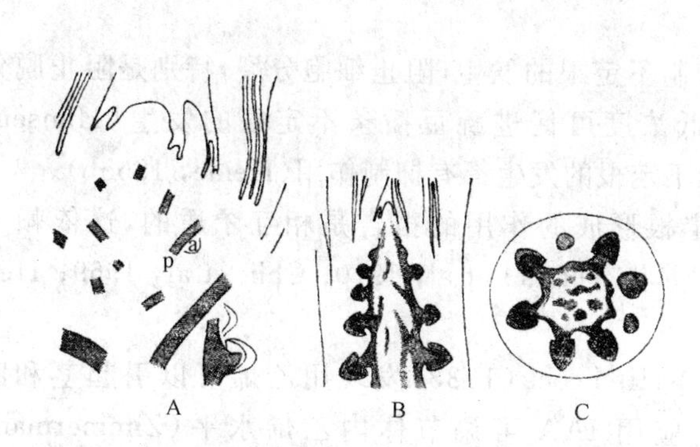

图 10.9 图解说明慈菇不定根发生的位置。A. 示不定根(a)最早形成的位置,p. 原形成层;B. 顶芽纵切面,示不定根的连续发生;C. 顶芽下部的横切面,示不定根的横向分布(李正理,张新英,1958,李正理重绘后提供)

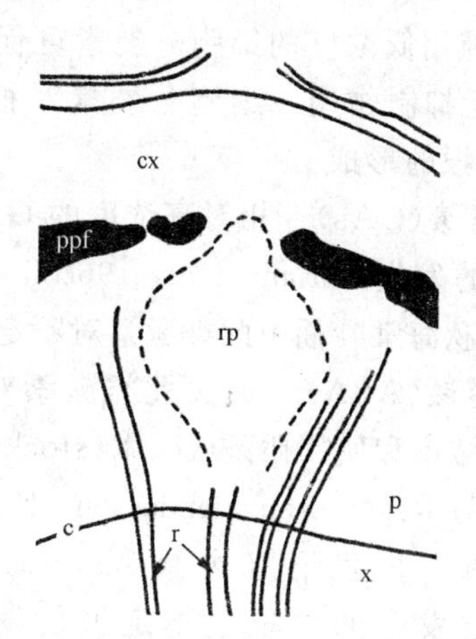

图 10.10 图解说明已具有次生生长的樱桃(*Cerasus pseudocerasus*)插条中不定根发生的位置及其与纤维层的关系(据 Beakbane,1969 重绘)。图中 c. 形成层;cx. 皮层;p. 韧皮部;ppf. 韧皮纤维;r. 维管射线;rp. 不定根原基; x. 木质部

10.3.3 影响不定根发生的因素

(1) 芽和叶的影响

早在 19 世纪,Sachs(1882)就发现,芽和叶对不定根的形成有着明显的促进作用,并提出在芽中具有促进生长的物质(Cooper,1938; Rappaport,1940; Went,1929)。后来的大量有关扦插的实验都说明,芽和叶在促进生根上有着重要作用,而且大量的研究也已证实,芽和幼叶是合成生长素的主要场所,生长素在促进不定根形成上又有着重要作用(Heuser,1976)。许多内外因素都影响了根的发生和结构(Malamy,2005)。

(2) 植物生长调节剂的作用

生长素 20 世纪 30 年代就发现了生长素对生根的明显促进作用,IAA 及类似的 IBA 和 NAA 都有这一作用(Kraus et al,1936; Kogl et al,1934; Thimann,1935; Thimann,Koepfli,1935; Thimann,Went,1934; Went,1934a,b)。有关豌豆插条的一系列实验也说明,根的发生和发育可分为两个基本阶段(Went,1929,1934a,b,1935):① 发生阶段,这个阶段主要形成根的分生组织,它又可分为生长素起作用阶段和生长素不起作用阶段,前一阶段大约持续四天,其间只有连续补充生长素才能诱导不定根根原基的发生;后一阶段虽然不需生长素,但生长素的存在对根的生长也没有不利影响。② 根伸长和生长阶段,此阶段根原基发育成幼根,进而其根尖生长穿过皮层或失去功能的韧皮部,最后由表皮或周皮钻出,新根中维管组织形成并与相邻维管组织相连,在这个阶段应用生长素将毫无反应。近年的大量研究也进一步证明了生长素的这些功能(Dubois,deVries,1995; Tamimi,2003;Rosier et al,2004;Bhardwaj, Mishra, 2005)。

细胞分裂素　大量的研究说明,具有较高水平的内源细胞分裂素的插条比具有较低水平的生根困难(Okoro et al, 1978)。应用合成的这类激素也抑制根的形成(Humphries, 1960; Schraudolf, 1959)。对豌豆插条(Ericksen, 1974)和秋海棠叶插早期阶段(Heide, 1965b)施用低浓度的细胞分裂素可促进生根,高浓度则抑制根的生成,但在根发生的后期施用则无抑制作用。细胞分裂素对根插中芽的形成有促进作用,在叶插中能促进芽的形成,抑制根的形成。

赤霉素(GAs)　相对高浓度的GAs抑制不定根的发生,阻止细胞分裂,特别是阻止脱分化过程的发生(Brian et al, 1960),不过低浓度可促进豌豆插条不定根的发生(Hansen, 1976)。秋海棠叶插中此类激素对不定芽和不定根的发生都有抑制作用(Heide, 1965b)。

脱落酸(ABA)　有关此类激素对不定根形成的作用的报告是相互矛盾的,这依赖于ABA的浓度和所用插条或砧木(stock)的营养状态(Basu et al, 1970; Chin et al, 1969; Heide, 1968; Rasmussen, Andersen, 1980)。

乙烯　20世纪30年代Zimmerman和Hitchcock(1933)发现用乙烯可以引起茎和叶组织及已发育的侧根上不定根的发生。应用IAA可调节体内乙烯水平(Zimmerman, Wilcoxon, 1935)。有关绿豆(*Vigna radiata*)插条生根的研究说明,乙烯可减少根的发生(Mullins, 1972)。不过也有研究说明乙烯对豌豆插条有刺激生根的作用(Krishnamoorthy, 1970)。

(3) 外界环境因素的影响

无论是温度、湿度还是光都对不定根的发生有着重要影响。温度和湿度的影响表现在对细胞分裂和伸长的影响上,二者都有一个最适水平,过高或过低都不利于根的发育。而光的影响则表现在不定根的发生和发育上。光抑制不定根的发生,这可能与光参与生长素等内源植物激素的调节有关。从满足不定根发生中营养物质的需要来说光又是有利于根的发生和生长的,如扦插中采用全叶喷雾法有利于生根就可说明这一点。

10.4 根中维管组织的分化

顶端分生组织的中柱原细胞由顶端向上逐步伸长,形成原形成层,在根的中央形成一圆柱,由原形成层逐步分化成初生维管组织(图10.11)。如果根中具有髓,则往往被认为是潜在的维管组织,从演化的过程上看,则是分化停止的结果,所以一般将髓也当作起源于原形成层的维管柱的一部分。不过也有人认为根中的髓,像茎中的一样,是由基本分生组织衍生的。

维管组织中最早能鉴别出的细胞是中柱鞘细胞,它紧靠顶端分生组织,某些细胞的增大并液泡化是木质部分化的最早特征。初生维管组织的分化,在横切面上是向心的,由外向里分化,所以叫外始式。在纵向上初生维管组织的分化则是向顶的。最早的韧皮部的成熟比最早的木质部更靠近顶端分生组织(图10.11)。

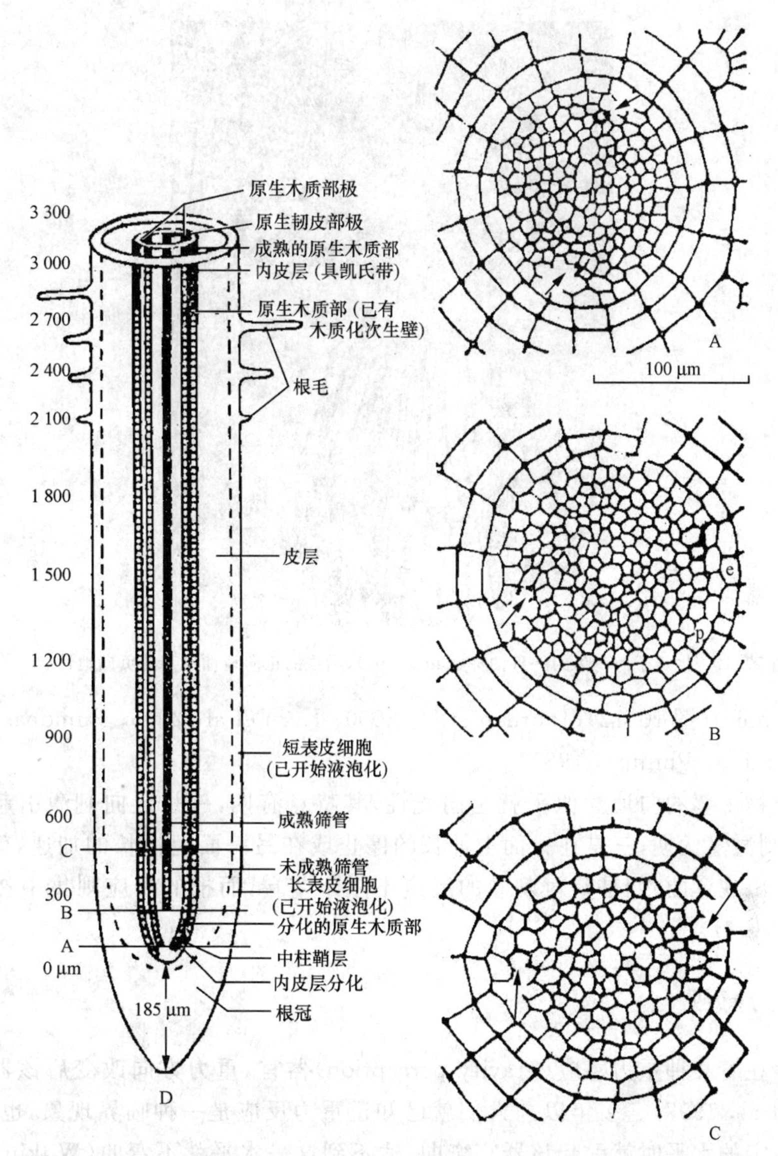

图 10.11　白芥(*Sinapis alba*)根前端纵切面和中柱横切面。A. 离根端约 60 μm 处，示二原型原生木质部的分化(箭头所示)；B. 离根端约 180 μm 处，示分化的筛分子(箭头所示)；C. 离根端约 450 μm 处，示原生韧皮部两个完全分化的筛分子(箭头所示)；D. 根前端纵切面，图中 A,B,C 示相应的横切位置。图中 e. 内皮层；p. 中柱鞘(李正理仿 Cutter,1971,图解和照片改绘)

10.5　根的向地性

植物的向地性(gravitropism，geotropism)是指由重力刺激和群体加速度(mass acceleration)(即向心力)引起的植物的生长运动。器官向地心方向的生长称做“正向地性”，而背向地心方向的生长称做“负向地性”。二者分别为植物主轴上的根和茎所具有。这两者又总称为“直向地性”(orthogravitropic)，当器官的轴与重力场方向成垂直或横躺时叫“横向地性”(diagravitropic)，当器官与地面成一夹角(在 0°和 90°之间或 90°和 180°之间)时叫“斜向地性”

图 10.12 生长于海南岛的一种油棕(*Elaeis* sp.),示根的正向地性和茎的负向地性

(plagiogravitropic)(图 10.12)(Jourdan et al, 2000; Kern et al, 2005; Pumobasuki H, Suzuki, 2004; Wareing, Phillips, 1981)。

在许多植物中茎的向地性似乎就是向光性,其特点有四,一是定向刺激引起定向弯曲生长;二是具有刺激潜伏期;三是在一面上伸长的停止或在另一面上生长的加速,就导致沿反应器官整个长度出现弯曲;四是茎对刺激的反应不限于茎端,而根的反应则集中在根端(Wareing, Phillips, 1981)。

10.5.1 重力感应

植物中存在着某种重力感应(gravity perception)器官,重力方向改变后该器官就重新定向(Baluska et al, 1997)。多年以前人们就已知道重力反应是一种临界现象,也就是说,当重力刺激达到一定的水平时就引起该器官弯曲,达不到这一水平就不弯曲(Wilkins, 1975)。刺激量等于重力乘以作用时间。对于一定重力来说,刚刚能引起可检测出反应所需要的时间叫阈值。这种临界现象表明,植物中的向地性包括自由落体(或叫平衡石)的运动,它运动一定距离才开启向地性机理。数学分析表明,像线粒体这样小的细胞器在一定的阈时内,在重力作用下能在细胞质内很快运动。不过,重力感应的动力学最接近于植物细胞中重力诱导的淀粉粒的沉降力学(Wareing, Phillips, 1981)。关于平衡细胞(statocyte)(含平衡石的细胞),光学和电子显微镜的研究也揭示出,对重力反应的是淀粉粒的沉降,而可沉降的淀粉粒是膜包裹的造粉体(amyloplast)(Wareing, Phillips, 1981)。由平衡细胞组成的组织就叫平衡组织(statenchyma)。平衡细胞重新定向所改变的不仅是造粉体的位置,而且还观察到其他细胞学变化,特别是内质网(Fukaki et al, 1998)。在某些组织中,特别是不含造粉体的组织中其他细胞器(如 *Chara* 假根中的硫酸钡结晶)也起平衡石的作用。在消除淀粉粒的植物细胞中(通过用细胞分裂素或赤霉素或低温处理可除去淀粉)对出现向地反应所需的阈时大大提高(图 10.13)。

近年对此仍有大量研究(Belyavskaya，2001；Baluska et al，1997；Driss-Ecole et al，2000，2003；Gaina et al，2003；Laurinavicius et al，1995；Levizou et al，2002；Perbal，Driss-Ecole，2003；Perbal et al，1997；Sievers et al，1995)，这些研究说明，可能是重力的作用使平衡细胞中 Ca^{2+} 通道发生变化(Belyavskaya，2001)，进而引起肌动蛋白丝(actin filament)的变化(Baluska et al，1997；Kordyum，2003)，从而使平衡石发生位移，最后引起生长方向的变化(Gaina et al，2003；Sack et al，1997；Tanya et al，1998)(图 10.14)。但据报道，在紫角齿藓(*Ceratodon purpureus*)中，野生型的原丝体(protonema)的生长具有负向地性，而由其原生质体再生的个体中出现了一个稳定的突变体 *wrong-way response* (*wwr*-1)，其原丝体的生长则具有正向地性，说明 *wwr*-1 基因可能参与了向地性的控制，但其造粉体却没有移动(Laurinavicius et al，1995；Wagner，Sack，1998)。有的研究还证明重力可影响许多基因的表达(Martzivanou，Hampp，2003)，甚至会使细胞周期发生变化(Driss-Ecole et al，1998；Yu et al，1999)。对影响平衡细胞结构和发育的条件也已开始研究(Laurinavicius et al，1995；Levizou et al，2002；Liso et al，2004)。

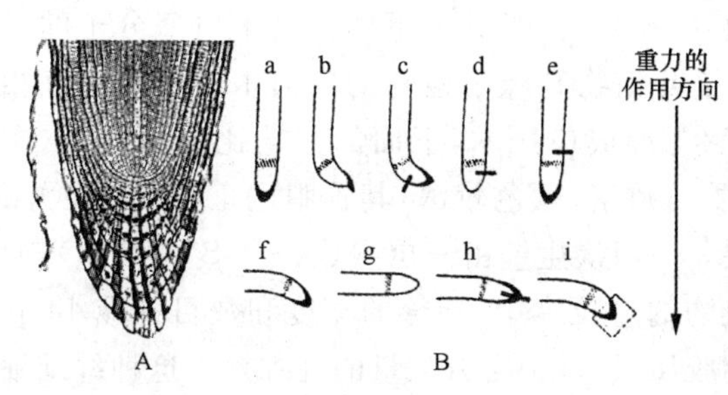

图 10.13　A. 萝卜根冠中起平衡石作用的淀粉粒位于根冠细胞下部。B. 关于根冠在向地性反应中的作用试验：a. 根冠完整的根向下生长；b. 去掉一半根冠后根不管重力的作用方向如何都弯向留下根冠的一面；c. 两半根尖间插入一玻璃片也不改变；d. 在没有根冠的根端插入一类似的玻璃片对根的生长无影响；e. 将玻璃片插入生长带的后面也没影响；f. 完整的水平方向的根正常地沿重力方向弯曲；g. 去掉根冠也就丧失了对重力的反应(因为对重力的反应主要在重力感受区和生长调节物质源两方面表现出来)；h. 将一玻璃片水平插入根冠，并破坏顶端，水平根的重力反应就大部分丧失；i. 将与 h 中用的相似的玻璃片垂直插入根端就不影响根的向地性弯曲发育(根据 Wilkins，1975 重绘)

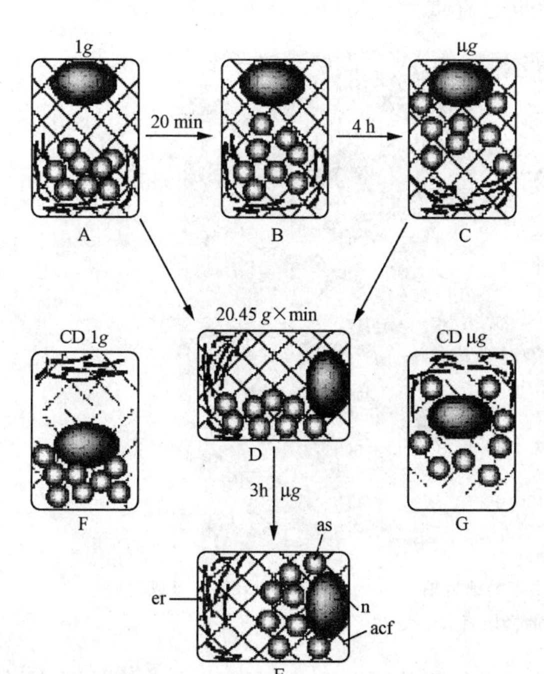

图 10.14　图解说明不同离心力的空间中生长的兵豆(*Lens culinaris*)幼苗根的平衡细胞结构上的极性。A. 离心力 1 *g*；B. 从 1 *g* 离心力转向微重力(*μg*)20 分钟；C. 从 1 *g* 离心力转向微重力(*μg*) 4 小时后完成造粉体向核的移动；D. 20.45 *g*×min 刺激后，无论是微重力下生长的，还是在 1 *g* 重力下生长平衡细胞中造粉体的沉降都达到相似的位置；E. 重力刺激维持 3 小时，其造粉体就向核移动，其分布与 C 中相似；F. 用细胞松弛素 D(cytochalasin D，CD)处理1 *g* 离心力下的样品，激起了细胞器的重力分布；G. 用 CD 处理微重力下的样品，核处于造粉体围绕着的中心位置。图中 as. 造粉体；acf. 肌动蛋白丝；er. 内质网；n. 细胞核(仿 Perbal，Driss-Ecole，2003 图 4)

大量的研究说明，重力感应仅仅出现于胚芽鞘、茎和根的顶端区域（Wareing，Philips，1982）。也有的研究证明拟南芥茎中对重力的感受部位是内皮层(Fukaki et al，1998)。对植物中几个种的研究说明，幼苗根中对重力反应的造粉体位于根端中央柱的根冠细胞内。如果通过手术从整体根中切去根冠，绝大多数植物都失去了对重力的感受力，如手术中使根尖保留一部分可沉降的造粉体，去根冠后就会很快形成新的造粉体，从而恢复对重力感受的能力（Wilkins，1995）。双子叶植物茎或胚芽鞘的顶端也是平衡细胞所在的部位，单子叶植物茎的节及叶鞘具有平衡组织。

10.5.2 重力形态效应

重力对植物形态的影响是多方面，既影响根（Aronne et al，2003；Barlow，Luck，2004；Iversen et al，1996；Jourdan et al，2000；Wareing，Phillips，1981），也影响叶（Abe et al，1998）和茎（Almeras et al，2004；Barlow，Luck，2004；Little，Lavigne，2002）的结构和式样，其中树或灌木斜向地性枝上应力木的形成是重力形态效应（gravimorphism）的最明显的例子（Barlow，Luck，2004）。应力木不仅形成偏心的年轮，而且其上下两面的木质部分子的结构和化学组成也有很大不同。更有意思的是双子叶植物和裸子植物的应力木的结构正好相反，前者形成应拉木，下面的年轮比上面的窄，后者形成应压木，下面的年轮比上面的宽（图10.15）。松柏类中的应压木通常比周围的组织质地致密，颜色较深，其管胞比正常木材的短。细胞壁在横切面上成圆形，含有较强的木质化层。一般次生壁由三层组成（S_1，S_2，和 S_3），而这种管胞的次生壁中却没有 S_3 层。在双子叶植物的应拉木中，导管的宽度和数目都减小，并且纤维细胞具有一种厚而高度折光的内层，通称胶质层，其中含有大量的纤维素。这种纤维细胞的次生壁有二到四层，胶质层在最里面。这些特殊结构的形成就包含了大量生物化学的变化（Almeras et al，2004），其间 Ca^{2+} 信号的传导也起着重要作用（Kordyum，2003）。

图 10.15 丹东五龙背沈阳军区疗养院中 50 多年的铺地柏（*Sabina procumbens*）茎干形成的应压木。A. 整株树的外形；B. A 中锯断的一根茎干的横切面的放大

大量改变植株体轴位置及施用外源植物生长调节剂的试验和内源激素测定等的研究说

明，重力刺激引起了内源 IAA 分布的不均匀(Little，Lavigne，2002)。使得双子叶植物应拉木形成的地方 IAA 浓度低，而在裸子植物应压木形成的区域 IAA 浓度高。为什么会有这种不同，至今说法不一。Sundberg 等(1993)的研究说明，当对欧洲赤松的一年生枝条使用 IAA 运输的抑制剂 NPA (N-1-naphthylphthalamic acid)后，应用点以上形成了应压木。至于应力木是怎样抵消倾斜位置的力量，有的研究据其结果推测，可能存在于分化的应力木细胞进行木质化的地方，并且从细胞壁膨胀时开始发生，而最后木质化。

重力效应在侧芽的生长发育上也有影响，如果树上形成水平的或斜向地性的枝，那么，就只在其上面生长出侧芽，而下面的侧芽则受到抑制(图 10.16)。这明显与潜伏芽的发育密切相关(Wilson，2000)。

图 10.16　向斜下方生长的菩提树(*Ficus religiosa*)枝干，只在枝干上面长出小枝，也就是只有上面的潜伏芽发育成枝

10.6　有关根的实验研究和分子生物学研究概况

许多研究说明，当把根中的不活动中心部位的组织取下来培养，这种外植体能够再生形成一完整的根(图 10.17)，如果把根端的某一部分切去，也能再生形成一新的完整的根(图 10.18)。但各种组织间的界线就不清楚了。

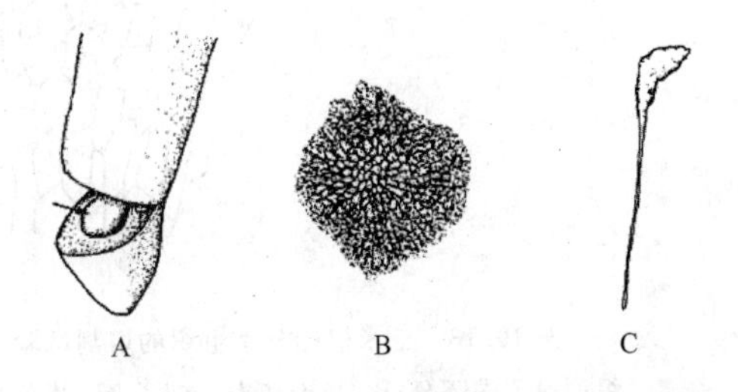

图 10.17　玉米根不活动中心的离体培养。A. 从根中分离根冠和不活动中心示意图；B. 分离的不活动中心的表面观；C. 不活动中心在离体条件下发育成一条完整的根(据 Steeves，Sussex 根据 Feldman，Torrey，1976 重绘的图重绘)

有关根形态发生突变体分离和分析的研究工作已有相当发展(王春新，1997；Bichet et al，2001；Casson，Lindsey，2003)。*gnom* 突变体的苗缺失顶部区和基部区结构，因而成为球形、椭圆形或锥形(图 7.1 d)，所以没有根与子叶，也没有顶-基轴。杂交试验说明 *gnom* 突变由单基因控制，其基因在第一染色体上，胚胎致死突变 *emb 30* 为 *gnom* 的等位突变。*monopteros* 突变体缺失根，下胚轴子叶的数目和位置也有变异。大多数 *mp* 突变体的子叶较正常，说明 *mp* 只影响根和胚轴的发育。*MP* 基因也定位在 1 号染色体上，可能参与胚基部细胞定向生长的控制。因为 *mp* 突变体在 8-细胞原胚期，原胚的下列细胞与胚根原细胞不能产生定向(沿顶-基轴)分裂与延长，仍按 Errera 定律分裂，但是 *mp* 突变体在组织培养中能够被

诱导再生根，因此 *MP* 基因可能只是在原胚细胞中起作用，然后传递某种信息给胚根原细胞，使其正常发育。在根的发育过程中有许多特异基因表达，这些基因参与了根发育过程中各个阶段的调控(Bichet et al，2001；Birnbaum et al，2003；Boudonck et al，1998；Casson，Lindsey，2003；Casson et al，2005；Castellano，Sablowski，2005；Christmann et al，2005)，不同的根发育式样由不同基因编码的程序控制(Hochholdinger et al，2004)。例如，拟南芥中 *SOLITARY-ROOT/IAA14* 基因的突变可阻止侧根的发生(Fukaki et al，2002)，肌动蛋白基因 *ACT7* 在种子萌发和根的生长中起着重要作用(Gilliland et al，2003；Gioia et al，2003)，基因 *HOBBIT*(Willemsen et al，1998)和 *TONSOKU*(Suzuki et al，2004)则参与根分生组织的形成。

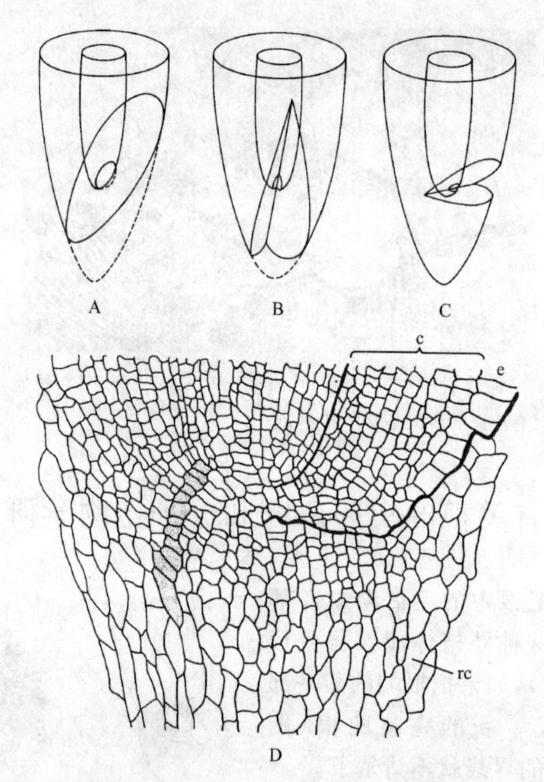

图 10.18 玉米根端分生组织的切割试验。A～C. 三种不同的切割方式：A. 斜向切去分生组织的最顶端部分；B. 竖着切去一楔子；C. 横着切去一楔子。D. 术后 8 天固定的根的纵切面，显示出 A 和 B 中切去的部分已再生恢复成正常结构。图中 c. 原皮层；e. 原表皮；rc. 根冠(据 Steeves，Sussex 根据 Clowes，1953，1954 重绘的图重绘)

另外有关根毛发育的突变体和有关基因的研究工作也相当多(Hochholdinger et al，2004)，在拟南芥的研究中获得了大量相关的突变体(Hochholdinger et al，2004)，其中有的根毛原始细胞就不发生，有的是原始细胞发生了，但不伸长，有的只伸长到野生株的一半，有的只伸长到野生株的 20%～25%(Hochholdinger et al，2004)。

第十一章　细胞和组织克隆体的发生和发育

克隆是英文“clone”的音译。根据韦氏大字典的解释，作名词用时是“由一个个体经无性繁殖所产生后代的总称，可以自然产生(如一个原生动物重复分裂的产物)，也可以用其他方式产生(如植物中的嫁接和扦插)”。当作动词用时则是“无性生殖”，应当指出，在植物学上应当是营养繁殖。凡不是由专门的生殖细胞(孢子和合子)萌发长成的器官或个体都可称做“克隆体”。获得克隆体的过程就是“克隆”。通过细胞或组织培养获得的器官或个体是最常见的“克隆体”，可称之为细胞或组织克隆体。通过扦插或嫁接获得的个体也是“克隆体”，为了与前者区别，可分别称之为嫁接克隆体和扦插克隆体，这种克隆体的发生和发育将分别在第十七和第十八章讨论。

现在，细胞和组织培养不仅已成为现代生物学各个领域进行科学研究的重要实验系统，而且也已成为生物工程(在国民经济中的重要作用已初露头角)中的最重要的技术手段之一。细胞或组织培养是克隆的一种方式，通过对克隆体发生发育机理的研究来探讨植物发育生物学是最常用最有效的途径之一。因此，研究使这些细胞或组织发育为相应器官或植物体的条件和调控机理就有着更为突出的意义。

11.1　克隆的理论基础——细胞的潜在全能性

20 世纪初(1902)德国植物学家 Haberlandt 第一次根据细胞学说推测，既然细胞是植物体的基本结构和功能单位，而且细胞来自细胞，那么将高等植物分离出细胞或组织进行培养，就有可能使之表现出它们的潜在性质，发育成完整的植物体。他指出有可能由营养细胞得到胚，进而发育成完整植株，并用 *Lamium* 和 *Eichbonia* 的栅栏组织细胞、*Ornithogalum* 的表皮细胞和 *Plaumonaria* 的表皮毛在补充以蔗糖的 Knop 培养基上进行了培养，但没有成功。不过，他还是以其远见卓识提出了三点设想：① 分化的细胞停止分裂，并不是因为这些细胞失去了分裂的潜能，而是因为它们失去了来自整个植物体或其中一部分的分裂刺激，甚至他还提出这种刺激是“生长酶”。② 值得培养的细胞可能是萌发的花粉粒，事实上这是根据 Winkler (1901)的观察，Winkler 发现传粉时花粉管刺激子房和胚珠生长。③ 应当对培养基补充以营养茎部的提取物。在他的这一思想的指导下，许多人的工作相继成功。不过，第一个把他的这一设想转变成事实的是另一位德国植物学家 Reinert(1958)，他用胡萝卜体细胞在固体培养基上培养出了胚状体。差不多同时，美国植物学家 Steward(1958)用液体悬浮培养法由胡萝卜根部韧皮部细胞培养出了胚状体，并进一步发育成了完整的小植株。另一组美国植物学家 Muir 等(1958)也同时用烟草(*Nicotiana tabacum*)等植物的愈伤组织培养获得了完整的植株。这是具有划时代意义的事件，为现代生物工程的发展奠定了基础。现在通常将用作培养的细胞、组织、器官或器官片段称做“外植体”(explant)。

用现代观点来看，所谓细胞的潜在全能性，就是植物体中任何一个没有超过分化临界期的细胞，都可以在一定条件下发育成一个完整的植物体或任何组织和(或)器官，也就是说它们具有发育成一个完整植物体或任何组织或器官的潜能。对于分化到一定阶段的细胞来说，这通常包括了"脱分化"(dedifferentiation)和"再分化"(redifferentiation)两个相反的过程。由较分化的细胞转变成较不分化的细胞的过程就叫"脱分化"，由已脱分化的细胞重新分化成达到一定阶段细胞的过程就叫"再分化"。由一种细胞直接变成另一种细胞的过程就称做"转分化"(transdifferentiation)，如由叶肉细胞直接转分化为管状分子，由未成熟的木质部(或韧皮部)细胞直接转分化为未成熟的韧皮部(或木质部)细胞。植物体内任何处于分化临界期之前的细胞之所以具有这一功能，是因为它们具有全部的遗传信息，也就说具有全部的基因，而且由这些基因编制的各种程序也都未受损。只要满足受精卵发育为胚的条件，这个或这些细胞内业已存在的控制受精卵发育为植物体的总程序就被启动，相关基因有序表达，从而发育为胚，进而发育成植株。同理，如果满足其发育为某种器官或组织的条件，那么细胞内业已存在的控制发育成这一器官或组织的基因编码的程序就被启动，从而使这一外植体发育为这一器官或组织。

11.2 细胞和组织培养中形态建成的式样

在一定外界培养条件下，外植体的组成细胞(全部或部分)就发生脱分化，即首先停止原已进行到一定阶段的分化程序(即发育总程序中的某一子程序)的执行过程，并开始向其反方向进行。由于培养条件的不同，此脱分化过程可以一直脱分化至最原始的分化阶段，即相当于受精卵的分化阶段后再开始再分化过程，这可能就沿着类似合子胚发育的途径发育为胚状体进而发育为植物体。也可以脱分化到一定阶段后就停止脱分化过程而开始再分化过程，这种再分化的结果就可能与外植体的发育阶段有关，如叶外植体就有可能较容易地再分化为叶(桂耀林，等，1984)，外植体为花就可能较容易再分化为花(陆文樑，等，1986，1992，2000；Chen，Li，1995；Zhao et al，2001)……但就外植体在人工培养条件下发育成植物体的式样来说也是多种多样的(Zimmerman，1993；von Arnold，2002)，大致可归纳为以下几种。

11.2.1 愈伤组织或单极性结构途径

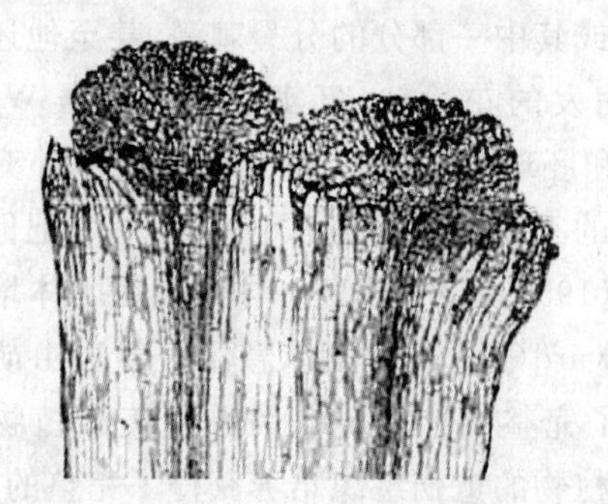

图 11.1 棉花(*Gossypium hirsutum*)下胚轴培养1周后在创伤表面形成的愈伤组织

这是细胞和组织培养中最常见的一种发育途径。人工培养下的细胞或组织经过脱分化过程的细胞分裂而不断增殖，从而发生一种新的生长类型，形成无定形的细胞群，即愈伤组织(callus)(图 11.1)。由根、茎、叶、花、胚、胚乳、子房，甚至花粉粒衍生的细胞都可能愈伤组织化，即发育为愈伤组织。对于愈伤组织发生来说，通常是将一种分化程度较高的组织，整个或其中某一部分作为外植体，培养在琼脂固化的培养基上或浅的液体培养基中都可获得愈伤组织。

在这里有必要讨论一下“愈伤组织”的概念问题。看一下有关组织培养的文献就会发现，“愈伤组织”一词并没有明确清晰的概念，使用相当混乱。在许多书和文章中都把愈伤组织说成是一群没有分化的胚性细胞，也有的说是一群没有组织分化的胚性细胞，所以也称做单极性结构(monopolar structure)。有的文章中所描述的愈伤组织中的细胞，有的有分生组织的特点，具有分裂能力，有的就没有分裂能力，有的细胞紧密地连接在一起，有的细胞间彼此分离，关系非常松散。还有的愈伤组织中分化出了少数管状分子，甚至形成了管状分子团(图11.2)。但是不管谁的描述，愈伤组织中的细胞绝不是处于同一分化水平，也绝不都具有分生能力，但是它的细胞主要是些近乎等径的薄壁组织细胞。因此可以将“愈伤组织”定义为主要由一群近乎等径的薄壁组织细胞组成的不规则的、没有构成特定器官的细胞团。

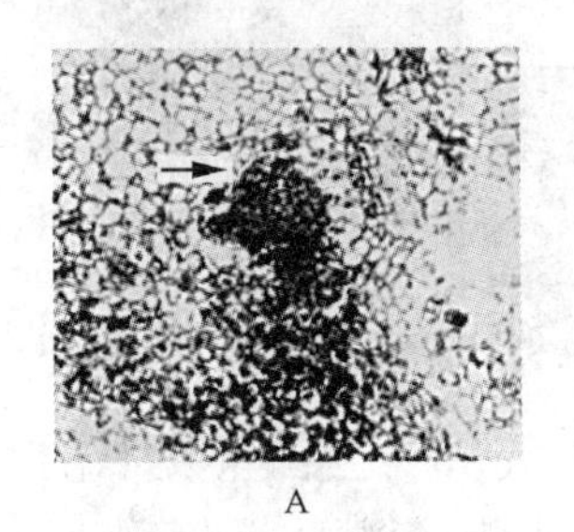
A

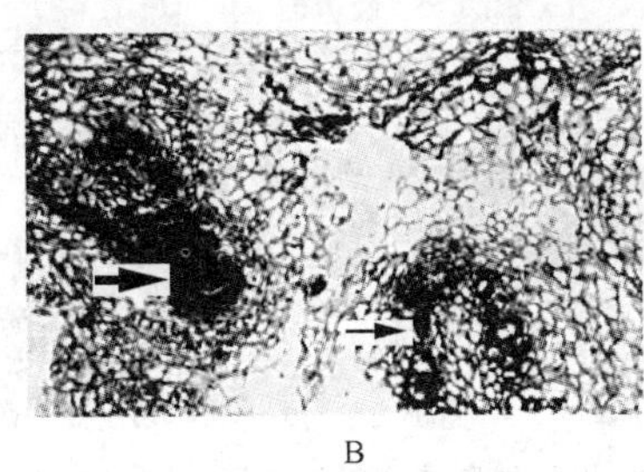
B

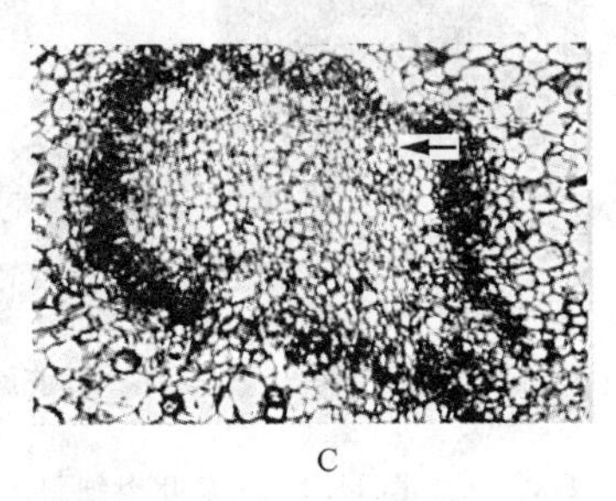
C

图 11.2　白杜形成层区域组织培养产生的几种愈伤组织。A. 具有分生组织团(箭头所示)的愈伤组织；B. 既具有分生组织团(窄箭头所示)，又具有管状分子团的愈伤组织(宽箭头所示)；C. 具有管状分子团的愈伤组织(箭头所示)

11.2.1.1　愈伤组织的形成

当离体的外植体置于含有无机盐、植物生长调节剂和蔗糖等的培养基(固体或液体)上时，或植物体的伤口处于一定条件时(如扦插于苗床中的插条)，伤口处的细胞就会很快分裂形成一些无定形的细胞群，即愈伤组织。这里首先发生的是细胞的脱分化，即已分化到一定阶段的植物组织中的细胞，在特定的刺激下停止已进行到一定阶段的分化过程，又返回到较不分化的状态。其间细胞内 RNA 含量急剧升高(Pauls, 1995)，细胞质逐步稠密，细胞质丝穿过液泡，液泡变小并出现液泡蛋白(余迪求，等，1993；朱至清，等，1984)(图11.3)，细胞核和核仁变大并趋向细胞的中央，细胞核形状变得不规则，核仁疏松，具核仁小泡，核孔多而明显，整个细胞趋于等径，最后细胞开始分裂，总之，呈分生组织状(余迪求，等，1993)(图 11.4)。如果外植体具叶肉细胞，叶绿体会脱分化为原质体(朱至清，等，1982)(图 11.5)。随后这些细胞都进行旺盛的细胞分裂，形成大量的薄壁组织细胞，其形态呈多边形，体积更小，核和核仁更大，RNA 含量继续上升。由于细胞的持续分裂，外植体切口处逐步出现肉眼可见的愈伤组织团，但随后愈伤组织中的细胞分裂就多集中在

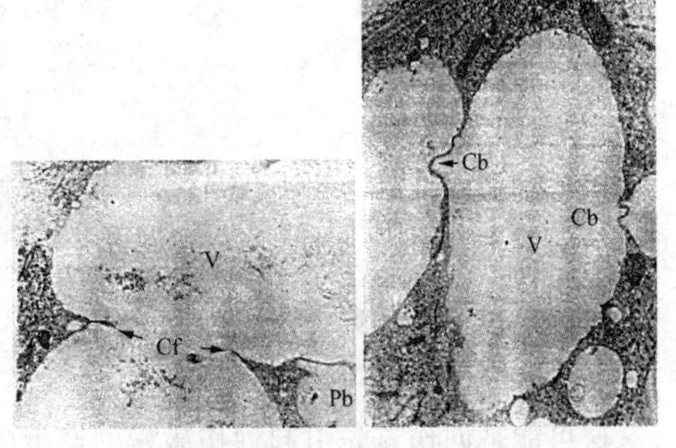

图 11.3　甜菊(*Stevia rebaudiana*)叶肉细胞培养初期原生质丝(Cf)逐步连成原生质桥(Cb)将中央大液泡(V)分割成小液泡，并出现液泡蛋白(Pb)(引自余迪求，等，1993)

其周缘近表面部分,这就是出现了所谓的愈伤形成层,此时其内部细胞逐步长大,细胞质渐渐减少,液泡又变大,核和核仁变小,并又移至细胞边缘,RNA 含量也随之急剧减少,这时的愈伤组织已相当大。可见愈伤组织中的细胞并不都是处于最原始状态的分生组织,而是处在不同分化阶段的薄壁组织细胞的混合体。因为有的愈伤组织细胞可以相当液泡化,而液泡化过程就是一种分化过程。从分子生物学角度看,可能是已在表达中的基因停止表达,或者受抑制不能表达的基因解除抑制,使所有基因都得以表达,这也就什么也不能表达。

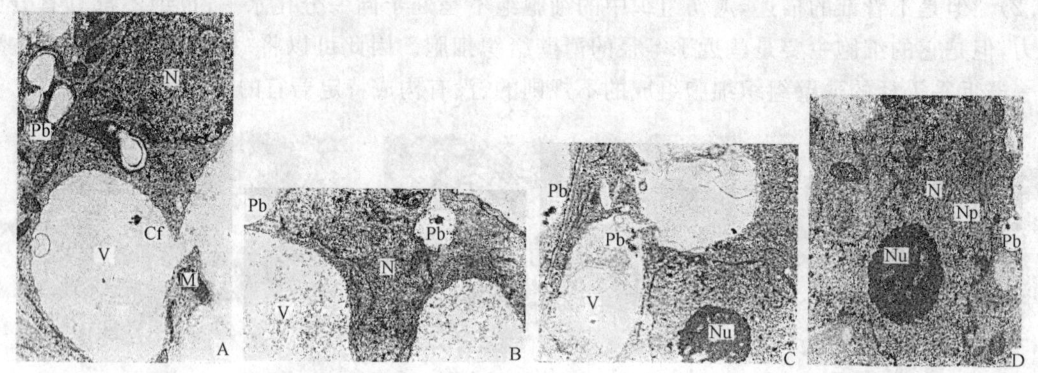

图 11.4 甜菊叶肉细胞培养一周后细胞核变得不规则,核仁(Nu)中出现核仁液泡。图中 Cf. 原生质丝;N. 细胞核;Np. 核膜孔;Nu. 核仁;Pb. 液泡蛋白;Pp. 原质体;V. 液泡(引自余迪求,等,1993)

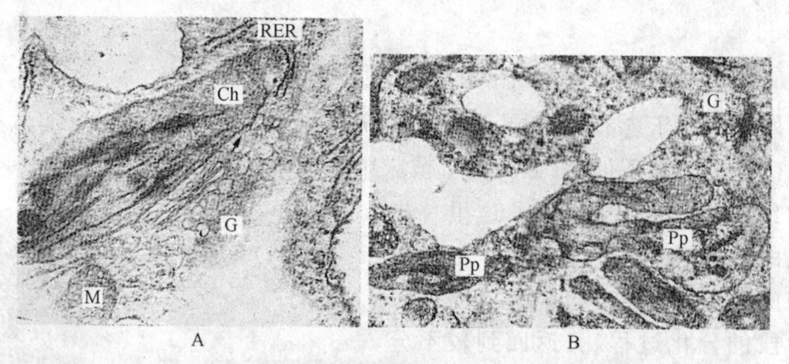

图 11.5 甜菊叶肉细胞培养中叶绿体(A)脱分化成原质体(B)。图中 Ch. 叶绿体;G. 高尔基体;M. 线粒体;Pp. 原质体;RER. 粗面内质网(引自余迪求,等,1993)

11.2.1.2 影响愈伤组织形成的因素

(1) 创伤刺激

这可能是创伤首先引起创伤激素的产生(Rashid 1988),这种创伤激素在愈伤组织的形成中可能起着扳机作用,它开启某一生化过程,使原来进行中的分化过程停止,并开启脱分化过程,使这些细胞恢复到分生组织状态,甚至又沿另一方向分化。如果这一再分化过程中没有特定基因类群的表达,那就形成愈伤组织。在剥皮再生(崔克明,等,2000;Mwange et al, 2003b)和去木质部再生(汪向彬,等,1999)的研究中已经证明创伤刺激可使创伤部位的内源 IAA 水平急剧升高(详见第十三章),在组织培养中是否也如此尚未见报道。

(2) 化学环境

培养基中补充外源植物生长调节剂可以控制愈伤组织的发生和形成(Rashid, 1988),其中生长素有利于愈伤组织的形成,特别是人工合成生长素类生长调节剂 2,4-D,对愈伤组织的形成有着很强的刺激作用,尤其是高浓度的 2,4-D 可使许多植物的外植体形成愈伤组织,而且这样形成的愈伤组织不容易分化出芽或根等器官,也就是说不容易再分化(图 11.6)。最有意思的是 2,4-D 对人有致癌作用,这里有什么共性,很值得研究。凡有利于分化的植物生长调节剂则几乎都不利于愈伤组织的形成,如细胞分裂素、乙烯以及低浓度的 IAA 等。由此可以认为,在一定意义上说,细胞分化是细胞衰老的开始。

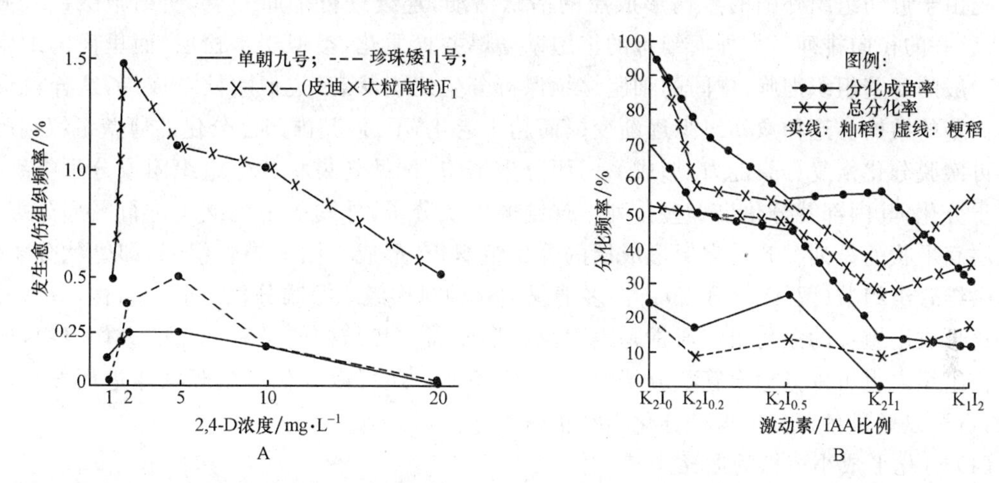

图 11.6　不同植物生长调节剂对水稻花药培养中愈伤组织形成和分化的影响。A. 不同浓度 2,4-D 对几种籼稻发生愈伤组织频率的影响;B. 激动素/IAA 不同比例对水稻愈伤组织分化的影响(引自广东省植物研究所遗传室, 1977)

(3) 外植体的生理状态

取材植物种类的不同,器官的不同,发育阶段的不同等都会影响愈伤组织的形成(Williams, Maheswaran, 1986),这可能是由于内源激素种类和(或)水平的不同(Snijman et al, 1977; Sacristan, Wendt-Gallitelli, 1977),更重要的可能是由于细胞所处的分化途径和(或)分化阶段的不同,当然也可能是由于基因型的不同(取自不同种植物的外植体)。

(4) 物理因素的影响

有关光、温度和湿度等物理因素对愈伤组织形成的影响研究较少,但也有一些报道。许多研究说明,无论是在外植体对化学环境的反应中,还是在对创伤的反应中,都是外植体外围区域的细胞被诱导恢复分裂。虽然在黑暗中也能诱导细胞增殖(中国科学院北京植物研究所六室分化组, 1977),但有关菊芋块茎的组织培养研究说明,光也有着重要作用。当在普通光下分离出外植体时,只有半圈外围细胞恢复分裂,但当外植体置于低强度的绿光下时,则几乎所有的外围细胞都恢复分裂(Yeoman, Davidson, 1971; Wijnsma et al, 1985)。更稀奇的是,单用光就能引起愈伤组织形成。从 *Dioon edule* 幼苗取下根置于仅含无机盐和蔗糖的培养基上,在光下培养就能发育出大量的愈伤组织(Webb, 1982; Turgeon, 1982)。这里愈伤组织的发生是由于皮层细胞的膨大和平周分裂的发生。如果将这种根外植体转移到黑暗中,已形成的愈伤组织就会停止生长(Webb, 1984; Van Wezel, 1967)。

(5) 分裂相

愈伤组织形成时细胞的分裂相大大增加,如胡萝卜韧皮部或菊芋块茎外植体培养的第一周细胞数目增加了 10 倍,细胞体积变小,光镜下液泡消失(Yeoman et al, 1965; Steward,

Shantz，1965；Seeni，Gnanam，1983；Wilson，Balague，1985）。这是细胞脱分化过程的反应。因此这是形成愈伤组织的开始。实际上，停止原来的分化过程，开始一新的分化过程，也往往从发生细胞分裂开始，也就是说细胞分裂相的增加并不一定是愈伤组织形成开始的标志。

11.2.1.3 愈伤组织的分化

一般来说，当将愈伤组织转移到分化培养基上以后，就开始分化（Rashid，1988）。有些植物首先由于愈伤组织外围的愈伤形成层的活跃活动，连续进行平周分裂，使细胞层数大大增加，成整齐的径向排列。靠外面细胞的细胞壁增厚并栓质化，类似于木栓层，而里面的细胞则成为一般的薄壁组织细胞，中间的细胞继续保持分生组织状态，类似木栓形成层，这样就形成了类似茎的结构。这种愈伤组织逐渐变褐而趋于老化，不过，其内部已分化的薄壁组织细胞还可以再次脱分化恢复分裂能力，形成一团团分生细胞，称做鸟巢状分生组织团或分生组织节。进一步分化，其内部就分化出一些排列不规则的管状分子，外围的细胞继续进行平周分裂，形成几层扁平状的排列整齐的类似形成层的分生组织带，形成一团团维管组织，即管状分子团，或称做维管组织节（图 11.2 B,C）。许多情况下这种愈伤组织很难分化形成小植株，以各种方式分化形成小植株的愈伤组织通常是表面没有形成周皮状结构的没有老化的愈伤组织，但这种愈伤组织内也可以分化出管状分子团，在一定条件下还可以分化形成胚状体进而发育成小植株，也可以通过各种其他途径分化出小植株。

(1) 分化形成小植株的途径

由愈伤组织分化形成小植株的途径，有各种各样，总体上讲也分为单极性（unipolar）途径和双极性（bipolar）途径（图 11.7），具体表现为以下 5 条途径。

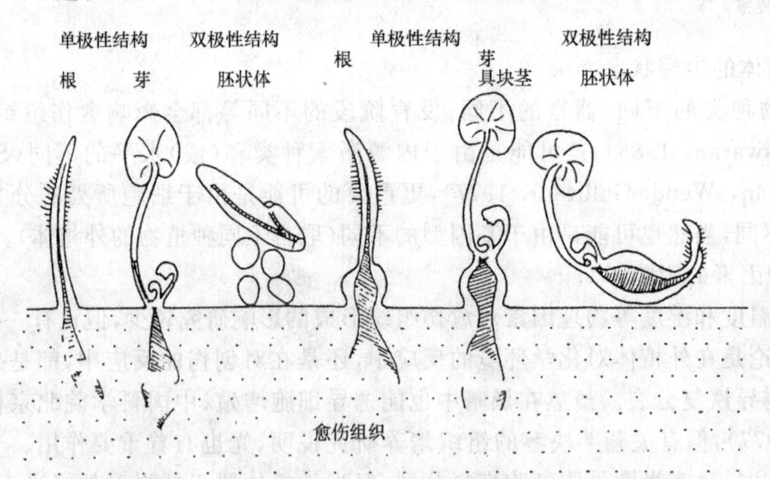

图 11.7 由愈伤组织分化成小植株的主要途径（仿 Rashid，1988 第三章图 12）

① 先形成胚状体

胚状体通常由旺盛生长的愈伤组织表面分散的细胞或细胞团发生，这些细胞在愈伤组织表面成孤立化状态，但并不完全脱离愈伤组织，经过多次分裂（是否像受精卵那样进行有规则的分裂以及每个细胞的命运是否一定还未见系统研究）而形成球形原胚（图 11.8）。其表面细胞主要进行垂周分裂，而其内部细胞则进行各个方向的分裂，使球形胚的体积增大。这种主要进行垂周分裂的表面细胞就是原表皮，细胞大而排列整齐、液泡化程度高而核小，内部细胞则体积小、核大、原生质浓厚，分裂活动旺盛。这样生长到一定大小（在合子胚中是 32 个细胞）后球形

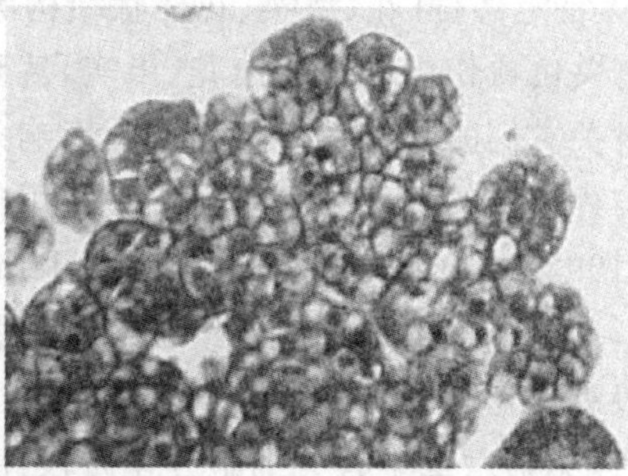

胚就进行纵向伸长，且两侧细胞的分裂比中间活跃，向外突起形成心形胚。这种两侧的突起即是子叶原基。子叶原基的突起部分和两原基间的区域，以及与之相对的下端，细胞小而细胞质稠密，显出较强的分生能力，从而表现出极性。随后子叶原基发育成为幼小子叶，进而发育成子叶，胚状体下方也伸长形成胚轴和胚根。以后的发育就与合子胚一样，最后胚状体发育长大，从愈伤组织游离出来，形成完整的小植株。

图 11.8　棉花下胚轴外植体形成的愈伤组织表面发生的胚状体

② 先形成芽

由愈伤组织形成的芽，当然也属不定芽。这种芽一般也起源于愈伤组织表面的散生分生组织细胞团(图 11.9)。该分生组织细胞团首先发生单向极性，细胞不断分裂向外扩展至愈伤组织表面之上，形成芽端分生组织。此分生组织细胞原生质稠密、细胞核明显增大，进一步分化出叶原基而形成芽。当芽长到一定大小后就可转移到诱导根的培养基上诱导芽的下端形成根，即形成一完整的小植株。

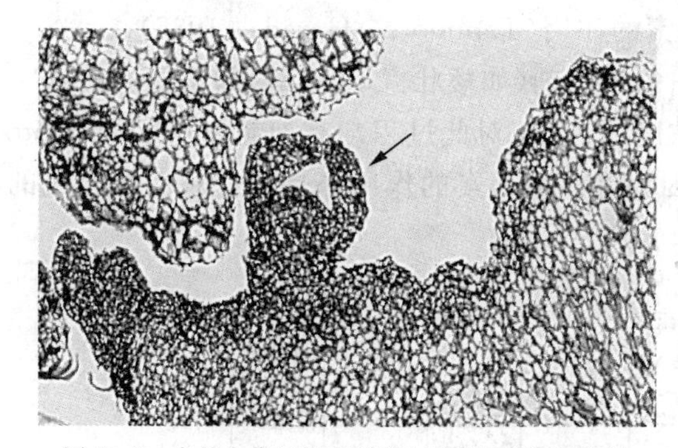

图 11.9　白杜愈伤组织表面发生不定芽(箭头所示)

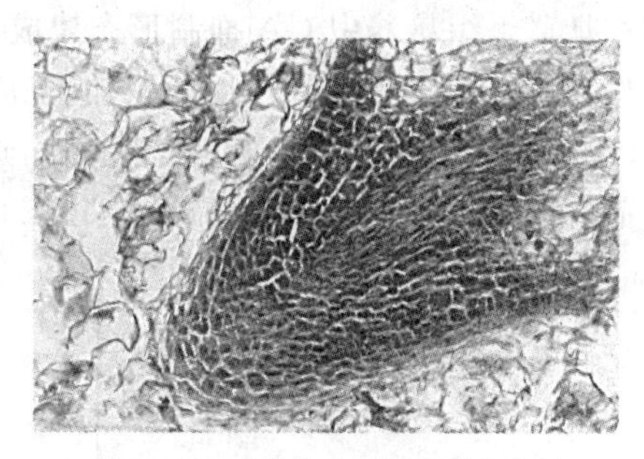

图 11.10　白杜愈伤组织内部发生根

③ 先形成根

愈伤组织中根的发生往往是内起源(图 11.10)，多发生于管状分子团附近，如果有鸟巢状分生组织团，则在其周围。外围的局部形成层状分生组织细胞旺盛分裂，向外增生细胞，使之在某一方向迅速生长，成单向极性生长，进而形成根原基，进一步生长成根。就根发生的部位来看，与植物体内不定根的发生极为相似，都是发生在维管组织附近。这是否与分化中的木质部区域生长素含量高有关尚未见报道，但有关根发生的研究均说明，生长素有利于根的发生。当根形成后就可转移到诱导芽的培养基上诱导出芽，从而形成一完整的小植株。不过，应该指出的是，一般说来如果愈伤组织先形成根后就很难再诱导出芽，但也有的植物先诱导出芽后很难再诱导出根。

④ 分别诱导出芽和根后再连成一完整小植株

许多植物的外植体产生的愈伤组织转移到分化培养基上后，相近部位的愈伤组织分别分化出芽和根，随后通过二者间存在的维管组织节(管状分子团)使它们的维管组织相连，建立一统一的维管系统，从而形成一完整的小植株。

⑤ 特定器官(花、果实、花柱状结构等)的诱导

有关由愈伤组织分化出花、果实,甚至只分化出花柱状结构的报道虽有一些,但较零碎,且缺乏有关它们的形态发生过程及其影响条件的系统研究。但从现有文献看,这种分化途径的出现与外植体的分化阶段密切相关。用什么器官作外植体就容易形成什么器官(陆文樑,等,1986,1992,2000;桂耀林,等,1984; Hemeno et al, 1988; Matsuzaki et al, 1984; Zhao et al, 2001),这些外植体形成愈伤组织细胞的脱分化过程,只进行到当初形成这一器官的最原始细胞阶段就停止了脱分化过程而开始了再分化过程。这样就较容易地启动控制形成这一器官的程序(详见第六章中有关细胞分化阶段性的论述)。

(2) 影响分化途径的因素

① 植物生长调节剂

生长素对根的形成有着明显的促进作用(图 11.11),无论内源生长素 IAA,还是人工合成的生长素类调节剂 IBA、NAA、2,4-D 都有这一功能(Jimenez et al, 2001)。但如果用高浓度的 2,4-D 则抑制根的形成,2,4-D 明显使细胞变得不稳定,丧失形态建成的能力。不过在单子叶植物中 2,4-D 可作为一种生长素选用,而对于双子叶植物则不能(Matsuzaki, 1984)。

多种细胞分裂素有利于芽的形成(图 11.11)(Tanimoto, Harada, 1980,1981a,b,c,1984; Tanimoto et al, 1984),这里面包括了钙和钙调素的作用(Tanimoto, Harada, 1985)。

在烟草组织培养中 GA 抑制形态建成,但它的拮抗剂(如矮壮素 CCC 等)却不能逆转这一抑制作用,而且它们也有抑制作用。但非常低浓度的 ABA 对此过程却有抑制作用(Tanimoto et al, 1985)。乙烯的作用与生长素相反,这是因为许多生长素的作用都是通过对乙烯合成的抑制而起的(Perez_Bermudez et al, 1985)。

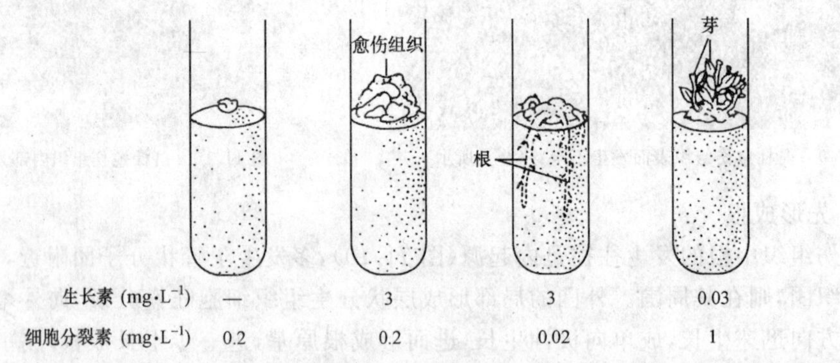

图 11.11 图解说明不同浓度的生长素/细胞分裂素比例对愈伤组织分化的影响(仿 Rashid 1988 第三章图 1)

② 物理因素

光周期对芽和根的形成没有决定性作用(Murashige, 1974),烟草组织培养中器官的建成可在黑暗中开始(Torpe, Murashige, 1968),也可在连续光照下开始。不过蓝光对烟草愈伤组织中芽的形成非常重要,高强度的紫外光则抑制这种形态建成(Cousson, Van, 1983)。

有关温度对愈伤组织分化途径影响的研究很少,但许多实验中也发现,一定的温度有利于愈伤组织中的器官建成,并且存在最低和最高的极限温度(Breton, Sung, 1982; Gluliane et al, 1984)。

11.2.2　胚状体途径

这也可称做双极性结构(bipolar structure)途径。组织培养中形成胚状体,进而发育成小植株,是又一细胞和组织培养中形态建成的普遍方式。这种结构不像芽和根发生那样是单极性的,而是先形成具有明显分界的茎叶和根两极,形状很像胚。开始时有各种各样的名字,如体胚、不定胚(adventitious embryo)、附加胚(accessory embryo)、胚、胚状体、剩余胚(supernumerary embryo),甚至叫新形态(newmorph)。现在已普遍接受把这种组织培养中形成的胚状结构称做胚状体(Rashid, 1988),它在有机体构成的方式和功能上都与合子胚相似,具有明显的两极(图 11.12)。

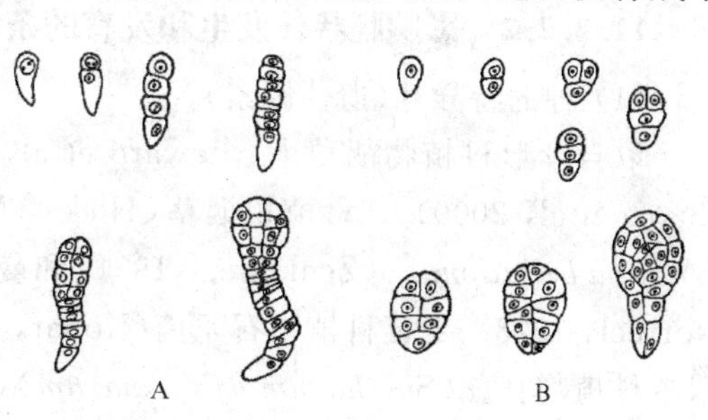

图 11.12　胡萝卜合子胚(A)和离体胚状体(B)发育过程比较(胡适宜提供)

11.2.2.1　胚状体的起源和发育

在组织培养中,胚状体往往由单个细胞或愈伤组织表面的细胞,或组织器官表面的处于孤立化状态的细胞发生(图 11.13)。在细胞悬浮培养中游离的细胞发生胚状体的频率最高,这些细胞处于孤立化状态可能是一个重要原因。这些孤立化的细胞形成胚状体的过程与合子胚十分相似,即

孤立化细胞→球形胚→心形胚→鱼雷胚 →小植株

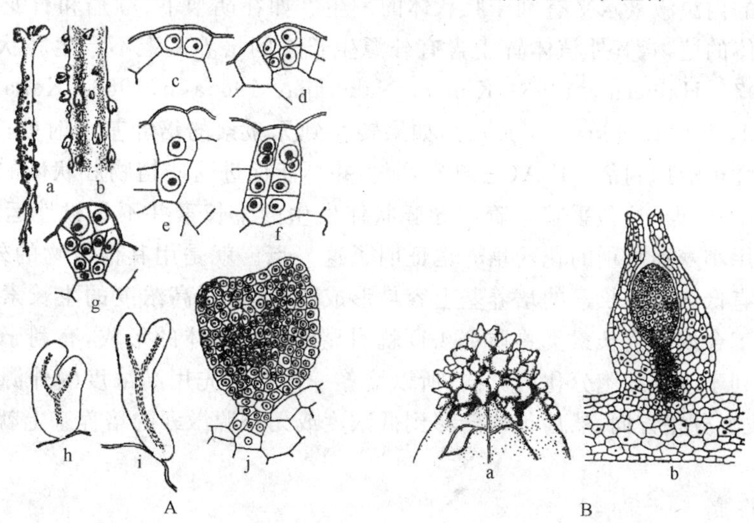

图 11.13　胚状体。A. 石龙芮(*Ranunculus sceleratus*)幼胚下胚轴外植体表面发生的胚状体:a. 培养一个月的幼苗,下胚轴上产生大量胚状体;b. 下胚轴一部分放大;c. 两个表皮细胞,可由此产生胚状体;d～g. 原胚的发生过程;h、i. 已分化子叶、胚根和原维管束的胚状体;j. 心形胚状体。B. 叶状沼兰(*Malaxis paludosa*)叶端发生的胚状体:a. 叶的顶端,示一群胚状体;b. 通过胚状体的切片,示胚状体保藏在套层细胞内(胡适宜提供)

也就是说,孤立化的没有超过细胞分化临界期的单个细胞或细胞团是胚状体发生的必要条件,但不是充分条件。也不是说所有处于这一条件的单个细胞或细胞团都能形成胚状体。如果这一(些)细胞虽未超过分化的临界期,但已分化到了一定阶段,那么还必须经过一定的脱分化过

程，才能恢复到完全未分化阶段，达到受精卵极化前的分化水平。这种细胞要发育成胚状体还必须满足发育成胚状体所必需的营养、激素和环境等条件，否则即使已发育到球形胚阶段也还能改变其分化途径发育成愈伤组织。

11.2.2.2 影响胚状体发生和发育的条件

(1) 种的特异性(遗传因素)

取自伞形科植物胡萝卜(Steward et al，1958，1964；Fujimura，Komamine，1979；LoSchiavo et al，2000)、茄科植物烟草(Hicks，McHughen，1974；Matsuzaki et al，1984)、颠茄(*Atropa belladonna*)(Zenkteler，1971)和曼陀罗(Guha，Maheshwari，1964，1966；Nitsch，Norreel，1973)、毛茛科植物石龙芮(Konar，Nakarajia，1965a，b，1969；Konar et al，1972)和禾本科植物甘蔗(*Saccharum officinarum*)(广东省农业科学院水稻生态研究所，1977；颜秋生，等，1987；廖兆周，等，1994；黄诚梅，等，2005)等多种器官的外植体培养中很容易形成胚状体，而大部分禾本科植物和一些木本植物就较难形成胚状体。种的特异性一般应该是由基因决定的，也就是说有可能存在着特异的基因，这还需要进一步的实验证实，如果确是如此，并已克隆到此基因，就有可能通过转基因技术使原来不容易形成胚状体的植物变成较易形成胚状体的植物。

(2) 位置效应

孤立化的单个细胞或细胞团比较容易形成胚状体，而在植物体或其组织中的细胞就不容易发育成胚状体。

(3) 激素类型和浓度

适当浓度的内源激素水平有利于胚状体的发生。如在胡萝卜、颠茄和石龙芮三种典型的容易产生胚状体的植物，其外植体置于含有外源生长素的培养基上不产生胚状体(Fujimura，Komamine，1975；Halperin，1966；Konar，Nakarajia，1965a，b，1969；Konar et al，1972；Matsuzaki et al，1984；Zenkteler，1971)，如果转移到无激素的培养基上时就产生胚状体，而且生长素的极性运输抑制剂 TIBA(三碘苯甲酸)并不能促进这些植物胚状体的发生(Fujimura，Komamine，1979)，这似乎暗示着诱导胚状体发生的生长素并不是极性运输的 IAA。朱至清等(1976)用小麦和水稻的花药培养也证明了这一点。就是用其他植物的外植体培养时，也往往是在含有低浓度生长素的培养基上容易形成胚状体，而高浓度的生长素则不利于胚状体的形成。人工合成的生长素类物质 2，4-D 就明显破坏胚状体的形成，有利于愈伤组织的形成。不过它有利于改变细胞分化的方向，所以培养一开始可先用高浓度的外源生长素启动脱分化过程，或改变分化方向，然后很快转移到低浓度或无外源激素的培养基上就可诱导较多胚状体形成。

(4) 还原性氮

许多研究都说明，培养基中添加水解酪蛋白或酵母提取液，有利于胚状体的形成(Kato，Takeuchi，1966；Ammirato，Steward，1971；Steward，Shantz，1959；Tulecke et al，1961)。后来的分析表明，对培养物提供足够的还原性氮是诱导胚状体发生的又一先决条件(Halperin，Wetherell，1965；Halperin，1966)。但这是通过什么机理控制的，至今仍不清楚。

(5) 外界因素的影响

温度是影响胚状体发生的一个重要因素。低温有利于花药培养中胚状体的形成，也有的报道说高温有利于胚状体的形成(表 6.2)。不过，这种温度处理必须是短期的，它只具有启动脱分化的作用。

11.2.2.3　胚状体途径与愈伤组织途径的关系

从一些文献看，愈伤组织途径和胚状体途径的起始阶段好像是相同的，都是一个或几个具有典型分生组织特征的细胞恢复分裂，分裂几次后形成一球形胚的形状(很可能也是 32 个细胞)，这时如果处于有利于分化的培养基中，球形胚就会继续分化为心形胚→鱼雷胚→成熟胚→小植株。如果球形胚处于不利于分化的培养基(如 2,4-D 含量过高)，就不发生分化，而继续按 Errera 定律分裂，使球状体的细胞数超过 32 个，就会逐渐变得不规则而形成愈伤组织。这里可能有一个由量变到质变的过程。32 可能是一个很关键的数字。就对组织培养技术来说，两种途径间有如下差异。

(1) 愈伤组织的诱导较容易，特别是对大多数植物来说更是这样。

(2) 愈伤组织细胞的倍性很不稳定，很可能是嵌合体。用于育种很不利，而胚状体的倍性则较稳定，用于繁殖良种或育种比较理想。

11.3　细胞和组织培养中的 PCD

近年有关细胞、组织培养过程中外植体中或诱导愈伤组织分化过程中大量细胞发生编程死亡的报道已有不少(Crosti et al, 2001; Jiang, You, 2004; LoSchiavo et al, 2000; McCabe et al, 1997; McCabe, Leaver, 2000; LoSchiavo et al, 2000; Malerba et al, 2003; Casolo et al, 2005)。这些报道多为证明这些细胞的死亡过程是 PCD，其次是研究诱导 PCD 的因子，并以已知位于细胞不同部位的不同的诱导因子的靶分子，如壳梭孢素(fusicoccin)的靶分子就是在质膜上的 H^+-ATPase，来研究 PCD 机理(Crosti et al, 2001; Malerba et al, 2003)。但至今未见有关探讨发生 PCD 细胞和胚状体发生、愈伤组织发生及分化关系的研究报道。但是从其普遍性来看，二者间应该存在着某种内在的联系。大量的研究早已证明，在细胞和原生质体培养中培养细胞的密度是影响植株再生的重要因素，即密度小于一定值后就不容易再生，也就是说只有大于一定值才能再生(Evans, Cocking, 1975; Gosch et al, 1975; Kao, Michayluk, 1975; Nagata, Takebe, 1971; Xu, Davey, 1983; Xu et al, 1981, 1982a,b)。在花药培养中也发现不仅能发生愈伤组织或胚状体的花药是少数，而且一个花药中能形成胚状体或愈伤组织的花粉也是少数(Guha, Maheshwari, 1964, 1966; Nitsch, Norreel, 1973;张新英，等，1978;Xu, Sundland, 1982)。更有趣的是许智宏和黄斌(1984)在花药培养中还证明了花药中存在着促进花粉愈伤组织发生的因素。另外在落叶松胚培养中发现，培养 5 天的子叶中一些表皮或皮下层细胞就恢复细胞分裂，但是这些恢复分裂的细胞极少发现彼此相邻，也就是说发生分裂细胞周围的细胞不仅不分裂，而且逐步退化而死亡(图 11.14)。至少在表面看发生分裂的细胞是孤立的，也就是说可能是周围细胞的死亡使这些分裂的细胞发生孤立化，这正是胚状体发生的条件。结合有关花药因子存在的实验证据(许智宏，黄斌，1984)，就不难看出，死亡的细胞可能不仅创造了孤立化的位置，还可能提供了诱导个别细胞脱分化而恢复分裂的化学因子。当然，细胞的死亡过程是否是 PCD，以及 PCD 过程中是否产生了诱导脱分化的因子等都还需要实验证据。

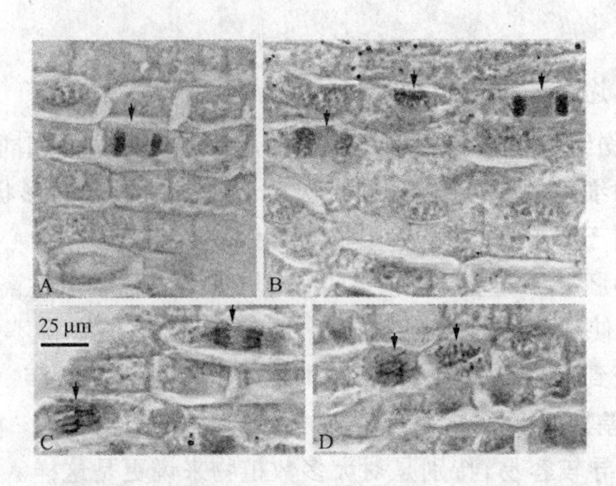

图 11.14 华北落叶松(*Picea principis－rupprechii*)成熟胚子叶培养 5 天后细胞分裂情况,示多为单个细胞分裂(箭头所示),极少见相邻细胞同时分裂

11.4 细胞和组织培养的科学意义和实用价值

从 Haberlandt (1902)提出细胞的潜在全能性理论,并首次尝试了组织培养至今已百年有余,从 Steward(1959)等首次将细胞成功培养出完整植株至今也已有近半个世纪,植物细胞和组织培养已作为一项成功的生物技术广泛应用于理论研究和生产实践的各个领域。

(1) 作为科学研究的实验系统

此实验系统可用于多种科学研究,如形态发生、遗传工程、遗传育种等。现在高速发展的植物生物技术就是以此为基础发展起来的。如今,细胞和组织培养作为一种实验技术已日渐成熟,广泛应用于植物学研究的各个领域。特别是在植物发育生物学的研究中应用更为广泛。在这个系统中可在离体条件下把单个细胞培养成完整植株,这就为直接观察研究胚胎发育过程提供了方便。为植物实验胚胎学的发生和发展奠定了基础。由此筛选各种突变体,为研究胚胎发育过程的基因调控创造了条件。现已筛选到的突变体有温度敏感突变体(*ts emb*)(Gluliane, LoSchiavo, 1984),此种突变体只是发育程序有所改变而生长不受影响,在正常温度(24℃)下能进行正常的胚状体发生,在高温(32℃)下胚状体发育受阻而长成愈伤组织。已分离到的胡萝卜 *ts ebm* 突变体有三类:胚胎发生起始阶段受阻的 *ts-66* 和 *ts-88*,球形胚发育受阻的 *ts-85*,在球形胚向心形胚过渡阶段发育受阻的 *ts-59*(Breton, Sung, 1982)。另外还有生长素代谢缺陷的突变体,如 2,4-D 透性酶改变或 2,4-D 受体改变的 *ts-66* 等。*ts emb* 突变体有一个共同的特点,就是体内分子量较小的热激蛋白只有 6 种,远远少于其野生型的 20 种,可能就是由于这一缺陷才使其降低了耐温性。

近年有关与胚状体发生相关基因的研究工作也已取得一些进展。一系列研究说明,无论是胡萝卜细胞培养系统,还是苜蓿(*Modicago sativa*)细胞培养系统,当从愈伤组织发生胚状体时都伴随着 RNA 合成的显著升高,这就意味着发育程序的重新编制(reprogram)。将苜蓿愈伤组织转到无激素培养基上诱导胚状体发生前需经高浓度 2,4-D 处理,称为 2,4-D 脉冲,也就是前面讲到的改变发育惯性。这里好像有一个开关,打开此开关就启动了胚状体发育程序,合成一系列蛋白,促进胚状体发生,其中有一些蛋白是发生胚状体的那些细胞合成的,可能是胚状体发生调节蛋白,在胚状体发生中参与基因表达调控。用 cDNA 扣除杂交法克隆的胚胎发生特异性基因多为丰富表达或晚期表达的基因，但分离涉及早期胚胎发生的基因非常困难(Zimmerman, 1993)。研究表明，无论生长的愈伤组织中、胚前细胞团(PEM)中还是球形胚中都表达了许多胚胎发生起始事件基因。这也从另一方面证明了前面提出的愈伤组织途径和胚状体途径的发育早期可能是相同的假设。胚状体晚期丰富表达的基因 *Lea* 编码的蛋白在许多种植物(棉花、大麦、水稻、小麦等)合子胚中也是晚期丰富表达，它们大都是疏水蛋白(Dure et al, 1989)。*Dc59* 编码的一种脂肪体膜蛋白(M_r 为18 800)，其5′端有一个与胚状体提取物因子结合的区域。*Dc8* 也编码胚状体晚期丰富表达的蛋白(M_r 为 66 000)，基因序列含有 ABA 应答区。*Dc9.1* 和 *Dc7.1* 编码的蛋白富含甘氨酸，类似细胞壁蛋白，这正适应了胚胎发生过程中不断进行细胞分裂的需要。此外还分离到一些与胚状体发生、发育有关的基因，这里不再一一赘述。但这里还不能说克隆到了启动胚胎发育程序的调控基因，也就是说这里要走的路还很长。

(2) 用于良种繁育

主要指将良种营养体组织块或细胞作为外植体进行培养，以获得大量基因型相同的植株用作种苗进行繁殖以增加繁殖系数。这一技术已用于甘蔗幼苗的工厂化生产(黄诚梅，等，2005)。还可以用病毒感染植株的茎端进行培养以获得脱毒苗，现在许多国家已用这一技术获得马铃薯的脱毒苗(林蓉，等，2005)。

(3) 丰富基因库

过去认为细胞或组织培养所获得植株的基因型是相同的，不会发生变异，但大量的研究说明，就是由同一块组织获得的克隆植株也会发生变异，其中既有染色体数量的变化(Bayliss, 1973; Cionini et al, 1978; D'Amato, 1964, 1977; Kao et al, 1970; Mitra, Steward, 1961; Sunderland, 1977)，也有胞核学变化，即染色体的结构发生变化，如长短臂、随体的变化，甚至染色体长度的变化，有的还出现了微核和环形染色体，发生染色体重排等(Bayliss, 1977; Sacristan, 1971; Singh, Harvey, 1975)，由单倍体小孢子培养出的克隆苗也会发生变异(Nakamura et al, 1974; Schaeffer, 1982)，这已成为目前研究的一个重要领域。这可能是由于进行组织培养的物理和化学条件都存在极端条件，如高温、低温、2,4-D 等都是诱导变异的因素。因此，可有意识地用离子束、射线、化学诱变剂等对外植体进行诱变以获得突变株，从而丰富基因库。

(4) 进行单倍体育种

小孢子是配子体的第一个细胞，是减数分裂的产物，因此其染色体是单倍的，用此培养获得的植株是单倍体，用其加倍获得的二倍体就是纯合的，不管是显性性状还是隐性性状都能在后代中表现出来，从而可大大缩短对杂种后代选择的时间。子房中发育出的大孢子及其发育成的胚囊中的细胞受精前绝大多数情况下也是单倍体细胞，因此也可通过培养获得单倍体植株，进而进行单倍体育种。这方面我国在 20 世纪 70 年代进行了大量研究，并取得了丰硕成果，还育出了几个用于生产的品种(中国科学院北京植物研究所和黑龙江省农业科学院，1977；花药培养学术讨论会论文集编辑小组，1978)。

(5) 培育结无籽果实的果树新品系或进行多倍体育种

被子植物的胚乳是胚囊中中央细胞的两个极核与一个精子受精所成的初生胚乳核发育而成，在具蓼型胚囊的植物中是三倍体，在具贝母型胚囊的植物中则为五倍体，但不管哪种类型的植物，其胚乳都是单倍的多倍体，因此用此作为外植体培养获得的植株就是单倍的多倍体，如果将其用做果树组织培养的外植体就有可能获得单倍的多倍体树苗,其长成的树就会结出无籽果实,如果是以营养体为使用对象的植物,就有可能获得具优良经济性状且长得快的植株。现在虽在杜仲(朱登云,等,2001)、苹果(毋锡金,刘淑琼,1979)、桃(*Prunus persica*)(刘淑琼,刘佳琪,1980)、猕猴桃(桂耀林,等,1982)、葡萄(*Vitis vinifera*)(毋锡金,等,1977)、橙(*Citrus sinensis*)(陈如珠,等,1991)和许多其他树木(Machno, Przywara, 1997; Chaturvedi, Razdan, 2003)中获得了胚乳克隆苗,但还没有发现用于生产的报道。

(6) 克服胚败育

许多植物远缘杂交后代的胚由于胚乳败育而引起胚败育(冯午,1955),这种情况下可把杂种胚挖出来进行培养,就可获得杂种种子或幼苗。如老一辈学者冯午教授就利用这一方法解决了白菜和甘蓝杂交不育的问题,并育出了既有甘蓝的抗病性又具白菜易熟、纤维少特点的新品种。

第十二章　维管形成层的发生、发育和活动周期

绝大多数双子叶植物和裸子植物，在一生中不仅不断长高，而且不断长粗。这种增粗的生长是由位于植物体轴侧面的分生组织——侧生分生组织来完成。侧生分生组织包括两种——木栓形成层和维管形成层。其中维管形成层简称形成层，它在长粗中起着主要作用。又由于维管形成层起源于原形成层的剩余或由维管束间的基本分生组织——髓射线恢复平周分裂而形成，而木栓形成层则由完全分化成熟的一些薄壁组织细胞——皮下或更深层的皮层细胞、表皮细胞、中柱鞘细胞，甚至次生韧皮部细胞恢复平周分裂形成，所以又通称次生分生组织。

形成层处于成熟树干中的木质部和韧皮部之间(图 12.1)，它的活动结果是不断向外形成韧皮部，向内形成木质部，研究其发生发育和活动方式及影响因素，不仅有着重要的理论意义，而且也有着重要的生产实践意义。但由于它所处的位置特殊，即处于轴器官中两种成熟组织之间，对它的任何处理都必须经过它外面的组织——韧皮部和周皮，这就很难准确知道达到它的精确量。另外通常认为它在理论上只有一层，但由于形成层刚衍生出的细胞无论在形态上还是在行为上都与其母细胞无异，因而就很难确定它的准确部位，而且一旦去掉树皮，它的形态结构和活动方式都要改变，加之至今没有体外成功培养出形成层，所以研究上困难很大，只是到 20 世纪末研究论文才逐渐增加。

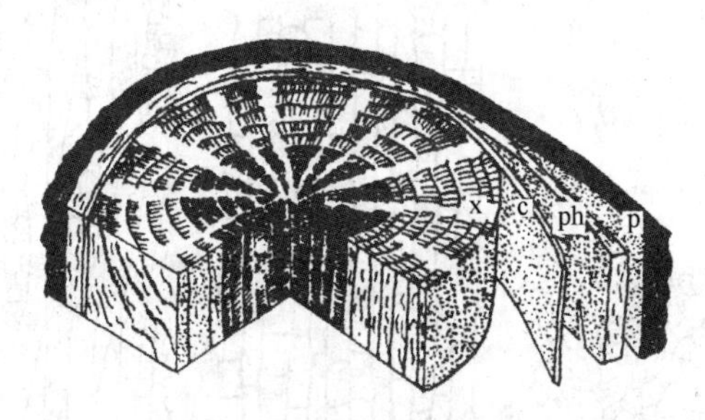

图 12.1　树干结构示意图

c. 维管形成层；p. 周皮；ph. 韧皮部；x. 木质部

12.1　形成层的结构特点和细胞组成

12.1.1　与其他分生组织的比较

形成层(图 12.2C)虽然与顶端分生组织(图 12.2A)同属分生组织，但其细胞结构却与顶端分生组织有着明显不同(表 12.1)。

表 12.1 形成层和顶端分生组织细胞特征的比较

项 目	顶端分生组织	形成层
位置	体轴的顶端	体轴的侧面
起源	胚胎发生的早期	最早在幼苗期轴器官停止伸长后主要由原形成层分化而成
活动的产物(组织)	植物体的所有组织	次生木质部和次生韧皮部
组成细胞	均一的近乎等径的细胞	由纺锤状原始细胞和射线原始细胞两种细胞组成(主要是纺锤状原始细胞)
组成细胞形态结构		
形态和大小	近乎等径的多面体	两端尖锐的扁长形,长短轴之比非常大
细胞核	近圆形,相对较大	椭圆形或纺锤形,相对较小
细胞质	浓厚	稀薄
液泡	光镜下看不到	光镜下可见的少量大的或大量小的
细胞壁	一般较薄	径向壁相当厚,特别是休眠期
初生纹孔场	一般不显著	春天的细胞壁上非常显著
细胞分裂	遵循 Errera 定律	绝大多数违反 Errera 定律

原形成层(图 12.2B)也属于初生分生组织,也是由一种原始细胞组成,但它的组成细胞却是纵向伸长的,基本细胞形态结构与形成层纺锤状原始细胞相似,但细胞的上下两端并不尖锐,也就是说不成纺锤形,而且其产生初生维管组织的方式也与维管形成层产生次生维管组织的方式不同。形成层产生次生维管组织前首先发生细胞分裂,其衍生细胞中的一个分化为次生维管组织母细胞,另一个则保持纺锤状原始细胞的形态结构和功能。而原形成层则是其组成细胞通常不经细胞分裂而直接分化为初生维管组织细胞。

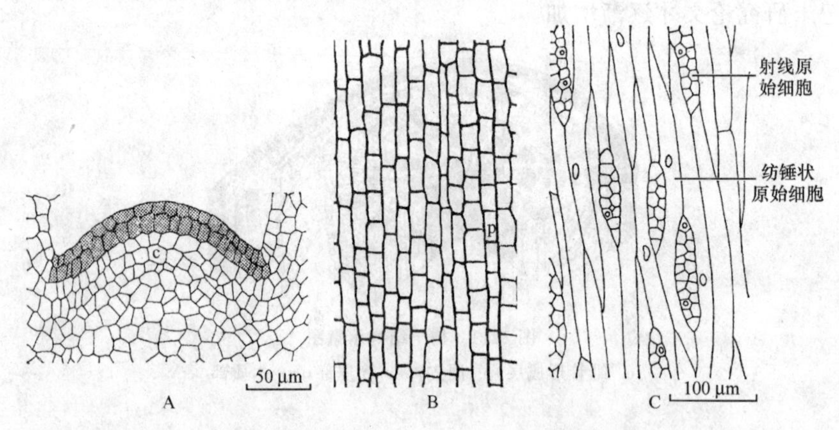

图 12.2 三种分生组织细胞形态比较。A. 锦紫苏茎端的顶端分生组织;B. 杜梨(*Pyrus phaeocarpa*)根端中的原形成层细胞;C. 杜仲形成层(李正理提供)

12.1.2 组成细胞的特征

形成层由纺锤状原始细胞和射线原始细胞组成(图 12.2C)。多数人认为,在理论上形成层只有一层真正的原始细胞。而且他们认为,如果有几层原始细胞是不可想象的,因为那样木质部母细胞和韧皮部母细胞就不可能出现严格的径向连续(Bannan, 1968; Brown, 1971)。

但是他们也承认，事实上由于形成层原始细胞刚衍生出的韧皮部和木质部母细胞无论在形态结构上还是在分裂方式上都与它本身一样，因此统称为形成层带(cambial band)(伊稍，1982；卡特，1986；Fahn，1990)。但从近十几年的一些研究来看，春季形成层恢复活动时，有些植物是同时形成木质部和韧皮部(Siddiqi，1991；崔克明，等，1993；Luo et al，1995)，这就无法用形成层只由一层原始细胞组成的理论来解释。从细胞分化的阶段性理论(崔克明，1997，详见第五章)来说，既然形成层原始细胞刚衍生出的韧皮部和木质部母细胞无论在形态结构上还是在分裂方式上都与它本身一样，那么就应该把它们看成是同一类细胞。细胞的形态结构和分裂状态及脱分化能力等都一样，就应是处于相同或相似的分化阶段。另外，近年有关杜仲剥皮再生的超微结构研究说明，剥皮后留在树干表面下5～7层未成熟木质部细胞不发生脱分化而直接转分化为韧皮部细胞(图3.7)(Wang et al，2002)，而有关构树去木质部再生的研究则证明，留在近表面的未成熟韧皮部细胞可以直接转分化为木质部细胞(图3.8，图12.3)(Cui et al，1989)，与之相似的杜仲植皮再生的研究也证明，也是由未成熟韧皮部发生再生木质部(李正理，1983)。这一切都说明，未成熟木质部细胞和未成熟韧皮部细胞是处在相同分化阶段的细胞，控制它们的分化程序可能是一样的，也就是说只是控制它们分化成熟过程的程序才是不同的。由此可见刚由形成层衍生出的未成熟木质部细胞、未成熟韧皮部细胞和形成层原始细胞所处的分化阶段是相同的或相似的，因此就可以通称为形成层原始细胞。所以形成层可以由一层或多层细胞组成，其层数可随种而变化，也可以随季节变化。在休眠期具有不同层数形成层细胞的树木其形成层恢复活动的式样就可能不同，仅具有一层形成层原始细胞的树木，其形成层恢复活动时就要么先形成木质部后形成韧皮部，要么就正好相反，而不可能同时形成木质部和韧皮部。与之相反，如果树木在休眠期具有两层或两层以上的形成层原始细胞，就有可能同时形成木质部和韧皮部。此外，有关植物剥皮再生、植皮再生和去木质部再生的研究皆说明，再生形成层发生时可以同时发生不止一层再生形成层细胞(李正理，等，1981d；Li，Cui，1988)，这也可以是形成层可由不止一层原始细胞组成的另一佐证。

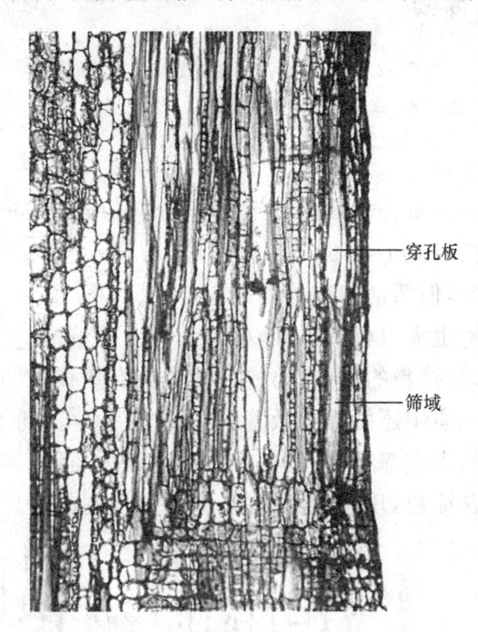

图12.3　构树去木质部2天后的茎干纵切面。表面下的一筛管分子的一端仍具有筛域，而另一端则已分化成导管分子的穿孔板

12.1.2.1　细胞形态

纺锤状原始细胞纵向非常长，长是宽的几倍，几十倍，乃至几百倍，两端尖锐，切向扁平，切向壁比径向壁宽好多倍。而射线原始细胞则是径向略伸长的近乎等径的细胞，与一般薄壁组织细胞无多大差异。松柏类的纺锤状原始细胞有的可长达4 mm。由于这种特殊的形态，使其在三个切面上表现出明显的不同(图12.4)。在横切面上，纺锤状原始细胞呈径向扁平，切向略长的砖块状，而射线原始细胞则呈径向略长的辐射状排列。在径向切面上，纺锤状原始细胞呈纵向伸长的长方形，射线原始细胞呈径向排列成排、纵向也几个细胞排列在一起成砖墙状。

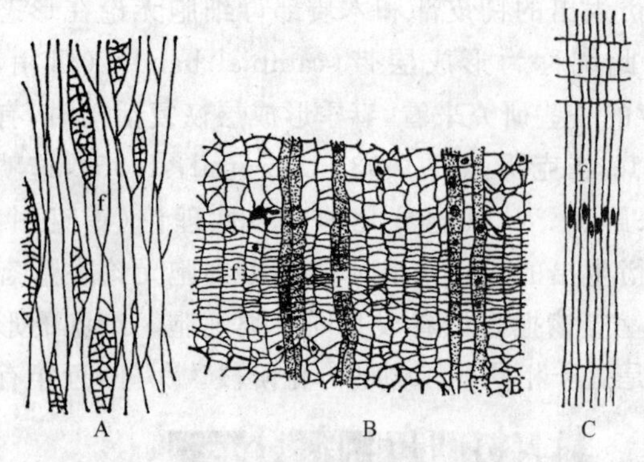

图 12.4 杜仲形成层在三个切面上的细胞形态。A. 弦切面；B. 横切面；C. 径向切面；图中 f. 纺锤状原始细胞；r. 射线原始细胞

在切向上，纺锤状原始细胞呈纵向伸长、上下两端尖锐的纺锤形，射线原始细胞则由数个近乎等径的细胞排列成纵向的纺锤形。

12.1.2.2 细胞结构

就显微结构来说，活动期的形成层细胞，特别是纺锤状原始细胞的细胞壁薄且初生纹孔场不明显，而在休眠期的维管形成层的纺锤状原始细胞的细胞壁却相当的厚，且可见明显的初生纹孔场，从而使此时的壁看上去呈念珠状(图 12.5A,B)。但有关其超微结构的研究较少，不过近年来有增加的趋势，现已研究过的许多植物，如美国白蜡树(*Fraxinus america*)、柚木(*Tectona grandis*)和毛白杨(*Populus tomentosa*)(殷亚方，等，2002)等双子叶植物和美国五针松(*Pinus strobus*)、白皮松(*P. bungeana*)等松柏类植物，形成层原始细胞的超微结构基本相似，但活动期和休眠期有所不同(图 12.6)。活动期，两种细胞的分裂都很活跃，它们的超微结构也大致相似，细胞中都具有大的液泡、高密度的粗面内质网、多聚核糖体、高尔基体、线粒体、具淀粉的质体、小泡和一个具有单核仁的大细胞核，核膜上有明显的核膜孔，大液泡周围的细胞质中还可看到微管(图 12.6F～I)。到了休眠期，细胞内液泡变小变多，小泡和粗面内质网的密度都相对减少，代之以滑面内质网，游离的核糖体、油脂小滴、蛋白质体、线粒体增加，质体含淀粉，片层发育很差，高尔基体则很少见(图 12.6A～E)。

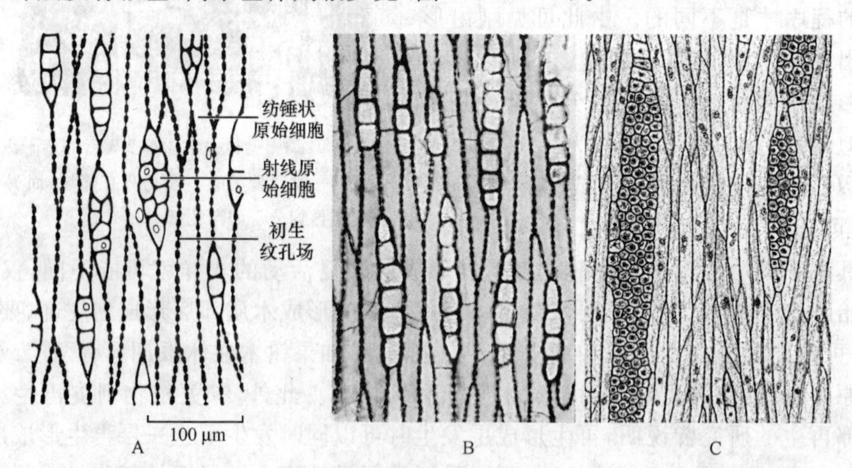

图 12.5 休眠期和活动期形成层整体封片，示细胞壁厚度的比较。A. 春季杜仲休眠期结束前的形成层(李正理绘)；B. 春季七叶树(*Aesculus chinensis*)休眠期结束前的形成层；C. 构树活动期的形成层

12.1.2.3 细胞类型

按在弦切面上纺锤状原始细胞的排列情况分为叠生和非叠生两类形成层，纺锤状原始细胞的末端排列在一个水平上的称做叠生形成层(图 12.7A)，而末端不排列在一个水平上的就称做非叠生形成层(图 12.7B)。有些单子叶植物在茎内较靠外的部分也可有一种维管形成层，由此向内产生由木质部和韧皮部组成的一个个维管束，向外形成薄壁组织，如龙舌兰

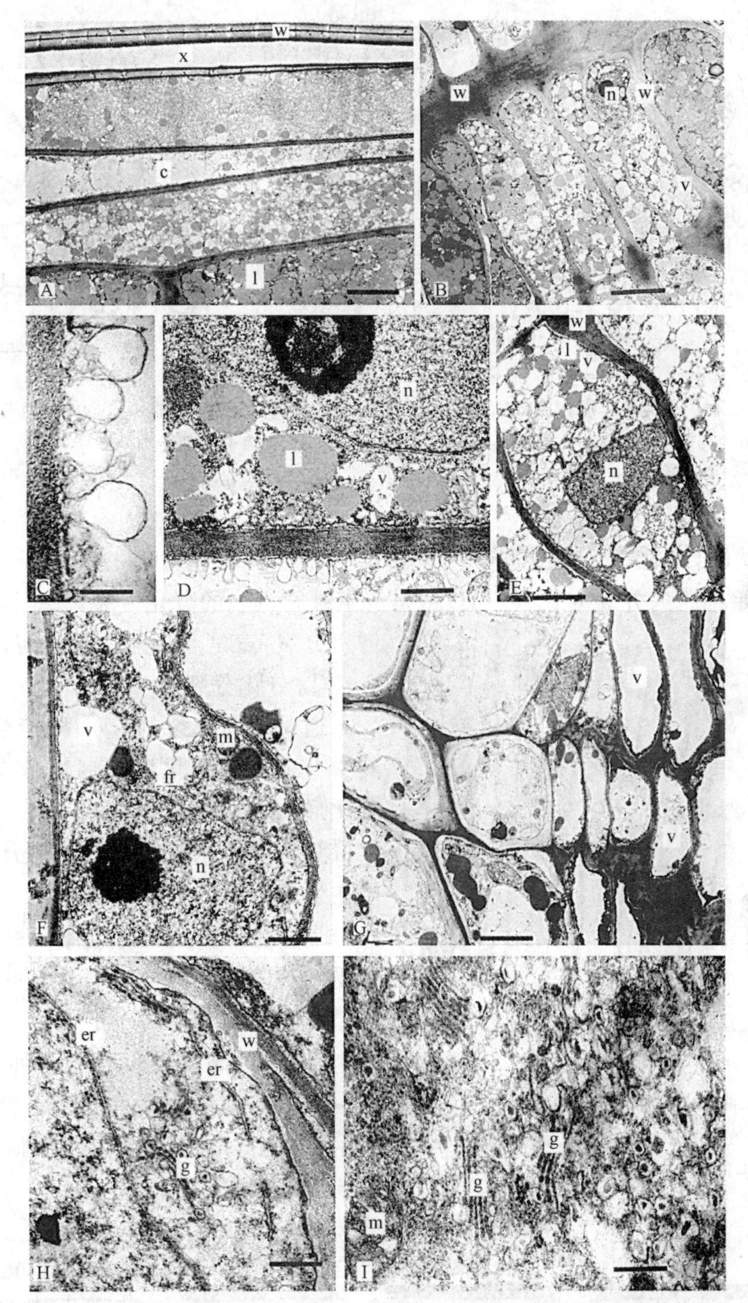

图 12.6　毛白杨休眠期(A～E)和活动期(F～I)形成层纺锤状原始细胞的超微结构图。A、C、D. 纵切面；B、E、F～I. 横切面；其中 C 为 D 的部分放大，示紧贴弦向壁的质膜形成大量内折；A 和 B 的标线为 36 μm；C. 标线为 1.6 μm；D. 标线为 6 μm；E. 标线为 17 μm；F. 标线为 7.7 μm；G. 标线为 28 μm；H. 标线为 3.6 μm；I. 标线为 2.6 μm。图中 c. 形成层细胞；er. 内质网；fr. 游离核糖体；g. 高尔基体；l. 油滴；m. 线粒体；n. 细胞核；v. 液泡；w. 细胞壁；x. 木质部细胞(由殷亚方提供)

(*Agave americana*)(图 12.7C)等。有关这种类型形成层的研究很少，无论是有关它的结构还是它的功能，以及有关控制它发生和活动的因素都知道很少，形成层区域的细胞可以是纺锤形的、长方形的或多角形的。

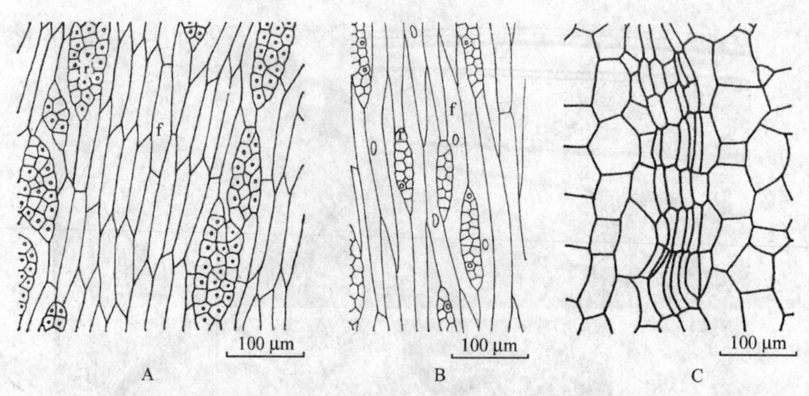

图 12.7 三种类维管形成层在弦切面上的形态结构。A. 洋槐的叠生形成层；B. 杜仲的非叠生形成层；C. 龙舌兰茎中的形成层(A、C 由李正理仿 Cutter，1970 照片重绘，B 由李正理绘)

12.1.2.4 细胞分裂的式样

(1) 纺锤状原始细胞的分裂式样

纺锤状原始细胞的分裂方式有三类，一是产生维管组织的分化分裂，二是产生维持自身的增殖分裂，三是产生射线原始细胞的分裂。

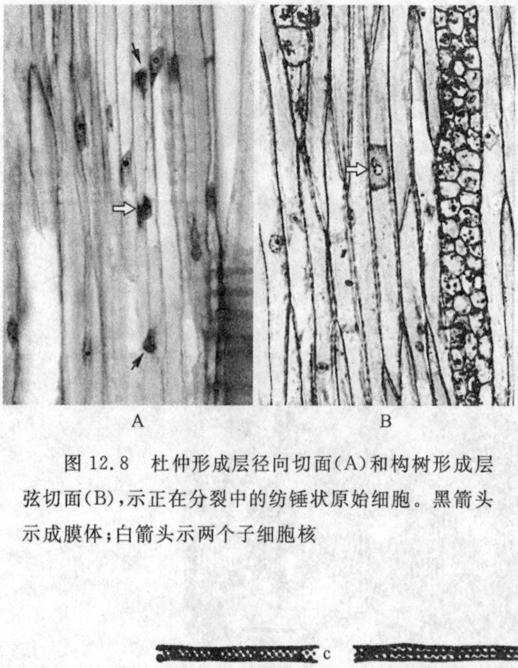

A B

图 12.8 杜仲形成层径向切面(A)和构树形成层弦切面(B)，示正在分裂中的纺锤状原始细胞。黑箭头示成膜体；白箭头示两个子细胞核

① 分化分裂

通过平周分裂(图 12.8)产生两个子细胞，其中一个向外分化形成韧皮部母细胞，或向内分化形成木质部母细胞，而另一个子细胞则仍维持为纺锤状原始细胞。这种分裂方式是形成层在生长季中的主要分裂方式。至于子细胞中一个是分化成韧皮部母细胞还是木质部母细胞将受到一些内外因素的影响，如相对低温和短日照可能有利于外面一子细胞分化成韧皮部母细胞，而相对高的温度和长日照则有利于里面的一个子细胞分化成木质部母细胞。通常在一个生长季中，形成的木质部细胞大大多于形成的韧皮部细胞(图 12.9)。

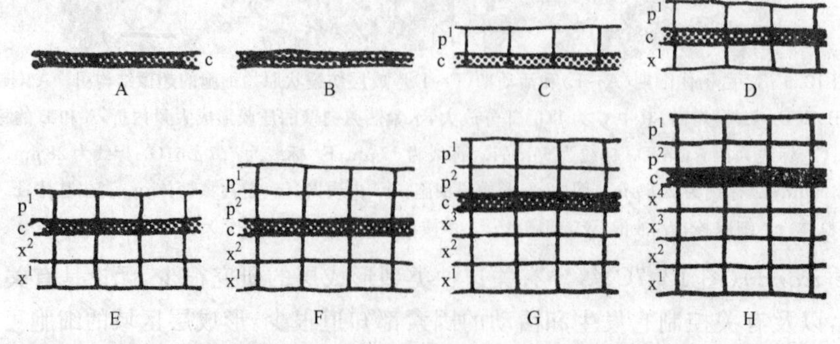

图 12.9 形成层(c)平周分裂示意图，示形成的木质部(x)比韧皮部(p)多(李正理提供)

② 增殖分裂

分化分裂的结果使木质部不断加粗，从而使形成层不断向外推移，如果形成层母细胞数不随之增加就不能与木质部的不断增加相适应。因此通常在每年的生长季后期发生增加形成层原始细胞自身的增殖分裂。此种分裂又可分为径向垂周分裂、侧向垂周分裂和斜向滑动形成三种。

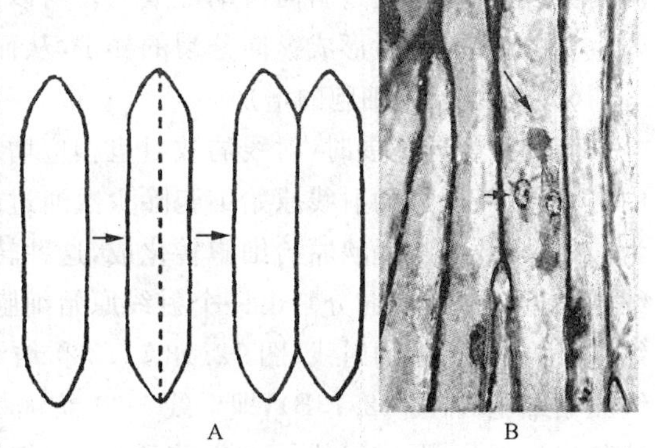

图 12.10　纺锤状原始细胞的径向垂周分裂。A. 图解说明(李正理提供)；B. 构树形成层弦向纵切面，示垂周分裂中的纺锤状原始细胞，长箭头示成膜体，短箭头示两个子细胞核

径向垂周分裂　一个原始细胞沿径向方向，即沿与切向壁垂直的方向分裂，形成两个相等的子细胞(图 12.10)，使弦切面增大。这些细胞重复分裂的结果使得形成层细胞本身形成了有规律的叠生状态。

侧向垂周分裂　纺锤状原始细胞沿与其切向壁垂直的方向分裂成两个大小不等的子细胞，即在其一侧分出一个比母细胞小的新细胞(图 12.11)。这个小的新细胞通过两端进行侵入生长使之成为与母细胞大小相似的原始细胞。

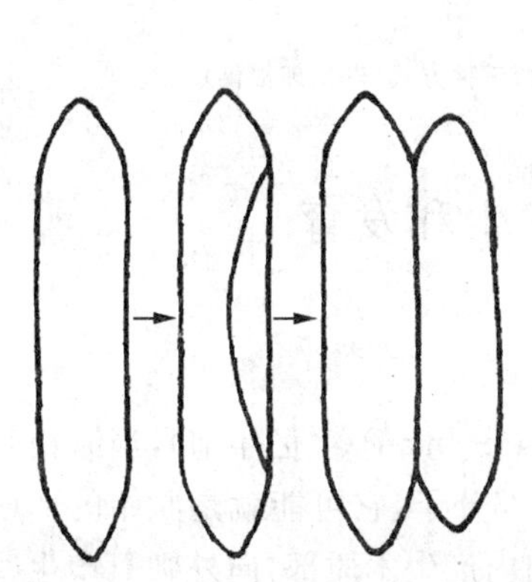
图 12.11　图解说明侧向垂周分裂(李正理提供)

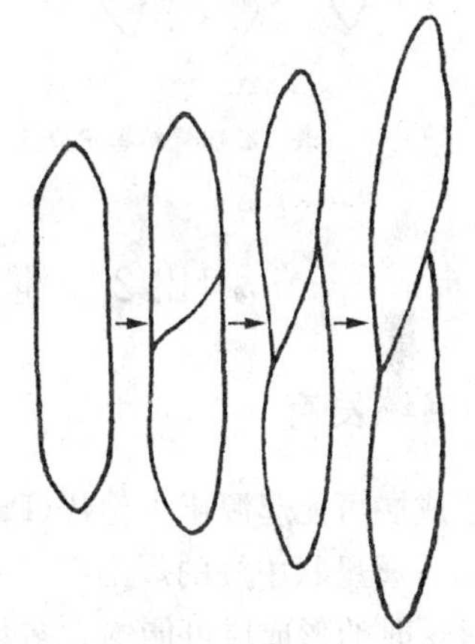
图 12.12　图解说明斜向滑动形成(假横分裂)(李正理提供)

斜向滑动形成(假横分裂)　在种子植物中，特别是在具非叠生形成层的植物中，都具有这种分裂。分裂时，纺锤状原始细胞斜向横分裂，形成两个斜向端壁相连的子细胞(图 12.12)，随后这两个子细胞各向彼此相反的方向进行斜向生长，即滑动生长，从而形成两个端壁不在同一个水平上的子细胞。

平常在植物茎部加粗时，看不到茎的纵向伸长，所以这时只看到纺锤状原始细胞的增加。这样的增加是由于分裂后滑动形成的结果，这不仅使纺锤状原始细胞增加，而且在弦切面上也相应地增宽。分裂滑动时，两个差不多大小的子细胞各个尖端互相错位，上面的一个向下面伸长，下面一个向上伸长，发生纵向的侵入生长。这就使许多具非叠生形成层的植物，在许多年中不断增加周围，使之完全包围着增大的木质部组织。另外，在形成层的横切面上，还可看到纺锤状原始细胞的垂周分裂。现在一般认为非叠生形成层周长的增加主要是由于差不多呈横向的分裂发生后，经过斜向滑动形成的。所以这种分裂也称做假横分裂。两个子细胞相向侵入生长的结果，最后形成纵向分裂的样子，从而增加了形成层的周长。

(2) 射线原始细胞的增加

茎和根径向扩展时，射线的数目也相应增加。由于原来的射线是分散在纺锤状原始细胞中的，所以新增加的射线原始细胞除少数通过纺锤状原始细胞的侵入生长将原来的射线一分为二外，多数由纺锤状原始细胞转化成，这种转化通常有三种形式(图 12.13)：① 纺锤状原始细胞靠近一端处横向分割出一个射线原始细胞，再由这个原始细胞分裂形成一系列射线原始细胞，组成一个新的射线(图 12.13A)。② 纺锤状原始细胞经过一系列横分裂，整个成为一射线原始细胞群(图 12.13B)，即射线。③ 纺锤状原始细胞发生所谓侧向分裂，在细胞中部纵向分割出一部分，形成射线原始细胞原，由此细胞继续进行横分裂形成一射线原始细胞群(图 12.13C)，即射线。

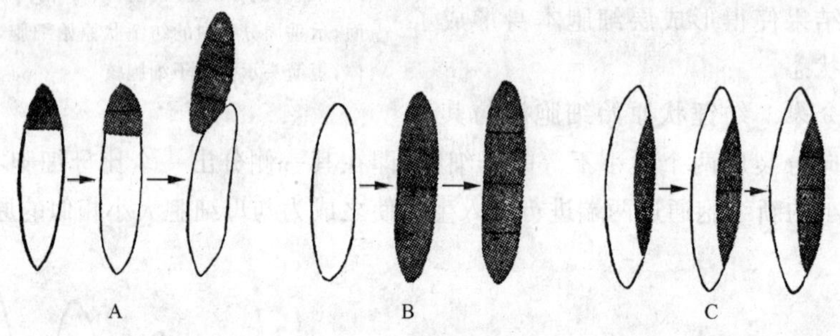

图 12.13 纺锤状原始细胞形成射线原始细胞的三种方式(李正理提供)

12.2 维管形成层的发生和发育

12.2.1 系统发育

维管形成层可能起源于古生代(Paleozoic)的泥盆纪(Devonian)(4 亿年前)，当时松叶兰目的 *Schizopodium* 属星状中柱的周围有一圈径向排列的木质部分子，它可能就是原始的形成层活动记录。不过这时的形成层可能绝大多数是单面的，即只向内产生木质部，向外则只产生些次生薄壁组织细胞，只在少数化石植物中发现了韧皮部，如楔叶蕨(*Sphenophyllum*)(图 12.14)(Eggert, Gaunt, 1973)。但是石炭纪(Carboniferous)以后，所有低等维管植物中就几乎看不到形成层活动的痕迹了(图 12.15)。不过，泥盆纪中期却出现了现代裸子植物的真正祖先——前裸子植物(*Archaeopteris*)，这是一种高约 20 米，直径在 2 米以上的高大树木，其叶子像蕨类植物的大型羽状复叶，而茎干却像裸子植物，次生木质部非常发达，也就是说其形成层活动已很像裸子植物(图 12.16)。然而在后泥盆纪和石炭纪也发生了几种乔木状的石松，像鳞木属(*Cepidodedron*)和封印木属(*Sigillaria*)，其内部结构与前裸子植物正好相反，植物虽然高达 50 米以上，但茎干中的次生木质部却很少，整个维管柱直径很少超过几厘米，但却有非常发达的次生薄壁组织和次生周皮。这就形成了输导水分的组织所占比例过小，茎干支持能力差。所以到了二叠纪(Permian)早期(约 2.8 亿年前)遇到气候的突然变化，湿度陡然下降时，这些植物就灭绝了。而内部木质部发达，外部薄壁组织量少的前裸子植物却度过了这一时期的恶劣气候而延续下来。到了现代，被子植物的形成层活动表现出多样性和高度特化，而且都发展成了两面的，从新生代(Cenozoic)到现代的进化过程中形成层又出现了减弱的趋势，如中生代(Mesozoic)白垩纪(Cretaceous)(约 1.36 亿万年前)出现了极少有形成层活动的单子叶植物，新生代(约 2600 万年前)中新世(Miocene)后又出现了形成层活动很弱的草本双子叶植物。由此可见，形成层在植物的进化过程中有一个发生发展和逐步消亡的过程。这又是与气候的演变密切相关的。

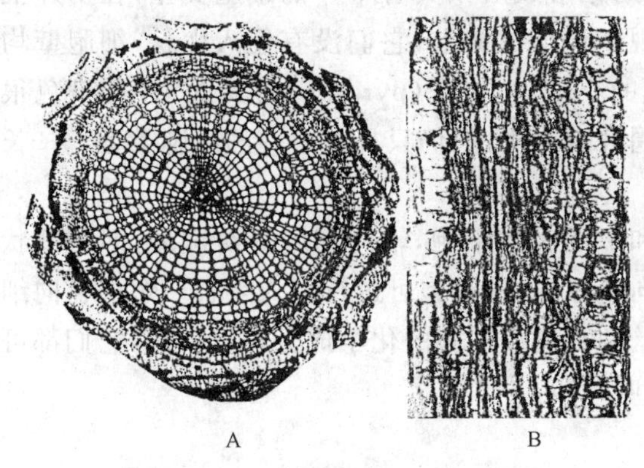

图 12.14　楔叶蕨具明显次生木质部的茎干横切面(A)和次生韧皮部纵切面(B)(引自 Eggert, Gaunt, 1973)

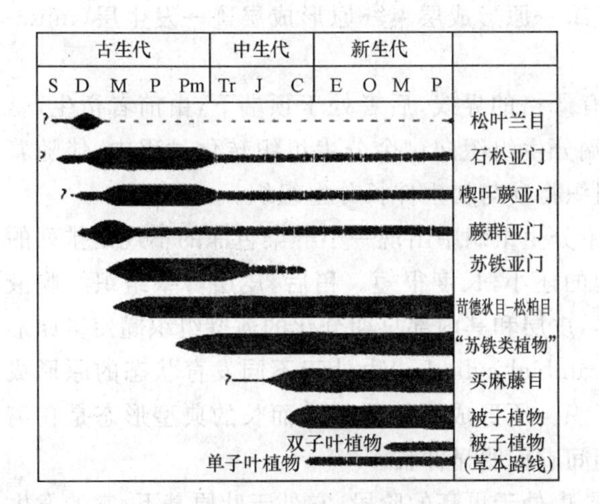

图 12.15　图解说明各种植物类群中出现形成层活动的地质年代。粗的实线表示具有次生生长，细的虚线表示次生生长消失。注意后古生代和中生代中低等维管植物各个类群中的形成层活动消失，而在新生代的中后期出现了草本植物：S. 志留纪(Silurian)；D. 泥盆纪；M. 密西西比纪(Mississippian)(早石炭纪)；P. 二叠纪；Pm. 二叠纪后期；Tr. 三叠纪(Triassic)；J. 侏罗纪(Jurassic)；C. 白垩纪；E. 始新世(Eocene)；O. 渐新世(Oligocene)；M. 中新世；P. 上新世(Pliocene)(据 Brown, 1971 重绘)

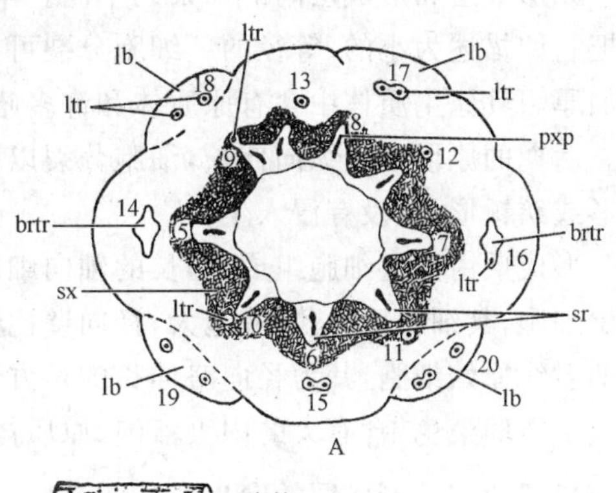

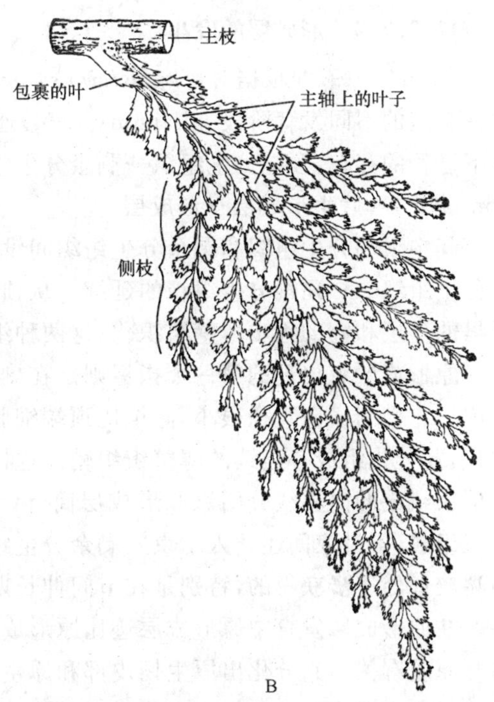

图 12.16　前裸子植物(*Archaeopteris macilenta*)复原图。A. 主轴维管解剖：中轴由 9 个"肋状突起"(sr)组成，并由一个画线表示的次生木质部(sx)柱包裹。分离的枝迹(brtr)和叶迹(ltr)的螺旋状次序用 5～20 的数字表示，较高数字说明是较老的迹，较低数字说明是较幼的迹。lb. 叶基；pxp. 原生木质部极。B. 着生在一个较大轴上的一枝完整的营养侧枝系统复原图(据 Beck, 1971 重绘)

12.2.2　个体发生

近年关于形成层起源的大多数文献，都只涉及相对少数种植物的茎和叶柄，涉及根的就更少。从个体发生来看,形成层来源于原形成层,二者间有差别也有共同点。

12.2.2.1 形成层和原形成层的比较

Catesson (1984)根据 Sterling (1946)、Roland (1978)、Larson (1982)和她自己的观察列出了原形成层和形成层间的一系列不同。早期的原形成层只具有单一的细胞类型,在切片上可把它们描述为小的、等径的。细胞分裂可出现于任何方向上,它们没有侵入生长,细胞壁均匀加厚。其原生质体中含有原质体和许多嗜碱的小液泡,焦宁(pyronin)对其 RNA 的染色很强。后期的原形成层纵向伸长,细胞分裂以平周分裂为主,但仍只具有单一的细胞类型——长方形或纺锤形,也没有侵入生长。

形成层由两类细胞组成,即长的轴向细胞和短的径向细胞,轴向细胞呈纺锤形,即纺锤状原始细胞,其细胞质稀薄,液泡大,径向壁比切向壁厚,这种细胞可进行侵入生长。短的径向细胞即射线原始细胞,其为径向略伸长的长方形。两种类型细胞的化学成分也有不同,它们都可被焦宁微弱染色,含有大的中央液泡、原质体或叶绿体。

12.2.2.2 形成层的发生

Fahn 等(1972)根据对蓖麻(*Ricinus communis*)创伤茎的研究说明,原形成层和形成层是同一组织的不同发育阶段。Larson (1974)通过对 *Populus deltoides* 幼苗的连续切片证明了以下过程的存在:顶端分生组织→剩余分生组织→原形成层束→原形成层迹→发生层(initiation layer)→后生形成层→形成层。

其中顶端分生组织和剩余分生组织间没有严格的界线,后者处于顶端下,由前者衍生,是真分生组织——顶端分生组织的延续。从顶端分生组织向剩余分生组织转化过程中,伴随着最早的皮层和髓的逐步薄壁组织化,这两种组织将参与初生伸长分生组织。

原形成层束出现的第一个指标则是在剩余分生组织中出现一小群染色深的不规则排列的细胞。它们的横向直径很小,甚至比顶端细胞的还小,长度很短。稍后,皮层薄壁组织细胞液泡化,并分化组成一连续的薄壁组织鞘。这样,皮层和其内部早期分化的薄壁组织髓使得原形成层束组成的筒界线分明。原形成层筒(procambial cylinder)由处于不同发育状态的原形成层束组成,不过束间还插入了束间剩余分生组织。原形成层细胞的窄而长的典型形态是在离顶端较远处逐步获得的,特别是在节间伸长期间它们明显伸长。

在原形成层发育中原形成层迹比原形成层束处于更高的阶段,它处于叶原基下,它的发生与叶原基有关。它分化出原生韧皮部和原生木质部,原生韧皮部的出现总是先于原生木质部。

原形成层迹中的分生组织细胞一旦发生分离的平周分裂,就是发生层的出现。当平周分裂的频率提高后,在相邻的束中发生层细胞就成一不连续的带状。最后延伸穿过相邻的维管束和叶迹,以一连续的带形成后生形成层筒(metacambial cylinder)。

后生形成层与原形成层的最大不同在于分生组织细胞的分裂面及其产物。前者主要进行平周分裂,产生后生木质部和后生韧皮部。因此它在叶迹中不仅向顶发展而且向侧面发展。通常在节间伸长停止以后才由后生形成层分化出形成层,这个过程是逐步完成的。有的植物中,在伸长生长停止前这一过程就已开始。也就是存在一个从初生到次生的转变区。如 Larson 和 Isebrands(1974)就报道了在 *Populus* 中存在的这样一种转变带。维管形成层和原形成层间的一个最大不同在于,前者由两种形态不同的原始细胞组成,而后者的细胞组成则是均一的。所以后者分化出前者要发生一系列变化,由原形成层分生组织细胞发生形成层射线原始细胞有两种方式，一是束中原形成层细胞发生连续的横分裂形成束中形成层的射线原始细胞；二是束间的薄壁组织细胞直接转化而成。原形成层细胞分化成纺锤状原始细胞的过程也有两种情况，一是束中的，主要是细胞发生垂周分裂，细胞伸长，有的还伴有插入生长进一步伸长并尖锐化；二是束中的薄壁组织细胞，首先通过平周和垂周分裂使之伸长，进而进行插入生长以进一步伸长并尖锐化。这一过程开始的时间随种而异，有的植物在伸长生长停止前就开始了，有的则要到伸长生长后才开始。形成层所产生的维管组织就是次生维管组织。在构树中的研究说明，由原形成层分化成形成层的情况基本与上面描述的一致（魏令波，崔克明，1994）。

12.3　形成层的活动式样

形成层的活动使树木不断长粗，不同类型的树木有不同的活动式样。研究其活动式样和规律无论对植物学理论，还是在对林业生产都有十分重要的意义，因此一直是形成层研究的重点，特别是 20 世纪 80 年代以来进展非常快，这里只作简要介绍。

12.3.1　活动的周期性（内在节律性）

20 世纪 80 年代前，这方面的研究多集中于北温带树种，此后对热带树种的研究才逐步增多（Iqbal, Ghouse,1990；Rao, Dave, 1983c）。Fahn 和 Werker（1990）总结提出，形成层的活动式样有三类：① 北温带和地中海树种，春季恢复活动，夏末秋初进入休眠，形成清楚的年轮；② 一些热带荒漠灌木，雨季活动，旱季休眠，有或无生长轮；③ 生长在有限区域的热带、亚热带树种，全年都在活动，有或无生长轮，甚至同一种内的不同个体间也会有很大差异。

12.3.1.1　活动期

北温带树木形成层的活动都是自春天开始恢复，但恢复活动的早晚及其与芽展开的关系随种而异。恢复后形成层的活动方式也随着种的差异而表现出不同。其他类型也各有特点。

（1）形成层活动的恢复

大多数松柏类和散孔材双子叶树木，通常春天芽萌动以后，由芽基部始自上而下逐步开始活动，这一传导过程较慢，幼枝开始活动后几周茎干基部才开始活动（崔克明，等，1992；张仲鸣，崔克明，1997；Fahn，Werker，1990；Tomlinson，1986）。大量证据说明，是芽和幼叶中合成并通过形成层和分化中的维管组织传导的 IAA 控制着这一过程（Little，Savidge，1987）。绝大多数环孔材则是在芽开始活动前一周到几周，形成层就恢复活动，而且在幼枝和茎干基部间几乎看不到开始活动的时间差（Tomlinson，1986）。不过有的散孔材和松柏类树种形成层活动的恢复与环孔材一样，如欧洲水青冈（Fahn，1982）、构树（崔克明，等，1993）和欧洲赤松（崔克明，等，1992）。也有的环孔材树种像散孔材，如一些栎属树种（Fahn，1982）。在热带常绿树中，有的一年中不断有新叶子产生，形成层也不断活动（Dave，Rao，1982），有的也形成生长轮，甚至一年中不止形成一个。每当周期性萌芽形成新叶时，形成层活动就中断（Ghouse，Hashmi，1983；Iqbal，Ghouse，1985）。

一般在发生细胞分裂前 2～4 周，形成层就已恢复活动。首先出现生物化学变化，如过氧化物酶的酶带数量减少，浓度降低（崔克明，等，1993；崔克明，等，1997；Luo et al，1995），

CO_2、乙烯(Eklund, 1990)和 ABA 含量降低,IAA 含量提高(Steeves, Susser, 1989; Mwange, et al, 2003b)。其次,活动早期,由于大量吸水,细胞径向扩大,径向细胞壁逐渐变薄,细胞中央逐步形成一大的液泡,细胞质变得较为稀薄,在大液泡周围形成一薄层,初生纹孔场变得在光镜下难于辨认(Ghouse, Hashmi, 1982; Paliwal et al, 1975)。再次,细胞核失去其染色特性(Ghouse, Hashmi, 1982),形状由近似圆形逐步变为纺锤形(Mellerowicz et al, 1989),核的体积和 DNA 含量都增加(Mellerowicz et al, 1990)。有的种出现具多核的纺锤状原始细胞(Catesson, 1990; Iqbal, Ghouse, 1987)。内质网为粗面内质网,高尔基体为活动态,线粒体分布广泛,并出现大量的微管(Fahn, Werker, 1990; Yin et al, 2002)。形成层活动开始后,维管组织中贮藏的单宁、淀粉等物质逐渐减少(崔克明,等, 1995a; 罗立新,等, 1996; 张仲鸣,崔克明, 1997; Essiamahn, Eschrich, 1985; Ghouse, Hashmi, 1983)。

(2) 恢复活动后的分化方向

许多有关松柏类和少数被子植物的研究表明,春天树木恢复生长时,首先是越冬时停止活动的韧皮部母细胞或木质部母细胞发生分裂,随后形成层原始细胞才发生分裂,2~3 周以后,达到分裂高峰(Bannan, 1955; Wilson, 1964)。但此后是先产生韧皮部还是先产生木质部,还是同时产生两种组织,随种而异。欧洲赤松(崔克明,等, 1992)(图 12.17)和白皮松(张仲鸣,崔克明,1997)(图 12.18),每年春季形成层活动伊始,首先向外形成韧皮部,3~4 周后韧皮部

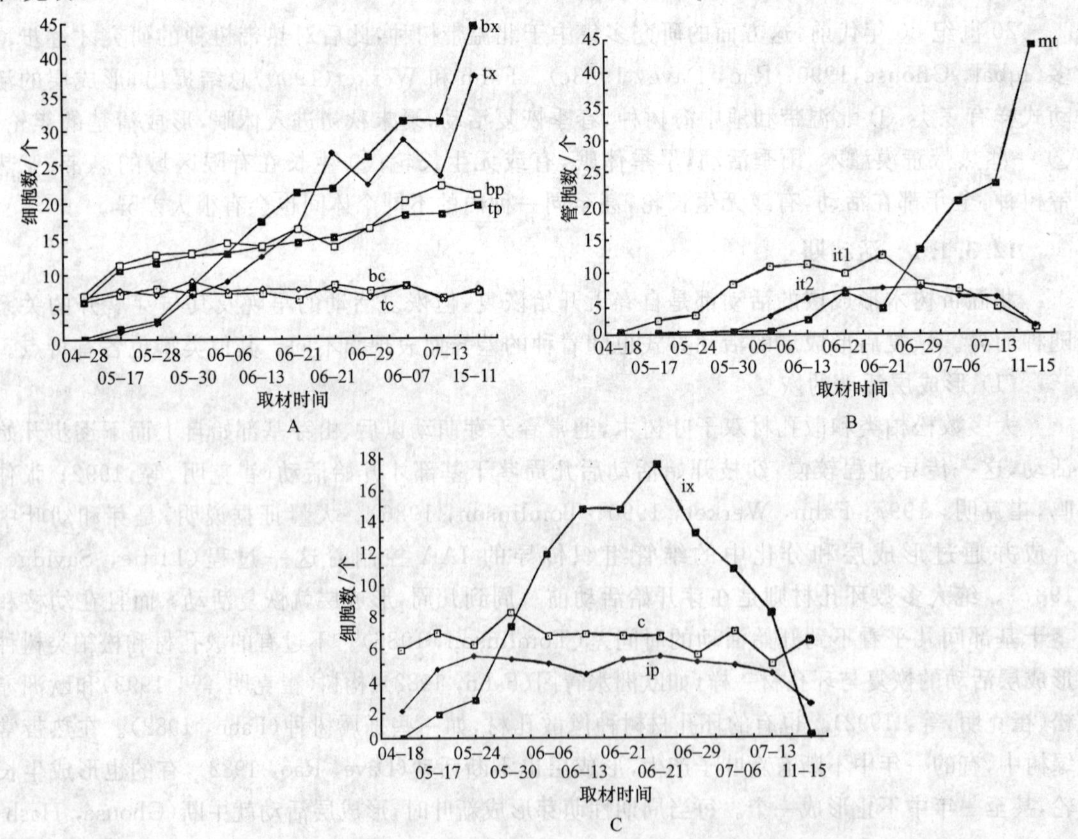

图 12.17 欧洲赤松形成层恢复活动期各种组成细胞的变化。图中 bc. 基部形成层带; bp. 基部韧皮部; bx. 基部木质部; c. 形成层带; ip. 未成熟韧皮部; it1. 正在扩大中的管胞; it2. 次生壁形成中的管胞; ix. 未成熟木质部; mt. 成熟管胞; tc. 上部形成层; tp. 上部韧皮部; tx. 上部木质部

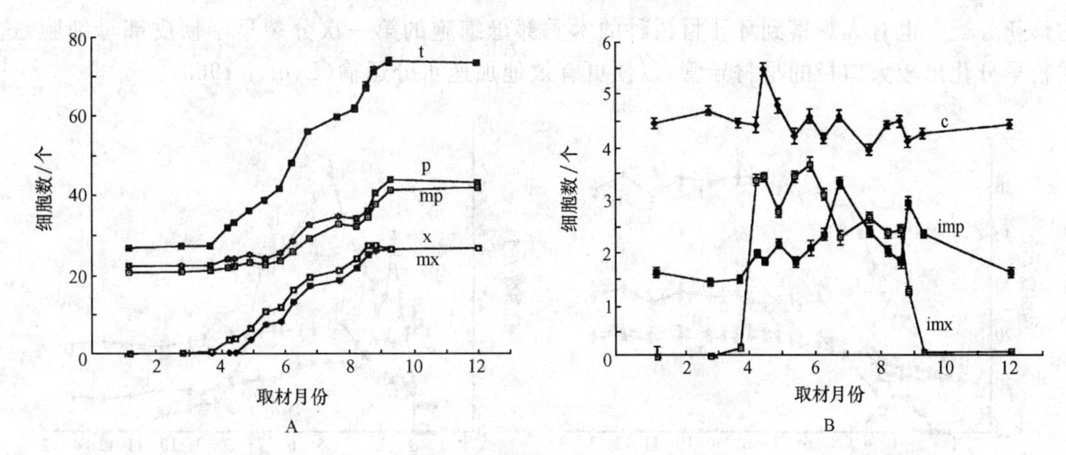

图 12.18 白皮松形成层活动周期中各种细胞的数量变化。图中 c. 形成层带;imp. 未成熟韧皮部;imx. 未成熟木质部;mp. 成熟韧皮部;mx. 成熟木质部;p. 韧皮部总数;t. 形成层带和维管组织细胞总数;x. 木质部细胞总数

形成减少时才开始形成木质部,当夏末木质部形成减少时又开始形成韧皮部,许多北温带植物(Fahn, 1982)和少数热带植物(Ajimal, Iqbal, 1987a)也属此类。在构树(崔克明,等,1993)(图 12.19)、杜仲(Luo et al, 1995)(图 12.20)、葡萄(*Vitis riparia*)(Davis, Evert, 1970)、椴树(*Tilia americana*)(Evert, 1962)和 *Ficus religiosa*(Siddiqi, 1991)等树则是春季形成层反应中同时形成韧皮部和木质部。还有一些热带树木,如 *Delonix regia*、*Mimusops elengi*(Ghouse, Hashmi, 1982; Ghouse, Hashmi, 1983)和 *Streblus asper* (Ajimal, Iqbal, 1987b)等则是先形成木质部后形成韧皮部。这可能与树种起源地的气候条件有关。Evert(1963)对散孔材梨树的观察也表明,越冬后韧皮部母细胞的第一次分裂比木质部母细胞早 4~6 周。有人认为这是大多数被子植物形成层活动的式样,它们具作用的韧皮部只有最里面一薄层。这种未成熟的韧皮部筛分子较早分化,可能有利于树木迅速生长时营养物质的运输和贮藏食物

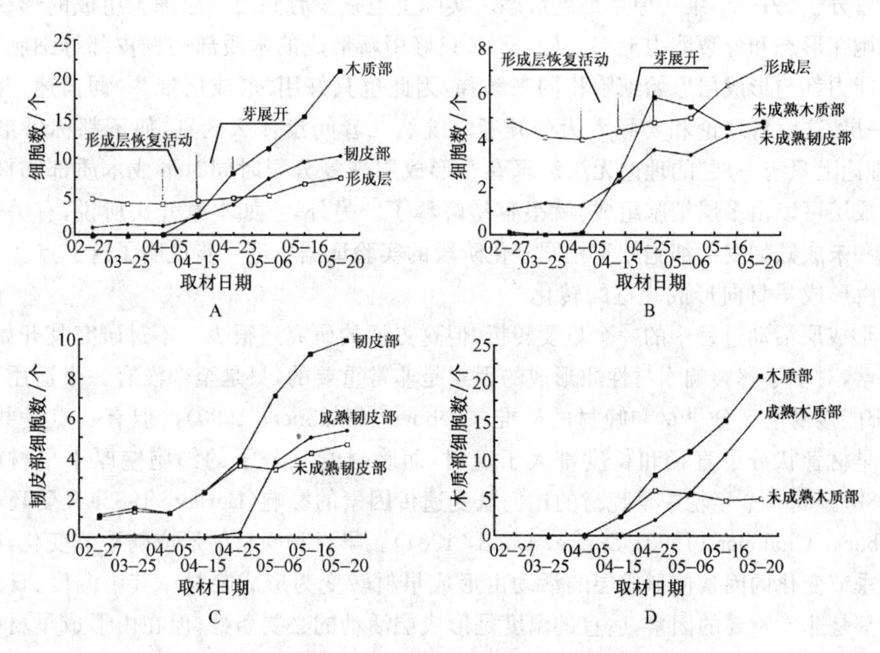

图 12.19 构树形成层活动周期中各种细胞层数的变化

的重新分配。也有人观察到环孔材树种的木质部母细胞的第一次分裂早于韧皮部母细胞，这样较早分化出较大口径的早材导管，以便更有效地加速水分运输（Evert，1963）。

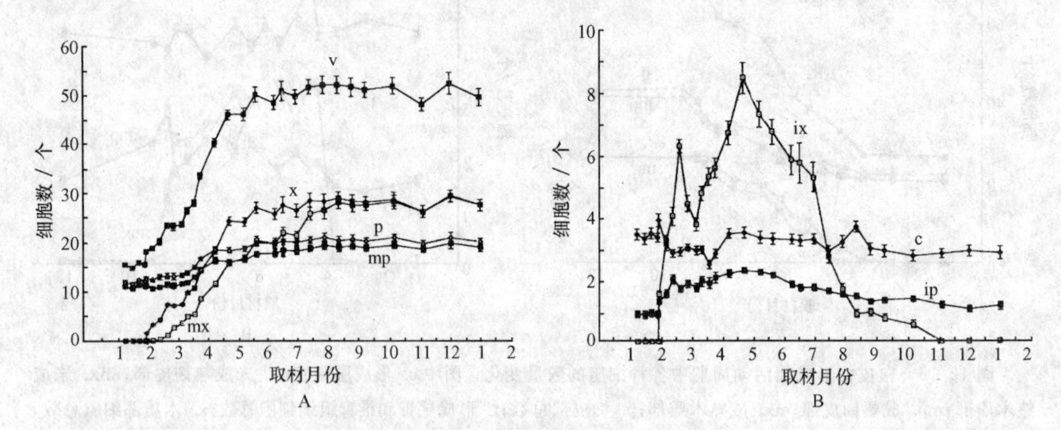

图 12.20　杜仲形成层活动周期中各种细胞层数的变化。图中 c. 形成层带；ip. 未成熟韧皮部；ix. 未成熟木质部；mp. 成熟韧皮部；mx. 成熟木质部；p. 韧皮部总数；v. 形成层带和维管组织细胞总数；x. 木质部细胞总数

在理论上形成层是否只有一层原始细胞，一直是一个争论的问题，伊稍（1982）在她的《种子植物解剖学》一书中作了总结后，一段时间内看法趋于一致，认为理论上形成层只有一层，其主要根据就是一段时间内形成木质部，另一段时间内形成韧皮部。每一次平周分裂都产生两个不同命运的子细胞。一个分化成维管分子，另一个仍保持原始细胞的形态。但近年有关形成层恢复活动伊始同时形成木质部和韧皮部的树种的报道越来越多（崔克明，等，1993；崔克明，罗立新，1996；Davis，Evert，1970；Evert，1962；Siddiqi，1991），这就又对形成层在理论上只有一层的看法提出了挑战。很可能因为形成层是分化到一定阶段的细胞（是一段时间，而不是某一点），其层数随种的不同、季节的变化而变化，但它们的活动方式是相同的，总是分裂产生的子细胞中一个分化为维管分子，另一个维持原始细胞形态。实际上也很少看到由一层细胞组成的形成层，而且这几层细胞在形态和分裂能力上都一样，Esau 只好用新形成的木质部或韧皮部母细胞的细胞形态和分裂能力都与形成层原始细胞相同来解释，因此也只好用"形成层带"一词描述，并说"理论上"只有一层，这就将理论和实际人为分开了。既然二者间没什么区别，何不都称做形成层呢。而且用"理论上只有一层"的理论无法解释春季形成层恢复分裂时同时形成木质部和韧皮部，如果承认形成层可以由多层细胞组成，就很容易解释了。另外，正如本章开头所说，有关未成熟木质部细胞和未成熟韧皮部细胞处于相同分化阶段的实验证据也进一步说明了这一点。

（3）由形成早材向形成晚材的转化

这是形成层活动过程中的一个重要转折，但这方面的研究还很少。不过研究其开始的时间、影响的因素，对于了解影响木材性质形成的因素是非常重要的，只是至今没有一个适用于所有树种、人人都能接受的区分早材和晚材的标准（Crebner，Chaloner，1990）。但有一点是共同的，那就是所有早材管状分子直径和长度都大于晚材，而晚材管状分子的细胞壁厚于早材（Zimmermann，1982）。同一个年轮中早晚材的比例既受遗传因素的影响（Burley，1982）又受环境因素的影响（Crebner，Chaloner，1990；Denne，Dodd，1981）。早材和晚材的形成随季节变化，因此可能是一些随季节变化的因素使形成层的活动由形成早材转变为形成晚材。其中温度、日照强度和日照长度都是非常重要的因素，适宜的温度是形成层活动的必要条件，但在由形成早材向形成晚材的转化中光照强度和日照长度更重要（Mellerowicz et al，1992）。同一种树生长在生长季长的地方，其晚材就多于生长在生长季短的地方(Crebner, Chaloner, 1990)。有的研究说明遮阴和日照的缩短使形成层的活动由产生早材转变为产生晚材(Denne, Dodd, 1981)。树木的年龄愈大晚材出现愈早，即在同一年轮中晚材所占比例愈高(Crebner, Chaloner, 1990)，另外春季早材形成时遇到高温也会使晚材的形成提早(Conkey, 1986; Worrall, 1980)。水分补充的情况是影响早晚材比例的另一个最重要的因素，干旱可使树木少形成、不形成早材，甚至无年轮形成(Crebner, Chaloner, 1990)。从树木本身来看，伸长生长的停止就伴随着早材形成的结束，晚材形成的开始(Denne, Dodd, 1981)。这时形成层区域的过氧化物酶的酶带增多、浓度增大(崔克明，等, 1993, 1995b; 崔克明，张仲鸣, 1997)。这与有关内源IAA水平及其与木材形成的关系的研究是一致的，即形成早材时IAA水平较高，形成晚材时IAA水平较低，ABA水平则较高(Eklund, 1990; Roberts, 1988a,b)。

12.3.1.2　休眠期

温带树木要渡过严寒的冬季，热带树木要渡过酷热的旱季，如果在旺盛生长状态下进入这种逆环境就会被冻死或旱死。因此在长期的进化过程中形成了一种保护自己安全渡过这些逆环境的本领——休眠。逆境到来之前，树木就停止生长，顶芽不再形成新的叶，茎不再伸长。维管形成层的活动也逐步减弱，直至完全停止。这时的形成层带细胞层数达到一年中的最低峰，通常保留有1～10层细胞，多为5～6层细胞(崔克明，等, 1992, 1993; Luo et al, 1995; Fahn, Werker, 1990)。一般概念上的休眠(dormancy)可分为两个阶段——生理休眠(rest, physiological dormancy)和被动休眠(quiescence)(Little, Bonga, 1974)，生理休眠也有的称做主动休眠(endodormancy)，被动休眠也有的称做环境休眠(environmental dormancy)或生态休眠(ecodormancy)，作者认为称做胁迫休眠(stress dormancy)可能更合适，因为引起被动休眠的是一些逆境胁迫条件，如干旱和寒冷。过去有关两个休眠期区别的研究很少(崔克明，罗立新, 1996; Mwange et al, 2003b; Espinoda-Ruiz et al, 2004; Rensing, Samuels, 2004)，绝大多数研究都是笼统的研究休眠期和活动期的区别，就是最近有关分子生物学的研究也是如此(Schrader et al, 2004)。

(1) 生理休眠期

生理休眠从夏末秋初开始，一旦进入这一时期，无论环境条件还是外源激素都很难打破，Little(1981)及Riding和Little等(Mellerowicz et al, 1992, 1992; Riding, Little, 1984, 1986)的一些研究说明，形成层由活动期进入生理休眠期不是芽休眠引起的，而是其本身对短日照和干旱等外界条件的反应。研究还说明，细胞停止分裂，但代谢活动却非常旺盛。在晚材形成期形成的淀粉被水解(Essiamahn, Eschrich, 1985; 崔克明，等, 1995a; 罗立新，等, 1996; 张仲鸣，等, 1997)，可溶性糖增加(Bonecel et al, 1987; Fischer, Holl, 1991, 1992; Cui et al, 2000)，过氧化物酶的酶带增加，活性增强(Catesson, 1990; 崔克明，等, 1995b, 1997; 罗立新，等, 1999)。在形态上，径向变扁，北美崖柏(*Thuja occidentalis*)中平均只有5～6 μm，径向壁和中层结合，明显比活动期厚，光镜下可看到明显的初生纹孔场(Catesson, 1990)，这种加厚主要是纤维素和半纤维素的增加引起的(Catesson, 1981, 1990; Rao, 1985)。中央大液泡逐步被分散的小液泡代替，细胞核纵向伸长，径向、切向变短，呈细长状(Mellerowicz et al, 1989)。在超微结构上，细胞质中出现含多糖的被膜小泡(Rao, Catesson, 1987)，高尔基体减少并停止活动(Rao, 1985; Rao, Dave, 1983a, b; Sennerby-Forse, von Fircks, 1987)，内质网逐步变为滑面内质网(Rao, 1985; Rao, Dave, 1983a, b; Sennerby-Forse, von Fircks, 1987)，多聚核糖体消失，出现游离的核糖体(Rao, 1985; Rao, Dave, 1983a, b)，同时沿着射线原始细胞和纺锤状原始细胞径向和切向壁的质膜发生明显内折(Catesson, 1980, 1981; Rao, 1970; Rao, Dave, 1983a; Roberts, 1988c; Sachs, 1984; Steeves, Susser, 1989; Yin et al, 2002)，对杜仲的研究还发现，生理休眠期的筛管分子筛板附近充满大小在0.1～1 μm左右的多糖类球形体,其他时期这种球形体消失。大量的研究(Bannan,1955;Fahn,Werker,1990;Little,Bonga,1974;Mellerowicz et al,1992a,b;Welling et al,1997,2002)说明,日照的缩短都能促进树木进入生理休眠期,而相对高温和长日照则可推迟进入生理休眠期,甚至用短日照可诱导形成层进入生理休眠(Espinosa-Ruiz et al,2004)。只要处于这一时期,除必须经过一段时间低温处理外,现在还不知什么条件能终止它。最近的研究已证明,在生理休眠期形成层区域几乎检测不到内源IAA,而内源ABA的含量却达到最高(图

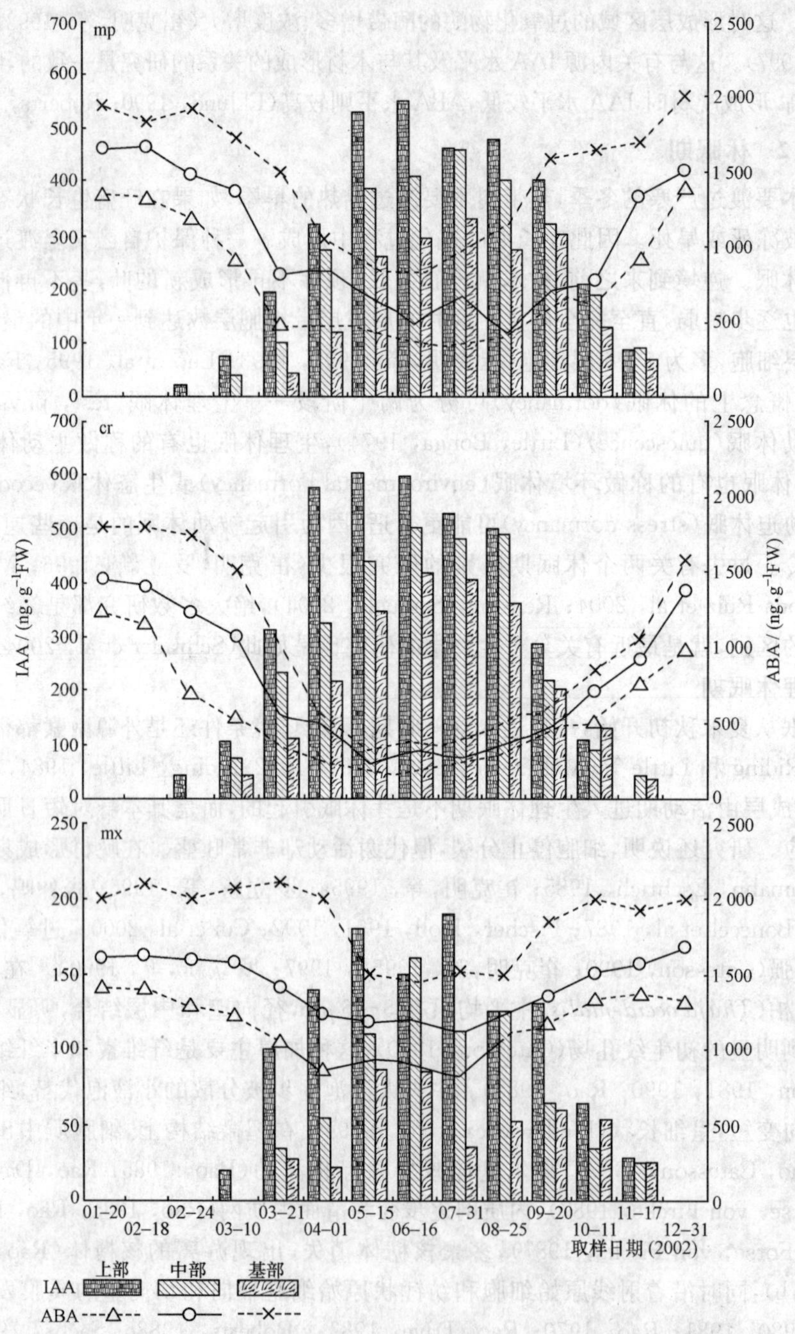

图12.21 杜仲茎干内源IAA和ABA含量随季节的变化。图中cr. 形成层区域;mp. 成熟韧皮部;mx. 成熟木质部(引自Mwange et al,2005)

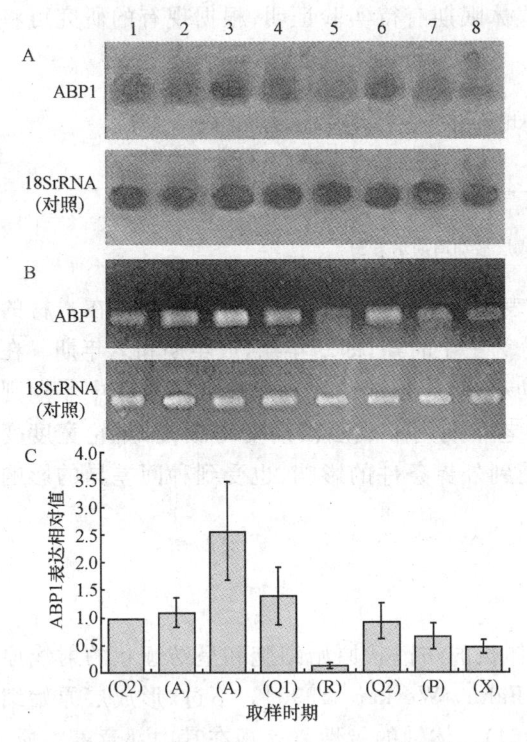

图 12.22　用 Northern 杂交(A)、RT-PCR(B)和同步 PCR(C)检测杜仲形成层区域在不同时期的表达情况。18SrRNA 为内标；A. 活动期(2,3 泳道)；Q1. 第一被动休眠期(4 泳道)；Q2. 第二被动休眠期(1,6 泳道)；R. 生理休眠期(5 泳道)

12.21)(Mwange, et al, 2003b; Mwange et al, 2005)，可能为 IAA 受体的生长素结合蛋白 1 (auxin binding protein 1, ABP1)在此期却几乎不表达(图 12.22)(侯宏伟，2004)，这就解释了为什么在生理休眠期给予合适环境条件和使用外源 IAA 也不能诱导形成层恢复活动，而且已证明了 ABA 抑制 ABP1 的表达(图 12.23)。

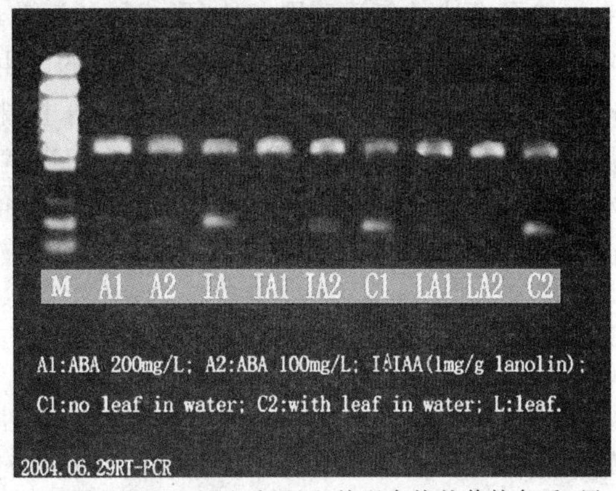

图 12.23　ABA 和 IAA 处理水培杜仲枝条后，用 RT-PCR 检测 APBP1 的表达情况。结果表明，ABA 明显抑制 ABP1 表达，而 IAA 则促进 ABP1 表达

(2) 胁迫休眠期

树木经过一定时间的生理休眠后就会进入胁迫休眠期。这一时期的休眠主要是由环境因素引起的，其中低温和干旱最为重要。所以只要给予适当高温和水分供应，或施以外源 IAA 就可打破这种休眠(Little, Bonga, 1974)。与生理休眠期相比，这一时期的纺锤状原始细胞径向壁更厚，在光镜下初生纹孔场非常容易辨认，所以整个细胞壁呈念珠状(Catesson, 1981)。在由生理休眠向此期转化中，细胞核进一步纵向伸长，径向、切向直径变小(Rao, 1985)，细胞中液泡多而小，折叠质膜的数量减少(Catesson, 1980; Rao, Catesson, 1987; Riding, Little, 1984)。最后在液泡中积累的折叠膜慢慢消失。在早春液泡中存在着酸性磷酸酶(Catesson, 1980; Rao, Catesson, 1987; Riding, Little, 1984)。形成层带及其衍生细胞中重新积累淀粉，一直到次春形成层恢复活动时，这种积累达到最高值(Fischer, Holl, 1991, 1992;崔克明，等，1995a; 张仲鸣，等，1997)。此期中内源 IAA 含量逐步升高，而 ABA 含量则逐步降低(Mwange, et al, 2003b)，ABP1 的表达也逐步增强(侯宏伟，2004)。近年有关杜仲形成层活动周期的研究说明，虽然杜仲形成层停止细胞分裂进入休眠期的时间很早(7 月末)，但开始时的休眠仍然可以被 IAA 打破而恢复活动，直到 10 月中才真正进入生理休眠期(崔克明，罗立新，1996; Mwange et al, 2003a)，概括起来，可用图 12.24 表示：

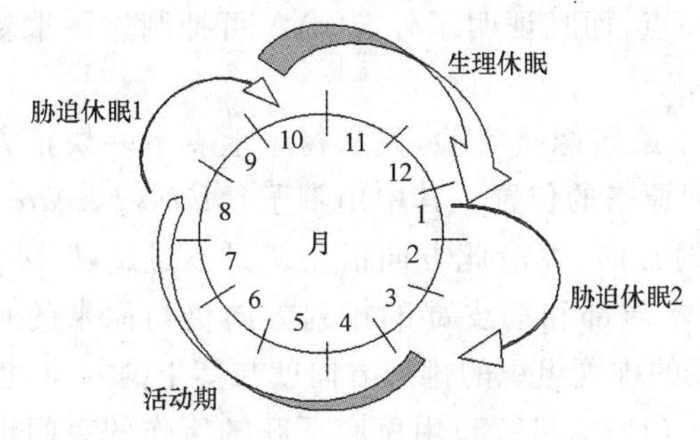

图 12.24　杜仲形成层活动周期示意图

至于其他树种是否在生理休眠前也有一胁迫休眠期有待实验证明,根据现有的研究可将一般形成层活动周期概括为图 12.25。

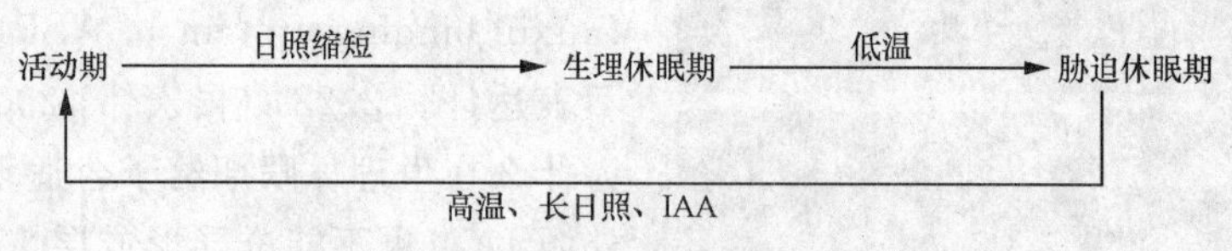

图 12.25 一般维管形成层活动周期示意图

除了上述的年活动周期外,形成层的活动还表现出一种年龄活动周期。这一点在木材的年轮变化上表现最为明显。通常可把树的一生分为三个时期,即幼年期,成年期和老年期。在幼年期,虽然形成层活动相当旺盛,但由于植株幼小,每年形成的木材年轮并不宽。中年期则形成层活动十分旺盛,每年形成的年轮相当宽;老年期则形成层活动变得缓慢,年轮宽度变小。总的趋势成一对数曲线。各个时期的长短受到外界条件的影响,也受到种间差异的影响(Crebner, Chaloner, 1990)。

12.3.2 形成层活动的方向性

形成层细胞的分化和分裂有高度的方向性,伸长的纺锤状原始细胞和呈纺锤状的射线原始细胞群的长轴都与植物体轴器官的长轴平行(Fahn, Werker, 1990)。不过,形成层原始细胞的排列方向极易受体轴极性的影响(Sachs, 1984)。体轴的极性就表现在其内部营养物质、水分和激素沿体轴的运输方向。同时形成层的衍生细胞分化以后,又反过来影响形成层原始细胞,使其向着和衍生细胞一致的方向发展。这些衍生细胞又构成了体轴的一部分,所以这就构成了一个复杂的相互影响的系统(崔克明,等,1992)。

自 20 世纪初以来,大量研究形成层活动的工作是通过嫁接或创伤愈合实验来进行的(崔克明, 1993b; Steeves, Susser, 1989),还有不少工作是研究体轴内的主要运输路线对形成层衍生细胞排列方向的影响(Zagorska-Marek, Little, 1986)。许多研究说明,如果改变体轴内的运输路线,形成层衍生细胞的排列方向也随之改变(Savidge, Farrar, 1984)。MacDaniels 和 Curtis(1930)在幼小的苹果树上,通过螺旋地剥去两圈宽约几英寸带有形成层的树皮,导致新产生管状分子、筛分子和射线的长轴与螺旋条的方向平行,即与枝干的纵轴成 45°。并认为这主要是由于物质运输角度的改变所致。1956 年后,Zagorska-Marek 和 Littele(1986)在 *Abies balsamea* 上用同位素([^{14}C]-IAA)示踪证实了这一点,而且证明了外源 IAA 可抑制这一重新定向过程的发生。

另外,Thair 和 Steeves (1976)在五种树上作了旋转嫁接实验,先从树干上剥下一块正方形的树皮(每边 5 mm),旋转 90°或 180°后再嫁接回原来的位置。其中山荆子(*Malus baccata*)中愈合后的形成层并不重新定向,而是维持原来的方向,并沿此方向活动。只不过旋转 180°的植株生长缓慢。1～3 年后,嫁接处新产生次生木质部和韧皮部的排列方向仍与原来的垂直。在有些植物中继续生长几个生长季后,再形成的维管组织的排列方向就与茎干的方向,也就是物质运输的方向一致了。这一结果与 Siebers (1972, 1973)用蓖麻下胚轴所作的束间组织颠倒实验是一致的。这一结果好像与物质运输方向决定细胞排列方向的理论是矛盾的,这可能是因为只是一小块树皮改变方向,物质的运输可以绕过这一区域,这一小块区域所需营养靠周围组织向这里扩散就够了,所以运输的压力不大。另外也可能是种的特异性。

12.3.3 形成层活动的速度及持续时间

大部分裸子植物和散孔材双子叶树木，每年春天芽萌动后，首先由芽基部的形成层开始活动，然后沿着枝干向基部扩展(Burley, 1982)。形成层细胞的最初几次分裂比较缓慢，前3～4次分裂要经过3～4周，一旦细胞高度活跃，分裂就变迅速，有的松柏类树木，例如，北美崖柏，早材形成时，大约每隔4～6天分裂一次。当然这种分裂速度与茎端肋状分生组织(只间隔8～18小时分裂一次)比起来，显得慢得多(Bannan, 1955; Fischer, Holl, 1991)。

另外，形成层向外产生韧皮部和向内产生木质部的分裂分化速率也不相同，很可能这是造成木质部的数量远远多于韧皮部的一个重要原因(崔克明，等，1993)。当然也可能是由于木质部母细胞的分裂速率明显大于韧皮部母细胞。

形成层细胞一旦开始分裂分化活动，可持续几个月至1年。在高纬度地区，形成层细胞分裂活动可持续的时间较短，随着向低纬度地区(赤道附近)的趋近，可持续的时间逐渐加长。就总的活动幅度来说，北温带树种大约为1～6个月，热带常绿树种可一年四季都活动，也可能有两个或更多的活动周期(Fahn, 1982; Fahn, Werker, 1990; Rao, 1970)。

就植物的一生来看，形成层活动的持续时间，在某种意义上可以说是无限的，至少是至今不知道它的极限。有些植物，如巨杉(*Sequoiadendron*)和银杏有的已活了3000～4000年，其形成层原始细胞的分裂活动明显有间歇期，但是相当多的时间是处于活动状态。现在知道，*Pinus aristata* 的年龄更大，已知到现在仍活着的最老的植株是4600多年，还有报道说，有些木材的年龄高达9000年(卡特，1986)。

12.3.4 外界环境条件对形成层活动的影响

形成层活动是树木生长发育的一个重要部分，也就必然受到一些环境因素的影响。除了营养因素外，还有一些外部环境因素影响着形成层的活动(Crebner, Chaloner, 1990)。光照影响形成层活动的情况非常复杂。除了前面所说的光周期影响着形成层活动周期外，光照强度也显著地影响光合作用的速率，因此也就决定了形成层所取得的营养物质的多少，从而影响到树木的增粗(Roberts, 1988c)，光也可直接影响再生形成层的发生和活动(李正理，等，1981d)。许多生长在较高纬度的树木，在长日照下形成层有较长时间的细胞分裂和分化(Crebner, Chaloner, 1990; Roberts, 1988c)。对叶子供应 CO_2 的多少，也影响到形成层的活动，这主要是由于 CO_2 是光合作用的一种重要原料，另外，光照、风力、水分等都对叶子气孔器的开关有着重要影响，进而影响光合作用，影响形成层活动(Crebner, Chaloner, 1990; Roberts, 1988c)。形成层区域中内源 CO_2 浓度随季节变化的情况也说明这一点(Eklund, 1990)，也可能还通过其他方式影响形成层活动。组织培养试验说明，CO_2 可促进木质部形成(Martin, 1980)，还有的试验说明，大气中 CO_2 的浓度还影响形成层的衍生细胞——木质部的性质(Donaldson, 1987)。水分的多少更直接影响到整个树木的生长。形成层对水分供应情况非常敏感。如果森林中土壤缺乏水分，常常推迟形成层恢复活动，即使环境中的其他因素，如光照、温度等非常适于形成层活动，缺水也会影响形成层的分裂和分化(Crebner, Chaloner, 1990)。例如，枣树(*Zizphus*)的形成层活动在潮湿地方有两次高潮，而在干旱地区则只有一次很短的活动期(卡特，1986)。降水量还与木质部年轮的宽度存在一定的正相关(Crebner，Chaloner，1990)，干旱是使热带常绿树进入休眠的直接诱导因子(Crebner，Chaloner，1990；Roberts，1988c)。形成层的活动还直接受到气温的影响，气温也可通过光合作用、呼吸作用，以及叶子和根的生长发育间接影响形成层的活动。在温带地区，适当高温可诱导处于被动休眠期的形成层恢复活动，但形成层活动的结束和生理休眠的开始则与温度无关(Crebner，Chaloner，1990)。生长季中，在一定的温度范围之内，形成层的活动与温度的升高成正相关关系(Brett，1983)。另外，垂直生长的树木茎干，形成层在不同径向上的活动相差不大，但在斜向生长的分枝中，由于重力的作用，在上下两面形成层的活动就出现了差异，形成应力木(Timell，1988；Wilson，1981)。此外，形成层的活动尚可受其他一些因素的影响，如激素的作用已在第七章中讨论(崔克明，1991)，在此不再赘述。

第十三章　维管组织再生和形成层发生、活动机理

过去通常认为，树木剥皮后由于切断了营养物质的运输通道，最终会由于根部饥饿而全株死亡，而且早在17世纪，Malpighi M就是用环剥实验证明了韧皮部是运输营养物质的途径(Esau，1977)。所以，长期以来人们在研究维管组织再生时多是采用在植物茎部破坏一小块维管组织(Jacobs，1952，1954，1956，1970；Benayoun et al，1975；Stobbe et al，2002)，或剥一小条树皮(Brown，Sax，1962)来观察其再生情况，这就只能等到一定时间后一次取下再生部分，研究其中维管组织再生情况，而无法研究其再生过程。但实践中也有环剥后不死的例子，如20世纪初，辽宁本溪的一个农民想通过剥皮使生长在他租种的地主土地上的一棵梨树死掉，结果不仅此树没有死，而且第二年结了更多的果实。新中国成立后这个农民的孙子就想利用这个技术使果树增产(王凤亭，等，1979)。1975年该技术又在杜仲树上试验成功(王凤亭，等，1979)，适应了当时药材生产的需要。1978～1983年形成了一个研究的高潮，80年代又进行了植皮再生和去木质部再生的研究，这就为研究维管组织再生提供了一种有效的实验系统。在此类研究的基础上结合其他一些研究就可更好地探讨维管形成层发生和活动的机理。

13.1　剥皮再生

13.1.1　技术研究

杜仲树皮自古以来就是重要的中药材，由于一直采用砍树剥皮的方法取得树皮，致使资源日益匮乏。如今剥皮技术的研究，可以将树皮大面积地剥去几十厘米至几米长的完整一圈(图13.1)。过去虽也有不少有关剥皮的研究，而且至今国外也不断有报道(Noel，1970；Fisher，1989；Zagorska-Marek，1986；Stobbe et al，2002)，但他们都是剥一小条树皮或非常窄的一圈，或螺旋状环剥，而且他们所报道的再生也与这里所说的不同，他们说的是树皮切口边缘的再生，而这里说的是剥皮后暴露面的再生(李正理，等，1981a，b；李正理，等，1983a，b；李正理，等，1984a，b；李正理，等，1985；崔克明，等，1986a，b；崔克明，1983；李正理，等，1986；鲁鹏哲，等，1987；李正理，等，1988a，b；刘庆华，等，1990；徐欣，等，1991；Cui et al，1988；赵国凡，等，1984；Mwange et al，2003b；Hou et al，2004)。国外的报道中也有说剥皮后树木能存活的，但其中除少数是指切口边缘再生的组织覆盖住暴露面外，绝大部分说的

图13.1　环剥杜仲树皮

是虽没再生新皮但还能存活的时间，有的能存活几天，几十天，几个月，甚至几年，最长的可达40年，这可能是种的特异性，但最终还是要死亡(Noel, 1970)。

在我国剥皮再生技术是最初研究的出发点，与杜仲的生产密不可分。试验最早在青岛成功既有其必然性又有其偶然性，说其必然是因为青岛气候特殊，夏天空气相对湿度通常在90%以上；说其偶然是因为试验人偶然听到树木剥皮可以再生新皮的消息，又碰巧其中一人是园林工程师，可以自由用树，又碰上懂行的山东省药材公司支持这一研究继续进行，这就使这一技术很快达到较为成熟的阶段(王凤亭，等，1979)。但是也是由于青岛的特殊气候使他们不可能提出剥皮后的保护措施，随着在山东其他地方的推广，就出现了许多树剥皮后不能再生新皮而死亡的现象。崔克明等调查了山东各地杜仲剥皮再生的情况，于1979年首次试验成功了剥皮后包裹透明塑料薄膜的保护措施，并研究了包裹不同塑料薄膜对再生新皮组织分化的影响(李正理，等，1981b)，随后各地在实际操作中又出现了包裹废报纸、树皮等措施，但此后在技术上就再没有新的进展，特别是1982年此项目获得国家医药管理总局科技成果二等奖以后，技术上的研究就几乎处在了停止状态。90年代随着杜仲事业的发展，其技术研究才又有了不断的发展，如河南洛阳林业科学研究所试验应用的"杜皮厚"(一种实用的植物生长调节剂)可促进新皮的生长，该技术在生产上的应用也越来越广。1995年贵州遵义市向口乡一次剥皮30多万株，成活率达98%以上，为农民创造了可观的经济效益。湖南省慈利县也是靠这一技术每年为农民创收五百万元以上，到1998年9月，仅湖南慈利县、河南洛阳地区和陕西略阳县三地的初步统计，已累计为农民创收近两亿元人民币，使近200万株杜仲树免遭砍伐。

13.1.2 树皮剥落的部位

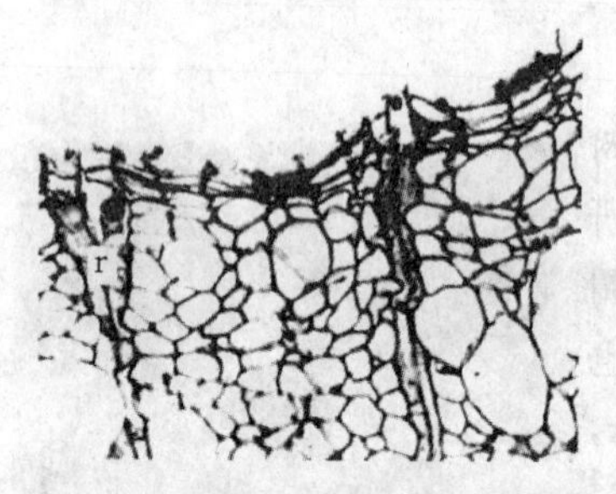

图13.2 刚剥皮后的杜仲茎干部分横切面，示暴露的表面。r. 射线

一般说来，树皮是在形成层带附近剥落，但具体位置随着树种的不同而异，就同一种树而言又随季节的不同而不同。像杜仲这类孔较小的散孔材树种，除了休眠期在韧皮部中断裂外，在整个形成层活动期都是从形成层带附近剥落，只是偶尔向木质部一侧，偶尔向韧皮部一侧(图13.2)(李正理，等，1981a,b)。而具较大孔的散孔材和环孔材树种则明显随季节变化，休眠期从韧皮部一侧剥落，早春形成层刚开始活动不久，是在形成层带附近剥落，而当夏季已产生大量未成熟木质部细胞时则是在未成熟木质部中断裂(图3.15)(鲁鹏哲，等，1987；李正理，等，1988；Cui, 1992; Cui et al, 1995b)。

13.1.3 剥皮后新皮的再生

(1) 发生再生的部位

这也就是再生新皮的起源问题，大量的研究说明，再生新皮的起源随着剥皮部位的变化而变化。当树皮从形成层带附近剥落时，全部未通过细胞分化临界期(崔克明，1997)的未成熟木质部细胞都参与新皮的形成，看不到射线细胞的特殊作用(李正理，等，1981a,b)。但当树皮从未成熟木质部中剥落时，则主要由临近表面的射线细胞发生新皮，越靠近成熟木质部，射线的作用越大(鲁鹏哲,等,1987;李正理,等,1988; Cui, 1992; Cui et al, 1995)。这是因为留在表面的未成熟木质部轴向系统细胞分化程度较高,已通过了细胞分化的临界期,不能再脱分化,只有射线细胞还没通过临界期,所以它们可以脱分化形成新的树皮。

(2) 愈伤组织的形成

剥皮后再生树皮的形成过程中往往要先形成愈伤组织,在特殊情况下也可以不经过这一阶段。如杜仲剥皮后在高湿的环境中不包塑料薄膜就形成新皮,那么就不形成愈伤组织,而是表面先形成一胶化层,两天后其下的生活细胞——未成熟的木质部细胞就发生分裂,而且多为横向分裂,甚至表面下十几层的细胞也恢复分裂。这里看不到射线细胞的特殊作用,它们的衍生细胞与纺锤状细胞的衍生细胞始终界线分明,都没有愈伤组织的特征(图 13.3)(李正理,等,1981a)。但是如果剥皮后包裹以塑料薄膜,则表面不形成胶化层,而是射线细胞很快进行平周分裂向外膨大成喇叭口状(图 13.4),进而不断向周围扩大,彼此相连形成一厚层愈伤组织覆盖住整个暴露的表面(李正理,等,1981b)。其他植物也大体如此(李正理,等,1986,1988a,b; 鲁鹏哲,等,1987;刘庆华,等,1990; 徐欣,等,1991; Li et al, 1988; Cui et al, 1989; 赵国凡,等,1984)。这也说明射线细胞的形态在周围细胞的压力下才得以维持,一旦失去这压力,就膨大成近乎等径的愈伤组织细胞,例如,突出在暴露的树干表面外的细胞。而且射线细胞不再只进行平周分裂,而是进行各个方向的分裂,从而形成愈伤组织。

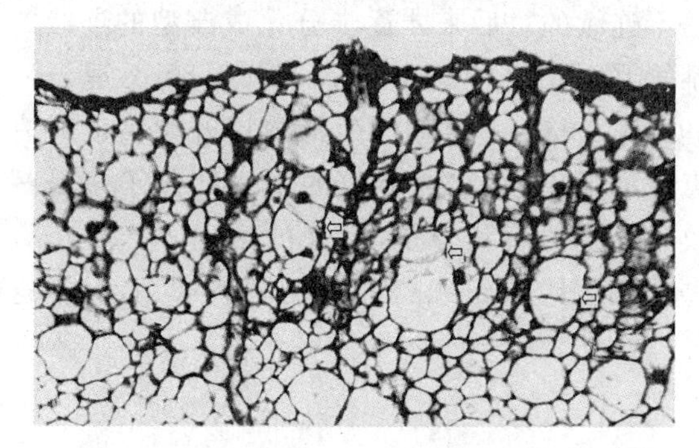

图 13.3　杜仲剥皮后暴露 14 天,表面形成胶化层,深层的导管分子已发生平周分裂(箭头所示)

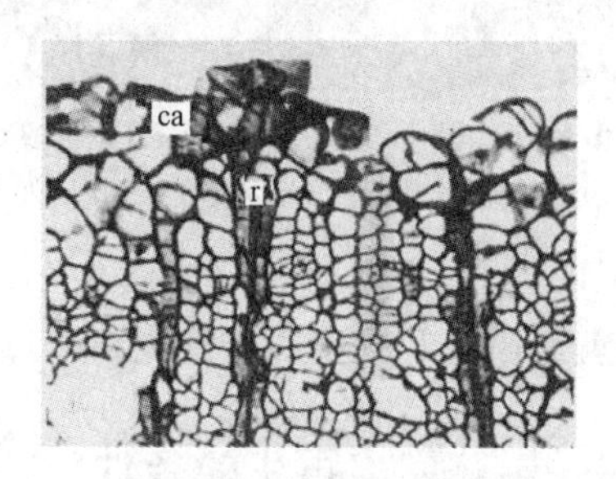

图 13.4　杜仲剥皮后包裹透明塑料薄膜 4 天,示愈伤组织形成。图中 ca. 愈伤组织;r. 射线

(3) 周皮的形成

如果剥皮后不包裹塑料薄膜,3～4 天后,表面层细胞就逐步栓质化而死亡,形成封闭层,14 天后就可看到其下的几层细胞陆续恢复平周分裂,开始形成断续的木栓形成层,随后逐步彼此相连形成完整的一圈(图 13.5)(李正理,等,1981a)。如果剥皮后包裹透明塑料薄膜,则是剥皮后 2 周左右在愈伤组织表面 3～5 层细胞下分散地出现平周分裂,随后再逐步彼此相连形成完整的一圈。但其外表面的细胞却仍为形状不规则的近乎等径的薄壁组织细胞,其壁很少栓质化,一直到一个月后揭去塑料薄膜时,表面细胞才栓质化,此后木栓形成层产生的衍生细胞才是典型的木栓层细胞,形成真正的周皮(李正理,等,1981b)。也有些植物的表面细胞,只要包裹在塑料薄膜中就一点也不栓质化,细胞中层解体,彼此孤立,看上去与白粉相似,很容易脱落,像是彼此分离的愈伤组织细胞(鲁鹏哲,等,1987;李正理,等,1988)。

(4) 形成层的发生、发育及活动

杜仲剥皮后，无论是暴露在潮湿的空气中还是包裹在塑料薄膜中，都是由深层的未成熟木质部细胞恢复平周分裂而发生形成层。也就是说由未成熟木质部细胞脱分化而成。暴露的(李正理，等，1981a)，剥皮后3周左右，包裹在透明塑料薄膜中的(李正理，等，1981b)，则是剥皮后2周左右，在表面下25～30层处原来没有恢复分裂的未成熟木质部细胞断续地发生形成层(图13.6A，箭头所示)，而且木射线恢复平周分裂形成射线原始细胞的时间较晚。随后它们才逐步彼此相连成完整的一圈，向内形成木质部，向外形成韧皮部(图13.6B)。在那些先形成大量愈伤组织的植物中，形成层也在愈伤组织的深层发生。不过，开始时在横切面上看只是一些扁平状的分生组织，纺锤状原始细胞与射线原始细胞分化不明显，都纵向很短，而且也是不连续的。后来才逐步分化成典型的连续的维管形成层(鲁鹏哲，等，1987；李正理，等，1981b，1988)。这种再生形成层开始活动时有点像原形成层，它所形成的木质部分子多是螺纹或环纹的管状分子，后来的活动才产生出典型的次生维管组织(李正理，等，1981a，b)。这里可能就经历了脱分化和再分化两个过程。

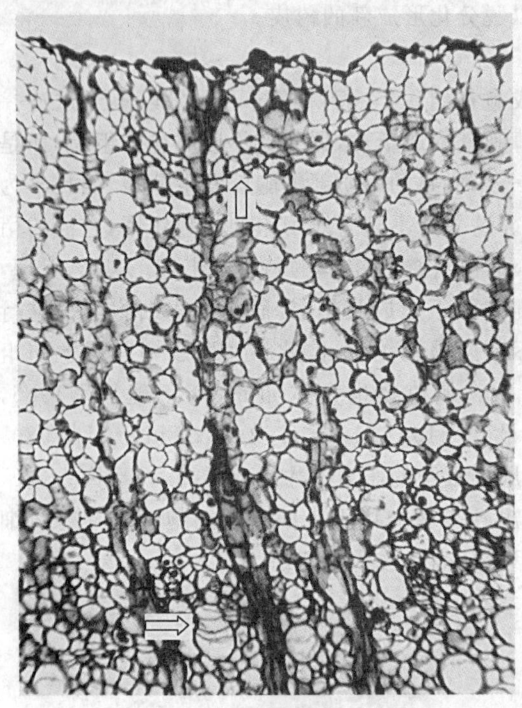

图13.5 杜仲剥皮后暴露21天，示近表面已发生木栓形成层(竖箭头所示)，深层已开始发生维管形成层(横箭头所示)

13.1.4 影响剥皮再生的条件

这方面的研究很少，尤其是系统地、科学地研究几乎还是空白，只在其他的研究论文中零星地提到(鲁鹏哲，等，1987；李正理，等，1981a，b，1988；Li et al，1988；Cui et al，1989)，但对于这一技术的推广应用却是至关重要的。

13.1.4.1 树木生长状态和剥皮的季节

树木生长状态是树木剥皮后能否再生新皮的基本的、内在的条件。生长旺盛，形成层活动旺盛，特别是未成熟木质部细胞的层数是剥皮后能否再生新皮的最重要的因素(李正理，等，1981a，b；Cui et al，1989)，层数越多越有利于新皮的再生。

剥皮季节是与树木的生长状态密切相关的

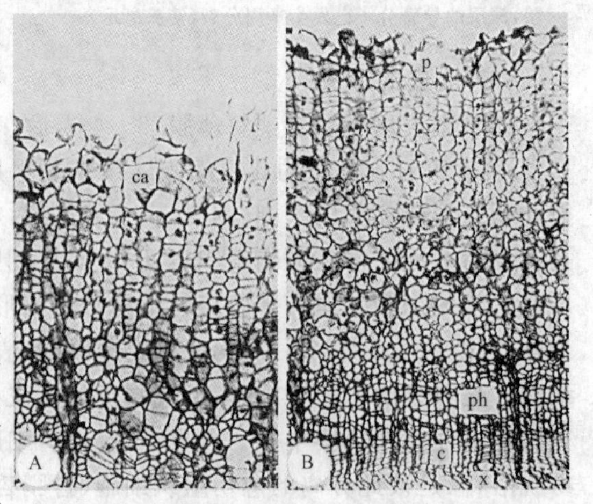

图13.6 剥皮后包裹透明塑料薄膜14天(A)和21天(B)的杜仲茎干部分横切面，示已形成树皮的雏形。c. 形成层；ca. 愈伤组织；p. 周皮；ph. 韧皮部；x. 木质部

因素。通常在夏季剥皮成功率较高，因为这时形成层已活动了一段时间，已形成了较多的未成熟木质部细胞，为再生准备了物质基础（李正理，等，1981a，b；鲁鹏哲，等，1987；Cui et al，1989）。

13.1.4.2 气候条件

影响树木剥皮后能否再生新皮的气候条件主要包括水、温度、空气湿度和光照等。

水 影响最大的是土地的湿度，影响它的又主要是降雨量，特别是剥皮前一周左右的降雨量。因为水分充足，形成层活动旺盛，如果遇到干旱，形成层活动就明显减弱甚至停止（Carlquist，1988；Roberts et al，1988），因此干旱季节剥皮，最好在剥皮前一周左右浇一次水。

温度 特别是地温对于新皮的发育也是非常重要的，这可能是因为适当的地温有利于根的生长和生理活动，而根中合成的细胞分裂素可能参与了形成层细胞分裂调控（崔克明，等，1992）。

空气湿度 这是影响树皮再生的最重要的条件之一，当空气中相对湿度达到90%以上，并能维持2～3周时，剥皮后不用任何保护就可以再生新皮；如果低于90%，不作保护就几乎不可能再生新皮。所以大部分地区剥皮后要用塑料薄膜包裹（李正理，等，1981b）。这是因为剥皮后留在树干表面的形成层带和（或）未成熟木质部细胞都是活的薄壁组织细胞，直接暴露在干燥的空气中就会失水干枯而死（李正理，等，1981a，b）。另外，湿度大又不利于木栓细胞的栓质化（李正理，等，1981b；鲁鹏哲，等，1987；Li et al，1988），从而容易发生病虫害（崔克明，1983），因此又要在适当时机揭膜以促进周皮的早日形成。与此相关的是空气的流通也有利于周皮的形成。

光照 无论是用黑塑料薄膜包裹（李正理，等，1981b），还是用铝箔包裹的树（Cui et al，1995b），形成层的发生和活动都大大晚于包裹透明塑料薄膜的，而且很长一段时间内所分化出的维管组织还排列得很不规则，由此可见，光照可能有利于再生形成层的发生和活动，因此在干旱地区剥皮最好用透明膜保护。

以上几方面，对于这一技术更广泛地应用于生产具有重要的指导作用，但由于这方面的研究周期长、需要稳定的基地和各方面的配合，所以研究甚少，至今未见系统科学的研究报道。

13.1.4.3 植物生长调节剂对剥皮再生的影响

研究发现，生长素（IAA，NAA和2,4-D）（李正理，等，1985；刘庆华，等，1990；徐欣，等，1991；Cui et al，1995b）和细胞分裂素（刘庆华，等，1990；徐欣，等，1991）都有利于愈伤组织的形成，不利于周皮的形成；而乙烯则有利于周皮的形成（李正理，等，1985）；IAA和NAA还有利于形成层的发生和活动（李正理，等，1985；徐欣，等，1991）。但在这些研究中都是把激素的水溶液涂在剥皮后的暴露面上，没有切断内源激素的源，这就很难说实验结果是外源激素本身引起的，还是它们与内源激素共同作用的结果。后来采用了切断内源激素的源的实验设计，证明IAA对木质部和韧皮部的形成、形成层和木栓形成层的发生都有着明显的促进作用，IAA流对形成层的发生及其形态和排列方向的维持都起着重要的控制作用（Cui et al，1995b）。近来的研究还发现，剥皮后内源IAA的含量急剧升高，开始组织分化后又回落到正常水平（图13.7）（崔克明，等，2000；Mwange et al，2003a），同时内源ABA的含量则降低（图13.8），而且IAA的组织定位还说明，这时体内的IAA主要分布于恢复分裂能力的生活的组织细胞中（图13.9）（汪向彬，1997；Mwange et al，2003a）。

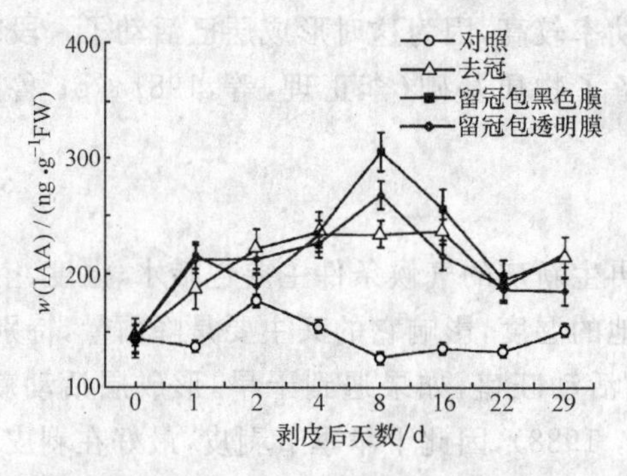

图 13.7 构树剥皮后内源 IAA 浓度的变化(引自崔克明,等, 2000)

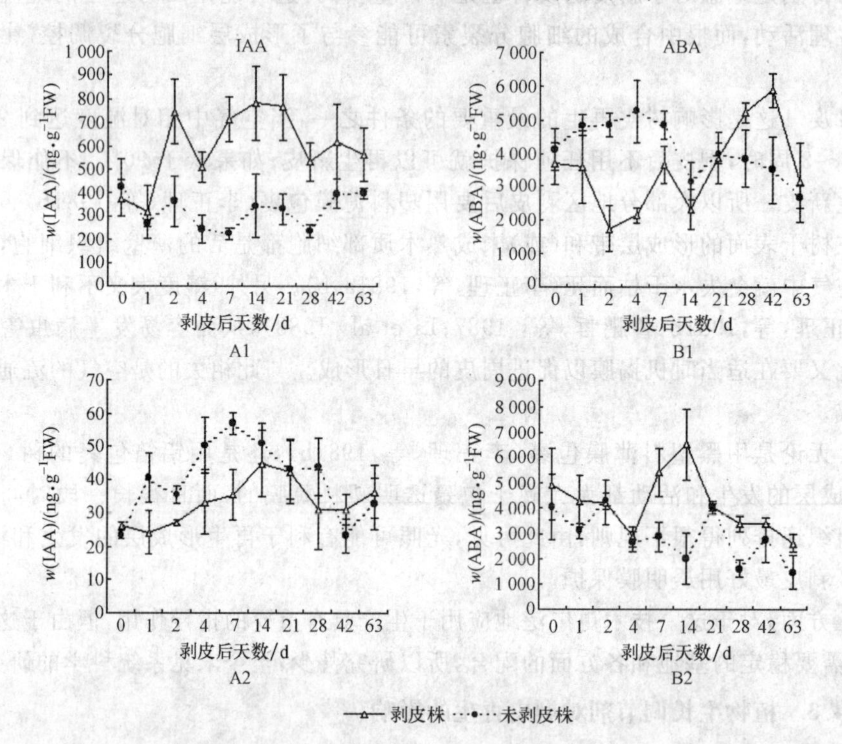

图 13.8 杜仲剥皮再生中内源 IAA 和 ABA 的含量变化。A1,B1. 再生树皮;A2,B2. 成熟木质部(引自 Mwange et al, 2003a)

13.1.5 剥皮再生对树木生长的影响

采用剥皮再生技术生产药用杜仲树皮后对树木的生长有什么影响,这是林业生产部门和中药材生产部门共同关心的问题,也是发育生物学中的一个重要的理论问题。研究表明,只在剥皮当年对树木的生长有一定的影响,长粗和长高减慢,落叶提前,发芽推迟。第二年就与对照株差异不大,第三年则与对照株差异更小,甚至生长超过对照株。这里特别应该指出的是,在整个观察期间,剥皮部位木材的年生长量都大于上下未剥皮处(图 13.10),即使未剥皮处的木材年生长量也大于对照株的相应部位(图 13.11A)。而仅就树皮厚度来看,三年后也与对照株的相应部位相似(图 13.11B)(崔克明,等,1986b;Cui, Li, 2000)。由此可见,再生形成层的年龄变小了,也就是实现了返幼。但后来在除青岛以外的许多地区(如北京)发现,就是五年后

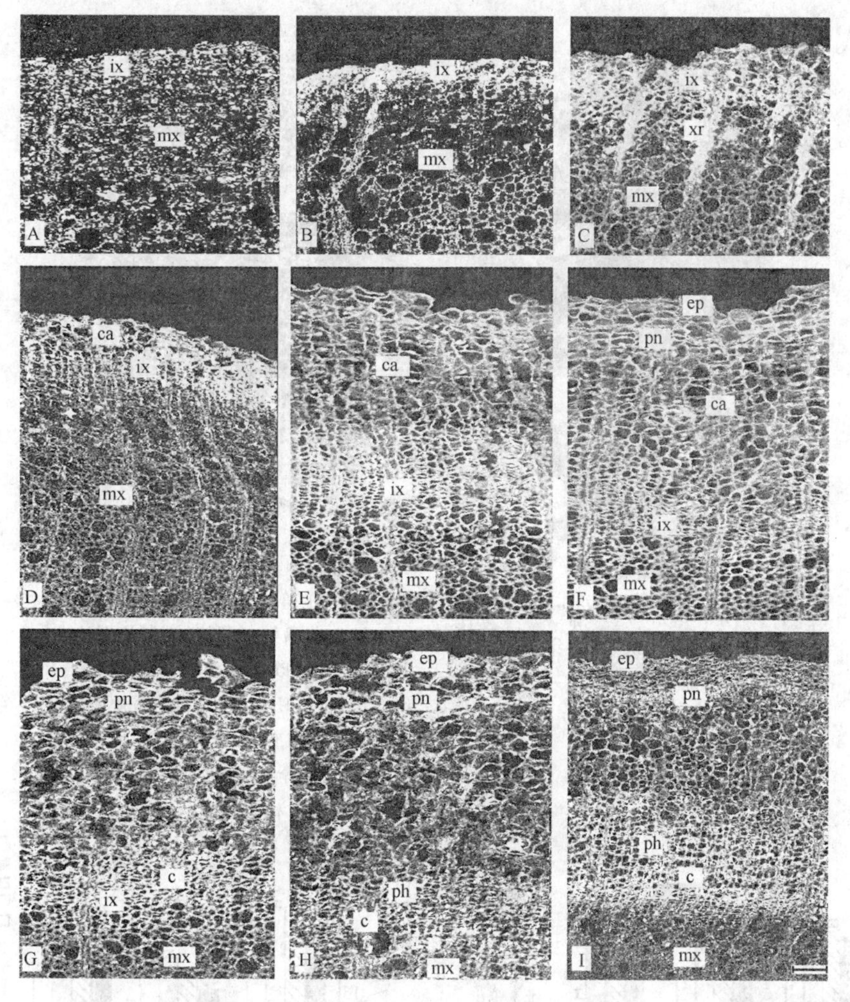

图 13.9 杜仲剥皮再生中内源 IAA 的免疫定位。A. 剥皮当天；B. 剥皮后 1 天；C. 剥皮后 2 天；D. 剥皮后 4 天；E. 剥皮后 7 天；F. 剥皮后 14 天；G. 剥皮后 21 天；H. 剥皮后 28 天；I. 剥皮后 42 天；标尺为 100 μm(引自 Mwange et al, 2003a)

再生新皮的厚度也还比同株未剥皮处及对照株的树皮薄得多。这就大大影响了这一技术的推广。这是气候的差异造成的，还是别的什么原因造成的，非常值得作进一步的研究。

13.1.6 新皮再生过程中腐烂病的发生与防治

研究发现，腐烂病是一种细菌病，在细菌的侵染过程中，植物发生过敏反应，诱导感染细胞临近的细胞发生编程死亡(Greenberg et al, 1994; Levvine et al, 1996)，从而使被侵染组织本身不断发生防御组织抵御细菌的侵染，如木栓形成层的不断发生(图 13.12)。如果该病高发期(7 月)到来之前已形成了发育良好的木栓层，就不会发生这种病。对此病的防治措施有：1) 选择合适的剥皮时间，以使剥皮后一个月内避开此病高发期；2) 剥皮前对手和剥皮工具消毒；3) 采取促进周皮形成的措施；4) 发病后及时手术治疗。

图 13.10　1975 年 7 月在 GG 处剥皮一次，1979 年 7 月在 GG 和 G 处剥皮（GG 为剥皮两次，G 为剥皮一次）

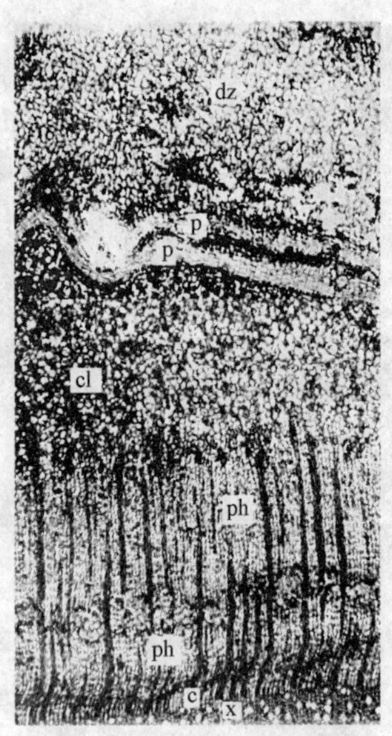

图 13.12　剥皮后再生新皮被细菌感染，不断形成新的木栓形成层，以抵御细菌继续侵染。图中 c. 形成层带；cl. 类皮层；dz. 细菌侵染后死亡的组织；p. 含木栓形成层的周皮；ph. 韧皮部；x. 木质部

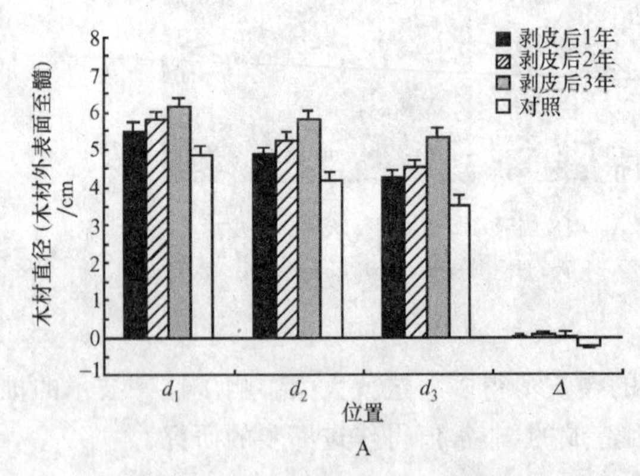

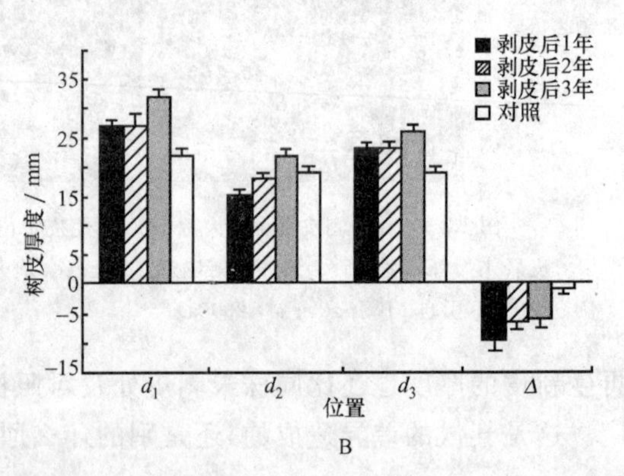

图 13.11　杜仲剥皮后不同时间和不同部位木材直径（木材外表面至髓）（A）和树皮厚度（B）比较。d_1. 剥皮部位上线上 10 cm 处；d_2. 剥皮部位中间线；d_3. 剥皮部位下线下 10cm 处；$\Delta = d_3 - (d_1 + d_2)/2$

13.1.7　剥皮再生机理的研究

这方面的研究还很少，结果也是非常粗浅的。但只有这方面的研究深入了，才能更有效地指导生产。

13.1.7.1　剥皮后新皮再生过程中的有机物质运输问题

从 Malpighi M 1686 年用环剥实验证明韧皮部是从上往下运输有机营养物质的通道以来，韧皮部一直被认为是唯一的这种通道(Esau，1969)。但李正理和崔克明对剥皮的杜仲树所作的几个实验(李正理，等，1983，1984a；崔克明，等，1986)间接证明，至少在剥皮的胁迫作用下，在新的韧皮部建立之前，木质部有一定的运输有机营养物质的作用。最近的研究说明，在新的形成层发生之前，较深层的未成熟木质部细胞就直接转分化为筛分子(图 3.7)(曹静，2003；侯宏伟，2004)，这就可直接行使有机营养物质运输功能，就是在筛分子形成前这些未成熟木质部细胞就已可能行使这一功能。

13.1.7.2　新皮再生过程中同工酶的变化

有关研究说明，过氧化物酶和酯酶同工酶都随新皮再生过程发生变化，由于创伤刺激引起过氧化物酶所有的同工酶都表达，随着维管形成层的发生和活动，新出现的酶带又消失，剩下与对照株相同的酶带，而酯酶的同工酶中，有的酶带只在分化木质部时才表达(Cui et al，1995b)。这项工作无论对这一技术的深化和提高还是对于形成层发生和活动机理的研究都具有十分重要的意义。

13.1.7.3　新皮再生过程中的细胞脱分化、转分化和再分化

从超微结构水平和分子生物学上研究新皮再生过程中细胞脱分化、转分化和再分化问题，特别是再生形成层发生和活动过程中的超微结构变化、生物化学变化和分子生物学变化，是研究再生机理的一个最重要的方面。目前发现，在木质部分子开始进入编程死亡第三阶段后还能够脱分化，其间开始降解的 DNA 又得以修复(王雅清，崔克明，1998)，在木质部分子分化中出现的，与细胞编程死亡中 DNA 降解有关的、M_r 为35 000 的 DNase 消失，本已开始解体的细胞器也逐步修复。这就把原来提出的细胞分化临界期结束的时期推后了，原来设想细胞死亡程序的开启就是细胞分化临界期的结束(崔克明，1997)，现在看来很可能是细胞核膜的解体才是临界期的结束(王雅清，等，1999；Wang et al，2000)，从分子生物学的角度看，很可能 DNA 聚合酶基因的降解才可能是细胞分化临界期的结束。另外，正如在第三章位置效应中所提到的，剥皮后处于不同位置的细胞发生不同的变化，最表面的未成熟木质部细胞，特别是木射线细胞首先脱分化形成愈伤组织，进而再分化形成周皮，其下的几层未成熟木质部细胞直接转分化形成韧皮部细胞，最里面的靠近成熟木质部的未成熟木质部细胞则直接脱分化形成形成层，这三层间的位置效应的具体内涵各是什么，它们间有什么不同，至今都还在探索中。表面几层可能是由于暴露在外面而发生栓质化，其下几层可能由于有待运输的蔗糖等有机物的诱导，还有较低浓度 IAA(Mwange et al，2003a)的共同作用而启动了韧皮部细胞的分化程序，而紧靠成熟木质部的几层未成熟木质部细胞则可能是较高浓度 IAA 诱导启动了它们的脱分化过程，而且脱分化到形成层阶段后就停止，转而开始向木质部或韧皮部的分化过程。至于各层的诱导信号是不是如此，即使如此，它们又是怎么发生的，它们的受体是什么，接受信号后又是如何传递的，最后怎么启动有关的分化程序，程序由哪些基因编码，怎么编码，都是值得探讨的有趣问题。

13.2　植皮再生

就杜仲剥皮来说，也不是百分之百都能再生出新皮，由于种种原因都可能使剥过皮的树不能再生新皮。这就使得剥皮再生技术的推广遇到困难。因此就提出了如何使这些面临死亡的树继续活下去的问题。青岛药材站的袁正道试验成功了植皮再生技术，随后李正理、崔克明和袁正道

等就对其再生过程进行了研究(李正理,等,1983b)。这也为研究未成熟韧皮部细胞的脱分化和转分化提供了一个很好的实验系统。

13.2.1 植皮再生的方法学

如果发现剥皮后暴露的树干表面干枯变色(图 13.13A,og),不能再生新皮,就尽快在原剥皮部位上下两端再各剥去 10 cm 左右的树皮(图 3.13A,ng),然后从比欲植皮株稍粗的植株的树干上剥下比原剥皮长度长 20 cm 左右的完整一圈树皮,立即紧贴到欲植皮株剥过皮的部位,用绳子捆紧,特别是两端新剥皮处更要捆紧。然后再用透明塑料薄膜包裹植皮处,以保持此处处在潮湿的环境中。一个月后所植树皮就可与树干愈合在一起,使树木恢复正常生长(图 13.13B)。

图 13.13 植皮前后的杜仲树干。A. 植皮前,原来剥皮处未再生新皮而变黑(og),其上下又新剥去 10 cm 左右的树皮(ng);B. 植皮后一年,所植树皮已长好(两个白箭头间)

13.2.2 植皮再生组织学

13.2.2.1 刚剥下的树皮内表面状态

刚剥下用于植皮的树皮内表面状态与剥下此皮的树干表面状态相似,随剥皮的物种和时间而变化。像杜仲这类木材孔径较小的树木,在形成层旺盛活动期,树皮从形成层带附近剥落,树皮的内表面也像暴露的树干表面一样,整个内表面凸凹不平,形成层带细胞不同程度被撕毁,有的部分还残留有 1～3 层形成层带细胞,有的部位就没有残留的形成层带细胞,未成熟的韧皮部细胞暴露在内表面,个别部位甚至只留下了已接近成熟的韧皮部细胞,也有的个别部位不仅留下了全部形成层带细胞,而且还留下了 1～2 层未成熟的木质部细胞(图 13.14A)。如果所剥皮树木孔径较大,如构树,在形成层旺盛活动期,树皮是从未成熟木质部中剥落,树皮的内表面就残留有几乎全部形成

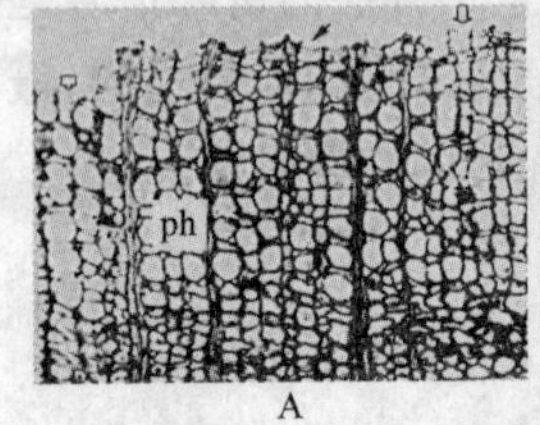

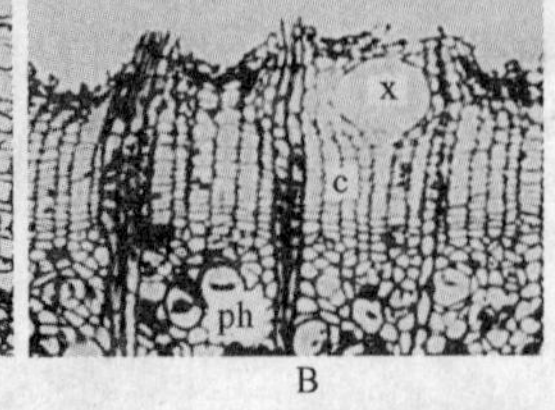

图 13.14 杜仲(A)和构树(B)形成层活动旺盛期剥下的树皮内表面。c. 形成层;ph. 韧皮部;x. 木质部;细箭头示形成层;向下白箭头示刚分化出的未成熟韧皮部细胞;向下方尾箭头示接近成熟的未成熟韧皮部细胞

层带细胞，多数部位还留有少数未成熟的木质部分子，只有极少数部位才有未成熟韧皮部细胞暴露在内表面上(图 13.13B)。因此，不管树皮从哪里剥落，其内表面上都残留有不少破碎的细胞，有的断裂的细胞壁露在表面，有的还可看到裸露在细胞外的细胞核(图 13.13A，B)。

13.2.2.2　愈伤组织的形成

杜仲植上树皮以后，由于中间被捆扎部分所受压力不同，所植树皮有的部分与树干表面贴得紧，有的贴得不紧而中间留有孔隙。植皮后一周左右，紧贴的部分，韧皮部表面细胞虽然恢复分裂，但却没有形成明显的愈伤组织，而只见部分射线细胞略为膨大挤在其他韧皮部衍生细胞中间(图 13.15A)。但是没有贴紧的地方，所植树皮内表面的一些细胞很快恢复细胞分裂，其中韧皮部射线细胞的分裂最旺盛，它们的体积也显著变大，向外突出成喇叭口状的细胞团，不久就形成了细胞大而不规则的愈伤组织。其间也可能混杂有少数其他的韧皮部衍生细胞，但大部分与韧皮部其他部分的衍生细胞界限分明(图 13.15B)。

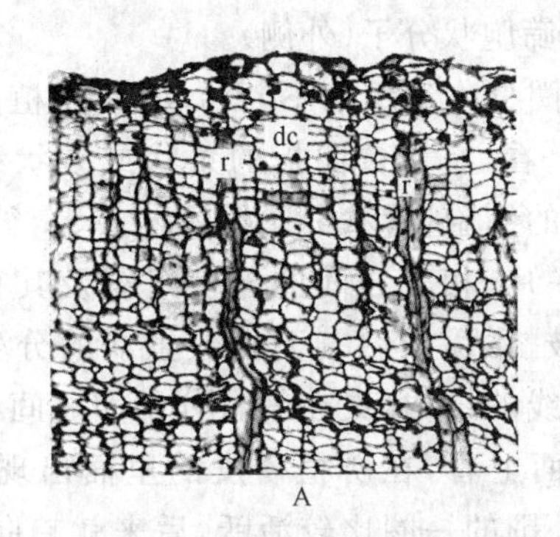

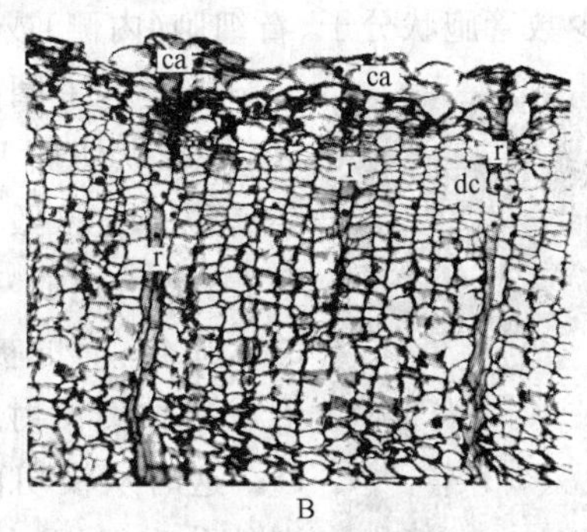

图 13.15　杜仲植皮后一周，紧贴树干部分(A)和未紧贴树干部分的树皮内表面(B)部分横切面，示未成熟韧皮部细胞恢复分裂。图中 ca. 愈伤组织；dc. 恢复平周分裂的未成熟韧皮部；r. 未成熟韧皮部射线

13.2.2.3　管状分子团的形成

杜仲植皮后 3 周左右，愈伤组织里面的韧皮部衍生细胞中可看到少数分散的管状分子，它们较靠近新发生的愈伤组织。后来这种管状分子逐渐增多，成为一个个团状结构(图 13.16A)。不过在没有形成愈伤组织而紧贴未再生新皮的树干表面的地方，这种管状分子团在所植树皮韧皮部衍生细胞中发生。这里的管状分子是由未成熟韧皮部细胞直接转分化来，还是未成熟韧皮部细胞脱分化到一定程度后又再分化形成尚不得而知。管状分子团出现以后不久，所植树皮上的愈伤组织与未再生新皮树干靠近的表面 5～7 层细胞可被番红染成红色，形成一拟木栓结构，其下面的几层细胞排列紧密而整齐，与木拴形成层相似，进而形成拟周皮结构。开始紧贴树干而没有形成愈伤组织的地

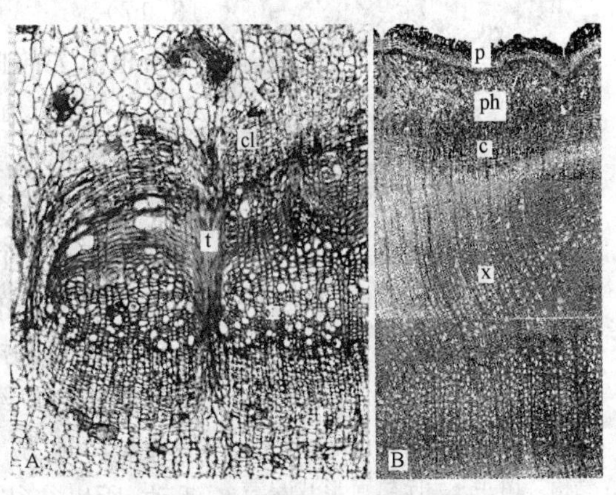

图 13.16　杜仲植皮茎干部分横切面。A. 3 周后所植树皮中的两个管状分子团已紧靠在一起组成一个大的管状分子团(t)；B. 3 个月后所植树皮边缘未愈合处形成一半圆形的树干状结构，示新形成的树皮到木质部的结构。图中 c. 形成层；cl. 类形成层；p. 新形成的周皮；ph. 新形成的韧皮部；t. 管状分子团；x. 新形成的木质部

方,则是在所植树皮的韧皮部衍生细胞与树干贴靠处出现类似结构。

13.2.2.4 维管形成层的发生和活动式样

植皮后一个月左右,可在管状分子团周围看到一圈扁平状细胞组成的分生组织,开始时这种分生组织的活动只是产生一些不规则的薄壁组织细胞,遂后其活动和细胞形态才逐渐趋向维管形成层状(图 13.16A,cl),在管状分子团中产生一些环纹或螺纹管胞或导管管胞,向与之相反的一面,即离心的方向,产生一些筛胞状分子,但这些衍生细胞的排列方向很不规则。另外,这些分生组织的活动式样似乎与它所处的位置还有一定关系,靠外面,与原来韧皮部相邻的一面,植皮后两个月左右,这些分生组织的活动就与形成层相似了,在其外侧不断产生出筛胞状分子或筛管分子,内侧产生出导管或管胞状结构。由于这些分生组织分布在整个管状分子团的周围,很不规则地形成内外交叉,所以拟木栓层一侧的分生组织也在内侧(管状分子团)产生"木质部",在外侧(拟木栓层一侧)产生"韧皮部",但此处的"木质部"和"韧皮部"都主要由薄壁细胞组成,只在其中夹杂有少数管胞状分子、石细胞(内侧)或筛胞状分子(外侧)。

图 13.17 植皮一年后植皮边缘部位茎干部分横切面。A. 从近轴面的再生周皮到原来树皮面形成层形成的木质部(x);B. 从远轴面的原来树皮到近轴面新形成树皮的全部结构。图中 c. 近轴面形成层带;ca. 近轴面形成层形成的木质部和远轴面形成层形成的木质部间遗留的愈伤组织;cc. 远轴面形成层带;ph. 所植树皮中原已存在的韧皮部;rp. 再生周皮;rph. 再生的近轴面韧皮部

由于这一圈圈分生组织的不断活动,到了植皮 2～3 个月以后,在纵切面上看,有非常曲折的条状或袋状结构,其中夹杂有很多被挤毁的细胞,管状分子团不断扩大,彼此逐渐靠近合并,最后连成一片,相互之间的分生组织及其衍生细胞,有的木质化,有的被挤毁,最后剩下少数生活的分生组织细胞,形成一种类似射线的结构,夹在管状分子团之间(图 13.16A,t)。这时从横切面上看,在所植树皮的里面出现了两圈不规则的分生组织,外围的一圈比较活跃,后来就趋向于正常维管形成层。而里面的一圈也活动一定时期,但不久就逐渐连同已分化的细胞一起被挤毁,而被夹杂在成熟的木质部之间(图 13.17)。

植上去的树皮通常成环状包围着未再生新皮的树干,捆扎以后,一般所植树皮的纵向裂缝连接较好,不久就愈合。连接处的再生形成层及其衍生的木质部和韧皮部分化与所植树皮中其他部分无多大差异。但也有少数植株因捆扎不牢留有较大裂口,3～4 个月后,这种裂口边缘上的内圈分生组织明显不同于所置树皮的其他部分。由于裂口处留有较大的缝隙,所以可较长时间保持生活状态,而不被挤毁。后来这些分生组织可以直接转变成维管形成层(图13.16B),到了植皮后一年左右,这种裂口地方,因为周围分生组织都已进行正常的维管形成层活动,所以往往使边缘部位分化成半圆形突起,这与平常树皮受伤后愈合的边缘相似(图 13.17)。

一年以后,所植树皮中外圈的分生组织已完全转化为维管形成层,不断向内分化出木质部,向外分化出韧皮部。原来内圈的曾活动过一段时间的分生组织及其衍生出的少量维管组织皆被挤毁,夹在被植皮树干和所植皮中新形成的木质部之间。因此整个所植树皮形成了一

个筒状结构套在原来剥皮后未再生新皮的茎干外面，彼此不能愈合。不过，上下两端早已愈合发生出新的维管形成层，并进行正常活动。所以这种套筒状态，只限于被植皮树干上剥皮后未再生新皮的部分。所以从横切面看，这一部分的结构显得比较特殊，像一个中轴外面套上一圈厚的正常茎组织，随着树干的不断生长，逐渐将原来这部分树干深埋在中心(图 13.18)。

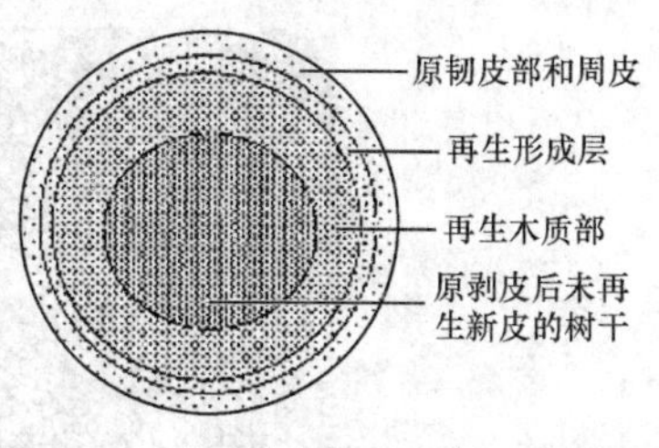

图 13.18　杜仲植皮后茎干横切面示意图

13.3　去木质部再生

植物剥皮后能够再生树皮，为研究韧皮部形成的条件创立了一个很好的实验系统，而去木质部再生的实验成功则为研究木质部的形成创造了条件。

13.3.1　再生的方法学

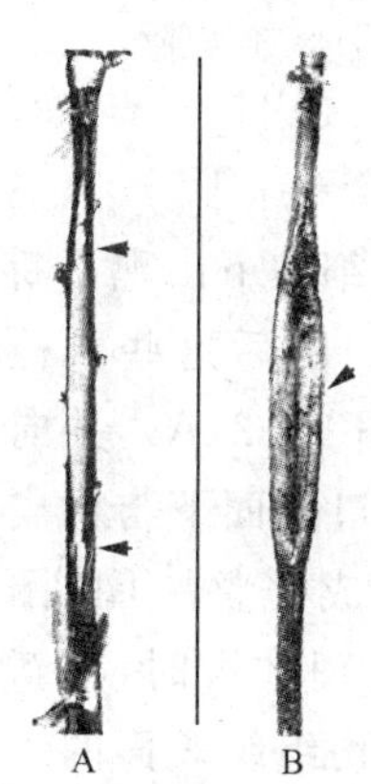

图 13.19　刚去木质部的 1 年生构树树干(A)和去木质部后 1 年的构树树干(B)，箭头为失去木质部部位

将供试的 1～2 年生构树植株的茎干捆在插于一旁的竹竿上，剪除所有叶子，用刀纵向切断树皮，将树皮与木质部剥离，剪除中间一段木质部(图 13.19)。然后用透明塑料薄膜包裹整个去木质部部分(Cui et al, 1989；贺晓，李正理，1991)。

由于构树的木材是具有大孔径的散孔材，剥皮时是从未成熟木质部中剥落，因此大部分形成层带细胞留在了树皮上，甚至少数未成熟木质部细胞也留在了树皮上(图 13.14B)。

13.3.2　再生组织学

13.3.2.1　愈伤组织形成和维管组织分化

去木质部并除去所有叶子的植株，12 小时后就可看到靠近表面的射线细胞膨大，留在表面的未成熟木质部射线也增大。两天后靠近表面的射线细胞已向外突出并扩大成喇叭口状的愈伤组织，同时处于射线附近的形成层带细胞和(或)未成熟韧皮部轴向系统细胞也已分裂多次，共同参与了愈伤组织的形成。此时在横切面上可看到愈伤组织中分布有零散的、细胞腔较大、细胞壁木质化、形似导管的细胞(图 13.20A，中空箭头所示)。其里面与原来韧皮部相邻处，可看到断续的由 3～5 层细胞组成的形成层带状结构(图 13.20A，cl)，这可能是残留的原来形成层带，也可能是由未成熟的韧皮部细胞直接脱分化而成。这些形成层带状结构常常被膨大的射线隔开。6 天后，愈伤组织中出现了分散的 2～7 个管状分子组成的管状分子团(图 13.20B，t)。8 天后原来形成层位置的形成层带状结构已连成完整的一圈，开始正常的形成层活动，并在愈伤组织一侧形成了新的木质部分子，这些木质部分子与愈伤组织间又发生一形成层状分生组织(图 13.20C，cl)，其外也已出现韧皮部结构(图 13.20C，rph)。

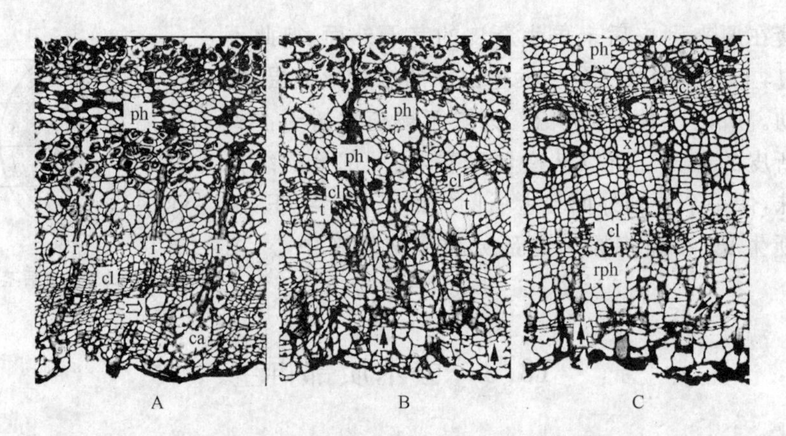

图 13.20 构树去木质部后不同时间,发生再生树皮的横切面,示愈伤组织形成和维管组织分化。A. 2 天,射线向外突出形成愈伤组织(ca),在较深部位已出现管状分子(中空箭头所示),其内侧已出现形成层状分生组织结构(cl);B. 6 天,形成层状分生组织外已形成管状分子团,愈伤组织表面 3~5 层细胞已发生断续的木栓形成层(黑箭头所示);C. 8 天,管状分子团与原来韧皮部间的形成层状分生组织已分化为形成层(c),管状分子团与表面愈伤组织间又发生了形成层状分生组织(cl),近表面的木栓形成层已连成完整的一圈(黑箭头所示)。图中 c. 形成层带;ca. 愈伤组织;cl. 形成层状分生组织;ph. 树皮中原来的韧皮部;r. 射线;rph. 再生的韧皮部;t. 管状分子团;x. 木质部

13.3.2.2 新茎干的形成

当原来形成层位置分化出正常的形成层带的同时,愈伤组织表面 3~5 层细胞下出现了断续的木栓形成层(图 13.20B)。随后这些木栓形成层片段逐渐地彼此相连(图 13.21A),并向两侧延伸,10 天后就在树皮切口表面下与树皮中原来的木栓形成层相连,形成完整一圈(图 13.21B)。与之相伴随的是,处理 8 天时,在新形成的木质部的另一侧靠近愈伤组织表面的一侧,可看到不连续的形成层状分生组织。8 天后,这一分生组织就侧向彼此相接,在其内侧可看到少数管胞状分子(图 13.20C)。10 天后,这扁平状分生组织带在细胞形态和结构上就与形成层带相似了,并分化出纺锤状原始细胞和射线原始细胞。由这一新的形成层产生的射线常常与原来形成层所产生的相连接。

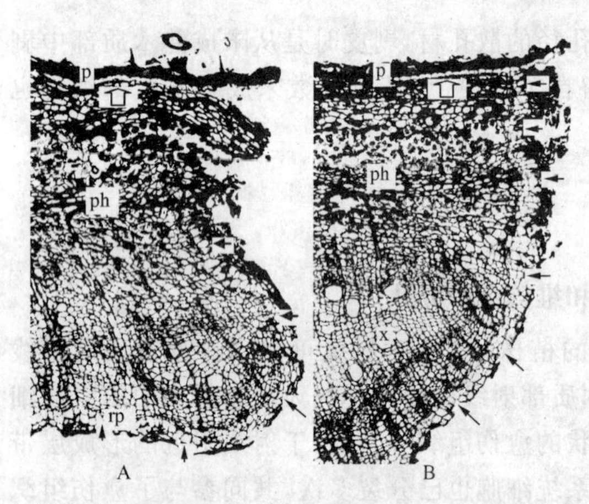

图 13.21 构树去木质部后树皮切口边缘部分横切面,示再生周皮与原来周皮的连接。中空箭头示原来的周皮,黑箭头示去木质部后树皮内表面形成的再生周皮。图中 p. 原来的周皮;ph. 原来的韧皮部;rp. 再生周皮;x. 木质部

12 天后,较后形成的这一再生形成层就向外形成了韧皮部,14 天后此再生形成层的活动就与先形成的那一形成层带的活动相似了。不过其向外产生的衍生细胞中只有少数筛分子,大量的是近乎等径的薄壁组织细胞,但其里面则形成了具大口径的导管。在先后形成的两条形成层带产生的木质部之间有一愈伤组织带,可能是遗留下的愈伤组织细胞。同时在树皮切口处表面以下深层,这先后形成的两条形成层带逐步向边缘处延伸而彼此相连,形成一完整的环。一个月后由于连续的形成层活动而形成一内凹的扁的树干。再生树干的木质部和韧皮部由这先后形成的两部分形成层产生,但其最后的细胞组成与正常树干中相似(图 13.22)。

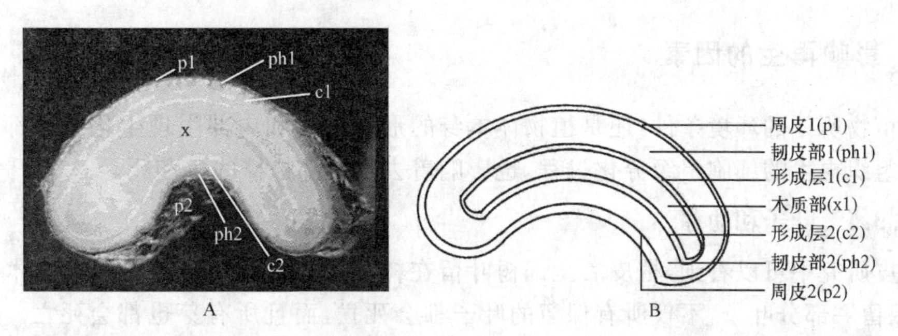

图 13.22　构树去木质部一年后新形成的树干状结构的横切面(A)和横切面结构示意图(B)

13.3.2.3　去芽和叶对再生中组织分化的影响

如果去木质部后立即除去顶芽，侧芽的展开比顶芽晚 7～8 天。因此大约 14 天后，侧芽开始绽开，在此期间，产生了 10～13 层不规则的愈伤组织细胞，其表面的 2～3 层细胞死亡，可被番红染成红色。在愈伤组织表面下形成了木栓形成层，但是在树皮切口边缘却仍没有与原来树皮中的连接成环。木栓形成层下面几层细胞处可看到少数扁平状分生组织，其内侧可看到少数管胞状分子。此后随着侧芽的展开长成新枝，新生树干的再生过程就与完全去叶的树相同了，只是晚 1 周左右而已。

在部分去叶的树中，去木质部后，所留叶子很快干枯，所有芽也都干枯而死，因此就一直没有芽展开。处理 14 天后树皮内表面形成了大量愈伤组织，其细胞很不规则，细胞层数比完全去叶的还多，却不能分化出正常的形成层和次生维管组织(图 13.23)，只在愈伤组织中看到许多由韧皮射线扩展成扇形愈伤组织团块，但在愈伤组织下面原来的一些未成熟韧皮部细胞却转分化形成了木质部导管分子，它们与原来的韧皮部之间还分化出了断续的形成层状分生组织(图 13.23)。

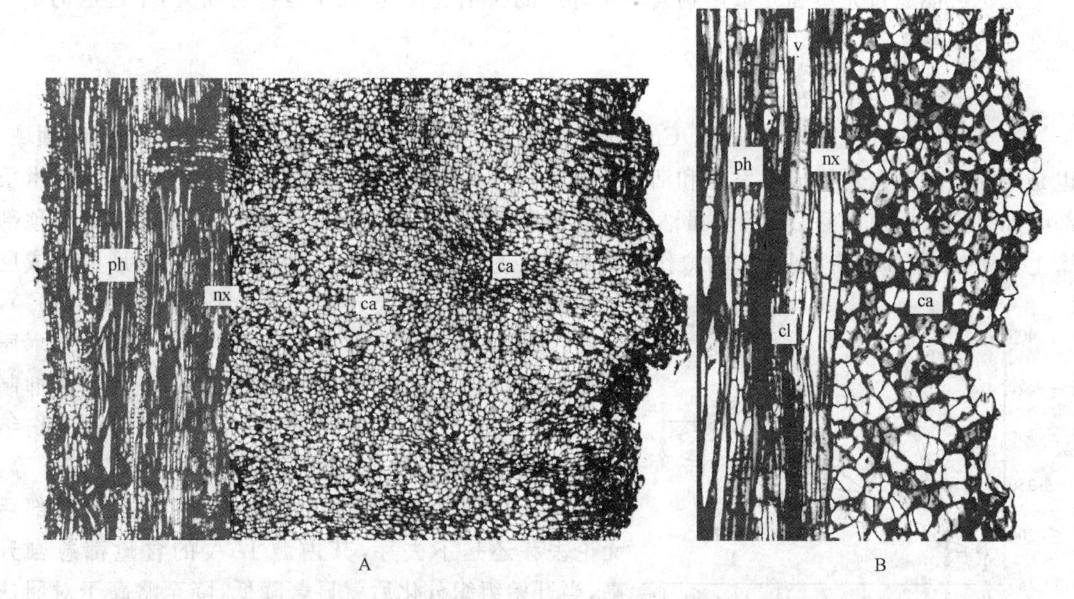

图 13.23　构树去木质部并保留全部叶子 14 天后部分树皮横切面。图中 ca. 愈伤组织；cl. 形成层状分生组织；nx. 由未成熟韧皮部细胞转分化形成的木质部导管分子；ph. 原来树皮中的韧皮部

13.3.3　影响再生的因素

无论植物所处的环境条件，还是植物体本身的形态结构和内部生理生化条件都影响着去木质部后组织再生的细胞组织分化过程，也影响着去木质部植株的生和死。

13.3.3.1　叶子和幼芽

在植皮研究中可以看到，植皮后全部树叶留在树上，绝大多数都能再生，而去木质部的试验，只要保留一部分叶子，不仅所有保留的叶子都会死亡，而且所有芽也都会死亡。这可能是由于叶子的蒸腾作用使植株大量失水，而树干又失去了向上运输水分的通道——木质部，故使叶和芽缺水干枯而死，而植皮株由于老的木质部还存在，还可大量向上输送水分，所以叶子和芽都不会干枯。

去木质部后，如果除去所有的成熟叶子，新芽很快萌发形成幼叶，组织再生和分化非常快，这是否是幼叶的作用尚不得而知。不过，第七章中已经讨论过，幼叶和成熟叶所合成的激素不同，幼叶中合成的生长素对形成层活动的启动和早材的形成起着控制作用。而成熟叶产生的激素则对晚材的形成有着重要的控制作用。叶子对形成层的发生和木质部的产生也有着重要的作用。

13.3.3.2　环境条件

空气湿度对韧皮部再生的影响与对剥皮再生的影响相似。所植树皮和去木质部后的树皮如果暴露在干燥的空气中就很容易引起表面细胞的干枯而死，所以无论是植皮还是去木质部的试验，处理后都要立即用透明塑料薄膜包裹，以保持较高的空气湿度。另外水分对细胞的分裂也有着重要的控制作用，这也必然影响组织再生过程。再者，土壤含水量也影响着再生过程。

光也可能通过光质和光量影响去木质部后的再生过程，但几乎还没有研究，不过这仍是一很重要的领域。

13.3.3.3　植物激素

这方面的研究也较少(Wang, Cui, 1999；王震，等，1999)，但这也是一个很重要的领域，也是研究植物激素对形成层发生和活动影响的一个非常有效的实验系统。实验证明，去木质部时如果除去所有的芽，14天后虽然形成了大量的愈伤组织，但却不分化，如果在去芽的顶部涂上含IAA的羊毛脂，则再生的愈伤组织中就会分化出管状分子团，并在其周围形成形成层带的前身——扁平状分生组织(Wang, Cui, 1999)。另外，如果去木质部后保留上部所有的芽，而在去木质部部位上面的茎干上，涂一圈含有IAA极性运输抑制剂TIBA的羊毛脂，则去木质部部位也只形成愈伤组织而不分化出维管形成层和维管组织(王震，等，1999)。然而对内源IAA的测定却说明，去木质部后无论去芽还是不去芽，其内源IAA的含量都急剧升高，当开始组织分化后就显著降低，降至略高于对照株(图13.24)(汪向彬，1997)。这些似乎可说明，创伤后IAA含量的急剧升高并不是创伤刺激促进了芽中

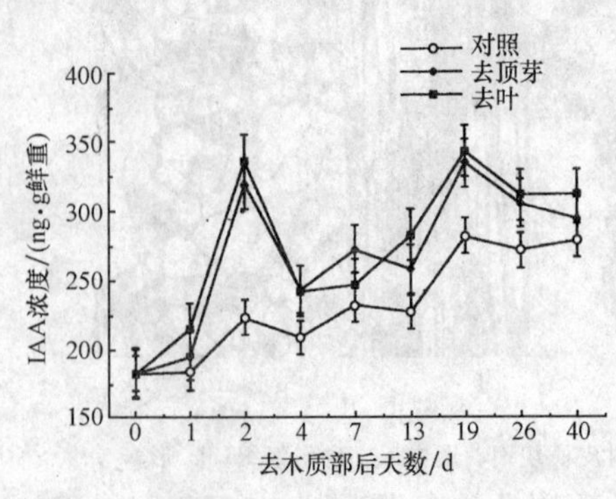

图 13.24　构树去木质部后内源IAA的浓度变化

IAA的合成，而可能是创伤刺激使树干内业已存在的结合态IAA快速释放。这种高浓度的IAA诱导了未成熟韧皮部细胞的脱分化和愈伤组织的形成，而由上往下的极性运输的IAA流则促进维管形成层的发生和木质部及韧皮部的产生。而GA的作用则不太明显(Wang, Cui, 1999)，其他激素的作用还有待进一步的研究。

13.3.4 去木质部再生的机理

有关去木质部后过氧化物酶同工酶的研究说明，去木质部后由于创伤的刺激使过氧化物酶同工酶的酶带增加，活性增强，这里有与创伤反应相关的特异酶带，也有参与IAA调节的特异酶带，而且原有的酶带活性也增强，当开始组织分化时这些特异酶带就逐步减弱消失。酯酶同工酶的变化也是在去木质部后原来存在的酶带活性增强，开始组织分化后有特异酶带出现。但是，这里出现的特异酶带与剥皮后出现的不同(王震，等，1999)。有关去木质部后IAA的组织定位说明，IAA大量分布于再生组织中(汪向彬，1997)，而其结合蛋白的荧光定位研究说明，质膜、细胞质、核膜和核内都有很强的荧光，特别是核内的更强(崔克明，等，1999)。有关筛分子分化中细胞核超微结构变化的研究说明，其分化过程是一种PCD(Behmke, Sjolund, 1990)，很可能与导管分子的分化(王雅清，崔克明，1998)相似，其DNA在分化的初期就开始降解，那么脱分化过程中也就必然有一个DNA修复过程。这就不难看出，可能是创伤刺激首先诱导了创伤部位结合态IAA的释放，释放出的游离IAA通过与质膜、内质网和核膜上的IAA结合蛋白(它们可能是运输蛋白)结合，逐步转运到细胞核内，再与可能为IAA受体蛋白的核内IAA结合蛋白结合，使受体蛋白激活，这些激活了的受体蛋白就引起使PCD中DNA降解的DNase的基因失活，DNA聚合酶基因、相关过氧化物酶基因等与脱分化有关的基因活化，从而引起一系列有关的生理生化变化。

综合以上三种维管组织再生的实验就可看出，都是创伤刺激首先诱导了结合态IAA的释放，使创伤部位IAA浓度急剧升高，这些高浓度的IAA通过质膜、内质网和核膜上的IAA运输蛋白将其运至核内，再与核内的IAA受体蛋白结合，使受体蛋白激活，进而诱导已开始PCD的未成熟木质部或未成熟韧皮部细胞核内使DNA降解的DNase的基因失活，而活化能修复已开始降解的DNA的DNA聚合酶基因，合成DNA聚合酶以修复已降解的DNA，同时激活与这些细胞脱分化有关的过氧化物酶和酯酶等的基因。脱分化开始后，这些细胞就恢复分裂能力，其衍生细胞就在位置效应的控制下开始各自的分化途径。在正常状态下，由于所处位置的特殊和纵向IAA流的存在，当未成熟木质部或未成熟韧皮部细胞脱分化至相当于形成层的分化阶段时，就不再继续脱分化，而开始作为维管形成层的活动。

13.4 形成层发生和活动的机理

形成层是裸子植物和双子叶被子植物中普遍存在的一种侧生分生组织，它的活动促进树木不断增粗，木材和树皮大量增加。研究形成层发生和活动的机理不仅是植物学，而且是林学上的重要基础理论问题。一个多世纪以来这方面的研究一直没间断过(崔克明，1991；Warren Wilson, 1978)。有关理论一个接一个，但由于认识水平的限制，至今仍有许多现象无法解释。这里试图在简述过去理论的基础上着重介绍近年来这方面的研究进展。

13.4.1 研究形成层发生和活动的实验系统

由于形成层与顶端分生组织相比有其高度特殊性,处于根和茎侧面的两种成熟组织之间,活动产物不是器官而是结构和功能都不同的木质部和韧皮部(Esau, 1977;Fahn, 1982)。因此目前在形态发生研究中最常用的细胞和组织培养系统在这里显得无能为力。研究中最常用的只有以下两个实验系统:

(1) 整体系统

从树干上定期取材研究形成层活动周期中细胞的分裂、分化及其内源激素和酶等的变化(崔克明, 1991;Sundberg et al, 1990, 1991; Sundberg, Little, 1987;崔克明,等, 1992, 1995a,b;崔克明,张仲鸣, 1997;崔克明,罗立新, 1996;Mwange et al, 2003b, 2005)或从植株顶端取材研究正常状态下的形成层发生过程(Larson, 1976, 1982)。这一系统的优点在于能较真实地反映自然状态下形成层活动的规律。其缺点是很难准确地证明影响形成层发生和活动的因素和条件。

(2) 损伤系统

除去树干或根部的一部分形成层及其以外(或内)的组织,以研究再生形成层的发生和活动。由于过去认为树木环状剥皮后最终会导致整株树死亡(Noel, 1970),所以都割一小切口(Sachs, 1984)、剥取小条树皮(Brown, Sax, 1962; Stobbe et al, 2002)或者螺旋状剥皮(Zagorska-Marek, Little, 1986)。自从剥皮再生技术研究成功以后(李正理,等, 1981b),越来越多的工作已采用大面积剥皮或植皮或去木质部来研究再生形成层的发生和活动(李正理,崔克明, 1984, 1985;李正理,等, 1981a, b, 1983a, b, 1988; Cui, 1992; Fisher, Ewers, 1989; Li, Cui, 1988),或者将处于被动休眠期的插条去芽和(或)叶后进行人工培养,以研究形成层活动及外源植物激素的影响(崔克明,等,1992; Savidge, 1983; Sundberg, Little, 1991; Cui et al, 1995a,b; 崔克明,等,1999)。这个系统的优点在于除了去芽和(或)叶的插条外,原来的形成层已基本被破坏,原来的树皮或木质部也已被除去,只要再出现已除去的组织,就一定是新形成的,因此指标非常明确。如果再除去内源激素的源,如通过手术使再生新皮从一开始就与上部和(或)下部原来的树皮不连接,就成为研究外源激素对再生形成层发生和活动影响的理想实验系统(王震,崔克明,1999;Wang, Cui, 1999; Mwange et al, 2003b)。

13.4.2 有关形成层发生和活动机理的假说

早在19世纪70年代 Kny(1877)就注意到在劈开茎的表面下发生再生形成层。随后,Bertrand(1884)和 Vochting (1892)分别提出了游离面理论("free surface" theory)。20世纪上半叶,Janse (1921)和 Snow(1942)在一些新的实验基础上各自提出了形成层环理论("cambial ring" theory),到了60年代 Warren Wilsons (1961)总结了前人和自己的工作,提出了梯度诱导学说("gradient induction" hypothesis),不久,Wilson(1978)又证明所谓的梯度就是生长素/蔗糖比率的变化。1962年 Brown 和 Sax 以及后来 Hejnowicz (1980)又从不同的角度提出了物理压力学说("physic pressure" hypothesis)。以上所有理论都是以再生形成层在创伤系统中的发生为依据,而且都是以对横切面的观察为基础,虽然每一个都有其合理性,但又都有局限性,特别是缺乏整体观念。

13.4.2.1 形成层发生和活动中表现出细胞分化的阶段性

Fahn (1972)和 Larson (1976)提供的证据说明,原形成层和形成层是同一种组织的不同发育阶段,Larson(1982)用一图解说明了它们的关系(图 5.8),可见产生原形成层的顶端分生组织的分化阶段比原形成层靠前,原形成层又比形成层靠前。李正理和崔克明的一系列有关再生形成层发生和活动的研究也说明,其细胞分化是有阶段性的。杜仲茎部剥皮后无论暴露在潮湿的空气中(李正理,等,1981a)还是包裹在透明塑料薄膜中(李正理,等,1981b),维管形成层都是 2 或 3 周后在未成熟木质部中发生,而剥皮后包裹黑塑料薄膜的树干表面快速形成大量愈伤组织,2~3 个月后才在愈伤组织深层发生维管形成层(李正理,等,1981b)。构树剥皮再生(李正理,等,1988)和杜仲植皮再生(李正理,等,1983b)的情况也大体相同,核桃的树皮是从较深层未成熟木质部中剥离,留在表面的未成熟木质部细胞大部分不能恢复分裂能力,少数能分裂的也只分裂几次后,细胞壁就逐渐木质化而死亡,由未成熟木射线形成愈伤组织,2~3 个月后才分化正常(Cui, 1992)。所有这些都说明,在维管形成层细胞分化过程中存在着一个临界期,达到这个临界期之前,分化过程是可逆的,一旦通过这一时期,就成为不可逆的了。也就是说,在细胞分化过程中只要未达到临界期,都可在一定条件下使其脱分化,如果条件合适还可使这一脱分化过程停在某一阶段,或开始一新的分化过程。由未成熟木质部(李正理,等,1981a,b,1983b)或韧皮部(Cui et al, 1989)发生形成层可能就只包括一个从这种细胞到形成层的脱分化过程,而由未成熟木质部(李正理,等,1981b)或韧皮部(李正理,等,1983b)脱分化成愈伤组织则是一个越过形成层阶段直接到更低阶段的脱分化过程,所以需要时间较长。如果再由愈伤组织发生形成层,则又需要一个再分化过程(图 5.9)。

13.4.2.2 位置效应在形成层发生和活动控制中的作用

Berlyn (1982)在一篇综述中讨论了“形成层领地”(cambial domain)的概念,这是第一次较系统地讨论有关形成层的位置效应问题。不久,Sachs (1984)和 Wilsons(1984)在同一本书中从不同的角度讨论了位置效应在控制形成层发生和活动中的作用。后来的许多研究又从各方面对这一理论提供了新的证据。这表明,任何组织式样的发育,都需要一定数量的由分生组织衍生出的新细胞,这些细胞一产生就在植物体中占有特定的位置,从而也就获得了此处所特有的位置信息。这种信息通常包括三个方面:纵向信息、径向信息和切向信息。这是因为任何植物体都是一种三维结构,其中任何一点的位置都是由三个基本参数决定的。

(1) 纵向信息

形成层带及其衍生细胞,在纵轴中任何一点的纵向信息是来自茎端和根端信息的综合。关于来自根端信息的研究较少,崔克明等(1992)在对欧洲赤松的研究中提出,有些树,初春芽萌动以前,来自根中的某种(些)因素就诱导形成层细胞开始分裂。而有关来自茎端信息的研究已有大量报道(崔克明,1991;Roberts et al, 1988;Cui et al, 1995b)。其中最重要的是 Sachs 和他的合作者们提出的生长素流理论(Sachs, 1981, 1984, 1986)。由芽和幼叶产生的生长素,沿形成层带和分化中的维管组织细胞,以波动的形式向基运输(Little, 1981; Odani, 1985; Wodzicki, 1984, 1987),这种生长素流控制着形成层纺锤状细胞的形态、分裂和排列方向(Zagorska-Marek, 1984)。一旦这种生长素流被切断,形成层及其衍生细胞的形态和排列方向就发生变化。如去芽后的插条中,形成层细胞发生横向分裂而失去纺锤状的形态,但在去芽端加上生长素就抑制这种横分裂的发生(崔克明,等,1992;Savidge, 1983, 1985; Savidge,

Farrar, 1984; Savidge, Wareing, 1981a; Cui et al, 1995b)。如果将树干进行螺旋状剥皮，一段时间后，形成层及其衍生细胞的排列方向就与这螺旋方向平行，如果在螺旋桥的上方涂以生长素，则会抑制这种形成层排列方向的变化(Zagorska-Marek, Little, 1986)。再如环状剥皮后如果没有再生新皮，几个月后下部未剥皮处的形成层及其衍生细胞的排列方向就发生紊乱(李正理，崔克明，1984)，如果剥皮后将上部暴露面破坏一圈，即切断芽合成IAA向下的运输通道后，上部的形成层细胞也发生横分裂而失去其原来的形态(Cui et al, 1995b)。这就进一步说明在控制形成层细胞形态和排列方向的是IAA流，而不是存在的IAA本身。

另外，这一纵向信息(波动的生长素流)也控制着原形成层和形成层的发生。许多研究都说明，叶子的发生和发育与维管组织的发生和发育密切相关，当去掉叶原基和叶后，与之相连的维管组织的发生和发育就减少或停止，叶的这一作用在一定程度上可由生长素代替(Little, Wareing, 1981; Savidge, Wareing, 1981a, 1982, 1984; Sheriff, 1983)。树木环状剥皮后，如果除去树冠 (李正理，等，1983a)，或切断再生新皮与树冠的韧皮部和形成层带的联系(李正理，崔克明，1984; 崔克明，李正理，1986; Cui et al, 1995b)，就不能发生再生形成层，但如果在切断联系处加上含生长素的羊毛脂，就能发生再生形成层，甚至只要用羊毛脂将再生新皮处与未剥皮处连接起来，也能发生再生形成层。

纵向信息是否还包括其他因素尚无定论。Sachs(1984)和Zakrzewski(1983)分别提出，蔗糖可能是另一个重要因素，Wilsons(1978)在他们的梯度诱导理论中也把蔗糖作为一个重要因素。这些因素与维管组织发生之间可能是一种正反馈关系(Roberts 1988)，这些因素的水平越高，诱导产生维管组织的能力越强，维管组织越发达，则运输这些物质的能力越强。

(2) 径向信息

过去许多有关再生形成层发生的研究，是以研究径向信息为主，其中最重要的是梯度诱导理论和物理压力理论。至今，这两个理论又有了新的发展。

① 梯度诱导理论。浓度梯度是指生长素和蔗糖的浓度比沿径向的梯度，当其处在一定比值时发生形成层，这一比值高时形成木质部，低时则形成韧皮部(Warren Wilson, 1978; Warren Wilson, Warren Wilson, 1961)。后来，Zakrzewski的研究也说明，生长素和蔗糖都影响形成层活动、木质部形成及导管的密度和大小(Zakrzewski, 1983, 1991)。组织培养研究也说明，蔗糖有利于韧皮部的形成(Rashid, 1988)。而有关生长素促进木质部产生和韧皮部分化的研究就更多(崔克明，1991；崔克明，等，1992)。剥皮(李正理，等，1981a，b; Cui et al, 1995a, b)、植皮(李正理，等，1983b)或去木质部(Cui et al, 1989)的研究也说明，如果去掉韧皮部，就在其相对一面形成木质部，反之亦然，说明它们互为分化的条件，也可间接说明这种浓度梯度的存在。

② 物理压力。Brown 和 Sax (1962)用剥离树皮条实验证实物理压力对维持形成层纺锤状原始细胞的形态和分化有着重要的控制作用。Brown (1964)还用组织培养进一步证实了这一点。十多年后 Hejnowicz (1980)再一次证实了径向压力的这一作用，并提出植物体中还存在着一种径向张力，也参与这一控制。Lintilhac 和 Vesecky (1984)也证明了压力对细胞分裂面的影响。随后李正理和崔克明等的一系列剥皮再生研究说明，只有当再生组织长到一定厚度后才发生形成层(李正理，等，1981a，1983b，1988; Cui et al, 1989; Cui, 1992; Li, Cui, 1988)。这也似可说明，径向压力和(或)张力在形成层发生和活动中起着重要作用。

总之，控制形成层发生和活动的径向信息，可能主要包括该方向上的物理压力和植物体内部的张力以及生长素和蔗糖的浓度梯度。也可能是它们共同起作用，缺一不可。所以当构树去木质部和所有芽后，虽然再生的愈伤组织可以比没去芽株厚得多，但却始终不能分化出形成层(Cui et al, 1989)。这表明虽有压力和张力，不能形成生长素和蔗糖的浓度梯度，也不能发生形成层，反之依然(李正理，等，1981a, b;Cui et al, 1989; Li, Cui, 1988)。

(3) 切向信息

此信息决定着在特定位置上组织的切向式样，如维管形成层及其衍生组织中纺锤状细胞和射线细胞的排列方式。有关这一信息的研究较少，Hejnowicz (1980)的研究指出，植物体中存在着一种控制导管直径的切向张力，此力也可能参与控制纺锤状细胞和射线细胞的排列和分布。Sachs (1981) 的统计分析研究指出，射线原始细胞及其衍生细胞都占据一定的区域，在这个区域内抑制其他射线的发生。但有些植物中却有射线的融合(Rao, 1988)。Pizzolata (1982) 的实验表明，2,4-D 可促进射线原始细胞的发生，Lev-Yodun 和 Aloni (1991)指出，纵向和径向传导的两个信息流，共同控制着射线原始细胞及其衍生组织的发生和分布式样。这一切说明，控制形成层发生和活动的切向信息，可能就是纵向和径向信息在切向上的分布。

综上所述，控制形成层发生和分化的位置效应，是由三个方向上的信息在一特定点上的共同作用，从而诱导这一点上细胞中特定基因群的有序表达，使其沿一定方向分化。

第十四章　木材发育

木材(wood)不是一个植物学专用名词,而是林学中的一个常用名词,它的内涵与植物学中的次生木质部(secondary xylem)基本一致,通常指裸子植物和双子叶木本植物的次生木质部,在生产上有的把单子叶植物中竹类的茎秆也归入木材。木本植物茎干中次生木质部的内层,通常已失去功能,颜色较深,称做心材(heart wood),而外部具功能的部分,颜色较浅,称做边材(sap wood)(图 14.1)。但由于木材上属于不同类群的植物,其一些生理过程中所表现出的生理生化性质也往往不同,所以植物学的一些研究中也常常应用一些木材学常用的名词。例如,由于不同类群的植物,其次生木质部的组成也不同,所以它们产生的木材也各有其名,裸子植物(针叶树)的木材称做软材(soft wood),其轴向系统只由管胞组成,双子叶木本植物(阔叶树)的木材称做硬材(hard wood),其轴向系统则由导管、管胞、木纤维和木薄壁细胞四种成分组成(图 14.2)。导管分子和管胞统称为管状分子(tracheary element, TE)。北温带树木由于形成层活动的年周期变化,而形成了年轮,多数热带树木的木材也有与年轮相似的基本反映年龄的生长轮。在具年轮的木材中,春季形成层刚恢复活动时形成的木材中管状分子的壁较薄,胞腔较大,称做早材或春材(spring wood),较后形成的木材,特别是形成层停止细胞分裂后分化成熟的木材,其管状分子的细胞壁通常较厚,胞腔较小,称做晚材或夏材(summer wood)(图 14.1)。另外,在木材解剖学中硬材中的导管通常被称做"孔",根据早材和晚材中孔的大小分布又将硬材分成散孔材和环孔材,所谓散孔材就是其早材和晚材中孔径的大小和分布没什么明显区别,而环孔材中早材孔的直径则明显大于晚材(图 14.3)。

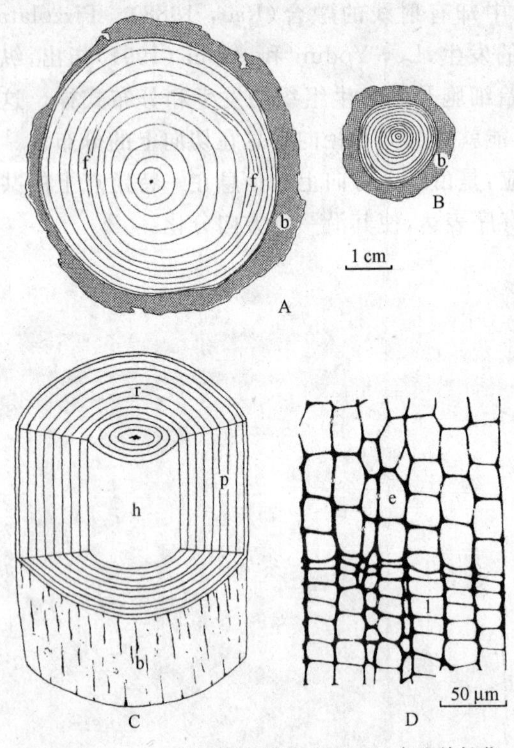

图 14.1　木材结构示意图。A、B. 13 年生幼松茎干横切面:A. 正常树木;B. 矮化树木;C. 茎干立体示意图;D. 松树木材横切面,示早材(e)和晚材(l)。图中 b. 树皮;f. 假年轮;h. 心材;p. 边材;r. 生长轮(李正理提供)

种子植物的次生木质部都由轴向系统和射线系统两大类细胞组成,木射线由径向稍伸长的薄壁细胞组成,但在绝大多数失去功能的木质部中,其初生细胞壁内也形成了次生壁,其原生质体也发生编程死亡成为死细胞。TE 是一种高度特化的细胞,成熟的 TE 原生质体消失,成为只具有细胞壁的死细胞。木质部执行着植物体的水分和无机盐运输及机械支持等多种功能。

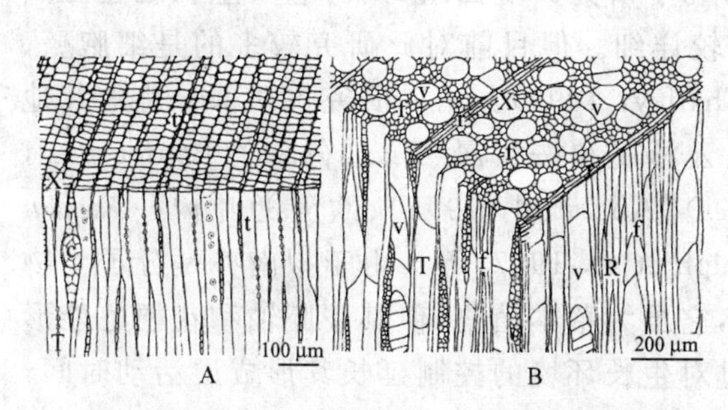

图 14.2 红松(*Pinus koraiensis*)和美国鹅掌楸木材三切面结构图。A. 红松,示软材;B. 美国鹅掌楸,示硬材。图中 c. 树脂道;f. 纤维;r. 射线;R. 径向切面;t. 管胞;T. 弦切面;v. 导管分子;X. 横切面(李正理提供)

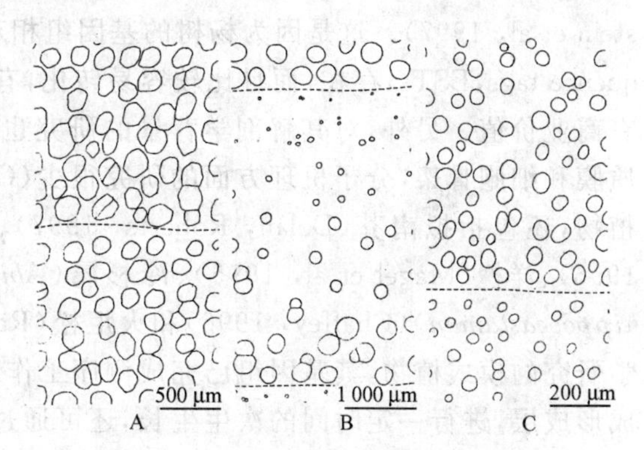

图 14.3 三种硬材导管(孔)分布示意图(虚线示生长轮分界)。A. 散孔材,连香树(*Cercidiphyllum japonicum*);B. 环孔材,毛泡桐(*Paulownia tomentosa*);C. 半环孔材,长叶水青冈(*Fagus longipetiolata*)(李正理提供)

由于它在形态结构、生化和分子组成、发育及生理功能上都具有明显的特点,一直是植物解剖学、发育生物学和细胞生物学的研究热点之一。研究木材发育最重要的就是研究管状分子的分化,早在20世纪60~70年代,对木质部TE分化的细胞学以及DNA含量的变化就有了许多研究(Esau, Headle, 1966; Lai, Rivastava, 1976; List, 1963; Swift, 1950)。从细胞编程死亡(PCD)的概念被引入植物发育生物学以后(Taiz, Zeiger, 1991),许多研究都已证明TE的分化是一种典型的PCD过程(Lai, Rivastava, 1976; Fukuda1996,1997; Groover, Jone, 1999;王雅清,崔克明,1998; Cao et al, 2003)。近年的一系列研究说明,未成熟的TE在一定条件下可以脱分化和转分化(李正理,等,1981;王雅清,等,1999;Wang et al, 2000;王雅清,2000;曹静, 2003)。研究木质部分子分化、脱分化和转分化机理不仅具有重要的理论意义,而且将对林业生产具有重要指导作用。

14.1 研究木质部分化常用的实验系统

木材是形成层活动的产物,由于形成层所处位置的特殊,而且木质部分化是一生理生化过程,不可能使大量细胞的分化同步,树木生长周期又长,从而给木材发育研究带来了困难,所以发展出不同的实验系统,以互相补充,互相借鉴,提高研究效率。

(1) 百日草叶肉细胞离体培养系统

通过百日草(*Zinnia elegans*)叶肉细胞离体培养,诱导其直接转化为TE的成功为研究TE分化建立了一很好的实验系统(Fukuda, Kobayashi, 1989; Fukuda, 1994; Sugiyama, Komamine, 1990)。但用此所得到的结果与自然生长的树木中木质部的形成有很大区别(Chaffey, 1999),因为,它是在离体条件下,由叶肉细胞直接转分化为TE,其次生壁形态与初生木质部相似,长度短,更像形成次生壁加厚的木射线细胞,且在孤立状态下形成,不受其他相邻细胞的直接影响,因此它不能完全反映次生木质部形成的情况。

(2) 整体系统

林学界常以杨树作为研究硬材木质部形成的模式植物(Telewski et al, 1996; Klopfenstein et al, 1997)。这是因为杨树的基因组相对较小,有大量的表达序列标签(expressed sequence tags,ESTs)存在,而且比较容易转化,有利于研究其基因组,同时它又生长迅速且具有商业价值。另外,对其解剖学背景的研究也较详细。但目前对此研究较多的是细胞壁、质膜和细胞骨架,分子机理方面的研究很少(Chaffey, 1999)。用以研究木质部分化的其他植物,还包括拟南芥(Dolan, Roberts, 1997)、云杉属和桉树属(*Eucalyptus*)(Boutet et al, 1995)、洋槐(Magel et al, 1995)、冷杉属(*Abies*)(Abe et al, 1995)、欧洲七叶树(*Aesculus hippoocastanum*)(Chaffey, 1996)和火炬松(Ralph et al, 1997)等。由于拟南芥是分子生物学研究的模式植物,其基因组已完成测序工作,它虽为草本植物,但其下胚轴和花梗也能形成形成层,进行一定时间的次生生长,还可通过对生长环境的控制延长其形成层活动时间,因而近年已发展成一独立的实验系统。

(3) 创伤系统

李正理等(李正理,等, 1981a,b,1983a,b, 1988;李正理,崔克明, 1981,1984,1985;崔克明,李正理, 1986;崔克明,等, 1988,2000;Li, Cui, 1988;Cui, 1992; Cui et al, 1995a,b; Mwange et al, 2003b)利用杜仲等植物的剥皮再生系统进行了大量形成层及其衍生细胞的研究。正常生长的杜仲树在生长旺盛的季节剥皮后,只要条件合适都能再生新皮。主要是由未成熟木质部细胞恢复分裂能力形成再生树皮,形成层在其深层发生。该系统的优越性在于使分化和脱分化细胞尽可能接近正常的生理状态,且可互为对照,集体内诱导脱分化和正常分化的细胞于一体,避免了体外诱导系统的局限性,同时又具备了体内细胞的位置效应。此系统中还有包括水培插条(崔克明,等, 1992;Cui et al, 1993)和维管组织的部分损伤等。

(4) 应力木实验系统

以正常木材为对照,利用应力木研究木材形成的机理和影响木材形成的条件已有相当长的历史,并取得了丰硕的成果(Pilate et al, 2004),20 世纪 80 年代中期 Springer-Verlag 出版社出版的 Timell(1986) 编著的三卷本专著《裸子植物应压木》(Compression Wood in Gymnosperms)对 1986 年以前这方面的研究作了全面的总结。此后还有大量研究(Dolan, 1997; Bailleres et al, 1997; Yashizawa et al, 2000; Christophe et al, 2000; Bamber, 2001; Yamamoto et al, 2002; Launay et al, 2002; Fourcaud et al, 2003; Hellgren et al, 2004),90 年代中期以后仅 SCI 收录的杂志中,每年都要有 4～5 篇相关论文,这为研究木材形成的机理提供了丰富的资料。

14.2 木质部分化的诱导

木质部细胞是形成层活动的产物,因此木质部细胞产生和分化的诱导就是形成层活动中一个阶段的诱导。

14.2.1 诱导信号

在前一章中已经讲到,位置效应诱导了木质部细胞的分化,也就是说是形成层及其产生的衍生细胞所处的特殊位置诱导了木质部细胞的分化,启动了木质部细胞的分化程序。这里的位置信息包括纵向的 IAA 流、径向的压力和 IAA 与蔗糖的浓度梯度,它们共同诱导了木质部细胞分化程序的启动。其中最重要的信息可能是 IAA 流,是它诱导了形成层细胞的分裂,而其平周分裂是典型的分化分裂，这是木质部细胞分化的第一步，因此IAA就是其诱导信号，就PCD来说它就是死亡信号。

14.2.2　诱导信号的接收、传导和诱导后的分子反应

近来的研究说明，接受IAA信号的IAA受体可能是生长素结合蛋白1(ABP1)，由于诱导此过程的是IAA流，而且形成层细胞的超微结构定位也说明在质膜、内质网、核膜上和核质内都有ABP1的分布，IAA极性运输抑制剂TIBA也能抑制ABP1表达，因此，ABP1在这很可能也起到IAA转运蛋白的作用(侯宏伟，2004)，有可能IAA和ABP1结合成的复合体经过不多的传导过程就直接活化有关基因。大量的研究早已证明，IAA诱导后很快发生Ca^{2+}和钙调素(Kobayashi，Fukuda，1994；Roberts，Haigler，1990)的变化，进而有些基因开始表达。Demura和Fukuda(1993，1994)已经分离出次生壁加厚前表达的基因*TED2*，*TED3*和*TED4*，这些基因在诱导细胞转分化成TE的过程中，次生壁加厚前的12～24小时表达。原位杂交表明这些基因仅在个体发育过程中分化为维管束的细胞中表达。*TED3*在分化中的导管分子或即将分化为成熟导管分子的细胞中特异表达，其他类型细胞中，如表皮、叶肉、分生组织和韧皮部细胞中皆没有*TED3*的表达；*TED4*也仅限于在维管束或将来分化为维管束的细胞中表达，子叶叶片上的原位杂交表明，*TED4*主要在叶子主脉中导管分子分化早期表达；与*TED3*和*TED4*不同，*TED2*不在叶子主脉的木质部和韧皮部中表达，而在未来分化为侧脉的薄壁细胞中表达。*TED2*的表达发生在分化早期，从分化时间排列的顺序是：*TED2*，*TED4*，*TED3*。由此可见，*TED2*是在原形成层细胞中表达；*TED4*仅在分化中的木质部细胞或将要分化为木质部的细胞中表达；而表达*TED3*的细胞是正在分化为TE或具有分化为TE潜能的细胞。因此，在分生组织细胞分化为管状分子的过程中，细胞可能是由多方向分化潜能发展为单一方向分化潜能。在管状分子分化过程中，*TED2*，*TED3*，*TED4*可作为分化过程中各个阶段的标记。在诱导后的反应还可看到DNA合成的发生(Fukuda，Komamine，1981；Shininger，1975)。

14.3　管状分子分化中的PCD

过去有些研究维管分子分化的(Behmke，Sjolund，1990)文章，实际上也涉及了PCD问题，只不过没有从这个角度去考虑问题。TE分化后期，原生质体发生解体(Pennell，Lamb，1997)，端壁发生自溶，最后形成由一系列死细胞组成的输导水分和无机盐的管道。成熟的TE失去其原生质体，核、质体、线粒体、高尔基体和内质网等各种细胞器皆消失，初生壁也部分降解(Roberts，Gahan，1988；Fukuda，Komamine，1985；O'Brien，1981)。大量研究说明，TE的分化过程是典型的PCD(Lai，Srivastava，1976；Fukuda，1996，1997；Groover，Jones，1999；王雅清，崔克明，1998；Cao et al，2003b)。

14.3.1　PCD的形态学特征

动物细胞PCD包括细胞核皱缩，细胞体积缩小，胞膜不断出芽，脱落，形成凋亡小体。最终，凋亡小体被巨噬细胞等吞噬降解(Minami，Fukuda，1995)。TE分化的形态学特征与之

基本相似，但也有很大不同(Fukuda，1996)。正在分化的百日草TE中，次生壁加厚几小时后，液泡膜裂解，随后细胞器和核开始降解。首先是单膜细胞器，如高尔基体、内质网，然后是双层膜细胞器，如线粒体、质体膨胀裂解；细胞核皱缩变形，最终降解。TE在液泡膜破裂后几小时内失去大部分细胞器，次生壁加厚6小时内原生质体完全消失。表明液泡膜破裂可能是TE死亡的关键步骤。有关杜仲次生木质部的研究说明，组成次生木质部的各类细胞最终都走向死亡。其死亡方式可分为自溶型和凝缩型两种(王雅清，崔克明，1998；王雅清，2000；殷亚方，2002)。

(1) 自溶型死亡

在分化早期的细胞中，能清楚地识别线粒体、质体、内质网和液泡等细胞器。随着分化程度的加深，线粒体皱缩变形，内部结构紊乱，嵴极不清晰；部分粗面内质网槽库膨大成泡状，形状不一，内有许多或大或小的PCD泡，内质网膜局部破坏和消失，有些细胞显示更复杂的变化，相邻的内质网槽库之间在一定部位相互连接，形成分隔，并包围一定数量的细胞器，被包围的细胞组分呈退化状；液泡膜凹陷或裂解，吞噬或大或小的细胞器；高尔基体扁平囊变得不明显，似乎断裂成小泡。随着PCD过程的继续进行，质膜断裂，细胞中可见或大或小的囊泡，囊泡周围有很多黑色物质，此时线粒体和质体的界膜和内部结构更加模糊不清；细胞核的衰退比细胞质缓慢，在细胞质几乎完全解体消失的细胞中，孤零零地悬浮着细胞核；细胞核形状变得极不规则，出芽或缢缩，大约形成层向内11层左右的细胞，细胞核变化最显著，外核膜局部膨大，包裹有核物质的内核膜外突，此外，膨大处的外核膜常发生局部解体而变得模糊。最后，整个原生质体消失，成为仅剩细胞壁的死细胞。在导管分子和木纤维细胞的分化中可见到这种PCD方式。

(2) 凝缩型死亡

细胞发生PCD早期，原生质体收缩，发生质壁分离，细胞质电子密度增加，内质网断裂成许多小片段。线粒体、质体等细胞器或聚在细胞核周围或聚在细胞质中，结构还较完整。细胞核核膜变得模糊，染色质凝聚，大约从形成层向内11层左右的细胞，核膜破裂，细胞核裂解，此时细胞的次生壁已经很厚。与自溶型死亡不同的是，直到衰退后期，细胞内仍保持比较完整的质膜，并随着质壁分离的加剧，质膜的面积也随之缩小；质膜包裹内部基质形成一个个小球，从母体脱离，或从中部缢缩；线粒体消失得比较晚，在即将消失的原生质体中仍可见到较完整的线粒体。这是木纤维细胞发生PCD的一种方式。

伴随着PCD，TE次生壁也被修饰，虽然木质化在液泡破裂前已经开始了。液泡膜裂解时，木质素沉积在初生壁外层，随后，未木质化的初生壁部分降解。

14.3.2 PCD的生物化学和分子生物学特征

PCD伴随着一系列水解酶的活化。Minami和Fukuda(1995)发现一种分化的百日草TE所特有的，在pH 5.5时最活跃的，M_r为35 000的半胱氨酸蛋白酶，其活性在PCD开始前暂时升高，而且，该半胱氨酸蛋白酶的抑制剂也抑制核降解，表明该酶在TE分化中起着重要作用。在杜仲次生木质部分化中，酸性磷酸酶对各种细胞器的降解起到重要作用(王雅清，等，1999)。相关ATP酶(ATPase)的研究说明，次生木质部分化是一需能过程(Wang et al，2000)。至于这些酶是否属于caspase家族，有待进一步研究证实。近年的研究说明，在杜仲和毛白杨的木质部分化中都检测到caspase-3和caspase-8类似物的存在(Cao et al，2003b；江枫，2002)。

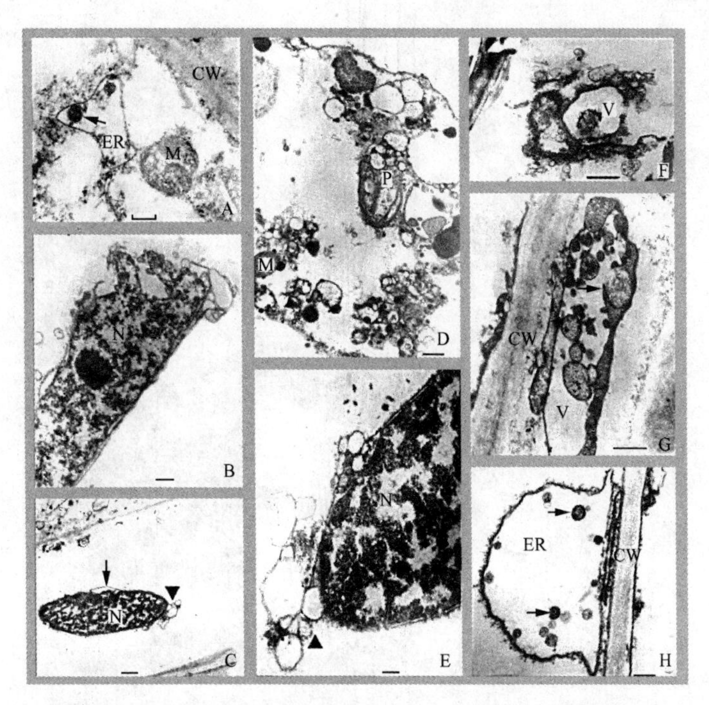

图 14.4　杜仲木质部细胞分化中的自溶型超微结构变化。A. 粗面内质网槽库膨大成泡状，内有许多或大或小的 PCD 小泡，标尺长 0.5 μm；B. 在细胞质已几乎完全解体的细胞中只剩下形状极不规则，出芽或缢缩的核，标尺长 1 μm；C. 外核膜局部膨大，内核膜包裹有核物质外突（细箭头），标尺长 0.4 μm；D. 质膜断裂，细胞中可见或大或小的囊泡，囊泡周围有许多黑色物质，线粒体和质体的界膜和内部结构已模糊不清，标尺长 1.03 μm；E. 膨大的外核膜发生局部解体而变得模糊（粗箭头），标尺长 0.02 μm；F、G. 液泡膜凹陷（箭头）或断裂，吞噬细胞器，标尺长 1 μm； H. 粗面内质网槽库膨大成泡状，内有许多或大或小的 PCD 泡（箭头），标尺长 0.5 μm。图中 CW. 细胞壁；ER. 内质网；M. 线粒体；N. 细胞核；P. 质体；V. 液泡

在 *Zannia* 系统中，现已分离到两个编码半胱氨酸蛋白酶的 cDNAs，*p48h-17*（Ye，Droste，1996）和 *ZCP4*（Fukuda，1997）。对这两个蛋白酶的氨基酸序列分析表明，他们的前体很像木瓜蛋白酶（papain），而且可能只有被运送到液泡中才成为活化形式。*p48h-17* 和 *ZCP4* 转录子也在 PCD 前特异聚集。另外，一个 M_r 为 145 000 和一个 M_r 为 60 000 的丝氨酸蛋白酶也在分化的 TE 中特异表达（Ye，Varner，1996；Beers，Freeman，1997），这些表明，在 PCD 过程中包含了一系列蛋白酶的活化。

动物细胞 PCD 中，DNA ladder 的形成也是一标志性指标，这是由核酸内切酶切割 DNA 造成的。在核中已经鉴定出 NUC18，DNase Ⅰ，DNase Ⅱ，DNase（Peitsh et al，1993；Tanuma，Shikowa，1994）等核酸内切酶，它们可被 Ca^{2+}，Mg^{2+} 激活，被 Zn^{2+} 抑制。Mittler 和 Lam（Mittler，Lam，1995）在植物中也鉴定出了 M_r 为 36 000 的 DNase——NUCⅢ，该酶在过敏性细胞死亡中表达，也存在于核，也可被 Ca^{2+} 激活，被 Zn^{2+} 抑制。

Thelen 和 Northcote（1989）也发现了几种在百日草 TE 分化中表达的 DNase 和 RNase。其中 M_r 为 43 000 的核酸酶存在于百日草所有正在分化的木质部细胞中，可以被 Zn^{2+} 激活，水解 RNA、单链 DNA 和双链 DNA。Mittler 和 Lam（1995）在 TE 中检测到了片段化核 DNA。然而，这是 PCD 特异的核酸内切酶还是普通的核酸酶引起的还不得而知。M_r 为 43 000 的核酸酶与大麦发芽时糊粉层细胞中表达的核酸酶相似（Brown，Ho，1986）。在衰老

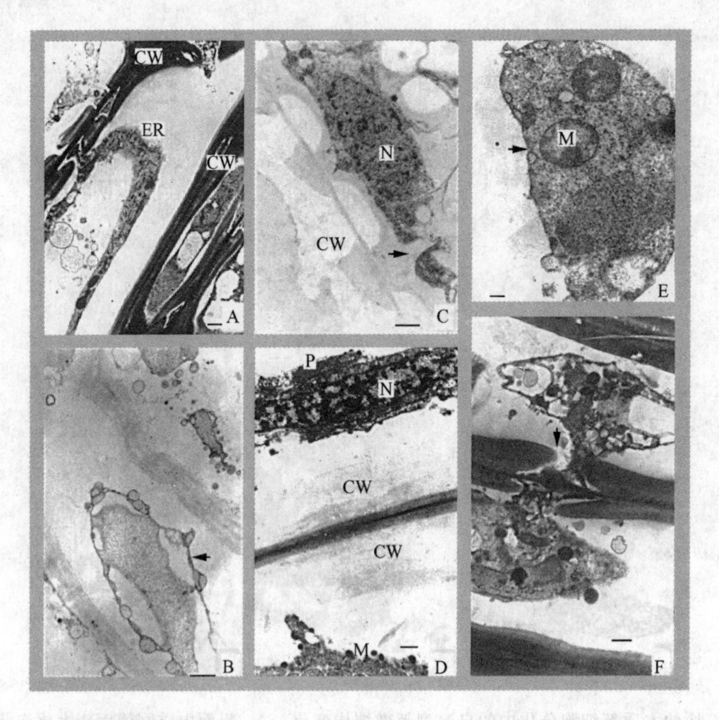

图 14.5 杜仲木质部细胞分化中原生质体发生凝缩型死亡。A. PCD早期,原生质体收缩,发生质壁分离,细胞质电子密度增加,内质网断裂成小的片段,标尺长 0.2 μm;B. 质膜保持完整,随着质壁分离的加剧质膜面积缩小,标尺长 1 μm;C. 细胞核裂解(箭头),标尺长 1 μm;D. 线粒体、质体等细胞器聚集在细胞核周围,或在细胞质中,结构保持完整,但核膜变得模糊,但染色质凝聚,标尺长 1 μm;E. 在即将消失的原生质体(箭头)中仍可见到较完整的线粒体,标尺长 0.1 μm;F. 凝缩的原生质体通过纹孔进行转移,标尺长 0.1 μm。图中 CW. 细胞壁;ER. 内质网;M. 线粒体;N. 细胞核;P. 质体

的叶子中也发现了 Zn^{2+} 激活的 DNase(Blank, Mckeon, 1989)。Aoyagi 等(Aoyagi et al, 1995)从大麦糊粉层和百日草分化的 TE 中分离了两个核酸酶的cDNA 克隆——*BEN1* 和 *ZEN1*。对 *BEN1* 和 *ZEN1* 的核苷酸及其表达的蛋白的氨基酸序列分析表明,它们彼此相似,并且与 *Aspergillus* 的 S1 核酸酶也相似,这说明 Zn^{2+} 激活的 S1 类核酸酶普遍存在于植物发育过程的 PCD 中。

Thelen 和 Northcote(1989)曾检测到的 M_r 为 22 000 的 RNase 的 cDNA 克隆 ZRNase Ⅰ,也已被 Ye 和 Droste(1996)分离得到,与 ZEN1、ZCP4 和 p48h-17 的转录子一样,ZRNase Ⅰ的 mRNA 在分化的 TE 中 PCD 开始前特异聚集,所以,这些基因可能由一种依赖于顺式或反式激活因子激活的相同机制所调节。有趣的是,编码与木质素合成相关的过氧化物酶基因 *zpo-c*,也与那些 PCD 的基因的表达特点一致,即在 TE 的 PCD 开始前特异聚集。这些说明可能 PCD 和次生壁形成中的基因表达,至少部分由相同的机制调控。ZEN1、ZRNase1、ZCP4 和 p48h-17 的氨基酸序列表明都在 N 端有一段信号肽,暗示了这些蛋白可能被运到液泡中起作用。DNase 和半胱氨酸蛋白酶的最适 pH 均为 5.5,与液泡中的 pH 相同,并且可能与液泡破裂后细胞质中的 pH 也相同。因此可以推测,在分化晚期液泡膜的破裂引起水解酶的释放,从而对质膜和细胞器进行酶解破坏。

在有关杜仲次生木质部分化的研究中,用 TUNEL 检测说明,在正常分化的未成熟和成

熟木质部的各类细胞(木射线、木纤维、导管)均可以检测到反应产物,在还观察不到加厚次生壁的细胞内也可以观察到 TUNEL 标记。在剥皮刺激下,表面几层细胞开始分裂后仍有反应产物,即使新形成的细胞覆盖了整个剥皮表面,TUNEL 产物仍存在于新产生的和原来的细胞中,直至新的形成层形成时,在此区域以及外部的薄壁细胞中 TUNEL 产物才明显减少。这说明,在次生木质部分化中确实发生了 DNA 断裂,而且这一过程在次生壁形成前就已开始。另外,在分化的木质部中还检测到一个 M_r 为 35 000 的 DNase,该酶在剥皮再生过程中活性逐渐减弱,直至消失,此酶消失后细胞中也就检测不到 TUNEL 产物了。分别在添加和未添加 β-巯基乙醇的提取液中所得到的 DNase 的酶带相同,说明此酶为单个肽链。在孵育液中分别加入 EDTA,EGTA 或 Zn^{2+},酶带消失;加入 Ca^{2+} 或 Mg^{2+},酶带出现,说明该酶可被 EDTA,EGTA 和 Zn^{2+} 抑制,但可被 Ca^{2+} 和 Mg^{2+} 所激活(王雅清,2000)。在杜仲和毛白杨分化的木质部中皆检测到 DNA Ladder(图 14.6),近来更在毛白杨分化的木质部中分离纯化到一种 DNase,并克隆了它的基因,该酶不仅确能使 DNA 片段化,形成 DNA Ladder,而且 caspase-3 抑制剂可抑制它的表达,并检测到了 caspase-3 类似物的活性。更有意思的是使用 caspase-3 抑制剂或 DNase 抑制剂后形成的细胞继续分裂,其衍生细胞也继续扩大,但却不能形成次生细胞壁,这就说明次生壁的构建很可能发生在核 DNA 断裂后。

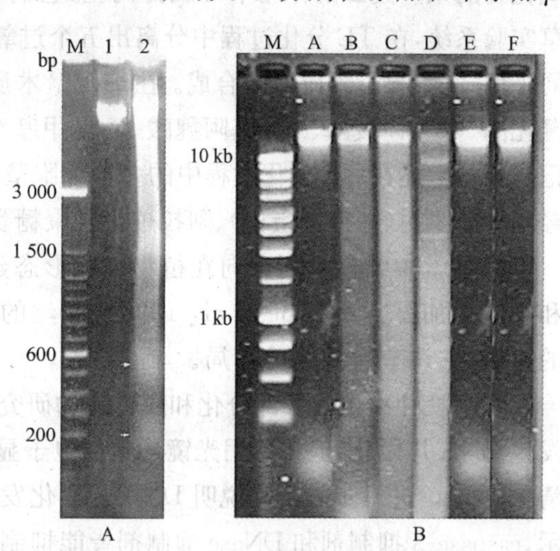

图 14.6 杜仲(A)和毛白杨(B)木质部分化中形成 DNA Ladder(A,箭头所示;B 见 d)

从上述研究结果可以看出,TE 的分化过程可能仅仅包含了 PCD 的最后阶段——降解清除阶段。因为从超微结构的变化来看,分化之初就开始了原生质体的降解,TUNEL 检测说明分化一开始 DNA 就发生了片段化,而且片段化的发生与 DNase 的出现相一致。在剥皮再生过程中,当 DNase 消失后,也就不能检测到 TUNEL 的标记物了。这些都是 PCD 最后阶段的特征。由此可见,PCD 的第一和第二阶段可能在形成层中就已完成,这就进一步说明,形成层细胞是分化到一定阶段的细胞,未成熟木质部细胞和未成熟韧皮部细胞在分化阶段上是相同的,可以相互转化,在形成层活动中可以同时形成木质部和韧皮部。

14.4 次生壁的构建及其与 PCD 的关系

木质部分化晚期,原生质体的 PCD 与次生壁形成紧密偶联,目前还没有人能成功地分开这两个过程。与次生壁加厚和 PCD 有关的各种酶和结构蛋白,以及相应基因,均在 TE 分化的最重要的阶段——晚期阶段表达。有研究说明,编码与木质素合成相关的过氧化物酶基因 *zpo-c*,也与那些 PCD 基因的表达特点一致,即在 TE 的 PCD 开始前特异聚集。这些说明可能 PCD 和次生壁形成中的基因表达,至少部分由相同的机制调控。Groover 和 Jones(1999)的研究说明次生壁形成和 PCD 可被同一个抑制剂抑制,也说明了两个过程的相关。

次生壁是由纤维素微纤丝彼此平行排列，由木质素、半纤维素、果胶和蛋白质等物质协同合成和沉积，构建而成。伴随次生壁加厚，有关细胞壁木质化的各种酶活性明显提高。它们是 TE 分化后期的显著标记，当细胞质内各种细胞器降解自溶时，细胞壁木质化仍继续进行。苯丙氨酸解氨酶(PAL)和过氧化物酶是两个最重要的酶(Northcote, 1995)，PAL 催化苯丙氨酸形成肉桂酸，进一步产生松柏醇、芥子醇、*p*-香豆醇等木质素的结构单位。PAL 是由一小簇基因编码的。当木质素沉积时，PAL 的 mRNA 和 PAL 活性达到最高值。随后，松柏醇、芥子醇、*p*-香豆醇在过氧化物酶某些同工酶作用下形成游离基，它们自发地聚合形成木质素。Sato 等(1995)利用百日草实验系统，在 TE 分化过程中分离出五个过氧化物酶同工酶 P1～P5。P5 是分化中 TE 特有的同工酶，它参与了木质素的合成。在细胞壁木质化阶段起作用的酶还有：莽草酸脱氢酶、肉桂酸羟化酶、CoA 连接酶、5-羟基阿魏酸-氧-转甲基酶和漆酶。它们有可能成为木质部分化的潜在标记。除了上述在 TE 分化过程中的多种细胞壁酶以外，细胞壁内还有结构蛋白，最主要的有富含羟脯氨酸蛋白(即伸展蛋白)、阿拉伯半乳聚糖蛋白、富含甘氨酸蛋白和富含脯氨酸蛋白等。

纤维素微纤丝排列方向在植物细胞形态建成中起着重要作用。微管控制微纤丝排列方向和细胞壁加厚方式(Abe et al, 1995)，微丝的动态变化与微管排列方式的改变有着一个协调的机制，它调节次生壁的布局。

在对杜仲次生木质部分化和脱分化的研究中，TUNEL 检测的结果表明，表面的几层细胞已发生 DNA 片段化，但无论用光镜还是用电子显微镜(简称电镜)都没有观察到次生壁加厚(王雅清, 2000)。进一步的研究说明 DNA 片段化发生在次生壁形成前(图 14.7)。在毛白杨的实验显示，caspase-3 抑制剂和 DNase 抑制剂皆能抑制 DNase 的活性，而且同时也抑制了次生壁的形成(图 14.8)，这就说明 DNA 的断裂可能是次生壁形成的前提。多种文献报道了 TE 的 PCD 伴随着次生壁的加厚，而且，目前还没有人能成功地分开这两个过程。Groover 和 Jones(1999)等推测这两个过程至少部分由相同的机制所调控。从这些试验结果可以看出，DNA 片段化发生在次生壁加厚前。是否 PCD 时发生的核 DNA 断裂正好激活了次生壁构建所需表达的基因是一个很值得研究的问题。另外有关木质部分化中多糖分布变化的研究说明，在原生质体降解的后期，有大量多糖颗粒形成，这些多糖颗粒与细胞壁的染色一样，而且此多糖还可穿过纹孔进入相邻细胞。这些也似可说明，可能是在 PCD 中合成了这些多糖，这些多糖参与了次生壁的形成。很可能编码合成这些多糖的酶的基因的活化就与 DNA 的片段化有关。

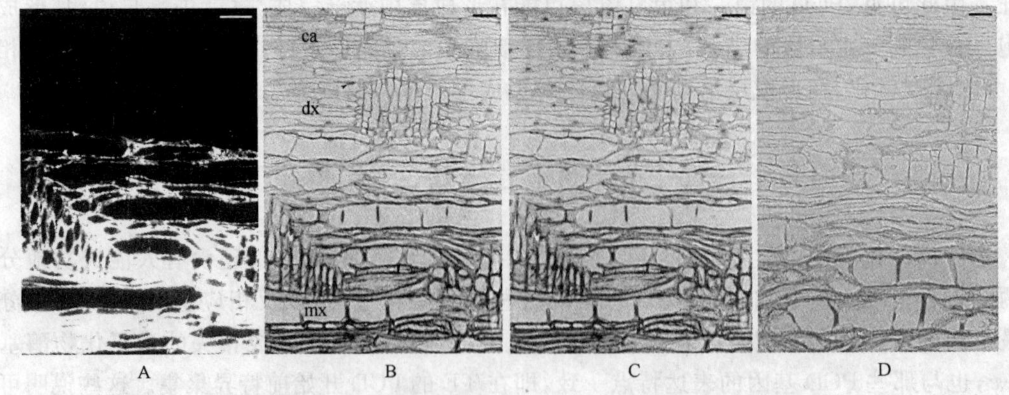

图 14.7 杜仲茎干径向切面。A. 偏振光显微镜照片，示深层才出现次生壁；B. A 的同一切片用 TUNEL 标记，示形成层下次生壁出现前期细胞核已被标记上；C. TUNEL 反应正对照；D. TUNEL 反应负对照。图中 ca. 形成层；dx. 分化中的木质部；mx. 成熟木质部

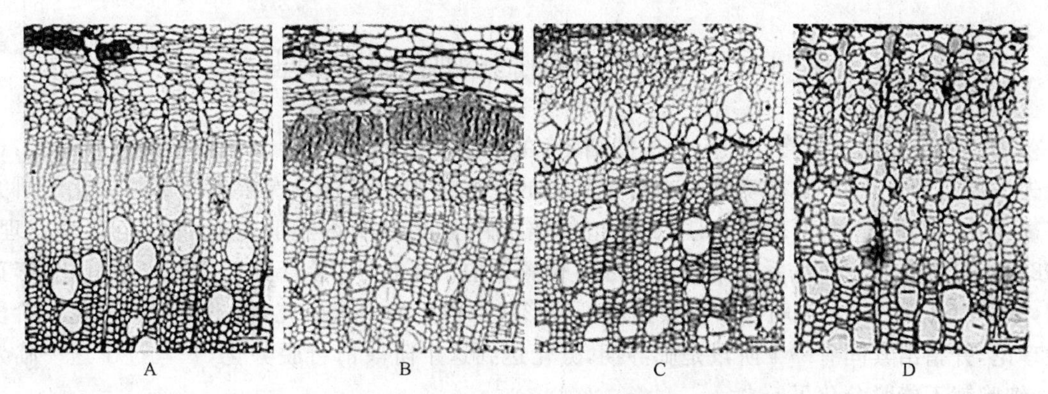

图 14.8　毛白杨去芽后用含不同试剂羊毛脂处理的水培枝条部分横切面，示 caspase-3 和 DNase 抑制剂对木质部细胞分化的影响。图中 A. IAA；B. 纯羊毛脂；C. caspase-3 抑制剂；D. DNase 抑制剂

根据上述一系列研究，木质部细胞分化的形态学事件如图 14.9 所示，其可能的分子机理模型如图 14.10 所示，这可作为进一步研究的大致方向。

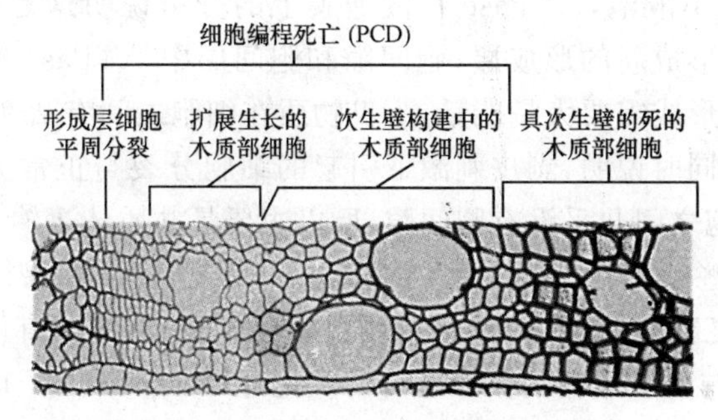

图 14.9　木质部细胞分化的形态学事件

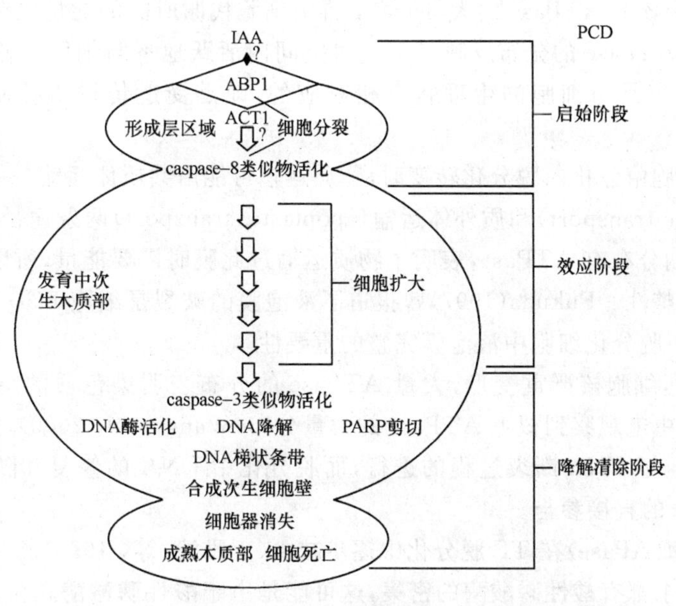

图 14.10　木质部细胞分化分子过程及其与 PCD 的关系模式图

14.5 木质部细胞的脱分化机理

细胞脱分化是指发育到一定阶段的细胞，在一定条件下，被诱导改变原来的发育途径，逐步失去原有的分化状态，转变为具有分生能力的胚性细胞的过程。次生木质部脱分化的研究寥寥无几(张新英，李正理，1981)。外植体培养中只是薄壁细胞脱分化(张新英，李正理，1981)。只有在剥皮再生系统中保持了原有位置效应的条件下，导管分子才可以脱分化(李正理，等，1981a,b)。崔克明(1997)根据对维管形成层再生的大量研究，提出了细胞分化的阶段性理论，并指出其间有一个阶段是临界期，分化达到这个阶段前可脱分化，一旦过了这一临界期，细胞就不能脱分化了。

14.5.1 脱分化中的生物化学变化

有关脱分化中 ATPase 的细胞化学研究(Wang et al，2000)说明，脱分化过程刚开始时细胞中的大液泡被分割成小液泡，ATPase 在液泡膜上的分布说明这是一个动用能量的过程。随着深层细胞开始分裂形成新的形成层，胞间隙和胞间层中 ATPase 的分布也由少到多。这可能是因为满足新细胞形成需要大量能量，不仅物质在细胞之间有活跃的运输，而且需要动用质外体中贮存的能量。同时说明，剥皮刺激下引起的细胞分裂与正常分生组织细胞分裂有所区别，正常分生组织细胞之间几乎没有胞间隙，所以主要是共质体运输；而在剥皮刺激下，深层木质部细胞脱分化，这些细胞已分化到一定程度，DNA 已发生断裂，因此需要修复断裂的 DNA，并进行 DNA 的复制和 RNA 的转录及蛋白质合成，所以快速直接地从质外体摄取能量是应急之需。ATPase 与物质运输的关系已有许多论述(Jesper et al，1996；Baudouin，Marc，1995；王小兰，王耀芝，1992；何才平，杨弘远，1991a,b；田国伟，申家恒，1996)。另外，脱分化细胞中未观察到核上 ATPase 的大量分布，推测细胞代谢所需的能量主要来自胞间隙和胞间层。这就说明，ATPase 的分布反映了某一时空间内活跃地参与细胞代谢及个体发育过程的细胞组分，其分布是与细胞的生理状态相对应的，即是受遗传过程控制的(Wang et al，2000)。

综上所述，细胞由分化向脱分化转变时，物质运输可能由共质体运输一条途径转变为共质体运输(symplastic transport)和质外体运输(apoplastic transport)两条途径。脱分化细胞中，液泡膜在某一时期分布有 ATPase，表明了物质运输过此膜时需要能量，所以此膜应具有选择透性，即膜具有完整性。Fukuda(1997)曾报道了液泡膜的破裂是细胞 PCD 不可逆的关键，此结果也间接表明了脱分化细胞中液泡膜完整的重要性。

另外，PCD 中，细胞核严重变形，大量 ATPase 的分布表明染色质的结构可能发生了变化，而脱分化细胞中未观察到核上 ATPase 的大量分布(Wang et al，2000)，这似乎说明，ATPase 可能直接参与了 DNA 断裂过程的进行，而脱分化中 DNA 的修复和随后的复制等过程则不需要 ATPase 的直接参与。

而酸性磷酸酶(APase)在 TE 脱分化中逐步减少(王雅清，等，1999)。在分化和脱分化的细胞中，高尔基体上都有酸性磷酸酶的密集，这可能是由于酸性磷酸酶在粗面内质网上合成，后进入高尔基体，经高尔基体运输到不同部位。刚由形成层分化而来的未成熟木质部细胞中，没有酸性磷酸酶的明显聚集，受到创伤后，原来核膜上分布的酸性磷酸酶还会消失。即使深至第八、第九层的未成熟导管分子,虽然细胞质中有少量酸性磷酸酶的分布,但细胞器、质膜、次生壁及纹孔处均没有此酶的聚集,这些细胞也可以脱分化。而即将分化成熟或更深层已分化成熟的木质部细胞,酸性磷酸酶在核、质膜、纹孔及各种细胞器残体等部位聚集到一定程度,聚集颗粒的大小是其正常弥散分布时的十倍甚至百倍,此时,细胞核的解体、质膜的断裂、各种细胞器的降解好像已预决定,也就观察不到这些细胞的脱分化了。这表明,酸性磷酸酶一旦在除高尔基体外的其他细胞器上高度聚集,特别是在质膜和核内高度聚集时,即使在剥皮刺激下,酸性磷酸酶也不会消失和减少,细胞可能就不能脱分化。据此可以推测,酸性磷酸酶的聚集程度可能是决定细胞能否脱分化的一个重要特征,因此,酸性磷酸酶在细胞核、细胞器、质膜上的高度聚集可能也是细胞通过分化临界期(崔克明,1997)的一个指标。

杜仲木质部分化过程中稳定存在的过氧化物酶酶带 POD Ⅰ 在脱分化中依然存在,并在最后完全消失,在脱分化开始产生出新的酶带 POD Ⅱ,并在脱分化组织中始终存在。说明 POD Ⅰ 是分化特异的,当分化被完全逆转时才消失,同时,脱分化刺激 POD Ⅱ 的活化。另外,剥皮刺激下酯酶同工酶的活性明显升高,说明剥皮刺激了某些同工酶的表达。EST Ⅲ D 酶带在分化组织中不稳定,可能受季节或外界因素的影响较大(王雅清,2000)。

14.5.2 脱分化过程的超微结构(图 14.11)(王雅清 2000)

剥皮后表面下 1~5 层左右的细胞,细胞壁没有发生次生加厚。剥皮刺激使大液泡很快被细胞质丝分割成小液泡,细胞核向细胞中部移动;随之细胞器膜层变得透明,质体中出现大淀粉粒,核膜不清晰;进而,质体囊片片层变得透明,并产生很多小囊泡;再后,表面细胞内细胞质变得浓厚,线粒体体积变得小而狭长,并开始大量缢缩分裂,粗面内质网、高尔基体和核糖体的数量增多,质体的体积也较正常体积小,并可观察到许多质体的分裂,产生更小的质体,几乎看不到淀粉粒或只具有小淀粉粒,在新细胞壁形成的部位,观察到质体的存在。当表面细胞已大量分裂时,细胞核中染色质仍发生凝聚。当产生大量薄壁细胞覆盖表面,仍呈现绿色时,可观察到质体向叶绿体转变的中间形式:基粒片层未完全形成,不具有淀粉粒,众多短小的内质网包在一个膜层里,进而可见前叶绿体体积开始增大,基粒进一步明显,线粒体很小。

剥皮表面下 5~7 层的细胞紧靠将来新形成层产生的部位,其细胞核在再生过程中继续发生着退化,呈现 PCD 特征。细胞核逐步移向细胞中央,细胞质稀薄,细胞膜完整,核膜极度不规则,核仁变大;随后,核膜变得模糊不清,核仁密度增大;接着,核仁从核基质中慢慢脱离出来,核膜断裂成内质网,核基质散在细胞质中;核仁继续移向细胞壁,电子密度很大,结构模糊不清,并可见线粒体等细胞器也微呈退化状态,最后细胞核消失,但原生质体仍存活。这些细胞可能直接转分化为筛分子。

剥皮表面下 7~11 层细胞在剥皮前已分化到一定程度,具有大液泡,细胞质稀薄,被挤在细胞壁边缘,细胞核狭长,染色质出现轻微凝聚。它们开始脱分化时间较晚,直到剥皮一周后,才观察到细胞内部的变化,大液泡被细胞质丝分割,细胞质比脱分化前浓厚,细胞核开始恢复正常;线粒体和质体体积变小而且狭长,从中部发生缢缩分裂,细胞器膜层变得透明,进而开始向新形成层细胞转化,细胞中有很多小的长形线粒体和脂质体;可观察到新细胞壁的形成,大液泡转化为很多小液泡,细胞核中出现一些特殊结构。线粒体变圆,高尔基体数量增多。

综上所述,细胞分化临界期最少有两个指标可供参考,一是核膜必须完整,二是除高尔基体外的细胞器上没有高度聚集 APase。也就是说,只有满足这两个条件的细胞才能脱分化。

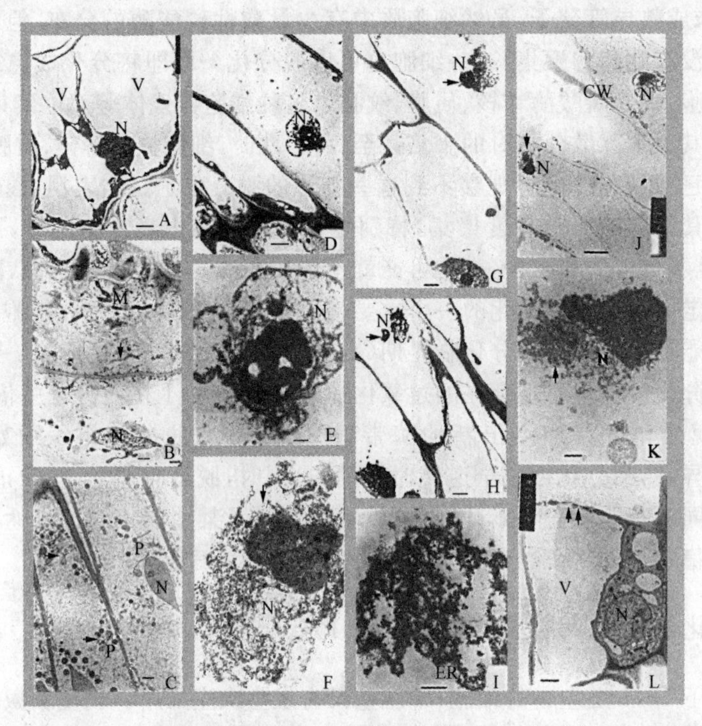

图 14.11　杜仲剥皮再生过程中未成熟木质部细胞的超微结构变化。A～C，表面 1～5 层细胞：A. 剥皮后 1 天，表面木射线细胞中大液泡被原生质丝分割成小液泡，标尺长 5 μm；B. 剥皮后 4 天，表面细胞内细胞质变得浓厚，线粒体体积小而狭长，并开始缢缩分裂，标尺长 0.2 μm；C. 质体的体积小，有的可看到正在分裂(箭头)，标尺长 0.2 μm。D～L. 表面以下 5～7 层细胞：D. 剥皮后 2 天，细胞核移向细胞中央，核膜不规则，核仁很大，标尺长 5 μm；E. D 的放大，标尺长 1.03 μm；F. 核膜模糊不清，核仁大(箭头)，标尺长 0.5 μm。G、H. 核仁(箭头)离开核基质，标尺长 1.03 μm。I. 核膜断裂成内质网状，标尺长 1 μm。J～L. 7～11 层，J. 核基质(箭头)散在细胞核中，标尺长 10 μm；K. J 的放大，标尺长 1 μm；L. 转分化成筛管分子中巨大液泡，旁边的伴胞具大的细胞核和浓厚的原生质，标尺长 5 μm。图中 CW. 细胞壁；ER. 内质网；M. 线粒体；N. 细胞核；P. 质体；V. 液泡

14.6　应力木形成机理

当一种草本植物离开其在空间上自然生长的平衡位置时，其下面的纵向生长就会增强，这种增强受生长素，也可能还有其他生长物质的调节，而在木本植物中则不同，因为这时，已存在的茎或侧枝能抵御引起这种偏离的外力，在树干中不再增加其轴向生长。例如，在主茎中，通过对形成层活动的调节，增加上面或下面的径向生长，茎的横切面发育成椭圆，长轴与倾斜面垂直，就能较好地支撑自身的重量。这偏心的径向生长不能通过增加下面的纵向生长，而只有通过形成特殊的组织，才能使茎恢复原来的方向，这种组织就是应力木，是树木对环境改变的一种反应。应力木的结构和植物的类型有关，在绝大多数裸子植物中，是倾斜茎干或枝下面的径向生长增加，并在此形成应力木，即应压木。应压木具有沿着正在形成的纹理扩大的能力，因此对茎产生一轴向压力，使其慢慢弯回原来正常的垂直方向，已经向下弯的枝子，在其下面发育出应压木，从而能恢复其以前空间上预先决定的方向。裸子植物中所有的定位运动都由这种方式完成(图 14.12A,B)。在任何方向上发生位移的茎干或枝子，都借助于应压木的形成使其恢复到原来的位置。在被子植物双子叶树木中，虽然也有促进下面生长的，主干中的径向生长主要是在上

面增加，因此它们是在上面形成应力木——应拉木，应拉木能沿着纹理收缩，从而产生一个拉力，使树恢复其方向。简言之，应压木是推着主干向上，而应拉木则是拉着它向上(图 14.12)。

图 14.12 应拉木和应压木的比较。A. 北大未名湖畔被风吹倒后形成应拉木又直立起的白杜树；B. 一种应拉木的横切面；C. 颐和园后山上被风吹倒后形成应压木又直立起的油松；D. 一种应压木的横切面

14.6.1 应力木的结构特点

产生应力木茎干或枝条的结构与正常的比，有着明显的差异。由于局部形成层的活动增加，从而形成偏心的生长轮，它们韧皮部中韧皮纤维的次生壁不木质化(Wardrop，1964；Hoster，Liese，1966)。应拉木和应压木的结构存在着很大的差异。

14.6.1.1 应拉木

倾斜茎干或枝条上方的维管形成层比下方的活动迅速且持续时间长，所形成的木质部中具有大量胶质纤维(gelatinous fibre)。该纤维的外部为由纤维素微纤丝组成的无胶质壁层，与其纵轴成 45°角。内部为胶质层，微纤丝的排列方向与纵轴平行(Munch，1938；Wardrop，Dadswell，1948，1955)(图 14.13)。据此认为胶质壁层的生理功能可能与应拉木的收缩有关。应拉木中的木质素比正常木材中少，而纤维素含量则较高。有的树木中胶质层完全取代了 S_3 层，有的将 S_2 和 S_3 层都取代，还有的是加在 S_3 层里面，构成 S_4 层。由于胶质层中缺少半纤维素和木质素，其纤维素微纤丝之间的联系变松弛(Cote et al，1969)。这里应当指出的是，这种强化生长和解剖学饰变并不都是同时存在的，有些植物，如北美檫木(*Sassafras officinale*)的过盛生长发生在下方，而胶质纤维则发生在上方。也有的植物不发生不对称生长的偏心年轮，甚至许多植物中就根本不产生应力木。在 *Enfelea* 和马兜

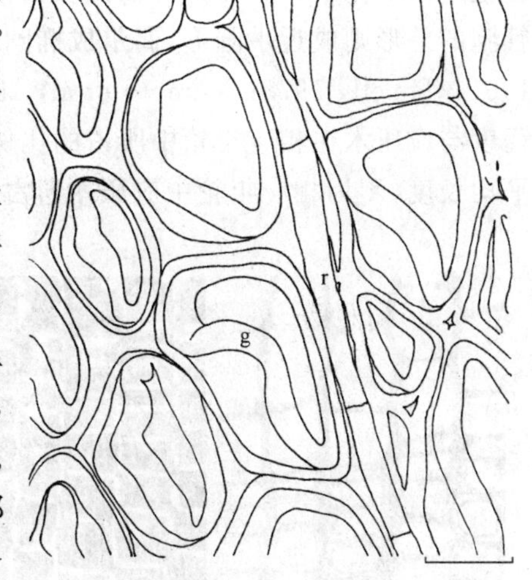

图 14.13 杨树(*Populus*)应拉木胶质纤维横切面，示衬在细胞内的胶质层(g)。r. 射线，标尺长 10 μm(李正理提供)

铃属(*Aristotelia*)的应力木中,缺少胶质纤维,但仍有些特征不同于正常木材。也有的植物中,如黄杨属(*Buxus*)和 *Gardenia* 等,与绝大多数裸子植物一样,在茎的下半部发生加速生长。另外许多植物的根中也形成应拉木,不过它包围在整个器官的四周(Patel, 1964; Hoster, Liese, 1966)。

根据胶质纤维在应拉木中的分布,应拉木可分为两类,胶质纤维形成一连续区域的,如槭属(*Acer*),为密应拉木(compact tension wood);而胶质纤维单独或成片地分散在正常纤维之间的,如金合欢属(*Acacia*),为散应拉木(diffuse tension wood)。

应拉木的强度因植物种类而异,在大多数情况下,这种木材容易发生水平折裂。研究说明,这种折裂发生在单独纤维处。应拉木的锯断面由于胶质纤维束的撕裂而成羊毛状毛刺。

这种应拉木木材的周边木质部与靠近中心的次生木质部之间,存在一种张力,当一段树干被纵切时,周边部分比近中心部分收缩得厉害。形成应拉木的不对称茎干,明显具有不同的弯曲度。如果将一树枝弯成环,则在环的上下两半环中,都是向上的部分发育出应拉木。当形成应拉木后将此环割断,则在已经形成应拉木的地方发生收缩。由此可见,不同方式和方向的弯曲,在同一树枝的不同部位,都可得到应拉木。这就清楚地表明,产生应拉木与茎或枝的纵向收缩势有关(Wardrop, 1956),所以在形成应拉木的地方,可促使茎或枝恢复正常生长的位置。

14.6.1.2 应压木

在裸子植物的银杏目、松柏目和紫杉目植物的茎干或枝条,当处于倾斜位置时,处于下部的形成层活动受到促进,分裂分化的速度大大高于上部。形成了下部年轮宽、上部年轮窄的偏心横切面,这就是应压木(图 14.12D)。它的比重比正常木材大了约 15%～40%。其早材和晚材间是逐步过渡的,其间没有明显的界限。而且早、晚材的比例也不同于正常木材,应压木中晚材的比例大大增加,如在银枞(*Abies alba*)正常木材中,晚材的比例约占 20%～50%,在应压木中则占 50%～90%(Constantinesecu, 1956),在欧洲云杉枝子应压木中,晚材占 50%～90%,同一枝子的上面部分则只有 20%～30%(Eskilsson, 1972),Isebrands 和 Hunt(1975)发现,在快速生长的日本落叶松(*Larix leptoleps*),只在晚材中形成应压木。应压木的管胞外形不像正常木材那样在横切面上成有棱有角的外形,通常为方形或长方形。而应压木管胞的外形则成近乎圆形,偶尔成椭圆形,且有明显的胞间隙(图14.14)(Wergin, Casperson, 1961; Timell, 1978; Yumoto et al, 1983)。应压木中管胞的长度通常比正常株短,而且短的程度与应压木在相应年轮中所占的比例成线性负相关关系(Seth, Jain, 1977),如果 Y 为管胞平均长度,X 为相应年轮中应压木所占的百分数,则

$$Y=4.1816-0.0180X$$

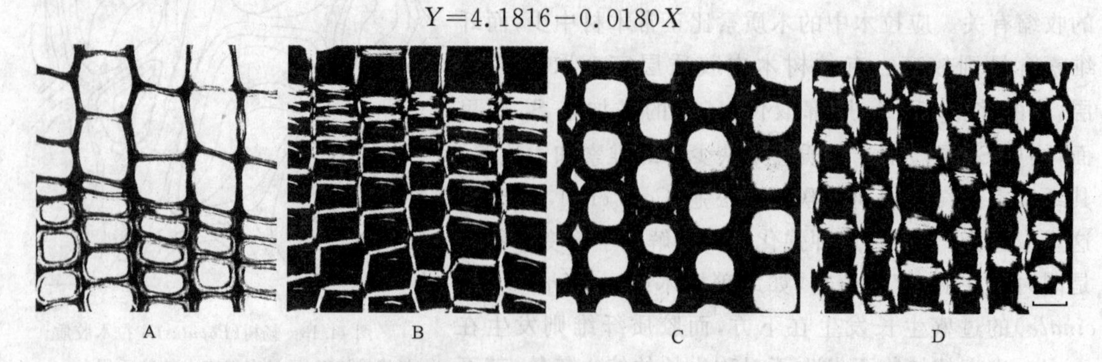

图 14.14　欧洲云杉正常木材结构与应压木结构的比较。A. 正常木材明场显微镜照片;B. 正常木材偏光显微镜照片;C. 应压木明场显微镜照片;D. 应压木偏光显微镜照片;标尺长 20 μm

这种负相关性可能与形成应压木的形成层细胞分裂迅速,原始细胞较短等因素有关。此外,应压木中管胞的直径也与正常木材不同(Onaka, 1949),就径向直径来说,早材中较正常的小,晚材中则较正常的大;无论早材还是晚材,应压木管胞的切向直径都比正常木材的小。不过相对一面的木材也有相似特点,而且这种差异在统计上都是显著的。管胞壁的厚度与其直径相似,通常应压木管胞壁的厚度比正常木材大,Onaka (1949)的研究指出,在日本柳杉(*Cryptome-ria japonica*)和赤松,早材中应压木管胞壁的厚度是相对一面木材的 2~3.5 倍,相反,晚材中则是相对一面木材中管胞壁的厚度略大于应压木。

应压木管胞的超微结构也与正常木材明显不同。管胞次生壁中纤维素微纤丝的排列方向与细胞纵轴所成角度大于正常木材,S_1 层的微纤丝与纵轴成 70°~90°,厚度也比正常木材大,细胞角上的 S_1 层更是显著增厚,有的甚至超过 S_2(Yumoto et al, 1983),次生壁的最内层 S_3 层通常消失,有的植物,如辐射松,应压木管胞的次生壁具有一薄层 S_3。应压木通常只剩下 S_2 层直接面对胞腔,S_1 和 S_2 层间界线分明(图 14.15)。在正常木材中 S_1 和 S_3 具双折射的性质,S_2 层则没有,而在应压木中则是 S_1 和 S_2 都具双折射的性质,所以在偏振光显微镜下,正常木材的次生壁有两条隔开亮线,而在应压木中则是三条紧靠在一起的粗的亮条。胞腔面上有螺旋状深沟和脊(Scurfield, Silva, 1969)。春季形成的应压木的管胞壁比正常木材略厚,长度略短,木质素含量高。

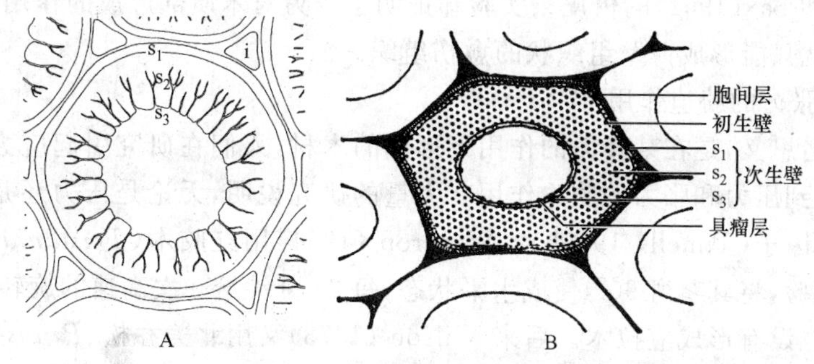

图 14.15 落叶松应压木管胞(A)与正常管胞次生壁(B)横切面比较,示应压木管胞次生壁只有 S_1 和 S_2 层,S_3 层消失,S_2 层形成螺旋腔,壁层中有分叉裂隙,胞间隙(i)明显,标尺长 1 μm (李正理提供)

14.6.2 引起应力木形成的因素

20 世纪初刚开始研究应压木时就已着手研究这个问题,而且一直不断,延续至今。

(1) 营养差异(Timell, 1986b)

20 世纪初,当人们发现应力木时,就首先想到是营养物质的分配不均引起的,曾有人设想,可能是由于营养物质较容易向形成应力木的方向移动,在那形成一个营养物质库;也有人推测,倾斜树干下面,树皮压力减少,引起营养物质积累;更为广泛接受的一种观点是,当枝干的某一面处于优势位置时,这一面就进行营养物质积累,从而促进其生长。还有一些说法,这里不再一一介绍,不过这些解释都与后来的一些研究有矛盾。然而对于松柏类植物就另当别论,这类植物茎干具有较多分枝的一面形成应压木。如处在强大风口的树,通常在背风面形成大量的分枝,茎干的迎风面常常形成应压木的结构。后来的一些研究说明,虽然应压木形成过程中需要营养物质的补充,但是作为主要营养物质的光合作用产物绝不是诱导应压木形成的第一因素。像IAA这类生长物质可能是诱导因子之一。

(2) 光

20世纪末21世纪初,许多植物学家就提出,应力木的形成可能与茎干或枝条两面受光的不同所致。但也有人反对,理由是在老的茎干或枝子上具有很厚的树皮,光不可能透过。还有的用实验证明光不能诱导偏心生长或应力木的形成(Timell, 1986b)。松树地下的根极少,甚至不形成应压木,但当这种根暴露在光下,即露出地表时,就常常在其下面形成应压木(Fayle, 1968)。这显然是由于暴露的根逐步具有了茎的性质,而埋在地下的茎也会慢慢变成根状。这二者都是光形态建成现象。光,特别是阳光对于应力木的形成有一定作用,所有树木都有弯向光源方向生长的特点,即向光性,也有的称之为趋日性。通常被子植物的这一特性比裸子植物强。即使在裸子植物中,不同植物的这一特性也不同,松属和落叶松属就比冷杉属和云杉属强。与所有向性运动一样,裸子植物的向光性运动也伴随着应压木的形成(du Toil, 1956, 1964)。

(3) 树皮压力

早在20世纪中后期,许多研究者就曾将早材和晚材的形成归因于树皮对形成层压力的季节变化(Timell, 1986b)。还有人曾指出这种树皮压力的季节变化与树木的偏心生长有关(Timell, 1986b)。但是,稍后的一些研究却证明,树皮压力与此种反应没有关系。然而20世纪60年代Brown和Sax(1962)的树皮条实验却证明了压力对木质部形成的作用,一旦除去树皮的压力,形成层就只能形成薄壁组织状的愈伤组织。

(4) 压力和张力的胁迫作用

应力木,顾名思义,是在某种力的作用下形成的木材,人们在研究引起应力木形成的因素时就自然首先想到压力和张力的胁迫作用。大量的研究说明,无论是压力还是张力都不是应力木形成的诱导因子(Timell, 1986b)。Wardrop (1964)用红胶木(*Tristania conferta*)做过一个有意思的实验,将其茎弯90°,使成水平状态,每25分钟给一次高速的旋转处理,其顶端的方向没有改变,也没有形成应拉木。后来Wilson (1973)又用北美乔松(*Pinus strobus*)重复了这一实验,也没有形成应压木。这说明,在没有连续重力存在的情况下,压力或张力的胁迫作用都不能诱导应力木的形成。而Wardrop和Davies(1964)发现,当将NAA涂在辐射松茎的一面,那么该处就形成了应压木,茎向相对一面弯曲。有关植物生长调节剂在应力木形成中的作用,将在形成的生理学一节中详述。

(5) 重力的作用

早在20世纪末,人们已发现了应力木的形成是一种向地性。大量的实验也证明,重力确是应力木形成的重要刺激因子(Timell, 1986b)。如果应力木的形成是一种严格的向地性现象,那么当倾斜角在0°到90°之间时,应力木形成的量就应该与倾斜角度的正弦成正相关关系。Fielding (1940)和Matsumoto (1957)等许多人的研究证明,在裸子植物中,当倾斜角达到90°时,形成的应压木的量最大。Clarke (1937), Kaeiser和Pillow (1955),Robart (1966)以及Ohte (1979)等在被子植物中的大量实验研究也证明了这种正相关关系的正确性。不过,在有些情况下应力木的量和倾斜角之间的这种相关关系很弱,甚至没有。Low (1964)和Shelbourne (1966)在裸子植物中,Sachsse (1961)在被子植物中都没有发现应力木形成量和倾斜角的正弦间的这种正相关关系。Little (1967)也发现,当北美乔松茎干的倾斜角由60°增加到90°时,所形成应压木的量却没有增加。

14.6.3 应力木和向地性

有关向地性的问题已在第十章中作了一些讨论，特别是有关根生长中的向地性已作了较深入的讨论。这里将主要讨论应力木与向地性的关系。一般说来，应力木的作用就是维持茎或枝的方向与重力矢量的方向成一定关系。对于茎干来说，就是要与重锤线方向平行，对于枝子来说，就是要与此线成一定角度。

14.6.3.1 树木的向地性

当改变一株树原来的方向时，它的茎或枝就会在对重力刺激的反应中恢复到原来的方向，这就是树木的向地性。长期以来在园艺上就已了解植物这一特性，并已应用于生产，如强制果树的枝干沿水平方向或向下生长，就会比垂直生长的树早开花、多开花。将平卧生长的树慢慢旋转，这种效果还会加强(McLean，1940；Wareing，Nasr，1968)。如将日本落叶松的枝子改变位置，就会增加其花的数目，将其枝子弯成平卧方向或向下，会增加雌花的形成(Longman et al，1965)。所有这些现象都出现在枝干的物理下方，而不管在下面的是近轴面还是远轴面。在新疆冷杉(*Abies sibirica*)和欧洲落叶松(*Larix decidua*)的枝干上，也是下面的生殖器官发育最好(Bocurova，Minina，1968)。

向地性的另一个表现是，当茎干或枝子横卧时，其上面的休眠芽被打破休眠，萌发出新的枝条，而其下面的休眠芽却仍处于休眠状态(Smith，Wairing，1964a，b)。同时抑制横卧茎干或枝的纵向伸长(Timell，1986b)，甚至还抑制径向生长(Mergen，1958)。当将它们旋转时，生长更慢(Wareing，Nasr，1968，1961)。如日本落叶松横卧枝干的纵向生长仅为对照的59.5%，当将此枝干固定向下时，则只有47.5%，当再加旋转时，纵向生长还要减少。

对树木的向地性有各种解释，其中最流行的，是生长素类生长物质的作用模型。横卧茎干上面的生长素可以向下面移动。当其浓度不是较长期超适度，上面的芽就被解除抑制而萌发。但这并不能解释为什么伸长生长受抑制。一些研究者认为这里面可能还包括了营养物质因素。Wareing 等(1964)用 *Populus robusta* 横卧一年生枝的实验说明，在其下面的生长素和生长抑制剂都具有较高的浓度，而赤霉素含量则上下没什么不同。研究者把下面生长的减慢归于该区域抑制剂浓度的提高。如果将横卧的茎干切成上下两半，并插入一栅，上下两半茎上的芽就都萌发。Little (1967)曾提出，可能有两个因素使移位茎干的生长受抑制，一是生长素的纵向运输速率降低，二是形成应压木所需光合产物的转移速率降低。

14.6.3.2 裸子植物的向地性

第十章中已经述及，植物根对重力的感应是靠根冠中的平衡细胞及其中的平衡石，在一些植物的叶鞘中也有此种结构。但事实上至今还不知道在木本植物的茎或枝中是通过什么感受重力，是否有平衡石的存在。在许多裸子植物幼苗中，下胚轴中央维管束周围的2到4层皮层细胞中，绝大多数含有淀粉平衡石。但是幼苗长大成熟后，这些平衡石就消失，随之对重力的感应能力也消失。Leach 和 Wareing (1967)研究 *Populus rubusta* 横卧的枝干中生长素的分布时，他们将横切片用碘染色，发现淀粉粒成团地分布在切片侧面皮层细胞最下面的壁附近，并认为淀粉粒可能起平衡石的作用。Parker (1960)在冬季的北美乔松韧皮部射线细胞中，发现有一些小的淀粉粒，可由于重力的作用沉降到细胞的下面。但在夏天却没有发现这种淀粉粒，即使在冬季，轴向薄壁组织细胞中也无此分布。嫩枝的背光面，在夏季的韧皮射线细胞中也可诱导形成小淀粉粒,但离心时它们却不沉降,像一般大颗粒一样。这种报道还很少,但可以推测,松柏类植物的韧皮部薄壁组织细胞可能起着平衡细胞的作用。有关平衡石作用机理的理论有许多,但又都不尽如人意。Larsen (1962b)和 Westing (1965b)曾提出平衡石不是自由落体,而是起一种摆动着的摆的作用,但后来连提出者本人也产生了怀疑而放弃。又由于在成熟的裸子植物中始终没有看到平衡石,因此 Zajaczkowiski 和 Wodzicki (1978a,b)提出了一个新的不包括平衡石的重力感受模型。此模型的根据是,有关三维形态发生矢量波所传递着的生长素。其主要包括三点:① 当一茎干倾斜时,波动的生长素流的移动矢量发生变化,即在茎干的下面,它们在重力方向上向形成层带外面延伸,从而在这一面形成应压木。② 在枝子中,生长素矢量由于茎中偏斜的波,总是按一定角度偏离重力矢量,所以不产生应压木。③ 如果枝干向下或向上弯,形成层带外面的矢量就分别出现在下面和上面,从而在相应位置形成应压木。如果将一株盆栽的三年生松柏类植物向左倾斜 60°养一段时间,然后再向右倾斜 60°养一段时间,这样反复几次,就会发现年轮中左右两边都是隔一段就出现一段应压木,而且正好是左边为正常木材时,右边是应压木。应压木的结构和量与树干和垂直方向夹角的正弦相关,像横切面上管胞的形状,随着夹角的增大,逐步由有棱角变成圆形。

14.6.3.3 木本被子植物的向地性

木本双子叶被子植物中应拉木的形成也是一种向地性现象。不过,对它的研究较裸子植物的少得多。应拉木与应压木不同,它是在横卧茎干或枝的上面形成。大量的研究说明,应压木是在高浓度 IAA 的条件下形成的,而应拉木则是在缺乏 IAA 的条件下形成的。一些对硬材树木的研究说明,在倾斜程度和应拉木形成的量之间存在着相关关系(Clarke, 1937; Onaka, 1949; Rendle, 1955; Manwiller, 1967),如美洲黑杨(*Populus deltoides*)(Kaeiser, Pillow, 1955; Berlyn, 1961)。不过也有的报道说看不到这种关系,如红花槭(*Acer rubrum*)、银白槭(*A. saccharinum*)(Arganbright, Bensend, 1968)和 *Quercus falcata* (Cano-Capri, Burkhart, 1974)。相反,Robards (1966)却在爆竹柳中发现应拉木的形成与茎干或枝的下弯有着很强的正相关关系。当倾斜的茎干或枝与垂直方向间的夹角小于 120°时,偏心的径向生长和应拉木形成的量都是随着倾斜角度的增加而增加。

总的说来,应力木在硬材中的存在较软材中更不稳定。绝大多数硬材的倾斜茎干或枝,无论上面还是下面存在胶质纤维都是应拉木的典型特征,但也有一些报道说,在垂直于地面的茎中也存在着大量应拉木。根据 Timell (1986)等的观察,垂直的类欧洲山杨(*Populus tremuloides*)树中非常普遍地存在着胶质纤维,Robnert 和 Morey (1973)发现在柔黄花牧豆树(*Prosopis juliflora* var. *glandulosa*)的木材中含有高达 38%的应拉木纤维。一些研究说明,施以离心力也能诱导形成应拉木,如在欧洲七叶树中(Casperson, 1969)。有关重力感受机理和应拉木形成信息传递的认识比对应压木的认识还少得多。不过有些研究说明,倾斜的茎干或枝下面的生长素浓度比上面高得多(Leach, Wareing, 1967; Lepp, Peel, 1971)。但是对杨树和柳树的研究中却没有发现这种差别(Wareing et al, 1964)。

14.6.3.4 应力木刺激的传递

长期以来,一直到最近,在感受部位产生的信息如何传递到反应部位,是一个重要的理论问题。通常都归结为生长物质,其中最重要的是生长素的运输问题。大量的研究也说明,倾斜的茎干或枝中上面和下面的生长素浓度有着很大差异,在 *Populus robusta* 和北美乔松的平卧茎中上下面生长素的比例是2∶3(Leach，Wareing，1967；Westing，1960)，相似的结果也出现在欧洲山杨(*Populus tremula*)和欧洲赤松中(Hellgren et al，2004)。而且还证明用外源IAA可以诱导应力木的形成和内部IAA的积累(Starbuck，Roberts，1982，1983)。研究还表明，是枝子产生的生长素向基运至茎中，引起应力木的形成(Kellogg，Warren，1979)。而且应力木的形成也是通过形成层的活动完成的。形成应力木地方的形成层，开始活动的时间早，结束活动的时间晚，活动期细胞分裂的速率也高(Wardrop，Dadswell，1952；Kutscha et al，1975)。有的实验研究表明，如将茎干倾斜后再将其环剥，环剥以下部分就不形成应力木(Hartmann，1942)。如果在将茎干或枝弯曲前先去掉所有的芽和叶，也不形成应力木(Onaka，1949；Wardrop，1956)，不过也有的树能形成，如 *Pinus strobus* (Westing，1960)。由此可见，最初接受重力刺激的是顶端，一旦接受了这一刺激，应力木的形成就能维持一段时间。这就像春季形成层活动的恢复需要顶芽产生的生长素，一旦活动恢复，木质部就能产生它自己的生长素。另外，还有些实验中，环剥处以上的倾斜茎干或枝中的应力木也不能很好发育(Hartmann，1942；Westing，1960,1965b)，这就说明，应力木的良好发育还需要来自下部的向顶运输的某些物质。有的认为这也是生长素，不过是由维管形成层本身产生的。此外，倾斜茎干或枝上面抑制剂的积累可能也影响着应力木的形成(Necesany，1958；Leach，Wareing，1967)，这与晚材的形成相似，它们的细胞壁都比较厚，但是形成应力木的速度快得多。后来的一些研究又说明，植物中的向地性并不是由于其中生长素的重新分布，而是由于组织对生长素敏感性的变化，引起形成层活动的不同而导致的(Wareing et al，1964)。Kaldewey (1968)的研究证明，重力诱导的第一个反应并不是生长素浓度梯度的变化，而是生长素运输系统的不对称变化，这种变化与生长素的存在与否无关，进而提出了围绕已知植物激素的定位和活化的整体植物模型，认为对植物生长物质的敏感性主要决定于内外的极性(Wareing，Phillips，1981；Wareing，1982；Trewavas，1981，1982；Liu，Tillberg，1984)。

14.6.4　应力木形成的生理学

研究应力木形成的生理学是研究其形成机理的一个非常重要的方面，这方面的工作也非常多，这里只作一些简要介绍。

(1) 早材和晚材的形成

在许多情况下，早晚材的形成生理与应力木的形成相似，这也是长期来人们关注的一个重要问题，因为这不仅是一个重要的有关形成层活动机理的理论问题，而且有着重要的实践意义。

早材和晚材的区别通常很清楚，特别在软材中，早材管胞较短，壁较薄，直径较大，细胞腔也大；晚材管胞的有关特征正好与之相反。Mork (1928)曾提出一个鉴别晚材的指标，即两个相临管胞所共有细胞壁的厚度是其胞腔宽度的两倍或更大。松柏类中早晚材现象的一个最重要的特点是涉及既调节管胞大小又调节壁厚的内外因素。而根据大量的研究说明，管胞直径和壁厚是由不同因子控制的两个参数。在火炬松中，温度的升高不影响管胞直径，只减小壁厚，而提高土壤湿度则只提高管胞直径，而不改变壁厚(Richardson，1964a,b；Larson，1967；Denne，1971)。Larson (1960，1962a,b，1963a,b,c，1964a,b，1967a,b)和Gordon及larson (1968，1970)对早材和晚材间的转化问题作了一系列研究，提出早材的形成与活跃的伸长生长及充足的生长素补充相关，而晚材的形成则伴随着顶端生长停止，生长素缺乏，丰富的光合产物的产生。他们用美加红松(*Pinus resnosa*)幼苗做的一些实验证明长日照(18 小时)可以诱导形成大直径管胞,短日照(8 小时)则形成小直径管胞,这些说明,正常树木中早材管胞具有大直径、薄壁,晚材管胞具有小直径、厚壁,都属于异常结合。幼苗在长日照下生长相当长时间后形成的管胞就具有大的直径,特厚的壁,可称之为长日照晚材。如果用长日照—短日照—长日照处理树木就会形成假年轮。只有将树木顶芽摘除,才可形成晚材,而用外源生长素可代替顶芽诱导形成早材,长日照刺激的作用也可由外源生长素取代。使用高浓度 IAA 可诱导应压木的形成,对用长日照处理过的树施以生长素极性运输抑制剂 TIBA,大直径管胞形成停止,代之以小直径管胞的形成,这显然是因为 IAA 的运输受到了抑制。总之,光周期的影响是间接的,直接的影响是生长着的茎端产生的生长素;干旱可引起晚材管胞的形成,其作用也是间接的,直接的影响是顶端分生组织活动的减弱。减少生长素的补充可引起小直径管胞的形成,但晚材管胞还有一个重要特征,即具有厚细胞壁,而影响细胞壁厚度的是树木不同生长阶段中光合产物分布方式的改变。当春季树木开始生长的时候,各处分生组织不仅吸收大量新合成的光合产物,还吸收贮藏的营养物质,而且根也构成了一个代谢库。随后,新的针叶的形成也需要大量营养物质,而这只有靠老的针叶提供,当新的针叶成熟时,树木生长就达到一个临界点,老叶新叶所产生的光合产物都可提供给形成层,因此,这时开始形成晚材是营养物质大量增加的直接结果。由此可见,生长素浓度的减小和光合产物的增加共同诱导了晚材的形成,而且由形成大直径管胞向形成小直径管胞,以及由形成薄壁管胞到形成厚壁管胞的转化都是从茎的基部开始的。另外,Larson (1967b)还证明了影响早材和晚材形成的这两个因素也与应压木的形成有关。

(2) 应用生长促进剂和抑制剂诱导应压木形成

对大量裸子植物的研究说明,应用 IAA 或其他生长素都可诱导作用点以下的枝干形成应压木。说明生长素快速向基运输。如果将 IAA 应用于横卧茎的上面,上面就出现应压木的特征。这样在该树干中就会出现上下两面都是应压木的现象,上面的为外源 IAA 所诱导,下面的为重力所诱导。单独使用 GA_3 或与 IAA 同时使用都能诱导应压木的形成,而单独使用激动素则无效,只是与 IAA 同时使用时稍有效。当同时使用 IAA 和 TIBA 时,因为 IAA 的运输受到抑制而只在上面形成应压木。应用其他 IAA 运输抑制剂,如 NPA,也有类似结果,如果在茎和枝上涂一圈,应用处明显增粗,且其木材具有应压木的性质(Yamaguchi, Shimaji, 1980; Sundberg et al, 1993; Hellgren et al, 2004)。Wheeler 和 Salisbury(1981)证明,植物茎或枝的向地性反应也包括乙烯的影响,乙烯可能就是倾斜茎或枝上面所形成的抑制剂。

(3) 应拉木形成的生理学

如果将 IAA 应用于倾斜茎或枝的上面就会抑制应拉木的形成。应用其他生长素,如 NAA, IBA, 2,4-D 等也有同样效果(Onaka, 1940, 1949; Necesany, 1958, 1971; Casperson, 1963a, b, 1964, 1965, 1967, 1968; Cronshaw, Morey, 1968; Morey, Cronshaw, 1966)。当将 IAA 应用于倾斜茎或枝下面时,上面仍发育成应拉木。应用低浓度 NAA 也有同样效果,但如果用高浓度 NAA,则阻止了应拉木的形成。如果对直立的被子植物的茎或枝施以生长素,则在相对一面形成应拉木。如果涂一圈 IAA,则在作用处形成应拉木弧,用低浓度的 IAA 能得到完整的应拉木。总之,被子植物应拉木的形成是生长素减少引起的,所以如果对直立的树施用 TIBA 就能在使用点形成应拉木,如果应用于平躺着的茎或枝的下面,就会在上面形成应拉木(Cronshaw, Morey, 1965, 1968; Hellgren et al, 2004)。

第十五章　韧皮部和传递细胞的发育

第十四章中已讨论了长途运输水分和无机盐的木质部分子的发育，韧皮部(phloem)中的筛胞或筛管则是植物体内进行长途运输有机营养物质的特殊结构。在细胞间、组织间的短距离运输是否也是通过特殊结构来完成的？直到20世纪中期才有人提出了质外体运输和共质体运输的概念(卡特，1986)。所谓共质体运输就是生活细胞间通过原生质体进行的运输；而质外体运输则是在细胞壁或细胞间隙中传递溶质。短距离运输除了质外体运输和共质体运输之外，还包括了木质部和韧皮部中输导分子本身的装载和卸下。早在1884年，Fischer就认为叶子小脉中的某些特化的伴胞可能具有输导的功能(卡特，1986)，直到20世纪70年代Pate(1972)和Gunning(1976)才开始对这些细胞和其他类似细胞的性质、分布和可能功能进行了一系列研究，并根据它们的可能功能将它们命名为传递细胞。

15.1　长途运输组织——韧皮部

早在17世纪，意大利植物学家Marcello Malpighi(1686)就通过树木环剥实验(图15.1)提出树皮中具有将叶子合成的营养物质向下运输的通道，这就是有关韧皮部的最早研究。直到19世纪Hartig(1837)才发现了松柏类植物欧洲赤松韧皮部行运输功能的结构——筛胞(sieve cell)(图15.2A，B)和木本双子叶植物鹅耳枥(*Carpinus* sp.)(图15.2C)及槭树(图15.2D)的筛管分子(sieve-tube member)，随后他(1854)又详细描述了西葫芦(*Cucurbita pepo*)茎中行输导功能的细胞——筛管分子(图15.2D～G)，这些是韧皮部最重要的行有机营养物质运输的结构。但是植物的韧皮部除了筛胞和筛管分子外，还有一些其他的组成分子，它们随着物种的不同而不同，就同一个物种来说，随着发育时期的不同而不同，例如，蕨类植物和裸子植物的韧皮部分别由筛胞和韧皮纤维、石细胞和韧皮薄壁细胞等组成，其中松柏类植物的韧皮部薄壁细胞中还有一种特化的参与筛胞运输功能的蛋白质细胞(albuminous cell)，而被子植物则由筛管分子、伴胞、韧皮纤维、石细胞和薄壁细胞等组成。就同一种植物来说，不同发育阶段其组成也有变化。次生结构出现前为初生韧皮部，次生结构出现后为次生韧皮部。

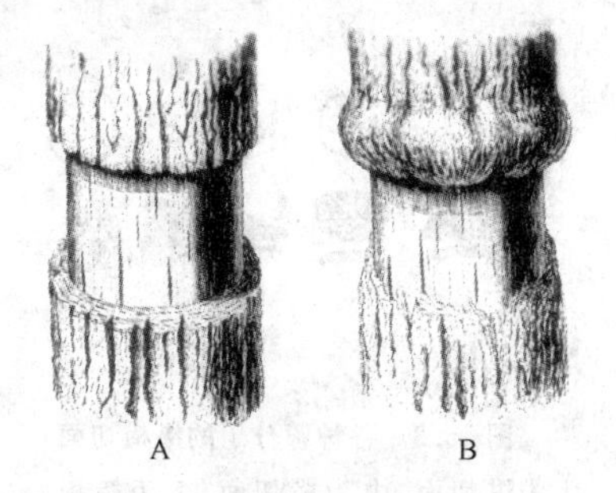

图15.1　1686年Malpighi用于证明树皮为运输有机营养物质结构的实验。A. 刚剥皮树干；B. 剥皮一段时间后，上部的树皮由于树冠运下的营养物质刺激树皮膨大

15.1.1　韧皮部的结构和功能

韧皮部是将叶子或幼嫩茎干中光合作产物运到植物全身的通道。从蕨类植物到裸子植物

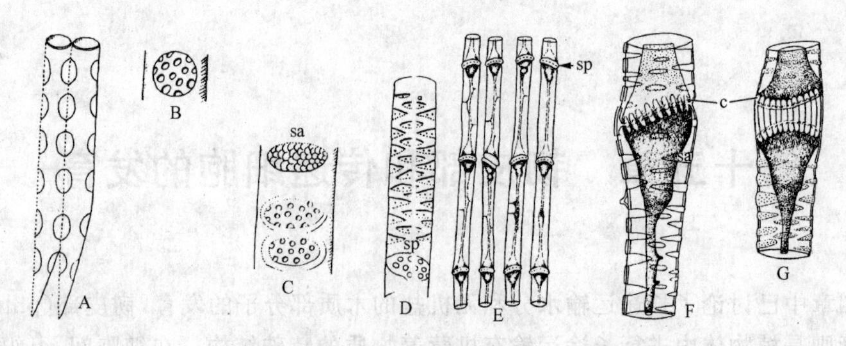

图 15.2　19 世纪 Hartig(1837:A～D;1854:E～G)绘制的筛分子图。A. 欧洲赤松的筛胞部分纵切面;B. A 中筛胞侧壁上筛域的表面观;C. 鹅耳枥的部分筛管分子;D. 椴树的部分筛管分子;E. 西葫芦的 4 对具收缩的原生质体的筛管分子;F. 部分放大示两个相接筛管分子的原生质体通过筛板连接;G. 部分放大正面示两个相接筛管分子的原生质体通过筛板连接;c. 胼胝质;sa. 筛域;sp. 筛板(据 Esue, 1969 重绘)

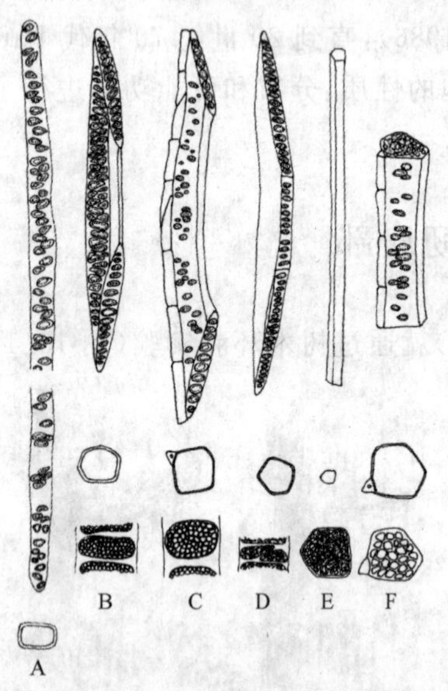

图 15.3　各种筛分子的纵横切面,上为纵切面,中为横切面,下为筛板。A. 铁杉(*Tsuga chinensis*)筛胞。B～F. 筛管分子:B. 核桃;C. 鹅掌楸(*Liriadendron chinensis*);D. 苹果;E. 马铃薯;F. 洋槐(李正理提供)

的较低等维管植物韧皮部中的输导分子是筛胞。筛胞是一种纵向伸长两端尖锐的细长细胞,其侧壁上具有大量筛域(图 15.3A)。被子植物韧皮部中的输导分子则为由筛管分子组成的长形管子,筛管分子的端壁通常为斜形或水平的筛板(15.3B～F)。筛胞和筛管分子总称为筛分子。

筛分子的细胞壁通常只有初生壁,主要由纤维素组成,但松科植物筛胞的细胞壁却具有次生的非木质化细胞壁。筛分子细胞壁的厚度随着物种的不同而有所差异,就同一种来说,像木质部管状分子的细胞壁一样,其厚度随着发育成熟的过程发生变化,不过两者正好相反,筛分子的壁随着发育成熟而变薄。其壁的结构也各不相同,有的结构较均匀,有的由两层不同的结构组成,靠近胞间层部分较薄,而靠近细胞质部分则较厚。在横切面上,新鲜材料的内层因为含有大量的水,在显微镜下可看到珍珠状的光泽,所以称做珠光壁(nacreous wall)。有的筛分子的珠光壁相当的厚,厚度可达细胞直径的一半(Esau, 1958, 1972)(图 15.4)。

筛分子细胞壁上的最具特异性的结构是筛域和筛板。筛域由初生纹孔场发育而成,是壁上凹陷的部分,其上布满小孔——筛孔(sieve pore)(图 15.5),孔内为原生质形成的联络索(connecting strand),与邻近的筛分子相连。筛域与初生纹孔场的不同在于筛域中的联络索比初生纹孔场中的胞间连丝粗,而且筛孔中联络索周围常有胼胝质围绕。当筛分子失去功能时,胼胝质就消失。筛板是筛管分子与筛管分子连接处的分隔壁(端壁)(图 15.5),其上具有特化的筛域,其位置和结构特点都与木质部导管分子间的穿孔板相似。筛板可以是简单的,只由一个筛域组成,也可以是复合的,由几个筛域组成,筛域间由壁加厚的横条隔开。

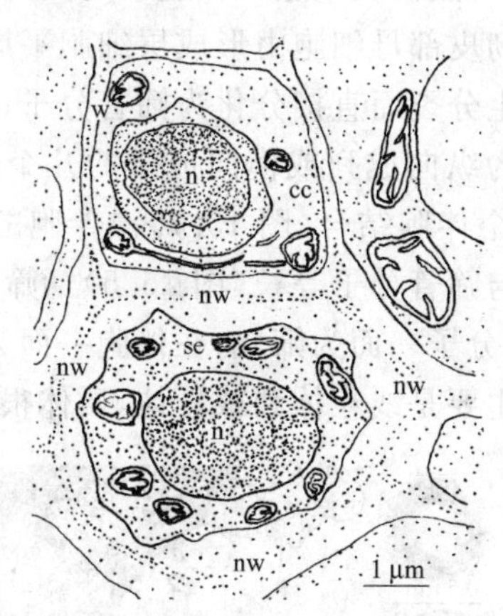

图 15.4 含羞草(*Mimosa pudica*)韧皮部部分横切面超微结构图,具发育早期的一个筛管分子(se)和伴胞(cc),示筛分子的珠光壁(nw),在其发育早期阶段含有丰富的具许多细胞器的细胞质。图中 cc. 伴胞;n. 细胞核;nw. 珠光壁;se. 筛管分子;w. 普通细胞壁(仿 Esau,1972)

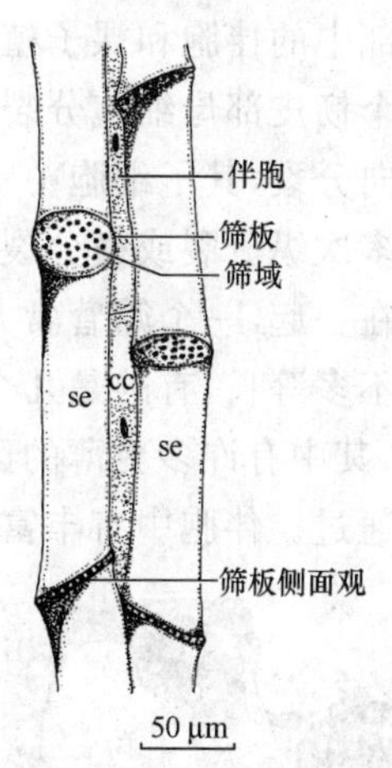

图 15.5 南瓜韧皮部部分纵切面,示筛管分子和伴胞及筛管分子连接处的筛板。图中 cc. 伴胞;se. 筛管分子(李正理提供)

筛分子的原生质体在分化成熟前与其前体原形成层或形成层细胞的纺锤状原始细胞相似,含有大的液泡和大的纺锤状细胞核(图 15.4)。在成熟过程中,筛分子的细胞核逐步解体,近年的一些研究说明,这也是一个典型的 PCD 过程(Eleftheriou, 1986;Ouyang et al, 1998;Wu, Zheng, 2003;Kladnik et al, 2004),因此成熟的筛分子是无核的细胞,但在有功能的韧皮部中,筛分子的细胞质却维持生活状态,呈一薄层衬在细胞壁的内表面,其中具有含淀粉粒的质体和线粒体,还有一种特殊的韧皮部蛋白(p-蛋白),中央是一大的液泡(图 15.6)。

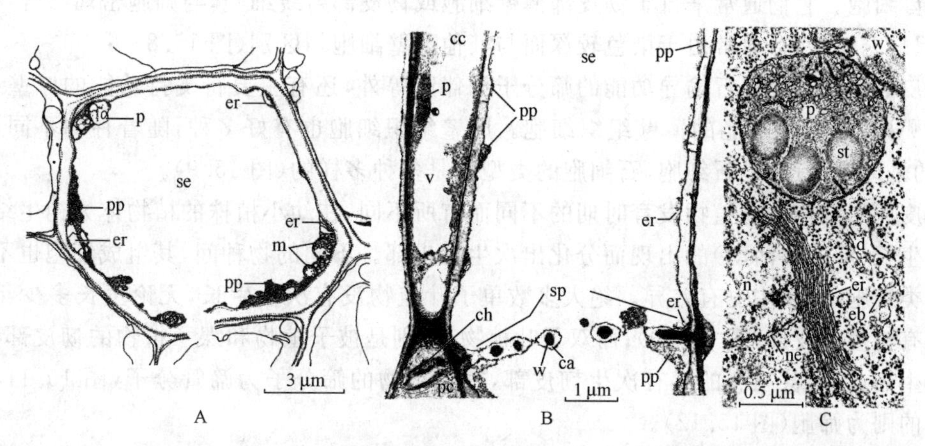

图 15.6 笋瓜(*Cucubita maxima*)成熟筛分子的横切面(A)和纵切面(B)电镜图,示组成细胞的结构;菜豆根尖未成熟筛管分子的一部分(C),示具淀粉粒的质体。图中 ca. 胼胝质;cc. 伴胞;ch. 叶绿体;d. 高尔基体;er. 内质网;m. 线粒体;n. 细胞核;ne. 核膜;p. 质体;pp. p-蛋白;rb. 核糖体;se. 筛管分子;sp. 筛板;st. 淀粉粒;v. 液泡;w. 细胞壁(A 为李正理仿 Fahn, 1982, p.123;B 为仿 Fahn, 1982, p.122;C 为仿 Esau, 1977. p.164)

在行使运输功能时,与筛分子一样起着重要作用的还有一类高度特化的薄壁组织细胞,即被子植物韧皮部中的伴胞和裸子植物韧皮部中的蛋白质细胞。伴胞和与其共同行使功能的筛管分子由同一个韧皮部母细胞分裂分化而来，韧皮部母细胞由形成层细胞平周分裂形成后，继续发生一次纵向分裂，其子细胞中一个不再发生分裂而直接分化为筛管分子；另一个则往往还要发生一次或多次纵分裂或横分裂，进而发育为纵向成列或横向成排的几个伴胞。因此伴胞与筛管紧紧贴在一起，一个筛管常与一个或几个伴胞结合(图 15.7)。伴胞的长度各异，有的与筛管分子差不多等长，有的是几个连接起来与筛管分子等长(图 15.5)。筛管分子与伴胞间的细胞壁较薄，其中有许多更薄的区域，在筛管分子一面为筛域，在伴胞一面为初生纹孔场，其间有胞间连丝通过。伴胞中有丰富的细胞器，主要是线粒体和核糖体，质体很少(图 15.7)。

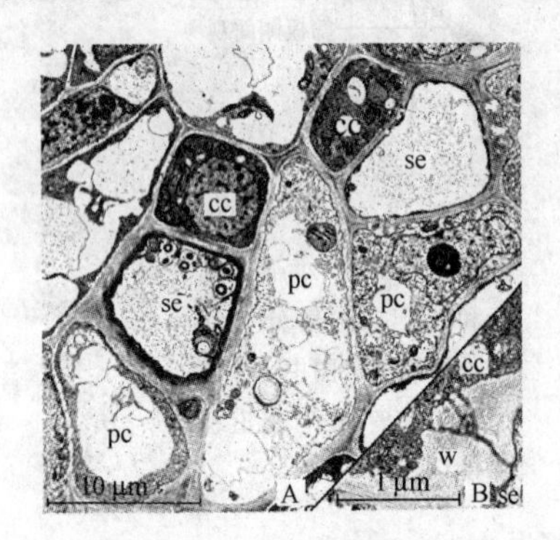

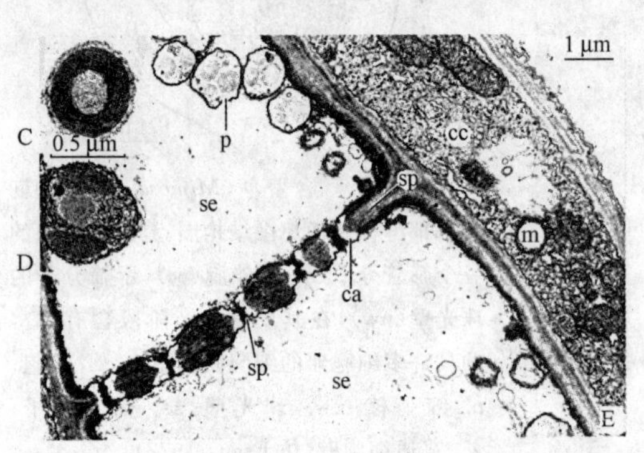

图 15.7 筛管与伴胞的关系，示筛管分子中的质体和伴胞中丰富的线粒体。A. 烟草叶脉横切面，示伴胞及薄壁细胞与筛管分子间的关系；B. 含羞草叶脉横切面，示筛管分子与伴胞间有分支的胞间连丝；C. 番杏(*Tetragonia expansa*)和 D. 甜菜筛管分子中的质体；E，烟草的筛管及其相邻的伴胞。图中 ca. 胼胝质；cc. 伴胞；m. 线粒体；p. 质体；pc. 薄壁细胞；se. 筛管分子；sp. 筛板；w. 细胞壁 (仿 Esau，1977，图 11.11 和 11.10)

蛋白质细胞是松柏类植物韧皮部中特有的、其形态结构和功能都与被子植物中的伴胞相似的一类薄壁细胞。这些细胞的发生与筛胞没有亲缘关系，也就是说它们并不是来自同一个韧皮部母细胞。它们通常来自于韧皮部薄壁细胞或韧皮部射线细胞，与筛胞密切结合，线粒体丰富，但缺乏淀粉粒，通常由于染色较深而与其他薄壁细胞相区别(图 15.8)。

韧皮部中除了上述行输导功能的筛分子和伴胞等外，还有主要行支持功能的厚壁组织细胞和行贮藏、转运等功能的薄壁组织细胞。厚壁组织细胞也有好多种，随着种的不同而有差异，有的是纤维，有的是石细胞，石细胞的类型也是多种多样的(图 15.9)。

韧皮部的结构随着植物发育时期的不同而有所不同，在幼小植株的植物体为初生结构，随着次生生长(形成层活动)的出现而分化出次生韧皮部。不同的物种间，其组成细胞也不同，即使同一类细胞，其结构也有差异。绝大多数单子叶植物没有次生生长，无论生长多少年，其韧皮部只有初生韧皮部(图 15.10)；而双子叶植物，特别是被子植物和裸子植物的韧皮部都有大量的次生韧皮部，甚至有的只有次生韧皮部，被子植物的筛分子为筛管分子(图 15.11)，而裸子植物的则为筛胞(图 15.12)。

15.1.2 韧皮部的发育

韧皮部由原形成层或形成层发育而来，初生韧皮部由原形成层发育而成，次生韧皮部则由形成层发育而成，它们的发育过程基本相似，但也有不同。

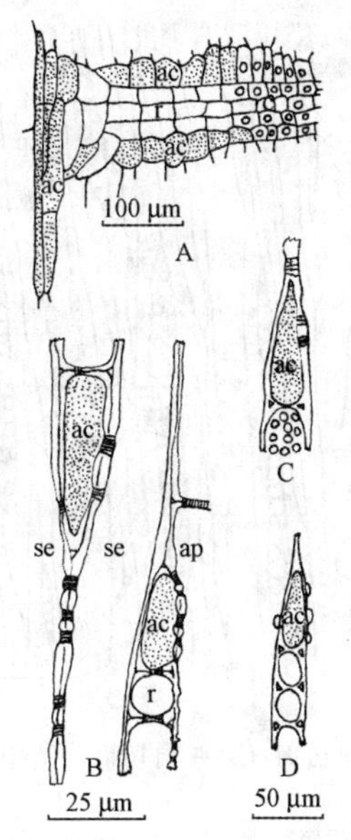

图 15.8　松柏类植物次生韧皮部组成分子，示筛胞与蛋白质细胞和一般韧皮薄壁细胞的关系。A. 意大利松(*Pinus pinea*)射线附近部分径向切面；B. 松树一种(*Pinus* sp.)韧皮部部分弦切面；C. 欧洲赤松韧皮射线弦切面；D. 欧洲落叶松韧皮射线弦切面。图中 ac. 蛋白质细胞；ap. 轴向薄壁细胞；r. 射线细胞；se. 筛分子(筛胞)(仿 Esau, 1969)

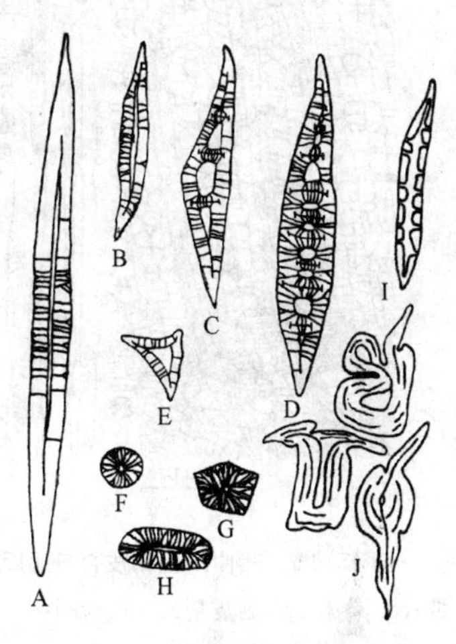

图 15.9　次生韧皮部中的石细胞。A～H. 叶仙人掌(*Pereskia*)；A，B. 无分隔石细胞；C. 二生复合石细胞；D. 三生复合石细胞；E. 小的畸形石细胞；F～H. 石形石细胞；I. 洋槐石细胞；J. 一种桉树(*Eucalyptus gummifera*)石细胞(仿 Esau, 1969)

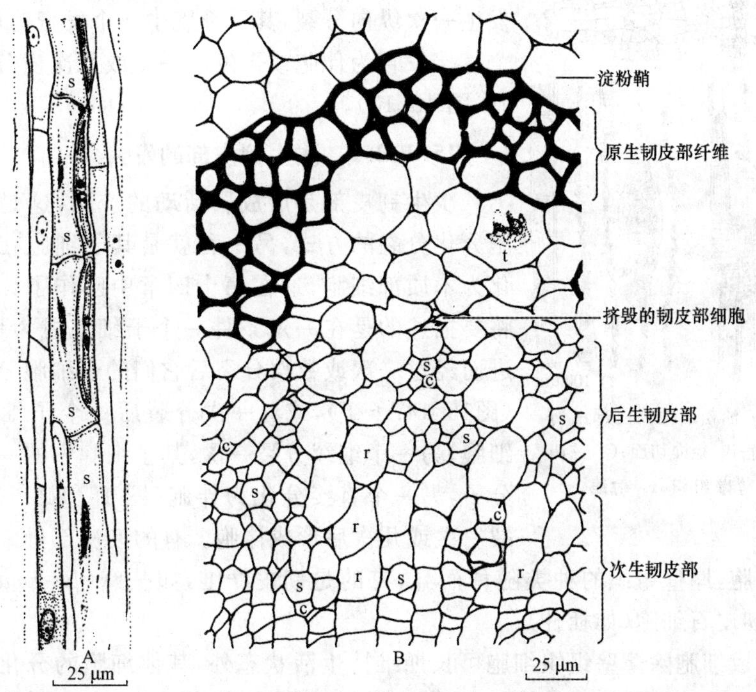

图 15.10　菜豆的初生韧皮部部分纵切面(A)和横切面(B)，示其各种组成。图中 c. 伴胞；r. 射线；s. 筛管；t. 单宁细胞 (李正理提供)

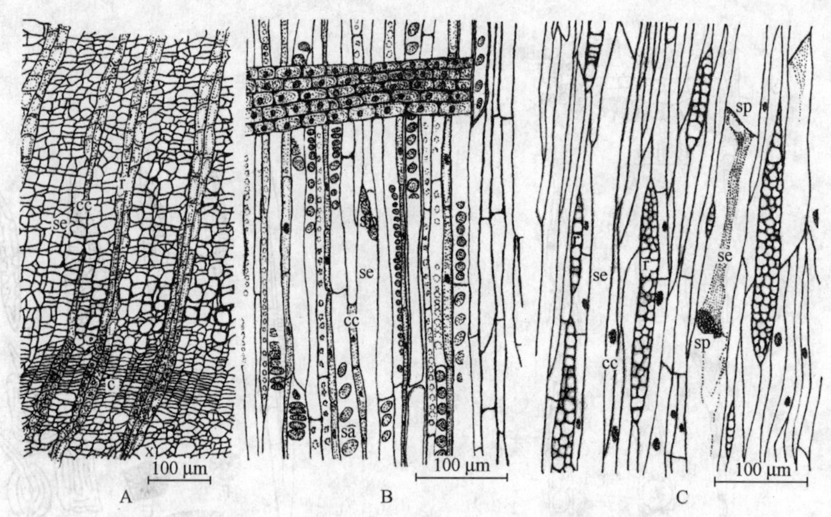

图 15.11 杜仲次生韧皮部三切面。A. 横切面;B. 径向切面;C. 弦向切面。图中 c. 形成层带;cc. 伴胞;r. 韧皮射线;se. 筛管分子;sp. 筛板

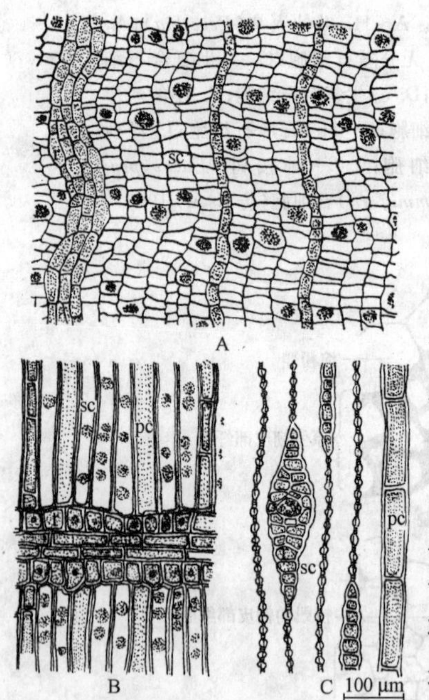

图 15.12 油松次生韧皮部三切面。A. 横切面;B. 径向切面;C. 弦切面。图中 pc. 薄壁组织;r. 射线;sc. 筛胞

15.1.2.1 初生韧皮部的发育

正如在第十二章中所描述的,原形成层是由顶端分生组织的肋状分生组织细胞逐步伸长并液泡化而形成,它们分化成初生韧皮部的过程不一定首先发生细胞分裂,而是纵向伸长的原形成层细胞直接分化为韧皮部母细胞,韧皮部母细胞常常直接分化为筛分子,所以就没有伴胞,也可以发生一次纵向分裂,其子细胞中一个发育为筛管分子,另一个直接发育为伴胞或再发生一次或几次横分裂后发育为伴胞(图 15.13)。

15.1.2.2 次生韧皮部的发育

次生韧皮部是形成层活动的产物,这是一种形成层细胞分化分裂的方式,另一种就是其子细胞在一定条件下分化为木质部细胞,这在第十四章中已作了详细描述。在此将要描述的是在一定条件一个子细胞成为韧皮部母细胞,进而经过一次或数次分裂后它们的子细胞分化为薄壁细胞(图15.14A~F),或者一次分裂后一个子细胞分化为薄壁细胞,另一个继续分裂一次,其子细胞中的一个分化为筛管分子,另一个直接分化为伴胞(图 15.14G~H),或者在分裂一次或几次后形成伴胞。有的韧皮部母细胞还可能发育为厚壁组织细胞,厚壁组织的种类随种而异,有的是韧皮纤维,如苎麻(*Boehmeria nivea*)、棉花等,有的是韧皮石细胞(如杜仲)。

韧皮部组成细胞除薄壁组织细胞可长期维持生活状态外,其他细胞的分化过程中都要发生 PCD,韧皮纤维 PCD 的研究至今未见报道,但关于筛分子分化的研究,特别是有关筛分子

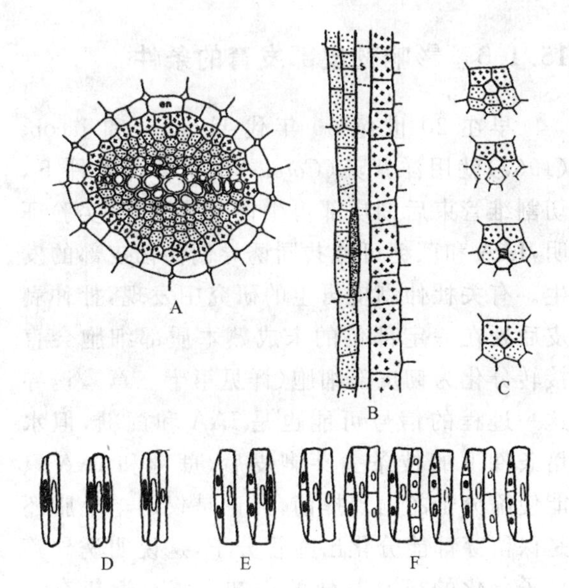

图 15.13　初生韧皮部细胞的发育。家独行菜(*Lepidium sativa*)根原生韧皮部的横切面(A,C)和纵切面(B)。A. 紧靠中柱鞘刚发育出两个没有伴胞的筛分子(s),en. 内皮层;B. 在一列筛管分子(s)中只有两个具有伴胞(点密点);C. 不同水平上横切筛管(s)分子,其中只有一个具伴胞(点密点),而且伴胞下面又出现了第二个筛分子;D～F. 蚕豆幼茎仍具核的筛分子(大的透明核),伴胞(大的黑色核)和薄壁细胞(小的透明核):D. 原生韧皮部;E. 后生韧皮部;F. 次生韧皮部(仿 Esau, 1969, Fig. 27)

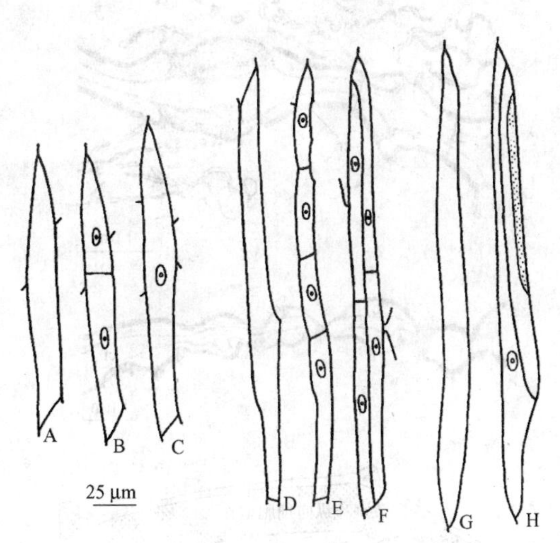

图 15.14　狗蝇腊梅(*Chimonanthus praecox*)维管形成层细胞发育为次生韧皮部细胞的方式。A,D,G. 形成层细胞;B,E,F. 韧皮薄壁细胞束;H. 由薄壁细胞(具核)、筛分子(无核)和伴胞(点点)组成的韧皮部的一部分(仿 Esau, 1969 Fig. 26)

细胞核解体过程超微结构的研究早在 1986 年 Eleftheriou 就有报道，后来的许多有关 PCD 的文章都把此文作为植物中最早有关 PCD 的报道(详见第四章)。近年一些有关初生韧皮部筛分子发育的研究(Ouyang et al, 1998; Wu, Zheng, 2003; Kladnik, 2004)显示,发育过程中细胞核的染色质都要发生凝集和趋边化,核可被 TUNEL 标记,并可检测到 DNA Ladder 的形成。核膜发生核周腔局部膨大,直至核膜完全解体,相邻的细胞质部分解体,粗面内质网上的核糖体脱落解体,高尔基体和部分线粒体、质体解体,至筛分子成熟时只剩下紧靠细胞壁的薄薄一层细胞质,并具有完整的质膜、少量线粒体、堆集的滑面内质网和具拟晶体的质体。当筛分子失去功能后,仅剩的细胞质也解体,而且相邻的伴胞也发生 PCD,但有关此方面的研究尚未见报道。

筛板的形成是筛分子发育过程中的重要事件,其形态学变化过程早在 20 世纪 50～60 年代就有大量研究(Esau, 1969;Cutter, 1971;Behnke, Sjolund, 1990)。在筛分子分化的早期,细胞核还没有解体前就在将来形成筛板或筛域的位置(有的是没有初生纹孔场的地方,有的就在已是初生纹孔场的地方),首先沉积胼胝质片,随后胼胝质片断裂成分离的补片,补片之间的细胞壁也随之溶解,从而形成筛孔。在形成筛板的位置,补片是成对的,在细胞壁的两边,分别处于相连的两个筛管分子的细胞内,筛孔内的周边衬有胼胝质(图 15.15)(Deshpande, 1974; Parthasarathy, 1974)。

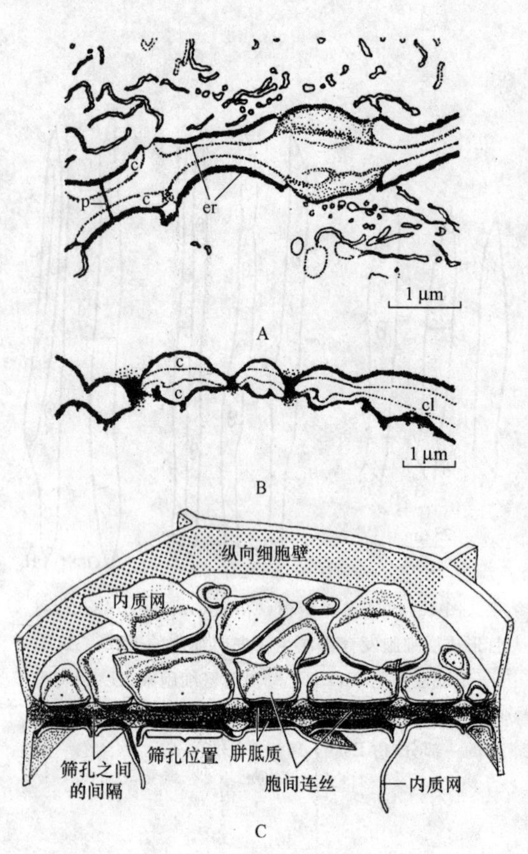

图 15.15 南瓜正在发育的筛板(A,B)和立体图解说明将来形成筛板处的各种结构(C)。A. 每一个将成筛孔的位置由胼胝质小片(c)和内质网(er),一个将来形成筛孔的地方有单个胞间连丝(p)横过;B. 与切面 A 相同,筛孔刚开放,可见筛板的纤维素部分(cl);C. 立体图解说明,将来形成筛孔的地方,在壁的两边,有成对的胼胝质小片,这小片的里面贴着内质网的潴泡。在相对两片的中央,壁物质消失,显出破裂,形成筛孔(A 和 B 为李正理仿 Cutter, 1970;C 为李正理仿 Esau, Cheadle, 1965)

15.1.3 影响韧皮部发育的条件

早在 20 世纪 60 年代 Lamotte 和 Jacobs (1963)就用洋紫苏(*Coleus*)作了各种条件下,切割维管束后韧皮部再生情况的研究,实验证明,IAA 和蔗糖可能共同诱导创伤韧皮部的发生。有关杜仲剥皮再生的研究中发现,杜仲剥皮后处在一定部位的未成熟木质部细胞会直接转分化为韧皮部细胞(详见第十三章),诱导这一过程的信号可能也是 IAA 和蔗糖,但水培条件下的枝条去芽剥皮后,蔗糖和 IAA 只能使筛分子的出现提前,无论是仅用羊毛脂还是保留芽都能分化出筛管分子,这说明诱导筛分子分化的还有其他的未知因素。近年有关分子生物学的研究说明,控制韧皮部分化的程序像控制木质部分化的程序(Hertzberg et al, 2001)一样,是由大量的结构基因和调节基因共同编制成的,包括了编制核解体的死亡程序的基因,编制控制细胞壁形成,特别是筛域和筛板形成程序的基因等。Bonke 等(2003)就在拟南芥中克隆到一个改变韧皮部发育的基因(*ALTERED PHLOEM DEVELOPMENT*, *APL*),该基因发生突变时,在应该发育成韧皮部的位置发育出木质部,Nishitani 等(2001)在百日草看家基因(homeobox genes)中发现了初生韧皮部特异表达的基因 *ZeHB3*。这方面的研究可说是刚刚开始,与木质部的有关研究相比也还相差很远。

15.2 短途运输组织——传递细胞

关于植物中营养物质短途运输(包括装载和卸载)的特殊结构直至 20 世纪 70 年代才取得突破性进展(Pate, Gunning, 1972),这就是传递细胞的发现和研究。传递细胞有其特殊的结构以适应其特殊的功能。

15.2.1 传递细胞的结构及其在植物体中的分布

尽管在不同植物,甚至在同一植物的不同部分,传递细胞的形状都会各有不同,但它们却都具有细胞壁内突生长的特征(图 15.16)。这是由非木质化的次生壁沉积在普通非特化的初生壁里面组成的一种特殊形式(Pate，Gunning，1972)。质膜紧贴在这些内突生长的壁上，可能沿着细胞的整个周围或仅限于初生壁的周围区域，其结果就是质膜的面积大大增加，增加了原生质体的吸收和分泌的能力。有的植物，其质膜的表面积可能超过普通薄壁细胞的20倍(Pate，Gunning，1972)。这种质膜和次生壁内突生长的结合常称做壁膜器(wall membrane apparatus)(Pate，1975；Pate，Gunning，1972)。这种壁的内突可呈乳突状、丝状体或呈曲折结构(图15.16)。

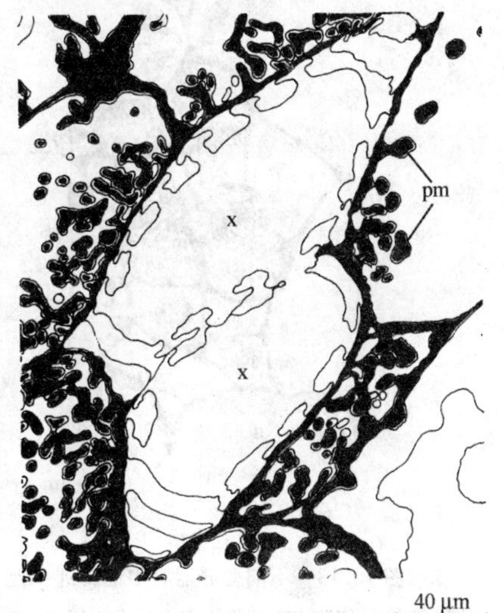

图15.16　猪殃殃(*Galium aparine*)幼苗叶迹上紧靠两个管胞(x)的传递细胞透视电镜图，示向内折入的细胞壁和质膜(pm)(李正理仿Gunning，Steer，1972)

传递细胞的第二个特征就是具内突生长的细胞壁间没有胞间连丝，而没有内突生长的细胞壁上则具有非常丰富的胞间连丝(Pate，Gunning，1972)，从而增加细胞间的直接转输能力，成为共质运输的最好通道。这可能是物质运输途径的起点或终点，也就是说，在吸收上是共质运输的起点，而在分泌上则是共质运输的终点。

传递细胞的第三个特征是具有较浓厚的细胞质，细胞核形状较大，且成裂片状，内质网丰富，线粒体很多(Gunning，Pate，Briarty，1968；Yeung，Peterson，1975)，而且多与内突生长的壁结合在一起(Gunning，Pate，1969a；Yeung，Peterson，1975)。

就植物类群来说，在所有维管植物和苔藓植物中都发现了这类细胞(图15.17)；就植物体的各部分来说，这种细胞分布也非常广泛，不仅存在于植物体的营养生长部分(图15.18)，而且在生殖生长过程中，也有很多形态不同的传递细胞(卡特，1986)(图15.19)。茎的节上广泛分布有传递细胞，鳞片、苞片、小苞片以及营养叶和子叶等处，同样都有这类细胞。在子叶中，子叶迹弯向子叶的薄壁组织细胞，往往分化出传递细胞。叶子小脉中的维管传递细胞是最早发现的，后来发现水生植物叶的表皮层中也有此类细胞分布(Gunning，Pate，1969a)(图15.20)。

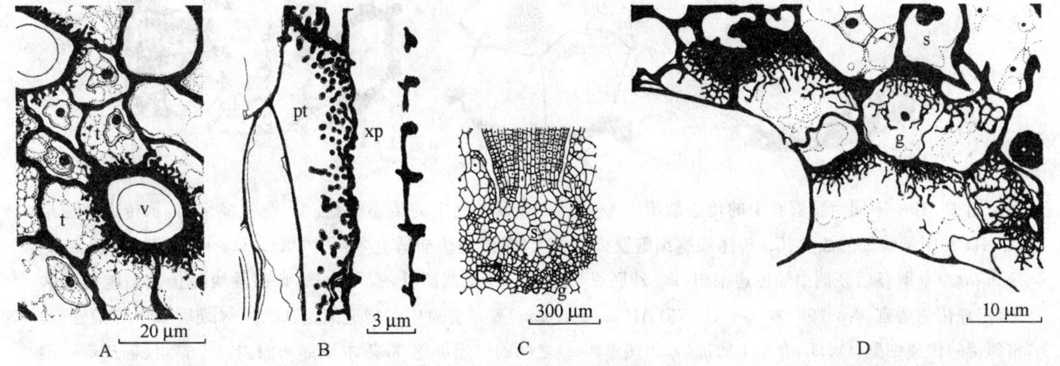

图15.17　不同类群植物中的传递细胞。A. 被子植物多花山柳菊(*Hieracium floribundum*)地下茎部分横切面，示围绕导管(v)和具有细胞核的传递细胞(t)(李正理仿Yeung，Peterson，1974)；B. 水生蕨类植物苹(*Marsillea* sp.)根的部分纵切面，示紧靠环纹加厚的原生木质部分子(xp)细胞壁具有内突生长的中柱鞘传递细胞(pt)(李正理仿Miller，Duckett，1979)；C. 苔藓植物角苔(*Anthoceros*)孢子体基部细胞(s)，外面围绕有一些配子体组织(g)；D. C图中小方格部分的放大，配子体(g)中有明显的内突生长，孢子体细胞(s)无此种结构(李正理仿Gunning，Pate，1969a)

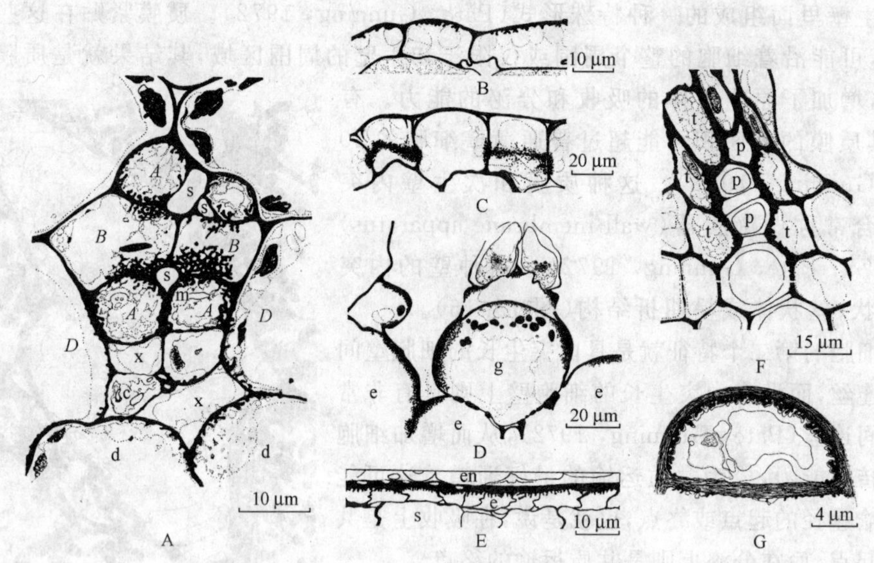

图 15.18 不同营养器官中的传递细胞。A. 菊科植物 *Anacyalus pyrethrum* 叶子小脉中的 *A*、*B*、*C* 和 *D* 型维管传递细胞(李正理仿 Pate, Gunning, 1969)。B～D. 表皮层的传递细胞:B. 黑藻叶下表皮;C. 漂浮毛茛(*Rannuculus fluitans*)沉水叶横切面,细胞壁在中间形成内突生长,在平皮面形成一条带状结构;D. 欧洲马先蒿(*Pedicutaris palustris*)水腺(g)及邻近表皮细胞(e)细胞壁内突生长(李正理仿 Gunning, Pate, 1969)。E. 豌豆胚胎(开花后 6 天以上)远轴子叶表面的一层具内突生长细胞壁的表皮细胞(e),s. 子叶的贮藏薄壁组织,en. 胚乳;F. 多花山柳菊根的部分横切面,光镜下显示出侧根基部紧靠原生木质部分子(p)的传递细胞(t)(李正理仿 Letvenuk, Peterson, 1976);G. 狸藻表皮层上腺体顶端细胞成传递细胞,细胞壁上形成内突生长(李正理仿 Fineran, 1980)

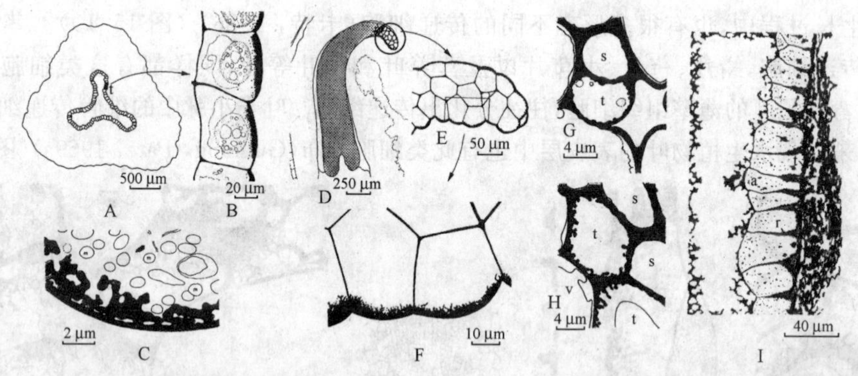

图 15.19 不同生殖器官中的传递细胞。A～C. 百合属花柱中的传递细胞:A. 花柱横切面,示传递细胞层(t);B. A 图画线处的放大;C. 传递细胞细胞壁部分放大(李正理仿胡适宜,等, 1982)。D～F. 豇豆(*Vigna unguiculata*)早期胚胎胚柄中的传递细胞:D. 幼胚纵切面;E. D 图圆圈处的放大;F. E 图画线处传递细胞的放大(李正理仿胡适宜,等, 1983)。G～H. 蒜(*Allium sativum*)薹维管束中的传递细胞:G. 周缘维管束中与筛管(s)相邻接的传递细胞(t);H. 介于木质部(v)和韧皮部(s)之间的传递细胞,靠近木质部一侧内突丰富,仅韧皮部一侧内突较少(李正理仿董渭祥,1982)。I. 金狗尾草(*Setaria lutescences*)颖果胎座维管束附近部分纵切面,示糊粉层中的传递细胞(a),外弦向壁(t)和外径向壁(r)的不规则增厚(李正理仿 Rost, Lerten, 1970)

传递细胞在分泌组织中的分布也很广泛,如存在于扑虫植物的腺毛中(Luttge, 1971; Pate, Gunning, 1972; Schnepe, 1969)和一般分泌结构腺毛的顶细胞和柄细胞中(图 15.20)。一些特殊结构,如寄生被子植物菟丝子(*Cuscuta*)的吸器(Gunning, Pate, 1969a)、水生蕨类植物满江红(*Azolla*)叶腔里的多细胞毛(Duckett et al, 1975)中同样也有此类细胞的分布(图15.18G)。此外,蕨类植物的胎座(Gunning, Pate, 1969b)、苔藓植物孢子体和配子体连接处(Eyme, Suire, 1967)以及被子植物生殖器官的花柱、胚柄、胚囊(Cutter, 1971)(图15.19)和胚乳(Gómez et al, 2002; Gutiérrez-Marcos et al, 2004; Greenwood et al, 2005)中的一些结构也分布有此类细胞。同一植株、同一器官中传递细胞的分布也总是与营养物质共质运输以及装载和卸载有关(图15.21)。

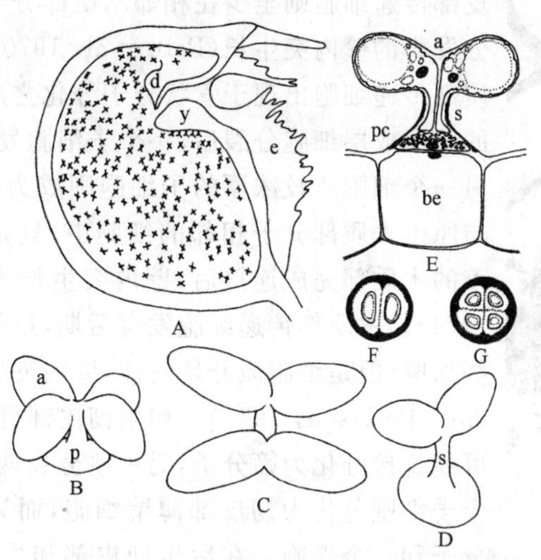

图15.20 狸藻扑虫囊与其二裂和四裂腺毛的形态结构。A. 扑虫囊纵切面,图解表示二裂(y)和四裂(x)腺毛的分布:d. 囊口的门,e. 外附属器;B. 四裂腺毛的外形,表示垫部(p)和臂(a);C. 四裂腺毛顶面观;D. 二裂腺毛外形,s为柄部;E. 四裂和二裂腺毛纵切面,表示各部分结构,垫细胞(pc)有显著的内突生长,下面为基部表皮细胞(be);F. 二裂腺毛柄部的横切面;G. 四裂腺毛柄部的横切面(李正理仿 Fineran, Lee, 1975)

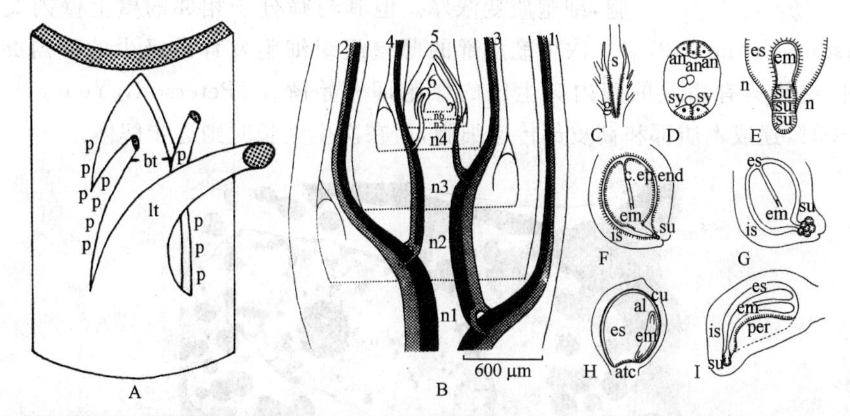

图15.21 植物体内传递细胞的分布。A. 茎节上韧皮部传递细胞(p)分布:bt. 腋生枝迹;lt. 叶迹(李正理仿 Pate, Gunning, 1972)。B. 幼小小麦茎端纵切面,示1～6节的节部(*n*1～*n*6)和第1～6个叶子的中脉和传递细胞的分化,并示最上面原维管组织(疏斜线)、韧皮部(细点)、木质部(密斜线)和具有传递细胞的木质部(网线)(李正理仿 Busby, O' Brien, 1979)。C～I. 生殖生长各部分的传递细胞:C. 苔藓植物孢子体(s)和配子体(g)连接处的传递细胞;D. 被子植物胚囊助细胞(sy)和反足细胞(an)细胞壁的内突生长;E. 具胚柄(su)的幼胚(em),外有胚乳(es)及珠心(n);F. 巢菜(*Vicia sativa*)成熟胚(em)、胚柄(su)、珠被绒毡层(end)和子叶远轴表面(c. ep)的传递细胞,示胚乳细胞壁的内突生长,is为珠被;G. 菜豆成熟胚(em)的胚柄(su)、胚乳(es)和珠被(is);H. 禾草类植物种子,示糊粉层传递细胞(atc)及胚(em)、胚乳(es)和糊粉层(al)与外面的角质层(cu);I. 日中花(*Portulaca piilosa*)种子的胚乳(es)面向外胚乳(per)的细胞壁内突生长(李正理仿 Gunning, Pate, 1974)

15.2.2 传递细胞的发生和发育

此方面的研究较少。对山柳菊(*Hicracium*)的各种幼苗和茎叶的研究说明,韧皮部薄壁组织细胞的早期发育与维管组织的分化有关(Gunning, Pate, 1972)。木质部传递细胞在管状分子分化后1天就能分辨,而韧皮部传递细胞则至少在相邻木质部分子分化之前4天就具有充分发育的壁内突生长(Pate et al, 1970)。山柳菊的根状茎中,木质部传递细胞出现于管状分子分化之后。临近原生木质部分子的原形成层细胞分裂后,一个子细胞发育成木质部薄壁细胞,而另一个细胞质较浓厚的子细胞则成为传递细胞(图15.22)。在与原生木质部分子相邻的细胞中,只是在其与一较成熟的维管束的木质部完成连接后,壁内突生长才形成(Yeung, Peterson, 1974)。木质部传递细胞发育后期,虽然整个细胞壁可能多少有些加厚,但是细胞质开始解体,壁内突生长也好像解体消失(Yeung, Peterson, 1975)。初生韧皮部分化时,一些原形成层细胞可能直接分化为筛分子,另一些分裂两次:第一次分裂形成的一个子细胞分化为韧皮部薄壁细胞,而另一个再分裂形成一个筛分子和一个伴胞。在后生韧皮部和少量的原生韧皮部中,伴胞发育出壁内突生长,成为传递细胞。它们发育后期,形成较多的壁内突生长,而且线粒体明显增加(图15.23)(Peterson, Yeung, 1975)。初生韧皮部的许多薄壁组织细胞也发育为传递细胞,细胞质变浓厚。但其与筛分子相邻的壁上壁内突生长较不发育(Peterson, Yeung, 1975)。次生韧皮部的薄壁组织细胞发育出极少的壁内突生长。在次生生长时,这些具有精致的壁内突生长的伴胞即开始解体(Peterson, Yeung, 1975)。总之,初生生长时,建成木质部和韧皮部传递细胞,而在次生生长时则逐步解体。

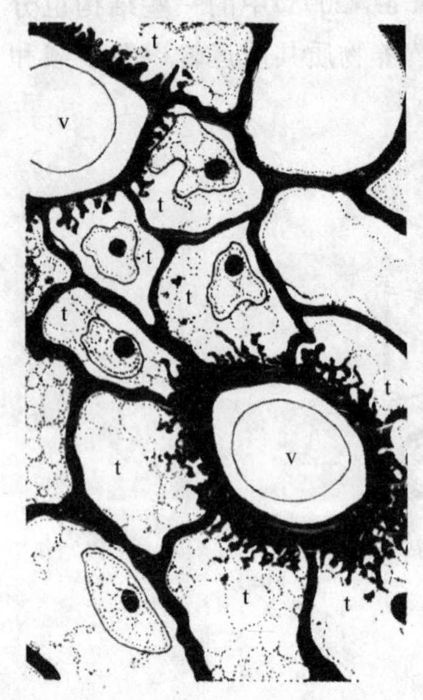

图15.22 多花山柳菊地下茎部分横切面,示围绕导管(v)而具有细胞核的传递细胞(t)(李正理仿Yeung, Perteson, 1974)

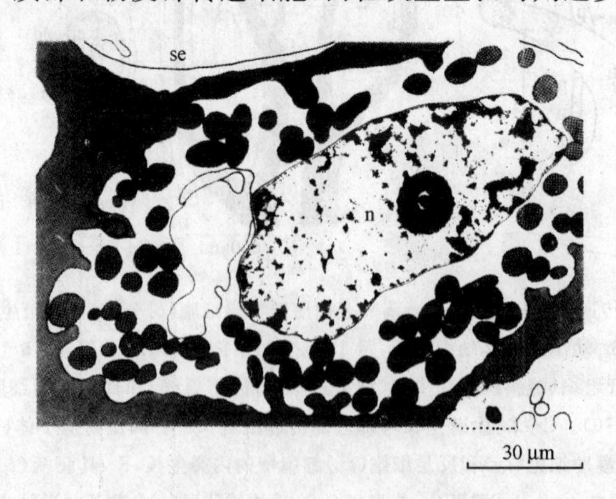

图15.23 多花山柳菊的一个韧皮部传递细胞,具有增大的细胞核(n),其细胞壁(斜线)有许多内突生长,并有大量线粒体(黑点),这种传递细胞紧靠筛分子(se)(李正理仿Peterson, Yeung, 1975)

15.2.3　传递细胞的功能——短途运输，装载和卸载

根据一些证据推测，传递细胞参与溶质的密集运输(Gunning, Pate, 1969a, 1974)，例如，$^{14}CO_2$ 示踪实验(Eyme, Suire, 1967; Gunning et al, 1968)表明，小脉中壁内突生长的形成，稍早于或与物质开始从叶子输出相一致，而且随着叶子输出的建立进一步生长(Pate, Gunning, 1972)。从传递细胞在植物体内的位置，物质通过传递细胞的膜间流动可分为四种形式，即从外部环境吸收溶质；向外部环境分泌溶质；从内部的细胞质外腔吸收溶质；向外部的胞质外腔分泌溶质(Gunning, Pate, 1969a)。

对根中线虫诱导的巨型传递细胞的研究表明，所有传递细胞都具有特定的动作电位(Jones et al, 1974)。对其质膜流动速率的测定表明，其相对速率非常高(Pate, 1975)。因此，可以认为壁内突生长和与其结合的膜恰到好处地装配在一起，可以有效地参与组织的离质腔(细胞壁、气隙)和共质腔(细胞质)之间的溶质交换。

15.2.4　控制传递细胞分化的因素

总体上，这方面的研究还很少，只有一些零散的报道，但近年来研究也在向分子生物学方面发展，并已克隆到几个传递细胞发育中特异表达的基因(Gómez et al, 2002; Gutiérrez-Marcos et al, 2004; Greenwood et al, 2005)。

(1) 运输压力的胁迫作用

不少研究比较肯定地显示出，传递细胞的发育与组织中溶质运输的发生和加强有一定的关系。需要运输的溶质的存在，可能是诱发传递细胞形成的一个重要因素，这与生化中某种底物的存在可以诱导适当的酶合成相似。换而言之，植物体内一旦建立起了物质的源和库，也就是在组织间或细胞间形成了一定的溶质浓度梯度，就有可能诱导源和库之间的细胞分化为传递细胞。如在豌豆植株中，节上一旦发育出花或荚果，也就在此建立了库，节上木质部薄壁组织细胞的壁内突生长就会增加，形成发达的传递细胞(Pate, Gunning, 1972)。韧皮部和木质部输导分子的分化可能也是这一机理。另外，一个非常值得注意的现象就是与植物共生(如与豆科植物共生的根瘤菌)或活体侵染植物并长期寄生在植物体上的植物(如菟丝子 *Cuscuta chinensis*)、原生动物(如线虫)或微生物(如病毒)，它们不仅没有像病原体那样引起侵染细胞启动死亡程序，发生 PCD(Jackson, Taylor, 1996; Dang et al, 1996; Greenberg, 1997; Mittler et al, 1998; Chichkova et al, 2004; Coffeen, Wolpert, 2004)，反而诱导被侵染的细胞发育为传递细胞(线虫、根瘤菌和病毒)(图 15.24)，或寄生器官与寄主相邻细胞，如列当(*Orobanche caerulescens*)和菟丝子发育为传递细胞，以保证从寄主获取营养物质，也就是说，共生活及生物本身或其释放的某一(些)信号首先抑制了寄主或共生体的过敏反应中死亡信号的产生，进而产生启动传递细胞发育程序的诱导信号。

(2) 光的影响

如果将叶子去掉，子叶的脉的叶迹就不能发育出传递细胞，长在黑暗中的叶子，或者斑叶的无绿色区，或者白化突变型的叶子，也不能发育出传递细胞(Gunning, Pate, 1974)，由此可以推测，光可能是通过光合作用发挥影响的，因为光合产物就是需要运输的物质，这和前面说的运输压力是一致的。

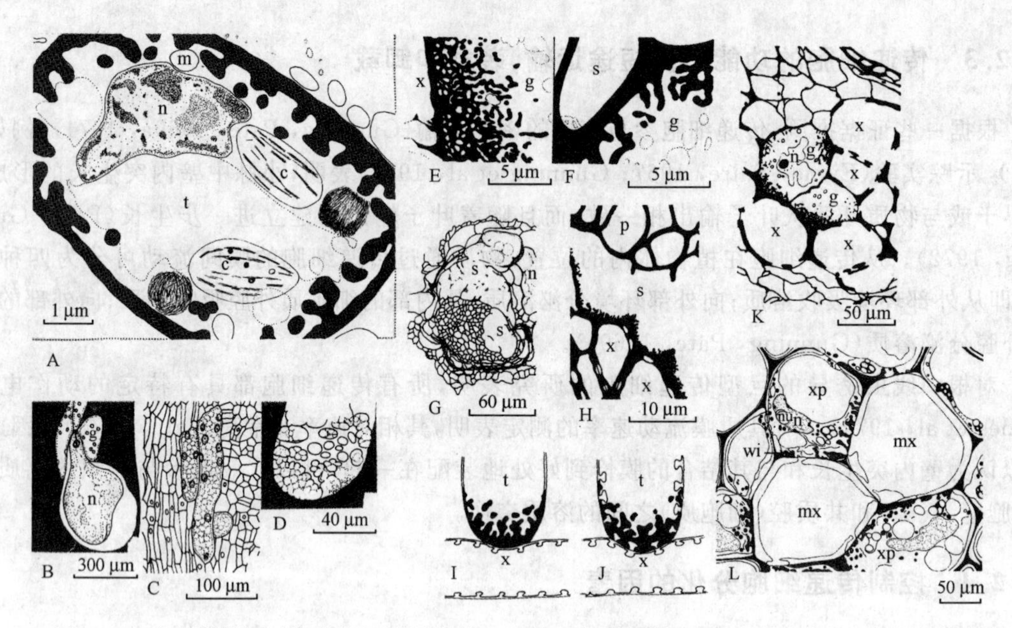

图 15.24　寄生物诱导寄主细胞发育为传递细胞。A. 豌豆小叶脉横切面，示三叶草黄花叶病毒感染后，病毒(v)聚集在传递细胞(t)中，c. 叶绿体，m. 线粒体，n. 细胞核(李正理仿 Hiruki et al，1976)。B～D. 西红柿(*Lycopersicon esculentum*)根尖部分纵切面，示根端分生组织(斜线)，经线虫(n)刺激形成巨型细胞(g)。B. 线虫及其前端形成巨型细胞。C. 具多核的巨型细胞。D. 巨型细胞部分细胞壁在光学显微镜下所见异常结构(李正理，1957)；E～F. 半日花(*Helianthemum songoricum*)根部被线虫寄生后形成的巨型细胞(g)的部分横切面：E. 紧靠木质部分子(x)的巨型细胞发生复杂的内突生长；F. 紧靠筛管分子(s)的巨型细胞壁上只有简单的内突生长(李正理仿 Jones，1976)。G～H. 马铃薯根部由于线虫(n)寄生而诱导形成合胞体：G. 合胞体(s)紧靠木质部分子(x)；H. 合胞体(s)紧贴木质部分子(x)的壁上有复杂的内突生长，但是紧贴薄壁组织(p)的壁上无突起(李正理仿 Jones，Northcote，1972b)。I～J. 图解表示列当吸器细胞(t)与寄主根部的管状分子(x)接触部分的细胞壁内突生长：I. 吸器细胞分化为传递细胞；J. 吸器细胞中已有次生壁增厚和内突生长(李正理仿 Dorr，Kollmann，1976)。K. 锦紫苏根被线虫寄生后形成具有膨大变形虫状细胞核(n)的巨型细胞(g)，x. 导管分子(李正理仿 Jones，Northcote，1972a)；L. 大豆(*Glycine max*)接种 4 星期的根瘤附近紧靠根的后生木质部分子(mx)的木质部薄壁组织传递细胞(xp)，这种传递细胞有细胞壁上靠近纹孔的内突生长(wi)，大细胞核(n)中有明显的核仁(nu)(李正理仿 Newcomb，Peterson)

(3) CO_2 的影响

如果将莴苣幼苗放在缺 CO_2 的条件下，木质部传递细胞就大大减少，如果再放回具有 CO_2 的空气中，木质部传递细胞的数量又增加(Gunning，Pate，1974)，可见 CO_2 对传递细胞的形成有着促进作用，这是由于 CO_2 本身的作用还是通过影响光合作用而间接影响传递细胞的生成不得而知。

(4) 根际环境

如果多花山柳菊生长在较高浓度的营养液中，传递细胞壁的内突生长就多而复杂，如果生长在水里，则其内突生长就很少(Yeung，Peterson，1974)，这是渗透压的影响还是别的什么原因仍是一个谜。

(5) 铁的影响

如果将向日葵幼苗培养在缺铁的培养基上，一两天后，根的近顶端就形成大量根毛，从根的横切面上看，除根毛外的其他表皮细胞成馒头状，圆顶向外突出。这些表皮细胞中的大多数分化成为传递细胞，其细胞外壁形成内突生长（图 15.25）。

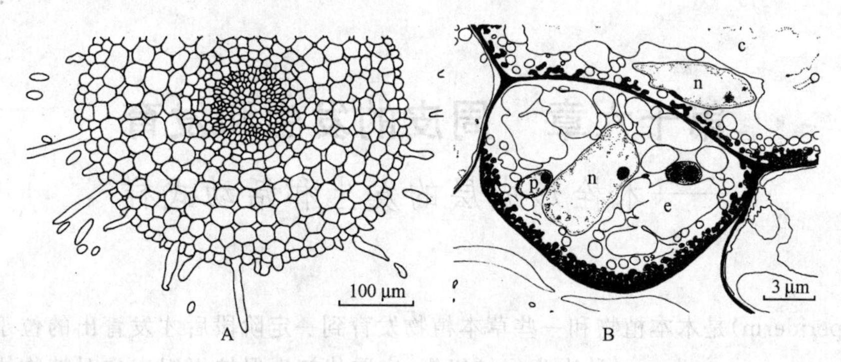

图 15.25　在缺铁条件下，向日葵侧根表皮层细胞发育为传递细胞。A. 离顶端约2 mm 处横切面，示表皮层上有大量根毛和大多数成圆丘状的表皮细胞；B. 具有大细胞核（n）和原质体（p）的表皮细胞（e）成圆丘状，里面皮层细胞（c）的外壁上发育出内突生长（李正理仿 Kramer et al，1980）

自然生长在缺铁土壤中的植物，其根顶端部分的表皮细胞也发育出传递细胞，以适应根的继续生长。在某些条件下，例如，钙质土和盐碱土，植物根不能吸收铁质，几天内就可发育出传递细胞，并显示出缺铁的症状。这种传递细胞通常外弦向壁上形成内突生长，含有大量线粒体。使它们周围土壤酸性化，很容易析出铁离子，从而可迅速吸收铁离子。一旦缺铁状况消失，传递细胞也在短期内停止活动，其超微结构也发生变化。

综上所述，无论在时间上，还是在位置分布上，传递细胞的发育都与溶质运输的需要密切相关。这里一个很有意思也是很难回答的问题就是，这种溶质运输的需要是怎样引起形成初生壁的物质按一定式样沉积的，又怎样引起如上所述的细胞质的变化？Gunning 和 Pate（1974）曾提出，木质部传递细胞只在与管状分子相邻的壁上发育出内突生长，可能有些刺激来自木质部，但总的讲这还是一个十分有趣而神秘的诱人问题。

当然，壁内突生长的形状和分布可能也是由遗传决定的，因为它们在种内是相对稳定的，而在种间则是变化的。不过，就是在同一种植物中木质部和韧皮部传递细胞间也可以存在着明显的不同，这就说明，在分化时，如上所述一些内外因素的影响也是重要的。

就系统发育来看，蕨类植物的胎座（Gunning，Pate，1969b）和苔藓植物配子体世代和孢子体世代连接处（Eyme，Suire，1967）存在着传递细胞，而且在高等植物叶子中所发现的所有传递细胞类型，在木贼中都存在（Gunning et al，1970），因此可见它们在系统发育上的古老。由此也可以推测，所有有花植物中的处于分化临界期之前的细胞都存在着发育出传递细胞的潜能，换而言之，只要给予与溶质运输有关的适当选择压力，任何高等植物的任何部位都能形成传递细胞。

第十六章　周皮的发生和发育

——木栓形成层的发生和活动式样

周皮(periderm)是木本植物和一些草本植物发育到一定阶段后才发育出的位于体表的一种次生保护组织，它取代初生保护组织表皮对植物体起保护作用，使植物体免受恶劣环境(如干旱、污染等)和病原体的侵染(图 16.1)。周皮是木栓形成层活动的产物，木栓形成层是侧生分生组织的另一大类。它的活动虽然在植物轴器官的长粗中不起主要作用，但在植物的生命活动中却起着非常重要的作用，在有些植物中还对人类有着重要的经济价值。因此对它的研究已有很长的历史，但由于其经济价值远不及木材，也不及韧皮部，因而研究也相对少得多，从 1995 至 2005 年初的 10 年间 SCI 收入的有关文章只有 30 余篇，而且除少数研究生产商用木栓的软木栎(*Quercus suber*)外(Graca, Pereira, 2004; Verdaguer, Molinas, 1999; Caritat et al, 1996)，多数集中在与马铃薯贮藏有关的创伤周皮的研究(Lulai, Suttle, 2004; Sabba, Lulai, 2002, 2004; Lulai, 2002; Lulai, Freeman, 2001)，还有少数是在研究其他组织的发育时顺便涉及(Hou et al, 2004; Mwange et al, 2003b; Stobbe et al, 2002; Oven, Torelli, 1994)。

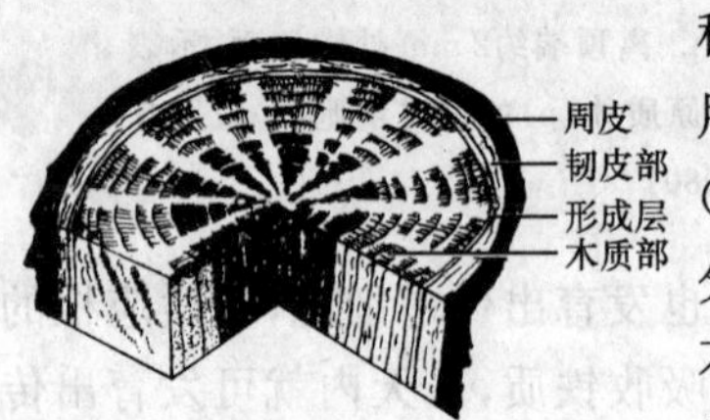

图 16.1　树干三切面，示周皮的位置

16.1　周皮的结构

周皮是在具有连续的次生生长的植物体轴上代替表皮的一种次生保护组织，也是一种复合的次生组织。它通常由三部分组成：木栓形成层、木栓层和栓内层(图 16.2)。

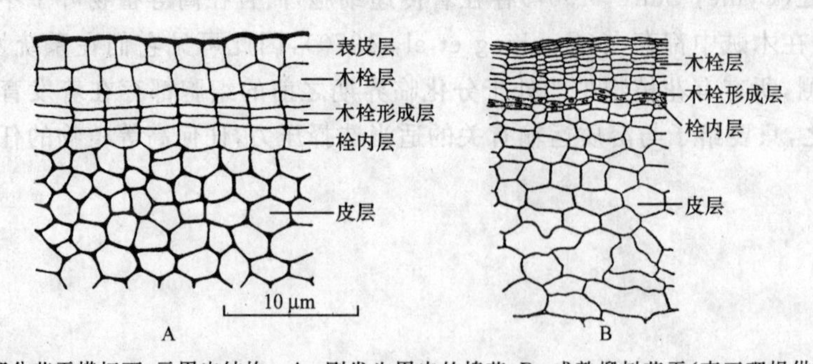

图 16.2　部分茎干横切面，示周皮结构。A. 刚发生周皮的棉茎；B. 成熟椴树茎干(李正理提供)

(1) 木栓形成层

木栓形成层的细胞均匀一致，由一种原始细胞组成。这种细胞在横切面上呈长方形，切向伸长，径向扁平，在弦向面上呈规则的多角形，在径向切面上呈纵向略伸长的长方形。这些细胞的原生质体具有各种大小的液泡，并含有叶绿体和丹宁类物质。除了发育出皮孔的地方外，这些原始细胞间没有胞间隙。

(2) 木栓层

木栓层细胞——木栓细胞的形态与木栓形成层一样，横切面上呈径向扁平，弦向切面上呈多角形。这些细胞通常与木栓形成层径向排列成行，它们排列紧密无胞间隙(图 16.3)。成熟的木栓细胞是死细胞，其壁多栓质化，但也可有各种类型。有些植物中，木栓细胞间可存在着含结晶细胞和石细胞。有的植物中木栓层中还有不栓质化的细胞，称做拟木栓细胞(phelloid cell)。总之，木栓细胞有两种类型。第一类为空腔，壁薄，有的径向壁加厚；第二类是厚壁，径向扁平。后者常充满深色的树脂类或丹宁类物质，如桉属。有的植物中同时存在两种木栓细胞，如桦木属(*Betula*)，这两类细胞交互成层，所以桦树皮的木栓层可一层一层剥下当纸用，也可编制成各种日用品。

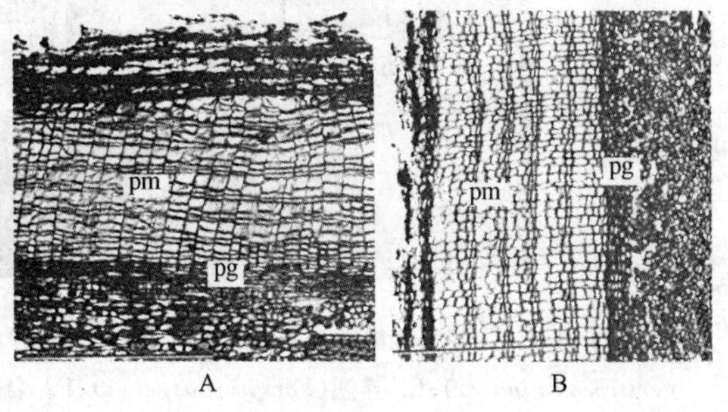

图 16.3　鹿角漆树(*Rhus typhina*)茎干上的周皮。A. 横切面；B. 径向切面。图中 pg. 木栓形成层；pm. 木栓层；标线长 0.5 mm

木栓细胞的细胞壁结构比较特殊，其初生壁也与其他细胞相似，主要由纤维素组成，不过有时还含有木质和栓质。与其他细胞不同的是，初生壁的内侧衬有一厚层栓质，组成非常精细，由栓质和蜡质交替组成。Wattendorff (1974)的研究说明，内质网在栓质的形成中起着重要作用。栓质层里通常还有一薄的纤维层，有的植物中此层木质化，也有的植物中没有这一层。木栓细胞的各种壁层形成，细胞腔中充满有色物质以后，原生质体消失，这实际是植物对干燥等不利周围环境做出的一种保护性反应，启动了木栓细胞的死亡程序，死亡过程中在其细胞壁形成了这些具有保护作用的特殊物质。Schonber 和 Ziegler (1980)指出，桦木属的木栓细胞的胞间层和初生壁只有一部分栓质化，所以有很好的透水性。软木栎的木栓层富有弹性，其木栓细胞的壁上有许多超薄小孔，这些小孔由具胞间连丝的初生纹孔场发育而成，被浓厚的物质堵塞，栓质层不透水不透气，所以是作瓶塞的优质材料。还有些植物，如梭梭属(*Haloxylon*)和假木贼属(*Anabasis*)，其木栓层的组成则是在薄壁的木栓细胞间分布着带状或团状的空的厚壁细胞，这种厚壁细胞有一木质化的初生壁和外层加厚的次生壁，其内侧是一薄的栓质层，再内衬着一层薄薄的、有时会发生木质化的纤维层。

(3) 皮孔

次生保护组织周皮中代替初生保护组织表皮中气孔功能的结构是皮孔(lenticel)。皮孔为周皮的特定部位，由于其木栓形成层的活动比其他部位更活跃，从而产生与木栓细胞不同的细胞，细胞壁薄且有大量胞间隙(此处的木栓形成层本身也具有胞间隙)，以代替气孔行使通气功能。

皮孔的大小和结构在不同植物间有很大的差异，大的可达 1 cm 以上，小的仅肉眼可辨，它们有的纵向成行和(或)横向成列排列，也有的单生随机排列，纵向排列的皮孔通常对着宽的维管射线，但一般与射线无关，因此，皮孔的形态成为植物种、属的特征，成为树木分类的特征(图 16.4,16.5)。

图 16.4 一些阔叶树周皮表面的皮孔形态。A. 洋槐；B. 山桃(*Prunus davidiana*)；C. 毛白杨；D. 紫薇(*Lagerstroemea indica*)；E. 连翘(*Forsytia suspensa*)；F. 栾树(*Koelreuteria paniculata*)；G. 朴树(*Celtis sinensis*)

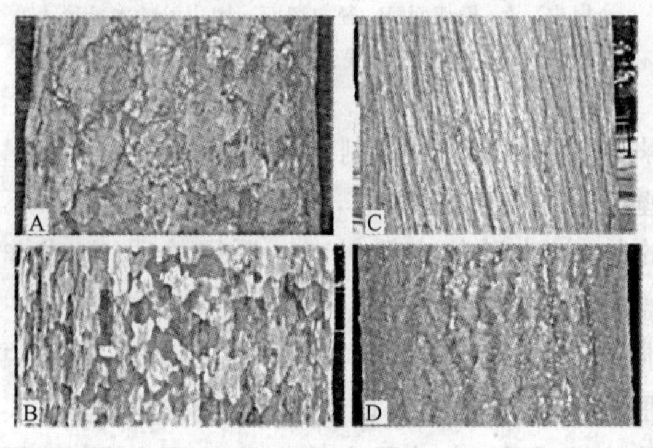

图 16.5 4 种裸子植物周皮表面的皮孔形态。A. 油松；B. 白皮松；C. 刺柏(*Juniperus oxycedrus*)；D. 银杏

皮孔中的木栓形成层最初由表皮气孔下的细胞恢复平周分裂发生，其向外形成疏松的栓质化较弱的组织细胞，称为补充组织(filling tissue)。这种组织细胞的大量产生将较早形成的补充组织细胞连同最外面的表皮细胞向外推移并断裂成裂口(图 16.6)，向内则形成栓内层。

不同植物的皮孔不仅其表面形态不同，而且内部结构也不同。双子叶植物的皮孔大致可分为两大类：第一类的结构较简单，补充组织的细胞壁栓质化，早期形成的细胞壁较薄，有较多的细胞间隙，而后期形成的则为厚壁的较紧密组织，有的物种中还可出现年轮状结构，例如鹅掌楸、木兰属(*Magnolia*)、苹果属和杨属(*Populus*)等(图16.7A)；第二类多表现出高度的特化，其补充组织形成分层，疏松而细胞壁不栓质化的补充组织与紧密而细胞壁栓质化的细胞层有规律的交替排列，后一种细胞形成一个到几个细胞厚的封闭层(closing layers)组织，层与层间充满了补充组织。这种皮孔每年可产生几层这两种组织，其中封闭层不断被新形成的补充组织冲破，但里层始终保持着一至几层封闭层(图 16.7B)，如桦木(*Betula* sp.)、山毛榉(*Fagus longipetiolata*)、樱桃(*Prunus pseudocerasus*)和桑树(*Morus* sp.)等。

(4) 栓内层

栓内层细胞也是活细胞，壁不栓质化，其形态与皮层细胞相似，但它们与木栓形成层细胞和木栓细胞径向排列成行(图 16.2)。不同的植物栓内层的层数不同，有的植物只有 1 层，多数植物为 1～3 层，还有的植物有多层，少数植物可以多达 6 层，也有的植物中就根本没有栓内层。有的植物中这些细胞含有叶绿体，可进行光合作用，有的还贮藏有淀粉，个别情况下栓内层中还有石细胞和其他类型的细胞。

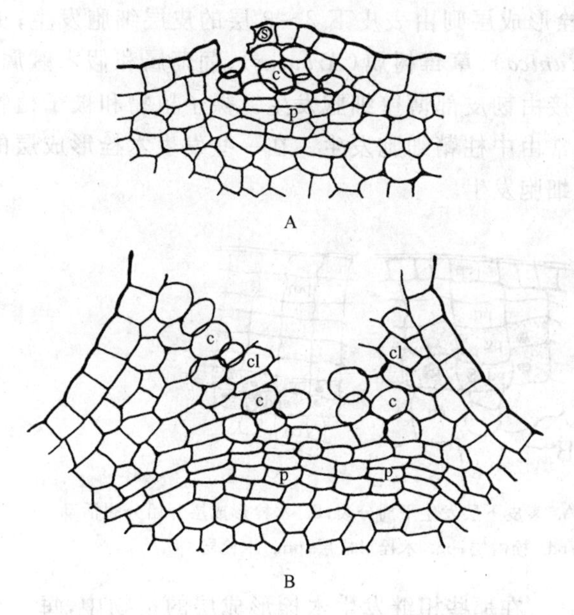

图 16.6　一般皮孔的发生。A. 皮孔发生初期，木栓形成层(p)在气孔下发生，分化出补充组织细胞(c)，挤破气孔(s)；B. 较后时期，封闭细胞层(cl)发生(李正理提供)

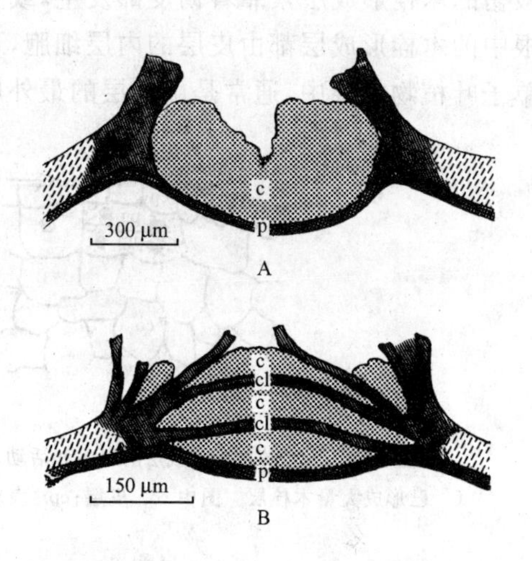

图 16.7　两类皮孔的结构。A. 较简单的一类，皮孔内充满补充组织(c)，底部为木栓形成层(p)；B. 较特化的一类，补充组织(c)被封闭层(cl)间隔开(李正理提供)

(5) 落皮层

随着树木的不断生长，周皮也越来越厚，从而在体轴表面积累了大量死亡的组织。这些树皮死亡的部分由被周皮分割出的组织(如表皮、皮层、韧皮部)和靠外的周皮组成，特称之为落皮层(rhytidome)。多数灌木的树皮，通常多有较早的片层脱落，如紫薇(图 16.4D)，从而阻止了积累成厚的落皮层。

16.2　木栓形成层的发生和发育

绝大多数双子叶植物中木栓形成层的发生与维管形成层相似，随着植物伸长生长的停止、维管形成层的发生而发生，但它的发生方式却与维管形成层不同，最初发生的周皮代替了初生保护组织(表皮)，但随着维管形成层的不断活动，最初发生的木栓形成层也往往逐步被新发生的代替，而且在植物的一生中这种替代过程不断发生，因此发生的部位也不断深入。

16.2.1　发生的位置

随着植物种类的不同，最初的木栓形成层可发生于维管形成层以外的不同细胞层。许多植物，如欧白英(*Solanum dulcamara*)、软木栎、苹果、西洋梨(*Pyrus communis*)和夹竹桃(*Nerium oleander*)等，最初的木栓形成层是由表皮层发生的；杨属、胡桃属(*Juglans*)、榆属(*Ulmus*)和天竺葵(*Pelargonium hortorum*)等大多数植物则是由紧靠表皮层的皮下层，皮层的最外层细胞发生(图 16.8)；马铃薯块茎的木栓形成层是由表皮层和皮下层同时发生(图 16.9)，不过由表皮层发生的只分裂几次就停止分裂而失去作用；还有一些植物的茎，如刺槐(*Robinia pseudoacasia*)、马兜铃属和松属,最初的木栓形成层则由表皮下 2～3 层的皮层细胞发生;更有甚者,像侧柏属(*Platycladus*)、石榴属(*Punica*)、草莓树属(*Arbutus*)、葡萄属和假木贼属,最初的木栓形成层紧靠着韧皮部发生,或直接由韧皮部薄壁细胞发生。裸子植物和被子植物根中的木栓形成层都由皮层的内层细胞,通常由中柱鞘细胞发生。在一些发生木栓形成层的单子叶植物的根中,通常是由皮层的最外层细胞发生。

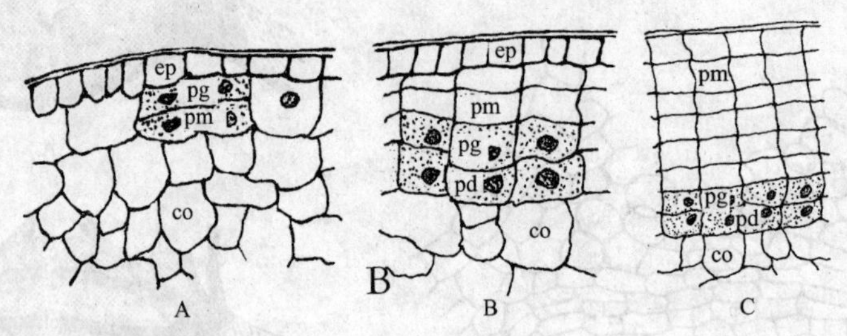

图 16.8 天竺葵木栓形成层的发生和活动。A. 表皮下层发生平周分裂;B. 木栓形成层开始分裂活动;C. 已形成大量木栓层。图中 co. 皮层;ep. 表皮;pd. 栓内层;pg. 木栓形成层;pm. 木栓层

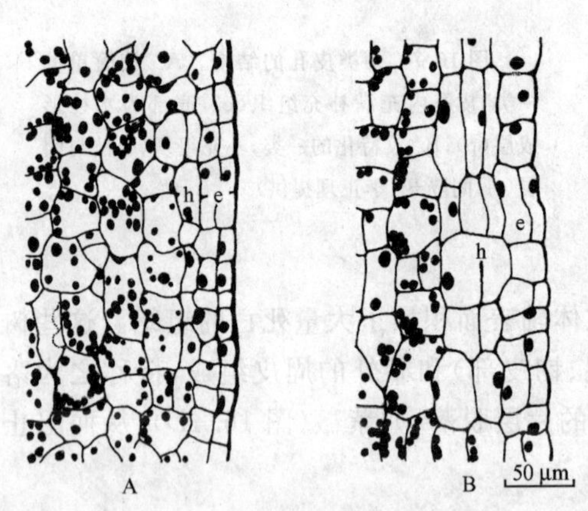

图 16.9 马铃薯正在发育的有效块茎的一部分,示表皮层(e)和皮下层(h)平周分裂形成周皮。A. 横切面;B. 纵切面(李正理仿 Cutter,1978 照片绘制)

在那些相继发生木栓形成层的植物中,每一个生长季可相继发生两层木栓形成层,后形成的叫附加木栓形成层。以后发生的木栓形成层一层比一层深地伸向皮层或初生韧皮部,并由于维管形成层的不断活动,体轴不断加粗,木栓形成层的发生也层层深入,直至次生韧皮部(Aloni et al,1989; Aloni,Peterson,1991)。这种相继发生木栓形成层的植物一般有两种类型:一类是最初的木栓形成层由深层细胞发生的植物,如葡萄属,附加周皮与最初的一样,常成一完整的圆柱(Aloni et al,1989; Aloni,Peterson,1991);另一类最初的木栓形成层是由表皮层或其下层细胞发生的植物,如松属,其木栓形成层没有形成完整的一圈,而是断断续续的,所以使周皮呈鳞片状(图 16.5A,B)或甲壳状,凸的一面朝外。

16.2.2 发生过程

无论由哪层细胞发生,发生前那些将要发生木栓形成层的细胞先分生组织化,中央液泡消失,原生质体体积增大,所含丹宁和淀粉逐步消失,随之发生平周分裂,形成两个外形相似的子细胞:靠里面的一个多发育成栓内层(图 16.8),而靠外面的一个则继续进行平周分裂,所形成的两个子细胞中的内侧一个继续保持分裂状态,形成木栓形成层原始细胞,外侧一个则分化成为木栓细胞(Graca,Pereira,2004)。木栓形成层原始细胞除进行平周分裂外,也周期性地进行垂周分裂,以与轴周围的不断增大保持一致。

16.2.3 发生的时间

木栓形成层的发生及其活动的持续时间也与维管形成层明显不同，后者一生中只发生一次，一旦发生就终生起作用，而木栓形成层则不同，最初发生的活动一段时间后就由较深层发生的第二层代替它起作用，第一层就逐步死亡而失去作用；过一段时间再发生第三层……有的植物第一层木栓形成层发生的当年就发生第二层，苹果和梨树则是在第六年或第八年才发生第二层。根据 Evert (1963)的研究，石榴属、杨属、李属(*Prunus*)等植物中最初发生的木栓形成层可持续活动 20 或 30 年。长角豆属(*Ceratonia*)的甚至可持续活动 40 年左右(Arzee et al, 1977)，而软木栎等几种栎属植物、假木贼属和梭梭属以及其他少数属种的植物中最初发生的木栓形成层则可持续活动一生。

16.3 木栓形成层的活动式样

木栓形成层和维管形成层一样，在生长季中，向里外两侧产生数目不等的衍生细胞。不过情况与形成层相反，它是向外产生的衍生细胞——木栓细胞，大大多于向内产生的衍生细胞——栓内层细胞。一个生长季中可以产生多达 20 层的木栓细胞。

木栓形成层的活动也表现出周期性，明显地分为活动期和休眠期，但这种周期的长短则明显随种而异。有些植物，如 *Quercus ithoburensis* 和 *Q. infectoria*，其木栓形成层的活动周期与其维管形成层的一致(Arzee et al, 1978)，但也有些植物不一致，如刺槐维管形成层的活动是 1 年一个周期，但其木栓形成层的活动周期是 1 年有两个不连续的活动周期(Waisel et al, 1967)，*Acacia raddiana* 则是 1 年有三个周期(Waisel et al, 1967; Arzee et al, 1970)。不过，至今仍不清楚有关诱导木栓形成层活动和休眠的信号是什么，至于这些信号的传导途径就研究得更少。

16.4 创伤周皮

16.4.1 发生

当植物体受伤后活的组织暴露于空气中，就会形成创伤木栓(wound cork)。只要剥去周皮，暴露于表面的活细胞死亡，即可在其下面发生新的木栓形成层，即使把整个树皮剥去之后，在再生新皮的过程中也会发生新的木栓形成层。通常，整个形成过程首先是靠近表面的几层细胞栓质化形成一封闭层(图16.10A)(El Hadidi, 1969; 李正理，等，1981b)，由于封闭层把内部的活细胞与外部破碎的死细胞隔离开来，所以又叫隔离层。随后这种封闭层下面的活细胞就逐步恢复平周分裂，形成断续的木栓形成层，进而彼此相连形成连续的

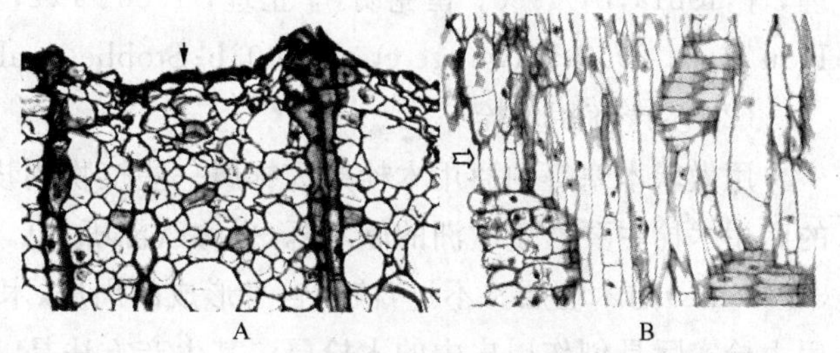

图 16.10 杜仲剥皮 2 天后茎干部分横切面(A)和径向切面(B)。A. 剥皮后暴露，表面形成封闭层(实箭头示)；B. 剥皮后包透明膜，表面未形成封闭层(中空箭头示)

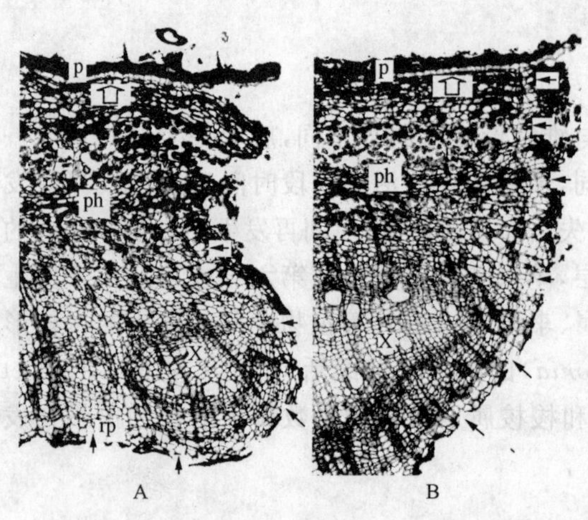

图 16.11 构树去木质部再生中再生的创伤周皮木栓形成层(实箭头示)与原来周皮中的木栓形成层逐步相连:A. 去木质部 8 天后;B. 去木质部 10 天后

木栓形成层。如果植物体为局部受伤,这种再生的木栓形成层还会逐步与植物体内原来的木栓形成层相连,如,构树去木质部再生过程中,再生周皮的木栓形成层与原来树皮表面周皮中的木栓形成层就逐步连接形成一圈(图 16.11)。这种再生木栓形成层在形成的过程中即开始了分化木栓细胞的活动(李正理,崔克明,1983,a,b,1984,1985,1987;李正理,等,1981a,b,1982,1983;崔克明,李正理,1986;Li,Cui,1988;Cui,1992;Cui et al,1989;Hou et al,2003;Mwange et al,2003b;Stobbe et al,2002)。马铃薯块茎创伤周皮的形成(Priestley,Woffenden,1922;Lulai,Freeman,2001;Lulai,2002;Lulai,Suttle,2004;Sabba,Lulai,2002,2004),楝树(*Melia azedarach*)、榕树(*Ficus sycomorus*)、法国梧桐(*Platanus acerifolia*)等植物的创伤周皮发生(lev-Yadun,Aloni,1991),以及杜仲剥皮后暴露在空气中的新皮再生过程中周皮的发生(李正理,等,1981a)都表现出这样一种木栓形成层的形成过程。但是,当创伤面暴露在高湿空气中时,表面细胞则不栓质化,无封闭层形成(图16.10B),而首先在邻近表面的几层细胞下断续地发生木栓形成层,进而连成一圈(李正理,等,1981b,1986,1988;李正理,徐欣,1988;鲁鹏哲,等,1987)。在正常的赤桉(*Eucalyptus camaldulesis*)幼枝中也表现出这一特征(Liphschitz,Waisel,1970)。

16.4.2 理论和实际价值

(1) 研究木栓形成层的实验系统

利用植物体表面创伤后能够形成创伤周皮这一特性,就可人为损伤植物体表面,并将其置于一定条件下研究木栓形成层发生和活动的规律及影响其发生和活动的条件。例如,利用马铃薯块茎研究木栓形成层即为长期以来使用最多的一个实验系统(Lulai,Suttle,2004;Sabba,Lulai,2002,2004;Lulai,2002;Lulai,Freeman,2001)。再如近二十几年来发展起来的剥皮再生技术也是这样一个实验系统(李正理,崔克明,1983,a,b,1984,1985,1988;李正理,等,1981a,b,1983;崔克明,李正理,1986;Lee,Cui,1989;Cui,1992;Cui et al,1989;Hou et al,2003;Mwange et al,2003b;Stobbe et al,2002)。

(2) 生产商用木栓

用做软木塞等的商用木栓即为栎属一些植物周皮中的木栓层。其中最有名的、质量最好的商用木栓主要产于欧洲的软木栎,也称欧洲栎(*Q. suber*),而我国则主要用的是栓皮栎(*Q. variabilis*)的木栓层。不过,植物自身形成的周皮,木栓层薄而质量次,无法满足商用要求,商用木栓实际是创伤周皮中的木栓层。其生产方法是,当树长到约 20 年,直径约 40 cm 时,剥去树木自然形成的周皮,暴露出栓内层或其附近细胞,这些暴露的生活细胞,很快干枯而死,不久就在这些死细胞下面发生出再生木栓形成层,并很快向外分化出新的木栓层,约 10 年以后就可得到一厚层质量较高的木栓层,以后可以每十年剥取一次,可以一直持续150年或更长时间(Fhan, 1982; Aloni, Peterson, 1991; Angeles, 1992)。由于发生再生木栓形成层的位置逐步向内,所以剥取几次以后,再生木栓形成层就在次生韧皮部中发生了。这种再生周皮虽然外表面比自然形成的粗糙,但内表面却是光滑的,在径向面和切向面上明显可看出类似木质部年轮的带状结构,亦称木栓年轮。每个年轮中也有早木栓和晚木栓之分,其中颜色较暗的为晚木栓细胞,细胞壁较厚,直径较小;早木栓细胞的壁则较薄,直径较大(Pereira et al, 1987, 1992)。总体而言,这种木栓不透气不透水,又有一定强度和弹性,质量又轻,所以具有很高的实用价值,但其质量和数量也随一些因素发生变化。早期的研究说明,木栓年轮宽度一般为1.5~7.0 mm,其量与木栓形成层的活动,特别是与每个木栓形成层细胞所产生木栓细胞的量有关(Pereira et al, 1992)。在一株树内,木栓年轮的宽度与其年龄相关,明显随着年龄的增加而减少,特别是当以较高速度生长时更是如此(Natividate, 1950; Pereira et al, 1992)。木栓的厚度不同,其性质也不同,如薄的密度就大(Rosa, Fortes, 1988; Pereira et al, 1992),工业上对压缩具有较强的机械强度,这对于软木瓶塞的密封性能是非常重要的(Gibson et al, 1981; Rosa, Fortes, 1988)。另外,木栓形成层的活动强度,即生长速度又影响着木栓的质量,速度高的,所产生的木栓细胞直径就较大,细胞壁就较薄,皮孔又大又多(Pereira et al, 1987, 1992; Gibson et al, 1981; Rosa, Fortes, 1988; Rosa et al, 1990)。

(3) 用于防止薯块在贮藏中腐烂

长期以来大量有关创伤周皮的研究都是以马铃薯块茎为材料(Lulai, Suttle, 2004;Sabba, Lulai, 2002, 2004;Lulai, 2002;Lulai, Freeman, 2001),就是为此目的。因为在运输过程中许多薯块难免会碰伤,如果不能及时形成创伤周皮就容易患腐烂病,若在贮藏中给以有利于创伤周皮形成的条件,就可起到防治作用。

(4) 用于再生新皮腐烂病的防治

在我国南方杜仲产区推广剥皮再生技术中,遇到的一个问题就是再生新皮容易患腐烂病,如果剥皮后适当采取一些促进创伤周皮形成的措施就可达到预防的效果,如果发现已患此病的树,可及时手术挖去病皮并采用促进创伤周皮形成的措施,也可起到治疗的效果(李正理,等, 1984;崔克明, 1983)。热带三叶橡胶树(*Hevea brasiliensis*)割胶中产生的死皮病也可用此法防治。

16.5 影响木栓形成层发生和活动的因素

植物生长调节剂和许多环境因素都影响着木栓形成层的发生和活动,影响着周皮的形态和结构,并间接影响着整个植物体的发育。

(1) 植物生长调节剂

早在20世纪50年代Leroux (1954)用柳树的实验证明,NAA可以诱导形成一种木栓形成层。Arzee等(1968)在刺槐的研究中说明,用赤霉素或NAA处理可以延迟较老节间中木栓形成层活动的开始,对杜仲剥皮再生的研究也发现IAA、NAA和2,4-D等生长素(李正理,崔克明, 1985;刘庆华,李正理, 1990;徐欣,李正理, 1991)、赤霉素(李正理,崔克明, 1985)和细胞分裂素(刘庆华,李正理, 1990;徐欣,李正理, 1991)都不利于周皮的形成,但却有利于木栓

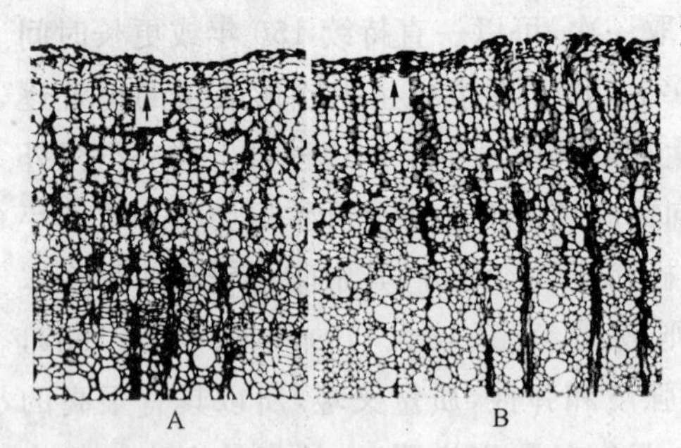

图 16.12 杜仲剥皮去树冠后 2 个月(A)和剥皮处呈“口”形方式破坏 1 个月后中央再生部分(B)的茎干横切面,示二者都形成正常的周皮

形成层的发生(李正理,崔克明,1985)。在有些植物的根中,细胞分裂素苄基腺嘌呤可刺激木栓形成层的发生。这几种植物生长调节剂都不利于细胞的栓质化,但乙烯却有利于细胞的栓质化(李正理,崔克明,1985;Sabba,Lulai,2004),而杜仲剥皮后除去树冠的部位(李正理,等,1983)和进行“口”形破坏(李正理,崔克明,1984)的中间的再生树皮都能形成正常的周皮(图 16.12),这就至少表明纵向 IAA 流不参与木栓形成层的发生。

(2) 湿度

大量的实验说明,暴露表面所处环境的湿度对周皮的形成也有着重要影响。Liphschitz 和 Waisel(1970)用塑料罩套住还没有形成木栓形成层的赤桉的绿色枝条,并注入气体和水,结果表明,高湿引起木栓形成层提早形成。杜仲等植物的剥皮再生研究说明,剥皮之后,包裹透明塑料薄膜使暴露的表面处在差不多湿度饱和的环境中,木栓形成层的发生提前,但却阻碍了木栓细胞的栓质化(李正理,等,1981b),而剥皮后暴露在空气中却能使表面细胞很快栓质化形成周皮(李正理,等,1981a)(图 16.13)。

早在 19 世纪末,De Bary (1884)就研究了生长在潮湿环境中的树的皮孔,发现由其补充组织形成了白色隆起,Kuster (1925)将其定名为超水组织(hyperhydric tissue),并证明,在潮湿环境或淹水条件下,是否形成这种组织随种而异。自 20 世纪 80 年代开始又有一些研究人员详细研究了各种植物在淹水条件下周皮结构的变化(Sena-Gomes, Kozlowski, 1980; Kozlowski, 1984; Topa, McLeod, 1986; Angeles et al, 1986; Angeles, 1990, 1992)。进一步研究超水组织的形成过程中发现,淹水条件下,木栓细胞伸长,在此前后这些细胞还发生了一系列变化:首先是细胞伸长前的细胞壁软化(Angeles, 1992),进而细胞与细胞间的中层解体,连结消失,彼此分离(Kawase, 1981; Kawase, 1980; Jackson, 1985; Angeles, 1988, 1992)。在研究一些树种剥皮后的再生过程中也曾发现,在塑料薄膜包裹下,茎干表面形成大量淡绿色的粉末状愈伤组织(鲁鹏哲,等,1987),可能也是这样一个过程。Angele (1992)还根据前人的一些工作,提出超水组织的形成过程可能与果实的形成和离层形成非常相似,乙烯可能在其中起着重要作用,又根据各个细胞对水的反应存在很大差异,提出茎干中可能存在着 Oborne (1989)所设想的靶细胞,与周围其他细胞相比,它对乙烯更敏感。

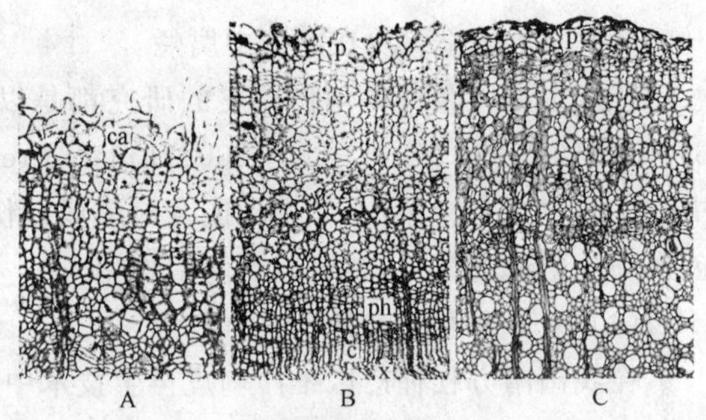

图 16.13 杜仲剥皮后再生树皮茎干的部分横切面。A. 剥皮后包裹透明塑料薄膜 14 天,表面愈伤组织细胞仍活着,没有栓质化;B. 剥皮后 21 天再生树皮表面虽已形成周皮,但表面栓质化很弱;C. 剥皮后暴露 21 天,再生树皮表面形成完全栓质化的周皮

(3) 光照

光照的影响有两个方面:一是光周期,二是光本身。短日照有利于木栓形成层的发生,而长日照则阻止木栓形成层的形成。光照有利于表面细胞的栓质化,而黑暗则不利于细胞的栓质化。

剥皮后包裹在黑色塑料薄膜中的再生树皮的分化不正常，两个月后仍不能分化出正常形成层，但周皮却能正常形成，只是表面细胞的栓质化较弱(图 16.14)(李正理，等，1981b)。

(4) 温度

对刺槐的研究说明，高温可以推迟木栓形成层的发生，而相对低温则有利于木栓形成层的发生。高温还有利于表面细胞的栓质化，Wigginton (1974)有关马铃薯创伤愈合的研究说明，高温可促进创伤愈合，主要就是有利于表面细胞的栓质化。

(5) 空气

Liphschitz 和 Waisel (1970)在赤桉上所做的实验说明，充足的氧气供应可使木栓形成层的活动提前，也有利于细胞的栓质化。Priestley 和 Woffenden (1923)对马铃薯的创伤愈合研究说明，空气的流通有利于表面细胞的栓质化，反之依然。

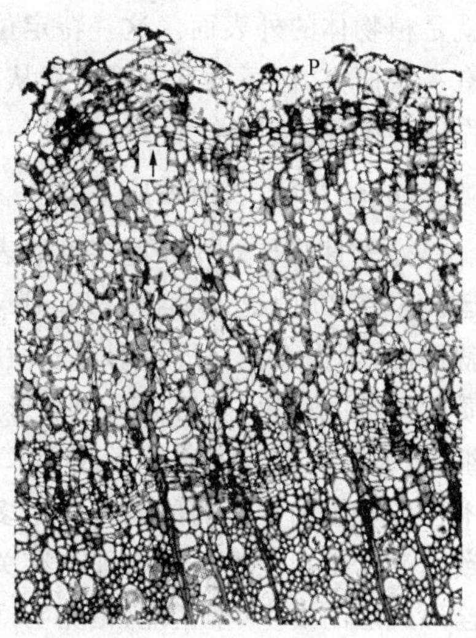

图 16.14 杜仲剥皮后包裹黑色塑料薄膜 2 个月，示形成正常的周皮(p)，只不过表面细胞栓质化较弱，箭头示木栓形成层

16.6 木栓形成层发生和活动的机理

由于木栓形成层的理论价值和实用价值都不及维管形成层重要，所以有关它的研究很少，至今还没有看到有关它的发生和活动机理的较为系统的、成熟的理论。

16.6.1 内部张力说

卡特 (1978)在《植物解剖学》上册第二版中总结别人的工作时提出，维管形成层的活动不断产生新的木质部和韧皮部，使茎干逐渐长粗，而体轴最外面的表皮或已存在的周皮却没有相应地增加其周长，这就形成一种张力，从而诱导木栓形成层的发生和(或)活动。这一点可在正常植株木栓形成层的发生和活动中得到证明。正常植株中木栓形成层最早出现于伸长生长停止、维管形成层发生并开始活动时，Waisel 等(1967)对生长在以色列的刺槐茎中木栓形成层活动周期的观察说明，一年中木栓形成层分别在 4 月和 7～8 月出现两次活动期，Arzee 等(1970)在金合欢属中观察到一年出现三次活动期，这种活动周期明显依赖于维管形成层的活动：维管形成层开始活动以后，茎部增粗，使维管柱外面的组织紧张，引起木栓形成层活动，不仅发生平周分裂向外产生木栓层，而且发生垂周分裂增加其周长，从而减轻了组织紧张，木栓形成层即停止活动；由于形成层仍在活动，几个月后新的组织紧张又重新刺激了木栓形成层的活动，再发生同样的平周分裂和垂周分裂……但是另一些研究却说明，新产生木质部和韧皮部的量与木栓形成层的活动间无相关性，而且有关树木剥皮再生的大量研究说明，多数情况下是先发生木栓形成层后发生维管形成层。

16.6.2 位置效应

木栓形成层处于一特殊的位置，是体轴中最接近表面的分生组织，它向外产生的衍生细胞就是植物体的外表面。这一特定位置是怎样控制着木栓形成层的发生和活动的呢？这方面虽有一些研究，但还没有一篇文章从位置效应的角度来进行深入的讨论，此处仅根据现有的文献作一尝试性的讨论。

16.6.2.1 表面效应

处于直接与外界环境接触的表面位置就决定了木栓形成层的发生及其衍生细胞的分化命运。早在20世纪20年代Priestley和Woffenden (1922，1923)在研究马铃薯块茎创伤愈合时就提出，创伤面在空气中形成栓质或角质的沉积，使创伤表面闭塞，并伴随着在阻塞表面的物质（"树液"）积累，随后在其内面形成木栓形成层。如果用石蜡封住切割表面以阻止气体进入组织，表面没形成栓质就形成了木栓形成层，因此物质在切割表面的积累和该处被堵塞是引起木栓形成层的形成的原因。四十多年后Rapparort和Sachs(1967)证明了马铃薯块茎受伤导致内源赤霉素类物质的增加。有关外源激素对剥皮再生影响的研究证明，赤霉素可以促进木栓形成层的发生（李正理，崔克明 1985)，但至今没有实验能证明赤霉素类物质能诱导木栓形成层的发生。

过去的研究不能把木栓形成层的发生和其衍生细胞的栓质化分开，直到20世纪60年代末才有所突破。把马铃薯组织放入Tris缓冲液中即可阻止导致木栓形成层发生的有丝分裂，但栓质合成正常进行(Kahl et al，1969)，后来又找到了抑制栓质合成而不影响细胞分裂继续进行的方法，如不碰伤组织、洗涤除去损伤组织或者维持湿度在100%等(Lang et al，1970)。20世纪80年代以后有关剥皮再生的一系列研究和大量的组织培养研究都说明，创伤表面所处的外界环境的相对湿度是控制表面细胞栓质化的最重要的条件，但不参与木栓形成层发生的控制。干燥而不至于使表面细胞因脱水而死的外界条件可以诱导表面细胞的栓质化，而高湿，特别是达到相对湿度100%的环境则可阻止表面细胞的栓质化。温度、光照等其他外界条件可能也参与了这一调节过程，如高温可以促进木栓形成层的发生(Liphschitz，Wasel，1970)。由此可见，表面效应主要表现为外界环境条件控制表面细胞的栓质化，也可能参与了木栓形成层发生的调节。

16.6.2.2 径向信息

大量的实验说明，纵向信息在控制木栓形成层发生和活动时可能不起作用。虽然不少实验说明生长素类植物生长调节剂可以促进木栓形成层的发生，但有关研究显示，无论内源IAA的极性运输，还是非极性运输都不经过木栓形成层发生的位置，因为极性运输是通过形成层及其分化中的衍生细胞，而非极性运输则通过韧皮部。因此木栓形成层所需要的IAA只能靠由木质部向外的径向运输提供，这正好与Warren Wilson所说木质部是生长素源的假设，以及Sheldrak (1968)的分化中的木质部可能产生生长素的假设一致。有关剥皮后采用不同方式破坏暴露面的实验结果也说明，发生木栓形成层所需要的IAA只能由木质部通过径向运输提供，因为呈"口"形破坏的暴露面中央的再生"新皮"虽然不能形成正常的维管形成层，却形成了正常的木栓形成层(崔克明，李正理，1986)。至于Priestley和Woffenden(1922)所预言的在创伤表面积累的物质也只有这一径向运输途径，而有利于木栓形成层发生及其衍生细胞栓质化的赤霉素和乙烯可能也是由这一运输途径提供，当然也可能是创伤直接诱导了这里的细胞产生的。

总之，控制木栓形成层发生和活动的径向信息可能就是径向激素流，其中最主要的是生长素流。

木栓形成层的切向式样比较简单，只是每一个原始细胞成切向稍长一些，很可能控制这一式样的就是切向张力，但至今未见这方面的报道。

综上所述，控制木栓形成层发生和活动的只有径向激素流和切向张力这两个内源和外部环境因素的共同作用。以创伤周皮的发生和活动为例，首先是创伤刺激诱导了暴露的表面细胞产生赤霉素和(或)乙烯，同时木质部产生或运至此处的生长素向外作径向运输，二者以适当的比例诱导了平周分裂的发生，即木栓形成层的发生。木栓形成层外面的细胞及其活动所衍生出的细胞，遇到表面外干燥、高温等环境条件就诱导表面细胞开始 PCD，同时开始细胞壁的栓质化过程，形成木栓层。木栓形成层的发生和表面细胞的栓质化是两个分别独立的过程，如果没有适于细胞栓质化的外界条件，表面细胞不能栓质化，但内部仍能分化出木栓形成层，反之，如果由于某种原因不能产生木栓形成层，表面细胞在合适的条件下同样能栓质化。

第十七章 扦插克隆体的发育

扦插是园艺中常用的最重要的营养繁殖手段之一，因为这种手段用以繁殖的是植物营养体的一部分，也可以说是植物体中的任一营养器官，不需经过有性过程，此间也就不经过减数分裂，也就不会出现染色体联会时发生交换引起的变异，也不会出现分离。因此得到的是遗传上比较稳定的无性系(clone)，也就是现在基因工程和分子生物学中常说的“克隆”。所以，这是长期以来在农林业，特别是园艺中常用于优良单株或芽变的快速繁殖的最重要的克隆方法之一(也是 clone 一词的原意所指)，因此研究器官发生的规律及其影响条件，不仅具有重要的理论意义，而且也具有重要的生产价值。

17.1 理论基础

正如第二章中已经指出的，细胞的潜在全能性，以及细胞分化的阶段性和临界期的存在，都是本章介绍的扦插和下一章将要介绍的嫁接的最主要的理论基础。也就是说，任何一个离体的植株的营养器官，在适当条件下，其体内适当部位处于细胞分化临界期之前的活细胞，可经脱分化和再分化建成一完整植株所缺少的器官，使其重新形成一新的完整植株。

早在 17、18 世纪，园艺学家就认为，无性系可能随着年龄的增长而退化，也可以通过种子繁殖而返幼。但是后来的许多证据说明，如果无性系生长在适宜环境下，并通过营养茎叶不断更新，那么它的生命在理论上就是无限的。如有的葡萄品种已活了两千年以上，繁殖植株数百万，却很少有变化(Hartmann，Kester，1983)。但也有的无性系植株间出现了变化，并导致了退化，特别是长期处于不利环境下可以引起无性系的逐步退化，如一些草莓品种缺少足够的冬季的寒冷(Bringhurst et al，1960)，或一些具鳞茎植物没有足够长的花后营养生长期，都会使其生长势和产量逐步减少。另外病原，特别是病毒和类病毒，也能引起无性系的变异。就一个植物体而言，一生可分为不同的生长发育阶段，特别是木本植物，这种生长发育阶段在它的植株上也有反应。实生苗植物在其生命周期中的个体发生过程包括了三个不同的时期(Brink，1962)：幼年期(juvenile phase)、成年期(adult phase)及它们间的过渡期(transition phase)。这些时期显示出如下三个基本特征(Sachs，Hackett，1983；Hartmann，Kester，1983；Kirk，Tilney-Bassett，1978；Black，Wareing，1960；Zimmerman，1933，1935)：(1) 从营养生长向生殖成熟转化的潜能受茎端分生组织的控制，而处于幼年期的茎端分生组织不能形成花，即使处在合适的花诱导条件下也不能；(2) 特殊的形态和生理学特征，像叶形、生活力和刺形等都会随着发育时期的变化而变化；(3) 处于不同发育时期的植物各部分再生出芽和根的潜力不同，与成熟期相比，幼年期更容易再生出芽和根。这些就是第五章中所讲的植物的“龄”的一种表现形式。植物体中“龄”较大的部位的处于细胞分化临界期之前的细胞的“龄”也较大，它们脱分化形成幼根或幼芽的“龄”也较大，所以形成的植株也容易衰老。成熟和老化不是一个概念。

实生苗发育时期的变化，在繁殖上具有两个显著的特征：一是三个时期可同时存在于同一植株的不同部分（Frost，1938；Schaffalitzky，1959；Black，Wareing，1960；Zimmermann，1935）。常常是幼苗生长多年之后，这三个时期仍呈带状分布在植株的不同部位，诸如苹果、梨、柑橘（*Citrus*）和松柏类等的实生苗植株，都是在其外部和上部的枝条开花。草本植物虽也有类似情况，但不太明显，第一节呈营养状态，以后产生的各节起生殖作用。这种时期变化还可在其他特征上表现出来，如叶形就常常成为这些时期变化的标志。如桉树，基部处于幼年期的叶子大而宽，且无柄，而上部处于成熟期的叶子则是长而具有明显的叶柄的镰刀形（图5.10）；黑木相思树（*Acacia melanoxylon*）实生植株基部幼年期的"叶"实为扩展的叶状叶柄，顶部成年期的叶子才成完全叶，其间有一逐步过渡过程。在繁殖上的第二个特征是，当取实生植株上的一部分进行营养繁殖时，所得后代的生理和形态学性状与母株供材部分的发育时期一致。这就意味着，由同一母株繁殖出的不同营养体后代的植株间，以及各后代与母株间都会表现出很大变异。因此用实生植株上处于成年期的芽进行营养繁殖所得植株开花的年龄比原来的实生苗早得多，如一种嫁接的糖槭（*Acer saccharum*），两年就能开花，而相应的实生苗植株却要到19～21年后才能开花（Gabriel，1979）。因此林学家将实生苗发育成的植株称做原株（ortet），将用营养繁殖得到的后代称做分株（ramet）。

根据扦插所用的器官的不同可将扦插分为枝插、叶插、叶一芽插和根插四大类，由于扦插所用器官不同，所需要再生的器官也不同，以下将分别加以讨论。

17.2 枝插中不定根的发生和发育

用枝条进行扦插获得后代的办法为枝插（图17.1）。根据插条的木质部性质又分为硬插、半硬插、软插和草质插四类。硬插所用的枝条是春季叶绽开但还没有抽出新条前的休眠的具硬材枝条；半硬插用的是木本阔叶常绿树种的枝条，和从木本双子叶树木具成熟木材的枝上采的夏季插条；软插用的插条是新抽出的柔软幼嫩的木质化程度不强的枝条（图17.1F～H）；草质插指的是菊花、秋海棠等草本植物用柔软的草质枝条进行扦插（图17.1A～C）。但不管用哪种枝插都必须使插条生根，这种根多为不定根。还有的是不将欲扦插的枝条切断，只将基部

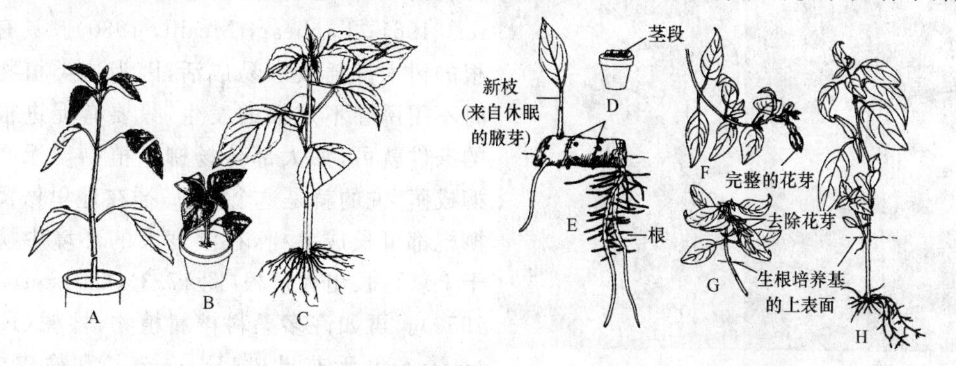

图17.1 几种枝插方式。A～C. 锦紫苏（*Coleus blumei*）：A. 去除下部的叶子和大叶片的一半，将近基部的茎切断；B. 将切下的插条插在盛水的容器中生根；C. 生根的插条。D～E. 万年青（*Dieffenbachia*）茎段扦插：D. 平放在花盆介质表面的茎段；E. 发育出茎叶和根的茎段。F～H. 木质化倒挂金钟（*Fuchsia*）的软插：F. 开花期的枝条；G. 去除花芽和低位的叶子，茎基部用生根激素处理，并插入盆中；H. 已生根的插条（仿 Kaufman et al，1983 图 6-7、6-8 和 6-9）

切除一切口，或将树皮切断，或环剥一小圈树皮，然后用盛有生根介质（如土）的塑料薄膜包裹剥皮处，待生根后从包裹下部切断栽在土壤中，这种扦插称做高空压条（图 17.2A～C）。另外，类似马铃薯类用块茎繁殖的植物和水仙（*Narcissus*）等用鳞茎繁殖的植物，因为用于繁殖的器官是变态的茎（枝），其繁殖方式也是一类特殊的枝插（图 17.2D～G）。插条茎叶系统的生成是由插条潜伏的腋芽发育而成，很少由不定芽发育而成，凡由不定芽发育而成，其不定芽也多为外起源（Lopez-Escamilla et al，2000），软插和草质插则是插条上的顶芽直接发育而成。

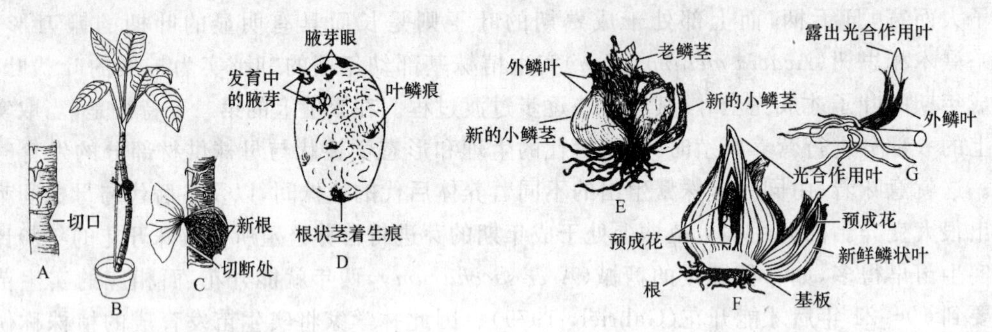

图 17.2 几种特殊的枝插。A～C. 万年青高空压条：在茎的一面切出一切口，并用生根激素处理；B. 用潮湿的泥炭藓覆盖创伤面，然后用塑料膜包住缠紧；C. 用透明塑料膜兜住的生根处，可看到根通过泥炭藓伸到表面。长出根后切断茎干，去掉塑料膜，栽入土中。D. 发芽的马铃薯块茎。E～G. 鳞茎和鳞茎状结构：E. 水仙鳞茎外观；F. 风信子（*Hyacinth*）具包被鳞茎纵切面；G. 铃兰（*Convallaria*）根状茎上的鳞茎状侧芽（仿 Kaufman et al，1983 图 6-17、6-5 和 6-1）

17.2.1 不定根的类型

扦插中的不定根有两种来源：一为预成根（preformed root）；一为创伤根（wound root）。

17.2.1.1 预成根

图 17.3 夏天多雨季节颐和园湖边的垂柳（*Salix babylonica*）茎干树皮下的潜伏根冲破树皮长出来。A. 柳树全貌；B. A 中茎干上箭头所指的白框内部分的放大图

这是茎上预先自然发育成的根，不过到采取插条前一直没有长出来，呈休眠状态，潜伏在树皮内，所以也叫潜伏根（latent root）（Carpenter，1961；Laphear，Meahl，1930）。具有预成根的树木扦插较容易成活，因为这类植物扦插时不用诱导不定根的发生，只要有促进根伸长的条件就可，如大部分杨柳科植物，“无心插柳柳成荫”说的就是这个意思，插在地里做篱笆的柳棍都可长成大树，在湿度大的环境中柳树茎干上就可长出大量根（图 17.3）（Carlson，1938，1950）。再如许多桑科榕属植物，榕树（*F. microcarpa*）、无花果树（*F. carica*）和橡皮树（*F. elastica*）等生长在湿度大的环境中就更容易从茎干上长出大量气生根（图 17.4），这说明它们的潜伏根伸长的条件主要是湿度，因此扦插后

只要保持所用介质(如土壤)潮湿就较容易成活。

图 17.4　榕树的潜伏根发育成的大量气生根。A. 海南尖峰岭热带雨林中的大榕树，许多气生根长进土里而独木成林；B. 福州城中树干上“挂”满由潜伏根长成的气生根

17.2.1.2　创伤根

扦插之后，作为插条的创伤反应形成的不定根。制备插条时，剪切使创伤表面的生活细胞受伤或暴露于表面，木质部死的输导细胞腔被打开暴露于空气中。随之发生如下三步愈合和再生过程：(1) 当外部创伤细胞死亡时，形成一坏死板(封闭层)，用栓质封住创伤面，用树胶塞住木质部，这就避免了切面干燥；(2) 几天后这个保护层下面的活细胞开始分裂，形成一层薄壁组织细胞(愈伤组织)；(3) 维管形成层和韧皮部附近的一些细胞开始发生不定根(图 17.5)(Malstede, Watson, 1952; Blazich, Heuser, 1979)。不定根发生过程中可看到的解剖学变化大致如下：相应部位没有通过细胞分化临界期的细胞发生脱分化，液泡变小，细胞质变浓厚，细胞核增大，进而发生细胞分裂，而且首先发生的往往是平周分裂。分裂形成的即为根原始细胞，进一步发生各个方向的分裂而形成一半球形突起，即根原基。它再进一步发育穿过外面的组织露出表面，即成为幼根(Malstede, Watson, 1952; Blazich, Heuser, 1979; Jasik, DeKlerk, 1997; Nandi, 2002)。

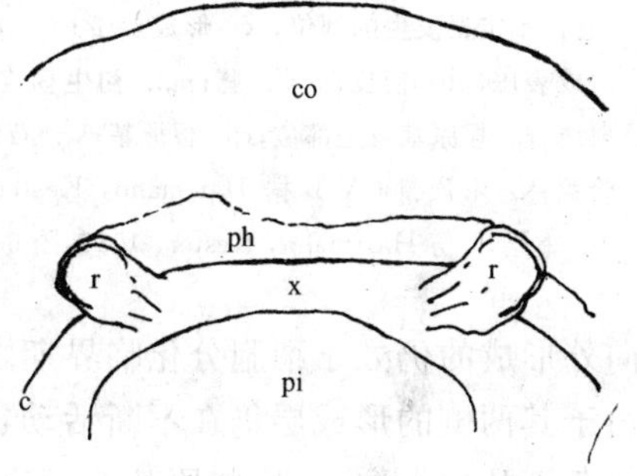

图 17.5　蓖麻茎插后不定根发生的部位。c. 形成层；co. 皮层；ph. 韧皮部；pi. 髓；r. 根原基；x. 木质部

17.2.2　不定根发生的部位和方式

根据解剖学上的定义，依根的发生部位分为初生根和不定根两类：发生于胚一极的胚根和由其中柱鞘发生的侧根都称做初生根；凡是由根中柱鞘以外的其他组织和其他器官发育出的根都为不定根。因此扦插中形成的根绝大多数应为不定根。植物中大的根、茎的初生和次生组织，以及叶子的各种组织都可形成不定根。在大多数植物的根和茎中，不定根的发生属内起源，但也有外起源的。表皮、皮层组织、芽、胚轴(如 *Cardamine pratensis*)、髓射线(如旱金莲 *Tropaeolum majus*)、形成层、未分化成熟的次生韧皮部和木质部细胞(如蔷薇属 *Rosa*)、维管射线(如 *Hedera helix*)、叶隙薄壁组织(如 *Ribes nigrum*)以及叶缘和叶柄(如秋海棠属和落地生根属)(Fhan, 1990)等都可能发生不定根。枝插所用插条的不定根也多为内起源。不定根发生的部位随种而异，在草本植物中，通常发生于维管束之间或它们的外面(Priestley, Swingle，1929)(图 17.6A)。西红柿、南瓜(Petri et al，1960)和绿豆(Blazich et al，1979)的不定根起源于韧皮薄壁细胞，*Crasullade* (McVeigh，1938)起源于表皮，锦紫苏(Carlson，1929)起源于中柱鞘，蓖麻由维管束之间发生，石竹(*Pianthus*)发生于纤维鞘里面的一层薄壁组织细胞，当其根尖到达坚硬难于穿透的纤维鞘时，就转向下由插条切口处长出(Stangler，1949)。

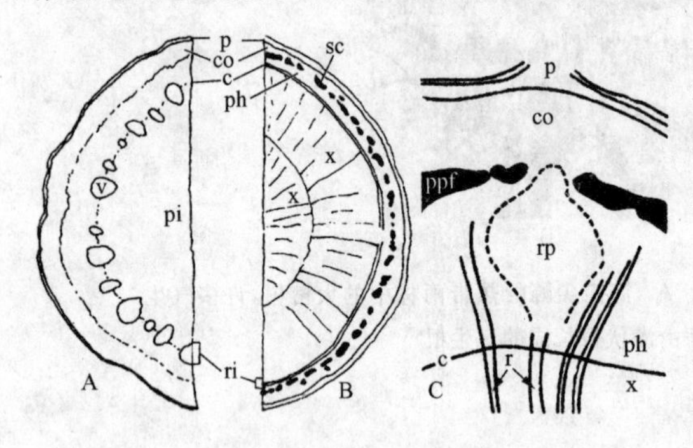

图 17.6 草本植物枝插和木本植物枝插不定根发生的部位。A. 草本植物；B. 木本植物；C. 樱桃属植物硬插时，不定根发生的部位。c. 形成层带；co. 皮层；p. 周皮或表皮；ph. 韧皮部；pi. 髓；ppf. 初生韧皮部纤维；r. 射线；ri. 根原基发生部位；rp. 根原基；sc. 石细胞；v. 维管束；x. 木质部(A、B 据 Hartmann，Kester，1983，图 9-2 重绘，C 仿 Hartmann，Kester，1983，图 9-4)

在多年生木本植物中，已存在着次生维管组织，插条的不定根多由生活的薄壁组织发生，最初是由幼小的次生韧皮部细胞，但更经常的是维管射线、形成层、韧皮部、皮孔或髓等组织中的生活细胞(Corbett，1897；Curtis，1918；Ginzburg，1967；Mahlstede，Watson，1952；Mittempergher，1964；Van Tieghem，Douliot，1888)。不过通常是由靠近维管柱的形成层外面的一些还没有通过细胞分化临界期的细胞发生(图 17.6B，C)。不定根从插条中长出所需时间也不同。菊属(*Chrysnthemum*)需 3 天，*Dianthus caryophyllus* 需 5 天，蔷薇属需 7 天(Stangler，1949)。有些植物在取做插条前已形成了预成根，如柳属(*Salix*)，预成根的原基由叶隙或枝隙中的次生薄壁组织形成。形成层向内和向外形成的仍处于细胞分化临界期之前的未成熟的维管组织细胞也可能参与不定根的形成。由于其两侧的形成层仍在不断活动，使里面的木质部不断增粗，使这种原基变成圆顶形。只要枝条不从树上取下，这些原基就一直在树皮下保持休眠状态，其分化非常缓慢，甚至在生长 9 年的枝条中，还看不清典型的根尖结构。一旦取下作为插条，处于适宜的环境中，大多数这种原基就会迅速发育成根(Carlson，1938，1950)，但在非常潮湿的环境中，即使正常生长的树干上也能发育成根，并长出树皮外(图 17.3)。还有一些属也容易形成预成根，如杨属、绣球花属(*Hydrangea*)、茉莉属(*Jasminum*)、茶藨子属(*Ribes*)和枸橼(*Cirtrus medica*)等(Girouard，1967a)。

还有一类植物，当插条处于有利于根形成的环境时，一段时间后先在插条切口处，由维管形成层区域露出的生活细胞形成愈伤组织，有时皮层、髓以及韧皮部等的生活薄壁组织细胞也参与它的形成，其中有的是必须先形成愈伤组织，再由愈伤组织发生不定根，如洋常春藤(*Hederas helix*) (Girouard，1967b)、辐射松(Cameron，Thomson，1969)、景天属(Yarborough，1936)等；而在绝大多数植物中，则是愈伤组织的形成和不定根的形成是相互独立互不相关的，由于二者需要相似的内外环境条件，所以常常同时出现。

Gramberg(1971)在有关 IAA 诱导不定根形成的研究中发现，不定根发生的第一个征兆就是蛋白质、核酸的合成，这里是否意味着特定调控基因的开启和特异蛋白的合成，这些都是很有趣的问题。这就是一个形态发生中有关根发生的基因调控问题。近年 Butler 和 Gallagher (2000)就报道了不定根发生中特异基因的表达。

17.2.3 试管扦插(茎尖培养)

这是现在常用的一种微繁技术,是一种特殊的枝插或叶插,即用茎尖或叶片碎片或胚培养,这种扦插用的介质是培养基,因此实际上是器官培养。但严格讲起来,应该还是属扦插,因为在培养过程中既没有胚状体的发生,也没有愈伤组织的形成,只有缺失器官的再生。如茎尖培养是一项最常用于快速繁殖(Javed et al, 1996; Irish, Jegla, 1997; Srivatanakul et al, 2000)和脱毒(马铃薯种薯生产协作组, 1976;Huang, Millikan, 1980;Okamoto et al, 2001;林蓉,等, 2005)的重要技术,通常只要诱导出不定根,发育成幼小植株即可达到目的。该技术之所以用于脱毒,是因为病毒难于侵染茎端分生组织,而用于快速繁殖是因为它像普通的扦插一样,性状稳定,不容易变异,而且通过去掉顶芽后可不断获得更多的侧芽,从而不断扩大繁殖的个体。试管扦插培养过程中,外植体所缺器官的再生过程也与普通扦插相似,不定根的发生常为内起源,与草本植物及木本植物软插相似,有的植物由形成层区域的处于细胞分化临界期之前的生活细胞直接发生,或靠近愈伤组织的形成层区域的生活细胞发生(马铃薯种薯生产协作组, 1976;中国科学院北京植物研究所六室分化组, 1977;刘世峰,等, 1978;陈维伦,等, 1980),也有的是先由切口处形成层区域处于细胞分化临界期之前的生活细胞发生愈伤组织,再由愈伤组织发生不定根,但多数情况下,发生了愈伤组织后就很难再发生根(马铃薯种薯生产协作组, 1976;中国科学院北京植物研究所六室分化组, 1977;刘世峰,等, 1978;陈维伦,等, 1980)。少数情况下,培养中也会发生不定芽,特别是在胚胎培养(Lopez-Escamilla, 2000)和叶片碎片培养中(过全生,1997)更是如此,而且其不定芽的发生也多是外起源(图 17.7)。

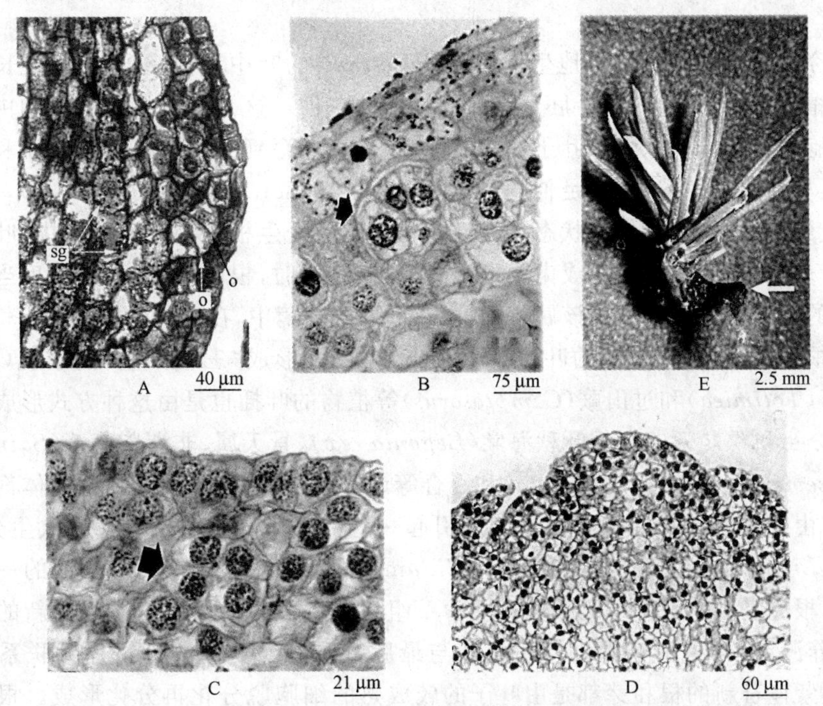

图 17.7 一种云杉(*Picea chihuahuana*)胚培养中不定芽的发生。A. 皮下层细胞发生斜向分裂;B. 垂周分裂和斜向分裂形成 3-细胞体(箭头示);C. 垂周分裂和斜向分裂形成 4-细胞体(箭头示);D. 发育成的不定芽的顶端纵切面;E. 长大的不定芽(箭头示基部形成的不定根)。图中 o. 斜向分裂;sg. 淀粉粒(引自 Lopez-Escamilla, 2000)

17.3 叶插中不定根和不定芽的发生和发育

许多植物，既有单子叶植物也有双子叶植物，都可通过叶插来繁殖(Hagemann，1932)(图17.8)。虽然叶插中再生芽和根的起源有很大变化，但概括起来也就两类，即初生分生组织和创伤分生组织(次生分生组织)。初生预成分生组织，即由从来没有停止过分生组织活动的胚性细胞遗留下来的细胞群。创伤分生组织，即由已经分化成成熟组织的一部分但还没有越过分化临界期的细胞，在创伤的刺激下经脱分化而重新恢复分生组织活动的细胞群。

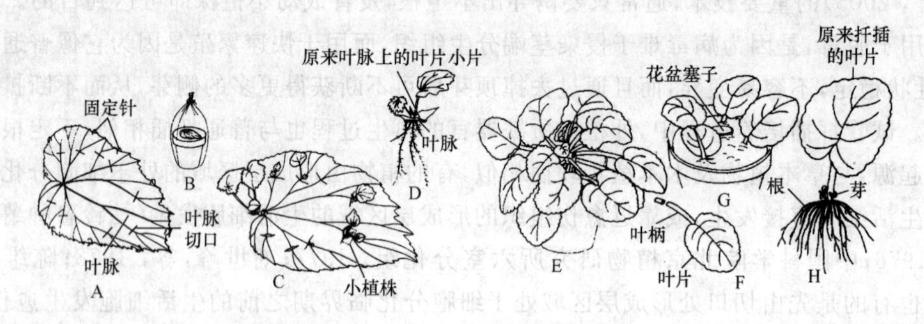

图 17.8 虎耳秋海棠(*Begonia rex-cultorum*)和非洲紫罗兰(*Saintpaulia ionantha*)的叶插。A～D. 虎耳秋海棠叶片扦插：A. 将取下的叶片固定在蛭石上，切断主脉；B. 把花盆包在塑料袋中，直接置于阳光下；C. 在切断的叶脉处发育出小植株；D. 准备栽于盆中的小植株。E～H. 非洲紫罗兰具柄叶片的扦插：E. 原植物；F. 具柄叶片插件；G. 插于生根培养基(如蛭石)中，该培养基置于中央可浇水的泥盆中；H. 生根的叶片插件(仿 Kaufman et al, 1983 图 6-15 和图 6-16)

由初生分生组织起源　在落地生根(*Bryophyllum*)的叶中，由叶缘的凹陷处长出幼小植株。这些小植株起源于所谓的"叶胚"(天然胚状体的一种)，这是在叶发育的早期由叶边缘的一些小的细胞群发育成的。随着叶子的伸展，叶胚一直发育到上端具有一个茎端和两片残留的叶，下端具根原基，还有一个基足伸到叶脉(Heide，1965c；Yarborough，1932)。当叶成熟时，叶胚停止细胞分裂，维持休眠状态。一旦叶子落到适于生根的潮湿的环境中，叶胚就快速长大，冲破叶表皮，几天内就发育成肉眼可见的小植株，同时，根向下生长，几周后当老叶死亡时许多独立的小植株就形成了。该属有的种，在潮湿的环境中，在生长的叶子上小植株就可发育出完整的根和茎叶，甚至小叶的叶缘又发育出小植株，形成"三代同堂"的景观(图 17.9)。此外，千母草(*Tolimiea*)和过山蕨(*Camptosorus*)等植物的叶插也是由这种方式形成小植株。

由创伤分生组织起源　在毛叶秋海棠(*Begonia rex*)、景天属、非洲紫苣苔(*Saintpoulia*)、虎尾兰(*Sansevieria*)、青锁龙(*Crassula*)和百合等许多植物的叶插中，新的植物体都起源于创伤分生组织，由于叶片或叶柄基部创伤刺激引起一些细胞脱分化而形成一种次生分生组织。在两种百合(*Lilium longiflorum* 和 *L. candidum*)中，芽原基由鳞茎鳞片上面的一些薄壁组织细胞发生，根原基则由芽原基下面的一些薄壁组织细胞发生。虽然母鳞片是新的幼小植物体发育的营养源，但幼小鳞茎的维管系统却与最后将要萎缩消失的母鳞片无联系(Walker，1940)。非洲紫苣苔新的根和芽都是由叶子的较成熟的细胞脱分化再分化形成。根是内起源的，由维管束之间的薄壁细胞形成，而新的芽却是外起源的，由表皮细胞或表皮下的皮层细胞形成。在芽出现之前，根已露出，又形成了支根，连续生长了几周。虽然亲本叶为幼小植物

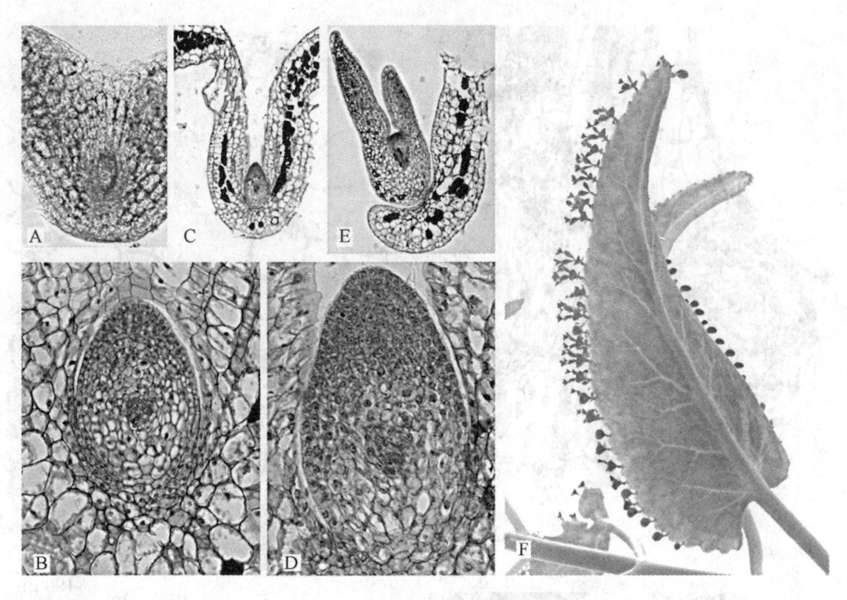

图 17.9　大叶落地生根(*Bryophyllum daigremontianum*)叶胚的发育。A～E. 叶片横切面：A. 叶脉附近发生幼小叶胚；B. A 的放大；C. 长出叶表皮外的幼小叶胚；D. C 的放大；E. 完全长出叶外的具两个幼小子叶的叶胚。F. 叶缘长满小植株的叶片

图 17.10　香叶天竺葵具叶柄叶片扦插后不定根和不定芽的形成。A. 用作扦插的巨柄叶片；B. 扦插 4 周左右，叶柄基部丛生不定根；C. 扦插 7 周左右，叶柄基部稍上处发育出不定芽(b)；D. 不定芽(b)继续生长伸出地面；E. 不定芽(b)发育成一新的植株(引自李正理，等，1965)

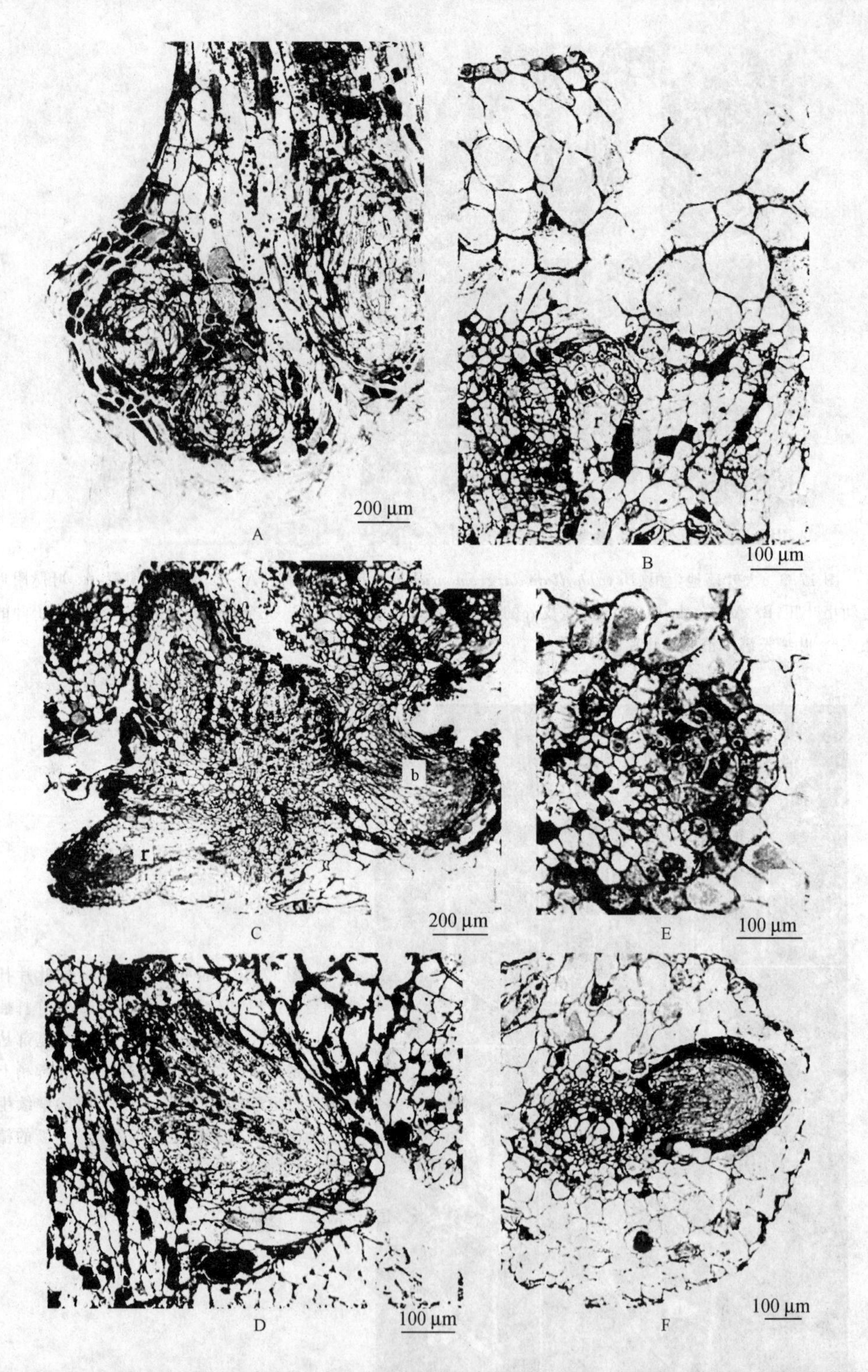

图 17.11　香叶天竺葵叶插中叶柄基部发生不定根的解剖学变化。A. 叶柄基部愈伤组织中形成鸟巢状管状分子团；B. 管状分子团边缘开始发生不定根(r)；C. 叶插较后时期，叶柄基部形成了不定根原基(r)和不定芽原基(b)；D. 不定根原基发育到较后时期，前端的细胞分层仍不明显；E. 不定根上发生的侧根原基；F. 侧根原基的进一步发育，前端细胞亦有明显分层(引自李正理，等，1965)

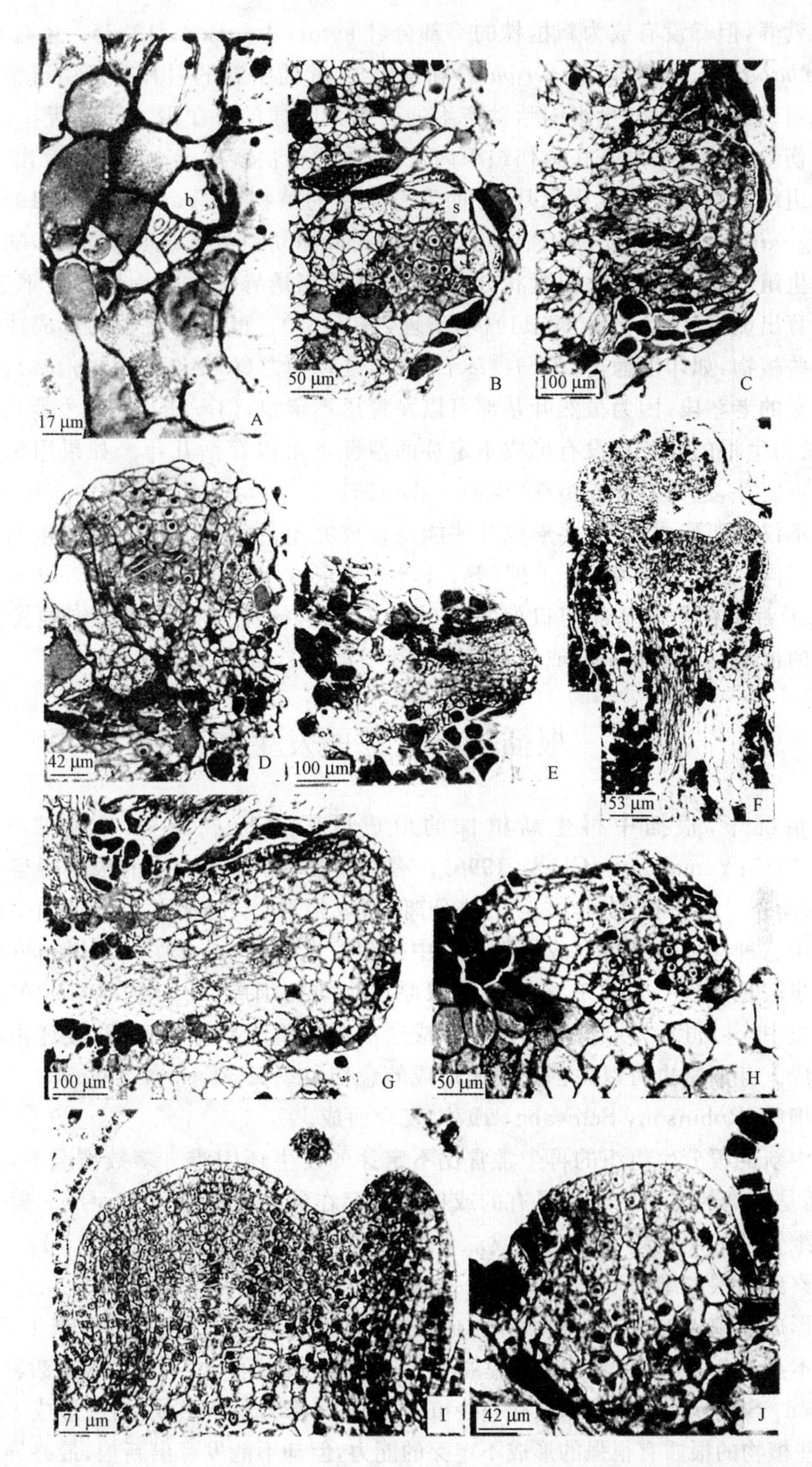

图 17.12　香叶天竺葵叶插中不定芽的发生。A. 愈伤组织近表面不含淀粉粒的细胞经脱分化恢复细胞分裂形成不定芽原基(b)；B. 不定芽原基发育早期，周围有“套层细胞层”(s)；C. 前端显出钝平的不定芽原基；D. 不定芽的纵切面，形成倒三角形；E. 不定芽原基已相当伸长；F. 最早的幼叶已开始分叉的幼小不定芽；G. 已分化出原形成层的不定芽原，前端显出凹沟；H. 由近表面发生的不定芽；I. 正常生长的茎端纵切面；J. 侧芽原基纵切面(引自李正理，等，1965)

的生长提供营养，但却没有成为新植株的一部分(Naylor, Johnson, 1937)。还有些植物，如甘薯(*Ipomoea batatas*)、豆瓣绿(*Peperomia*)和景天等，叶插中新的根和芽都由覆盖住整个切口表面的愈伤组织通过次生分生组织活动产生的。景天叶插的叶子取下后几天内，叶柄就形成一明显的愈伤组织枕。根原基在愈伤组织内发生，此后很快就从亲本叶中发育出4到5个根。随后在愈伤组织枕的侧面发生芽原基，进而发育成新的植物体(Yarborough, 1936)。香叶天竺葵(*Pelargunium graveolens*)叶插中，也是首先在叶柄切口处形成愈伤组织，随后其中分化出鸟巢状分生组织团，进而分化出管状分子团，再在适当诱导下在其周围发生不定根，进而在不定根上发育出侧根(图17.10,17.11)(李正理，等 1965)。叶上不定根的形成往往比不定芽多得多。某些植物，如印度橡树(*Ficus elastica*)和银青锁龙(*Crassula argentea*)，叶插必须包括一段具腋芽的老茎段，因为虽然叶基部可以发育出不定根，但不能相应地发育出不定芽。事实上，某些植物生根的叶子在没有形成不定芽的情况下可以存活几年。如果用细胞分裂素处理就可形成不定芽，进而发育成植株(Boe et al, 1972)。

叶插中不仅需要形成根，也要形成芽才能发育成完整的植株。不定芽发生的部位也随着种的不同而不同，香叶天竺葵(李正理，等，1965)和东方水青冈(*Facus orientalis*)(Cuenca, Vieitez, 1999)都是在叶柄基部切口处发生(图17.12)，杨树则是由叶肉细胞发生(过全生，1997)，也有的植物是由小叶基部或叶鞘基部发生(Dubois, de Vries, 1995)。

17.4 根插中不定芽的发生和发育

在许多情况下，根插中再生新植株的形成既需要形成新根，也需要形成不定芽(Robinson, 1975;Yamakawa, Chen, 1996)。有些植物中，整体植物的根上很容易形成不定芽，产生出根萌条。当将根挖出，并与植株分离，切成根段，不定芽更像是对创伤的反应形成的。在幼根中这种芽可由维管形成层附近的中柱鞘发生(Schier, 1973; Wilkinson, 1966)，芽发生的第一步就是出现一群具有显著核和浓厚原生质的细胞(Emery, 1955; Vasilevskaya, 1957)；在老根中，芽可以是外起源，由木栓形成层成愈伤组织状生长而成，或者由射线愈伤组织状增殖而成。芽原基也可以由创伤表面形成的愈伤组织(Priestley, Swingle, 1929)或由皮层薄壁组织细胞(Robinson, Schwabe, 1977)发育而成。

在根插中新的根分生组织的再生常常比不定芽的发生还困难。多数情况下，新根可能不是不定根，而是由老的支根中原来具有的或根段中存在的侧根原基发育而成。通常这种新根由邻近中央维管柱的中柱鞘或内皮层或二者共同参与下形成的(Blakely et al, 1972)。有些植物中也观察到由根的维管形成层区域发生的不定根。

由根插形成新植株的方式随种而异。通常，根插首先产生不定芽，然后产生根，但这根常常不由母根本身产生，而是在新萌条的基部形成。将这些新萌条取下后用生根激素处理后可作枝插(Robinson, Schwabe, 1977)。也有一些植物，当第一部分萌条形成时，已形成了发育良好的根系。还有些植物的根插有很强的形成不定芽的能力，但却不能发育出新根，最终导致死亡。某些种，根插能产生很强的根系，但却不能发生不定芽，最终也是死亡(Hudson, 1955)。

如果从幼小树苗上取下根段扦插比用取自老树上的根段扦插容易成功得多，后者失败的原因可能是不能再生出新的根系，这可能与发育阶段性有关，老根已超过了幼年期。枝插中根的形成可能也与此有关。

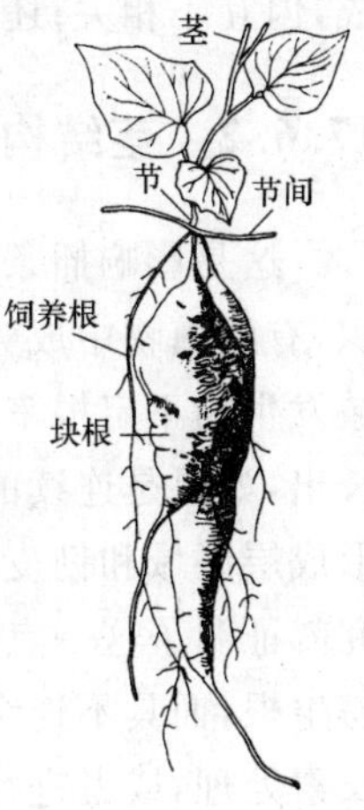

利用块根或贮藏根进行营养繁殖也是一种特殊的根插，如番薯(*Ipomoea btatas*)的育苗就是将薯块播种在苗床中，薯块上潜伏的侧根或不定根发育成根，而由薯块上的不定芽发育成地上部分的茎叶系统。而大田中插秧则是从苗床中生长的植株中剪下一段段茎段在大田里进行枝插，再由此茎段上发育出不定芽和不定根，进而发育成完整植物体，再由茎上生出的不定根长入地下形成新的块根(图 17.13)。

图 17.13　具有两个块根的番薯(仿 Kaufman et al, 1983 图 6-6)

17.5　扦插中的极性

茎和根固有的极性在根插中表现最明显。茎插总是在远端(最接近茎端端)形成新条，近基端(离与根连接的茎基部最近的一端)形成根。根插则是在远端(离根端最近的一端)形成根，在近基端(离与茎连接的根基部最近的一端)形成芽。就是改变与重力有关的插条的这种位置也不能改变这种趋势(Bloch, 1943)。Vochting (1878)早期有关植物再生中极性的研究中曾指出，茎组织具有很强的极性。研究的进一步发展，把这一性质归因于个别的细胞成分，因为不管多么小的组织片，其再生都具有极性。当将一根段切成两小段时，切出的两个切面看上去都一样，但对于根和芽的再生来说，却是一个切面形成根，另一个切面形成芽。因此他得出结论说，在不同植物器官中极性作用的强弱是变化的。茎显出最强的再生极性，根的极性稍弱，叶的最弱。在叶插中常常可以看到根和芽在同一个位置发生，通常在其基部，极性影响很小。不同种间极性强弱情况也不同，如杜仲根插中就发现其极性很弱，根段的两端都可形成芽(张康健，等，1989)。

当将组织切成段时，生理统一性就受到了干扰。这就必然引起某种物质，可能是生长素的重新分布，因此在原来相邻的表面上就看到了不同的反应。在一些情况下已经注意到根分化的极性与生长素移动的关系(Maini, 1968; Robinson, Schwabe, 1977; Thimann, 1935; Warmke, Warmke, 1950)。也已知道生长素运输的极性在不同组织间是变化的，在叶柄中特别弱。生长素的极性移动是一种活跃的运输过程，也是一种活跃的分泌过程，并依此发现了个别韧皮部细胞中的有关结构状态(Leopold, 1964)。近年有关维管形成层机理的研究中证明了，IAA 的极性运输是通过形成层带及其新产生的正在分化中的维管组织完成的，而且这一 IAA 运输流成波浪状(崔克明，1991，1993)。如果与前面所讲的根插，特别是枝插主要由形成层区域发生再生器官联系起来，就会发现它们间的必然联系。

17.6　影响扦插中器官再生的条件

由于是和生产密切相关的问题，这方面的研究非常多。研究表明，各种内外因素影响着不定根的发生。

17.6.1　种的特异性

这是影响不定根形成的最基本因素——遗传因素。正如前述，像杨柳科植物在树上就已形成了大量潜伏根；有的种就必须先形成愈伤组织后形成根；也有的不定根和愈伤组织同时形成,但互不相关;还有的植物非常难于形成不定根,这是种的遗传特性决定的。

17.6.2 茎结构的差异

这是影响插条生根的第二个重要内因。许多木本植物茎的韧皮部外部具有一圈厚壁组织,有的植物中成为一连续的环,有的植物中成一断续的环(图 17.6B,C)。这对于由形成层区域发生的不定根来说,就成了根长出树皮"路"上的障碍,如果是断续的,不定根还可从断开处长出,如果是连续的其不定根就永无"出头之日"了(Beakbane, 1969),最多弯向插条切口处从形成层区域和韧皮部非厚壁化部分长出(Stangler, 1949)。如有关齐墩果属(*Olea*)扦插的研究就证明了这一点(Ciampi, Gellini, 1958, 1963),其中韧皮部外具连续纤维带的种扦插不容易生根,而具不连续的纤维带的种就容易生根。不过有的实验表明,对于难于生根的类型用生长素处理,或者进行带叶雾中扦插,生根处大量细胞快速增殖也可冲破厚壁组织障碍长出不定根(Long et al 1956)。还有实验证明,茎结构或组织本身的性质与扦插生根的难易有着更直接的关系,如柑橘属中 *Cirtrus medica* 很容易生根(具大量预成根),而 *C. aurentium* 则生根困难,如果将后者的一段树皮嫁接到前者的茎上,这块树皮并没有获得从容易生根株叶子运下来的有利生根的物质,照样难于生根。至于影响扦插成活(生根或发芽)的确切生理生化和分子生物学机理,至今也不清楚,但不同季节和不同年龄母株上收获的插条或插根的确也是影响不定根和(或)不定芽形成的重要原因(Bhardwaj, Mishra, 2005; Rosier et al, 2004)。从对其他再生类型的研究来看,一是处于细胞分化临界期之前的细胞群体的大小,二是内源激素的综合平衡状态。后者的适当水平可使前者已经有序表达到一定程度,但还没到达临界期的基因类群的表达程序停止,并开始逆向表达,直至使这些细胞恢复到顶端分生组织细胞的状态,然后再由另一调节基因打开控制根形成的基因类群,使之进行有序表达。这可能就是不定根形成的全过程。

17.6.3 植物生长调节剂

从 20 世纪 30 年代中开始研究生长素的生理作用以来,就开始了有关植物生长调节剂对生根影响的研究。从已有的研究来看,已公认的五大类激素都参与了不定根形成的调节。

(1) 生长素

1934 年发现天然存在的生长素 IAA 时,就同时发现它能促进不定根的形成(Kraus et al, 1936; Thimann, Koepfli, 1935; Thimann, Went, 1934; Went, 1934b)。差不多同时,还发现人工合成的、具有类似结构的 IBA 和 NAA 对不定根的形成具有更强的促进作用(Thimann, 1935; Zimmermann, Wilcoxon, 1935),至今此方面的报道也不少(Dubois, deVries, 1995; Tamimi, 2003; Rosier et al, 2004; Bhardwaj, Mishra, 2005)。Ericksen (1973, 1974)以及 Mohammed 和 Ericksen (1974)用豌豆插条进行的研究表明,根据对生长素的反应,不定根的形成和发育可分为两个基本阶段:① 发生阶段,生根分生组织形成,这阶段又可分成两个时期:生长素作用时期,这一时期必须连续地补充生长素才能形成根;生长素不起作用时期,这一时期缺了生长素也不影响生根,而且比前一时期大约滞后 4 天。② 根伸长和生长阶段,此时根尖通过树皮向外生长,最后露出树皮外表面。不定根中新分化出的维管组织与母根连接成一整体。此阶段对应用生长素没有反应。这就说明,在不定根的形成中生长素只起扳机作用。

(2) 细胞分裂素

Okoro 和 Grace (1978)对杨树扦插的研究表明,内源细胞分裂素水平高的种生根困难。一般来讲,使用合成的细胞分裂素会抑制枝插生根(Humphries, 1960; Schraudolf, Reinert, 1959)。不过也有报道说,将非常低浓度的细胞分裂素用于处于发育早期的去顶的豌豆插条(Ericksen, 1974b)或秋海棠叶插(Heide, 1965a)均可促进不定根的发生。应用于较晚阶段的豌豆插条也没有抑制作用。由此可见,细胞分裂素对不定根形成的影响,可能需要特定的浓度在不定根发生的特殊阶段才起作用。

细胞分裂素和生长素在控制器官发生上有一定相关关系。如对西红柿茎段的实验表明,当只用高浓度的细胞分裂素时,就只形成芽而不形成根,如果只用高浓度的 IAA 则只形成根而阻止芽的发生,如果同时用高浓度的细胞分裂素和高浓度的 IAA,就既不形成根也不形成芽(Haissig, 1965; Skoog, Tsui, 1948)。在秋海棠叶插中,使用低浓度细胞分裂素的条件下,IAA 可促进芽的形成,提高细胞分裂素的作用。同样在低浓度下,激动素也可加强 IAA 对根形成的促进作用(Heide, 1965b)。秋海棠叶插的再生能力明显随季节变化,这可能是温度、光周期、光强和控制内源生长素及其他生长调节等诸多因素复杂的相互作用的结果。

细胞分裂素对芽的发生有着很强的促进作用。例如,将欧洲菘蓝(*Isatis tinctoria*)的根段插在含激动素的无菌培养基上几周后就形成芽,如果培养基中不补充激动素就不发生芽(Danckwardt-Liliestrom, 1957)。同样,用细胞分裂素处理置于无菌培养基上的根段就能诱导芽的发生,特别是在光照下(Bonnett, Torrey, 1965)。

(3) 赤霉素

赤霉素对器官再生的作用与细胞分裂素有相似之处,相对高浓度明显抑制不定根形成。有证据说明,这是抑制了生根细胞的脱分化作用(Brian et al, 1960)。在较低浓度下,特别是生长在低照度下时,可促进豌豆插条根的发生(Hansen, 1976)。Key (1969)的研究证明,赤霉素有调节核酸和蛋白质合成的功能。在秋海棠叶插中如果用赤霉素处理,不定根和不定芽的形成都会受到抑制(Heide, 1969)。可能是 GA 关闭了使发生根、芽原始细胞开始分裂的启动开关。在柳树扦插中的实验也证明,应用 GA 可阻止 IAA 在根原始细胞发育早期阶段的启动作用(Haissing, 1972)。另外也证明,如果降低内源 GA 的水平也能提高插条中不定根的发生。例如,当对插条使用一些干扰 GA 作用的化学物质,如 Alar (SADH)(Read, Hoysler, 1969; Wylie et al, 1970)、脱落酸(Basu et al, 1970; Chin et al, 1969)、促性腺激素(Lesham, Lunenfield, 1968)和 GA 拮抗剂 EL 531 (Arest) (Kawase, 1964),都可促进生根。

(4) 脱落酸

有关这种内源植物生长抑制剂对不定根和不定芽形成影响的研究结果是矛盾的(Basu et al, 1970; Chin et al, 1969; Heide, 1968; Rasmussen, Andersen, 1980),这部分依赖于所使用浓度和插条(根)母株本身的内源激素水平和综合平衡状况。

(5) 乙烯

早在 1933 年 Zimmerman 和 Hitchcock 就发现,应用乙烯可促进茎或叶组织生根。差不多同时有的研究也证明了这一点,并指出应用 IAA 可诱导乙烯产生,可能生长素促进生根就是由于诱导了乙烯的产生(Zimmerman, Wilcoxon, 1935)。Mullins (1972)用绿豆插条的研究却表明,应用 0～1000 ppm* 的乙烯都能减少不定根的发生。而 Krishnamoorthy (1970)将乙烯利用于绿豆插条却刺激了不定根的发生。这就说明,生长素、乙烯和不定根的形成间有着非常复杂的关系,绝不仅仅是乙烯的浓度或它们的浓度比。

(6) 内源生根抑制剂

很早以前人们就怀疑难于生根的植物中是否存在着生根抑制剂,20 世纪 50 年代 Spiegel (1954)在用葡萄作色谱研究时就发现了两种与生根反应有关的抑制剂。到了 70 年代 Crow 等(1971)和 Paton 等(1970)在生根非常困难的 *Eucalyptus grandis* 成年组织中发现了阻止不定根形成的化学成分,进一步的研究证实,这种成分是 2,3 二氧-二环[4,4,0]癸烷(2, 3-dioxabicyclo [4, 4, 0] decane)的衍生物,在这种树容易生根的幼年组织中就没有发现这类抑制剂。有关研究(Biran, Halevy, 1973b)还发现这类抑制剂是在根中形成后向上运输,在茎组织中积累的。

17.6.4 芽和叶的影响

早在 18 世纪中叶 Duhamel duy Monceau(1758)就提出茎上不定根的形成依赖于从上往下移动的液体,19 世纪末 Sachs(1882)更进一步提出在叶子中存在着特殊的根形成物质。20 世纪 20 年代中期 Van de Lek (1925)提出刺激根形成的是在发育中的芽里形成后通过韧皮部向下运到插条基部的激素类物质。Went (1929, 1934a)第一个证实了特殊根形成物质的存在,将 *Acalypha* 叶子的提取物再用到 *Acalypha* 或番木瓜(*Carica*)的插条上促进了根的形成,而且发现子叶、叶和芽中都存在这种物质,并为此起名为"成根素"(rhizocaline)。1934 年的工作中他又发现,这种物质并不是生长素,因为在豌豆插条中至少有一个芽对根形成是非常重要的,如果去掉这个芽即使施以含有丰富生长素的制剂也不形成根。后来还有许多工作证明了这一点。并提出在幼株中含这种物质最多(Heuser, 1976)。另外大量的工作证明,叶子对根的发生有着很强的刺激作用(Reuveni, Raviv, 1981),生根困难植物的插条在雾中落了叶后很快就死亡,如果保留叶子就可生活 9 个月,且形成了根。如果将容易生根无性系插条的具叶上部嫁接到生根困难插条的基部,就可刺激生根困难的插条形成根(Van Overbeek, Gregory, 1945; Van Overbeek et al, 1946)。至于这种成根素在化学上到底是什么,虽有大量研究,但说法各异,至今没有定论。从现有的资料看,很可能不是一特定的化学物质,而是一多因素综合系统有序作用的结果。

17.6.5 插条的发育时期(年龄)

在生根困难的植物中,母株年龄是影响生根的一个重要原因。无论是根插还是枝插,如果所用茎段或根段处于幼年期,则较容易形成根。许多研究表明,插条的不定根形成能力随着年龄的增长而降低(Gardner, 1929; Hitchcock, Zimmerman, 1932; Sax, 1962; Rosier et al, 2004; Bhardwaj, Mishra, 2005)。Thimann 和 Delisle (1939)对一些松柏类和双子叶植物的研究表明,影响不定根发生的最重要的单一因子就是所取插条植株的年龄。这可能是由于随着年龄的增长产生的生根抑制剂增加。因为在幼苗中没有生根抑制剂,如果在成年期茎组织

* ppm 为非法定计量单位,但原文献如此,故不作修改,1 ppm=10^{-6}。

中缺了这种抑制剂也容易生根(Paton et al, 1970)。还有的研究表明,随着年龄的增长,生根的潜能减小可能是酚水平降低的结果,有些植物成熟组织中酚的水平低于幼年期组织(Girouard, 1969)。因此可通过一些使生根困难植物处于成年阶段的插条返幼就可提高生根率。如在苹果成年树上取根段诱导出芽并长成幼枝,就可作软插以提高生根率(Stoutemyer, 1937)。对欧洲赤松可通过对成熟株去掉顶芽和侧芽后,喷施细胞分裂素、三碘苯甲酸(tri-iodobenzoic acid,TIBA)和Alar的混合物,迫使其生出许多束间幼苗,再用这些幼苗扦插,生根率就大大提高(Whitehill, Schwabe, 1975)。在有些植物中由球芽(sphearoblast)(一种经去芽或重创母株就可得到的结构)在普通条件下就可长出很容易生根的枝条。在茎干或枝条上发现的含有分生组织和输导组织的瘤状隆起物可促成幼态生长,即可由成熟植株获得幼态插条(Wellensiek, 1952)。对生根的球芽苗木进行堆土压条即可得到连续具有幼态特征的生根苗木,压条繁殖可持续维持其幼态。另外,将成年态嫁接到幼态上也可使成年返幼,如常春藤(*Hedera*)(Doorenbos, 1954; Stoutemyer et al, 1961)、三叶橡胶(Muzik, Cruzado, 1958)等。也有的报道说对成年株喷GA也可使一些枝条恢复幼态(Robbins, 1960; Stoutemyer, 1961)。

17.6.6 环境因素

环境因素对扦插后器官再生的影响是多方面的。

(1) 水分

前面已经讲到,叶子对插条的生根是至关重要的,另一方面叶子上的气孔又在不断进行蒸腾作用,由于水分的大量丧失,没有根又不能及时补充水,可能不等生根插条就已干死。解决这一问题有三条途径:① 将扦插的苗床用玻璃盖住,经常浇水以保持高湿状态,但要注意调节温度;② 苗床上直接覆盖透明塑料薄膜; ③ 全叶喷雾扦插。

(2) 温度

对于绝大多数植物来说,日温21~27℃,夜温15℃最适于插条生根,当然也有要求较低温度的。过高的气温会促使插条在根发育前先发育出芽,芽长出叶展开后又会由于蒸腾作用失水而扦插失败。所以扦插成功的一个关键是要在芽发育前先促使根发育。在苗床中插条下装一温度控制器,使插条基部的温度保持高于上部生芽处,以促进地下生根。

(3) 光

光对扦插生根的影响是多方面的,除了光是光合作用的能源外,还通过光周期、光强和光质影响再生器官的发生和发育。

光强 对许多植物的扦插研究都证明,对母株进行较低强度的光照,有利于取自这些植株上的插条生根,如大丽花(*Dahlia pinnata*)(Biran, Halevy, 1973a)、豌豆(Hansen, 1976; Hansen, Ericksen, 1974)、杜鹃花(*Rhododendron simssi*)(Johnson, roberts, 1971)、木槿(*Hibiscus syriacus*)(Johnson, Hamilton, 1977)、洋常春藤(*Hedera helix*)(Poulsen, Anderson, 1980)和松树(Hansen et al, 1978; Stromquist, Hansen, 1980)等。有的研究指出,苹果树的母株生长在低照度下,其插条才对生长素处理有反应(Christiansen et al, 1980)。另外,用菊花插条的实验表明,随着对母株照度的提高,其插条的生根率也提高(Fischer, Hansen, 1977)。此外,对插条本身的照度也影响其生根,在相对低的照度下有利于生根,如乌饭树(*Vaccinium*)(Waxman, 1965)、锦带花(*Weigela florida*)、连翘、荚迷(*Viburnum*)和木

槿(Loach, 1979)等。杜仲利用留在地里的根繁殖时，只有将根的上端露出地面才能形成大量不定芽，否则就形成很少或不形成(张康健，等，1992b)。不过，一些草本植物，如菊花、老鹳草(*Gelanium wilfordii*)等的插条在冬季实验期间把光强提高到116 W/m² 更有利于生根。但当光强非常高，到174 W/m²，就会破坏插条的叶，延迟生根，减少根的生长。光强为什么会对插条的生根产生上述影响，人们提出一些学说：有人认为，是因为生长在光下的组织比白化组织具有高的内源生长抑制剂(Eliasson, 1971；Tillburg, 1974)；也有人认为虽然生长在光下的植物含有更多天然生长素，但却集中在顶芽处，即顶端优势，所以插条基部生根组织生长素少；还有人认为是根据植物组织内碳水化合物水平与根发生的关系，即相对于生长素的合适碳水化合物水平决定根的发生(Greenwood, Berlyn, 1973；Nanda et al, 1971)，但至今没有真正解决这个问题。

光周期　有一些证据表明，母株所处的光周期对插条的生根有一定影响，但这好像与碳水化合物的积累有关，也就是说有利于碳水化合物积累的就有利于生根(Barba, Pokorny, 1975)。不过也有报道说，从生长在短日照下的植株上所取插条也能很好生根(Steponkus, Hogan, 1967)。有些种中长日照或连续光照比短日照对根的发生有更大的影响(Stoutemyer, Close, 1946)，某些种光周期没有影响(Snyder, 1955；Steponkus, Hogan, 1967)。对于叶插来说，光周期的影响变得复杂化，如秋海棠叶插，短日照和相对低温有利于不定芽的形成，而长日照和相对高温则利于不定根的形成(Heide, 1965)。不过在有些植物中光周期控制着已生根插条的生长。有些植物随着日照长度的变化，停止其活跃生长。如将已生根落毛杜鹃(*Rhododendron diaprepes*)和矮丛杜鹃(*R. dumosulum*)的春季插条放到夏末秋初就停止生长。很显然，与处于正常冬季短日照下的类似植物相比，如果冬季将这种植物放在温室里给以连续的补充光照就可促其生长，如果不增加日照长度就一直保持休眠状态直至下一年春季(Crossley, 1965；Goddard, 1963；Weiser, 1963)。

光质　通常光谱中的橙红区比蓝区更有利于插条生根(Stoutemyer, Close, 1946)。不过有实验说明，如果在取插条前将母株在不同光质的光源下照射6周，在蓝光下的生根最容易(Stoutemyer, Close, 1947)。另外，在杨树(*Populus nigra* var. *italica*)研究中还发现，如果将它的插条置于黑暗中，其预成根原始体就会发育并露出树皮外，如果每天置于光下根就长不出来。还有实验证明，红光比蓝光或红外光有更大的抑制作用(Shapiro, 1958)。

第十八章　嫁接克隆体的发育

植物体的嫁接是我国劳动人民发明的一项生产技术，是最早广泛应用于农、林业生产的克隆技术之一。所谓嫁接通常是将不同基因型植物的部分器官拼接在一起，使其发育成一完整的新个体。提供根系的植物部分称为砧木(stock)，嫁接在砧木上的部分称接穗(scion)(图18.1)。嫁接体的发育包括从细胞识别到形态发生的一系列复杂的生物学过程。

图 18.1　北京远郊区嫁接的柿子树(*Diospyros kaki*)(A)和法国巴黎塞纳河畔嫁接的板栗(*Castanea mollissima*)树(B)。图中 sc. 接穗；st. 砧木

18.1　嫁接体的形态发生

18.1.1　隔离层的形成与变化

植物体嫁接后，接穗与砧木的接触面上首先形成隔离层(isolating layer)，或称坏死层(necrotic layer)，它由嫁接面上因嫁接刀切割受伤致死的细胞挤压而成(Ermell, 1997)。嫁接后 2～3 天内，隔离层两侧受伤且不能恢复的细胞继续参与隔离层的形成，使隔离层增厚。这种隔离层出现于所有创伤表面(图 18.2A,B,图 18.3 箭头所示)，是创伤后曝露面的一种普遍性反应，并不是嫁接面的特有反应。

嫁接面上的隔离层最初呈现出酚类物质的特异反应，但后来逐渐消失。继之对乙二醇基，尤其是对果胶类物质的特异染色呈正反应(Stoddard, McCully, 1979)。隔离层中果胶类物质的积累除来自创伤致死的细胞外，主要来自嫁接面两侧的活细胞。嫁接72～120小时后，这些细胞不断向隔离层中分泌果胶类物质(Yeoman, Brown, 1976; Yeoman et al, 1978; Moore, Walker, 1981)，西红柿嫁接4天后，隔离层厚度增加3倍(Yeoman, 1983)。

随着嫁接体的发育，在一段时间后大多数木本植物嫁接体及少数草本植物(豌豆)自体嫁接体中的隔离层完全消失(Moore, Walker, 1981; Stoddard, McCully, 1979)。而许多草本植物嫁接体的隔离层仅仅在维管束区域和皮层区域被突破，髓部的隔离层往往不消失(Yeoman, Brown, 1976; Kollmann, Yang, 1985)。隔离层的消失主要是由于接穗与砧木愈伤组织生长的机械作用和吸收作用(Copes, 1969; Mendel, 1936)。

图18.2　银杏幼苗嫁接2天后至2个月的嫁接处的纵切面，示嫁接面的变化。A. 嫁接2天后；B. 嫁接5天后；C. 嫁接8天后；D. 嫁接2个月后。图中c. 形成层；ca. 愈伤组织；sc. 接穗；st. 砧木；箭头示隔离层(引自杨雄，等，1995)

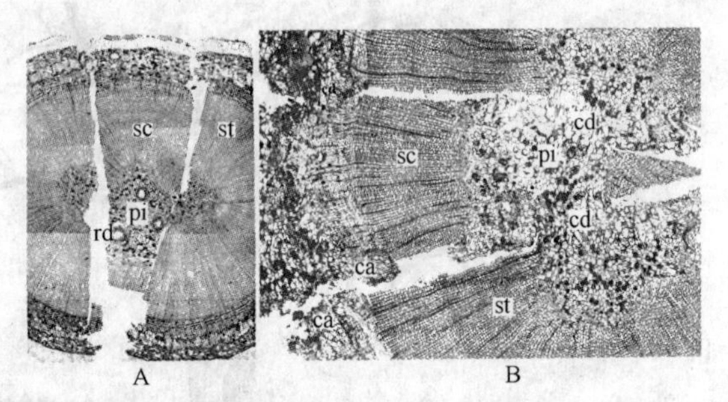

图18.3　银杏成树雌雄株间劈接后嫁接体的发育。A. 嫁接3天后；B. 嫁接一个月后。图中ca. 愈伤组织；cd. 愈伤组织桥；pi. 髓；rd. 树脂道；sc. 接穗；st. 砧木(引自杨雄，等，1995)

隔离层的发生最初被认为是植物体的一种自我保护机制(Copes, 1969)，随着嫁接亲和性机理研究的深入，隔离层中物质的性质与动态变化越来越引起人们的注意(Yeoman, 1983; Jeffree, Yeoman, 1983)。

18.1.2 愈伤组织发生

草本植物或木本植物幼苗嫁接后2～3天内，在嫁接面两侧发生愈伤组织(图18.2A,B,C)，成年植株嫁接后的愈伤组织发生稍晚一些(图18.3B)。

通常，嫁接面两侧表皮细胞充分扩大，直接发育成愈伤组织细胞，嫁接面附近的处于分化临界期之前的细胞受到刺激而恢复分裂，也形成愈伤组织。接穗和砧木中各种生活细胞，如射线薄壁细胞(Mergen, 1954; Copes, 1969; Barnett, Weathehead, 1988)、形成层细胞(Fujii, Nito, 1972; Dormling, 1963; Copes, 1969; Barnett, Weatherhead, 1988)、皮层细胞(Jeffree, Yeoman, 1983; Stoddard, McCully, 1979; Kollmann, 1985)、髓薄壁细胞(Jeffree, Yeomann, 1983; Stoddard, McCully, 1979; Kollmann, 1985; 杨雄，等，1995)、未成熟木质部细胞和未成熟韧皮部细胞，以及树脂道上皮细胞(Miller, Barnett, 1993)等，只要是处于分化临界期之前的细胞，都可能恢复分裂产生愈伤组织(图18.3,18.4)。初发生愈伤组织时，细胞分裂面多与隔离层平行，形成规则的愈伤组织行列。这是因为嫁接后的切割面垂直方向上的压力消失(Mendel, 1936; Copes, 1969),或是愈伤激素从切割面扩散的缘故(Bloch, 1941)。

许多学者认为,由于极性和光合作用能力的差异,接穗产生的愈伤组织较砧木形成的愈伤组织多(Shippy, 1930; Sharples, Gunnery, 1933; Copes, 1969; Stoddard, McCully, 1979, 1980; Yeoman, 1983)。但在银杏雌雄株间嫁接体和银杏幼苗嫁接体的发育过程中,砧木产生的愈伤组织较接穗多,这主要是嫁接后的水分胁迫所致(图 18.3,18.4)(杨雄,等, 1995)。

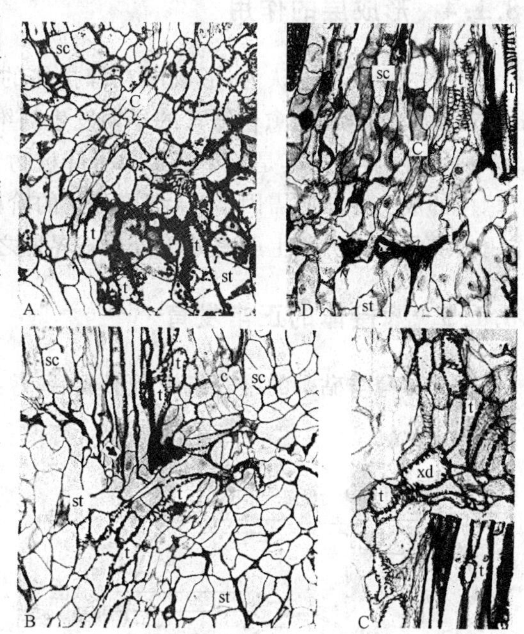

图 18.4 银杏幼苗嫁接后接穗(sc)和砧木(st)间维管组织和形成层的发生和连接。A. 嫁接 5 天后嫁接处由接穗和砧木发生的愈伤组织中发生形成层;B. 嫁接 11 天后,形成层继续发育;C. 嫁接 11 天后,接穗和砧木间形成的木质部桥(xd);D. 嫁接 21 天后,形成层开始正常分化活动。t. 管状分子(引自杨雄,李正理,1995)

愈伤组织大量发生的生长压力导致隔离层出现缺口,最终嫁接面两侧的愈伤组织直接接触,形成愈伤组织桥(Callus bridge)(图 18.3cd, 图 18.4),从而使接穗与砧木建立起新的联系。

通常认为,愈伤组织的作用包括以下三个方面:(1) 分泌多糖类物质(尤其是果胶类物质),使接穗与砧木黏合;(2) 形成愈伤组织桥,使接穗与砧木直接联系;(3) 提供分化出连接接穗与砧木的维管组织的可能。

愈伤组织的早期发生因不同的嫁接组合和嫁接方法而异。在某些组合中,形成层是嫁接体中愈伤组织的主要来源(Fuji, Nito, 1972),但在更多的嫁接组合中,形成层的反应似乎较其他生活细胞迟钝一些(Mergen, 1954; Copes, 1969; Barnett, Weatherhead, 1988; Miller, Barnett, 1993; 杨雄,等, 1995)。

18.1.3 维管组织发生

嫁接体发育的第二阶段是接穗与砧木间的维管组织发育与贯通。这一过程往往与愈伤组织的发生同时进行,或稍滞后于愈伤组织发生。

维管组织早期发生通常有两条途径,一是嫁接面附近的薄壁细胞直接发育;一是经愈伤组织发育而成(Simon, 1930; Craft, 1934; Haymard, Went, 1939)。从结构上看,这些维管组织细胞与创伤系统的维管组织发生相似,它们往往短小而不规则,整个组织蜿蜒分布,只能称做管状分子(图 18.4)(Sachs, 1981; McCully, 1983;杨雄,李正理, 1998)。接穗与砧木中的维管组织相对发生,最终贯通构成木质部桥(xylem bridge)和韧皮部桥(phloem bridge)。

豌豆根自体嫁接 4 天后,愈伤组织中首先分化出木质部分子,形小而近似等径的木质部分子很容易与形成层产生的长形木质部分子相区别。嫁接后第 7 天,建立起木质部桥。第 8 天形成韧皮部桥。到第 12 天才出现形成层(Stoddard, McCully, 1979)。相当多的嫁接体维管组织发生遵循这一模式(Mendel, 1936; Copes, 1969; Fletcher, 1964; 王幼群, 1994),但在某些嫁接组合中,形成层先于木质部和韧皮部分化(Mendel, 1936; Warren Wilson, 1978;

Moore，Walker，1981）。

18.1.4 形成层的作用

传统的嫁接理论认为，形成层在嫁接体的发育中起主导作用。然而，后来的研究（Hartmann，1983）证实，从愈伤激素的早期发生到维管组织发生，形成层的作用都是有限的。禾草类多种嫁接组合，尤其是大型热带单子叶植物 *Vanilla orcheil* 嫁接的成功，进一步说明形成层对嫁接的成功并非必需因素，从细胞分化的阶段性理论来看，这是理所当然的，嫁接愈合中起作用的应是嫁接界面上所有处于分化临界期之前的细胞。

18.1.5 嫁接体的正常发育

贯穿接穗与砧木的维管组织桥形成后，嫁接体开始正常的次生生长——形成层活动不断分化出次生木质部和次生韧皮部。Monzer 和 Kollmann（1986）详细地描述过 *Lophophoras williamjii* Coul. 和 *Trichocerens spachianus* Ricc. 异体嫁接后的维管组织桥连接。前者的木质部主要由管胞构成，后者木质部的主要成分是导管。在接穗和砧木的连接处，螺纹加厚的管胞与网纹加厚的导管之间通过端壁穿孔连成一片。同样，接穗与砧木的筛分子通过共同发育的筛域来贯通。图 18.5 从嫁接处横切面说明了几个部分间的关系。

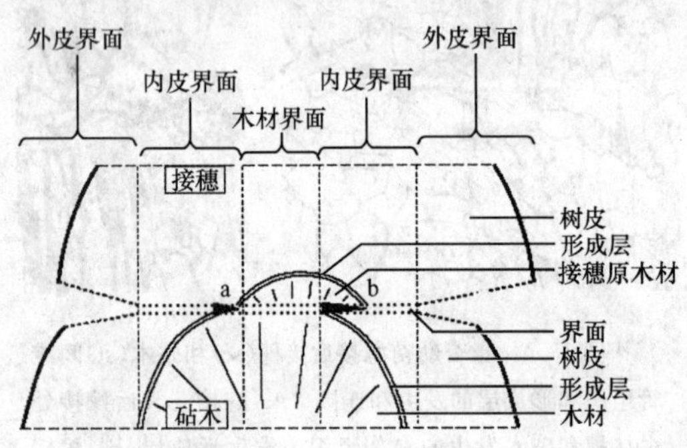

图 18.5 嫁接体横切面上各部分的关系（据 Ermel，1997 重绘）

18.2 细胞学变化

18.2.1 嫁接体早期，隔离层两侧的细胞发生一系列细胞学变化

（1）细胞核和核仁的体积，在嫁接后 24 小时内增加。这可能与组织受伤后蛋白质和 RNA 合成速度的增加有关。

（2）细胞质染色强度减弱，中央大液泡消失，代之以许多小液泡。

（3）高尔基体显著增加，在 *Sedum telephoides* 自体嫁接和 *Kanchoe blossfeldian* 自体嫁接后 0～8 小时内，高尔基体数量增加 4 倍（Moore，1984）。高尔基体周围有大量小泡，处在向质膜运动中。高尔基体数量的增加与多糖类物质在细胞壁上的沉积呈正相关（Yeoman et al，1976）。

（4）线粒体数量与体积增加。嫁接后 24 小时内线粒体明显增加，这与受伤后呼吸强度的增加成正比。

（5）内质网数量增加。嫁接后 24 小时内内质网数量显著增加，这可能与蛋白质合成速度提高有关。通常嫁接后 1 周，内质网恢复正常。

（6）淀粉含量变化。嫁接后 30 小时内，隔离层两侧 2～3 层细胞内淀粉粒积累。随着愈伤组织的发生，淀粉粒逐渐消失。

上述所有的反应都是处于分化临界期之前的细胞脱分化过程必然出现的现象。

18.2.2　次生胞间联丝

次生胞间联丝(secondary plasmodesmata)是指不同来源的细胞相互接触时发生的胞间联丝(Volk et al, 1996; Ehlers, Kollmann, 1996a; Ehlers et al, 1996b)。20世纪80年代以来,Kollmann领导的小组(1985)对此进行了详尽的研究。在蚕豆与向日葵的嫁接组合中,接穗与砧木具有明显不同的细胞质特征,它们可作为判定是否发生了次生胞间联丝的胞质标志。当嫁接体中形成愈伤组织桥时,蚕豆细胞与向日葵细胞在相邻的细胞壁上相对发生胞间联丝并在壁中连通。这种胞间联丝既有单列的,也有分支状的。但其形态与正常胞间联丝无异(图18.6,图18.7)。在其他一些种间嫁接组合中也观察到类似的情况(Kollmann et al, 1985; 王幼群, 1994)。相反,一些不亲和的嫁接组合中,只形成所谓半胞间联丝(Kollmann et al, 1985)。次生胞间联丝的发生意味着接穗与砧木间存在着广泛的物质交流。

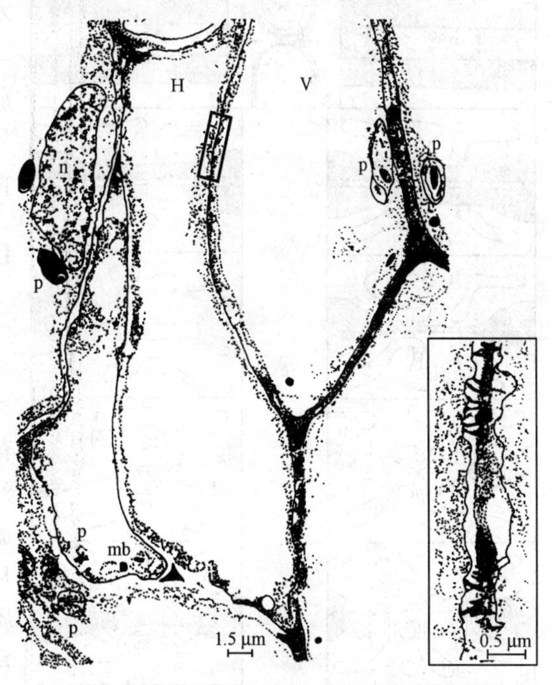

图18.6　蚕豆(接穗)和向日葵(砧木)嫁接体嫁接界面上相邻两个细胞的超微结构,示来自向日葵(H)和蚕豆(V)细胞相邻细胞壁上的初生纹孔场状结构中的分枝胞间连丝(方框内),右下角为图中方框部分的放大。mb. 含结晶的微体;n. 细胞核;p. 质体(仿Kollmann, Glockmann, 1985图17,18)

18.3　离体嫁接与生理学

18.3.1　离体嫁接

离体嫁接由Parkinson和Yeoman提出,是利用组织培养研究嫁接体发育的实验系统(de Pasquale et al, 1999; Copes, 1999)。该方法具有以下优点:

(1) 消除了茎、叶和根的影响,利于精确地研究嫁接面的发育。

(2) 该系统具有充分的水分供应和营养物质供应,排除了嫁接早期接穗缺水枯萎而造成的不亲和假象。

(3) 具有恒定的植物激素供应。

(4) 可以方便地改变培养基成分和培养条件以研究各种因素对嫁接体发育的影响。

培养装置和培养基:离体嫁接在培养皿中进行。可先用约1 cm宽的隔框(铝合金制)将培养皿分割成两部分,加盖消毒后再倒入不同的培养基。通常使用MS培养基,并含1.2%琼脂和0.2 mg/L的细胞分裂素。但在与嫁接切段形态学上端接触的培养基中额外加入0.5 mg/L的生长素和2%蔗糖(Parkinson, Yeoman, 1982; 王幼群, 1993)。

离体嫁接:选取合适直径的植物组织切段(根或茎)用刀片切下,并以熔化的石蜡迅速封

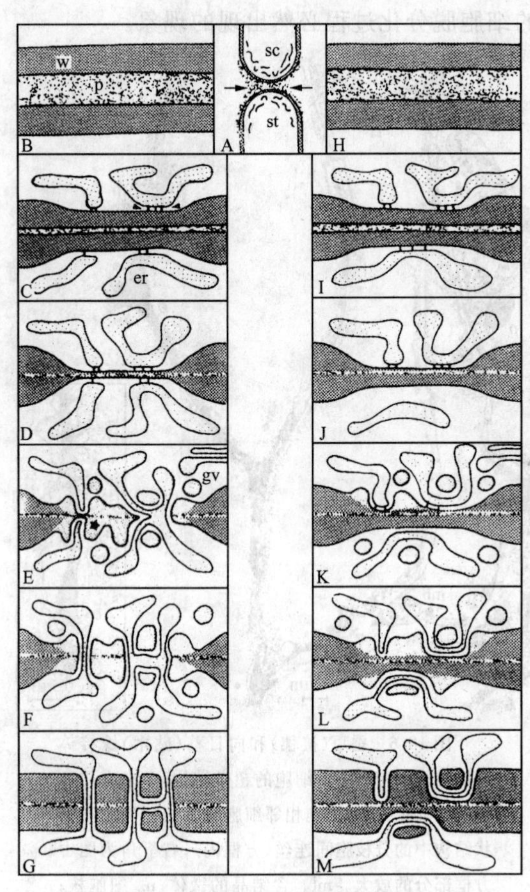

图 18.7　嫁接界面上胞间连丝的次生形成示意图。A. 靠近的接穗(sc)和砧木(st)的愈伤组织细胞，细胞顶端间的果胶物质，箭头间的区域处的细胞壁部分将形成次生胞间连丝，其过程将在 B～M 中详述。B～G：通过相邻细胞间胞间连丝和内质网(er)的融合在细胞壁内形成连续的次生细胞连接(E,F)，此处来自双方的细胞壁同步变薄，修饰的细胞壁重建期间单束或分支的束伸长(F,G)；H～M. 在相对的已不同程度减薄的部分细胞壁中形成分支的或不分支的不连续(不配对的)胞间连丝：上面的细胞壁完成减薄而形成半胞间连丝，下面细胞壁没有完成减薄而形成比半胞间连丝短的束。图中 er. 内质网；gv. 高尔基囊泡；p. 果胶物质；w. 细胞壁；★. 新沉积的壁物质；箭头示与内质网和质膜不相连的 5 nm 的颗粒(据 Kollmann, Glockmann, 1991 重绘)

口，灭菌后，用刀片切除带有石蜡的部分。根据不同嫁接要求对植物切段进行切割，拼接后，用一塑料管固定，置于培养皿内两种培养基之间，加盖并以封口膜封口。

培养条件：通常 25℃，200 mE・m^{-2}・S^{-1} 直立培养。

18.3.2 生理学

植物激素对嫁接体的发育具有显著的影响，通常生长素为嫁接体发育所必需。细胞分裂素可刺激嫁接体的发育，赤霉素对嫁接体发育具有抑制作用(Parkinson, Yeoman, 1982；刘美琴，等，1996)。这一结果与有关维管形成层发生和活动机理的理论(详见第十三章)是一致的，可能是纵向的 IAA 流和待运输物质的胁迫诱导了嫁接愈合处新的维管组织的发生，很可能 IAA 流能否从接穗进入砧木是能否建立维管组织桥的重要原因。近年也有一些报道研究了风、光、气压、温度和相对湿度等环境条件对嫁接体发育的影响(Nobuoka et al, 1996, 1997, 2005)，以及嫁接对分生组织活动及生根的影响(Zaczek, Steiner, 1997)，这些说明嫁接体的发育与正常植物体的发育一样受到各种环境条件的影响，各器官之间也有相互影响。

过氧化物酶在亲和的嫁接组合中，最初有所增加，随后逐渐减少；而在不亲和的嫁接组合中，该酶活性在数周内持续增加，可能这些酶活性的变化与木质素的沉积有关(Deloire, Hebant, 1982；Fernandez-Garcia et al, 2004)。对特定的种来说特异的过氧化物酶同工酶酶带可作为判断接穗和砧木间是否亲和的指标(Gulen et al, 2002)。

嫁接早期，随着隔离层的形成和加厚，接穗与砧木间的阻抗迅速增大。在愈伤组织大量发生，隔离层被突破时，嫁接体中阻抗稳定下降。至次生胞间联丝形成时，阻抗降至完整植株的水平(Yang et al, 1992)。

以 ^{14}C 标记的蔗糖所进行的输导实验表明，嫁接体在嫁接初期，仅有 1%～5% 的标记蔗糖自接穗进入砧木，推测这是由于扩散作用或是通过新形成的次生胞间联丝的输导所造成。嫁接体发育到一定时期后，输入砧木的蔗糖量产生一个飞跃，接近于未进行嫁接的植物组织水平。这种飞跃可作为判定嫁接体中发育出贯通的愈伤韧皮部的指标(王幼群，1994)。

18.4 嫁接亲和性及其机理

嫁接亲和性的机理问题是生物学中有待解决的重大理论问题之一。嫁接的成功与否受到遗传、解剖结构、生长特性、生理生化等多种因素的影响，因而使这一问题复杂化。当前有关这一问题的主要分歧在于，嫁接亲和性与不亲和性是生理适应还是细胞识别。

Moore 等人研究了 *Sedum* 自体嫁接和不亲和的 *Sedum telephoides*/*Solanum penrallii* 等几种组合后认为，第一，嫁接的亲和性与不亲和性中不包含细胞识别过程。将 *Solanum* 和 *Sedum* 的茎接到无活性的木条上，它可以初步黏合(Moore，Walker，1981；Moore，1984a)。任何嫁接组合，在初期都是可以黏合的(Yeoman et al，1978；Moore，Walker，1981)，说明接穗与砧木的早期黏合是一个不需要细胞识别的被动过程，与亲和性无关。第二，在非嫁接系统和非亲和性系统中均可看到愈伤组织发生(Lipetz，1970；Barchhausen，1978；Moore，Walker，1981；Jeffree，Yeoman，1983)，因此，它同样与嫁接的亲和性无关，没有细胞识别过程参与。第三，愈伤组织中维管组织分化，是由于被切割的接穗和砧木维管束释放的生长素所诱导(Sachs，1981)，Moore(1984b)在 *Sedum telephoides* 自体嫁接时用滤纸将接穗与砧木隔开，双方细胞不直接接触，同样可以产生愈伤组织，并分化出维管组织桥连接双方维管束。因此，这一过程也不需要细胞的直接接触，不需要细胞识别。运用生长素能加速嫁接成功也证明这一点(Shimomura，Fujihara，1977；刘美琴，等，1996；Lu，Song，1999)。

生理适应在嫁接体发育中起主导作用的著名例子是洋梨(*Pyrus conununnis*)与温粕(*Cydoma oblonga*)的嫁接。这一组合在低温下是亲和的，在高温条件下则不亲和。实验证明不亲和的原因在于砧木温粕中产生了 α-扁桃腈葡糖苷(prunasin)，它上升运输至接穗，被 β-糖苷酶水解，释放出氢氰酸(HCN)，促使细胞坏死(Gur et al，1968)。用减少毒素的化学处理可减轻不亲和症状(Gur，1972)。在低温条件下形成的毒素少，所以这时的组合是亲和的(Gur，1968)。

与细胞识别相悖的另一情况是交互嫁接的反应不同，如 A/B 组合亲和，而 B/A 组合则不亲和(Hartmann，Kester，1975，1983)。此外，亲和与不亲和反应往往程度不等，这也与细胞识别特征不符。

近年来的深入研究显示，嫁接体的发育过程中，至少是亲和性嫁接的某些阶段还是存在着细胞识别反应。Yeoman (1976，1978)提出，当接穗细胞与砧木细胞表面接触时，双方细胞壁开始溶解，迅速出现小孔。双方细胞质膜相遇，发生细胞识别反应。识别过程的基础是质膜释放出的蛋白质，移动并穿过细胞壁，形成一个具有催化性质的复合体，它激发导致嫁接成功的一系列发育过程。

西红柿自体嫁接体形成时，愈伤组织表面最初是光滑的，当愈伤组织相互靠近时，其细胞壁表面形成直径约 2 μm 的疣状物，对钌红呈正反应，但其内含成束的磷脂类物质 (myelin-like materials)，并与质膜外泡(lomasome)相联系。当来自接穗与砧木的愈伤组织直接接触时，这些疣状物溶解，构成共同的中间层，并在此处形成穿孔，随后发生次生胞间联丝。Jeffree 和 Yeoman(1983)认为这意味着某种识别反应的存在。

原生质体凝聚实验说明原生质体凝聚作用与嫁接亲和性有一定关系。同位素标记实验表明嫁接过程中确实存在新的蛋白质合成。据此，Yeoman 指出，在决定嫁接成功的重要组织学变化之前，存在着接穗与砧木细胞间的识别过程。识别的位点是质膜。

曾经有人提出凝集素(lectin)可能在嫁接的细胞识别反应中发生作用。因为凝集素具有糖基专一性。这在接穗和砧木的识别过程中，显然是值得考虑的特殊信号分子(李雄彪，1993)。尽管植物凝集素在细胞表面的分布符合细胞识别的功能需要，但是实验表明，嫁接体中凝集素的分布与相邻组织并无差异(Yeoman et al，1978)。

Ryan 等 (1981) 的研究显示果胶类物质的水解产物具有植物抗毒素的功能。果胶类物质的水解片段可能是一种识别分子，细胞壁中的多聚半乳糖醛酸酶可能参与细胞识别反应。另外，Santamour 等对栎属和与之亲缘较近的一些植物嫁接中亲和与不亲和机理的研究发现，过氧化物酶同工酶酶谱变化相同的就亲和，不相同的就不亲和(Santamour，1983，1988a，b，c；Santamour，Demuth，1981；Santamour et al，1980；Gulen et al，2002)。这就说明基因型决定着嫁接组合中的亲和性。

嫁接过程中的识别反应，其机理还缺乏较深入了解。嫁接体中愈伤组织桥及次生胞间连丝形成时，细胞表面果胶类物质变化的深入研究可能为探讨该系统中的细胞识别反应机理提供了新的思路。

18.5 嫁接的遗传变异

嫁接是最早应用于农林和园艺生产的克隆技术之一，目的是保持优质并快速繁殖，这是克服木本植物育种周期长最有效的方法。因为嫁接后虽然存在着接穗和砧木的相互作用，接穗的一些性状会受到砧木的影响，但这些性状往往是不能遗传的，所以嫁接才成为繁殖优良园林新品系(Hartmann，Kester，1983；杨世杰，卢善发，1995)，保持优良品种的性状，迅速固定变异，保存物种资源的有效方法。以果树矮化为例，将苹果嫁接到矮化砧木上，苹果接穗的生长受到抑制，形成了矮化、半矮化或极度矮化的苹果树，但是如果将由矮化砧木导致矮化的苹果枝条再接到海棠(*Malus spectoloilis*)上，它还会长成一株高大的苹果树。再如，接穗的叶片、花型、果实在异种根系营养的作用下会发生某些变化，所以在《本草纲目》中有“李接桃而本强者其实毛，梅接杏而本强者其实甘”的描述。冬青卫矛(*Euonymus japonicus*)的枝条嫁接在白杜茎干上长成的小乔木(图 18.8)，其抗风抗冻的能力大大增强。这些性状变化通常是不能稳定遗传的，因此不属于嫁接变异的研究范畴(图 18.9)。

图 18.8 栽植在北京大学校园中的以冬青卫矛为接穗(sc)，以白杜为砧木(st)的，抗冻、抗风能力都强于冬青卫矛的小乔木

不过，在长期的生产实践中，人们也发现了越来越多的例外，例如，将接穗上收获的种子进行播种，后代中经常会出现一些可遗传的变异性状。比如，宋代著名科技著作贾思勰的《齐民要术》的“插梨”篇就有这样的记载：“若稆生及种而不栽者，则着子迟。每梨有十余子，唯二子生梨，余皆

生杜。”说的是从嫁接的梨中收获种子再种，得到的果树少数结梨，多数结杜(一种类似于野生梨的果实)。近代的研究中也有不少类似的报道(Hirata，1979，1980；Hirata et al，1986；Pandey，1976；Taller et al，1998)，这种因嫁接而导致的可遗传的变异称做嫁接遗传变异(图 18.9)。

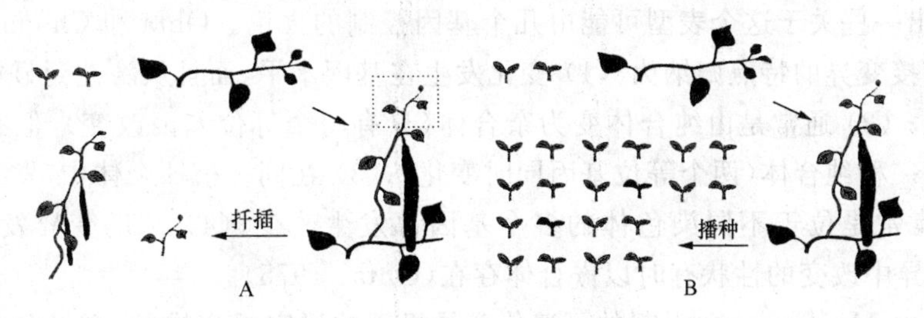

图 18.9 图解说明嫁接中非遗传变异(A)和遗传变异(B)(肖卫民提供)

18.5.1 在矮牵牛嫁接中细胞质雄性不育性状的变化

早在 20 世纪 50 年代，Frankel(1954，1962)就在矮牵牛同种嫁接中发现，砧木细胞质遗传的雄性不育性状似乎传递给了接穗的后代。他将正常可育的矮牵牛植株嫁接在雄性不育的植株上，在嫁接当代没有发现育性的变化，但接穗的寿命都不长。将接穗的花经自花授粉或与砧木杂交后结出的种子正常播种，发芽率比较低，约为 45%，且幼苗死亡率比较高。在自花授粉的后代中有 3 个植株的花完全可育，有 2 个植株的花部分可育、部分不育，有 1 个植株的花完全不育。他推测这些植株中花育性的变化可能是由某些类似植物病毒的因子转移及转化行为造成的。

18.5.2 由 Mentor method 方法嫁接所引起的可遗传的变异

日本科学家 Kasahara 在 1968 年至 1973 年间发现嫁接可以使红辣椒(*Capsicum annuum*)的许多孟德尔性状发生改变。他所用的 Mentor method 嫁接方法的特点在于接穗与砧木间的年龄和发育程度差异较大。以红辣椒为例，选用 2～3 个月大的，有 20～30 叶片，且已经开始萌发花芽，茎的干部已经开始木质化的植株做砧木；用播种后约 2 周，发芽约 10～14 天的有 3～5 叶片的幼苗作接穗。嫁接后为保证接穗完全依赖砧木获得养分，定时地摘去接穗多余的叶片，使其顶端只保留 2～3 叶片。接穗的花进行人工自花授粉以获得 G_1 代。这种方法后来多次被成功地重复(Ohta，Chuong，1975)，并且在多种作物中获得过大量的遗传变异，如茄子(*Solanum melongena*)(Hirata，1979，1980；Hitara et al，1986)、大豆(Hirata，Yagishita，1986)、西红柿(Hirata，1980)等。

在这样的嫁接体系中，接穗 G_0 代由于几乎寄生在砧木上，因此株形矮小，但是没有观察到嵌合组织的出现。将接穗的 G_1 代种子播种后，在长出的植株中出现许多性状变异。当被选做砧木和接穗的品种分别是栽培品种 Y：Yatsubusa(果实为尖长圆锥形、直立向上、成簇、青辣味)和 Sp：Spanish Paprika(果实为铃形、有 3～4 瓣、顶端凹回、下垂不成簇生长、无辣味)时，G_1 代变异的许多性状表现处于 Y 和 Sp 的中间。比如，果实为顶端凹回的长圆柱，辣味减弱。果实有直立向上的，也有下垂的，有的成簇，有的不成簇。后两个性状在同一植株上大多呈现嵌合体样。而且几乎一半的变异植株在某个性状上是嵌合体(Ohta，Chuong，1975)。在变异的后代中更有全新的性状出现，比如在主干上有比 Y 和 Sp 都多的节和分支，使得植株形态显得更加茂密。Y 和 Sp 在成熟的时候,都是由绿色很快变为红色,而在变异品种中有黄色和橘黄色的果实。他们通过连续的嫁接,筛选得到了稳定遗传的品系。在研究嫁接变异的遗传机理时,他们主要以某一单个性状的变化为对象,通过稳定的变异品系与嫁接亲本的有性杂交实验,得出一些关于这个表型可能由几个基因控制的推论。Ohta 和 Chuong 根据杂交实验的结果对嫁接变异的特点归纳为:(1) 变化发生在基因水平,而且从隐性到显性或从显性到隐性都有可能;(2) 通常是由纯合体变为杂合体(只有一个等位基因改变),但有时是由一种纯合体变为另一种纯合体(两个等位基因同时变化);(3) 在同一植株个体中,发生变化的不只是一个基因,常常是位于不同染色体的多个基因都发生改变;(4) 总的变异发生率并不高;(5) 在单株变异中改变的性状有时以嵌合体存在(Ohta, 1975)。

多数关于由 Mentor graft 引起的可遗传变异机理的研究报道推测,变异是由砧木与接穗之间的基因转移造成的。在排除了意外杂交的情况下,变异发生的频率远大于自然突变。与对照相比,变异只能是嫁接导致的。得出基因转移这一推测的重要依据有:(1) 所研究的由嫁接引起的单个变异的性状似乎通常来自砧木;(2) 这些变异性状在有性杂交实验中的表现符合孟德尔遗传规律。因此变异的产生似乎是由于某个砧木特异的基因通过嫁接传入了接穗的后代。Ohta(1991)报道,在对砧木茎部的显微观察中看到有染色质样物质从木质化的细胞和死细胞中移动出来,穿过细胞壁和细胞间隙,移向维管束。因此他推测砧木细胞的染色质可能会由连通接穗和砧木的维管系统传至接穗的生长点部位,并可能对正在快速分裂的接穗花原基进行转化。Taller 等(1998)也报道了植物中通过维管系统吸收外源 DNA 并表达的事实。然而到目前为止,所有的相关研究都没有得到确凿的分子生物学的证据。

18.5.3　远缘非特异性嫁接导致的可遗传变异

最初的远缘嫁接多始于育种试验,20 世纪 70 年代孟昭瓒在绿豆幼苗嫁接到甘薯(*Ipomoea batatas*)茎上的研究中发现接穗的种子(G_1)常常有异常,而且在其自花授粉的后代(G_2,G_3 等)中出现了多种表型性状的变异。进而通过多代筛选分类,获得了许多具有稳定变异性状的接穗植物新品种(图 18.10,表 18.1)(Zhang et al, 2002; 肖卫民, 2005)。

表 18.1　绿豆和甘薯间远缘嫁接获得的绿豆新品系及其特征(引自肖卫民, 2005)

品系代码	种皮颜色	植株形态	千粒重/g	最早出现的代数	嫁接时间
XHJ	绿(无光泽)	直立	40	原始接穗	
SL1	黄绿	半蔓生	70	G_3	1979
SL2	绿	直立	70	G_2	1987
SL3	黑	半蔓生	70	G_5 (G_3)*	1987
SL4	黑(无光泽)	半蔓生	80	G_7**	1987
SL5	黄棕色	直立	80	G_4	1987
SL6			70	G_4	1979
SLX	绿	蔓生			1987
	棕色	直立	—		

* G_3 代中出现性状较小的黑色种子,这种变异从第二代以后出现。

** 这种变异出现于第二代之后,SL3 的后代中。

图 18.10　绿豆与甘薯之间远缘嫁接产生的稳定遗传的变异品系绿豆。这些变异可以分别从种子（A. XHJ；B. SL1；C. SL2；D. SL3；E. SH4；F. SL5；G. SL6；H. SLX）和植株形态（I. SL6；J. XHJ）区分开来。注意 SL6 的植株形态为蔓生而 XHJ 为直立生长（引自 Zhang et al，2002）

苏都莫日根等重复了绿豆与甘薯的嫁接实验（图 18.11），并获得成功，不过接穗最终株高不足正常栽培株的一半，叶小，结实数约为正常栽培株的 1/10，同时结实籽粒不规整（图 18.12）（Zhang et al，2002）。第二代出现了一些表型变异的绿豆个体，如叶形由卵形（图 18.12D）变为柳叶形（图 18.12E）。豆型也发生了变异（图 18.12C）。G_0 代种子（图 18.12B）与原始品系 XHJ 的豆形（图 18.12A）相比，颜色略深，形状略有异常（Zhang et al，2002）。但在第一代并未出现明显的株型变异，而且第二代出现的变异均来自第一代的个别特定豆荚。另外，他们还成功地建立了绿豆与南瓜（图18.13A）及小麦与甘薯（图 18.13B）等远缘嫁接体系，并从中得到了有意义的遗传变异。这些充分说明嫁接变异现象是客观存在的事实。

图 18.11　绿豆和甘薯之间的远缘嫁接。在绿豆与甘薯的嫁接组合中，绿豆豆芽（A）去根后（B）插入甘薯茎中（C）培育生长（D），成活后约 30 天接穗开花结实（E）（引自 Zhang et al，2002）

图 18.12　绿豆与甘薯之间远缘嫁接产生的稳定遗传的变异品系绿豆。A. XHJ 种子；B. G_0 代种子；C. G_2 代种子；D. 正常的绿豆植株；E. G_2 代出现狭叶的变异植株（引自 Zhang et al，2002）

18.5.4 远缘嫁接变异的可能机理

过去在有关远缘嫁接遗传变异的研究中都推测可能是砧木中某些DNA片段被转运到接穗中所致(Taller et al, 1998),但至今未获得此方面直接的分子生物学证据。Zhang等(2002)分析了已有的绿豆变异品系(包括非栽培变异品系SLX)与XHJ间染色体结构的变化,说明上述变异可能出现在更微观的水平上,进而,对XHJ,SL6和甘薯的总DNA酶切多态性(图18.14)进行了比较,结果显示,XHJ和SL6之间未发现特异的片段,也不存在甘薯细胞质DNA转移到SL6的现象,而细胞核DNA的RAPD分析则显示近一半的引物在XHJ和SL6之间扩增到了差异片段(图18.15),这就说明变异品系的基因组DNA在序列上发生了非常明显的变化。但在XHJ的扩增结果中没有发现甘薯的任何片段(如图18.14D)。随后的Southern杂交结果还表明这些来自甘薯和SL6的等位片段之间并不存在DNA序列的同源性(图18.15)。另外,前面已述及小灰角绿豆自幼苗期就生长在甘薯茎上,明显的不良生长状态(如株高、结实数和易产生的自生根等)反映了逆境的影响,而且作为一种传统的栽培品种,小灰角在正常栽培条件下具有很好的遗传稳定性,未发现产生上述变异。由此推测在远缘嫁接体系中,发生砧木与接穗间基因转移的可能性不大,而接穗后代出现的遗传变异更像是自然界中的抗逆变异。

图18.13 绿豆(sc)和南瓜(st)的远缘嫁接(A)及小麦(sc)和甘薯(st)的远缘嫁接(B)(引自Zhang et al, 2002)

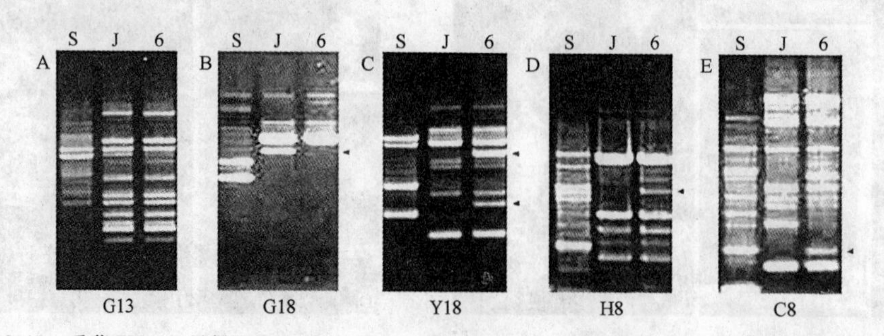

图18.14 番薯ZH9(S)及绿豆XHJ(J)和SL6(6)DNA的RAPD分析例证。A. XHJ和SL6的PCR条带完全相同;B. 示XHJ中的特殊条带(箭头所示);C. 示SL6中有特异条带(箭头所示);D和E示SL6和ZH9有相同位置的条带,而XHJ相应位置上没有(箭头所示);G13,C18,Y18,H8和C8为引物名(引自Zhang et al, 2002)

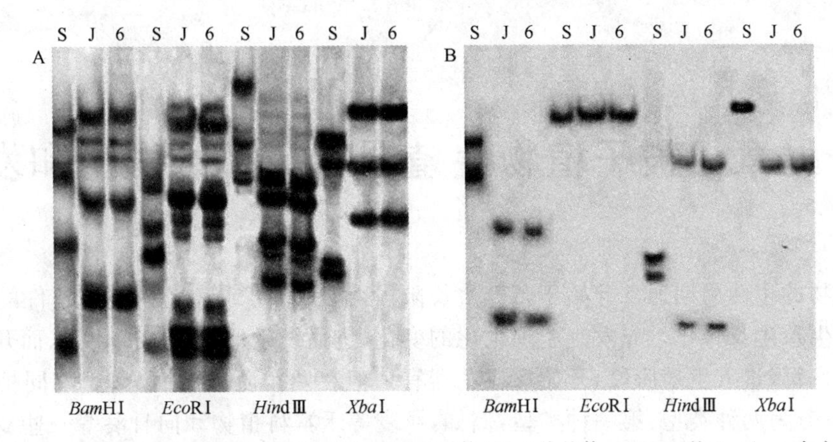

图 18.15　番薯 ZH9(S)及绿豆 XHJ(J)和 SL6(6)的质体(A)和线粒体(B)DNA 的 Southern 杂交结果。总基因组用 *Bam*HⅠ,*Eco*RⅠ,*Hind* Ⅲ和 *Xba* Ⅰ酶切后分别用一个 19 kb 的水稻质体 DNA 片段,B1(Hrai et al, 1985)和一个 2 kb 含 *cox*Ⅰ的水稻线粒体 DNA 片段(Kadowaki et al, 1989)为探针进行杂交(引自 Zhang et al, 2002)

McClintock (1951,1984)最早提出了转座子的概念,并对此进行了系统研究,转座子是基因组中可以从一个位点移动到另一个位点的一类特殊的 DNA 序列。McClintock (1984)在其研究中提出,转座子在进化上起着重要作用,即当生物受到极为严酷的生存压力时通过转座活动使基因组发生重排,从而发生变异,其中适应这一严酷环境的个体存活下来。也就是说逆境可以引起转座子活动,从而引起基因突变,适应逆境的突变存活下来。由此可见绿豆和番薯间的远缘嫁接就有可能是这一逆境引起了绿豆转座子的活动,进而引起绿豆基因组发生突变,因而产生了可遗传的变异。Xiao 等(2004)报道,已经从绿豆中克隆到了可被多种逆境条件激活的 Ty1/copia 反转录转座子的全长序列,而且通过转座子展示(transposon display)证明嫁接后该家族转座子确实有可能发生转座活动。当然还需要直接的证据证明是嫁接后的逆境激活了绿豆的转座子活动,从而引起了相应的可遗传变异。但是即使获得了直接证据,也不能完全否定在其他嫁接组合中存在砧木 DNA 片段转移到接穗中的可能性。

第十九章 被子植物生殖器官(花)的发生和发育

种子植物的生活周期通常开始于营养生长阶段,而后或早或晚地在一定条件的诱导下由营养生长向生殖生长转化。先发生生理生化的变化,进而发生形态学的变化,从而开始生殖器官的发生和发育,进入生殖阶段,开始形成花器官。但在两个阶段的区分上,不同植物间有所不同,通常可分为两种类型:第一种类型,例如,小麦等禾本科植物和向日葵等一些双子叶植物的营养生长和生殖生长阶段之间有非常明显的转变过程;而第二种类型,如西红柿、棉花和 *Phaseplus multifloprus* 等的营养生长和开花却是同时进行的。第一种类型的植物通常是有限生长的,其顶端终止于一个花或花序;第二种类型的植物的花是侧生的,发端于腋芽,而主茎的顶端继续进行营养生长。两种类型的植物都具有一段确定的、最小的单纯营养生长阶段,只有极少的植物例外,如红叶藜(*Chenopodium ruburm*)在短日照条件下萌发后马上就形成花。各种植物的营养生长时间长短差异很大,一般在确定的营养生长阶段中顶端持续地形成新的叶片,但一些多年生的植物,如许多鳞茎植物和木本植物,其叶片的数目在休眠期就已经决定了,营养生长阶段仅仅是前一年已经形成的叶原基或幼叶的扩展。

是什么因素促使植物发生从营养生长到生殖阶段的转变,是一些受植物遗传组成决定的内在机理,还是外界条件的变化,一直是人们注意的问题。对于一些植物来说,只要环境条件不至于完全阻碍其生长,它们就可以在相当广泛的条件范围内开花,这种植物的成花发育对外界条件变化的反应比较迟钝,主要是受其内在因素的影响;而另一些植物花的发端却对外界条件非常敏感,在一定外界条件下,如在某一温度或日照长度下甚至不会开花,即使这些条件非常适于营养生长。这就是说,开花所需的条件与生长所需的条件不一定完全一致。

19.1 花的结构及其发生

19.1.1 花的结构

花是被子植物特有的生殖器官,虽然人们经常把裸子植物的孢子叶球也称做花,但严格意义上的花只有被子植物才有,不过通常把裸子植物的雌雄球果也称做花。所谓的花包括了孢子体的一部分——花萼、花瓣和雌雄蕊的外部部分(大小孢子叶以及孢子叶上形成的孢子囊)(图 19.1),还包括了孢子囊中特化的细胞——孢子母细胞,孢子母细胞经减数分裂形成配子体的第一个细胞——孢子。

孢子萌发进而发育为配子体,这一过程是植物界中普遍存在的无性生殖。无性生殖形成的配子体产生配子,雌雄配子(卵和精子)融合形成合子(受精卵),合子是新一代孢子体的第一个细胞,它可进一步发育为新的孢子体,这一过程即为有性生殖。由此可见,种子植物的花中完成了无性生殖和有性生殖两个生殖过程,所以花只能称之为生殖器官,而不能称之为有性生殖器官,因此将雌蕊、雄蕊称做性器官也不妥当。

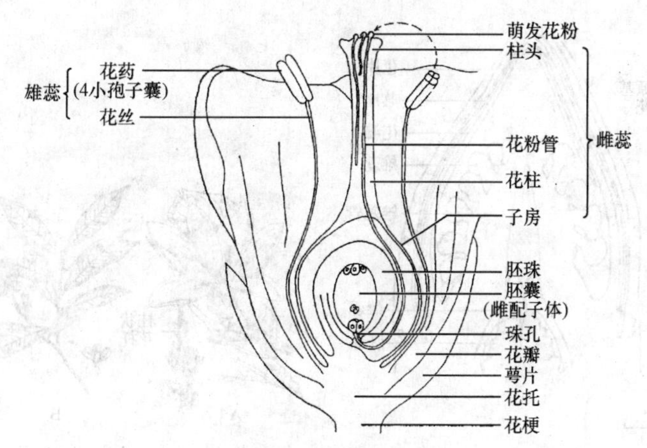

图 19.1　被子植物花的模式图(李正理提供)

19.1.2　花的本质和发育

无论从系统发育上看,还是从个体发育上看,花和花序都与营养枝同源,都是由芽发育而来,是茎端分生组织活动的结果(图19.2),也可以说是同一种器官的不同发育阶段,营养枝的发育阶段在前,花和花序的发育阶段在后。花序相当于一个具分支的枝,而花则相当于一单轴枝,因此花序和花的分化过程与营养茎端的分化过程相似。

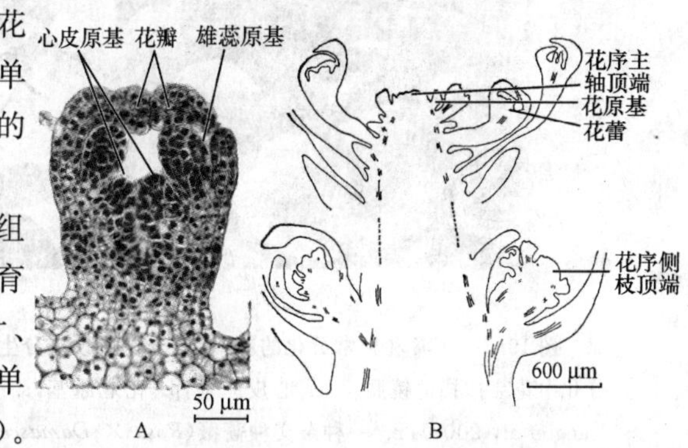

图 19.2　飞蓬(*Erigeron* sp.)花芽(A)和大白菜花序芽(B)的纵切面,示其结构与营养芽相似(B 仿陈机,等,1984)

花序原基和花原基都相当于茎端分生组织,花序上的苞片相当于叶,其腋芽要么发育为花芽,要么发育为花序分枝。花上的苞片、花萼、花瓣、雄蕊(小孢子叶)和组成雌蕊的单位心皮(大孢子叶)都相当于叶(图 19.2A)。因此花芽分化完成时,其顶端分生组织细胞要么发生 PCD,要么停止分裂而保留下来。前一种可能性最大,因为有报道说花分化过程中最顶端的细胞死亡。

从一般花的分化过程看,很可能最顶端的细胞停止分裂进而发生 PCD 是花分化的前提。因为花芽分化的开始往往是顶端分生组织首先变平,进而凹陷,再从外往里逐步分化苞片原基、花萼原基、花瓣原基、雄蕊原基和雌蕊(心皮)原基(图 19.3),这些原基的分化像叶原基一样,是在顶端分生组织的周边发生的,中央的分生组织不可能消耗掉。

木兰科植物的花托为柱状,其雄蕊和雌蕊(单心皮)皆是离生且螺旋排列,这就更可看出与叶的分化相似(图 19.4)。而且许多植物在特殊情况下花的顶端可以生出一营养枝,也可以再分化出一小的花枝或花(图 19.5)。这些都说明花芽和花序芽最顶端的分生组织并没有在花器官的分化中被完全消耗掉。

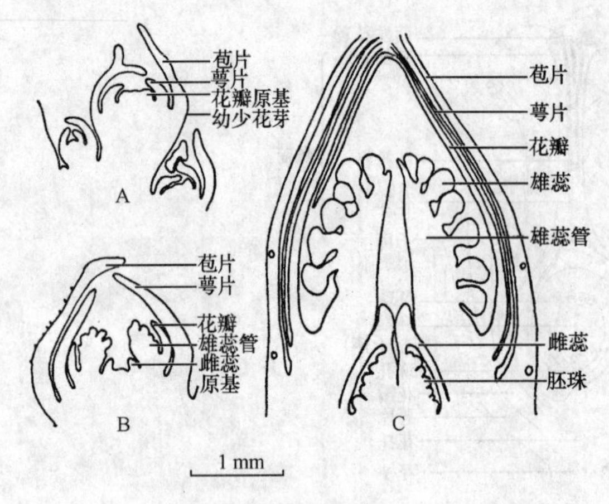

图 19.3 棉花的花的发育，A，B，C 示由早到晚的各个时期，注意雌蕊原基发生后中央仍有一顶端分生组织剩余（李正理提供）

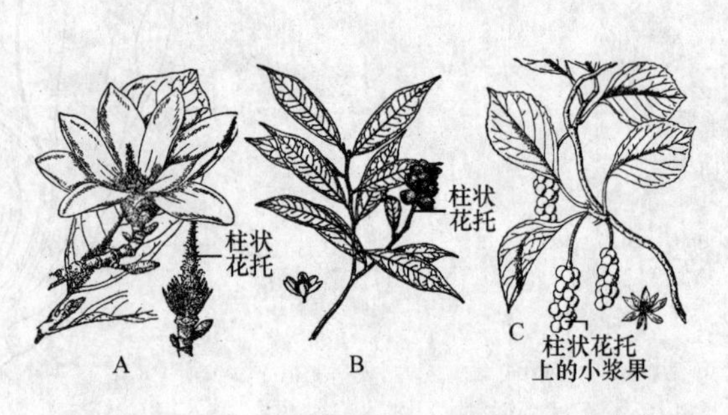

图 19.4 三种木兰科植物的花和果实，示柱状花托。A. 玉兰（*Magnolia denudata*）的花；B. 含笑（*Michelia figo*）的花和果实；C. 北五味子（*Schisandra chinensis*）的花和果实

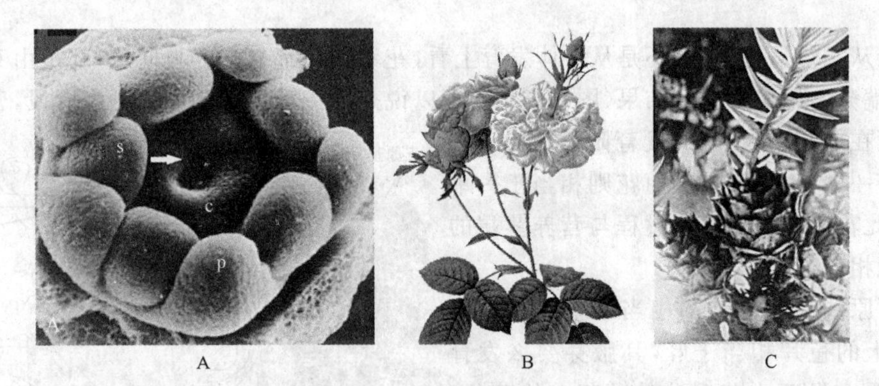

图 19.5 正常和异常分化的花，示花分化后顶端分生组织的变化。A. 马尿泡（*Przewalskia tangutica*）分化中花芽扫描电镜照片：c. 心皮原基，p. 花冠原基，s. 雄蕊原基，箭头示凹陷的顶端分生组织剩余（引自 Yang et al，2002）；B. 一种杂交种蔷薇（*Rosa* × *Damascena miller* "Celsiana"）的花中央部分又生出一花枝（仿 Redoute 2002）；C. 杉木（*Cunninghamia lanceolata*）雌球果顶端生出一营养枝

19.2 从营养生长向生殖生长的转化

由上述可知，种子植物生殖生长程序的启动是体内业已存在的由基因编码的程序及其与环境因子的相互作用决定的。根据种子植物对环境因素的敏感程度可分为敏感型和不敏感型两类。

19.2.1 环境敏感型植物从营养生长向生殖生长的转化

19.2.1.1 光周期敏感型

光周期敏感型植物，指必须经过一定时间特定的光周期处理后才能由营养生长转化为生殖生长的植物。而植物的这种现象又称做光周期现象（photoperiodism）。具有明显光周期现象的植物可分为三种：① 短日植物，即日照长度低于某一阈值才能开花的植物；大量的实验证明，此类植物实际上是需要一定的黑暗，而且暗期中间给予短时间的光照，即使得前面的短日照处理前功尽弃，这就是所谓的“光间断”(图19.6)。② 长日植物即日照长度高于某一阈值才能开花的植物。③ 还有少数植物开花对日照长度有定量要求，长了不能开花，短了也不能开花，这类植物称做中日性植物。而日照长度对开花没有明显影响，不具有明显光周期现象的植物称之为日中性植物(表19.1)。

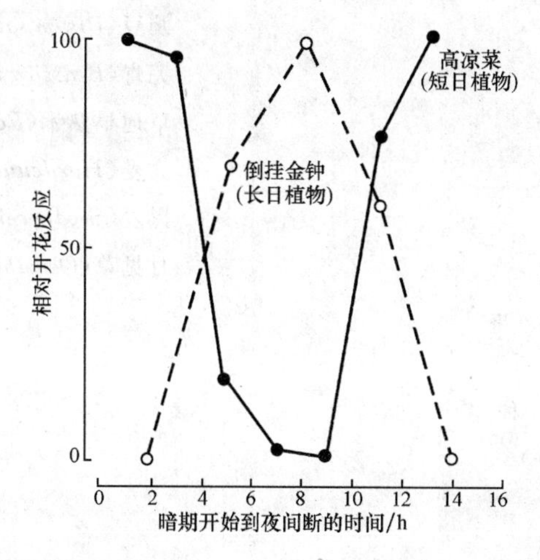

图19.6　光间断对短日植物高凉菜(*Kalanchoe* sp.)和长日植物倒挂金钟开花的影响(仿曹宗巽，吴湘钰，1980)

表19.1　短日植物和长日植物的一些例子

短日植物	
A　对短日照绝对需要或有质的需要的种	B　对短日照有定量需要的种
尾穗苋(*Amaranthus caudatus*)	大麻(*Cannabis sativa*)
Ipomoea hederacea(番薯属的一种)	水稻(*Orysa sativa*)
藜(*Chenopodium album*)	大波斯菊(*Cosmos bipinnatus*)
长寿花(*Kalanchoe blossfeldiana*)	甘蔗(*Saccharum officinarum*)
Chrysantheum morifolium(菊科茼蒿属的一种)	草棉(*Gossypium hirsutum*)
稀脉浮萍(*Lemna perpusilla*)	一串红(*Salvia splendens*)
小果咖啡(*Coffea arabisa*)	
烟草(*Nicotiana tabacum* var. *Maryland Mammoth*)	
一品红(*Euphorbia pulcherrima*)	
草莓(*Fragaria*)	
罗勒状紫苏(*Perilla ocymoides*)	
大豆(*Glycine max*)	
欧洲苍耳(*Xanthium strumarium*)	

（续表）

长日植物	
A　对长日照绝对需要或有质的需要的种	B　对长日照有定量需要的种
草原看麦娘（*Alopecurus pratensis*）	金鱼草（*Antirrhinum majus*）
白花草木樨（*Melilotus alba*）	矮索牛（碧冬茄）（*Petunia hybrida*）
玻璃繁缕（*Anagalis arvensis*）	甜菜（*Beta vulgaris*）
辣薄荷（*Mentha piperita*）	豌豆（*Pisum sativum*）
Anethum graveolens	芜青（*Brassica rapa*）
梯牧草（*Phleum pratensis*）	草地早熟禾（*Poa pratensis*）
燕麦（*Avena sativa*）	大麦（*Hordeum vulgare*）
蓝花子（*Raphanus sativa*）	黑麦（*Secale cereale*）
瞿麦（*Dianthus superbus*）	月见草（*Oenothera* spp.）
二色金光菊（*Rudbeckia bicolour*）	
牛尾草（*Festuca elatior*）	
Sedum spectabile（景天属一种）	
天仙子（*Hyoscyamus niger*）	
菠菜（*Spinacia oleracea*）	
毒麦（*Lolium temulenthus*）	
车轴草（*Trifolium* spp.）	

一些植物若处于不适的日照长度条件下，它们将永远保持营养生长而不会开花。这种植物可称为绝对光周期植物。这种类型既包括短日植物，如苍耳（*Xanthium pennsylvanicum*），也包括长日植物，如天仙子。还有一些植物则在不适的日照长度条件下也可以开花，但受到一定程度的抑制，表现出对光周期的定量反应。这一类植物包括短日植物一串红、水稻和棉花，以及长日植物小麦和亚麻（*Linum usitatissimum*）等。绝对光周期植物表现出明显的光周期阈值，日照长度低于阈值时，长日植物不开花，高于阈值时，短日植物不开花。

然而，植物的光周期类型并不是一种固定不变的属性。通过改变其他环境条件，植物的光周期反应可能会发生根本的改变，如紫花牵牛（*Pharbitis nil* var. *viloet*）通常被认为是一种绝对短日植物，但在外施细胞分裂素、矮壮素，增加光照强度、适当降低温度，去根以及营养不良等条件都可使其在长日照条件下开花；而改变温度、增加二氧化碳浓度或去根处理则可使长日植物高雪轮（*Silene armeria*）在短日照条件下开花（Bernier，1988）。因此，某种植物光周期类型的划分只有在特定的条件下才有意义。

有些植物花器官原基发端后，花器官的发育对日照长度仍然有要求（Kinet et al，1985）。此时如遇不适的日照长度，花器官的发育会出现异常。如在长日照下短日植物玉米雄花序的分枝增加，短日植物菊花头状花序的总苞内产生副花序和花瓣状雄蕊；长日植物春小麦转入短日照后子房上部柱头间产生小穗花序轴，雄蕊原基分化时转入短日照，雄蕊可变为子房。

自20世纪40年代以来的嫁接实验均暗示，植物接受光周期感应的器官是叶片，而且好像是叶片接受这一感应后有一种可扩散的成花诱导信号从叶片传导到茎端分生组织（图19.7，

19.8)(King, Zeevaart, 1973; Lang et al, 1977)。虽然至今也不清楚这种可扩散信号的性质是什么,但各种遗传学和植物生理学的试验却都证明有一可接受光周期感应并将其转化成一种发育反应的机理。不过也有实验显示,在离体条件下,许多器官,如芽、茎段和根段等都对光周期有感应(Tran Thanh Van, 1980)。

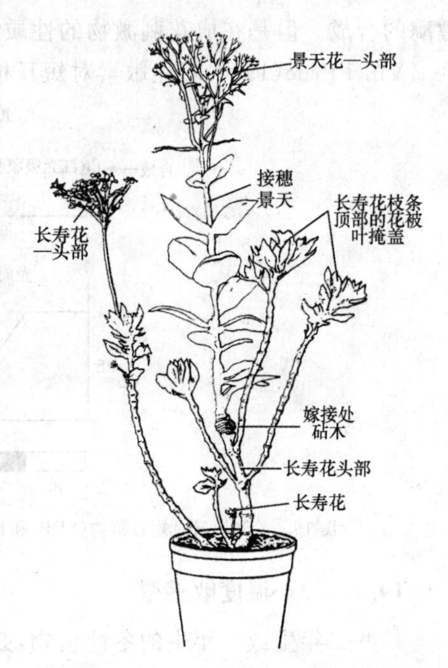

图 19.7 成花诱导从短日植物长寿花(*Kalanchoe blossfeldiana*)传递给长日植物一种景天(*Sedum spectabile*)(仿 Wareing, Phillips, 1981)

根据暗期中温度与成花效应呈正相关,以及暗间断试验中红光和远红光对成花的可逆效应等推断,植物对光周期感应的光受体是光敏素(Vince-Prue, 1994)。光敏素是至今研究最清楚的的光受体(Quail, 1991; Furuya, 1993),现已研究过的高等植物中均含有光敏素基因家族,拟南芥中至少有 5 个不同的光敏素基因,即 *PHYA*, *PHYB*, *PHYC*, *PHYD*, *PHYE*。根据光敏素存在的条件,可将其分为Ⅰ和Ⅱ两种类型:Ⅰ主要在暗中生长的植物中积累;Ⅱ型则既在暗中生长的植物中积累,也在光下生长的植物中积累。近年的研究说明,Ⅰ型光敏素是由 *PHYA* 编码的,Ⅱ型则是由 *PHYB* 编码的。

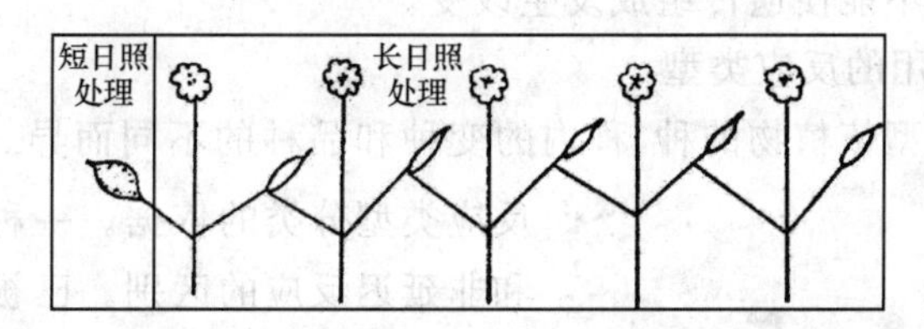

图 19.8 图解说明对短日植物苍耳接受短日照信号的是叶片及接收信号后的传导

另外,在非所需光周期条件下生长的拟南芥中几个光敏素基因的过表达可引起开花提前(Reed et al, 1993; Bagnall et al, 1995)也可证明光敏素的作用。有关研究还说明,蓝光受体在某些植物的光周期反应中可能也起到一定作用,例如,在拟南芥中发现,*FHA* 基因的突变体是晚开花表型,近年已证明该基因编码的 CRY2 蛋白就是蓝光受体(Lin et al, 1996; Guo et al, 1998)。

对短日植物而言,光敏素对光周期的成花诱导具有双重效应。光周期结束时高水平的 Pfr(吸收远红外光形式)促进成花;而在暗期的后期高水平的 Pfr 则抑制成花。光敏素对长日植物成花诱导的效应与对短日植物的正好相反,即暗期开始时要求低水平 Pfr,而后阶段要求高水平的 Pfr。一般认为,光敏素与植物体内的测时结构相互作用,通过改变细胞膜的性质和(或)影响基因表达控制成花诱导(Cleland, 1984; Chu et al, 2005; Hoecker, 2005; Deirzer, 1987; Viczian et al, 2005)。光敏素还影响植物体内许多依赖于钙的生理过程。因此光敏素可能通过钙—钙调蛋白的第二信使系统来调节与成花有关的基因表达。但迄今为止还没有光敏素直接作用于任何基因调节序列的证据,也不清楚光敏素所引起的已知的一些受光调节基因的表达与开花诱导有关。有人认为,光敏素可能是通过诱导成花刺激物合成途径中某一关键酶的合成。但是在成花刺激物的性质还不清楚的情况下,这也仅仅是推论(杨广笑,1994)。

Vinci-Prue(1994)将光敏素对短日植物和长日植物花发端诱导的作用总结如图 19.9:

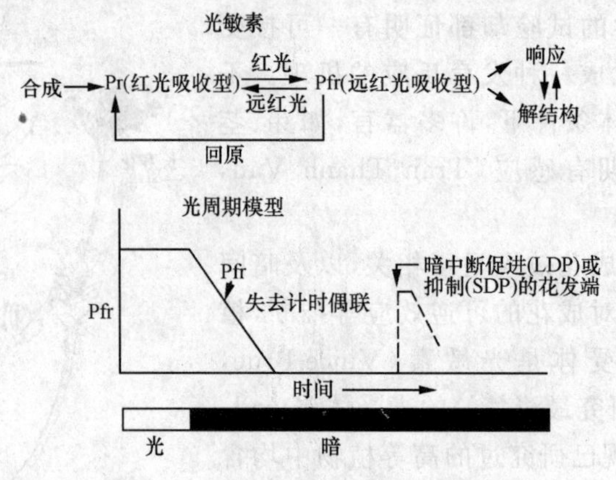

图 19.9 光敏素对短日植物(SDP)和长日植物(LDP)开花诱导的作用(引自 Vince-Prue,1994)

19.2.1.2 温度敏感型

一些二年生或一年生的冬性植物,必须经过一段时间的低温才能正常地开花结实,这种低温诱导开花的效应称做春化作用(vernalization)。早在 19 世纪人们就已发现、利用并开始研究这一现象。但春化作用一词是李森科(Lysenko TA)于 1928 年才提出来的。春化作用一词源于拉丁文,其含义为利用低温处理将冬季的品种转变为春季或夏季的品种。显而易见,李森科并不明白低温处理并不能使遗传组成发生改变。

(1) 植物对春化作用的反应类型

植物春化反应的类型依植物的种、种内的变种和品种的不同而异。有很多因素可以作为反应类型分类的依据。一种区分的依据是有延迟和非延迟反应的区别。已被研究过的植物中大部分为前者,即成花反应发生在春化处理后一段延迟的时间内,但也有一些植物,如 *Brusseles sprouts*,在低温处理时就形成花。

图 19.10 春化作用对黑麦开花的影响。左边(1C)为种子萌发后置于 1℃,几周后抽穗开花,右边(18C)的未作春化处理,几周后仍处于营养生长状态

另一种区分反应类型的方法是以植物对低温反应敏感的年龄为依据。一年生冬性植物在充足的氧气和水分的条件下,其幼苗、甚至是种子都对低温有春化反应。如黑麦的幼苗或种子经过自然或人工的低温处理后,在正常温度下培养约 7 周开始成花(图 19.10);若无春化处理则需要 14～18 周才能成花,因此这种对低温的反应是定量的,或可称为促进性的(即低温使植物成花的进程加快),而不是质的,或可称为绝对的(即成花绝对地依赖低温)。这种特性则又是另一种分类的依据:大多数的冬性一年生植物是延迟、定量型反应类型;而绝对型植物的开花则是

绝对需要春化处理,在它的一生中只要不经过低温处理就始终处于营养生长状态,不能开花,如 *Lancer wheet*,冬小麦等。绝大部分的两年生植物必须经过几天至几个星期的稍微高于冰点的低温才能成花,而且这种对低温的需要是绝对的。如甜菜的植株若不经过低温,则在几年内都不会开花。

日照长度也可以影响植物对春化处理的反应。许多两年生植物的成花可被低温后的长日照所诱导,而且其中有些植物对这种条件的需要还是绝对的,另一些两年生植物在春化后则是日中性的。短日照处理可以在一定程度上代替低温的作用,而长日照处理则可以明显地促进经过春化处理植物的成花。所有研究过的植物,其成花不仅被冬天或初春的低温,而且被其后的春天或夏天的长日所促进,如冬小麦(*Triticum aestivum*)、大白菜、洋白菜(*Brassica oleracea*)、胡萝卜、萝卜、芹菜(*Apium graveolens*)和 *Brusseles sprouts* 的一些品种在春天或夏天萌发并形成典型的莲座型营养体,来年长出新叶并抽薹、开花。两个生长季节之间的低温是诱导成花的条件,即相当于春化处理。

根据植物对低温反应敏感的年龄也可分为几种反应类型。如前所述,许多一年生植物和二年生植物对春化处理敏感的时间是不同的。许多多年生植物的成花也需要低温,如一些多年生杂草的成花受低温的促进。其中的一些还需要低温后的短日条件,例如,茼蒿(*Chrysanthemum coronarium*)是一种短日多年生植物,但其必须经过一定的春化处理后才能对短日照诱导起反应。一些木本多年生植物的成花也要求低温(Chouard, 1960)。某些一年生的蔬菜作物经过短期的春化处理后,其花期可提前(Thompson, 1953)。

总之,低温可促进许多植物的成花,这种对低温的反应有些是成量化反应,有些是成质的反应。许多植物的成花不仅需要春化处理,而且还需要一定的光周期诱导,或被适宜的日长所促进。这是植物在长期进化中对其生存环境的一种适应。

(2) 植物对春化作用的感受

植物对春化作用的感受部位是胚或茎尖。授粉仅仅 5 天的黑麦幼胚即可对低温起反应;用芹菜、甜菜和茼蒿作的试验表明,春化作用的感受区是茎尖组织,然而椴花属(*Lunaria*)的幼叶也可感受春化作用,一般认为仍在分裂的组织才能感受春化作用,但一些植物的种子对于甚至是冰点以下几度的低温也有春化反应,而在这种条件下未发现过细胞分裂活动(Xalishury, Ross, 1978)。

(3) 去春化作用

高温可以抑制经过春化后植物的成花过程,这种对春化作用具有逆转作用的现象称为去春化作用(devernalization)。有效的去春化作用的温度必须在 30℃ 左右,冬黑麦(*Tritiale*)的去春化温度更高,而且必须处理 4～5 天才有效,其他植物所需的时间可能会更长。实际上对有些植物来讲,只要是高于引起春化作用的温度都可能引起去春化作用,15℃对冬黑麦是中性温度,低于此温度会加速成花,高于此温度则会延迟成花。对于有些植物来说,高温变温处理却可以代替其成花对低温的要求,如玄参(*Scrophularia alata*)若在 17℃条件下生长将长期处于莲座型营养状态,在 3℃下处理 6 周即可开花,而 3 周的 37℃/27℃的变温处理则可以完全代替其成花对于低温的要求。狐茅草(*Festuea arundiancea*)也有类似的现象(Bernier et al, 1981)。春化后植物若处于缺氧条件下,即使中性温度条件也会引起去春化。绝大多数的植物在去春化后可以经过低温处理而再春化(revernalization)。

Melchers 等(1939)根据天仙子的嫁接实验,提出低温处理使植物产生了一种促进开花的物质——春化素。Long 和 Melchers(1941)根据天仙子在低温(0～5℃)、中温(20℃)和高温(30～35℃)条件下的成花反应变化，提出一春化作用的机理图式：

A(前体) —1→ B(不稳定的中间产物) —2→ C(春化素) —→ 花发端
B —3→ D(失活形式)

图 19.11 图解表示春化作用的机理

从图 19.11 可以看出，花发端依赖于特殊刺激物 C(春化素)的产生，而 C 必须由前体 A 经过中间产物 B 产生。在低温下所有的反应速率都较低，而反应 3 的速率更低。结果是 B 不断地积累，反应 2 的平衡向右移动，形成较多的 C，花发端，春化作用完成。而当温度超过阈值时，反应 3 的速率急剧增加，超过反应 1，B 很快转化为无活性的 D，使春化解除。

(4) 成花刺激物和成花抑制物

1882 年 Sachs 就提出了“成花物质”的观点。Chailakhyan 根据嫁接试验提出了“成花素”(florigen)理论，其后他又根据赤霉素对一些植物开花的影响，修改了这一理论，认为成花素是由成茎素(即赤霉素)和开花素组成，只有在这两种物质同时在植物体内存在时，植物才能开花；诱导条件下植物叶片中产生的成花素运到顶端生长点诱发花芽形成，未经诱导的植物不产生成花素，因而不能开花。Lona Von Denffer 和 Lang 等则根据嫁接、去叶等实验的结果，提出了与此相反的成花抑制物理论，他们认为植物本来是可以开花的，只是由于在非诱导条件下产生的抑制物质抑制了植物的开花；诱导条件使抑制物不能产生而开花。还有人认为植物的开花反应受成花素和成花抑制物两类物质的比例所控制。长期以来，人们试图分离、鉴定成花刺激物和成花抑制物，但都没有取得较完满的结果。近期虽然采用了 HPLC，GC-MS 等先进技术，仍然没有取得实质性的进展。Tran Thanh Van 等发现，植物中的某些寡糖素具有调节外植体在离体培养条件下形成花芽和营养芽的作用，但是只有在 pH 低至 3.8 时，这些寡糖素才具有如此的生理作用，而在植物体内几乎不可能存在这样的环境(Tran Thanh Van，1980)。Takimptp 等从青萍(*Lemna paucicostata*)中分离出一种热稳定物质，该物质对青萍 151(*L. paucicostata* 151)具有很高的成花诱导活性，但若在提取过程中加入抗坏血酸或在无氧条件下进行，其活性降低，且在诱导和非诱导的青萍提取液中该物质的活性并无明显差异，由此推测该活性物质可能是在提取过程中由于氧化反应而生成的。在整体条件下，光周期诱导引起的物质区域化分布可能起着重要作用(Takimptp，Kaihara，1990)，Takeba 等利用凝胶过滤法从青萍、牵牛(*Pharbitis indica*)等的水提液中分离出一 M_r 为 120000、对青萍 151 有诱导成花作用的物质，进一步的纯化和分析表明，这种物质具有多肽的性质，在很低的浓度时仍有诱导活性(Tabeka et al，1989；Kozski et al，1991)。总之，到目前为止，还没有找到一种具有普遍意义的成花刺激物或成花抑制物，两者仍然仅仅是生理学上的概念。

近年的分子生物学研究说明，在冬小麦中，春化作用表型最少受到四个基因的控制，即 *Vrn1*，*Vrn2*，*Vrn3* 和 *Vrn4*(Law，1966；Law et al，1976；Robert，MacDonald，1984)。种康等(1994，1995)从冬小麦京冬 1 号中克隆了两个在春化 30 天时表达的与春化有关的基因 *Verc17* 和 *Verc203*，进而在对于京冬 1 号更关键的春化 21 天克隆到一个不仅与春化诱导开花有关，而且不同于前两个基因的基因 *Vrc79*(李秀珍，等，1987；逯斌，等，1992)。在小麦中，对春化作用的需要有一系列变化，有的是绝对的，有的是定量促进的，冬小麦必须经春化作用才能抽穗,而春小麦则不经春化作用就能开花。实际上绝大多数冬小麦属于定量促进型,不经春化作用其顶端分生组织也可在一定阶段从营养生长转化为生殖生长。各种突变体表型的不同和花分化的定量变化都表明,在开花过程中,有几个功能不同的春化作用基因在发生相互作用。根据春化素理论,春化作用不应影响花诱导(Lang, 1965)。在对拟南芥的一些研究说明,春化作用与赤霉素的合成及其信号传导有关(Bagnall, 1992; Zanewich, Rood, 1995),其中某些晚开花的突变体,诸如 *fca*,*fpa*,*fri* 等皆表现出对春化作用的强反应和开花时间大大推迟,*fe* 和 *fy* 突变体春化后能很快开花,而 *fb* 和 *fg* 突变体则对春化作用不敏感(Koornneef et al, 1991;Lee et al, 1993; Martinez-Zapater, Somerville, 1990)。近年来从拟南芥中克隆了两个在春化作用中起作用的基因 *FCA* 和 *FR1*(Clarke, Dean, 1994; Chandler et al, 1996; Macknight et al, 1997)。但是至今仍然不清楚在春化作用中是什么物质感受低温信号,也可以说对此过程中的低温受体仍然不清楚,当然也就不清楚它存在于顶端分生组织的什么细胞及什么部位中,更不清楚接受这一信号后如何传导以及怎样控制从营养生长向生殖生长的转化。

19.2.1.3 植物激素的作用

人们对植物激素与成花诱导的关系进行了长时间的研究,积累了大量的资料。但有些结果相互矛盾或不够明确,因此没有得到系统化的结论。近年来的一些工作表明植物激素确实参与了花发端的过程,各种植物激素在不同类型和不同种植物成花诱导中的作用不同。

(1) 生长素

光周期敏感植物的花发端对于外源生长素的反应不尽相同,有些植物是促进作用而另一些则是抑制作用,其中后者更加普遍(Bernier, 1988; Metzger, 1987)。低浓度生长素促进白芥开花,而高浓度时则有抑制作用(Bwrnier, 1988)。高浓度抑制开花的原因可能是对植物生长的全面抑制,或由于诱导了乙烯合成的增加,但生长素促进菠萝开花却正是由于生长素诱导乙烯产生所致(Bernier, 1988)。对于某些植物,同一浓度的生长素在不同的发育时期处理会产生完全相反的作用(Zeevaart, 1978),这暗示不同时期植物对生长素的敏感性是不同的。一般情况下,内源生长素的含量与花发端呈负相关性,但花的正常发育则需要足够的生长素,如烟草花序轴薄层细胞培养时,早期低浓度的 NAA 有利于花芽的形成,后期高浓度有利于花芽的发育(Smulders et al, 1988);短日植物,如高粱(*Sorghum vulgare*)等,在花发端的前期,内源的生长素含量较低(Dunlap, Morgan, 1981)。另外,烟草薄层培养证明,培养基中生长素的存在对诱导花芽形成是必需的(Tran Thanh Van, 1980)。通过预培养的方法还确定了生长素起作用的时间,即在培养初始 3 天内,生长素的存在对诱导花芽形成起着重要的作用(陈永宁,李文安,1989)。

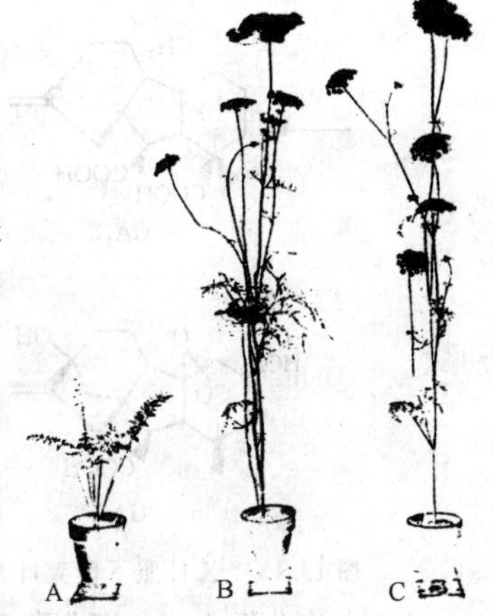

图 19.12 低温和赤霉素对胡萝卜开花的影响。A. 未作任何处理的对照株;B. 未作低温处理,但每天用 10 g 赤霉素处理;C. 低温处理 8 周(引自 Lang, 1957)

(2) 赤霉素

各种植物激素中赤霉素对成花诱导的作用最为显著,它可以代替春化作用使一些冬性植物开花(图 19.12)。外源的赤霉素可使短日植物在长日照条件下开花,或使长日植物在短日照条件下开花。生长延缓剂可抑制某些长日植物，如全光菊(*Hololeion maximowiczii*)、拟南芥等在长日照条件下抽薹和开花，而外源的赤霉素可以消除这种抑制作用。这些都说明赤霉素是控制这些植物开花的重要因素(Bernier，1988；Pharis，King，1985)。但是一些长日植物，如菠菜、麦仙翁(*Agrostemma githago*)等经过生长延缓剂矮壮素和AMO-1618(赤霉素生物合成抑制剂)处理后，抽薹受到抑制，内源赤霉素的含量显著降低，但其开花的过程却未受影响(Lay-Yee et al，1987)。一些短日植物，如凤仙花(*Impatiens*)、牵牛、百日菊(*Zinnia*)等的开花可为赤霉素所促进，但高凉菜、草莓等植物的开花却被赤霉素所抑制。许多木本的果树，如樱桃、桃、柠檬(*Citrus limonia*)等，赤霉素可抑制它们的花形成(Metzger，1987；Pharis，King，1985)。可见赤霉素对植物开花诱导的影响是非常复杂的，其原因可能有如下几个方面：① 在高等植物体内已鉴定出80多种赤霉素，而且不同种植物体内赤霉素存在的种类和量亦不同(图19.13)，对于特定的种，可能只有一二种赤霉素有生理活性。因此，外施赤霉素的种类对引起特定植物产生特定的生理作用非常重要。如外源的GA_{4+7}可促进松科树木开花，而GA_3却无效(Bernier，1988)。GA_3处理能抑制苹果树的开花，而GA_4则促进其开花(Marc，Gifford，1984)。2,2-二甲基GA_4和GA_{32}对毒麦(*Lolium temulentum*)开花的促进作用比GA_3高，而GA_1几乎无活性(King et al，1987)。GA_7促进龙吐珠(*Clerodendron thomsoniae*)开花，GA_2却抑制它开花(王隆华，1992)。GA_3和GA_{4+7}不能促进苋属(*Amauanthus*)植物开花，但能显著地促进其茎的伸长；GA_{13}能促进开花，却不能引起茎的伸长(Bernier et al，1981)。这说明花发端与茎的伸长在很大程度上是相互独立的过程，不同的赤霉素可能控制着不同的过程。② 外源赤霉素的作用效果与施用的时期关系密切。牵牛和苍耳(*Xanthium sibiricum*)在长夜诱导前外施赤霉素可获得最大的促进开花效果(Bernier et al，1981)，但是在长夜处理结束后立即外施赤霉素反而会抑制开花。倒挂金钟(*Fuchsia hybrida*)在分生组织形态转变前处理抑制作用最大，随后便开始降低，花被开始出现后处理则促进开花(王隆华，1992)。③ 植物的立地环境也对外源赤霉素的效果有影响，一般在长日照和较低温度下处理的效果比在短日照和较高温度下的明显(杨广笑，1994)。

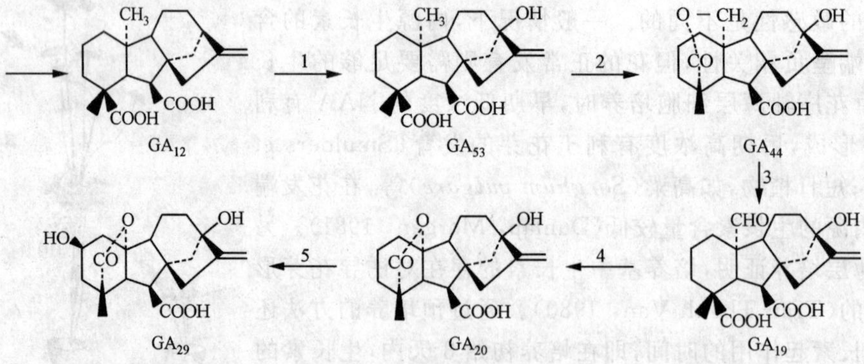

图19.13 长日照下菠菜叶片中几种赤霉素的代谢转化。1. GA_{12}，GA_{53}羟基化酶；2. GA_{53}氧化酶；3. GA_{44}氧化酶；4. GA_{19}氧化酶；5. GA_{20} 2b羟基化酶

日照长度和低温对赤霉素生物合成的某些步骤有调控作用(Davies et al，1986；Ishikawa，Teteyama，1977)。已有证据表明，有些植物在成花诱导时内源赤霉素的代谢发生了一些有意义的变化。天仙子在诱导条件下，叶片中的赤霉素含量出现暂时的升高，并有新的赤霉素出

现,而且这些变化都发生在抽薹和开花之前(Bernier, 1988),暗示这些变化可能与成花诱导有关。毒麦在诱导条件下茎尖的 GA_1 含量与对照间并无差异,但有一种具多羟基的赤霉素在长日照处理后的第一天暂时出现,推测这种赤霉素在毒麦的光周期诱导中可能起着重要的作用(Pharis et al, 1987)。长日植物菠菜在诱导条件下,叶片中可鉴定出 6 种内源 C-13 羟基化的赤霉素,其中 5 种在代谢上是互相连接的,长日照诱导并未引起叶片中 GA 总量的增加,但各种 GA 的比例却发生了明显的变化:GA_{19} 的含量降低了 5 倍,而 GA_{20} 和 GA_{29} 的含量却剧增,GA_{17} 和 GA_{44} 则没有明显的变化。短日照下 GA_{29} 很少积累。GA_{19} 氧化酶和 GA_{53} 氧化酶的活性受光调节(Bot et al, 1985)。近年有关拟南芥突变体的研究说明,影响赤霉素合成和反应的突变体开花大大延迟(Wilson et al, 1992),这些表明有一独立的依赖于赤霉素的调节花诱导的途径。

(3) 细胞分裂素

外源的细胞分裂素对植物的成花也有促进和抑制两种作用,而促进成花的情况更加普遍(Bernier, 1988; Metzger, 1987)。外源的细胞分裂素对植物成花的作用与外施的浓度、施用的部位、植物的敏感时期以及其他激素的状态都有很大的关系。短日植物青萍(*Lemna paucicostata*)151 在非短日照诱导条件下,只有经过苯甲酸处理后细胞分裂素才能对其开花起促进作用(Takimoto, Kaihara, 1986)。用玉米素处理长日植物报春花(*Anagallis arvensis*)插条的时间和浓度不同,对其成花的作用亦不同,低浓度的玉米素促进扦插 2~3 天的枝条开花,高浓度的玉米素则抑制开花;随着扦插时间的增加,只有提高玉米素浓度才能产生同样的抑制效果(Bismuth, Miginiac, 1984)。单独用苄基腺嘌呤处理短日植物牵牛不能使其在非短日照诱导条件下开花,但在短日照诱导的条件下用苄基腺嘌呤处理其子叶和芽可以增加开花数。可能是短日照诱导提高了植物顶端生长点的细胞分裂素敏感性,导致了诱导条件下细胞分裂素的增效作用(Abou-Haidar et al, 1985)。细胞分裂素处理顶端生长点能启动白芥开花,但处理根却抑制其开花(Bernier et al, 1981)。长日植物拟南芥只有在短日条件下至少生长 3 个月,其顶端分生组织发育到中间过渡态时,细胞分裂素对它的成花诱导作用才有效(Besnard-Wibaut, 1981),这说明拟南芥的顶端分生组织对细胞分裂素的敏感性随着植株的生长而提高。另外,烟草薄层培养证明,培养基中必须加入细胞分裂素才能诱导花芽形成,但浓度过高反而会诱导营养芽的形成(Tran Thang Van, 1980)。

植物内源细胞分裂素的含量和代谢在成花诱导前后会发生很大的变化。短日植物苍耳经过短日诱导后,叶、芽和根渗出液中细胞分裂素的活性显著下降。暗间断处理抑制开花,同时也抑制了细胞分裂素含量的下降(Bernier et al, 1981)。长日植物白芥经过一个长日诱导后,木质部和韧皮部渗出液中细胞分裂素的活性显著提高,木质部渗出液中细胞分裂素的主要成分是玉米素核苷,其含量在诱导后 9 个小时开始增加;韧皮部渗出液的主要成分是玉米素和异戊烯基腺嘌呤,其含量在长日诱导 16 小时后开始增加(Lejeuen et al, 1988)。

(4) 乙烯

乙烯对植物的成花诱导作用并不普遍,但乙烯和生长素处理可以诱导菠萝开花,生长素可诱导乙烯的产生,因而有人推测生长素的作用也是通过诱导乙烯产生的结果(Wareing, 1977)。但是生长素和乙烯对早熟禾(*Poa annua*)和菊花的成花反应效果相反,生长素抑制开花而乙烯则促进开花(王隆华,1992)。乙烯处理还可以使通常不开花的鸢尾(*Iris*)小鳞茎开花。许多能引起菠萝开花的因素都与乙烯的生物合成增加有关,乙烯生物合成的抑制剂 AVG

可以阻止这些处理引起的开花，而外施乙烯可以解除 AVG 的抑制作用。乙烯合成的前体 ACC 也能诱导菠萝开花(Metzger，1987)。外源乙烯可抑制许多短日植物的成花诱导。这些都表明乙烯确实是菠萝成花诱导的重要因素。

内源乙烯含量与植物成花诱导的关系依植物种类不同而异。牵牛在长夜诱导后，体内 ACC 转变为乙烯的量减少；暗间断抑制开花的同时，也阻止了乙烯释放量的下降(Bernier，1988)。冬小麦经过春化处理后内源乙烯减少(王隆华，1992)。长日植物菠菜则恰恰相反，经过一个长日照诱导后，ACC 转变为乙烯的量明显增加(Bassett et al，1991)。

(5) 脱落酸

有关脱落酸对植物开花作用的报道较少，有报道说可促进某些短日植物在长日照下开花；抑制长日植物，如菠菜、毒麦、白芥等在长日照下开花，并引起花芽枯萎和脱离，使植物原来产生开花受精花的位置上产生闭合受精花(Minter，Lord，1983)。但至今尚未发现内源脱落酸的含量与植物开花间有明显的关系(王隆华，1992)。

(6) 多胺及其他物质

多胺对植物发育的作用已经明确(Bagni，Biondi，1987)，已被列入内源生长调节物质，但多胺对植物成花作用的机理尚不清楚。多胺抑制浮萍(*Lemna minor*)开花的作用强度随浓度的提高而增加，其中精胺的作用最大，腐胺的最小。精胺可诱导烟草薄层细胞培养产生花芽(Kaur-Sawhney et al，1988)，亚精胺可使烟草的营养体成花，促进苹果的花发端，多胺对花芽分化的作用主要是在早期。有关内源多胺与植物成花关系的研究报道较多(Flores，Galston，1982；Evans，Malmgerg，1987；Tiburcio et al，1988)。烟草花发端时多胺含量发生明显的变化，多胺的水平与花器官的正常发育有关，其含量异常时花器官发育也出现异常。如多胺含量过高时会在胚珠的位置上产生花药，西红柿的雄性不育突变株体内 3 种多胺的含量高于育性正常的植株。

苯胺类化合物普遍存在于植物细胞中，并与 RNA 和 DNA 结合，可能在转录和翻译过程中起调节作用。烟草的成花诱导与苯胺的水平相平行。苯胺还与花药和胚珠的育性有关。从诱导后的牵牛子叶内提取的二羟苯戊二酮能使浮萍开花(王隆华，1992)。

其他一些物质如酚类(Khurana，Maheshwari，1984；Khurana，Maheshwari，1986)、玉米赤霉烯酮(杨广笑，1994)，以及甾类化合物、维生素、氨基酸、核苷酸等(周永春，曹宗巽，1982；Bernier et al，1981；Khurana et al，1988)也与植物的成花诱导有关。

19.2.2 非环境敏感型植物从营养生长向生殖生长的转变

自然界中大多数种子植物花的形成和发育对光周期和温度的反应并不敏感，只要生长到一定年龄就自然完成成花诱导，其顶芽或侧芽就开始从营养生长向生殖生长的转化，开始花的分化和发育。这一点在多年生木本植物中表现最为明显。如俗话说的"桃三杏四梨五年"，就是说桃树从出苗到开花需要 3 年，杏需要 4 年，梨则需要 5 年。再如杜仲从出苗到开花需要 8 年，银杏需要 25 年，所以在民间将银杏称做"公孙树"，意为爷爷种树孙子收获。这些植物什么时候发生从营养生长向生殖生长的转化是由植物的"龄"决定的，也就是说是由基因编码的程序决定的，这一程序的时空表达决定着这一转化过程的发生和发展。

但这也不是绝对的，例如杜仲树通常是生长 8 年开花，但在 20 世纪 70 年代北京大学生物楼前东西边各栽了一株杜仲树，西边的一株生长在较开阔的环境下，早在 70 年代末就已开花结果,而东边的一株,一直生长在四周被其他大树遮阴的条件下,时至 2005 年也没有开花(图 19.14),可能这一遮阴条件使其不能完成开花程序的启动。

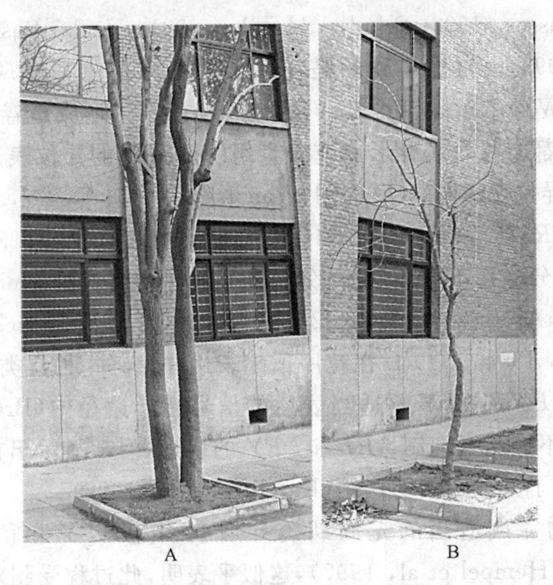

图 19.14　30 多年前北京大学老生物楼前东西两侧各植了一株杜仲树,当时西边的一株周围没有大树,植后 8 年即开花结实(A),而东边一株被夹在一株大的水杉树和一株大的七叶树之间,形成小老苗,至 2005 年仍未开花(B)

另外正如前所述,就是环境敏感型植物也不是什么时候给予适当的环境诱导就发生从营养生长向生殖生长的转化,而是必须经过一段或长或短时间的营养生长后,适当的环境诱导才是有效的。决定何时何处发生这一转化也是由基因编码的程序决定的,也可以说是由这一程序的时空表达决定的,只不过这一程序表达到一定时空时,必须在一定外界环境的诱导下才能继续原定程序,开始从营养生长向生殖生长的转化。

19.3　花序和花发育程序的启动

通常情况下,成花诱导过程一旦完成,植物顶端分生组织的性质就发生了变化,停止营养生长时叶的分化,而具有了分化花序或花的潜能。有的科学家将此种状态称之为“花决定态”(flower determination),而且这一转变过程往往是不可逆的。但在这种状态下,顶端分生组织具有了分化花序的潜能,还是具有了分化为花的潜能随种而异,那些具花序的植物(如拟南芥、小麦、水稻等),就是具有了分化为花序的潜能,而那些不形成花序仅形成单花的植物(如棉花)则是具有分化为花的潜能。不过就先形成花序的植物来说,完成花诱导后顶端分生组织就转化为花序分生组织,具有了发育为花序的潜能。

花序叶(苞片)腋间的腋芽分化为花芽(亦可称为花分生组织),而其顶端分生组织继续保持分生组织状态(花序分生组织),不断分化出新的苞片和花芽,所以此种花序称为无限花序(indeterminate inflorescence),如果是顶端分生组织首先转化为花芽(花分生组织),其腋芽保持分生组织状态(花序分生组织),则称为有限花序(determinate inflorescence)。由此可见,在花序发育程序中包括了花发育程序。近年有关的分子生物学研究已经克隆到一些与之相关的基因。拟南芥中克隆到两个关键的基因，*APETALA 1*(*AP1*)和 *LEAFY*(*LFY*)就是与花分生组织决定态有关的基因。它们中的任何一个发生突变都会使原将发育为正常花结构的顶端分生组织转变成无限花序状分生组织(Irish, Sussex, 1990; Schultz, Haughn, 1991; Huala, Sussex, 1992; Weigel et al, 1992; Bowman et al, 1993)。与此一致的是在整个幼花原基中都发现了这两个基因的转录(Mandel et al, 1992b; Weigel et al, 1992)。不仅花分生组织的形成是需要 *AP1* 和 *LFY*,而且其中任一基因的异位表达都会有效诱导形成花分生组织。*LFY* 的异位表达使花序分生组织转变成花分生组织,*AP1* 的异位表达亦然(Mandel, Yanofsky, 1995; Weigel, Nilsson, 1995)。

与之相似的是,*TERMINA FLOWER*(*TFL*)基因的突变引起了 *AP1* 和 *LFY* 在花序中的异位表达,花序顶端分生组织转化成花分生组织,形成终花(terminal flower)(Shannon, Meeks-Wagner, 1991; Alvarez et al, 1992; Weigel et al, 1992; Schultz, Haughn, 1993; Gustafson-Brown et al, 1994)。*TFL* 在花序顶端表达并编码一种具类似膜蛋白的产物,因此它很可能包括在抑制 *AP1* 和 *LFY* 不适当表达的信号转导途径中(Bradley et al, 1997)。虽然 *TFL* 的异位表达并不能完全抑制 *AP1* 和 *LFY* 的表达,但却显示出在调节分生组织性质决定的基因表达中还包括了其他因素的作用(Ratcliffe et al, 1998)。

对光周期敏感植物完成适当的光周期诱导后就引起 *LFY* 和稍后 *AP 1* 的活跃表达(Blazquez et al, 1997; Hempel et al, 1997),这似乎表明,此过程受到对光周期诱导反应在转录上进行正调节的 *CONSTANS*(*CO*)基因活化的调节,因为在短日条件下 *CO* 的过表达引起了 *LFY* 转录的快速活动和稍慢的 *AP 1* 表达的诱导(Simon et al, 1996)。这一时间的滞后可能反应了 *LFY* 的功能需要活化 *AP 1* 的表达,有关研究显示在转化为花分生组织的过程中 *AP1* 活化 *LFY* 的下游事件(Weigel, Nilsson, 1995)。在依赖赤霉素的开花诱导途径中也好像在 *LFY* 的活化中起作用,使用外源赤霉素可在短日条件下引起 *LFY* 转录的正表达,并可部分补偿诱导光周期的缺乏(Blazquez et al, 1997)。

综合上述可以看出,基因 *AP1* 和 *LFY* 在成花诱导完成后,花序和花发育程序的启动中起着重要作用。

19.4 编码花发育程序的基因及其启动

花发育程序也是一个很大的由若干小的分程序组成的较大的分程序,组成花的各个器官花萼、花瓣、雄蕊和雌蕊都有各自的小分程序,至于具体的小分程序在何时何处表达,则由将所有这些小分程序连接组成花发育程序的调节基因控制。有关这些调节基因的研究非常多,也有不少的假说。其中最有名的,也是被大多数人接受的就是 Coen 等人先后提出的 ABC 模型学说(图 19.15)(Carpenter, Coen, 1990; Sommer et al, 1990; Bowman et al, 1991; Coen, Meyerowitz, 1991; Weigel, Meyetowitz, 1994)。

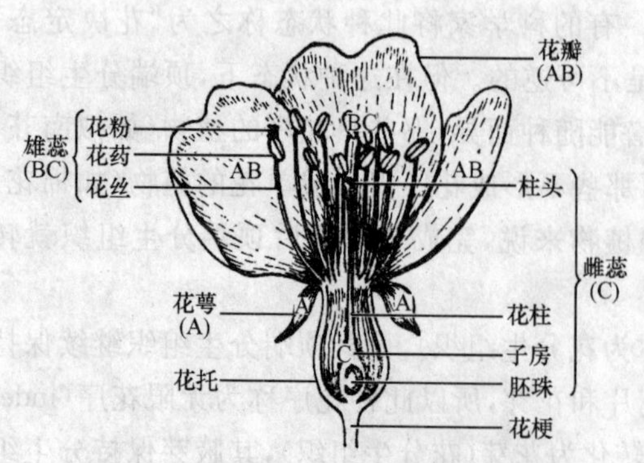

图 19.15 用完全花模式图说明 ABC 学说中 A、B 和 C 三类基因对各种花器官的控制式样

为了描述的方便,借用了植物分类学中的形态学概念,将萼片称做第一轮,花瓣称做第二

轮,雄蕊群称做第三轮,雌蕊群称做第四轮。根据 ABC 模型,花的这四轮结构分别由 A,B,C 三类基因的不同组合表达决定的,其中 A 和 C 是相互拮抗的,不能重叠;A 表达使萼片发育,A 和 B 共同表达,花瓣发育;B 和 C 共同表达,雄蕊群发育;C 单独表达,组成雌蕊的心皮发育。这些基因编码的可能都是转录因子,因此器官类型很可能是在转录水平上大范围的特化。

在花序发育程序启动中起重要作用的 *AP1* 基因在花发育程序中起着 A 类基因的作用(Irish, Sussex, 1990; Bowman et al, 1993)。该基因最初在所有幼花分生组织中表达,随后就仅限于在将发育为花萼原基和花瓣原基的位置表达(Mandel et al, 1992b)。*APETALA2* (*AP2*)也是与第一、二轮花器官发育程序的启动有关,*AP2* 的突变引起第一、二轮结构的同源异位转变(Komaki et al, 1988; Bowman et al, 1989, 1991b; Kunst et al, 1989)。因为 *AP2* 的转录没有空间定位,其局限于头两轮的功能可能出现在后转录水平(Jofuku et al, 1994)。*AP2* 的基因产物含有两个具与乙烯应答结合蛋白的 DNA 结合域相似的基序,因此也是作为转录因子起作用(Jofuku et al, 1994; Weigel, 1995)。

还有两个基因产物在启动花瓣和雄蕊发育程序中显示出 B 类基因功能,*APETALA3*(*AP3*)和 *PISTILLATA* (*PI*)基因的突变引起了第二、三轮花器官的同源异位转化。如果 *AP3* 和 *PI* 基因都发生异位表达就可诱导花瓣和雄蕊在花的其他位置形成(Jack et al, 1994; Krizek, Meyerowitz, 1996b)。*AP3* 和 *PI* 基因都编码含 MADS 框(MADS-box)的蛋白质,该蛋白具有与 DNA 结合的位点(Jack et al, 1992;Goto, Meyeowitz, 1994; Riechmann et al, 1996a)。专一同源异形体的形成本身就解释了为什么 *AP3* 和 *PI* 基因是启动花瓣和雄蕊发育程序所必需的。*AP3* 在花的第二、三轮器官的发育中表达,而 *PI* 则是开始时在第二、三、四轮中都有表达,但后来就仅局限于在可能的花瓣和雄蕊原基中表达(Jack et al, 1992; Goto, Meyerowitz, 1994)。*AG* (*AGAMOU*)基因是利用 T-DNA 插入诱变的方法,从拟南芥中克隆出来的。该基因在雄蕊和心皮的发育中起 C 类基因的作用(Bowman et al, 1989, 1991b)。*AG* 的异位表达有效地诱导在原来形成花萼和花瓣的位置分别形成心皮和雄蕊,这证明了 *AG* 确实具有 C 类基因的功能(Mandel et al, 1992a; Mizukami, Ma, 1992)。对 *AG* 基因的结构分析表明,推测的 *AG* 编码的蛋白质氨基酸序列与人和酵母的一种转录因子类似,也含有 MADS 框蛋白,与金鱼草的同源异型基因 *DEFA* 的产物有较大的同源性。因此 *AG* 基因有可能在花的发育后期表达,以直接调控细胞类型特异化基因的表达。

编码花器官发育程序的基因,也就是花器官特异基因。花冠和叶片的结构非常相似,编码它们发育程序的基因也非常相似,也就是说它们发育过程中所表达的基因非常相似,不过二者间最明显的不同是颜色,因此对花冠色素代谢的研究较多。大多数花中的色素是类黄酮途径和苯基类黄酮途径的产物,其中查尔酮合成酶(CHS)催化类黄酮的合成。人们已从几种植物中克隆到编码查尔酮合成酶和催化下一步反应的查尔酮异构酶(CHI)的基因,还克隆到另一个花冠特异的基因——烯醇式丙酮酸莽草酸-3-磷酸合成酶(EPSF)基因,该基因在矮牵牛的花冠和花药中特异地表达,并参与苯丙酮酸途径中苯丙氨酸的生物合成(顾红雅,等,1993)。

研究人员已从几种植物中克隆出了雌蕊发育中特异表达的基因,另外,还从烟草、甘蓝和矮牵牛中克隆到了控制自交不亲和位点的基因(*S* 基因)。分子生物学的研究结果与先前遗传学和生理学的结果正好相符,*S* 基因在两种自交不亲和系统中的表达具有特异性。在配子体自交不亲和的烟草中,*S* 基因在花粉管要穿过的花柱引导组织和胎座组织中表达;在孢子体自交不亲和的芸苔(*Brassica*)属植物中,*S* 基因只在柱头区域表达,但 *S* 基因的产物——自交不亲和位点特异糖蛋白质(SLSG)的作用机理尚不清楚(Moor, 1990)。烟草的SLSG与核糖核酸酶有较大的同源性,且具有核糖核酸酶活性,因此烟草自交不亲和的基础可能就是花粉管中的核糖核酸被降解(McClure, 1989)。20世纪80年代末,Gasser等(1989)从西红柿中克隆到了一系列雌蕊特异的基因,其中一些基因在营养组织中也有低水平的表达。*9608*和*9617*两个基因只在花柱的引导组织细胞的外围和珠被的内层表达;*9612*基因则只在引导组织的外层表达,编码具有404个氨基酸残基,M_r为44 000的蛋白质。20世纪90年代初,Chen(1992)从烟草雌蕊中分离出一特异基因,该基因的推测产物的氨基酸序列富含脯氨酸并与伸展蛋白质有较大的同源性,但却无该蛋白质的功能。该基因只限于在花柱的引导组织中大量表达,且在花柱伸长和柱头成熟时表达量最大,推测其产物可能参与花粉管与花柱间的识别过程。已克隆到的雄蕊特异基因大部分在花粉和花药发育中特异表达的。*ZM13*和*ZM18*是在玉米雄蕊中特异表达的基因。*ZM13*的mRNA编码M_r约18 300带信号肽的蛋白质,在成熟花粉和萌发的花粉管中大量积累(Hanson, 1989)。*ZM58*是花粉特异表达的基因,其推测产物的氨基酸序列与果胶酶有一定的同源性。

Twell等(1989)从西红柿花药中分离到一系列的特异基因,其中*LAT52*编码一M_r为17 800的带信号肽的蛋白质,与*ZM13*产物的氨基酸序列有32%的同源性,但其核苷酸序列与已知的序列没有明显的同源性;*SAT56*和*SAT59*推测产物的氨基酸序列有54%的同源性;*LAT*系列基因的功能尚不清楚(Twell et al, 1989)。*TA29*、*TA56*和*TA32*是烟草雄蕊特异基因,*TA56*编码Thiol内肽酶,在花丝一侧的小室和附近花药的开口之间的连接细胞内特异表达,而且在断裂发生之前表达水平达到最大,因此该基因的表达产物可能参与花药开裂,降解连接细胞的过程。*TA29*为绒毡层特异表达的基因,编码一个由321个氨基酸残基组成的带一个疏水信号肽且富含甘氨酸(20%)的蛋白质,推测该蛋白可能从绒毡层分泌出来并成为花粉壁的一个组分(Serunick et al, 1990)。对*TA29*的基因调控分析表明,该基因5′端-207~-85区为绒毡层特异表达所需的调控区。在*TA29*的5′端区插入白喉毒素和核糖核酸酶两种破坏性蛋白的基因,构成嵌合基因并转入植物中,由于绒毡层细胞被破坏使转基因植物雄性不育,而花药的其他结构发育正常。这一成果为植物基因工程在作物育种中的应用开辟了一个崭新的途径(Koltunow et al, 1990; Mariani et al, 1990)。*TA32*编码一种脂转移蛋白质,可能该蛋白有向花粉运送脂类营养的功能(Koltunow et al, 1990)。

*P2*基因家族存在于一种月见草(*Oenothera organensis*)成熟花粉和花粉管中,它们特异表达的产物的氨基酸序列与西红柿的多聚半乳糖醛酸酶的同源率达54%,由此推测其功能可能与花粉萌发和花粉管生长过程中果胶质的降解有关(Brown, Crouch, 1990)。而*BP4*和*BP19*是Albani等(1990, 1991)从欧洲油菜(*Brassica napus*)花粉中分离出的,*BP4*的产物富含赖氨酸和半胱氨酸,在花粉中特异表达;*BP19*编码一个含584个氨基酸残基,带一疏水信号肽,M_r约63 000的蛋白质,该蛋白在单核小孢子发育期特异表达。Scott等(1991)也从这种芸苔属植物中克隆到一个绒毡层特异表达的基因*A9*,*A9*编码一个含96个氨基酸残基,M_r约10 300的蛋白质。以*A9*为异源探针从拟南芥中克隆到*A9*基因,该基因编码的蛋白质含107个氨基酸残基,M_r约11 600。将其启动子中插入白喉毒素(Bamellus amyliluquefaciens)或核糖核酸酶的基因构成嵌合基因转入烟草,结果与*TA29*的相同。

至今有关编码花器官发育程序的基因和这些基因表达的时空关系等知道还很少。器官特异基因调节的是编码器官发育程序的基因群(Riechmann, Meyerowitz, 1997; Irish, 1998),

因此受调节的只有一个靶。*NAP* 基因就是在筛选 *AP3* 和 *PI* 的功能反应中特异正调节的基因时克隆到的(Sablowski, Meyerowitz, 1998),由于器官发生和分生组织活动中都发生细胞增殖,所以它既受器官特异基因的调节,也受分生组织特异基因的调节。

植物器官发生过程中要发生一系列细胞增殖以完成形态建成(Steeves, Sussex, 1989),所以分生组织特异基因不仅在器官特异基因表达中起作用,而且还在不同轮花器官的边界处抑制细胞增殖,以使不同器官区别开来(Hantke et al, 1995; Vincent et al, 1995)。像叶子的发育一样,在各个花器官发育的早期,细胞增殖仅局限于花轮的边界(边缘生长),如果在器官特异基因表达前对增殖细胞标记,整个花轮边界的细胞都被标记上;如果在该基因表达后进行标记,就只有后发生的个别花轮被标记上(Vincent et al, 1995)。另外,如果用 *AP3* 启动子启动有毒基因产物表达,B 基因影响区域的细胞就不形成。将 *AP3* 基因剔除的植物缺少花瓣和雄蕊,但其他器官照常发育(Day et al, 1995)。器官特异基因好像也调节细胞增殖的状态,*AG* 突变体仍能形成确定的花器官,但正常形成 4 轮花器官后就停止发育(Bowman et al, 1989),而异位表达 *AP3* 和 *PI* 就会产生许多外雄蕊(Jack et al, 1994; Krizek, Meyerowitz, 1996a)。不过,*SUP* 可以负调节 *AP3* 和 *PI* 的能力,诱导第三轮过量增殖,维持第三和第四轮的边界(Sakai et al, 1995)。*SUP* 也可以调节第四轮细胞增殖,*SUP* 突变体诱导第四轮发育,而 *SUP* 则在第四轮中不表达(Sakai et al, 1995)。花器官特异基因的表达是如何转化为特定器官的特定组织的和特定细胞类型的形成问题还远没有解决,对于这些基因的表达调控过程还了解很少。显然,细胞在达到倒数第二次分裂之前不能确定它们在发育的器官中的位置(Battey, Lyndon, 1988; Carpenter, Coen, 1990),因为谱系在决定花器官组成细胞命运中并不是一重要因素(Furner, 1996; Bossinger, Smyth, 1996; Bouhidel, Irish, 1996),细胞必须不断感受其位置信息,调整其发育方向。进一步的研究说明,对于特定器官的特定细胞类型来说,在整个花发育过程中都需要器官特异基因表达。几乎在整个器官发生过程中,器官特异基因的温度敏感等位基因的表达会影响表型,说明这些基因在发育的后期起作用(Bowman et al, 1989; Zachgo et al, 1995)。

19.5　花的形态建成

植物经适当的成花诱导以后,首先是通过一系列信号传递系统启动了控制花序或花芽分化的由一基因群编码的程序,进而发生一系列生理生化变化,营养茎端停止产生叶和芽,开始花序或花芽分化,产生出花序或花器官的各部分。在这一转变的过程中包含了茎端结构的根本变化,第一个可见的变化是位于中央母细胞区(central mother zone)与肋状分生组织之间细胞群分裂频率的增加,而且这种分裂频率增加的趋势逐渐扩展至中央母细胞区,并向下延伸至侧翼区域;第二个变化是肋分生组织和髓部的细胞分裂明显减弱,其中一些细胞开始液泡化。这些变化的结果使茎端的结构发生了明显的改变,成为由一些体积较小、染色较深的分生组织细胞组成的“套”包围着的由液泡化细胞组成的中央髓(Tepfer, 1953)。

大多数单子叶植物(如小麦、水稻、玉米等禾本科植物)中,这种变化的结果是其茎端高度明显增加而形成花序原基(Barnard, 1955, 1957a, b, 1961; Sass, Skogman, 1951);有的植物花序原基的顶端变宽并常常稍微变扁(Popham, Chan, 1952; Fhan et al, 1963);一些具头状花序的植物,如菊科植物(Compositae),则茎端区变得扁平(Esau, 1945);有些植物的节间很短;有些植物的基生叶簇生,如菊科、禾本科和香蕉(*Musa nana*)等(Skutch, 1932; Barnard, 1957),在开花前花轴(或花序轴)突然伸长。如果为无限花序,其花序原基还像营养生长锥一样,总是维持一定量的分生组织,不断形成花芽原基;如果为有限花序,则其花序端直接形成花原基,花原基上再逐步形成花萼、花瓣、雄蕊和雌蕊等各部分的原基,由原套和原体外层组成的套层形成苞片和花原基,后者最终扩展覆盖在整个茎端的表面,全部分生组织参与以后的分化过程。棉花(李正理, 1979)、麻类植物(李宗道,胡久清, 1987)、大白菜(陈机,等, 1984)、天麻(*Gastrodia elata*)(周铉,等, 1987)以及蔷薇科(李世一,等, 1983; 李玉鼎, 1983; 马子骏,等, 1986; 孙彬,赵小琳, 1990)、茄科(孙彬, 1991; 康文隽,等, 1987c)和葫芦科(杨兴华, 1978; 童恩预,等, 1985; 康文隽,等, 1985, 1986;康文隽,孙彬, 1987a,b)等则是在茎端向花芽原基转化时,首先其顶端扩展凹陷,但不管形成花序原基还是花芽原基,其外部形态如何变化,都是茎端的表面积增加,明显大于营养茎端,如果是花芽原基就由外往里逐步发生花萼、花瓣、雄蕊和雌蕊等花各部分的原基,但所有发育为花芽原基的茎端就不再像营养茎端那样永远保持着一部分分生组织,不断形成新的叶原基(合轴生长植物的顶端分生组织活动一段时间后就会发生编程死亡),而是随着花各部分原基的形成,其顶端分生组织区逐步缩小,直至完全消失,或者直到仅留下一小的、不活动的残体(Tepfer, 1953; Leroy, 1955)。

在以后单个花的发育过程中,不同植物的发育式样各不相同。"经典"观点认为,花托是变态的营养茎端,二者的不同在于花托不再具有无限生长的能力,其"节间"极短。一些较"原始"的花,如毛茛属(*Ranunculus*)花的发育式样就支持这种"经典"的观点,在这一类花发育的早期,花被、雄蕊群和雌蕊群等各部分的结构仍然与营养茎端的基本一样,虽然其晚期发育的式样有所变化,但花各部分的发端和发育还是与叶片的十分相似,雄蕊群起始于一个小突起,随着体积的增加逐渐地形成成熟雄蕊的形状,花丝则在开花后的发育中形成。

具离生心皮的花,心皮发育中首先形成一与其他器官原基相似的圆形原基,它行伸长生长,但其尖端部分的生长却受到抑制,这种非均等的生长使单个的心皮形成马蹄形,这些结构继续向上生长,直至其边缘相互接触并融合成一整体。合生心皮花发育中,有些植物在心皮开始形成时,各个心皮相互独立,以后才融合在一起,而有些则在较早的时期便融合在一起。

第二十章　种子植物的性别决定

种子植物的性别决定关系到生殖器官的发育，是植物发育生物学的一个重要内容，但也是一个复杂的问题。其原因主要有几个方面的：一方面因为人们往往将植物的性别与高等动物的等同起来。高等动物体为二倍体，是在产生配子时进行减数分裂，不存在单倍体的动物体，产生雄配子的为雄性，产生雌配子的为雌性。但高等植物的减数分裂是在产生孢子时进行，所以有世代交替，存在着单倍体的配子体和二倍体的孢子体两种植物体，就产生配子的配子体来说都是单性的，但种子植物的配子体都寄生在孢子体上（图 20.1，20.2）；蕨类植物的配子体虽然很小，但是为能进行光合作用的独立生活的个体（原叶体）（图 20.3）；苔藓植物则是单倍体的配子体占优势，孢子体寄生在配子体上（图 20.4）。

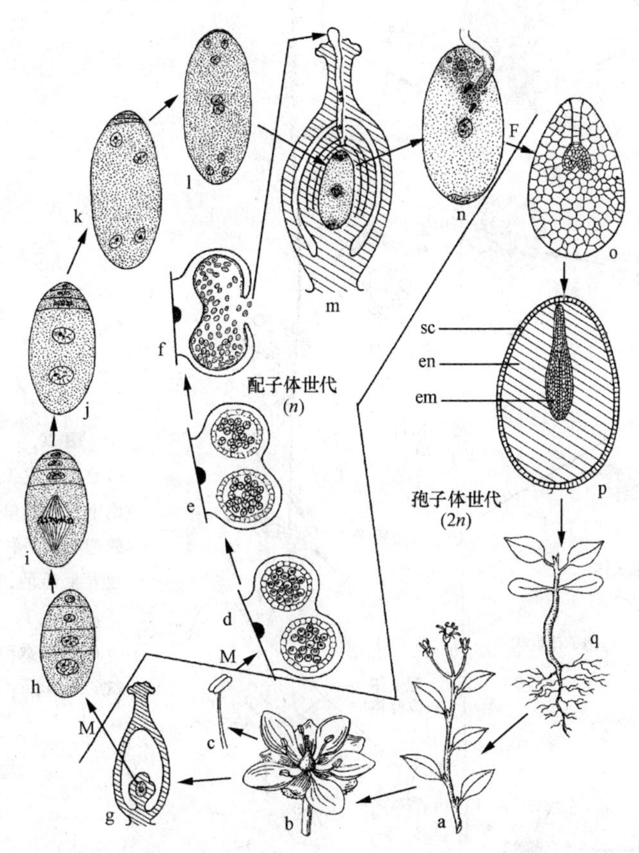

图 20.1　被子植物的生活史，示减数分裂发生在产生孢子时，生活周期中存在着单倍体的配子体和二倍体的孢子体，而且配子体寄生在孢子体上。a. 成熟孢子体；b. 花；c. 雄蕊；d～f. 花粉（雄配子体）的发育；g. 雌蕊；h～l. 胚囊（雌配子体）；m. 花粉管向胚囊生长；n. 向胚囊释放精子；o. 发育中的胚和胚乳；p. 成熟种子；q. 幼苗：图中 em. 胚；en. 胚乳；sc. 种皮；F. 受精；M. 减数分裂（据 Cronquist，1982，图 25.14 改绘）

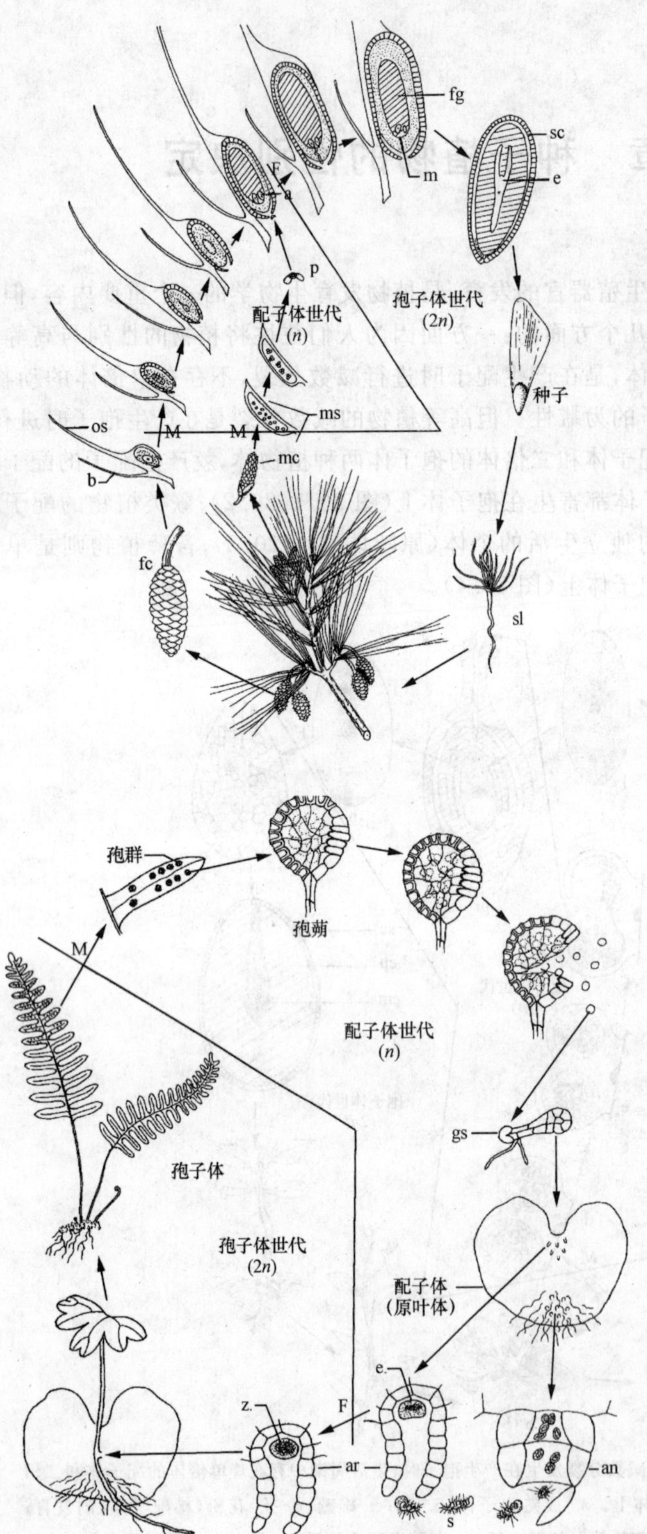

图 20.2 松柏类植物的生活史，示裸子植物的生活史，像被子植物一样，是减数分裂发生在产生孢子时，生活周期中存在着单倍体的配子体和二倍体的孢子体，而且配子体寄生在孢子体上。a. 颈卵器；b. 苞片（初生鳞片）；e. 胚；F. 受精；fc. 雌球果；fg. 雌配子体；m. 珠孔；M. 减数分裂；mc. 雄球果；ms. 小孢子叶；os. 球鳞；p. 花粉粒；sc. 种皮；sl. 幼苗（据 Cronquist，1982，图 17.16 改绘）

图 20.3 蕨类植物的生活史，示减数分裂发生在产生孢子时，生活周期中存在着单倍体的配子体和二倍体的孢子体两种植物体，而且二者都是独立生活的。an. 精子器；ar. 颈卵器；e. 卵；F. 受精；gs. 萌发中的孢子；M. 减数分裂；s. 精子；z. 受精卵（据 Cronquist，1982，图16.17 改绘）

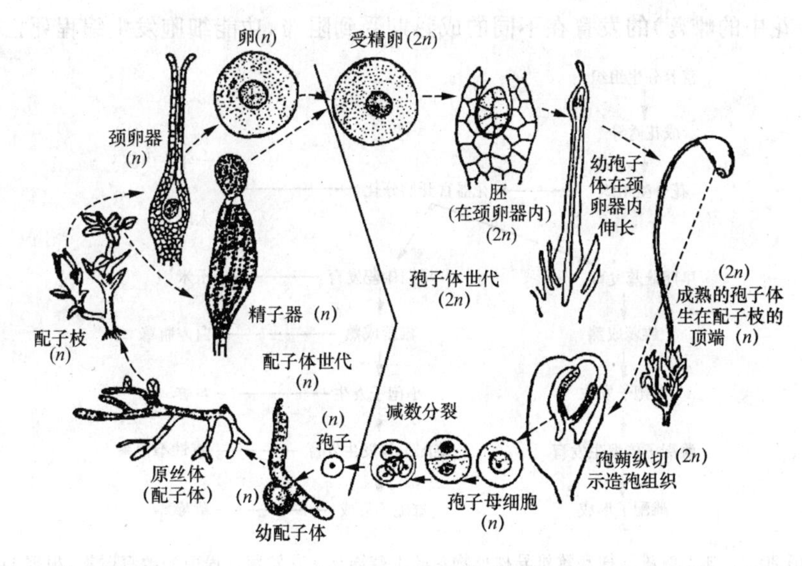

图 20.4　葫芦藓(*Funaria hygrometria*)生活史,示苔藓类植物生活史,减数分裂发生在形成孢子时,生活周期中存在着单倍体的配子体和二倍体的孢子体两种植物体,但配子体占优势,孢子体寄生在配子体上(据张景钺,梁家骥,1965,图 8.12 重绘)

20.1　植物性别决定的复杂性

就种子植物来说,我们平常所说的雌性或雄性,实际指的是具产生大孢子的大孢子叶(心皮)或具产生小孢子的小孢子叶(雄蕊),因此许多植物学家不同意将高等植物称为雌性的或雄性的,而建议称做具大孢子叶的或具小孢子叶的;也有人建议称做具雌蕊的(pistillate)或具雄蕊的(staminate)。因此也有人建议用孢子叶决定来代替性别决定,为了便于大家理解,本书仍用性别决定这一概念。大部分有花植物的花都是既有雄蕊也有雌蕊(由心皮组成)的完全花(complete flower)(图 20.5)。典型被子植物的花包括雌蕊群和环绕其着生的雄蕊群。在这些生殖器官中,特异的细胞(孢子母细胞)经过减数分裂形成孢子,进而形成配子体,即形成单倍体的成熟花粉(雄配子体)和胚囊(雌配子体)。种子植物中有各种各样的单性化,在同一植株上(雌雄同株,monoecism)或不同的植株上(雌雄异株,dioecism)分别形成雌花和雄花,还有许多雌雄同株和雌雄异株的中间类型。种子植物中这种性别的多样化广泛存在(表 20.1)。广泛的调查表明,种子植物中只有 4%为雌雄异株,7%为雌雄同株,但却广泛分布于 75%的科中(Yampolsky, Yampolsky, 1922)。从已知的报道来看,造成植物单性化(性别决定)的途径很多,一些植物,如菠菜、大麻和一年生山靛绕开了不适性器官的形成。而另一些植物,如芦笋、玉米和白麦瓶草(*Silene latifolia*)等,则是另一性器官(雌花

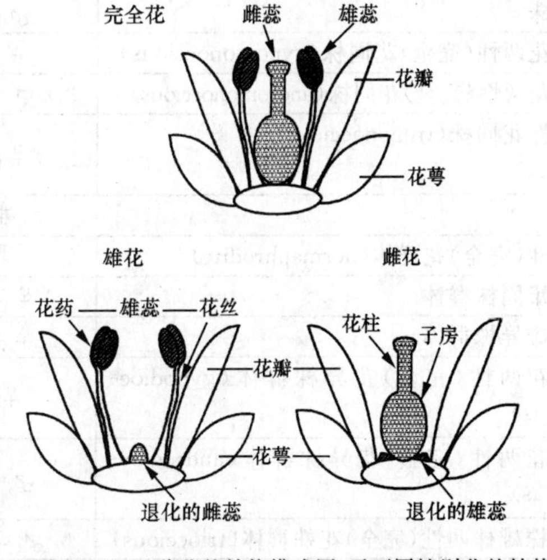

图 20.5　三种花的结构模式图,示不同性别花的结构

中的雄蕊或雄花中的雌蕊)的发育在不同的成熟期受到阻滞,功能细胞发生编程死亡(图 20.6)。

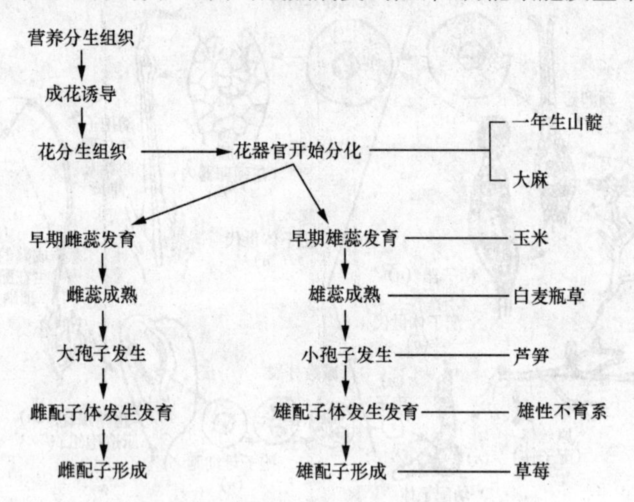

图 20.6 典型雌雄同株和雌雄异株植物花的生殖器官在花发育过程中的败育时期(根据 Dellaporta, Dalkeron-Urrea, 1993)

表 20.1 植物的花,个体和群体的性别形式(Dellaporta, Calderón-Urrea, 1993)

性别表型	符号	形态特征
	花	
两性(完全)花(hermaphrodite flower)	⚥	两性(完全)花同时具有雌蕊和雄蕊
雌雄异花 (diolinous)	♀或♂	单性花(unisexual flower)
雌花	♀	仅具雌蕊的单性花
雄花	♂	仅具雄蕊的单性花
	个体	
两性(完全)花株(hermaphrodite)	⚥	仅具两性(完全)花
雌雄同株	♀♂	同一植株具雌花和雄花
雌雄异株	♀或♂	雌花或雄花在不同的植株上
雌株	♀	仅具雌花的植株
雄株	♂	仅具雄花的植株
雌花两性(完全)花同株(gynomonoecious)	♀⚥	同一植株具有雌花和两性(完全)花
雄花两性(完全)花同株(andromonoecious)	♂ ⚥	同一植株具有雄花和两性(完全)花
三性花同株(trimonoecious)	⚥♀♂	同一植株具有雌花、雄花和两性(polygamous)(完全)花
	群体	
两性(完全)花群体(hermaphrodite)	⚥	仅具两性(完全)花植株
雌雄同株群体	♀♂	仅具雌雄同株植株
雌雄异株群体	♀♂	仅具雌雄异株植株
雌花两性(完全)花异株群体(gynodioecious)	♀⚥	具有两性(完全)花株和雌株植株
雄花两性(完全)花异株群体(androdioecious)	♂ ⚥	具有两性(完全)花株和雄株植株
雌株雄株两性(完全)花株群体(trioecious)	♂ ♀⚥	具有两性(完全)花株、雌株和雄株植株

但在低等植物绿藻中也存在着没有世代交替只有核相交替的植物，如团藻目中的衣藻（图20.7）和接合藻目中的水绵（*Spirogyra*）（图20.8）等就是在合子萌发时发生减数分裂，所以只有单倍体世代没有二倍体世代，而管藻目，如羽藻（*Bryopsis*）（图20.9）、海松藻（*Codium*）（图20.10）等的减数分裂则是发生在形成配子时，与高等动物相似，只有二倍体世代没有单倍体世代。

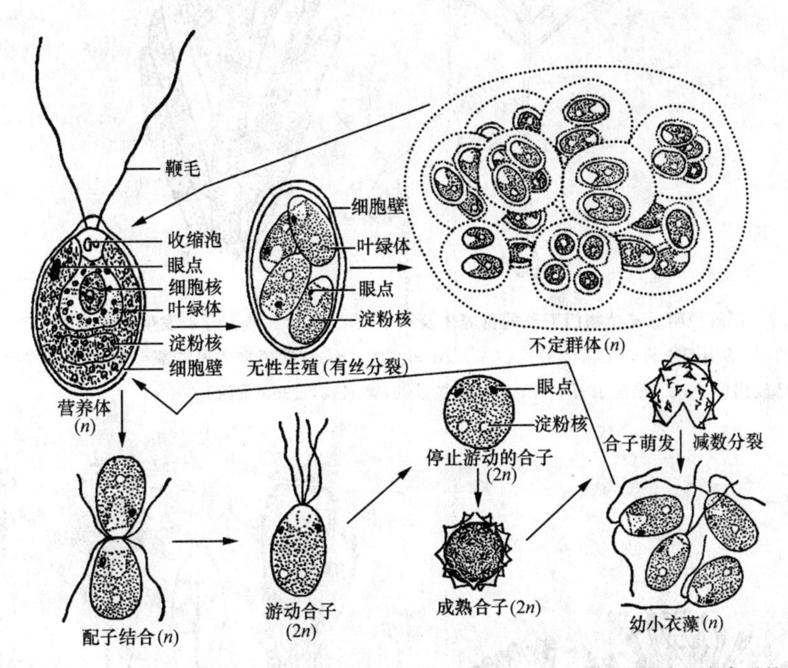

图20.7　图解说明衣藻生活史，示减数分裂发生在合子萌发时。整个生活周期中只有合子是二倍体，而且只有单倍体的植物体，没有二倍体的植物体（据张景钺，梁家骥，1965重绘）

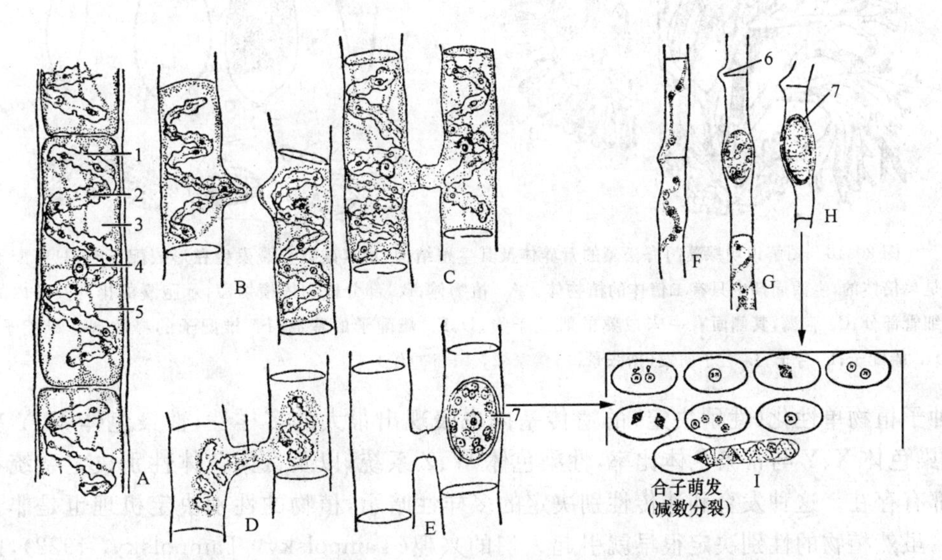

图20.8　图解说明绿藻门水绵属植物的有性生殖，减数分裂发生在合子萌发时，只有合子是二倍体，而且只有单倍体的植物体。A. 营养细胞；B～E. 梯形接合；F～H. 侧面接合；I. 合子萌发。1. 叶绿体；2. 淀粉粒；3. 液泡；4. 细胞核；5. 原生质联络丝；6. 接合管；7. 合子（据张景钺，梁家骥，1965重绘）

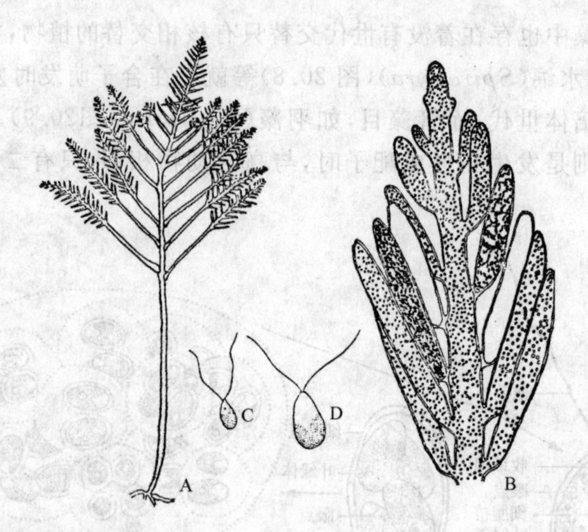

图 20.9 图解说明绿藻植物门羽藻的营养体及其生殖结构，示其减数分裂发生在形成配子时，只有配子是单倍体的，生活周期中只有二倍体的植物体。A. 植物体；B. 雌性植物体顶端部分的放大，示四个配子囊，其中两个已放出配子；C. 雄配子；D. 雌配子（据张景钺，梁家骥，1965 重绘）

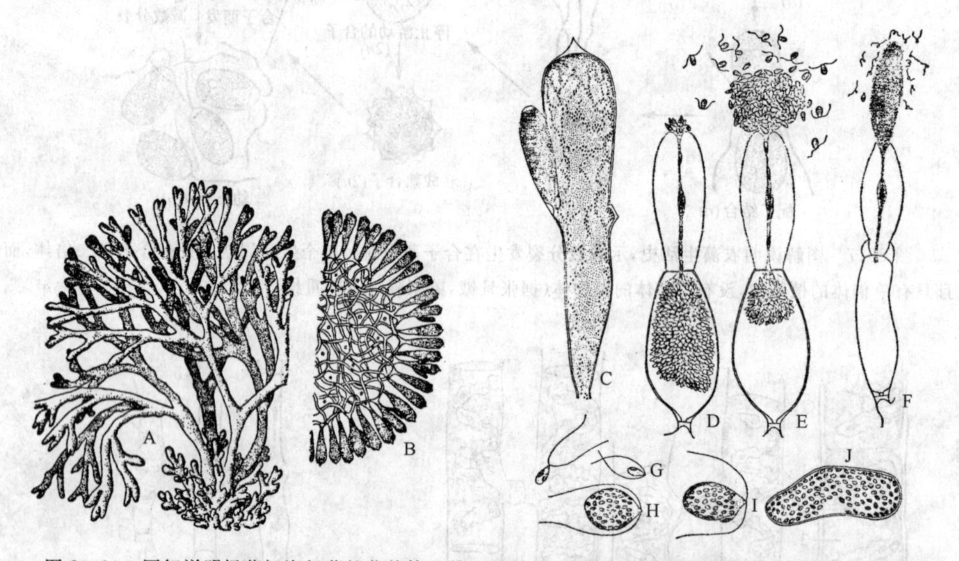

图 20.10 图解说明绿藻门海松藻的营养体及其生殖结构，示其减数分裂发生在形成配子时，只有配子是单倍体的，生活周期中只有二倍体的植物体。A. 植物体；B. 部分植物体横切面，示胞囊的排列及其内的细管部分；C. 胞囊，其侧面有一未成熟的雌配子囊；D、E. 雌配子的释放；F. 雄配子的释放；G. 雄配子；H. 雌配子；I. 合子；J. 合子萌发（据张景钺，梁家骥，1965 重绘）

种子植物单性化（性别决定）的遗传基础也表现出很大的多样性，性染色体 X、Y 决定系统，性染色体 X、Y 与常染色体比率，性染色体 W、Z 系统，以及常染色体性别决定系统在植物界中都有存在。这种发育和遗传性别决定的多样性暗示，植物的性别决定机理也是非常多样化的。虽然植物的性别决定很早就引起人们的兴趣（Tampolsky，Tampolsky，1922），此领域的工作已经积累了丰富的资料，特别是近年来分子生物学和基因工程方法的应用使这一研究的发展更快，但就对其机理的认识来说也还刚刚入门，甚至可以说刚到门口。

20.2　植物性别决定的类型

雌雄同花植物、雌雄同株和雌雄异株植物性别决定的遗传机制明显不同,但总体上可分为饰变型和基因型两类,前两种为饰变型,后一种为基因型。虽然它们的雌蕊和雄蕊的发育过程都是受基因编码的程序控制,但不同植物中有关程序的表达时空是不同的。在饰变型性别决定的植物中,所有孢子体植物体的基因型是一样的,控制雌蕊和雄蕊发育的程序什么时间表达,是否表达,均受到年龄、营养状态、光、温度和生长调节剂水平等诸多因素的影响。雌雄异株植物,即基因型性别决定的植物,雌、雄两种个体的基因组成有一定的差异,甚至在染色体组成上都有不同。即使基因型性别决定也不是绝对的,大多数植物的性别决定仍受到其他因素的影响。

20.3　饰变型性别决定植物

20.3.1　雌雄同花植物

就性别决定来说,这是饰变型的一种,它们是在一定内外条件的诱导下启动性别决定基因调控的发育程序来控制雌、雄蕊的发育。这类植物在种子植物中占了绝大多数,如常见的蔷薇科、豆科、唇形科和玄参科等被子植物。上一章中所讲花芽分化中控制雌、雄蕊分化的基因也就是控制这些植物性别决定的基因。

如 *AG* (*AGAMOUS*)基因对于可育花器官的发育、雄蕊和心皮的发育以及花序的有限生长都是必不可少的。在缺失 *AG* 的情况下,花的第三轮器官——雄蕊被花瓣所替代;而第四轮器官——心皮则被一新的 *AG* 突变的花所替代。本来 *AG* 的转录均匀地分布在野生型花早期发育的第三和第四轮原基细胞中,这种转录的式样与 *AG* 基因在遗传学上的作用是一致的,即起着确定雄蕊和心皮的作用,一旦雄蕊和心皮开始了形态学的分化,*AG* 的表达就仅限于花器官的某些细胞中。

20.3.2　雌雄同株植物

这也是饰变型的一种,它们的性别决定,也就是雌雄花的发育是在发育过程中,在一定内外条件的诱导下启动性别决定基因调控的发育程序实现的,因此在一个个体上或一个群体中性别表现情况就出现了复杂化,出现了雌性株、雄性株、雌雄同株甚至两性(完全)花株、三性花株。这一类植物中性别决定研究得最多的是黄瓜和玉米,下面以这两种植物为例说明这类植物的遗传(基因)控制机理。

20.3.2.1　黄瓜

很早就开始了黄瓜性别的遗传学研究(Tkachinkom, 1935; Poole, 1944),但所用的植物材料和遗传标记的符号各不相同。1976 年 Roberson 等建议为黄瓜和其他葫芦科植物基因研究的术语做出统一的规定,从此每 4 年一次在 Cucurbit Genetic Scooperative 上发表新发现的葫芦科植物的基因。近年发表的基因表中有 7 个影响黄瓜性别的基因(表 20.2),其中起主要作用的是 m 和 F 基因。但不论作用有多强,其表达也要受到其他基因和环境的影响。具有 F

显性的品系比其等位基因为隐性的品系具有更强的雌性表达。虽然利用遗传分析已经对黄瓜的性别决定遗传有了一些了解，但有关基因作用的机理，及其细胞遗传等方面的研究尚少报道。因此，要用分子生物学的方法分离有关的基因，仍需大量的工作。另一可行的方法是利用突变体。正常的和突变的等位基因系可用于分离有关的基因。Malepszy 等(1991)提出适于克隆分离的有关基因可能是与隐性雌性化有关的基因 *g*。

表 20.2 黄瓜的性别基因(Malepszy, Niemirowicz-Szczytt, 1991)

基因	同义符号	特征
a	—	雄性化：对 *F* 为隐性时基本生雄花，来自中国品种 E-e-szan
F	*cr*, *axrF*, *D*, *st*	雌株：高度雌性化，与 *a* 和 *M* 相互作用，受环境和遗传背景的强烈修饰，*F* 和 *f* 来自日本品种
f		雌性化：高度雌性表达的隐性基因，由品种 Borszczagowski 诱变而来
gy	*g*	强化雌性表达：在 *F* 植株中强化雌性表达的程度，来自两性花品系 18-1
In-F *m*	*F* *A*, *g*	雄花两性花化：*m*/*m* 时为雄花两性花植株，*M*/*M*、*f*/*f* 时为雌雄同株，*M*/*M*、*F*/*F* 时为两性花株。来自品种 Lemon。
m-2	*h*	雄花两性花株：具正常的两性花
Tr	—	三性花株：顺序生雄花、两性花和雌花。两性花为修饰的雄花具下位子房。来自品种 Fushinari

另外，由于黄瓜的各种基因型中性别的类型很多，从雌性株、雄性株到两性(完全)花株都有。Malepszy 和 Niemirowicz-Szczytt (1991)将其分为 6 种类型：① 雌雄同株；② 雌株；③ 雄花两性花同株；④ 两性花株；⑤ 三性花同株；⑥ 雄株。常用于表示其性别的指标为雄花/雌花或雌花/两性花的比例，以及雌花着生的节位。图 20.11 说明了它的花结构和性器官的分化进程。

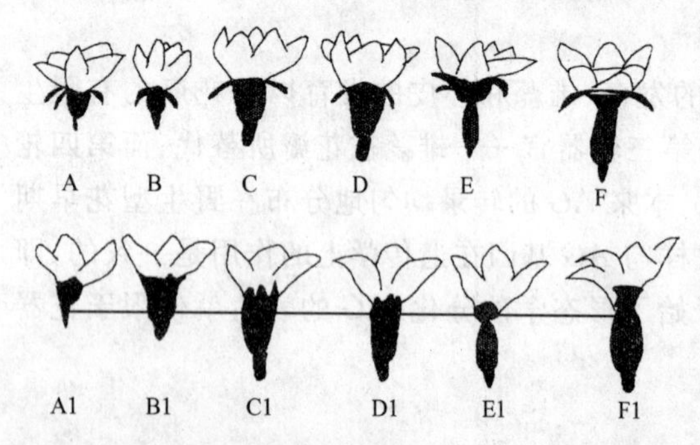

图 20.11 黄瓜花。A，A1. 雄花；B，B1. 下位两性花；C，C1. 周位两性花；D，D1. 上位两性花；E，E1. 上位雌花；F，F1. 下位雌花(仿 Kubick)

20.3.2.2 其他瓜类

应振土等(1990)认为葫芦(*Lagenosia siceraria*)是研究植物性别决定和性别分化的好材料，一是因为葫芦的性别很容易用外源植物生长物质进行修饰；二是植株上的雌花和雄花在空间上是完全分离的(二级以上的分枝才开雌花)；三是性别分化时的雌雄花很容易辨别。他们从雌雄花芽(直径 0.9～1.2 mm)中提取 mRNA 构建初级的雌雄花 cDNA 文库，利用扣除杂交法富集雌雄特异的序列后构建成雌雄花芽的减式 cDNA 文库，再经过两轮的扣除杂交以去除空载体和尚未除掉的雌雄共有的 cDNA 克隆，鉴定出 3 个雄花特异的和 16 个雌花特异的 cDNA 克隆。另外，利用各种突变修饰后选择性地表达生长素或细胞分裂素合成基因的致瘤农杆菌(*Agrobacterium tumefaciens*)侵染幼苗的茎尖，可使黄瓜的性别发生转变。尚未发现肿瘤诱导和发育与植株性别转变之间的对应关系，但也观察到一些一般性的趋势：产细胞分裂素的菌株促进两性花和雌雄同株基因型的植株形成雌花；产生长素的菌株则加强雄花的出现；雌性基因型对处理无反应。因此，致瘤农杆菌侵染诱导性别的方向既受农杆菌株系的影响又受黄瓜基因型的影响，而且环境因子也有干扰。

20.3.2.3 玉米

在雌雄同株植物的性别决定研究中，对玉米的研究最为深入(Irish 1996)。玉米雌花和雄花的发育过程如图20.12所示

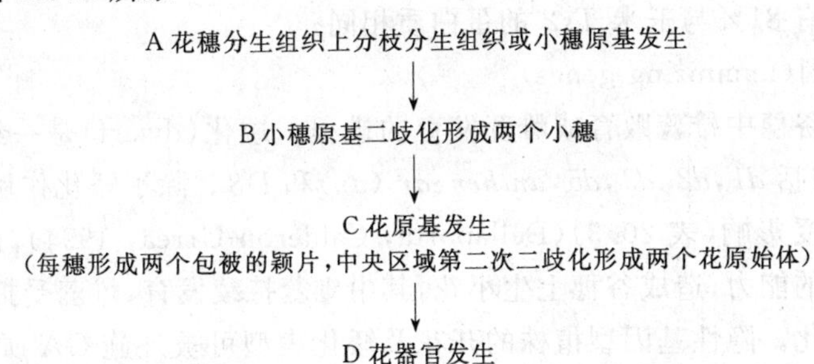

图20.12 正常的玉米花序中雌性和雄性小花的结构及生殖器官发育图解

影响玉米开花进程的突变中有一些是特异地影响性别决定进程的，这些突变只干扰花器官选择性地败育，而不影响花器官的同一性或数目。从突变表现型的遗传分析可推测出野生型基因的功能，按其功能可将这些基因分为雌性化和雄性化两组。

Delong等(1993)利用转座子Ac(Activator)标签法分离出一个基因*Ts2*。推测其翻译的产物M_r为35 000，等电点为pH6.7。Northern blot和原位杂交表明*Ts2*在雌花和雄花的茎尖分生组织性别决定的晚期起着决定性的作用。*Ts2*在雄穗中恰好在雌蕊的败育之前，而且只限制在原基的下表皮中有最大表达，他们推测在雄穗小花原基中*Ts2*以打开一个雄性发育程序的方法来强行压制一个"默认的"雌性发育程序，*Ts2*可能直接打开使花柱败育的器官致死程序，而随后雄蕊的发育只是*Ts2*的间接作用。*Ts2*在雌蕊发育中的作用要小得多，仅仅起着抑制小穗上第2小花发育的作用。据*Ts2*的cDNA核苷酸序列推测其氨基酸序列与一些短链的脱氢酶十分相似，其中3-β-脱羟基类固醇脱氢酶(EC.1.1.1.5.1)与*Ts2*的50～336残基有41%同源。推测的*Ts2*产物有两个明显的基序(motif)，一个位于63残基处，可能是NAD或NADP的结合位点；另一个位于207残基处，可能与催化或亚基间的相互作用有关。由于这一类酶的潜在底物很多，*Ts2*产物与脱羟基类固醇脱氢酶间序列的相似性也仅仅是推测，而且尚不清楚在植物发育过程中类固醇是否起着重要作用。但是，另一类含脱羟基杂环的化合物——赤霉素却对植物的发育起着深刻的作用，并对玉米花的发育有特异的作用。一些起作用的小分子或前体，也可能就是赤霉素或类固醇类的分子，也许就是*Ts2*产物的底物。可以推测*Ts2*产物的活性可能在细胞水平上有直接的作用，或间接地调控尚未鉴定出的性别决定的特异基因。人们提出一种假设模型：在*Ts2*表达的细胞内或周围可能产生一种具有细胞内或细胞间毒性的"自杀分子"，造成细胞内或细胞间的致死作用，导致器官原基的败育。或

者 *Ts2* 产物可能起一种停止细胞分裂的分化终止信号的作用，而随后的器官死亡则只是间接的作用。

Li 等(1994)从与玉米亲缘关系较近的雌雄同株植物玉米草(*Tripxcum*)和关系较远的两性花植物水稻中发现了与玉米的 *Ts2* 同源的基因。序列分析表明，两者都含有两个外显子和一个小内含子，其中一个外显子的结构与玉米的 *Ts2* 相同，而且，推测出的水稻 *Ts2* 编码的蛋白质的氨基酸序列有 81%与玉米 *Ts2* 的蛋白质相同。

(1) 雌性化基因(feminizing genes)

一些突变干扰谷穗中雄蕊败育或雌蕊发育的进程。矮化(dwarf)是一组影响谷穗中雄蕊败育的突变，基因包括 *d1*，*d2*，*d3*，*d5*，*anther ear* (*an*)和 *D8*。除了矮化作用外，所有 6 个突变都是雄性化的基因受影响(表 20.3)(Dellaporta，Calderón-Urrea，1994)，植株失去抑制雌花序中雄性器官启动的能力，造成谷穗上生小花，其中雄蕊持续发育，雌蕊受抑制，而且节间缩短造成植株明显地矮化。隐性基因型植株的开花及矮化表型可被外施 GA 所逆转。已知，每个隐性的矮化基因(*d1*，*d2* *d3*，*d5*，*an*)各自分别影响 GA 生物合成途径中的某一步骤，因此植株体内的 GA_1 含量低于正常植株。显性位点 *D8* 不影响体内的 GA_1 含量，而且对外施 GA 无响应，这表明 *D8* 可能与 GA 的接受有关(Irish，Nelson，1989)。

表 20.3 与玉米性别决定有关的突变基因

<table>
<tr><th>基 因</th><th>表 型</th></tr>
<tr><td>d1</td><td rowspan="3">植株矮化，果穗生小花，其中雄蕊持续发育而雌蕊受抑制，其作用可被外施 GA 所逆转</td></tr>
<tr><td>d2</td></tr>
<tr><td>d3</td></tr>
<tr><td>D8</td><td>表型同上，但不可被外施 GA 所逆转</td></tr>
<tr><td>d5</td><td>植株矮化，果穗生小花，其中雄蕊持续发育而雌蕊受抑制，其作用可被外施 GA 所逆转</td></tr>
<tr><td>an</td><td>矮化</td></tr>
<tr><td>ts1，ts2</td><td>使雄穗上的雄性小花完全转变为雌花并使果穗下部的小花发育，雄穗结实</td></tr>
<tr><td>ts4，ts6</td><td>雄穗上小花不规则增生，在果穗上形成不规则的雄花、雌花、两性花和不育的小花</td></tr>
<tr><td>ts5，Ts5</td><td>产生正常的果穗和近于正常、但生一些完全和雌性小花的雄穗，穗丝缺如(sk)，抑制果穗穗丝发育</td></tr>
<tr><td>silkless</td><td>穗丝花(si)，穗丝极端发育，雄穗上的雄花发育不完全</td></tr>
<tr><td>teosinte</td><td>造成分叉不正常发育并伸长至谷穗尖端，在末端形成类似雄穗的花序</td></tr>
<tr><td>terminsl ear</td><td>果穗终止(te)，最下部的一些雄穗分支转变为小型的果穗</td></tr>
<tr><td>ramosa-3(ra3)</td><td>引起果穗的分支和雌蕊发育为雄穗</td></tr>
</table>

(2) 雄性化基因(masculinizing genes)

雄穗结实突变基因的作用与矮化基因正好相反，在正常雄穗的小花上生雌蕊。至少有 5 个使雄蕊结实的基因，且互不连锁。*ts1* 和 *ts2* 的表型最简单，使雄穗上的雄性小花完全转变为雌花并使果穗下部的小花发育，*ts2* 突变还可使受粉的谷穗上每个小穗的次级小花发育至成熟，产生双种子，使谷粒拥挤和不规则地排列。*ts2* 和 *dwarf* 的双突变研究表明，这两个基因具有相加效应，说明它们是相互独立的。其他基因的转变作用则较弱。*ts4* 和 *ts6* 引起雄穗上小花不规则地增生并在果穗上形成不规则的雄花、雌花、两性花和不育的小花。

Ts5 为显性突变，在雄穗上由下至上地形成一个从雄花到雌花的发育梯度，形成正常的果穗和近于正常但生一些完全花和雌性小花的雄穗。与 *ts1* 和 *ts2* 不同，这种突变影响的是花的发育进程而不是非正常地中断一些生殖器官的发育，因此它们在性别决定中的作用可能是间接的。它们与 *ts1* 和 *ts2* 也有相加效应(Irish, Nelson, 1989)。现将与玉米的性别决定有关的基因总结成表 20.3。

现已证明以上一些基因的产物具有相互作用(Irish, Nelson, 1989)。综上所述，引起雄性化的基因实际上是关闭雌蕊发育程序或启动其死亡程序的基因，而引起雌性化的基因实际上是启动雄蕊死亡程序或关闭其发育程序的基因。

20.3.3　植物生长调节剂对雌雄异花植物性别表现的调节

瓜类植物的性别决定对植物生长调节剂处理非常敏感，适宜的植物生长调节剂处理可使黄瓜及其他瓜类的性别向不同的方向转化。赤霉素(GA)可诱导出大量的雄花，但赤霉素的作用并非是在花原基上直接启动雄蕊的分化，而仅仅是抑制雌花的形成。而且 GA_4 和 GA_2 的作用比 GA_3 的要大。硝酸银的作用机理与赤霉素不同，它可能起乙烯拮抗剂的作用，通过干扰乙烯的结合位点来诱导雄花的产生。另外，乙烯利(或乙烯)和矮壮素(CCC)可使植株雌性化，乙烯的作用看来是明确而且是关键性的，其作用位点在茎尖，抑制乙烯代谢的物质如AIV、AVG、水杨酸和硝酸银等都有雄性化的作用；矮壮素的雌性化作用可能是通过其赤霉素拮抗剂的性质实现的。IAA 和 NAA 也有雌性化的作用。有许多因素可以影响上述植物生长调节剂对性别的作用，如处理时的发育时期，植物生长调节剂处理的浓度和处理次数，环境因素(特别是温度和光周期)等。植物的基因型也是一个非常重要的因素，因此常有结果相左甚至相反的报道。

赤霉素是一种参与多种植物生长和发育的固醇类激素，它对玉米的雌性发育至关重要，而且可能是其性别决定的一个原初信号。*d1*、*d2*、*d3* 和 *d5* 突变各自分别阻断赤霉素生物合成途径的特异位点。矮化突变株的内源赤霉素，特别是控制玉米茎尖伸长的 GA_1 的含量较低，外源的赤霉素可使内源赤霉素水平较低的隐性的矮化突变表现型恢复正常，并可使正常的雄穗雌性化。在谷穗发育的早期，其小花的性别决定受到激动素的影响。外源的赤霉素和细胞分裂素 PBA(一种人工合成的腺嘌呤衍生物)可影响芦笋(*Asparagus schoberioides*)的性别决定。赤霉素加 PBA 或只用赤霉素可诱导雌株发生具不育花药的雄蕊。雄性基因型的叶芽经 PBA 处理后可生出较多的两性花并可结实。

环境因素，如温度、光周期、水分和营养条件，甚至电流等对一些植物的性别表达也有影响(汪本里，曹宗巽，1963；Tsao，1979，1988；Durand，1984；Rahman，Yasmin，1994)。

很显然，外源的植物生长调节剂的作用方向在某种程度上反映了相对性别内源激素的状态，如外源的激动素对遗传性雄性植株的雌性化作用反映了遗传性雌性植株的内源细胞分裂素的含量高(Durand，1984)，而且只有当内源激素的平衡发生改变时，外源的处理才能起作用(Tsao，1988)。因此人们对性别与内源激素的关系作了大量的研究。

乙烯或乙烯利处理黄瓜使之雌性化的同时，其内源乙烯的释放明显增加。并可持续较长的一段时间，而且不同性别类型的黄瓜，其雌性越强，内源乙烯释放越多(应振土，李署轩，1990；王伟，曹宗巽，1986；Tsao，1979)。因此 Beyer 等(1972)提出乙烯是瓜类植物性别表现的内源调节剂。最近的研究说明，乙烯能诱导黄瓜和拟南芥的雄蕊组成细胞的编程死亡(王东辉,2004;段巧红，2005)。生长素类物质如IAA及NAA等和细胞分裂素类如6-苄基腺嘌呤及激动素等对性别的控制可能与其促进乙烯的生物合成有关(Tsao，1988；王伟，曹宗巽，1986；应振土，李署轩，1990)。但是赤霉素是直接起作用，还是通过调节内源乙烯来起作用尚未可知。有报道赤霉素可抑制石竹花的乙烯释放(Saks，Staden，1993)。玉米的雌性部分，谷穗芽中的赤霉素含量比雄穗中的高100倍之多，弱光、短日照可使野生型玉米的雄穗雌性化的同时伴有内源的赤霉素含量升高(Rood et al，1980)。现已证明各个矮化突变基因(*d1*，*d2*，*d3*，*d5*，*an*)各自独立地影响玉米体内赤霉素合成的特定步骤(Irish，Nelson，1989)。显性突变*D8*的赤霉素含量正常，而且不对外源的赤霉素发生反应(Fujioka et al，1988)。推测该突变可能干扰了赤霉素信号的接受。值得注意的是无论是内源的还是外源的赤霉素，在玉米和瓜类植物中的作用正好相反。

由以上可以看出，无论是外源还是内源，某一特定的植物生长调节剂对于不同种，甚至同一种的不同基因型植物的性别分化可以起着完全相反的作用。因此对植物而言，根本不存在"性别激素"的概念，而这种植物生长调节剂作用的多样性可能反映了植物性别决定机制的内在差异(表20.4)。

表20.4 植物生长物质对雌雄同株植物性别表达的作用(根据Durand et al，1984修改)

植物种类	植物生长调节剂	生理作用	参考文献
秋海棠(*Begonia franconis*)	IAA，GA_3，BAP 蔗糖	间接修饰性比	Berghoef，Bruinsma，1979a,b
芫荽(*Corandrium sativum*)	GA_3	增加雌花数	Amruthavalli，1978
	CCC，phosphon，乙烯利	抑制GA_3诱导的雌性化	
笋瓜	乙烯利	增加雌性化倾向	Hopping，Hawthorne，1979
瓠瓜(*Lagenaria leucantha*)	乙烯，乙烯利，ACC	诱导雌性化	应振土，等，1987
黄瓜(*Cucumis sativus*)	GA_3，TIBA，MH	增加雄性化倾向	Tsao，1988
	IAA，NAA和转肉桂酸，CCC，CO	增加雌性化倾向	
	GA_3	增加雄性化倾向	Frankel，Galum，1977
	IAA	增加雌性化倾向	
	Ag^{2+}	诱导雌性系雄性化	Beyer，1976
	Aminoethoxyvinylglycine	雌性系雄性化	Owena，1980
	ABA	增加两性系雄性倾向及增加雌性系雄性倾向	Friedlander，1977a
	乙烯，乙烯利，ACC	增加雌性化倾向	
玉米	GA_3	诱导雌花雄性化	Hansen，1976
	乙烯利，phosphon，ACC	抑制GA_3的雌性化作用或不育	Krishnamoorthy，Talukdar，1976
Lemna aequinoctis 6746(浮萍属的一种)	CoC12，亚精胺，IAA	增加雄性	王隆华，等，1989
	ABA	增加雌性	

20.3.4　与性别决定有关的酶

低夜温处理黄瓜植株，在雌性化的同时伴有叶片和茎尖组织中过氧化物酶、过氧化氢酶、多酚氧化酶和抗坏血酸氧化酶活性的升高，而且不同基因型的黄瓜中雌性越强，其茎尖的过氧化物酶和过氧化氢酶的活性也越高，这些酶的活性与性别表达的关系可能与乙烯代谢有关(应振土，李署轩，1987)。

Kahlem(1975)对30种雌雄同株、雌雄异株和雌雄同花的被子和裸子植物的同工酶研究表明，其中有26个种具有花或雄蕊特异表达的过氧化物酶同工酶标记。Bracale等(1991)用芦笋花的全蛋白质做抗原，用ELISA以叶和根的全蛋白质筛选杂交瘤，得到几个抗花药的单克隆抗体。并且用ELISA，Western blot和免疫定位方法鉴定出四个不同的抗原决定簇，其中一个对高碘酸敏感，表明该抗原决定簇是糖基化的。间接免疫荧光和时序实验也表明，至少其中的两个抗原定位于花粉细胞上，而且只在花药发育的后期才大量表达。

20.4　基因型性别决定植物

基因型性别决定植物，也即雌雄异株植物，在被子植物中所占比例较高。其种群的性别是由一个或多个位点的等位基因的分离决定的。这一类植物中又有两类性别决定的形式，一类具有异形性染色体；另一类的性染色体是与常染色体同形的。

20.4.1　异形性染色体的性别决定系统

被子植物中性染色体异形的现象比较少见。已经报道的有酸模(*Rumex acetosa*)、女娄菜属(*Melandrium*)、大麻和啤酒花(*Humulus lupulus*)(Dellaporta，Calderón-Urrea，1993)等。这些植物又可以分成三种系统。

第一种系统与人类的性别决定相似，是XX-XY异形染色体决定系统，又称女娄菜型。石竹科的一些雌雄异株植物多属此类，如女娄菜属和白麦瓶草属(*Silene*)等。其雄性为杂合子(XY)，雌性为纯合子(XX)，即使有多余的X染色体，只要有雄性特异的Y染色体，植株即为雄性的(表20.5)。其性染色体的区别在于中心粒的位置不同，但X和Y染色体的长度基本一致，且比常染色体大(图20.13)，Westergaard(1958)对其性染色体个别节段(segment)进行了分析，证明性染色体控制着花的发育(图20.14)，Y染色体的节段Ⅰ抑制大孢子叶发育；节段Ⅱ控制小孢子叶发育；节段Ⅲ控制花粉管的发育；节段Ⅳ与X染色体的节段Ⅳ同源，都不影响孢子叶的形成；X染色体的节段Ⅴ可控制大孢子叶的发育。

表20.5　女娄菜型性染色体组成和植物性别的关系(引自Warmke，1946；Westergaard，1958)

染色体公式	花　型(性别)
2A+XX	大孢子叶(♀)
2A+XY	小孢子叶(♂)
2A+XXY	小孢子叶(♂)
4A+XXXY	小孢子叶(♂)
4A+XXXXY	小孢子叶(♂)
4A+XXXYY	小孢子叶(♂)和大孢子叶(♀)

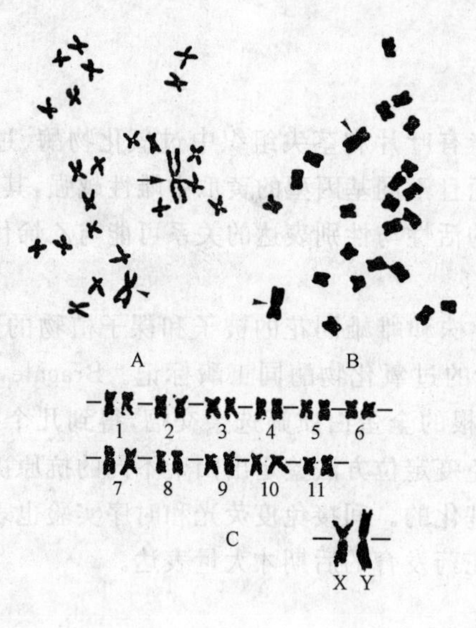

图 20.13　白麦瓶草雄(A)和雌(B)株体细胞分裂中期的染色体组，显示染色体浓缩的不同程度。箭头指出 X 和 Y 性染色体。$2n=24$，XY；C. 染色体排序

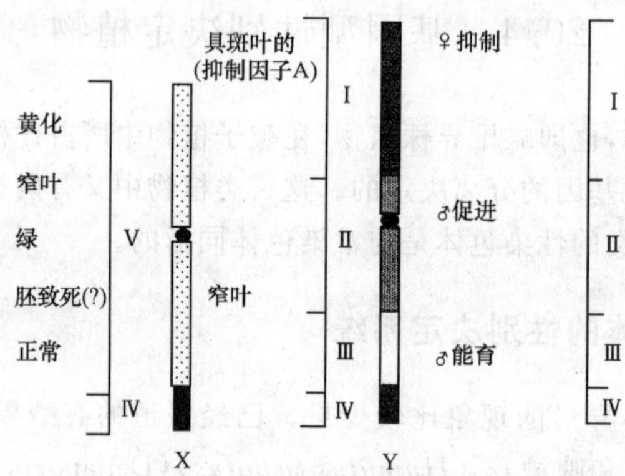

图 20.14　白麦瓶草 X 和 Y 染色体具有包括性别决定和窄叶等连锁特征的节段(仿 Westergaad，1958)

染色体缺失突变实验表明，Y 染色体的一端含有一个或几个雌蕊形成的抑制因子，中间区内包括一个或几个与雄蕊发生有关的基因。Ye 等(1991)认为女娄菜的性别决定依赖于几个系统间的相互作用。上位于 X 染色体的雄性抑制基因(推测的)位于 Y 染色体差异臂近基端的雄性启动基因中；位于常染色体上的雄性启动基因下位于 X 染色体上的雄性抑制基因中；位于 Y 染色体差异臂末端的雌性抑制基因部分上位于雌性启动基因；雌性启动基因位于常染色体或可能在 X 染色体上；雄性抑制基因可能位于 X 染色体差异臂上。

芦笋 (*Asparagus officinalis* L.)基本上是雌雄异株，但有些植株也会有少数完全花。与女娄菜相似，其性别由异形性染色体决定，雄性为杂合子(XY)，雌性的为纯合子(XX)，XY 和 YY 个体生雄花，XX 个体生雌花。在某些情况下，XY 个体为雄性两性花株。芦笋是"雄性显性"，并在 Y 染色体上含有显性的雄性激活—雌性抑制的遗传决定子。除了这些主要的性别决定基因外，遗传修饰也可影响花柱的败育时期。至少有两个基因与花柱的发育有关。两者相互作用，其中一个在表现型特征的表达活性上处于另一个的上位。

第二种系统为草莓属多倍体植物(Staudt，1952，1954)和金老梅(*Potentilla fruticosa*)(Grewall，Ellis，1972)的 ZW-WW 异形性染色体决定系统，其性染色体在雌性中为杂合子(ZW)，在雄性中则为纯合子(WW)。草莓属具有一系列的多倍体，$2n=14$，28，42 和 56。所

有的二倍体都是两性花，而野生的多倍体为雌雄异株。性别决定发生在花发育的晚期，在小孢子或大孢子母细胞形成之后、减数分裂之前。

第三个系统是X与常染色体平衡性别决定系统，也称为果蝇型（*Drosophila*），其Y染色体不参与雄性决定，而性别决定是由X染色体对常染色体的比例决定的，其比值为0.5（二倍体个体中为X/2*n*A，四倍体个体为2X/4*n*A）时为雄性，比值为1.0（2X/2*n*A或4X/4*n*A）时为雌性。酸模属于此类，其雌性为2*n*A＋XX，雄性为2*n*A＋XY1Y2（2*n*为12）（图20.15），但二倍体的XXY和XXY1Y2却是雌性，Y染色体复制推迟并出现异形化。在多倍体中，X与常染色体的比值大于或等于1.0时，植株为雌性；比值小于或等于0.5时为雄株；比值在0.5到1.0之间则出现间性或杂性植株，即使在只有一组常染色体的3体植株中，该比值也可以决定性别。不过，吴世斌和李正理（1983）的研究说明，Y染色体对酸模的性别决定也起作用，当X与Y成0.5∶1时，产生了雄性。酸模的Y染色体是花粉可育性必需的，但与花药的发育似乎无关。Y1和Y2似乎与小孢子母细胞减数分裂的正常进行有关（Parker et al，1991）。还有一点与女娄菜不同，酸模的Y染色体并不抑制雌蕊的发育。

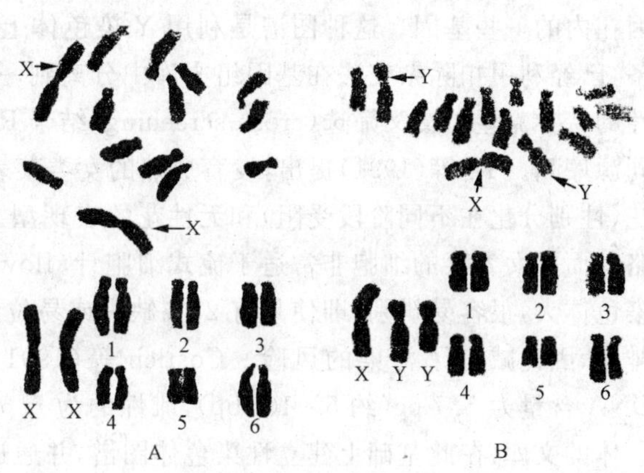

图20.15　酸模染色体，示性染色体。A. 雌性株；B. 雄性株（引自吴世斌，李正理，1983）

Rejon等（1994）从酸模中分离出一个串联排列的180 bp重复序列。他们首先在*Eco*RⅠ消化的DNA中观察并克隆到一个在雄性中十分明显的180 bp的片段，然后以此为探针做Southern blot分析，发现一串联排列的DNA簇。根据雄性的杂交信号较强来推断，该DNA簇应位于X和Y染色体上。多重性的梯状格局表明该DNA簇中各成员的序列有差异，而且在*Hind*Ⅲ消化的DNA中，雄性的DNA中有一梯状系列片段是雌性DNA中所没有的，这说明一或两个Y染色体上的该DNA簇的成员可能与常染色体或X染色体的有所不同。原位杂交结果也表明，该180 bp的序列位于Y1、Y2染色体的DAPI正反应带上，在X染色体的C带上也有微弱的信号，而在常染色体上无杂交信号，这表明该重复序列确实是性染色体特异的。同源异型基因（homeotic genes）控制花器官的同一性。为了研究同源异型基因的表达与酸模的性别决定之间的关系，Ainsworth等（1994）利用MADS框共同序列同源性的方法分离酸模的同源异型基因。用雌性和雄性的花芽RNA构建了cDNA文库，用同源异型基因和其他调控因子的基因为探针鉴定出一些克隆，并进行了序列分析和基因表达格局的研究。比起其他植物来，用女娄菜为材料进行性别决定和性别分化研究具有两个优点：（1）其异形性染色体对（XY雄性，XX雌性）上含有主要的参与性别决定的调节基因；（2）其具有一些与性别连锁但不影响性别的基因，所以一些参与性别分化的基因很可能存在于XY染色体上。研究人员已经得到一些具有独特性质的非常好的突变体，可使雌性或雄性器官特异阶段的发育受阻。两性花个体（MG31，5K-33，Ma24-7K/5）与野生型花相似，但无性个体（8K-40，5K-63）在性别发育的较早阶段发育就受阻。与同源异形相比，性别突变不表现为花器官间的转变，因此，女娄菜的野生型和突变体就成为在花发育的各个阶段分离性别特异转录本的好材料。另外，由于女娄菜的XY性别决定系统与人类的很相似,所以可以借鉴人类性染色体研究的技术和成果。Ye等(1991)根据在女娄菜染色体图谱上的位置已经克隆了性染色体上包括性别决定基因在内的一些基因。这种图谱是利用Y染色体上异常的结构建立的。作为染色体排序的准备,已经利用扣除杂交法在基因组文库中分离到一些雄性的特异探针,并已经鉴定出30个雄性的特异克隆。交叉筛选(cross-screening)结合RFLP的协同克隆法已用于克隆哺乳动物的同源序列。Ye等(1991)提出,发育成熟的女娄菜表现出Y染色体缺失,而且已经分离储量性花(性别分化在不同阶段受阻)和无性花的表现型。这种Y/X系统很适于采用相似的克隆策略。而且女娄菜的细胞非常适于流式细胞计(flow cytometer),两个靶染色体(XY)比其他的染色体大,很容易辨别,即使是有25%缺失或易位到X染色体的Y染色体仍然可以被鉴定和排序,因此减少了污染的风险。Costich等(1991)用流式细胞计测定,雄性二倍体细胞的DNA含量为5.7 pg(约5×10^9 bp),雌性的为5.5 pg。然后便可利用大容量的载体构建性染色体的文库,在此基础上建立性染色体图谱,并通过鉴定表达结构域和性突变体的遗传互补关系克隆特定染色体区域的基因。Scutt等(1994)用一种麦瓶草(*Silene lalifolia*)的雌性和雄性的poly(A)(+)RNA构建了cDNA文库,并以此用扣除杂交法建立了一个雄性特异的cDNA文库。在这个雄性特异的减式文库中,可能既包含了Y染色体编码的,也包含了位于其他染色体但受Y染色体性别决定基因调控的基因所表达的cDNA。为区分这两类cDNA,可以用单独的雄性cDNA为探针,分别与雌、雄性的基因组DNA做Southern blot。Y染色体编码的探针可能会产生雄性特异的带。还可以利用转基因植物来研究Y染色体基因的功能。Himisdaels等(1994)采用化学交联减法(chemical cross linking subtractive method),利用雄花芽的cDNA第一链和过量的有12%缺失的Y染色体无性突变花芽的poly(A)(+)RNA做扣除杂交。两轮杂交后余下的雄性cDNA做放射性标记,直接用于筛选两个雄性cDNA文库,并从中筛选出200个可能的雄性特异克隆。随机选取5个做Northern分析,全部都可与雄花的poly(A)(+)RNA杂交,与无性花的不杂交或只有微弱的信号。Donnison等(1994)则采用一种用于分离人类复杂基因组间微小差异的方法——筛选基因组特异DNA序列的方法分离*Silene latipolia*的雄性特异序列,其中,DNA取自自交系,从而保证了任何的差异都来自于X和Y染色体之间。

在被子植物中有许多调控花形态的基因,其编码的蛋白质都有一共同的位于N末端称为MADS结构性的基序。酵母和哺乳动物转录因子中也有这种结构。金鱼草和拟南芥的MADS框影响花器官的同一性。这一类基因的突变导致特定器官同一性的改变。如金鱼草的*deficiensA*突变使花萼表现出花冠的特征,并使雄蕊雌性化。在矮牵牛、番茄和玉米中也发现有MADS基序。Hardenack等(1994)用金鱼草的MADS框序列作为异源探针,从女娄菜雄花芽的cDNA文库中克隆出几个同源的cDNA,并做了结构和表达格局的研究。他们的结论是,MADS框基因并未直接参与性别决定,但同族的一些基因的表达受到雄花中抑制雌蕊发育因子的影响。

啤酒花(*Humulus*)中的两个种*H. lupulus*和*H. japonicas*是雌雄异株的,其性别决定系统与酸模的相似。在栽培的啤酒花中已经发现XX雌性-XY雄性的系统,而且在日本品种(*H. lupulus* cv. *cordifolius*)中还发现了多重X系统(X1X1X2X2雌性,X1Y1X2Y2雄性)。Y染色体对于雄性表现型的发育并不是必需的,但若缺少一个Y或其他的性染色体时,花粉的发育会停止在四分体阶段而不能成熟(Heslop-Harrison, 1963)。

20.4.2　非异形性染色体的性别决定系统

在雌雄异株植物中大多数没有形态特异的性别决定染色体，而是整个染色体组的形态都可归于常染色体。下面介绍几种这类植物有关方面的研究情况。

一年生山靛的性别遗传既不是异形性染色体决定，也不是单个基因决定，其性别由3个独立分离的基因 *A1*、*B1* 和 *B2* 决定。显性基因 *A1* 与隐性基因 *b*，或隐性基因 *a1* 与显性基因 *B*，都可导致雌性化。雄性决定需要基因作用互补，*A1* 的显性位点与一个显性的 *B* 等位基因。雄性化的程度由 *B1*-*B2* 基因型决定，即由显性的 *B* 基因雄性化的程度或对雌性化激素——激动素的敏感性的程度决定。*B1* 和 *B2* 共同作用可导致对激动素雌性化的拮抗作用，但 *B1* 或 *B2* 单独作用则导致对雌性化的敏感性提高。对一年生山靛的雄花和雌花的 poly(A)(+)RNA 群体的同源和异源杂交动力学分析表明，雄花和雌花的 poly(A)(+)RNA 群体之间有差异。同源杂交表明，雄花中大约有 8 000～9 000 个不同的 mRNA 表达；而雌花中则为 12 000～14 000 个；表现型雌性化的（2b6Ade 处理雄性基因型植株得到的雌花）则有 10 000 个不同的序列。雄花中含有 6.5%在任何雌花中都没有其相应成分的特异序列，雌性的 cDNA 中相应于雄花中的序列，在正常雌株的雌花中这些序列基本上是由转录本扩增形成的。而表现型为雌性的雌花中含有 3 组丰富的特异序列，与正常的雌花相比，其杂交曲线上有 3 个明显的特征部分，与雄性的 poly(A)(+)RNA 群体相比，其上有特征的部分更多。细胞分裂素可诱导雄株开雌花，与正常雌株的雌花相比，这两种雌花具有相同的表现型，而且都可育，但其基因序列并不相同。细胞分裂素诱导雄性基因组中雄性转录本扩增，在人工雌性化的雌花中这些特异基因能表达，而在正常雌株的雌花中这些基因并不表达，但没有发现雌性特异的 poly(A)(+)RNA。不过，据 Ait-Ali 等(1994)报道，在雌花中发现有 0.1%的转录本与雄性的 cDNA 不杂交，为雌性特异的。Hamdi 等(1989)用雄花的 cDNA 和过量的雌花的 cDNA 做扣除杂交构建了 cDNA 文库，从中筛选出 12 个与雄花探针优势杂交的克隆，用其中一个 460 bp 的作探针与中等强度和弱雄性系的雄花作 Northern 分析，该探针与两者的一个 1270 bp 的 poly(A)(+)RNA 杂交，而在不育或半不育的雄花中未检测到这种 poly(A)(+)RNA，该探针也不与雌株的任何 RNA 或雄花及雌花的 poly(A)(+)RNA 杂交。虽尚未与雄性恢复系做杂交，但可初步判定该探针是雄性特异的。为检测上述的 1270 bp 的 poly(A)(+)RNA 对激素的依赖性，用激素处理一弱雄性系使之雌性化，3～5 天内其内源的 IAA 含量不变且无形态学的变化，此时雄性特异探针与处理的和对照的 poly(A)(+)RNA 的杂交信号一致；8 天后处理株的内源 IAA 由 88ng/100gFW 降到了典型的雌株含量 42ng/100gFW，新形成的雄性不育花中的 RNA 仍有杂交信号但强度降低；15 天后第一朵雌花出现，IAA 含量不变(43ng)，但再没有可与雄性特异探针杂交的poly(A)(+)RNA 了。

Kahlem(1976)已测出雄花特异的过氧化物酶同工酶的氨基酸序列。对不同植物的过氧化物酶的氨基酸序列进行比较，发现几个保守的序列，其中的一个为酶活性位点的序列，含 6 个氨基酸残基(Phe-His-Asp-Cys-Phe-Val)。合成了几个相应的 20 bp 的寡聚核苷酸片段[TTC(T)CAC(T)GAC(T)TGC(T)TT C(T)TTC(T)GT]的混合物，用该寡聚核苷酸片段成功地从培养的花生(*Arachis hypogea*)的细胞中检测并分离出过氧化物酶的 cDNA，并从雄性一年生山靛 cDNA 文库中检测到了这一过氧化物酶的克隆(Durand，1991)。Boissay 等(1994)用花生的探针在一年生山靛的 cDNA 文库中筛选出两个过氧化物酶的克隆，序列测定表明二者的3′端相同,位于一个*Eco*RⅠ位点的下游,含有3个过氧化物酶特异的共有序列(活性位点、结构功能序列和卟啉结合位点)。用cDNA中的一个850 bp片段探针,Northern杂交表明在雄花中有明显的相应的基因表达。用雌性化激素处理雄性的植株后杂交信号消失,同时伴有雄性特异的过氧化物酶同工酶的消失。与雌花的RNA杂交有微弱的信号。利用扣除杂交法从雌花的cDNA中得到4个可与雌花cDNA探针杂交而不与雄花探针杂交的特异克隆,用Northern杂交对其器官和基因型特异性进行检测,结果表明,这几个克隆不仅在雌花中大量表达,而且在雌株的其他几个器官中也有表达;它们还能与雄花器官的poly(A)(+)RNA有限地杂交,并在poly(A)(+)RNA调控程度上有基因型特异性(雌性比雄性高4～6倍)。已知一年生山靛的性别与其内源的细胞分裂素的特异代谢途径连锁,而特异的代谢物——异源的细胞分裂素与内源的分化物质作用相同,可以诱导出相同类型的花。虽然细胞分裂素的代谢已清楚,但使t-io6Ado(雄性)转变为t-io6Ade(雌性)的酶尚未分离纯化。若能从雌株中分离出该酶,测定序列后合成相应的寡聚核苷酸片段,将有可能作为筛选雌性决定基因的工具。Ait-Ali等(1994)采用了3种途径证明雌花中的雄性序列丰度增加和基因高度重排(reorganization)。用雄性的探针筛选雌性的cDNA文库,并做Southern和Northern blot分析;利用异源的探针agamous和苜蓿的HRGP探针分别与雌雄RNA做杂交;利用GRGP特征序列SerPro4Ser的寡聚核苷酸片段为探针筛选cDNA文库,然后用PCR扩增。对HRGP cDNA和基因组探针的序列测定显示在由同一基因编码的HRGPM RNA上,或由基因的不同开放阅读框架编码的HRGPM RNA的成熟过程中雄性或雌性的特异性表现出高度的基因重排,而且由于雌株中雌性化的细胞分裂素碱基—反式玉米素的存在,雌花中雄性转录本的丰度和雌性特异性都有所增加。

杜仲是非常严格的雌雄异株植物,其雌雄株的比例近似于1∶1,应为性染色体决定系统。但对其所进行的细胞学核型分析却说明,在形态上看不到异型性染色体(图20.16)只是其芽的大小和叶片中杜仲胶的含量等数量性状都是雌株显著大于雄株(图20.17)(王丙武,等,1999)。并已从幼叶中分离到一个在雌株中特异表达的DNA片段MSDE(图20.18),通过SCARmr检测和对未知株和种子的检测都证明这是雌株特异的片段,可作为雌株的分子标记。用Southern杂交证明,同样只有雌株DNA电泳条带上有杂交信号,而雄株DNA条带上没有杂交信号(图20.19)(Xu et al, 2004)。从其为雌株特有来看,MSDE很可能存在于性染色体上,而且杜仲的性别决定可能属于W、Z系统,其可能就在Z染色体上。开启雌蕊发育程序,抑制雄蕊发育的基因可能是位于该染色体上的显性基因;而位于W染色体上的开启雄蕊发育程序但不抑制雌蕊发育程

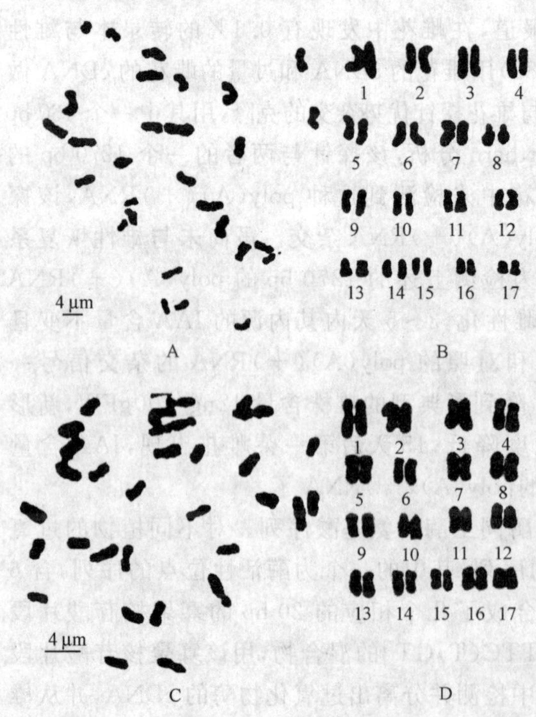

图20.16 杜仲染色体图,示无明显性染色体。A～B. 雌性株;C～D. 雄性株(引自王丙武,等,1999)

序的基因则为隐性基因，这样 WW 为雄性，ZW 为雌性，而且控制胶含量和芽大小的重要基因很可能都在 Z 染色体上，于是出现了雌株都高于雄株。

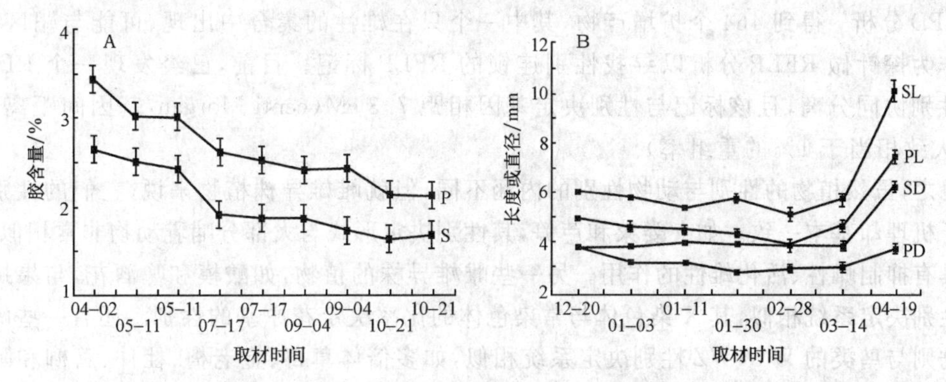

图 20.17 杜仲雌雄株的比较。A. 叶中杜仲胶含量；B. 芽的大小。P. 雌株；PD. 雌株芽的最大直径；PL. 雌株芽的长度；S. 雄株；SD. 雄株芽的最大直径；SL. 雄株芽的长度（引自王丙武，等，1999）

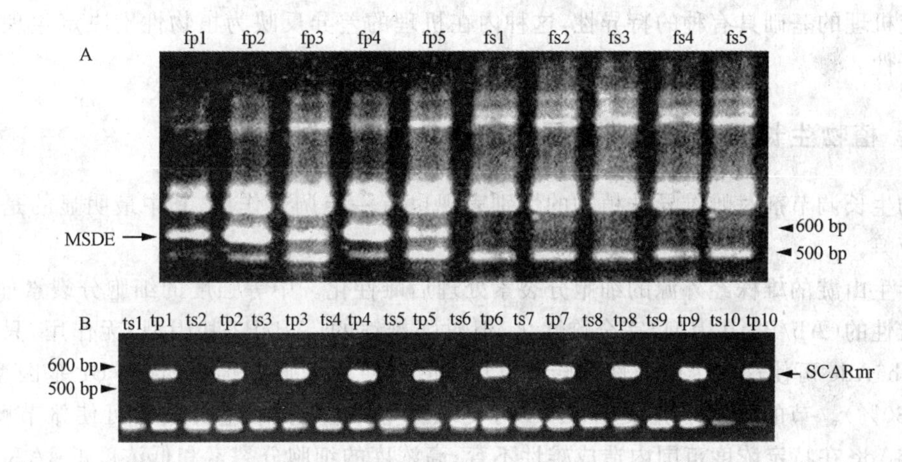

图 20.18 杜仲雌、雄株幼叶 DNA 的 RAPD 和 SCARmr 反应结果，其中 5 个雌株的电泳条带上有一个特异条带（箭头所示），而雄株相同位置上则没有。fp. 雌株；fs. 雄株；tp. 雌株；ts. 雄株（引自 Xu et al，2004）

在雌雄异株的植物中发现具雌株特异 DNA 片段的种较少，除杜仲外还有蒿柳（*Salix viminalis*）（Alstrom-Rapaport et al，1998）和阿月浑子（*Pistacia vera*）（Hormaza et al，1994）。从对杜仲的研究来看，雌株可能是杂合的，而雄株则是纯合的，这就说明，它们的性别决定系统可能也是 WW-WZ 决定系统。Galli 等（1988）提出芦笋是鉴定与性别决定因子有关的 DNA 片段的合适材料，一是因为芦笋的基因组较小，2*n*DNA 约为 39 pg；二是现已有易于分析的纯合雄株（YY）和雌株（XX）；三是芦笋对 Ti 质粒侵染敏感，而且现已能从培养的细胞得到植株。用 6 个随机选择的基因组克隆为探针对父本、母本和杂交一代（B C1）的基因组 DNA 进行了限制性片段长度多态性（RFLP）分析，结果表明，其中 4 个克隆在一个或多个 BC1 的父母本中呈现多态性的带。BC1 植株的个体呈母性或杂合性的分离。Caporali 等（1994）利用集合分析法（bulked analysis）试图找到与性别相连锁的 DNA 序列。他们分别建立了两个集合（pool），一个是

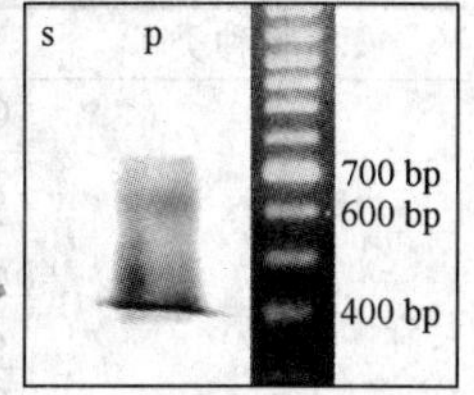

图 20.19 Southern 杂交结果：雌、雄基因组经酶切后电泳条带转移到尼龙膜上与地高辛标记的探针杂交，只在雌株基因组条带上有杂交信号，而雄株基因组条带上没有。P. 雌株；S. 雄株（引自 Xu et al，2004）

雌株的，另一个是雄株的，它们来自同一种植物，雄株是由其花药培养再生的单倍体植株加倍而成，这样两个集合之间除了性别决定基因外，其他的遗传背景完全一样。已经用了100个引物做RAPD分析，得到464个扩增产物，其中一个只在雄性的集合中出现，可能与靶区有关，以此作为探针做RFLP分析以寻找性别连锁的RFLP标记。目前，已经发现一个RFLP标记与性别协同分离，且该标记与性别决定基因相距7.3 cM(centi Morgan，基因间距离单位，1 cM大致相当于1%的重组率)。

总之，虽然植物的性别与动物性别的内涵不同，但就雌雄异株植物来说，它们的性别决定的分子机理却基本一致。如女娄菜和芦笋，其性别决定形式与大部分哺乳动物非常相似，即染色体具有抑制雌性、活化雄性的作用。另一些雌雄异株的植物，如酸模和啤酒花，与果蝇和线虫的性别决定系统相似，其X染色体与常染色体的比率决定花原基的性别。还有一些雌雄异株植物则与鸟类的WW-WZ性别决定系统相似，如多倍体草莓、金老梅、杜仲、蒿柳和阿月浑子等。但应当注意，即使果蝇和线虫的X染色体与常染色体比率的性别决定系统的遗传机理是相同的，但其内在的调控性别的二型性的分子机理却是截然不同的。因此，可以推测植物的性别决定机理的基础具有种的特异性，这种内在机理的差异反映为植物性别决定生理学多样性和复杂性。

20.4.3 植物生长调节剂对雌雄异株植物性别表现的调节

植物生长调节剂对雌雄异株植物的性别表现也有一定调节作用，其中最明显的是一年生山靛和芦笋。

一年生山靛的雄株经外源的细胞分裂素处理后雌性化。中等强度的细胞分裂素如f6Ade可使弱雄性的(Ab/B2基因型)完全雌性化，但对强雄性的(AB/B2基因型)无作用，只有人工合成的2b6Ade可使这些个体的性别转化。f6Ade可使中等强度雄性的(A/B1基因型)部分雌性化(30%)。节的组织培养表明，IAA可使雌性节雄性化；细胞分裂素可使雄节雌性化。IAA/2b6Ade在特定浓度范围内造成雄性不育；高浓度的细胞分裂素和低浓度的IAA可使雌性化作用更加明显。类似的工作还有许多，总结于表20.6：

表20.6 植物生长物质对雌雄异株植物性别表达的作用(根据Durand et al, 1984修改)

植物种类	植物生长调节剂	生理作用	参考文献
大麻	GA_3	增加雌花数	Tsao, 1988
	乙烯	抑制雌花形成	Caloch, 1979
	乙烯，IAA，激动素	遗传性雌株雄性化	Caloch, 1978
	乙烯	遗传性雄株雌性化	M. Ram, Sett, 1979
	GA_3，Ag^{2+}，和 Co^{2+}	遗传性雌株雄性化	
	BAP, IAA, ABA	增加去根苗雌性株比例	
	GA	增加去根苗雄性株比例	Chailakhyan, Khryanin, 1978
啤酒花	2CPTCA, IAA	遗传性雌性株雄性化	Heslop-Harrison, 1963
一年生山靛	细胞分裂素	遗传性雄性株雌性化	Durand, 1966
	IAA	遗传性雌株离体雄性化	Ckampanlt, 1969
黑桑(*Morus nigra*)	乙烯利	遗传性雄株雌性化	Jaiswal, Kumar, 1980

（续表）

植物种类	植物生长调节剂	生理作用	参考文献
菠菜	GA_3	增加去根苗雄性化	Chailakhyan，Khryanin，1978
	BAP，IAA，BAB	增加去根苗雌性化	
葡萄	激动素	遗传性雄株雌性化	Negi，Olmo，1966 Doazan，Cuellar，1970
油桐（*Alenrites montuna*）	GA_3，Ag^{2+}	诱导雄花形成	Tsao，1988
Siraita grosventori	GA_3，Ag^{2+}	雌性株上诱导两性花	Tsao，1988
毛杨梅（*Myrica esculenta*）	GA_3	诱导雌性和雄性株形成	Kumar，Bhatt，1992
	Chlorflurenol，ethrel	同性花，诱导雄性株形成同性花	

与雌雄异花植物一样，外源激素对雌雄异株植物的影响也与其内源激素水平有关。一年生山靛的性别则与其内源IAA的含量及细胞分裂素的种类有关，而IAA的含量又与性别基因的组合有关：基因型 $A+B1+B2$（强雄性）＞基因型 $A+B1$（中等强度雄性）＞基因型 $A+B2$（弱雄性）＞基因型 A（雌性），从而导致雄性化的基因与内源的IAA含量有关，而且直接或间接地调控内源IAA的含量。一年生山靛体内的细胞分裂素代谢的特征是受 A 基因控制，并且反式途径（trans-oxidized）占优势，当t-io6AMp转变为t-io6Ade的反式氧化途径时就启动了生殖器官的发育。在雄蕊中，该途径不完全在t-io6Ado处终止，当由于隐性基因 b 的产物存在使t-io6Ado转变为t-io6Ade时，雌蕊开始发育。一般情况下花药的不育性或育性的恢复都有顺式途径（cis-pathway）的背景。直接利用顺式或反式玉米素的整体实验表明，反式为雌性化代谢所必需，而顺式则导致花药的不育。性别基因除了调控细胞分裂素的代谢外，还由于雌性等位组合下t-zeatin的存在而诱导IAA氧化酶的活性，进而造成IAA在雌株中的下降。因此，可以认为性别基因是一个主要的激素调控因子。有可能在植物的每个细胞中，甚至在由各种基因型，包括强雄、弱雄及雌性的个体建立起来的未分化的愈伤组织细胞内，都有这种调控作用，并且具有各自特异的细胞分裂素代谢分化的特征。

对不同发育阶段芦笋的内源IAA、脱落酸和三种细胞分裂素（反式玉米素核苷、脱氧玉米素核苷及异戊烯腺嘌呤）的研究表明，两性间差异最大的是IAA。雄性幼花中的IAA约为雌性幼花中的3倍。由叶芽到幼花期间，细胞分裂素的含量在雄株中较稳定，雌株中有轻微的降低；IAA的含量在雄株中急剧上升，雌株中只有微弱的增加。芦笋花的减数分裂期被认为是性别分化的关键时期。此时的雄花细胞分裂素含量高于雌花的。脱落酸除了在减数分裂期外，在两性中的含量一样。叶芽期的脱落酸含量最高，以后一直到花的减数分裂期其含量逐渐降低，而雌花中的变化更加明显。脱落酸是IAA和细胞分裂素的拮抗剂，可能也参与了决定性别表达的激素平衡（Bracale，1991）。

由以上可以看出，无论是外源还是内源的某一特定的植物生长调节剂对于不同种，甚至同一种的不同基因型植物的性别分化可以起着完全相反的作用。因此对植物而言根本不存在"性别激素"的概念，而且这种植物生长调节剂作用的多样性可能也反映了植物性别决定机制的内在差异。另外，这些使用外源激素能改变雌雄异株植物性别的植物，其控制性别分化的程序中起关键作用的可能就是内源激素的比例，通过调节内源激素的比例可调节生殖器官的发育。那些不是通过调节内源激素的比例控制性别分化的植物可能其性别分化对外源激素无反应或不敏感。

20.4.4 植物生长调节剂的结合位点

对一年生山靛雄性和雌性的幼小花序中 BAP 和其他游离碱基或核苷与细胞分裂素识别位点(如核糖体)结合的动力学研究表明,雄花中核糖体结合的 BAP 是雌花的两倍。结合常数随性别变化,雌性为 2,雄花为 1,BAP 与该位点的结合不能被核苷酸所替代。3 种游离的碱基中,玉米素因其结合常数大于 BAP,替代作用最强。染色质上的一些酸性蛋白质也可以与 BAP 结合,与核糖体中的情况一样,结合位点的数目和结合常数也是随性别而异。由此可以推断,雌雄异株植物的茎尖分生组织无疑就是激素的靶器官,因而也可推测存在生殖器官发生的特异受体。

20.4.5 与性别决定有关的酶

过氧化物酶、酯酶等一些酶的同工酶常被用做植物的遗传标记。在研究植物的性别时也被用做一种生物化学的标记。对芦笋 14 种同工酶的研究表明,其中的 7 种表现出多态性。连锁分析表明,至少有 4 个连锁群,其中一个位于 5 号染色体,距离性别决定位点约 20 cM 处的一个编码苹果酸脱氢酶的位点上。芦笋的过氧化物酶同工酶谱中有 5 条是花特异的,其中 3 条为花药特异的。

在尚未发生形态学上的性别分化的花芽中,两种性别的花芽都有这几条带。在雌花中,雄蕊发育受阻的同时,这几条带突然消失,而在雄花中则可维持较长的一段时间。芦笋的雌、雄花发育过程中 RNA 酶的活性变化明显不同,雄花的 RNA 酶活性在发育的后期突然升高,这一现象可能与花药组织的解体有关;而雌花的 RNA 酶活性在早期就达到了高峰,然后迅速下降。RNA 酶同工酶的初步研究表明,雌花的 RNA 酶活性升高是由于一条特异同工酶带的出现所致,而成熟雄花的酶活性升高却未见伴有任何特异酶带的出现。

一年生山靛的酯酶同工酶中有几条带是雌性所特有的,而且可以用外源的细胞分裂素诱导遗传性雄株雌性化的同时诱导出这几条带。3 条过氧化物酶同工酶带是雄花所特有的,其活性受激素水平的调控。当雄株被外源的细胞分裂素雌性化处理后(甚至在已经形成雄花时),其活性明显地降低。在其他各种雌雄同株山靛的雄花中也检测到与这 3 条过氧化物酶同工酶酶带同样的谱带。以此为抗原制成的抗血清用于在花器官发育的组织免疫学定位研究表明,这几个抗原很早就在花发育的亚原套中开始合成,直到花粉母细胞经减数分裂形成小孢子的整个过程中一直存在,而在任何雌花的组织中都检测不到它们的存在。

大麻、菠菜和银杏的雌株和雄株的过氧化物酶同工酶的谱带也有差异,前两者的雌株比雄株多一条带,而银杏的雌株则多两条带(钟诲文,等,1982)。大麻中发现有一个雌性特异的抗原,并伴有大量的细胞分裂素的存在。

猕猴桃雌雄株茎段的组织培养表明,雌性茎段产生的愈伤组织和悬浮培养细胞中过氧化物酶活性高于雄性的,雌性的愈伤组织和悬浮培养细胞的过氧化物同工酶具有几条特异带。

20.4.6 与性别决定有关的 tRNA,mRNA 和蛋白质

对一年生山靛的雄蕊和心皮发育过程中 tRNA 群体的表达研究表明,雌性 tRNA 氨基酰

化程度及其合成酶的活性高于雄性的。Leu,Ser,Tyr 和 Val 的 tRNA 都有此现象。相应的人工受体掺入这几个 tRNA 的实验表明,两个叶绿体 Tyr-tRNA 和一个叶绿体定位的 Leu-tRNA 合成酶是雌性发育特有的。这些雌性特异的 Tyr 和 Leu 的 tRNA 在细胞分裂素雌性化处理的遗传性雄株中也有表达(Bazin, 1975b)。利用体外翻译系统对一年生山靛雄花和雌花全 RNA 的比较表明,遗传性雄株的和雌株的 RNA 体外翻译系统产物具有可辨别的分化特异的多肽,且雄性中较少而雌性中较多,其中有些是量的差异,雌性特异的蛋白质斑点一般较强些。这种 mRNA 的差异正好与内源细胞分裂素和 IAA 的含量差异相符合(Durand, 1984)。

芦笋的 poly(A)(+)RNA 的体外翻译分析也表明,在雌花和雄花的发育早期,它们的多肽图谱没有明显的差异,只有在发育的晚期才有性别特异的多肽出现,这些多肽很可能与成熟的大、小孢子的出现有关(Galli, 1988)。对叶状枝(cladophyll)、整体成熟花和同源性器官(如真正的雌性子房和雄花中的不育小子房)中的全蛋白质和新合成蛋白质的双向电泳分析表明,雌、雄株叶状枝的多肽图谱几乎完全一样,但花的多肽图谱中则有一组显著的特异蛋白质,其中的一些在两性之间有差异。雄花和雌花的子房全蛋白质的图谱十分相似,然而用 35S-Met 脉冲标记组织的新合成蛋白质的图谱却表现出显著的差异,雄花的子房中出现一些新合成的蛋白质,而雌花的子房却只有少数的蛋白质有合成的活动。将其 mRNA 体外翻译的结果对比后,Bracale 等(1991)提出,在雌性子房中有蛋白质的翻译调控,雄花的子房中则没有,而这种翻译调控可能是造成两者发育上差异的原因之一。Caporali 等(1994)用双向电泳结合组织切片分析芦笋花由两性向单性转变期的蛋白质组成时还发现,在转变期开始时,雄花和雌花中各出现一些新的蛋白质斑点,在晚些时候雌花中的几个斑点开始变弱,一些消失,只有几个斑点仍然比雄花中相应的强,雄花在此发育阶段则出现几个新的多肽。

对植物性别决定和性别分化的生物化学研究为该过程中基因表达的变化提供了根据,并进一步证明植物性别决定机理的多样性。但无论是特异同工酶带、特异抗原还是特异蛋白质,都只能作为一种标记而不能说明性别决定和性别表达的机理,而且可能仅仅是一些与性别决定和性别表达相伴随的现象,两者之间可能并无内在的联系,再加上方法学上的困难,特别是植物材料量的限制,使这些工作很难深入,而分子生物学的方法可以直接分离到有关的基因,并对其功能和调控进行研究。

综上所述,生物体的性别决定和性别分化是发育生物学中非常引人注目的部分。由于性别决定在许多植物种中是独立进化的,为性别决定的分子和遗传提供了多样性。因此植物为研究性别决定的机理和进化提供了很好的材料。植物和动物的性别决定十分相似,都具有向雌雄两个方向发育的两性化潜能,性别在一关键的发育时期决定,并且受遗传因子、细胞编程死亡和类固醇素的控制,然而每一种生物体的性别决定机理和调控的细节可能是独特的。

植物性别决定的研究还有着明显的经济意义。作物的杂交育种和对一些作物雄株或雌株的选育等都有赖于这一领域的研究。现在已经建立了可利用基因工程将单性花转变为两性花的人工植物性别决定系统,可以预计植物性别决定的应用研究也会取得丰硕的成果。

参考文献

曹静. 杜仲叶片衰老及次生木质部分化、脱分化研究[学位论文]. 北京：北京大学生命科学学院，2003

曹宗巽，吴湘钰. 植物生理学. 北京：人民教育出版社，1980，383

陈机，等. 大白菜形态学. 北京：科学出版社，1984，37—46

陈培元. 作物对于干旱逆境的反应和适应机理. 见：吴相钰，赵微平，匡廷云，等，主编. 植物生理补充教材. 北京：中国植物学会生理专业委员会，北京植物生理学会，1996，46：1—22

陈如珠，李耿光，张兰英. 红江橙愈伤组织的诱导和植株再生. 植物学报，1991，33 (11)：848—854

陈维伦，杨善英，王洪新，等. 苹果("金冠"品种)成年树的茎尖培养. 植物学报，1980，22(1)：93—95

陈永宁，李文安. 薄层细胞培养在细胞分化研究中的应用. 细胞生物学杂志，1989，11(2)：64—68

陈朱希昭，陈耀堂，高信曾. 太谷核不育小麦花药组织和小孢子发生的超微结构研究. 植物学报，1984，26(3)：235—240

崔克明，Little CHA，Sundberger B. 欧洲赤松茎部形成层活动和外源 IAA 对它的影响. 植物学报，1992，34(7)：515—522

崔克明，李正理. 杜仲剥皮后暴露面经特种破坏的影响. 植物学报，1986a，28 (1)：27—32

崔克明，罗海龙，李举怀，等. 构树形成层的恢复活动及其过氧化物酶同工酶的变化. 植物学报，1993，35(8)：580—587

崔克明，王新书，林玉涛. 杜仲剥皮对植株生长的影响. 中药材，1986b，(1)：1—4

崔克明，魏令波，李举怀，等. 构树形成层的活动周期及其淀粉贮量的变化. 植物学报，1995a，37(1)：53—57

崔克明，魏令波，李举怀，等. 构树形成层的活动周期中过氧化物酶和酯酶同工酶的变化. 植物学报，1995b，37(10)：800—806

崔克明，罗立新. 杜仲形成层活动式样. 西北林学院学报，1996，11：1—9

崔克明，汪向彬，段俊华，等. 构树形成层活动中内源 IAA 的变化及其结合蛋白的研究. 植物学报，1999，41(10)：1082—1085

崔克明，汪向彬，段俊华. 构树剥皮再生中内源 IAA 的变化及其组织定位. 北京大学学报(自然科学版)，2000，36：495—502

崔克明，张仲鸣. 白皮松形成层活动周期中过氧化物酶和酯酶同工酶的变化. 北京大学学报(自然科学版)，1997，33：189—196

崔克明. 杜仲剥皮再生研究的现状和展望. 见：张康健主编. 中国杜仲研究. 西安：陕西科学技术出版社，1992，13—17

崔克明. 杜仲再生树皮坏死病的调查. 中药材科技，1983，(4)：6—8

崔克明. 维管形成层的活动式样. 植物学通报，1993a，10(增刊)：101—109

崔克明. 植物生长调节剂在控制形成层活动中的作用. 植物学通报，1991，8：22—29

崔克明. 植物细胞分化的启动控制和分化过程的阶段性. 生命科学，1997，9 (2)：49—54

崔克明. 杜仲再生树皮坏死病的调查. 中药材科技，1983，(4)：6—8

崔克明. 维管形成层发生和活动的机理. 植物学通报，1993b，10 (4)：11—16

崔克明. 植物细胞程序死亡的机理及其与发育的关系. 植物学通报，2000，17：97—107

段巧红. 乙烯影响雄蕊发育及其促进黄瓜雌花发育的分子机制研究[学位论文]. 北京：北京大学生命科学学院，2005

冯亮. 光与植物的生长发育. 见：刘良式主编. 植物分子遗传学. 北京：科学出版社，1997，452—498

冯午. 芸苔属植物的中间杂交 *Brassica pekinensis* Rupr.（白菜）× *Brassica oleracea* var. *fimbriata* Mill.（羽衣甘蓝）实验报告. 植物学报，1955，4(1)：63—70

Fhan A. 植物解剖学. 吴树明，刘德仪译. 第 3 版. 天津：南开大学出版社，1990，265—266

符近. 三种不同类型种子休眠、萌发及马占相思种子老化过程的研究[学位论文]. 北京：北京大学生命科学学院，1996

顾红雅，陈章良. 高等植物花器官的特异性基因. 植物生理学通讯，1993：393—401

广东省农业科学院水稻生态研究所. 甘蔗茎叶组织培养初报. 植物学报，1977，19(4)：311—312

广东省植物研究所遗传室. 基本培养基及附加成分在诱导籼稻花药产生愈伤组织及根芽分化中的作用. 见：中国科学院北京植物研究所，黑龙江省农业科学院. 单倍体育种资料集；3. 北京：科学出版社，1977，50—64

桂耀林，顾淑荣，徐庭玉. 罗汉果叶组织培养中的器官发生. 植物学报，1984，26(2)：120—125

桂耀林，毋锡金，徐庭玉. 猕猴桃胚乳植株形态分化的研究. 植物学报，1982，24(3)：216—222

过全生. 杨树叶薄层培养中不定芽形态发生的细胞组织学研究. 植物学报，1997，32(12)：1131—1137
何才平，杨弘远. 金鱼草胚珠中ATP酶活性的超微细胞化学定位. 植物学报，1991a，33(2)：85—90
何才平，杨弘远. 向日葵胚珠中ATP酶活性的超微细胞化学定位. 植物学报，1991b，33(8)：574—580
贺晓，李正理. 构树再生组织分化的比较研究. 植物学报，1991，33(10)：750—756
贺士元，等. 北京植物志. 上册. 北京：北京出版社，1984，257—258
侯宏伟. 杜仲形成层活动周期中生长素结合蛋白和剥皮再生中超微结构及过氧化物酶的变化[学位论文]. 北京：北京大学生命科学学院，2004
胡适宜，等. 小麦雄性不育系和保持系的小孢子发育的电子显微镜研究. 植物学报，1977，19(3)：167—171
胡适宜. 被子植物胚胎学. 北京：人民教育出版社，1982
花药培养学术讨论会文集编辑小组. 花药培养学术讨论会文集. 北京：科学出版社，1978
黄诚梅，李杨瑞，叶燕萍. 甘蔗组织培养与快速繁殖. 作物杂志，2005，(4)：25—26
贾思勰. 齐民要术. 北京：中国农业出版社，1998，284—292
江枫. 毛白杨次生木质部分化和脱分化的细胞学和生物化学变化[学位论文]. 北京：北京大学生命科学学院，2002
江勇，贾士荣，费云标，等. 抗冻蛋白及其在植物抗冻生理中的作用. 植物学报，1999，41(7)：677—685
姜晓芳，朱海珍，周军，等. 彗星电泳法在植物原生质体凋亡检测中的应用. 植物学报，1998，40(10)：928—932
蒋明义. 水分胁迫下植物体内OH的产生与细胞的氧化损伤. 植物学报，1999，41(3)：229—234
卡特 EG. 植物解剖学. 上册. 李正理译. 第2版. 北京：科学出版社，1986，230—246
卡特 EG. 植物解剖学. 下册. 李正理译. 北京：科学出版社，1976，5—79
康文隽，韩永忠. 枸杞和辣椒花芽发育的比较. 兰州大学学报(自然科学版)，1987c，23 (2)：133—134
康文隽，孙彬. "兰甜五号"甜瓜花芽发育的研究. 西北植物学报，1986，6 (3)：177—181
康文隽，孙彬. 白兰瓜花芽发育的研究. 兰州大学学报(自然科学版)，1985，21 (生物学集刊)：93—99
康文隽，孙彬. 丝瓜雄花和雌花发育特点的研究. 西北植物学报，1987a，7(1)：45—50
康文隽，孙彬. 瓜类植物花芽发育及花部演化规律的研究. 兰州大学学报(自然科学版)，1987b，23 (4)：86—94
李懋学，尤瑞麟，白文力，等. 金花茶花药愈伤组织的体细胞减数分裂. 云南植物研究，1994，16：263—267
李韶山，潘瑞炽. 植物的蓝光效应. 植物生理学通讯，1993，24(4)：248—252
李时珍. 本草纲目. 北京：人民卫生出版社，1982，1736—1741
李世一，李景佳，张延明. 草莓花芽分化规律的初步研究. 河北农业大学学报，1983，6 (2)：17—23
李雄彪，吴琦. 植物细胞壁. 北京：北京大学出版社，1993
李秀珍，郝乃斌，谭克辉. 冬小麦春化过程中可溶性蛋白质组成的变化与形态发生的关系. 植物学报，1987，29(5)：492—498
李秀珍，郝乃斌，谭克辉. 脱春化对冬小麦幼芽中可溶性蛋白质组成及植株个体发育状态的影响. 植物学报，1987，29 (3)：320—323
李玉鼎. 苹果、桃花花芽分化物候观察. 宁夏农业科技，1983，83 (5)：25—26
李泽炳. 光敏感核不育水稻育性转换机理与应用研究. 武汉：湖北科学技术出版社，1995
李振刚. 发育中的基因控制理论. 生物科学动态，1985，(6)：1—6
李正理，崔克明，余春生，等. 杜仲茎部剥皮后塑料薄膜包裹的效应. 中国科学，1981a，(12)：1591—1594
李正理，崔克明，余春生，等. 杜仲剥皮再生的解剖学研究. 植物学报，1981b，23 (1)：6—11
李正理，崔克明，余春生，等. 杜仲茎部剥皮后塑料薄膜包裹的效应. 中国科学，1981c，(12)：1524—1527
李正理，崔克明，罗正荣. 杜仲再生树皮的组织坏死. 植物学报，1984，26 (4)：456—458
李正理，崔克明，袁正道. 杜仲除去树冠对剥皮再生的影响. 植物学报，1983a，25 (3)：208—211
李正理，崔克明，鲁鹏哲. 构树剥皮再生的研究. 植物学报，1988，30 (3)：236—241
李正理，崔克明. 杜仲再生树皮的不正常发育. 植物学报 1984. 26 (3)：252—257
李正理，崔克明. 几种外源激素对杜仲剥皮再生的影响. 植物学报，1985，27 (1)：1—6
李正理，崔克明，袁正道，等. 杜仲剥皮后植皮再生的研究. 中国科学，B，1983b，(1)：34—40
李正理，崔克明. 未成熟木质部内维管形成层的发生. 科学通报，1981d，(10)：625—626
李正理，胡玉熹，刘淑琼. 香叶天竺葵立体叶柄上发生不定根和不定芽的观察. 植物学报，1965，13(1)：61—68
李正理，徐欣. 菊芋茎干再生新皮的组织分化. 植物学报，1988，30 (6)：579—584
李正理，张新英. 植物解剖学. 北京：高等教育出版社，1983，114—230
李正理，张新英. 三种正常与矮化松树的木材比较解剖. 植物学报，1985，27(4)：354—360
李正理. 矮化松树与落叶松木材解剖. 四川大学学报，1991，28：1—6
李正理. 棉花形态学. 北京：科学出版社，1979，86—97
李宗道，胡久清. 麻类形态学. 北京：科学出版社，1987，69—73
廖兆周，陈明周，廖巧霞，等. 甘蔗原生质体的植株再生. 植物学报，1994，36 (5)：375—379
林金星，李正理. 三种正常与矮化松树次生木质部中树脂道的比较观察. 植物学报，1993，35 (5)：326—366
林蓉，谢春梅，谢世清. 马铃薯茎尖脱毒培养关键因子分析. 中国农学通报，2005，21(7)：238—240

林植芳，林桂珠，李双顺，等. 衰老叶片和叶绿体中超氧阴离子和有机自由基浓度的变化. 植物生理学报，1988，14：238—243

刘美琴，王幼群，杨世杰. 植物激素对蚕豆离体茎段自体嫁接的影响. 园艺学报，1996，23 (3)：264 —268

刘庆华，李正理. 植物生长物质对茄茎剥皮后新皮再生的影响. 植物学报，1990，32 (12)：969—972

刘世峰，陈维伦，王洪新，等. 苹果矮化砧和苹果实生苗的茎尖培养. 植物学报，1978，20(4)：337—340

刘淑琼，刘佳琪. 桃胚乳愈伤组织的诱导和胚状体的形成. 植物学报，1980，22 (2)：198—199

卢洪瑞. 杉木木材构造随年龄的变异. 林业科学，1985，21：268—273

鲁鹏哲，崔克明，李正理. 十四种种子植物环剥再生的初步观察. 植物学报，1987，29 (1)：111—113

陆文樑，白书农，张宪省. 外源激素对风信子再生花芽发育的控制. 植物学报，2000，42(10)：996—1002

陆文樑，郭仲琛，王雪诘，等. 风信子外植体直接分化花芽的研究 1：花芽和营养芽形态发生的控制. 中国科学，B，1986，5：491—500

陆文樑，梁斌，Enomoto K，等. 外源激素在诱导风信子花被外植体不同部位细胞再生花芽中的作用. 植物学报，1994，36(8)：581—586

陆文樑，梁斌. 离体条件下诱导蕃茄果实状结构的再生. 植物学报，1994，36 (6)：405—410

陆文樑，佟曦然，张琪，等. 离体培养下番红花花柱—柱头状物再生的研究. 植物学报，1992，34 (4)：251—256

逯斌，谭克辉，林兵，等. 冬小麦春化过程中低温诱导与花芽分化相关的 mRNA 和蛋白质的合成. 植物生理学报，1992，18(2)：113—120

罗立新，崔克明，李正理，等. 杜仲形成层活动周期中多糖贮量和淀粉酶同工酶的变化. 北京大学学报(自然科学版)，1996，32：231—238

罗立新，崔克明，李正理，等. 杜仲形成层活动周期中过氧化物酶和酯酶同工酶的变化. 北京大学学报(自然科学版)，1999，35 (2)：209—216

马惠玲，张康健，弓弼，等. 杜仲茎段器官分化极性的研究. 西北林学院学报，1994，9(4)：8—11

马惠玲，张康健，杨吉安，等. 杜仲根萌苗光形态建成反应的研究. 西北林学院学报，1996，11(2)：34—38

马铃薯种薯生产协作组. 马铃薯种薯生产的研究Ⅰ：用茎尖培养方法生产马铃薯无病毒原种. 植物学报，1976，18 (3)：233—238

马子骏等. 杏水玫瑰花芽分化的研究. 园艺学报，1986，13 (2)：131—134

Muller WA. 发育生物学. 黄秀英等译. 北京：高等教育出版社，施普林格出版社，1998

姆旺戈(Mwange Kalima Nkoma). 杜仲维管形成层活动周期和剥皮再生中内源吲哚乙酸及脱落酸的含量与分布变化[学位论文]. 北京：北京大学生命科学学院，2003

倪迪安，王凌健，陈永宁，等. 生长素极性运输的抑制对叶生长发育模式的影响. 植物学报，1996，38 (11)：867—869

彭立新，李德全，束怀瑞. 园艺植物水分胁迫生理及耐旱机制研究进展. 西北植物学报，2002，22：1275—1281

石鹏，王大勇，崔克明. 豌豆顶芽衰老过程中的显微、超微结构和 nDNA 的变化. 北京大学学报(自然科学版)，2002，38：204—211

宋纯鹏，梅慧生，梁厚果. 叶绿体衰老过程中产生超氧阴离子的研究. 生物物理学报，1991，7：161—168

宋纯鹏. 植物衰老生物学. 北京：北京大学出版社，1998

孙彬，赵小琳. 草莓花芽分化的形态发生. 兰州大学学报(自然科学版)，1990，26 (4)：127—131

孙彬. 茄子花芽发育的形态发生. 兰州大学学报(自然科学版)，1991，27 (2)：113—117

孙英丽，赵允，刘春香，等. 细胞色素 c 能诱导植物细胞编程性死亡. 植物学报，1999，41 (4)：379—383

谭克辉，王文宏，何希文，等. 代谢抑制剂对冬小麦春化过程的影响. 植物学报，1981，23(5)：371—376

谭克辉. 低温诱导植物开花的机理. 植物生理生化进展，1983，2：90—107

田国伟，申家恒. 小麦珠心细胞衰退过程中 ATP 酶的超微细胞化学定位. 植物学报，1996，38 (2)：100—104

童恩预，李焜章. 括楼雌花发育的研究. 新乡师范学院学报，1985，(1)：85—93

童哲，连汉平. 隐花色素. 植物学通报，1985，3(2)：6

童哲，赵玉锦，王台，等. 植物的光受体和光控发育研究. 植物学报，2000，42 (2)：111—115

汪本里，曹宗巽. 离体条件下黄瓜顶芽性别分化的研究初报. 植物生理学通汛，1963，(3)：1—6

汪向彬，王震，段俊华，等. 构树木质部再生中内源 IAA 的变化及其组织定位. 植物学报，1999，41(12)：1327—1331

汪向彬. 构树维管组织再生过程中内源 IAA 的变化[学位论文]. 北京：北京大学生命科学学院，1997

王丙武，王雅清，莫华，等. 杜仲雌雄株细胞学、顶芽和叶含胶量的比较. 植物学报，1999，41(1)：11—15

王春新. 花的发育. 见：刘良式主编. 植物分子遗传学. 北京：科学出版社，1997，353—451

王春新. 营养器官的发育. 见：刘良式主编，植物分子遗传学. 北京：科学出版社，1997，318—352

王东辉. 乙烯调控黄瓜性别分化的分子机制研究[学位论文]. 北京：北京大学生命科学学院，2004

王凤亭，袁正道. 皮用药材树木剥皮后再生新皮的研究. 中药材科技，1979，(4)：13—14

王俊刚，张承烈. 水分胁迫引起的两种不同生态型芦苇的 DNA 损伤与修复(英). 植物学报，2001，43(5)：490—494

王隆华. 植物开花生理. 见：于叔文主编. 植物生理与分子生物学. 北京：科学出版社，1992，300—309

王艇，唐振亚. 植物冷驯化和热激反应的分子基础. 见：刘良式主编. 植物分子遗传学. 北京：科学出版社，1997，

499—549

王伟，曹宗巽．乙烯诱导黄瓜乙烯合成及其对性别表达的作用．第4届中国植物生理学大会，1986，11

王小兰，王耀芝．蚕豆成熟胚囊超微结构及ATP酶的超微化学定位．植物学报，1992，34 (11)：862—867

王学臣，任海云，娄成后．干旱胁迫下植物根与地上部间的信息传导．植物生理学通讯，1992，28：397—402

王学文，崔克明．马占相思的树龄和倍性对纤维性状的影响．林业科学，2000，36：125—130

王雅清，柴晶晶，崔克明．杜仲次生木质部分化和脱分化过程中酸性磷酸酶的超微细胞化学定位．植物学报，1999，41 (11)：1155—1159

王雅清，崔克明．杜仲次生木质部导管分子分化中的程序性死亡．植物学报，1998，40(12)：1102—1107

王雅清，崔克明．杜仲次生木质部分化和脱分化过程中ATPase的超微细胞化学定位．植物学报，2000，42 (5)：455—460

王雅清．杜仲次生木质部细胞分化和脱分化的超微结构和生物化学研究[学位论文]．北京：北京大学生命科学学院，2000

王幼群．植物离体嫁接的方法和研究进展．北京农业大学学报，1993，19(增刊)：15—18

王幼群．植物离体嫁接假酸浆/假酸浆的发育过程．北京农业大学学报，1994，20：246—250

王宇飞，李正理．三种正常与矮化植物的木材比较观察．植物学报，1989，31 (1)：12—18

王震，崔克明．构树去木质部后TIBA对组织再生的影响及其过氧化物酶和酯酶同工酶的变化．北京大学学报(自然科学版)，1999b，35：750—759

魏令波，崔克明．构树维管分生组织发育过程的观察．林业科技通讯，1994，(2)：16—17

毋锡金，桂耀林，刘淑琼，等．葡萄胚乳愈伤组织的诱导．植物学报，1977，19 (1)：93—94

毋锡金，刘淑琼．苹果胚乳愈伤组织的发生和倍性变化的研究．植物学报，1979，21 (4)：309—313

吴世斌，李正理．中国产酸模性染色体的初步观察．植物学报，1983，25(1)：16—23

肖卫民．绿豆Ty1/copia反转录转座子的分离与分析及其在嫁接变异中的可能作用[学位论文]．北京：北京大学生命科学学院，2005

徐欣，李正理．吲哚乙酸和苄基腺嘌呤对菊芋再生新皮组织分化的影响．植物学报，1991，33 (1)：78—81

许智宏，黄斌．大麦花粉愈伤组织形成中的花药因子．植物学报，1984，26(1)：1—10

颜秋生，张雪琴，谷明光．甘蔗原生质体的体细胞胚胎发生．植物学报，1987，29(3)：242—246

杨广笑．玉米赤霉烯酮在广温诱导植物成花中的作用[学位论文]．北京：北京农业大学生物学院，1994

杨世杰，卢善发．植物嫁接基础理论研究．生物学通报，1995，30：10—12

杨兴华．油瓜雌花和雄花的发育研究．植物学报，1978，20 (4)：314—322

杨雄，李正理，沈雪珍，等．银杏雌雄株间嫁接的愈伤组织发生．植物学报，1995，37 (11)：909—912

伊稍 K．种子植物解剖学．李正理译．上海：上海科学技术出版社，1982，104—111

殷亚方．毛白杨的形成层活动及其木材形成的组织和细胞生物学研究[学位论文]．北京：中国林业科学研究院，2002

应振土，李署轩．瓠瓜和黄瓜的性别表达和内源乙烯和氧化酶活性的关系．园艺学报，1990，17：51—57

应振土，李署轩．乙烯，乙烯利和ACC对瓠瓜性别表达的影响．园艺学报，1987，14：42—48

尤瑞麟．小麦珠心细胞的超微结构研究．实验生物学报，1985a，18：369—377

尤瑞麟．小麦珠心细胞衰退过程的超微结构研究．植物学报，1985b，27 (4)：345—353

余迪求，洪维廉，陈睦传，等．甜菊叶肉细胞脱分化过程中超微结构的研究．植物学报，1993，35 (7)：499—505

曾耀英．细胞凋亡分子机制的研究进展．中国科学基金，1999，13：137—144

翟中和．细胞生物学．北京：高等教育出版社，1995

张景钺，梁家骥．植物系统学．北京：高等教育出版社，1965

张康健，苏印泉，刘淑明，等．杜仲优树返幼及快速繁殖方法的研究．西北植物研究，1989，9：102—109

张康健，苏印泉，张檀，等．杜仲优树快速繁殖技术研究．见：张康健主编，中国杜仲研究．西安：陕西科学技术出版社，1992a，1—6

张康健，王珠清，马惠玲．杜仲优树根萌苗返幼特性的研究．见：张康健主编，中国杜仲研究．西安：陕西科学技术出版社，1992b，7—12

张蜀秋，贾文锁，王学臣，等．用胶体金免疫电镜技术研究水分胁迫对蚕豆根中ABA分布与含量的影响．植物学报，1996，38 (11)：857—860

张伟成，严文梅，娄成后．小麦衰退珠心中原生质向胚囊的迁移及其对增殖中的反足细胞的哺育．植物学报，1984，26 (1)：11—18

张伟成，严文梅，吴素萱．小麦珠心组织中原生质的细胞间动态及其与胚囊发育的关系．植物学报，1980，22 (1)：32—36

张新英，刘德民，王迎利．水稻花药培养中小孢子形成植株的组织分化和器官形成的初步观察．植物学报，1978，20 (3)：197—203

张新英，李正理．离体培养下杜仲木质部的组织分化．植物学报，1981，23 (5)：339—344

张仲鸣，崔克明．白皮松形成层活动周期及其多糖贮量和淀粉酶同工酶的变化．植物学报，1997，39 (10)：926—932

赵德刚，孟繁静．冬小麦春化过程中玉米赤霉素酮与超微结构变化的关系．中国农业大学学报，1997，2：15—20
赵国凡，曹阳，范放，等．黄柏剥皮再生的解剖学研究．植物学报，1984，26（3）：320—323
中国科学院北京植物研究所，黑龙江省农业科学院．植物单倍体育种．北京：科学出版社，1977
中国科学院北京植物研究所六室分化组．苹果矮化砧木的茎尖培养．植物学报，1977，19(3)：244—245
钟海文，杨中汉，朱广廉，等．根据过氧化物酶同功酶谱鉴定银杏植株的性别．林业科学，1982，18：1—4
种康，谭克辉，黄华梁，等．冬小麦春化相关基因分子克隆研究．中国科学，B，1994，24：964—970
周军，朱海珍，姜晓芳，等．乙烯诱导胡萝卜原生质体凋亡．植物学报，1999，41（7）：747—750
周铉，杨兴华，梁汉兴，等．天麻形态学．北京：科学出版社，1987，19—29
周永春，曹宗巽．在开花和性别分化过程中瓠瓜植株中内源雌酮的变化．植物学报，1982，24（6）：540—547
朱登云，蒋金火，田慧琴，等．聚乙二醇(PEG) 对杜仲胚乳愈伤组织茎芽分化的影响．西北植物学报，2001，21（6）：1142—1146
朱至清，孙敬三，李守全，等．烟草叶片外植体脱分化细胞中的蛋白体．植物学报，1984，26（2）：126—129
朱至清，孙敬三，李守全．烟草离体叶肉细胞中原质体的发生．植物学报，1982，24（3）：199—203
Abe H，Funada R，Imaizumi H，et al. Dynamic changes in the arrangement of cortical microtubules in conifer tracheids during differentiation. Planta，1995，197：418—421
Abe K，Takahashi H，Suge H. Gravimorphism in rice and barley：promotion of leaf elongation by vertical inversion in agravitropically growing plants. J Plant Res，1998，111（1104）：523—530
Abel S，Oeller PW，Theologis A. Early auxin-induced genes encode short-lived nuclear proteins. Proc Natl Acad Sci USA，1994，91：326—330
Abon-haidar SS，Miginiac E，Sachs RM. [^{14}C]-Assimilate partitioning in photoperiodically induced seedling of *Pharbitis nil*，the effect of benzyladenine. Physiol Plant，1985，64：265—270
Adams JM，Corry S. The Bcl-2 protein family：arbiters of cell survival. Science，1998，281：1322—326
Aida M，Ishida T，Fukaki H，et al. Genes involved in organ separation in *Arabidopsis*：an analysis of the cup-shaped cotyledon mutant. Plant Cell，1997，9：841—857
Aida M，Vernoux T，Furutani M，et al. Roles of *PIN-FORMED1* and *MONOPTEROS* in pattern formation of the apical region of the *Arabidopsis* embryo. Development，2002，129（17）：3965—3974
Ainsworth C，Crossley S. The relationship between homeotic and sex determination in a dioecious plants. In：Abstracts of 2nd international congress of plant molecular biology. Amsterdam，1994，778
Ait-Ali B，Durand R. Early female flower messenger RNAs in the dioecious plant *Mercurialis annua*：participation of specific extension-like mRNAs，cytokinin control of female expression. In：Abstracts 2nd international congress of plant molecular biology. Amsterdam，1994，779
Ajimal SD，Iqbal M. Seasonal rhythm of structure and behavious of vascular cambium in *Ficus rumphii*. Ann Bot，1987a，60：649—656
Albani D，Robert LS，Donaldson PA，et al. Characterization of a pollenspecific gene family from *Brassica napus* which is activated during early microspore development. Plant Mol Biol，1990，15：605—622
Albani D，Altosaar I，Arnison PG，et al. A gene showing sequence similarity to pectin esterase is specifically expressed in developing pollen of *Brassica napus*. Sequences in its 5′ flanking region are conserved in other pollen-specific promoters. Plant Mol Biol，1991，16：501—513
Alberts B，Brayb D，Lewis J，et al. Molecular biology of the cell. 3rd ed. New York：Garland，1994，1076—1077，1174
Allan AC，Fricker MD，Ward JL，et al. Two tranduction pathways mediate rapid effects of abscisic acid in *Commelina* guard cells. Plant Cell，1994，6：1319—1328
Almeras T，Costes E，Salles JC. Identification of biomechanical factors involved in stem shape variability between apricot tree varieties. Ann Bot，2004，93（4）：455—468
Aloni R，Peterson CA. Naturally occurring periderm tubes around secondary phloem fibres in the bark of *Vitis vinifera* L.. IAWA Bull ns，1991，12：57—61
Aloni R，Raviv A，Perteson CA. Role of auxin in removal of dormancy callose and resumption of phloem activity inbranches of *Vitis vinifera*. Plant Suppl，1989，89：95
Aloni R. Plant growth method and composition. United States patent 4，507，144 issues，1985-03-26
Alstrom-Rapaport C，Lascoux M，Wang YC，et al. Identification of a RAPD marker linked to sex determination in the basket willow（*Salix viminalis*）. Heredity，1998，89：44—49
Alvarez J，Guli CL，Yu XH，et al. Terminal flower：A gene affecting inflorescence development in *Arabidopsis thaliana*. Plant J，1992，2：103—116
Al-Ahmad H，Gressel J. Transgene containment using cytokinin-reversible male sterility in constitutive，gibberellic acid-insensitive（Delta gai）transgenic tobacco. J Plant Growth Reg，2005，24(1)：19—27

Ammirato PV, Steward FC. Some effects of the environment on the development of embryos from cultured free cells. Bot Gaz, 1971, 132: 149

Anderson BE, Ward MJ, Schroeder JI. Evidence for an extracellular reception site for abscisic acid in *Commelina* guard cells. Plant Physiol, 1994, 104: 1177—1183

Angeles G, Evert RF, Kozlowski TT. Development of lenticels and adventitious roots in flooded *Ulmus americana* seedlings. Can J For Res, 1986, 16: 585—590

Angeles G. Hyperhydric tissue formation in flooded *Populus tremuloides* seedlings. IAWA Bull ns, 1990, 11: 85—96

Angeles G. Responses of bark and roots of *Populus tremuloides* Michx to flooding. New York: New York Coll Envir Sci & For, 1988

Angeles G. The periderm of flooded and non-flooded *Ludwigia octovalvis* (Onagraceae). IAWA Bull ns, 1992, 13: 195—200

Aoyagi S, Sugiyama M, Fukuda H. BEN1 and ZEN1 cDNA encoding S1-type DNase that are associated with programmed cell death in plant. FEBS Letters, 1998, 429: 134—138

Aoyagi S, Sugiyama M, Fukuda H. BEN1 and ZEN1 cDNAs encoding S1-type DNase that are Northcote DH. Aspects of vascular tissue differentiation in plants: parameters that may be used to monitor the process. Int J Plant Sci, 1995, 156: 245—256

Arganbright DG, Bensend DW. Relationship of gelatinous fiber development to tree lean in soft maple. Wood Sci, 1968, 1: 37—40

Aronne G, De Micco V, Ariaudo P, et al. The effect of uni-axial clinostat rotation on germination and root anatomy of *Phaseolus vulgaris* L.. Plant Biosys, 2003, 137 (2): 155—162

Arzee T, Kamir D, Cohen L. On the relationship of hairs to periderm development in *Quercus ithaburensis* and *Q. infectoria*. Bot Gaz, 1978, 139: 95—101

Arzee T, Liphschitz N, Waisel Y. The origin and development of the phellogen in *Robinia pseudacacia* L.. New Phytol, 1968, 67: 87—93

Arzee T, Waisel Y, Liphschitz N. Periderm development and phellogen activity in th shoots of *Acacia raddiana* Savi.. New Phytol, 1970, 69: 395—398

Ashkenazi A, Dixit V M. Death receptors: signaling and modulation. Science, 1998, 281: 1305—1308

Baas P, Lee CL, Zhang XY, et al. Some effects of dwarf growth on wood structure. IAWA Bull ns, 1984, 5: 45—63

Bagnall DJ. Control of flowering in *Arabidopsis thaliana* by light, vernalization and gibberellins. Aust J Plant Physiol. 1992, 19: 401—409

Bagnall DJ, King RW, Whitelam GC, et al. Flowering responses to altered expression of phytochrome in mutants and transgenic lines of *Arabidopsis thaliana* (L.) Heynh. Plant Physiol, 1995, 108(4): 1495—503

Bagni N, Biondi S. Polyamine IN, et al. Cell and tissue culture in forrestry. Martinus Nijgoff Publ Dordrecht, 1987, 1: 113

Bai SN, Chen LJ, Yund MA, et al. Mechanisms of plant embryo development. Cur Top Dev Biol, 2000, 50: 61—88

Bailey IW, Tupper WW. Size variation in tracheary cells Ⅰ: a comparison between the secondary xylems of vascular cryptogams, gymnosperms and angiosperms. Pro Am Acad Arts Sci, 1918, 54: 149—204

Bailleres H, Castan M, Monties B, et al. Lignin structure in *Buxus sempervirens* reaction wood. Phytochemistry, 1997, 44: 35—39

Bak P, Chen K. Self-organized criticality. Sci Am J, 1991, (1): 26—33

Baluska F, Kreibaum A, Vitha S, et al. Central root cap cells are depleted of endoplasmic microtubules and actin microfilament bundles: implications for their role as gravity-sensing statocytes. Protoplasma, 1997, 196 (3—4): 212—223

Bannan MW. Anticlinal divisions and the organization of conifer cambium. For Prod J, 1968, 17: 63—69

Bannan MW. The vascular cambium and radial growth of *Thuja occidentalis* L. Can J Bot, 33: 113—138

Barba RC, Pokorny FA. Influence of photoperiod on the propagation of two *Rhododendron cultivars*. J Hort Sci, 1975, 50: 55—59

Barckhausen R. Ultrastructural changes in wounded plant storage tissue cells. In: Kahl G ed. Biochemistry of Wounded Plant Tissue. Berlin: Walter de Gruyter and Co, 1978, 1—49

Barker JE. Growth and wood properties of *Pinus radiata*. N Z J For Sci, 1979, 9: 15—19

Barlow PW, Carr DJ. Positional controls in plant development. Cambridge: Cambridge University Press, 1984

Barlow PW, Luck HB, Luck J. Pathways towards the evolution of a quiescent centre in roots. Biol, 2004, 59(Suppl 13): 21—32

Barlow PW, Luck J. Deterministic cellular descendance and its relationship to the branching of plant organ axes. Protoplasma, 2004, 224 (3,4): 129—143

Barnard C. Floral histogenesis in the monocotyledons Ⅰ: the gramineae. Aust J Bot, 1957a, 5: 1—20

Barnard C. Floral histogenesis in the monocotyledons Ⅱ: the cyperaceae. Aust J Bot, 1957b, 5: 115—128

Barnard C. Histogenesis of the inflorescence and flower of *Triticum aestivum* (L.). Aust J Bot, 1955, 3: 1—20

Barnett JR, Weatherhead I. Graft formation in sitka apruce-a scanning electron-microscope study. Ann Bot, 1988, 61: 581—587

Barton MK, Poething RS. Formation of the shoot apical meristem in *Arabidopsis thaliana*, and analysis of development in the wind type and the shoot meristemless mutant. J Cell Sci, 1993, 119: 823—831

Bassett CL, Mothershed CP, Galau GA. Polypeptides profiles from cotyledons of developing and photoperiodically induced seedlings of Japanese morning glory (*Pharbitis nil*). Plant Growth Regulation, 1991, 10: 147—155

Basu RN, Roy BN, Bose TTK. Interaction of abscisic acid and auxins in rooting of cuttings. Plant and Cell Physiol, 1970, 11: 681—684

Battey NH, Lyndon RF. Determination and differentiation of leaf and petal primordia in *Impatiens balsamina*. Ann Bot, 1988, 61: 9—16

Baudouin M, Marc B. The plasma membrane H^+-ATPase. Plant Physiol, 1995, 108: 1—6

Baurle I, Laux T. Regulation of *WUSCHEL* transcription in the stem cell niche of the *Arabidopsis* shoot meristem. Plant Cell, 2005, 17 (8): 2271—2280

Bayliss MW. Factors affecting the frequency of tetraploid cells in a predominantly diploid suspensior culture of *Daucus carota*. Protoplasma, 1977, 92: 109

Bayliss MW. Origin of chromosome number variation in cultured plant cells. Nature (London), 1973, 246: 529

Bazin M, Chabin A, Durand R. Comparison between 4 isoaccepting transfer-ribonucleic acid and corresponding synthetases in male and female flowers of the dioecious species: *Mericurialis annua* L. Dev Biol, 1975b, 44: 288—297

Beakbane AB. Relationships between structure and adventitious rooting. Proc Interplant Prop Soc, 1969, 19: 192—201

Beer EP, Freeman TB. Proteinase activity during tracheary element differentiation in *Zinnia* mesophyll cultures. Plant Physiol, 1997, 113: 873—880

Behmke HD, Sjolund RD ed. Sieve elements-comparative structure, induction and development. Berlin: Springer-Verlag, 1990, 103—119, 141—154

Behriger FJ, Davies PJ. Indole-3-acetic acid level after phytochrome-mediated changes in the stem elongation rate of dark- and light-grown *Pisum* seedlings. Planta, 1992, 188: 85—92

Belenghi B, Salomon M, Levine A. Caspase-like activity in the seedlings of *Pisum sativum* eliminates weaker shoots during early vegetative development by induction of cell death. J Exp Bot, 2004, 55 (398): 889—897

Bell CJ, Maher PE. Mutants of *Arabidopsis thaliana* with abnormal gravitropic responses. Mol Gen Genet, 1990, 220: 289—293

Bell PR. Megaspore abortion: a consequence of selective apoptosis? Int J Plant Sci, 1996, 157: 1—7

Belyavskaya NA. Lithium-induced changes in gravicurvature, statocyte ultrastructure and calcium balance of pea roots. Adv Space Res, 2001, 27 (5): 961—966

Benayoun J, Aloni R, Sachs J. Regeneration around wounds and the control of vascular differentiation. Ann Bot, 1975, 39: 447—454

Bennett MJ, Marchant A, Green HG, et al. *Arabidopsis AUX1* gene: a permease-like regulator of root gravitropism. Nature, 1996, 273: 948—950

Berlyn GP. Morphogenetic factors in wood formation and differentiation. In: Baas P ed. New perspectives in wood anatomy, The Hague: Martinus Nijhoff, 1982, 123—150

Berlyn GP. Factors affecting the incidence of reaction tissues in *Populus deltoides*. Bartr IA State J Sci, 1961, 35: 367—424

Bernasconi P, Patel BC, Regan JD, et al. The N-1-naphthylphthalamic acid-binding protein is an integral membrane protein. Plant Physiol, 1996, 111: 427—432

Bernier G, Kinet LM, Sachs RM. The physiology of flowering, Vol 1～2. Boca Raton: CRC, 1981

Bernier G. The control of floral evocation and morphogenesis. Ann Rev Plant Physi Plant Mol Biol, 1988, 39: 175—219

Bertrand CE. Loi des surfaces libres. Comptes Rendus Hebdomadaires des Seances de l' Academie des Sciences, Paris, 1884, 98: 48—51

Besnard-Wibaut C. Effectives of gibberllins and 6-benzyladenine on flowering of *Brabidopsis thaliana*. Physiol Plant, 1981, 53: 205—212

Bethke PC, Schuurink R, Jones RL. Hormonal signalling in cereal aleurone. J Exp Bot, 1997, 48 (312): 1337—1356

Beyer EM Jr, Morgan PM, Yang SF. Ethylene. In: Wikins MB ed. Advanced plant physiology. London: Pitman Publishing, 1984, 111—126

Beyers RE, Baker LB, Seli HM, et al. Ethylene: a natural regulator of sex expression of *Cucumis melo* L. Proc Nat

Acad Sci USA, 1972, 69: 717—720

Bhandari NN. The microsporangium. In: Johri BM ed. Embryology of angiosperms. Berlin: Springer-Verlag, 1984, 51—121, 131—153

Bhardwaj DR, Mishra VK. Vegetative propagation of *Ulmus villosa*: Effects of plant growth regulators, collection time, type of donor and position of shoot on adventitious root formation in stem cuttings. New For, 2005, 29 (2): 105—116

Bhojwani SS, Bhatnagar SP. The embryology of angiosperms. 3rd ed. New Delhi: Vikas Publishing House LTD, 1979, 162

Bichet A, Desnos T, Turner S, et al. BOTERO1 is required for normal orientation of cortical microtubules and anisotropic cell expansion in *Arabidopsis*. Plant J, 2001, 25 (2): 137—148

Biran I, Halevy AH. The relationship between rooting of dahlia cuttings and the presence and type of bud. Phys Plant, 1973a, 28: 244—247

Biran I, Halevy AH. Endogenous levels of growth regulators and their relationship to the rooting of dahlia cuttings. Physiol Plant, 1973b, 28: 436—442

Biran I, Halevy AH. Stoch plant shading and rooting of dahlia cuttings. Sci Hort, 1973c, 1: 125—131

Birnbaum K, Shasha DE, Wang JY, et al. A gene expression map of the *Arabidopsis* root. Science, 2003, 302 (5652): 1956—1960

Bismuth F, Miginiac E. Influence of zeatin on flowering in root forming cutting of *Anagallis arvensis* L. Plant Cell Physiol, 1984, 25: 1073—1076

Black M, Wareing PF. Photoperiodism in the light-inhibited seed of *Nemophila insignis*. J Exp Bot, 1960, 11: 28—39

Blakely LM, Rodaway SJ, Hollen LB, et al. Control and kinetics of branch root formation in cultured root segments of *Haplopappus ravenii*. Plant Phys, 1972, 50: 35—49

Blank A, Mckeon TA. Single-strand-preferring nuclease activity in wheat leaves is increased in senescence and is negatively photoregulated. Proc Natl Acad Sci USA, 1989, 86, 3169—3173

Blazich FA, Heuser CW. A histological study of adventitious root initiation in mung bean cuttings. J Amer Soc Hor Sci, 1979, 104 (1): 63—67

Blazquez MA, Soowal LN, Lee I, et al. *LEAFY* expression and flower initiation in *Arabidopsis*. Development, 1997, 124(19): 3835—44

Bleecker AB, Patterson MA. Last exit: senescence, abscission, and meristem arrest in *Arabidopsis*. Plant Cell, 1997, 9: 1169—1179

Bloch R. Wound healing in higher plants. Bot Rev, 1941, 7: 110—146

Bloch R. Polarity in plants. Bot Rev, 1943, 9: 261—310

Bocurova NV, Minina EG. The significance of gravity in the life of forest trees. Lesoved Moskva. 1968, (6): 24—35

Boe AA, Steward RB, Banko TJ. Effects of growth regulators on root and shoot development of *Sedum* leaf cuttings. Hort Science, 1972, 74 (4): 404—405

Boissay E, Kahlem G, Delaique M. Study of differential expression of peroxidase genes during sexual differentiation in *Mercurialis annua*. In: Abstracts 2nd international congress of plant molecular biology. Amsterdam, 1994, 784

Bonecel A, Haddard G, Gagnarre J. Seasonal variations of starch and major soluble sugars in the different organs of young poplars. Plant Physiol Biochem, 1987, 25: 451—459

Bonetta D, McCourt P. Plant biology: a receptor for gibberellin. Nature, 2005, 437 (7059): 627—628

Bonke M, Thitamadee S, Mähönen AP, et al. APL regulates vascular tissue identity in *Arabidopsis*. Nature, 2003, 426: 181—186

Bonnemain. Involvement of protons as a substrate for the sucrose cancer during phloem loading in *Vicia faba* leaves. Plant Physiol, 67, 560—564

Bonnett HT, Torrey JG Jr. Comparative anatomy of endogenous bud and lateral root formation in *Convolvulus arvensis* roots cultured *in vitro*. Am J Bot, 1966, 53: 496—507

Bonnett HT, Torrey JG Jr. Chemical control of organ formation in root segments of *Convolvulus* cultured *in vitro*. Plant Physiol, 1965, 40: 1228—1236

Boss PK, Bastow RM, Mylne JS, et al. Multiple pathways in the decision to flower: enabling, promoting, and resetting. Plant Cell, 2004, 16: S18—S31

Bossinger G, Smyth DR. Initiation patterns of flower and floral organ development in *Arabidopsis thaliana*. Development, 1996, 122(4): 1093—1102

Botwright TL, Rebetzke GJ, Condon AG, et al. Influence of the gibberellin-sensitive *Rht8* dwarfing gene on leaf epidermal cell dimensions and early vigour in wheat (*Triticum aestivum* L.). Ann Bot, 2005, 95 (4): 631—639

Boudonck K, Dolan L, Shaw PJ. Coiled body numbers in the *Arabidopsis* root epidermis are regulated by cell type, developmental stage and cell cycle parameters. J Cell Sci, 1998, 111: 3687—3694 Part 24

Bouhidel K, Irish VF. Cellular interactions mediated by the homeotic *PISTILLATA* gene determine cell fate in the *Arabidopsis flower*. *Dev Biol*, 1996, 174(1): 22—31

Boutet, AM, Hawkins S, Cabane M, et al. Developmental and stress lignification. In: Sandermann Jr H, Bonnet-Masimbert M ed. Eurosilva-contribution to forest tree physiology. France: INRA Verdailles, 1995, 13—34

Bowman JL, Alvarez J, Weigel D, et al. Control of flower development in *Arabidopsis thaliana* by *APETALA1* and interacting genes. Development, 1993, 119: 721—743

Bowman JL, Drews GN, Meyerowitz EM. Expression of the *Arabidopsis floral* homeotic gene *AGAMOUS* is restricted to specific cell types late in flower development. Plant Cell, 1991, 3: 749—758

Bowman JL, Smyth DR, Meyerowitz EM. Genes directing flower development in *Arabidopsis*. Plant Cell, 1989, 1: 37—52

Bozhkov PV, Filonova LH, Suarez MF, et al. VEIDase is a principal caspase-like activity involved in plant programmed cell death and essential for embryonic pattern formation. Cell Death Dif, 2004, 11 (2): 175—182

Bozhkov PV, Filonova LH, Suarez MF. Programmed cell death in plant embryogenesis. Cur Top Dev Biol, 2005, 67: 135—179

Bozhkov PV, Filonova LH, von Arnold S. A key developmental switch during Norway spruce somatic embryogenesis is induced by withdrawal of growth regulators and is associated with cell death and extracellular acidification. Biotech Bioeng, 2002, 77 (6): 658—667

Bracale M. Monoclonal antibodies to antigens of anthers from dioecious plant: *Asparagus officinalis* (L.). Plant Sci, 1991, 76: 267—273

Bradley D, Ratcliffe O, Vincent C, et al. Inflorescence commitment and architecture in *Arabidopsis*. Science, 1997, 275: 80—83

Breton AM, Sung ZR. Temperature-sensitive carrot variants impaired in somatic embryogenesis. Dev Biol, 1982, 90: 58—66

Brett DW. Records of temperature and drought in London's park trees. Arbor J, 1983, 7: 63—71

Brian PW, Hemming HG, Lowe D. Inhibition of rooting of cuttings by gibberellic acid. Ann Bot ns, 1960, 24: 407—409

Bringhurst RS, Voth V, van Hook D. Relationship of root starch content and the chilling history of performance of California strawberries. Proc Am Soc Hort Sci, 1960, 75: 373—381

Brink RA. Phase change in higher plants and somatic cell heredity. Quarterly Review of Biology, 1962, 37: 1—22

Brown CL, Sax K. The influence of pressure on the differentiation of secondary tissues. Am J Bot, 1962, 49: 683—691

Brown CL. Secondary growth. In: Zimmermann MH, Brown CL ed. Trees: Structure and function. New York: Springer-Verlag, 1971, 67—123

Brown CL. The influence of external pressure on the differentiation of cells and tissues cultured *in vitro*. In: Zimmermann M ed. The formation of wood in forest trees. New York: Academic Press, 1964, 380—404

Brown PH, Ho THD. Barley aleurone layers secrete a nuclease in response to gibberellic acid: Purification and partial characterization of the associated ribonuclease, deoxyribonuclease, and 3′-nucleotidase activities. Plant physiol, 1986, 82: 801—806

Brown SM, Crouch ML. Characterization of a gene family abundantly expressed in oenothera organensis pollen that shows sequence similarity to polygalacturonase. Plant Cell, 1990, 2(3): 263—274

Burley J. Genetic variation in wood properties. In: Baas P ed. New perspectives in wood anatomy. The Hague: Martinus Nijhoff/Dr W. Junk Publishers, 1982, 151—169

Busch M, Mayer U, Jurgens G. Molecular analysis of the *Arabidopsis* pattern formation gene *GNOM*: gene structure and intragenic complementation. Mol General Genetics, 1996, 250 (6): 681—691

Bush DS, Biswas AK, Jones RL. Gibberellic acid-stimulated Ca^{2+} accumulation in endoplasmic reticulum of barley aleurone: Ca^{2+} transport and steady-state levels. Planta, 1989, 178: 411—420

Butler ED, Gallagher TF. Characterization of auxin-induced *ARRO*-1 expression in the primary root of *Malus domestica*. J Exp Bot, 2000, 51 (351): 1765—1766

Butler WL, Hendricks SB, Siegelman HW. Purification and properties of phytochrome. In: Goodwin TW ed. The chemistry and biochemistry of plant pigments. New York: Academic Press, 1965, 197—210

Buvat R. Le meristeme apical de la tige. Ann Biol, 1961, 31: 596—656

Buvat R. Structure, evolution et fonctionnement du meristeme apical de quelques dicotylb-dones. Annls Sol Nat (Bot), Ser 11, 1955, 13: 199—300

Bwrnier G. The control of floral evocation and morphogenesis. Ann Rev Plant Physiol Plant Mol Biol, 1988, 39: 175—219

Byer E. Silver ion: a potent antiethylene agent in cucumber and tomato. HotScience, 1976, 11: 185—186

Callis J. Plant biology: Auxin action. Nature, 2005, 435 (7041): 436—437

Cameron RJ, Thomson GV. The vegetative propagation of *Pinus radiata*: Root initiation in cuttings. Bot Gaz, 1969, 130 (4): 242—251

Cano-Capri J, Burkart LF. Distribution of gelatinous fibers as related to lean in southern red oak (*Quercus falcata* Michx). Wood Sci, 1974, 34: 283—290

Cao J, Jiang F, Sodmergen, et al. Time-course of programmed cell death during leaf senescence in *Eucommia ulmoides* Oliv. J Plant Res, 2003a, 116: 7—12

Cao J, He XQ, Wang YQ, et al. Programmed cell death during secondary xylem differentiation in *Eucommia ulmoides*. Acta Bot Sin, 2003b, 45 (12): 1465—1474

Caporali E, Carboni A, Galli MG, et al. Development of male and female flower in *Asparagus officinalis* search for point of transition from germaphriditic to unisexual developmental pathway. Sex Plant Rep, 1994, 7: 239—249

Caporali E, Carboni A, Spada A. Search for genetic markers linked to sex in the dioecious species *Aspargus officinalis* L. by bulled analysis. In: 13th International congress of sexual plant reproduction abstract book. Vienna, 1994, 27

Caritat A, Molinas M, Gutierrez E. Annual cork-ring width variability of *Quercus suber* L. in relation to temperature and precipitation (Extremadura, southwestern Spain). Fores Ecol Man, 1996, 86 (1—3): 113—120

Carlquist S. A theory of paedomorphosis in dicotyledonous woods. Phytomorphology, 1962, 12: 30—45

Carlquist S. Comparative wood anatomy. New York: Springer-Verlag, 1988, 281

Carlson MC. Nodal adventitious roots in willow stems of different ages. Am J Bot, 1950, 37: 555—561

Carlson MC. Origin of adventitious roots in *Coleus* cuttings. Bot Gaz, 1929, 87: 119—126

Carlson MC. The formation of nodal adventitious roots in *Salix cordata*. Am J Bot, 1938, 25: 721—725

Carpenter JB. Occurence and inheritance of preformed root primodia in stems of citron (*Citrus medica* L.). Proc Amer Soc Hort Sci, 1961, 77: 211—218

Carpenter R, Coen ES. Floral homeotic mutations produced by transposon-mutagenesis in *Antirrhinum majus*. Genes Dev, 1990, 4: 1483—1493

Casolo V, Petrussa E, Krajnakova J, et al. Involvement of the mitochondrial K^{+}_{ATP} channel in H_2O_2- or NO-induced programmed death of soybean suspension cell cultures. J Exp Bot, 2005, 56 (413): 997—1006

Caspcrson G. Reaktionsholz, seine Struktur und Bildung. Habilitationsschr, Humboldt, Univ, Berlin DDR, 1963a, 116

Caspcrson G. Uber den Einflub von Wuchsstoffen auf die Differenzierung von Holzzellen. Wiss Z Univ-Naturwiss Reihe, 1967, 16: 515—517

Caspcrson G. Wirkung von wuchs und Hemmstoffen auf die Kambiumtatigkeit und Reakionsholzbildung. Physiol Plant, 1968, 21: 1312—1321

Casperson G. Veranderung des Zellwandbaues von Bastfasern durch Schwerkrafteinflub. Flora, 1969, A160: 104—108

Casperson G. Ober endogene Faktoren der Reaktionsholzbildung Ⅰ: Wuchsstoffappli-kation an kastanienelgikotylen. Planta, 1965, 64: 225—240

Casperson G. Wirkung von b-Indolylessigaure, 2, 4-Dichlorphenoxyessigaure und kinetin auf die Kambiumtatigkeit horizontal gelegter Kastanienepikotylen. Ber Deutsch. Bot Ges, 1964, 77: 279—284

Casperson. Uber die Bildung der Zellwand beim Reaktionsholz Ⅱ: Zur physiologie des Reaktionsholzes. Holztechnologie, 1963b, 4: 33—37

Casson S, Spencer M, Walker K, Lindsey K. Laser capture microdissection for the analysis of gene expression during embryogenesis of *Arabidopsis*. Plant J, 2005, 42(1): 111—123

Casson SA, Lindsey K. Genes and signalling in root development. New Phytol, 2003, 158 (1): 11—38

Castellano MM, Sablowski R. Intercellular signalling in the transition from stem cells to organogenesis in meristems. Cur Opin Plant Biol, 2005, 8 (1): 26—31

Catesson AM, La dynamique cambiale. Ann Sci Nat Bot, 1984, 6: 23—43

Catesson AM. Cambial cytology and biochemistry. In: Iqbal M ed. The vascular cambium. Taunton: Research Studies Press, 1990, 63—112

Catesson AM. Le cycle saisonnier des cellules cambiales chez quelques feuilles. Bull Soc Bot Fr Actual Bot, 1981, 128: 43—51

Catesson AM. The vascular cambium. In: Little CHA ed. Control of shoot growth in trees. London: McGraw-Hill, 1980, 358—390

Celenza JL, Grisafi PL, Fink GR. A pathway for lateral root formation in *Arabidopsis thaliana*. Genes Dev, 1995, 9: 2131—2142

Chadwick CM, Garrod DR ed. Hormones, receptors and cellular interactions in plants. Cambridge: Cambridge University Press, 1986

Chaffey N. Cambium: old challenges-new opportunities. Trees, 1999, 13: 138—151

Chandler J, Wilson A, Dean C. *Arabidopsis* mutants showing an altered response to vernalization. Plant J, 1996, 10: 637—644

Chang C, Kwok SF, Bleecker AB, et al. Arabidopsis ethylene response gene *ETR1*: similarity of product to two-component regulators. Science, 1993, 262: 539—544

Chang HY, Yang X, Baltimore D. Dissecting Fas signaling with an altered-specificity death-domain mutant: Requirement of FADD binding for apoptosis but not Jun N-terminal kinase activation. PNAS, 1999, 96: 1252—1256

Chao DT, Korsmeryer SJ. Bcl-2 family: regulators of cell death. Annu Rev Immunol, 1998, 16: 395—419

Chaturvedi R, Razdan MK, Bhojwani SS. An efficient protocol for the production of triploid plants from endosperm callus of neem, *Azadirachta indica* A. Juss. J Plant Physiol, 2003, 160 (5): 557—564

Chen CG, Cornish EC, Clarke AE. Specific expression of an extension-like gene in the style of *Nicotiana alata*. Plant Cell, 1992, 4: 1053

Chen H, Yan C, Dai YR. Hyporethermia-induced apoptosis and the inhibition of DNA laddering by zinc supplementation and withdrawal of calcium and magnesium in suspension culture of tobacco cells. CMLS Cell Mol Life Sci, 1999, 55: 303—309

Chen YN, Li WA. Effect of exogenous D-tryptophan on flower bud formation from tobacco explants. Acta Biol Exp Sin, 1995, 28: 103—107

Chen Yongning, Li Wenan. Effect of exogenous D-tryptophan on flower bud formation from tobacco explants. Acta Biol Exp Sin, 1995, 28: 103—107

Chichiricco G, Caida GM. *In vitro* development of parthenocarpic fruits of *Crocus sativvus* (L.). Plant Cell, Tissue and Organ Culture, 1987, 11: 75—78

Chichkova NV, Kim SH, Titova ES, et al. A plant caspase-like protease activated during the hypersensitive response. Plant Cell, 2004, 16: 157—171

Chin TY, Meyer MM Jr, Beevers L. Abscisic acid stimulated rooting of stem cuttings. Planta, 1969, 88: 192—196

Chong K, Bao SL, Xu T, et al. Functional analysis of the *ver* gene using antisense transgenic wheat. Physiol Plant, 1998, 102: 87—92

Chong K, Tan K, Huang HL, et al. Molecular cloning and characterization of vernalization-related (*ver*) genes in winter wheat. Physiologia Plantarum, 1994, 92: 511—515

Chong K, Tan K, Huang HL, et al. Molecular cloning of a cDNA related to vernalization in winter wheat. Science in China, B, 1995, 38(7): 799—806

Chong K, Wang LP, Huang HL, et al. Molecular cloning and characterization of vernalization-related (*ver*) genes in winter wheat. Physiol Plant. 1994, 92: 511—515

Chouard P. Vernalization and its relations with domancy. Ann Rev Plant Physiol, 1960, 11: 191—238

Christiansen MV, Eriksen EN, Andersen AS. Interaction of stock plant irradiance and auxin in the propagation of apple rootstocks by cuttings. Sci Hort, 1980, 12: 11—17

Christmann A, Hoffmann T, Teplova I, et al. Generation of active pools of abscisic acid revealed by *in vivo* imaging of water-stressed *Arabidopsis*. Plant Physiol, 2005, 137 (1): 209—219

Chu LY, Shao HB, Li MY. Molecular mechanisms of phytochrome signal transduction in higher plants. Col SuR B-Bioin, 2005, 45 (3,4): 154—161

Ciampi C, Gellini R. Formation and development of adventitious roots in *Olea europaea* (L.): significance of the anatomical structure for the development of radicles. Nuovo Giorn Bot Ital, 1963, 70: 62—74

Ciampi C, Gellini R. Anatomical study on the relationship between structure and rooting capacity in olive cuttings. Nuovo Giorn Bot Ital, 1958, 65: 417—424

Cionini PG, Bennici A, D'Amato IF. Nuclear cytology of callus induction and development *in vitro* Ⅰ: callus from *Vicia faba* cotyledons. Protoplasma, 1978, 96: 101

Clark SE, Williams RW, Meyerowitz EM. The *CLAVATA1* gene encodeds a putative receptor kinase that controls shoot and meristem size in *Arabidopsis*. Cell, 1997, 89: 575—585

Clarke JH, Dean C. Mapping FRI, a locus controlling flowering time and vernalization response in *Arabidopsis thaliana*. Mol Gen Genet, 1994, 242: 81—89

Clarke SH. Distribution, structure and properties of tension wood in beach (*Fagus silvaitica* L.). Torestry, 1937, 11: 85—91

Cleland CF. Biochemistry of induction: the immediate action of light. In: Vince-Pruce D, Thomas B, Cockshull RE ed. Light and flowering process. London: Academic Press, 1984, 123—142

Clowes FAL, Juniper BE. The fine structure of the quiescent centre and neighbouring tissues in root meristems. J Exp Bot, 1964, 15: 622—630

Clowes FAL. Development of quiescent centrea in root meristems. New Phytol, 1958, 57: 85—88

Clowes FAL. The cytogenerative centre in roots with broad columellas. New Phytol, 1953, 52: 48—57

Clowes FAL. The promeristem and the minimal constructional centre in grass root apices. New Phytol, 1954, 53: 108—116

Coen ES, Meyerowitz EM. The war of the whorls: genetic interactions controlling flower development. Nature, 1991, 353: 31—37

Coffeen WC, Wolpert T. Purification and characterization of serine protease that exhibit caspase-like activity and are associated with programmed cell death in *Avena sativa*. Plant Cell, 2004, 16: 857—873

Conkey LE. Red spruce tree-ring widths and densities in eastern North America as indicators of past climate. Quatem Res, 1986, 26: 232—243

Cooke TJ, Racusen RH, Cohen JD. The role of auxin in plant embryogenesis. Plant Cell, 1993, 5: 1494—1495

Cooper WC. Hormones and root formation. Bot Gaz, 1938, 99: 599—614

Copes DA. Graft union formation in Douglas-fir. Am J Bot, 1969, 56(3): 285—289

Copes DL. Breeding graft-compatible Douglas-fir rootstocks (*Pseudotsuga menziesii* (MIRB.) FRANCO). Sil Gen, 1999, 48 (3—4): 188—193

Costich DE, Megher TR, Yurkow EJ. A rapid means of sex identification *Silene latifolia* by use of flow cytometry. Plant Mol Biol Rep, 1991, 9: 359—370

Cote WA Jr, Day AC, Timell TE. A contribution to the ultrastructure of tension wood fibres. Wood Sci Tech, 1969, 3: 257—271

Coupe SA, et al. Molecular analysis of programmed cell death during senescence in *Arabidopsis thaliana* and *Brassica oleracea*: cloning broccoli LSD1, bax inhibitor and serine palmitoytransferese homologues. J Exp Bot, 2003, 59—68

Cousson A, Van KTT. Light and sugar-mediated control of direct *de Novo* flower differentiation from tobacco cell layers. Plant Physiol, 1983, 72: 33—36

Craft AS. Phloem anatomy in two species of *Nicotiana*, with notes on the interspecific graft union. Bot Gaz, 1934, 95: 592—608

Crebner GT, Chaloner WG. Environmental influences on cambial activity. In: Iqbal M ed. The vascular cambium. Taunton: Research Studies Press, 1990, 159—199

Cronquist A. Basic Botany. 2nd. New York: Harper & Row, 1982, 271, 457, 306, 333

Cronshaw J, Morey PR. The effect of plant growth substances on the development of tension wood in horizontall inclined stems of *Acer rubrum* seedlings. Protoplasma, 1968, 65: 379—391

Cronshaw J, Morey PR. Induction of tension wood by 2,3,5-tri-iodobenzoic acid. Nature, 1965, 205: 816—818

Crossley JH. Light and temperature trials with seedlings aal actind cuttings of *Rhododendron molle*. Proc Inter Plant Prop Soc, 1965, 15: 327—324

Crosti P, Malerba M, Bianchetti R. Tunicamycin and Brefeldin A induce in plant cells a programmed cell death showing apoptotic features. Protoplasma, 2001, 216 (1,2): 31—38

Crow WD, Nicholls W, Sterns M. Root inhibitors in *Eucalyptus grandis*: Naturally occurring derivatives of the 2, 3-dioxabicyclo [4, 4, 0] decane system. Tetrahedron letters 18. London: Pergamon Press, 1971, 1353—1356

Cryns V, Yuan J. Proteases to die for. Gene Devel, 1998, 12: 1551—1570

Cui KM, Little CHA, The effects of exogenous IAA and GAs on phloem and xylem production in *Pinus sylvestris* and *Picea abies*. Chin J Bot, 1993, 5: 145—153

Cui KM, Luo LX, Li ZL. Ultrastructural observation of changes of polysaccharide grains in dormant shoots of *Eucommia ulmoides*. Acta Bot Sin, 2000, 42: 788—793

Cui KM, Li ZL. Effect of the regeneration after girdling on tree growth in *Eucommia ulmoides*. Acta Bot Sin, 2000, 42 (11): 1115—1121

Cui KM, Lu PZ, Liu QH, et al. Regeneration of vascular tissues in *Broussonetia papyrifera* stem after removal of the xylem. IAWA Bull ns, 1989, 10: 193—199

Cui KM, Zhang ZM, Li JH, et al. Changes of peroxidase, esterase isozyme activities and some cell inclusions in regenerated vascular tissues after girdling in *Broussonetia papyrifera* (L.) Vent. Trees, 1995a, 9: 165—170

Cui KM, Wu SQ, Wei LBo, et al. Effect of exogenous IAA on the regeneration of vascular tissues and periderm in girdled *Betula pubescens* stems. Chin J Bot, 1995b, 7: 17—23

Cui KM. The studies of regeneration of vascular tissues in *Juglans regia* L. after girdling. Chin J Bot, 1992, 4: 107—111

Cunado N, Santos JL. A method for fluorescence *in situ* hybridization against synaptonemal complex-associated chromatin of plant meiocytes. Exp Cell Res, 1998, 239 (1): 179—182

Currey DR. An ancient bristlecone pine stand in eastern Nevada. Ecology, 1965, 46: 564—566

Curtis OF. Stimulation of root growth in cuttings by treatment with chemical compounds. Cornell University Agricultural Experiment Station，1918，69—138

Cutter EG. Plant Anatomy：Experiment and Interpretation：organs. London：Edward Arnold，1971

Danckwardt-Lilliestrom C. Kinetin-induced shoot formation from isolated roots of *Isatis tinctoria*. Physiol Plant，1957，10：794—797

Dang JC，Dietrich RA，Richberg MH. Death don't have no mercy：cell death programs in plant-microbe interactions. Plant Cell，1996，8：1793—1807

Danon A，Delorme V，Mailhac N，et al. Plant programmed cell death：a common way to die. Plant Physiol Biochem，2000，38：647—655

Darnell J，Lodish H，Baltimore D. Molecular cell biology. 3th ed. New York：Scientific American Books，1995：881—920

Dave S，Rao KS. Cambial activity in *Mangifera indica* L. Acta Bot Acad Sci Hung，1982，28：73—79

Davidson C. Antomy of xylem and phloem of the Datiscaceae. Natl Hist Mus Los Angeles County Contrib Sci，1976，280：1—28

Davies PJ，Birnberg PR，Maki SL，et al. Photoperiod modification of [^{14}C]gibberellin A_{12} aldehyde cetabolism in shoot of pea，Line G2. Plant Physiol，1986，1：991—996

Davies WJ，Zhang J. Root signal and the regulation of growth and development of plant in drying soil. Ann Rev Plant Physiol Plant Mol Biol，1991，42：55—76

Davis JD，Evert RF. Seasonal cycle of phloem development in wood vines. Bot Gaz，1970，131：128—138

Day CD，Galgoci BF，Irish VF. Genetic ablation of petal and stamen primordia to elucidate cell interactions during floral development. Development，1995，121(9)：2887—2895

De Bary A. Comparative anatomy of the phanerogams and the ferns. Oxford：Clarendon Press，1884

De Boer B GW，Murray J AH. Control of plant growth and development through manipulation of cell-cycle genes. Curr Opin Plant Biot，2000，11：138—145

De Pasquale F，Giuffrida S，Carimi F. Minigrafting of shoots，roots，inverted roots，and somatic embryos for rescue of *in vitro Citrus* regenerants. J Am Soc Hor Sci，1999，124 (2)：152—157

Deirzer GF. Photoperiodic process：induction，translocation and initiation. In：Atherton JG ed. Manipulation of flowering. London：Butterworths，1987，241—254

Delbarre A，Muller P，Imghoff V，et al. Comparison of mechanisms controlling uptake and accumulation of 2，4-dichlorophenoxyacetic acid，naphthalene-acetic acid，and indole-3-acetic acid in suspension-cultured tobacco cells. Planta，1996，198：532—541

Dellaporta SL，Calderon-Urrea A. Sex determination in flowering plants. Plant Cell，1993，5：1241—1251

Dellaporta SL，Calderõn-Urrea A. The sex determination process in maize. Science，1994，266：1051—1505

Deloire A，Hebant C. Peroxidase activity and lignification at the interface between stock and scion of compatible and incompatible grafts of *Cpsicum* on *Lycoperdicum*. Ann Bot，1982，49：887—891

Delong A，Calderõn-urrea A，Dellaporta SL. Sex determination gene *Tassdlseed2* of maize encodes a short-chain alcohol dehydrogenase required for stame-specific floral organ abortion. Cell，1993，74：757—768

Demura T，Fukuda H. Molecular cloning and characterization of cDNAs associated with tracheary element differentiation in cultured *Zinnia* cells. Plant physiol，1993，103：815—821

Demura T，Fukuda H. Novel vascular cell-specific genes whose expression is regulated temporally and spatially during vascular system development. Plant Cell，1994，6：967—981

Denne MP，Dodd RS. The environmental control of xylem differentiation. In：Barnett JR ed. Xylem Cell Development. London：Castle House Publications，1981，236—255

Depinho RA. The age of cancer. Nature，2000，408：248—254

Deshpande BP. Development of the sieve plate in *Salixfraga sarmentosa* (L.). Ann Bot，1974，38：151—158

Desikan R，Hagenbeek D，Neill SJ，et al. Flow cytometry and surface plasmon resonance analyses demonstrate that the monoclonal antibody JIM19 interacts with a rice cell surface component involved in abscisic acid signalling in protoplasts. FEBS Letters，1999，456 (2)：257—262

Dharmasiri N，Dharmasiri S，Estelle M. The F-box protein TIR1 is an auxin receptor. Nature，2005，435 (7041)：441—445

Dharmasiri N，Dharmasiri S，Weijers D，et al. Plant development is regulated by a family of auxin receptor F box proteins. Devel Cell，2005，9 (1)：109—119

Djilianov D，Gerrits MM，Ivanova A. ABA content and sensitivity during the development of dormancy in lily bulblets regenerated *in vitro*. Physiologia Plantarum，1994，91 (4)：639—644

Dolan L，Scheres B. Root pattern：Shooting in the dark? Seminars Cell Dev Biol，1998，9 (2)：201—206

Dolan L. The role of ethylene in the development of plant form. J Exp Bot, 1997, 48: 201—210

Donaldson LA. Effect of CO_2 enrichment on wood structure in *Pinus radiata* D. Don. IAWA Bull ns, 1987, 8: 285—289

Donnison I, Saedler S, Grant H. Sex determination studies in *Silene latifolia*. In: Abstracts 2nd international congress of plant molecular biology. Amsterdam, June 19—14, 1994, 783

Doorenbos J. Rejuvenation of *Hedera helix* in graft combinations. Proc Kon Ned Akad Wet, C, 1954, 57: 99—102

Driss-Ecole D, Jeune B, Prouteau M, et al. Lentil root statoliths reach a stable state in microgravity. Planta, 2000, 211 (3): 396—405

Driss-Ecole D, Lefranc A, Perbal G. A polarized cell: the root statocyte. Physiol Plant, 2003, 118 (3): 305—312

Driss-Ecole D, Yu F, Legue V, et al. Microgravity modifies the cell cycle in the lentil root meristem. Adv Space Res, 1998, 21 (8,9): 1165—1165

Dubois LAM, deVries DP. Preliminary report on the direct regeneration of adventitious buds on leaf explants of *in vivo* grown glasshouse rose cultivars. Gartenbauwissenschaft, 1995, 60 (6): 249—253

Dunlap JR, Morgan PW. Preflowering levels of phytohormones in *Sorghum* Ⅱ: quantitation of preflowering internal levels. Crop Sci, 1981, 21: 818—822

Durand B, Durand R. Sex determination and reproductive organ differentiation in Mercurialis. Plant Science, 1991, 80: 49—65

Durand R, Durand B. Sexual differentiation in higher plants. Physiol plant, 1984, 60: 267—274

Dure L. Crouch M, Harada J, et al. Common amino acid sequence domains among the LEA proteins of higher plants. Plant Mol Biol, 1989, 12: 475—486

D'Amato F. Cytogenetics of differentiation in tissue and cell cultures. In: Reinert J, Bajaj YPS ed. Applied and Fundamental Aspects of Plant Cell Tissue and Organ Culture. Berlin: Springer-Verlag, 1977, 343

D'Amato F. Endopolyploidy as a factor in plant tissue development. Caryologia, 1964, 17: 41

Eames A, MacDaniels LH. An introduction to plant anatomy. 2nd ed. New York: McGraw-Hill, 1947

Eclund DM, Edqvist J. Localization of nonspecific lipid transfer proteins correlate with programmed cell death responses during endosperm degradation in *Euphorbia lagascae* seedlings. Plant Physiol, 2003, 132: 1249—1259

Eggert DA, Gaunt DD. Phloem of *Sphenophyllum*. Am J Bot, 1973, 60: 755—770

Ehlers K, Kollmann R. Formation of branched plasmodesmata in regenerating *Solanum nigrum* protoplasts. Planta, 1996a, 199 (1): 126—138

Ehlers K, Schulz M, Kollmann R. Subcellular localization of ubiquitin in plant protoplasts and the function of ubiquitin in selective degradation of outer-wall plasmodesmata in regenerating protoplasts. Planta, 1996b, 199 (1): 139—151

Eklund L. Endogenous levels of oxygen, carbon dioxide and ethylene in stems of Norway spruce trees during one growing season. Trees, 1990, 4: 150—154

El Hadidi MN. Observation on the wound-healing process in some flowering plants. Mikroskopis, 1969, 25: 54—69

Eleftheriou EP. Ultrastructural studies on protophloem sieve elements in *Triticum aestivum* L. nuclear degeneration. J Ultrastruc Mol Struc Resear, 1986, 95: 47—60

Eliansson L. Growth regulators in *Populus tremula* Ⅱ: effect of light on inhibitor content in root suckers. Physiol Plant, 1971, 24: 205—208

Emery AEH. The formation of buds on roots of *Chamaenerion angustifolium* (L.). Scop Phytomorphology, 1955, 5: 139—145

Endrizzi K, Moussian B, Haecker A, et al. The *SHOOT MERISTEMLESS* gene is required for maintenance of undifferentiated cells in *Arabidopsis* shoot and floral meristems and acts at a different regulatory level than the meristem gene *WUSHEL* and *ZWILLE*. Plant J, 1996, 10: 967—979

Ericksen EN. Root formation in pea cuttings Ⅰ: effects of decapitation and disbudding at different development stages. Physiol Plant, 1973, 28: 503—506

Ericksen EN. Root formation in pea cuttings Ⅱ: the influence of indole-3-acetic acid at different development stages. Physiol Plant, 1974a, 30: 158—162

Ericksen EN. Root formation in pea cuttings Ⅲ: the influence of cytokinin at different development stages. Physiol Plant, 1974b, 32 (2): 163—167

Ermell FF, Poessel JL, Faurobert M, et al. Early scion/stock junction in compatible and incompatible pear/pear and pear/quince grafts: a histo-cytological study. Ann Bot, 1997, 79: 505—515

Esau K, Cheadle VI. Wall thickening in sieve elements. Proc Natn Acad Scad Sci USA, 1958, 546—553

Esau K. Anatomy of seed plant. 2nd ed. New York: Wiley, 1977, 145

Esau K. Changes in the nucleus and the endoplasmic reticulum during differentiation of a sieve element in *Mimosa pudica* L. Ann Bot, 1972, 36: 703—710

Esau K. The Phloem. Berlin: Borntraeger, 1969

Esau K. Vascularization of the vegetative shoots of *Helianthus* and *Sambucus*. Am J Bot, 1945, 32: 18—29

Esau KVI, Cheadle RHG. Cytology of differentiating tracheary elements Ⅰ: organelles and membranes systems. Am J Bot, 1966, 53: 756—764

Eskilsson S. Whole tree pulping Ⅰ: fibre properties. Svensk Papperstidn, 1972, 75: 397—402

Espinosa-Ruiz A, Saxena S, Schmidt J, et al. Differential stage-specific regulation of cyclin-dependent kinases during cambial dormancy in hybrid aspen. Plant J, 2004, 38 (4): 603—615

Essiamahn S, Eschrich W. Changes of starch content in the storage tissues of deciduous trees during winter and spring. IAWA Bull ns, 1985, 6: 97—106

Evan G, Littlewood T. A matter of life and cell death. Science, 1998, 281: 1317—1322

Evans PK, Cocking EC. The techniques of plant cell culture and somatic cell hybridization. In: Pain RH, Smith BG ed. New Techniques in Biophysics and Cell Biology. London: Wiley, 1975, 127

Evans PT, Malmgerg RL. Do polyamines have roles in plant development? Ann Rev Plant Physiol Plant Mol Biol, 1987, 40: 235—369

Evert RF. Some aspects of phloem development in *Tilia americana*. Am J Bot, 1962, 49: 659

Evert RF. The cambium and seasonal development of the phloem in *Pyrus malus*. Am J Bot, 1963, 50: 149—159

Ewers FW, Aloni R. Effects of applied auxin and gibberellin on phloem and xylem production in needl leaves of *Pinus*. Bot Gaz, 1985, 146: 466—471

Eyme J, Suire C. Au suiject de l' infrastructure des cellules de la region placentaire de Mnium cuspidatum cuspidatum Hedw (Mousse brvale acrocarpe). C r hebd Seanc Acad Sci (Paris), D, 1967, 265: 1788—1791

Fahn A, Ben Sasson R, Sachs T. The relation between the procambium and the cambium. In: Ghouse AKM, Yunus M ed. Research Trends in Plant Anatomy. New Delhi: Tata McGraw-Hill, 1972: 161—295

Fahn A, Stoler S, First T. The histology of the vegetative and reproductive shoot apex of the dwarf cavendish banana. Bot Gaz, 1963, 124: 246—250

Fahn A, Werker E. Seasonal cambial activity. In: Iqbal M ed, The vascular cambium. New York: Wiley, 1990, 139—158

Fahn A. Plant Anatimy. 3rd ed. Oxford: Pergamon Press, 1982, 291—319

Fahn A. Plant Anatomy. 4th ed. Oxford: Pergamon Press, 1990, 291—588

Fath A, Bethke PC, Jones RL. Enzymes that scavenge reactive oxygen species are down-regulated prior to gibberellic acid-induced programmed cell death in barley aleurone. Plant Physiol, 2001, 126: 156—166

Feldman LJ, Torrey JG. The isolation and culture *in vitro* of the quiescent center of *Zea mays*. Am J Bot, 1976, 63: 345—355

Ferguson CW. Bristlecone pine: science and esthetics. Science, 1968, 159: 839—846

Fernandez-Garcia N, Cavajal M, Olmos E. Graft union formation in tomato plants: peroxidase and catalase involvement. Ann Bot, 2004, 93(1): 53—60

Fielding JM. Leans in Monterey pine (*Pinus radiata*) planatations. Aust For, 1940, 5: 21—25

Filonova LH, Bozhkov PV, Brukhin VB, et al. Two waves of programmed cell death occur during formation and development of somatic embryos in the gymnosperm, Norway spruce. J Cell Sci, 2000a, 113 (24): 4399—4411

Filonova LH, Bozhkov PV, von Arnold S. Developmental pathway of somatic embryogenesis in *Picea abies* as revealed by time-lapse tracking. J Exp Bot, 2000b, 51 (343): 249—264

Filonova LH, von Arnold S, Daniel G, et al. Programmed cell death eliminates all but one embryo in a polyembryonic plant seed. Cell Death Dif, 2002, 9 (10): 1057—1062

Finkel T, Holbrok NJ. Oxidants, oxidative stress and the biology of ageing. Nature, 2000, 408: 239—247

Fischer C, Holl W. Food reserves of Scots pine (*Pinus sylvestris* L.) Ⅰ: seasonal changes in the carbohydrate and fat reserves of pine needles. Trees, 1991, 5: 187—195

Fischer C, Holl W. Food reserves of Scots pine (*Pinus sylvestris* L.) Ⅱ: seasonal changes and radial distribution of carbohydrate and fat reserves in pine wood. Trees, 1992, 6: 147—155

Fischer P, Hansen J. Rooting of chrysanthemum cuttings: influence of irradiance during stock plant growth and decapitation and disbudding of cuttings. Scient Hort, 1977, 7: 171—178

Fisher C, Neuhaus G. Influence of auxin on establishment of bilateral symmetry in monocots. Plant J, 1996, 9: 659—669

Fisher JB, Ewers FW. Wound healing in stems of lianas after twisting and girdling injuries. Bot Gaz, 1989, 150: 251—265

Fletcher JC, Brand U, Running MP, et al. Signaling of cell fate decisions by *CLAVATA3* in *Arabidopsis* shoot meristems. Science, 1999, 283: 1911—1914

Fletcher WE. Peach bud-graft unions in prunus besseyi. Int Plant Propagators Soc Combined Proc East Region/West Region. 1964, 14: 265—272

Flores HE, Galston AW. Analysis of polyamines in higher-plants by high-performance liquid-chromatography. Plant Physiol, 1982, 93: 701—706

Foster AS. Structure and growth of the shoot apex in *Ginnkgo biloba*. Bull Torrey Bot Club, 1938, 65: 531—556

Fourcaud T, Blaise F, Lac P, et al. Numerical modeling of shape regulation and growth stresses in trees Ⅱ: implementation in the AMAPpara software and simulation of tree growth. Trees, 2003, 17: 31—39

Frankel R, Galun E. Pollination mechanisms, reproduction and plant breeding. Berlin: Springer-Verlag, 1977, 102—196

Frankel R. Graft-induced transmission to progeny of cytoplasmic male sterility in petunia. Science, 1954, 124: 684—685

Frankel R. Future evidence on graft induced transmission to progeny of cytoplasmic male sterility in petunia. Genetics, 1962, 47: 641—646

Freeling M, Bertrand-Garcia R, Sinha N. Maize mutants and variants altering developmental time and their heterochronic interactions. Bioessays, 1992, 14: 227—236

Frost HB. Nucellar embryony and juvenile characters in clonal varieties. J Hered, 1938, 29: 423—432

Fuji T, Nito N. Studies on the compatibility of grafting fruit trees Ⅰ: callus fusion between the rootstock and scion. J Jap Soc Hort Sci, 1972, 41: 1—10

Fujimura T, Komamine A. Effects of various growth regulators on the embryogenesis in a cell suspension culture. Plant Sci Lett, 1975, 5: 359

Fujimura T, Komamine A. Involvemcnt of endogenous auxin in somatic embyogenesis in a carrot cell suspension culture. Plant Sci Lett, 1979, 5: 350

Fujioka, Yamane H, Spray CR, et al. The dominant non-gibberellin-responding dwarf mutant (D8) of maize accumulates native gibberellins. Pro Natl Acad Sci USA, 1988, 85: 9031—9035

Fukaki H, Tameda S, Masuda H, et al. Lateral root formation is blocked by a gain-of-function mutation in the *SOLITARY-ROOT/IAA*14 gene of *Arabidopsis*. Plant J, 2002, 29 (2): 153—168

Fukaki H, Wysocka-Diller J, Kato T, et al. Genetic evidence that the endodermis is essential for shoot gravitropism in *Arabidopsis thaliana*. Plant J, 1998, 14 (4): 425—430

Fukuda H, Kobayashi H. Dynamic organization of the cytoskeleton during tracheary-element differentiation. Dev Growth Differ, 1989, 31: 9—16

Fukuda H, Komamine A. Cytodifferentiation. In: Vasil IK ed. Cell culture and somatic cell genetics of plants. New York: Academic Press, 1985, 2: 149—212

Fukuda H, Komamine A. Relationship between tracheary element differentiation and DNA synthesis in single cells isolated from the mesophyll of *Zinnia elegans*: analysis by inhibitors of DNA synthesis. Plant Cell Physiol, 1981, 22: 41—49

Fukuda H. Redifferentaition of single mesophyll cells into tracheary elements. Int J Plant Sci, 1994, 155: 262—271

Fukuda H. Tracheary element differentiation. Plant Cell, 1997, 9: 1147—1156

Fukuda H. Xylogenesis: initiation, progression and cell death. Ann Rev Plant Physiol Plant Mol Biol, 1996, 47: 299—325

Furner IJ. Cell fate in the development of the *Arabidopsis* flower. Plant J, 1996, 10(4): 645—654

Furuya M. Phytochromes: their molecular species, gene families, and functions. Ann Rev Plant Physiol Plant Mol Biol, 1993, 44: 617—645

Gabiel Díaz. Algunas observaciones sobre los barasano del sur: su idioma y su cultura. Artículos en Lingüística y Campos Afines, 1979, 6: 1—7

Gaina V, Svegzdiene D, Rakleviciene D, et al. Kinetics of amyloplast movement in cress root statocytes under different gravitational loads. Adv Space Res, 2003, 31 (10): 2275—2281

Galli MG, Bracale M, Falavigna A, et al. Sexual differentiation in *Asparagus officinalis* (L.) Ⅰ: DNA characterization and mRNA activities in male and female flowers. Sex Plant Reprod, 1988, 1: 202—207

Gamble RL, Qu X, Schaller GE. Mutational analysis of the ethylene receptor ETR1: role of the histidine kinase domain in dominant ethylene insensitivity. Plant Physiol, 2002, 128: 1428—1438

Gan S, Amasino RM. Making sense of senescence. Molecular genetic regulation and manipulation of leaf senescence. Plant Physiol, 1997, 113: 313—319

Gardner FE. The relationship between tree age and the rooting of cuttings. Proc Amer Soc Hort Sci, 1929, 26: 101—104

Gasser CS, Budelier KA, Smith AG, et al. Isolation of tissue-specific cDNAs from tomato pistils. Plant Cell, 1989, 1 (1): 15—24

Geldner N, Richter S, Vieten A, et al. Partial loss-of-function alleles reveal a role for GNOM in auxin trans port-related, post-embryonic development of *Arabidopsis*. Development, 2004, 131 (2): 389—400

Gendall AR, Levy YY, Wilson A, et al. The *VERNALIZATION Z* gene mediates the epigenetic regulation of vernalization in *Arabidopsis*. Cell, 2001, 107: 525—535

Ghouse AKM, Hashmi S. Impact of extension growth and flowering on the cambial activity of *Delonix regia* Rafin. Proc Indian Acad Sci (Pant Sci), 1982, 91: 201—209

Ghouse AKM, Hashmi S. Periodicity of cambium and the formation of xylem and phloem in *Mimusops elengi* (L.): an evergreen member of tropic India. Flora, 1983, 173: 479—487

Gibson LJ, Easterling KE, Ashby MF. The structure and mechanics of cork. Proc Roy Soc, London A, 1981, 377: 99—117

Gilbert SF. Developmental biology. 6th ed. Sunderland: Sinauer Associates, 2000

Gilliland LU, Pawloski LC, Kandasamy MK, et al. *Arabidopsis* actin gene *ACT7* plays an essential role in germination and root growth. Plant J, 2003, 33 (2): 319—328

Ginzburg C. Organization of the adventitious root apex in *Tamarix aphylla*. Am J Bot, 1967, 54: 4—8

Gioia D, Massa, Simon Gilroy. Touch modulates gravity sensing to regulate the growth of primary roots of *Arabidopsis thaliana*. Plant J, 2003, 33 (3): 435—445

Giordani T, Natali L, Cavallini A. Analysis of a dehydrin encoding gene and its phylogenetic utility in *Helianthus*. Theor App Gen, 2003, 107 (2): 316—325

Girouard RM. Anatomy of adventitious root formation in stem cuttings. Proc Inter Plant Prop Soc, 1967a, 17: 289—302

Girouard RM. Initiation and development of adventitious roots in stem cuttings of *Hedera helix*. Can J Bot, 1967b, 45: 1883—1886

Girouard RM. Physological and biochemical studies of adventitious root formation: Extractible rooting co-factors from *Hedera helix*. Can J Bot, 1969, 47: 687—699

Gluliane G, LoSchiavo F, Terzi M. Isolation and developmental characterization of temperature-sensitive carrot cell variants. Theor Appl Genet, 1984, 67: 179—183

Goddard W. Forestalling dormancy and inducing continuous growth of *Azalea molle* with supplementary light for winter propagation. Proc Inter Plant Prop Soc, 1963, 13: 276—278

Goldsmith MHM. The polar transport of auxin. Ann Rev Plant Physiol, 1977, 28: 439

Gordon JC, Larson PR. Redistribution of ^{14}C-labeled reserve food in young red pines during shoot elongation. For Sci, 1970, 16: 14—20

Gordon JC, Larson PR. Seasonal course of photosynthesis respiration, and distribution of ^{14}C in young *Pinus resinosa* trees as related to wood formation. Plant Physiol, 1968, 43: 1617—1624

Gosch G, Bajaj YPS, Reinert J. Isolation, culture and induction of embryogenesis in protoplasts from culture suspensions of *Atropa belladonna*. Protoplasma, 1975, 86: 405

Goto K, Leval-Martin DL, Edmunds LD Jr. Biochemical modeling of an autonomously oscillatory circadian clock in *Euglena*. Science, 1985, 228: 1284—1288

Goto K, Meyerowitz EM. Function and regulation of the *Arabidopsis floral* homeotic gene *PISTILLATA*. Genes, 1994, 8: 1548—1560

Goubet F, Misrahi A, Park SK, et al. AtCSLA7, a cellulose synthase-like putative glycosyltransferase, is important for pollen tube growth and embryogenesis in *Arabidopsis*. Plant Physiol, 2003, 131 (2): 547—557

Graca J, Pereira H. The periderm development in *Quercus suber*. IAWA J, 2004, 25 (3): 325—335

Gramberg JJ. The first stages of the formation of adventitious roots in petioles of *Phaseolus vulgaris*. Proc K Ned Akad Wet, C, 1971, 74: 42—45

Gray WM, Kepinski S, Rouse D, et al. Auxin regulates SCF*TIR1*-dependent degradation of AUX/IAA proteins. Nature, 2001, 414 (6861): 271—276

Green GR, Reed JC. Mitochondria and apoptosis. Science, 1998, 281: 1309—1312

Greenberg JT, Guo A, Klessing DF, et al. Programmed cell death in plants: a pathogen-triggered response activated coordinately with multiple defense functions. Cell, 1994, 77: 551—563

Greenberg JT. Programmed cell death in plant-pathogen interactions. Ann Rev Plant Physiol Plant Mol Biol, 1997, 48: 525—545

Greenwood JS, Helm M, Gietl C. Ricinosomes and endosperm transfer cell structure in programmed cell death of the nucellus during *Ricinus* seed development. PNAS, 2005, 102 (6): 2238—2243

Greenwood MS, Berlyn GP. Indoleacetic acid interaction on root regeneration by *Pinus lambertiana* embryo cuttings. Am J Bot, 1973, 60: 42—47

Gressel J, Rau W. Photocontrol of fungal development. In: Shroshire W, Mohr H ed. Photomorphogenesis. Encyclopedia of Plant physiology New Series, Vol 16B. Berlin: Springer-Verlag. 1983, 602

Grewall MS, Ellis IR. Sex determination in *Potentilla fruticosa*. Heredity, 1972, 29: 359—362

Groover A, DeWitt N, Heidel A, et al. Programmed cell death of plant tracheary elements differentiating *in vitro*. Protoplasma, 1997, 196: 197—211

Groover A, Jones AM. Tracheary element differentiation uses a novel mechanism coordinating programmed cell death and secondary cell wall synthesis. Plant Physiol, 1999, 119: 375—384

Guarente L, Kenyon C. Genetic pathways that regulate ageing in model organisms. Nature, 2000, 408: 255—262

Guha S, Maheshwari SC. Cell division and differentiation of embryos in the pollen grains of *Datura in vitro*. Ibid, 1966, 212: 97—98

Guha S, Maheshwari SC. *In vitro* production of embryos from anthers of *Datura*. Nature (London), 1964, 204: 497

Gulen H, Arora R, Kuden A, et al. Peroxidase isozyme profiles in compatible and incompatible pear-quince graft combinations. J Am Soc Hor Sci, 2002, 127 (2): 152—157

Gunawardena Ahlan, Greenwood JS, Dengler NG. Programmed cell death remodels lace plant leaf shape during development. Plant Cell, 2004, 16: 60—73

Gunning BES, Pate JS, Briarty LG. Specialized "transfer cells" in minor veins of leaves and their possible significance in phloem translocation. J Cell Biol, 1968, 37: C7—C12

Gunning BES, Pate JS, Green LW. Transfer cells in the vascular system of stems: taxonomy, association with nodes, and structure. Protoplasma, 1970, 71: 147—171

Gunning BES, Pate JS. Cells with wall ingrowths (transfer cells in the placenta of ferns). Planta, 1969b, 87: 271—274

Gunning BES, Pate JS. Transfer cells. In: Robards AW ed. Dynamic aspects of plant ultrastructure. London: McGraw-Hill, 1974, 441—480

Gunning BES, Pate JS. "Transfer cells", Plant cells with wall ingrowths, specialized in relation to short distance transport of solutes: their occurence, and development. Protoplasma, 1969a, 68: 107—133

Gunning BES, Robards AW ed. Intercellular communication in plants: studies on plasmodesmata. Berlin: Springer-Verlag, 1976

Guo HW, Yang H, Mockler TC, et al. Regulation of flowering time by *Arabidopsis* photoreceptors. Science, 1998, 279(5355): 1360—1363

Gur A, Samish RM, Lifschitz E. The role of the cyanogenic glycoside of the quince in the incompatibility between pear cultivas and quince rootstocks. Hort Res, 1968, 8: 113—134

Gur A. Chemical control of pear-quince graft incompatibility. In: Proceedings of the symposium on "pear growing", Fruit Breeding Station. France: International Society for Horticulture Science, Fruit Section. 1972: 253—264

Gustafson-Brown C, Savidge B, Yanofsky MF. Regulation of the *Arabidopsis floral* homeotic gene *APETALA1*. Cell, 1994, 76: 131—143

Gutiérrez-Marcos JF, Costa LM, Biderre-Petit C, et al. *maternally expressed gene1* IS a novel maize endosperm transfer cell-specific gene with a maternal parent-of-origin pattern of expression. Plant Cell, 2004, 16: 1288—1301

Gómez E, Royo J, Guo Y, et al. Establishment of cereal endosperm expression domains: identification and properties of a maize transfer cell-specific transcription factor, *ZmMRP-1*. Plant Cell, 2002, 14: 599—610

Haberlandt G. Kulturversuche mit isolierten Pflanzenzellen. S B Akad Wiss Wien, Math-naturw, Kl 111: 69—92. In: Steeves TA, Sussex IM ed. Patterns in plant development. Englewood Cliffs: Prentice-Hall Inc, 1972, 275

Hadfi K, Speth V, Neuhaus G. Auxin-induced developmental patterns in *Brassica juncea* embryos. Development, 1998, 125: 879—887

Haecker A, Gross-Hardt R, Geiges B, et al. Expression dynamics of *WOX* genes mark cell fate decisions during early embryonic patterning in *Arabidopsis thaliana*. Development, 2004, 131 (3): 657—668

Hagemann A. Untersuchungen an Blattstechlingen. Gortenbouwiss, 1932, 6: 69—202

Haissig BE. Meristematic activity during adventitious root primordium development: Influences of endogenous auxin and applied gibberllic acid. Plant Physiol, 1972, 49: 886—892

Haissig BE. Organ formation *in vitro* as applicable to forest tree propagation. Bot Rev, 1965, 31: 607—626

Halperin W, Wetherell DF. Ontogeny of adventive embryony in tissue cultures of wild carrot. Science, 1965, 147: 756

Halperin W. Alternative morphogenetic events in cell suspension. Am J Bot, 1966, 53: 443

Hamann T, Mayer U, Jurgens G. The auxin-insensitive bodenlos mutation affects primary root formation and apical-basal patterning in the *Arabidopsis* embryo. Development, 1999, 126 (7): 1387—1395

Hamdi S, Yu LX, Cabre E, et al. Gene expression in *Mercurialis annua* flowers *in vitro* translation and sex genotype specificity. Male specific cDNA cloning and hormonal dependence of a corresponding specific RNA. Mol Gin Genet, 1989, 219: 168—176

Han Y, Jiang JF, Liu HL, et al. Overexpression of *OsSIN*, encoding a novel small protein, causes short internodes in

Oryza sativa. Plant Sci, 2005, 169 (3): 487—495

Hansen J, Ericksen EN. Root formation of pea cuttings in relation to the irradiance of the stock plants. Physiol Plant, 1974, 32: 170—173

Hansen J, Strömquist LH, Ericsson A. Influence of the irradiance on carbohydrate content and rooting of cuttings of pine seedlings (*Pinus sylvestris* L.). Plant Physiol, 1978, 61: 975—979

Hansen J. Adventitious root formation induced by gibberellic acid and regulated by irradiance to the stock plants. Physiol Plant, 1976, 36: 77—81

Hanson DD, Hamilton DA, Travis JL, et al. Characterization of a pollen-specific cDNA clone from *Zea mays* and its expression. Plant Cell, 1989, 1: 173—179

Hantke SS, Carpenter R, Coen ES. Expression of floricaula in single cell layers of periclinal chimeras activates downstream homeotic genes in all layers of floral meristems. Development, 1995, 121(1): 27—35

Hardenack S, Ye D, Saedler H, et al. Comparison of MADS box gene expression in developing male and female flowers of the dioecious plant white compion. Plant Cell, 1994, 6: 1775—1787

Hardtke CS, Berleth T. Genetic and contig map of a 2200 kb region encompassing 5. 5 cM on chromosome 1 of *Arabidopsis thaliana*. Genome, 1996, 39 (6): 1086—1092

Harris MJ, Outlaw WH Jr, Mertens R, et al. Water stress induced change in the abscisic acid content of guard cells of *Vicia faba* L. leaves as determined by enzyme-amplified immunoassy. Natl Acad Sci USA, 1988, 85: 2584—2588

Hartig T. Vergleichende Unterrsuchungen über die Organisation des Stammes. Heimischen Waldbaume. - Jahresb. Forestchr. Forstwiss Und Forstl Naturk, 1837, 1: 125—168 (See Esau K. The Phloem. Berlin: Gebruder Borntraeger, 1969, p. 6)

Hartmann F. Das Statishe Wuchsgesetz bei Nadel-und Laubbaumen. Neue Erkenntnisse uber Ursache, Gesetzmabigkeit und Sinn des Reaktionsholzes. Vien: Springer-Verlag, 1942, 111

Hartmann HT, Kester DE. Plant propagation, principles and practices. 4th ed. Englewood Cliffs: Prentice-Hall, 1983

Hartung W, Slovik S. Physicochemical properties of plant growth regulators and plant tissues determine their distribution and redistribution: stomatal regulation by abscisic acid in leaves. New Phytol, 119: 361—382

Hasenstein KH, Evans ML. Effects of cations on hormone transport in primary roots of *Zea mays*. Plant Physiol, 1988, 86: 890

Hayflick L. The future of ageing. Nature, 2000, 408: 267—269

Hayward HE, Went FW. Transplantation experiments with peas. Bot Gaz, 1939, 100: 788—801

Heide OM. Interaction of temperature, auxin, and kinins in the regeneration ability of *Begonia* leaf cuttings. Physiol Plant, 1965b, 18: 891—920

Heide OM. Effects of 6-benzylamno-purine and 1-naphthaleneacetic acid on the epiphylous bud formation in *Bryophyllum*. Planta, 1965c, 67: 281—296

Heide OM. Non-reversibility of gibberellin-induced inhibition of regeneration in *Begonia* leaves. Physiol Plant, 1969, 22: 671—679

Heide OM. Photoperiodic effects on the regeneration ability of *Begonia* leaf cuttings. Physiol plant, 1965a, 18: 185—190

Heide OM. Stimulation of adventitious bud formation in *Begonia* leaves by abscisic acid. Nature, 1968, 219(5157): 960—961

Hejnowicz Z. Tensional stress in the cambium and its developmental significance. Am J Bot, 1980, 67: 1—5

Hellgren JM, Olofsson K, Sundberg B. Patterns of auxin distribution during gravitational induction of reaction wood in poplar and pine. Plant Physiol, 2004, 135: 212—220

Hemeno H, Matsushima H, Sano K. Scanning electron microscopic study on the *in vitro* organogenesis of saffron stigma- and style-like structures. Plant Science, 1988, 58: 93—101

Heslop-Harrison J. Sex expression in flowering plants. Merristem and differentiation. Brookhaven Symp Biol, 1963, 16: 109—125

Heuser CW. Juvenility and rooting co-factors. Acta Hort, 1976, 56: 251—261

Hicks GR, Rale DL, Jones AM, et al. Specific photoaffinity labeling of two plasma membrane polypeptides with an azido auxin. Proc Natl Acad Sci USA, 1989, 86: 4948—4952

Hicks GS, McHughen, Altered morphogenesis of placental tissue of tobacco in vitro: stigmatoid and carpelloid outgrowths. Planta, 1974, 121: 193—196

Himmisdaels S, Barbarar N et al. Isolation and characterization of male specific transcripts obtained via subtractive cDNA cloning in *Mlandrium album* L. In: Abstracts 2nd international congress of plant molecular biology. Amsterdam, 1994

Hirata Y, Yagishita N. Graft-induced changes in soybean storage proteins Ⅰ: appearance of the changes. Euphytica, 1986, 35: 395—401

Hirata Y. Graft-induced changes in eggplant (*Solanum melongena* L.) Ⅰ: changes of hypocotyl color in the grafted scions and in the progenies of the grafted scions. Japan J Breed, 1979, 29: 318—323

Hirata Y. Graft-induced changes in eggplant(*S. melongena* L.) Ⅱ: changes of fruit color and fruit shape in the grafted scions and in the progellies of the grafted scions. Japan J Breed, 1980, 30: 83—90

Hitchcock AE, Zimmerman PW. Relation of rooting response to age of tissue at the base of green wood cuttings. Contrib Boyce thomp Inst, 1932, 4: 85—98

Hjortswang HI, Filonova LH, Vahala T, et al. Modified expression of the *Pal8* gene interferes with somatic embryo development in Norway spruce. Plant Growth Reg, 2002, 38 (1): 75—82

Hochholdinger F, Woll K, Sauer M, et al. Genetic dissection of root formation in maize (*Zea mays*) reveals root-type specific developmental programmes. Ann Bot, 2004, 93 (4): 359—368

Hoecker U. Regulated proteolysis in light signaling. Cur Opin Plant Biol, 2005, 8 (5): 469—476

Hormaza JI, Dollo L, Polito VS. Identification of a RAPD marker linked to sex determination in *Pistacia vera* using bulked segregant analysis. Theor App Genetics, 1994, 89 (1): 9—13

Horvath DP, Anderson JV, Jia Y, et al. Cloning, characterization and expression of growth regulator CYCLIN D3-2 in leafy spurge (*Euphorbia esula*). Wood Sci, 2005, 53 (4): 431—437

Hoster HR, Liese W. Uber das Vorkommen von Reaktionsgewebe in Wurzeln und Asten der Dicotyledonen. Holzforschung, 1966, 20: 80—90

Hou HW, Mwange KN, Wang YQ, et al. Changes of soluble protein, peroxidase activity and distribution during regeneration after girdling in *Eucommia ulmoides*. Acta Bot Sin, 2004, 46 (2): 216—223

Hrai A, Ishibashi T, Morikami A, et al. Rice chloroplast DNA: a physical map and the location of the genes for the large subunit of ribulose 1, 5-bisphosphate carboxylase and the 32 KD photosystem Ⅱ reaction center protein. Theor Appl Genet, 1985, 70: 117—122

Huala E, Sussex IM. *LEAFY* interacts with floral homeotic genes to regulate arabidopsis floral development. Plant Cell, 1992, 4: 901—913

Huang SC, Millikan DF. *In vitro* micrografting of apple shoot tips. Hort Sci, 1980, 15(6): 741—743

Hudson JP. The regeneration of plants from roots. Proc 14th Inter Hort Cong, 1955, 2: 1165—1172

Humphries EC. Inhibition of root development of petioles and hypocotyls of dwarf bean (*Phaseolus vulgaris*) by kinetin. Physiol Plant, 1960, 13: 659—663

Igarashi D, Koiwa H, Sato F, et al. Functional similarities of recombinant OLP and cytokinin-binding protein 2. Biosci Biotech Biochem, 2001, 65 (12): 2806—2810

Imai A, Matsuyama T, Hanzawa Y, et al. Spermidine synthase genes are essential for survival of *Arabidopsis*. Plant Physiol, 2004, 135 (3): 1565—1573

Iqbal M, Ghouse AKM. Anatomy of the vascular cambium of *Acacia nilotica* (L.) Del. var. *telia* troup (Mimosaceae) in relation to age and season. Bot J Linn Soc, 1987, 94: 385—397

Iqbal M, Ghouse AKM. Cambial concept and organisation. In: Iqbal M ed. The vascular cambium. Taunton: Research Studies Press, 1990

Iqbal M, Ghouse AKM. Cell events of radial growth with special reference to cambium of tropical trees. In: Malik CP ed. Widening horizons of plant sciences. New Delhi: Cosmo Publications, 1985, 217—252

Irish E, Jegla D. Regulation of extent of vegetative development of the maize shoot meristem. Plant J, 1997, 11 (1): 63—71

Irish EE, Nelson T. Sex determination in monoecious and dioecious plants. Plant Cell, 1989, 1: 737—744

Irish EE. Additional vegetative growth in maize reflects expansion of fates in preexisting tissue, not additional divisions by apical initials. Dev Biol, 1998, 197(2): 198—204

Irish EE. Regulation of sex determination in maize. Bio Essays, 1996, 18: 363—369

Irish VF, Sussex IM. Function of the *apetala-1* gene during *Arabidopsis* floral development. Plant Cell, 1990, 2: 741—753

Isebrands JG, Hunt CM. Growth and wood properties of rapid-grown Japanese Larch. Wood Fiber, 1975, 7: 119—128

Ishikawa K, Teteyama M. Changes in hybridizable RNA in winter wheat embryos during germination and vernalization. Plant Cell Physiol, 1977, 18: 875—882

Jack T, Brockman LL, Meyerowitz EM. The homeotic gene *APETALA3* of *Arabidopsis thaliana* encodes a MADS-box and is expressed in petals and stamens. Cell, 1992, 68(4): 683—97

Jack T, Fox GL, Meyerowitz EM. Arabidopsis homeotic gene *APETALA3* ectopic expression: transcriptional and posttranscriptional regulation determine floral organ identity. Cell, 1994, 76(4): 703—716

Jack T. Molecular and genetic mechanisms of floral control. Plant Cell, 2004, 16: S1—S17

Jackson AO, Taylor CB. Plant-microbe interactions: life and death at the interface. Plant Cell, 1996, 8: 1651—1668

Jackson MB. Ethylene and responses of plants to soil waterlogging and submergence. Ann Rev Pl Phys, 1985, 36: 145—174

Jacobs M, Gilbert SF. Basal localization of the presumptive auxin transport carrier in pea stem cells. Science, 1983, 220: 1297—1300

Jacobs WP. Acroptal auxin transport and xylem regeneration: a quantitative study. Am Nat, 1954, 88: 327—337

Jacobs WP. Internal factors controlling cell differentiation in the flowering plants. Am Nat, 1956, 90: 163—169

Jacobs WP. Regeneration and differentiation of sieve tube elements. Int Rev Cytol, 1970, 28: 239—273

Jacobs WP. The role of auxin in differetiation of xylem around a wound. Am J Bot, 1952, 39: 301—309

Jang JC, Fujioka S, Tasaka M, et al. A critical role of sterols in embryonic patterning and meristem programming revealed by the fackel mutants of *Arabidopsis thaliana*. Genes Devel, 2000, 14 (12): 1485—1497

Janse JM. La polarite des cellules cambiennes. Annales du Jardin Botanique de Buitenzorg, 1921, 31: 167—180

Jasik J, DeKlerk GJ. Anatomical and ultrastructural examination of adventitious root formation in stem slices of apple. Biol Plant, 1997, 39 (1): 79—90

Javed MA, Hassan S, Nazir S. *In vitro* propagation of (*Bougainvillea spectabilis*) through shoot apex culture. Pak J Bot, 1996, 28 (2): 207—211

Jeffree CE, Yeoman MM. Development of intercellular connections between opposing cells in a graft union. New Phytol, 1983, 93: 491—509

Jensen PJ, Hangarter RP, Estelle M. Auxin transport is required for hypocotyl elongation in light-grown but not dark-grown *Arabidopsis*. Plant Physiol, 1998, 116: 455—462

Jensen WA. The ultrustructure and histochemistry of the synergids of cotton. Am J Bot, 1965, 52: 238—256

Jesper VM, Birte J, Marc LM. Structural organization, ion transport, and energy transduction of P-type ATPases. Biochimica et Biophysica Acta, 1996, 1286: 1—51

Jiang L, You RL. Cell degeneration in the friable callus derived from immature embryos of *Larix gmelini* (Rupr.) Rupr. Isr J Plant Sci, 2004, 52 (3): 195—204

Jimenez VM, Guevara E, Herrera J. Endogenous hormne levels in habituated nucellar *Citrus* callus during the initial staged of regeneration. Physiol Biochem, 2001, 20: 92—100

Jofuku KD, Boer BGW, Montagu MV, et al. Control of *Arabidopsis* flower and seed development by the homeotic gene *APETALA2*. Plant Cell, 1994, 6: 1211—1225

Johnson CR, Hamilton DF. Rooting of *Hibiscus rosa-sinensis* L. cuttings as influenced by light intensity and ethephon. Hort Science, 1977, 12(1): 39—40

Johnson CR, Roberts AN. The effect of shading rhododendron stock plants on flowering and rooting. J Amer Soc Hort Sci, 1971, 96: 166—168

Jones A. Does the plant mitochondrion integrate cellular stress and regulate programmed cell death? Trends Plant Sci, 2000, 5: 225—230

Jones MGK, Dropkin VH. Scanning electron microscopy of nematode-induced graint transfer cells. Cytobios, 1976, 15: 149—161

Jones MGK, Nothcote DH. Multinucleate transfer cells induced in coleus roots by the root-knot nematode, *Meloidogyne arenaria*. Protoplasma, 1972b, 75: 381—395

Jones MGK, Nothcote DH. Nematode-induced syncytium-a multinucleate transfer cell. J Cell Sci, 1972a, 10: 789—809

Jones MGK, Novacky A, Dropkin VH. "Action potentials" in nematode-induced plant transfer cells. Protoplasma, 1974, 80: 401—405

Jourdan C, Michaux-Ferriere N, Perbal G. Root system architecture and gravitropism in the oil palm. Ann Bot, 2000, 85 (6): 861—868

Kadowaki K, Suzuki T, Kazama S, et al. Nucleotide sequence of the cytochrome oxidase subunit I gene from rice mitochondria. Nucleic Acids Res, 1989, 17: 7519—7520

Kaeiser M, Pillow MY. Tension wood in easten cottonwood. Cent States For Exp Sta Tech Pap, 1955, 149: 9

Kaglem G. A specific and general biochemical marker of stamen morphogenesis in higher plants: anodic perocidase. Z Pflanenphysiol, 1975, 76: 80—85

Kahl G, Rosenstock G, Lange H. Die Trennung von Zellteilung und Suberinsynthese in dereprimiertem pflanzlichem Speichergewebe durch tris-(hydroxymethyl-) Aminomethan. Planta 1969, 87: 365—371

Kahlem G. Isolation and histoimmunology of isoperoxidase specific for male flowers of the dioecious species *Merurialis annus*. Dev Biol, 1976, 50: 58—67

Kajiwara T, Furutani M, Hibara K, et al. The *GURKE* gene encoding an acetyl-CoA carboxylase is required for partitioning the embryo apex into three subregions in *Arabidopsis*. Plant Cell Physiol, 2004, 45 (9): 1122—1128

Kaldewey H. Trasnsport und Verteilung von Indol-3-(essigsaure-2-^{14}C) in nickenden Sprobachsen. In: Symp Stofftransport. Stuttgart: Gustav Fisher, 1968, 647—667

Kao KN, Michayluk MR. Nutrient requirements for growth of *Vicia hajastana* cells and protoplasts at a very low population density in liquid media. Planta, 1975, 126: 105

Kao KN, Miller RA, Gamborg OL, et al. Variation in chromosome number and structure in wheat (*Triticum*). Can J Genet Cytol, 1970, 12: 297

Karavaiko NN, Selivankina SY, Kudryakova NV, et al. Is a 67-kD cytokinin-binding protein from barley and *Arabidopsis thaliana* leaves involved in the leaf responses to phenylurea derivatives? Russian J Plant Physiol, 2004, 51 (6): 790—797

Kato H, Takeuchi M. Embryogenesis from the epidermal cells of carrot hypocotyls. Sci Rep Coll Gen Educ Univ Tokyo, 1966, 16: 245

Kauffman SA. Antichaos and adaptation. Sci Amer J, 1991, (8): 64—70

Kaufman PB, Mellichamp TL, Glima-Lacy J, et al. Practical Botany. Virginia: Reston Publishing, 1983, 135—157

Kawase M. Anatomical and morphological adaptations of plants to waterlogging. Hort Science, 1981, 16: 30—34

Kawase M. Centrifugation, rhizocaline, and rooting in *Salix alba*. Physiol Plant, 1964, 17: 855—865

Kellog RM, Warren SR. The occurrence of compression-wood streaks in westernhemlock. For Sci, 1979, 25: 129—131

Kepinski S, Leyser O. The *Arabidopsis* F-box protein TIR1 is an auxin receptor. Nature, 2005, 435 (7041): 446—451

Kern VD, Schwuchow JM, Reed DW, et al. Gravitropic moss cells default to spiral growth on the clinostat and in microgravity during spaceflight. Planta, 2005, 221 (1): 149—157

Kerr JF, Wyllie A, Cuyrrie A. Apoptosis: a basic biological phenomenon with wide-ranging implication in tissue kinetics. Brit J Cancer, 1972, 26: 239—257

Kessell RHJ, Carr AH. The effect of dissolved oxygen concentration on growth and differentiation of Carrot (*Daucus carota*) tissue. J Exp Bot, 1972, 23: 996—1007

Key JL. Hormones and nucleic acid metabolism. Ann Rev Plant Physiol, 1969, 20: 449—474

Khan A, Chauhan YS, Roberts LW. *In vitro* studies on xylogenesis in citrus fruit resicles Ⅱ: effect of pH of the nutrient medium on the induction of cytodifferentiation. Plant Sci 1986, 46: 213—216

Khurana JP, Maheshwari SC. Floral induction in short-day *Lemna paucicostata* 6746 by 8-hydroxyquinoline under long day. Plant Cell Physiol, 1984, 25: 77—83

Khurana JP, Maheshwari SC. Induction of flowering in duckweed *Lemna paucicostata* under non-inductive photoperiods by tannic acid. Physiol Plant, 1986, 66: 447—450

Khurana JP, Tamot BK, Maheshwari SC. Role of adenosine 3′-5′-cyclic monophosphate in flowering of a shout day duckweed *Lemna paucicostata* 6746. Plant Cell Physiol, 1988, 29: 1023—1028

Kidd VJ. Proteolytic activity that mediate apoptosis. Annu Rev Physiol, 1998, 60: 533—573

Kinet JM, Sachs RM, Bernier G. The physiology of flowering. Vol Ⅲ. The development of flowers. Boca Raton: CRC Press. 1985,198

King KL, Cidlowwski JA. Cell cycle regulation and apoptosis. Annu Rev Physiol, 1998, 60: 601—617

King RW, Pharis RP, Mander LN. Gibberellins in relation to growth and flowering in *Parbitis nil*. Plant Physiol, 1987, 84: 1126—1131

King RW, Zeevaart JAD. Floral stimulus movement in *Perilla* and flower inhibition caused by non-induced leaves. Plant Physiol, 1973, 51: 727—738

Kirk JTO, Tilney-Bassett RAE. The plastids: Their chemistry, structure, growth and inheritance. New York: Elsevier/North-Holland biomedical Press, 1978

Kirkwood TBL, Avstad SN. Why do we age? Nature, 2000, 408: 233—238

Kladnik A, Chamusco K, Dermastia M, et al. Evidence of programmed cell death in post-phloem transport cells of the maternal pedicel tissue in developing caryopsis of maize. Plant Physiol, 2004, 136 (3): 3572—3581

Klopfenstein NB, Chun YW, Kim MS, et al. Micropropagation, genetic engineering, and molecular biology of *Populus*. Fort Collins: Gen Tech Rep RM-GTR-297. USDA. Forest Service, Colo. 1997

Kobayashi H, Fukuda H. Involvement of calmodulin and calmodulin-binding proteins in the differentiation of tracheary elements in *Zinnia* cells. Planta, 1994, 194: 388—394

Kobayashi K, Fukuda M, Igarashi D, et al. Cytokinin-binding proteins from tobacco callus share homology with osmotin-like protein and an endochitinase. Plant Cell Physiol, 2000, 41 (2): 148—157

Kobayashi K. The physiological role of CBP2 (a cytokinin-binding protein) in tobacco callus. Plant Cell Physiol, 2002, 43(Suppl): S14—S14

Kolesnick RN. Regulation of ceramide production and apoptosis. Annu Rev Physiol, 1998, 60: 643—665

Kollmann R, Glockmann C. Studies on graft unions Ⅰ: plasmodesmata between cells of plants belonging to different unrelated taxa. Protoplasma, 1985, 12: 224—235

Kollmann R, Glockmann C. Studies on graft unions Ⅲ: on the mechanism of secondary formation of plasmodesmata at the graft interface. Protoplasma, 1991, 165: 71—85

Kollmann R, Yang S, Glockmann C. Studies on graft unions Ⅱ: continuous and half plasmodesmata in different regions of the graft interface. Protoplasma, 1985, 126: 19—29

Koltunow AM, Truettner J, Cox KH, et al. Different temporal and spatial gene expression patterns occur during anther development. Plant Cell, 1990, 2: 1201—1224

Komaki MK, Okada K, Nishino E, et al. Isolation and characterization of novel mutants of *Arabidopsis thaliana* defective in flower development. Development, 1988, 104: 195—203

Konar RN, Nataraja K. Production of embryoids from the anthers of *Ranunculus sceleratus* (L.). Phytomorphology, 1965a, 15: 245—248

Konar RN, Nataraja K. Experimental studies in *Ranunculus sceleratus* (L.). Phytomorphology, 1965b, 15: 132—137

Konar RN, Nataraja K. Morphogenesis of isolated floral buds of *Ranunculus sceleratus in vitro*. Acta Bot Neerland, 1969, 18: 680

Konar RN, Thomas E, Street HE. Origin and structure of embryoids rising from epidermal cells of the stem of *Ranunculus sceleratus*. J Cell Sci, 1972, 11: 77

Koornneef M, Hanhart CJ, van der Veen JH. A genetic and physiological analysis of late flowering mutants in *Arabidopsis thaliana*. Mol Gen Genet, 1991, 229: 57—66

Kordyum EL. Calcium signaling in plant cells in altered gravity. Adv Space Res, 2003, 32 (8): 1621—1630

Kozski A, Takeba G, Tanaka P. A polypeptide that induces flowering in *Lemna pauciostata* at a very low concentration. Plant Physiol, 1991, 95: 1288—1290

Kraus EJ, Brown NA, Hamner KC. Histological reactions of bean plants to indoleacetic acid. Bot Gaz, 1936, 98: 370—420

Krekule J, Seidlova F. Signals in Plant Development. The Hagua: SPB Academic Publishing, 1989

Krishnamooorthy HN, Talukdar AR. Chemical control of sex expression in *Zea mays* L. Z Pflanzenphysilo, 1976, 79: 91—94

Krishnamoorthy HN. Promotion of rooting in mung bean hypocotyl cuttings with Ethrel, an ethylene releasing compound. Plant & Cell Physiol, 1970, 11: 979—982

Krizek BA, Meyerowitz EM. The *Arabidopsis* homeotic genes *APETALA3* and *PISTILLATA* are sufficient to provide the B class organ identity function. Development, 1996, 122: 11—22

Kroemer G, Dallaporla B, Resche-Rigon M. The mitochondrial death/life regulation in apoptosis and necrosis. Annu Rev Physiol, 1998, 60: 619—642

Kumar A, Palni LMS, Nagar PK, et al. Changes in endogenous abscisic acid and phenols in gladiolus cormels in relation to storage and dormancy. Physiol Mol Biol Plants, 2001, 7: 67—74

Kunst L, Klenz JE, Martinez-Zapater J, et al. *AP2* gene determines the identity of perianth organs in flowers of *Arabidopsis thaliana*. Plant Cell, 1989, 1(12): 1195—1208

Kuo A, Cappelluti S, Cervantes-Cervantes M. Okadaic acid, a protein phosphatase inhibitor, blocks calcium changed, gene expression, and cell death induced by gibberellin in wheat aleurone cells. Plant Cell, 1996, 8: 259—269

Kuster E. Pathologische pflanzenanatomie. 3rd ed. Gustav Fischer, Jena. 1925

Kutscha NP, Hyland F, Schwarzmann JM. Certain seasonal changes in balsam fir cambium and its derivatives. Wood Sci Technol, 1975, 9: 175—188

Kögl F. Uber den Einflum der Anxins auf das Wurzelwuchstum und uberdie Chemische Natur des Chemische Natur des Auxin der Graskolooptilon. Physiol chem, 1934, 125: 215

Lachaud S, Bonnemain JL. Xylegenese chez les dicotyledones arborescentes Ⅰ: modalites de la remise en activite du cambium et de la xylogenese chez les hetres et les chenes ages. Can J Bot, 1981, 59: 1222—1230

Lachaud S, Bonnemain JL. Xylegenese chez les dicotyledones arborescentes Ⅲ: transport de l'auxine et activite cambiale dans les jeunes tigers de hetre. Can J Bot, 1982, 60: 869—876

Ladefoged K. Periodicity of wood formation. Biol Skr, 1952, 7: 1—98

Lai V, Srivastava LM. Nuclear changes during differentiation of xylem vessel elements. Cytobiologie, 1976, 12: 220—243

Laman AG, Shepelyakovskaya AO, Bulgakova EV, et al. Isolation of cDNA encoding cytokinin-binding proteins in maize. Russian J Plant Physiol, 2000, 47 (1): 76—83

Lamotte CE, Jacobs WP. A role of auxin in phloem regeneration in *Coleus* internodes. Devel Biol, 1963, 8: 80—98

Lang A. Physiology of flower initiation. In: Ruhland W ed. Encyclopedia of Plant Physiology. Berlin: Springer-Verlag, 1965, 1371—1536

Lang A. The effect of gibberellin upon flower formation. Proc Natl Acad Sci, 1957, 43: 709—17. 12

Lang A, Chailakhyan MK, Frolova IA. Promotion and inhibition of flower formation in a dayneutral plant in grafts with a short-day plant and a long-day plant. PNAS, 1977, 74: 2412—2416

Lange H, Rosenstock G, Kahl G. Induktionsbedingungen der Suberinsynthese und Zellproliferation bei Parenchymfragmenten der Kartoffelknolle. Planta, 1970, 90: 109—118

Lanphear FO, Meahl RP. Anatomical structure of woody plants in relation to vegetative propagation. Proc Ⅸ Inter Hort Cong, 1930, 66—76

Larson PR, The concept of cambium. In: Baas P ed. New perspectives in wood anatomy. The Hague: Martinus Nijhoff/Dr W. Junk Publishers, 1982, 85—121

Larson PR, Isebrands JG. Anatomy of the primary-secondary transition zone in stems of *Populus deltoides*. Wood Sci & Techol, 1974, 8: 11—26

Larson PR. A physiological consideration of the springwood summerwood transition in red pine. For Sci, 1960, 6: 110—122

Larson PR. Contribution of differet-aged needles to growth and wood formation of young red pines. For Sci, 1964a, 10: 224—228

Larson PR. Effects of temperature on the growth and wood formation of ten *Pinus resinosa* sources. Silvae Genet, 1967a, 16: 58—65

Larson PR. Silvicultural control of characteristics of wood used for furnish. Proc 4th TAPPI For Biol Conf Pointe Claire PQ, 1967b, 143—151

Larson PR. Some indirect effects of environment on wood formation. In: Zimmermann MH ed. The Formation of Wood in Forest Trees. New York: Academic Press, 1964b, 345—365

Larson PR. A biological approach to wood quality. Tappi, 1962a, 45: 445—448

Larson PR. Auxin gradients and the regulation of cambial activity. In: Kozlowski TT ed. Tree Growth. New York: Ronald Press, 1962b, 97—117

Larson PR. Orthogeotropism in roots. In: Ruhland W ed. Encyclopedia of plant physiology. Berlin: Springer-Verlag, 1962c, 17(2): 153—199

Larson PR. Procambium vs. cambium and protoxylem vs, metaxylem in *Populus deltoides* seedlings. Am J Bot, 1976, 63: 1332—1348

Larson PR. The concept of cambium. In: Baas P ed. New perspectives in wood anatomy. The Hague: Martinus Nijhoff, 1982, 11—22

Lauber MH, Waizenegger I, Steinmann T, et al. The *Arabidopsis* KNOLLE protein is a cytokinesis-specific syntaxin. J Cell Biol, 1997, 139 (6): 1485—1493

Launay J, Ivkovich M, Paques L, et al. Rapid measurement of trunk MOE on standing trees using RIGIDIMETER. Ann For Sci, 2002, 59 (5,6): 465—469 Sp.

Laurinavicius R, Stockus A, Buchen B, et al. Structure of cress root statocytes in microgravity (bion-mission). Adv Space Res, 1995, 17 (6,7): 91—94

Lavender DP, Hermann RK. Regulation of the growth potential of Douglas fir seedlings during dormancy. New Phytol, 1970, 69: 675—694

Law CN. The locations of genetic factors affecting a quantitative character in wheat. Genetics, 1996, 53: 487—498

Law CN, Worland AJ, Giorgi B. The genetic control of ear-emergence time by chromosomes 5A and 5D of wheat. Heredity, 1976, 36: 49—58

Lay-Yee M, Sachs RM, Reid MS. Changes in cotyledon mRNA during floral induction in *Pharbites nil* strain Violet. Planta, 1987, 171: 104—109

Leach RWA, Wareing PF. Distribution of auxin in horizontal woody stems in relation to gravimorphism. Nature, 1967, 214: 1025—1027

Lee I, Amasino RM. Effect of vernalization, photoperiod, and light quality on the flowering phenotype of *Arabidopsis* plants containing the *FRIGID*A gene. Plant Physiol, 1995, 108: 157—162

Lee I, Bleecker A, Amasino R. Analysis of naturally occurring late flowering in *Arabidopsis thaliana*. Mol Gen Genet, 1993, 237: 171—176

Lei XY, Liao XD, Zhang GY, et al. Flow cytometric evidence for hydroxyl radical-induced apoptosis in tobacco protoplasts. Acta Bot Sin, 2003, 45: 944—948

Lejeune P, Kinet JM, Bernier G. Cytokinin fluxes during floral induction in the long day plant *Sinapis alba* L. Plant Physiol, 1988, 86(4): 1095—1098

Leopold AC. The polarity of auxin transport, in meristems and differentiation. Brookhaven Symposia in Biol, Rpt No 16. NY: Brookhaven Natl Lab, 1964, 218—234

Lepp NW. Distribution of growth regulators and sugars by the tangetial and radial transport systems of stem segments of willow. Planta, 1971, 99: 275—282

Leroux R. Recherchis sur les modifications anatomiques de trois especes d'osiers (*Salix viminalis* L., *Salix purpurea* L., *Salix fragilis* L.) provoquees par l'acide naphtalene-acetique. C r Seanc Soc Biol 1954, 148: 284—286

Leroy YR. Etndes sur les Juglandaceae o la recherche d'une conception morphologique de la fleur femelle et du fruit. Mem Museum Nation. d'Hist Naturelle, ser B Bot, 1955, 6: 1—246

Lesham Y, Lunenfield B. Gonadotropin in promotion of adventitious root production on cuttings of *Begonia semperflorens* and *Vitis vinifera*. Plant Physiol, 1968, 43: 313—317

Letvenuk LJ, Peterson RL. Occurence of transfer cells in vascular perenchyma of *Hieracium florentinum* roots. Can J Bot, 1976, 54: 1458—1471

Leung J, Giraudat J. Abscisic acid signal transduction. Ann Rev Plant Physiol Plant Mol Biol, 1998, 49: 199—222

Levchenko V, Konrad KR, Dietrich P, et al. Cytosolic abscisic acid activates guard cell anion channels without preceding Ca^{2+} signals. PNAS, 2005, 102 (11): 4203—4208

Levizou E, Karageorgou P, Psaras GK, et al. Inhibitory effects of water soluble leaf leachates from *Dittrichia viscosa* on lettuce root growth, statocyte development and graviperception. Flora, 2002, 197 (2): 152—157

Levvine A, Pennell RI, Alvarez ME, et al. Calcium-mediated apoptosis in a plant hypersensitive disease resistance response. Curr Biol, 1996, 4: 427—437

Lev-Yadun S, Aloni R. Wound-induced periderm tubers in the bark of *Melia azedarach*, *Ficus sycomorus* and *Platanus acerifolia*. IAWA Bull ns, 1991, 12: 62—66

Lev-Yadun S, Aloni V. Polycentric vascular rays in *Suaeda monoica* and the control of ray initiation and spacing. Trees, 1991, 5: 22—29

Lewin RA, Withers NW. Extraordinary pigment composition of a prokaryotic alga. Nature, 1975, 256: 735—737

Lewin RA. Prochlorophyta as a proposed new division of algae. Nature, 1976, 261: 697—698

Li D, Calderon-Urrea A, Blakey A, et al. Sex determination gene *Tasselseed2* (*Ts2*) in monocot plants. In: Abstracts 2nd international congress of plant molecular biology. Amsterdam, 1994, 786

Li DH, Yang X, Cui KM, et al. Morphological changes in nucellar cells undergoing programmed cell death (PCD) during pollen chamber formation in *Ginkgo biloba* L. Acta Bot Sin, 2003, 45: 53—63

Li DH, Yang X, Cui X, et al. Early development of pollen chamber in *Gingo biloba* Ovule. Acta Bot Sin, 2002, 44: 757—763

Li J, Wang DY, Li Q, et al. *PPF1* inhibits programmed cell death in apical meristerms of both G2 pea and transgenic *Arabidopsis* plants possibly by delaying cytosolic Ca^{2+} elevation. Cell Calcium, 2004, 35: 71—77

Li LY, Luo X, Wang XD. Endonuclease G is an apoptotic DNase when released from mitochondria. Nature, 2001, 412: 95—99

Li ZL, Cui KM, Yu CS, et al. Effect of plastic sheet wrapping upon girdled *Eucommia ulmoides*. Sci Sin, 1982, B, 25: 367—375

Li ZL, Cui KM, Yuan ZD, et al. Regeneration of re-covered bark in *Eucommia ulmoides*. Sci Sin, 1983, 26: 33—40

Li ZL, Cui KM. Differentiation of secondary xylem after girdling. IAWA Bull ns, 1988, 9: 375—383

Li ZL, Cui KM. Vascular cambium formation in immature xylem. Kexue Tongbao, 1983, 247—249

Liang P, Pardee AB. Differential display of eukaryotic messenger RNA by means of the polymerase chain reaction. Science, 1992, 257: 967—971

Liang TB, Yong WD, Tan KH, et al. Vernalization, a switch in initiation of flowering, promotes differentiation and development of spikelet in winter wheat. Acta Bot Sin, 2001, 43: 788—794

Libbenga KR, Mennes AM. Hormone binding and its role in hormene action. In: Chadwick CM, Garrod DR ed. Hormones, Receptors and Cellular Interactions in Plants. Cambridge: Cambridge University Press, 1986, 194—217

Lin C, Ahmad M, Chan J, et al. CRY2, a second member of the *Arabidopsis* cryptochrome gene family. Plant Physiol, 1996, 110: 1047

Lin CS, Chen CT, Hsiao HW, et al. Effects of growth regulators on direct flowering of isolated ginseng buds in vitro. Plant Cell Tissue Org Cul, 2005, 83 (2): 241—244

Lindsay G. The ancient bristlecone pines. Pac Discovery, 1969, 22: 1—8

Lintilhac PM, Vesecky TB. Stress-induced alignment of division plane in plant tissues grown *in vitro*. Nature, 1984, 304: 363—364

Lipetz J. Wound-healing in higher plants. Int Rev Cytol, 1970, 27: 27—28

Liphschitz N, Waisel Y. Phellogen initiation in the stems of *Eucalyptus camalduensis* Dehnh.. Aust J Bot, 1970, 18: 185—189

Liso R, De Tullio MC, Ciraci S, et al. Localization of ascorbic acid, ascorbic acid oxidase, and glutathione in roots of *Cucurbita maxima* L.. J Exp Bot, 2004, 55 (408): 2589—2597

List A. Some observations of DNA content and cell and nuclear volume growth in the developing xylem cells of certain higher plants. Am J Bot, 1963, 50: 320—329

Little CHA, Bonga JM. Rest in the cambium of *Abies balsamea*. Can J Bot, 1974, 52: 1723—1730

Little CHA, Eidt DC. Effects of abscisic acid on budbreak and transpiration in wood species. Nature (London), 1968, 220: 498—499

Little CHA, Eidt DC. Relationship between transpiration and cambial activity in *Abies balsamea*. Can J Bot, 1970, 48: 1027—1028

Little CHA, Lavigne MB. Gravimorphism in current-year shoots of *Abies balsamea*: involvement of compensatory growth, indole-3-acetic acid transport and compression wood formation. Tree Physiol, 2002, 22 (5): 311—320

Little CHA, Savidge RA. The role plant growth regulators in forest tree cambial growth. Plant Growth Regul, 1987, 6: 137—169

Little CHA, Strunz GM, La France R, et al. Identification of abscisic acid in *Abies balsamea*. Phytochemistry, 1972, 11: 3535—3536

Little CHA, Wareing PF. Control of cambial activity and dormancy in *Picea sitchensis* by indol-3-ylacetic and abscisic acids. Can J Bot, 1981, 59: 1480—1493

Little CHA. Effect of cambial dormancy state on the transport of [1-^{14}C] indol-3-ylacetic acid in *Abies balsamea* shoots. Can J Bot, 1981, 59: 342—348

Little CHA. Some aspects of apical dominance in *Pinus strobes* (L.). New Haven: Yale Univ, 1967, 234

Liu CM, Johnson S, Di Gregorio S, et al. Single cotyledon (*sic*) mutants of pea and their significance in understanding plant embryo development. Dev Gen, 1999, 25 (1): 11—22

Liu SJ, Tillberg E. Sensitivity to phytohormones determined by outer-inner polarity of higher plants: an overall model for phytohormone action. Plant Cell Environ. , 1984, 7: 75—80

Loach K. Mist propagation: Past, present, future. Proc Inter Plant Prop Soc, 1979, 29: 216—229

Lomax TL, Muday GK, Rubery PH. Auxin transport. In: Davies PJ ed. Plant Hormones. 2nd ed. Dordrecht: Kluwer Academic Publishers, 1995, 509—530

Long JA, Barton MK. The development of apical embryonic pattern in *Arabidopsis*. Development, 1998, 125 (16): 3027—3035

Long JA, Moan EI, Medford JI, et al. A member of the KNOTTED class of homeodomain proteins encoded by the *STM* gene of *Arabidopsis*. Nature, 1996, 379: 66—69

Long WG, Sweet DV, Tukey HB. The loss of nutrients from plant foliage by leaching as indicated by radioisotopes. Science, 1956, 123: 1039—1040

Loopstra CA, Sederoff R R. Xylem-specific gene expression in loblolly pine. Plant Mol Bio, 1995, 27: 277—291

Lopez-Escamilla AL, Olguin-Santos LP, Marquez J, et al. Adventitious bud formation from mature embryos of *Picea chihuahuana* Martinez, an endangered Mexican spruce tree. Ann Bot, 2000, 86 (5): 921—927

LoSchiavo F, Baldan B, Compagnin D, et al. Spontaneous and induced apoptosis in embryogenic cell culturers of carrot (*Daucus carota* L.) in different physiological states. Eur J Cell Biol, 2000, 79: 294—298

Low AJ. A study of compression wood in Scots pine. Forestry, 1964, 37: 179—201

Lu SF, Song YR. Relation between phytohormone level and vascular bridge differentiation in graft union of explanted internode autografting. Chin Sci Bul, 1999, 44(20): 1874—1878

Lu ZG, Zhang CM, Zhai ZH. LDFF, the large molecular weight DNA fragmentation factor, is responsible for the large molecular weight DNA degradation during apoptosis in *Xenopus* egg extracts. Cell Res, 2004, 14: 134—140

Lukowitz W, Mayer U, Jurgens G. Cytokinesis in the *Arabidopsis* embryo involves the syntaxin-related *KNOLLE* gene product. Cell, 1996, 84 (1): 61—71

Lulai EC, Freeman TP. The importance of phellogen cells and their structural characteristics in susceptibility and resistance to excoriation in immature and mature potato tuber (*Solanum tuberosum* L.) periderm. Ann Bot, 2001, 88 (4): 555—561

Lulai EC, Suttle JC. The involvement of ethylene in wound-induced suberization of potato tuber (*Solanum tuberosum* L.): a critical assessment. Postharvest Biol Tech, 2004, 34 (1): 105—112

Lulai EC. The roles of phellem (skin) tensile-related fractures and phellogen shear-related fractures in susceptibility to tuber-skinning injury and skin-set development. Amer J Pot Res, 2002, 79 (4): 241—248

Luo LX, Cui KM, Li JH, et al. Cambial reactivation and change of peroxidase isozymogram in *Eucommia ulmoides* Oliv. Chin J Bot, 1995, 7: 150—155

Luttge U. Structure and function of plant glands. A Rev Pl Physiol, 1971, 22: 23—44

MacDaniels LH, Curtis OF. The effect of spiral ringing on solute translocation and the structure of the regenerated tissues of the apple. Cornell Unver Ag Expt Station Memoir, 133, 1930

Machno D, Przywara L. Endosperm culture of Actinidia species. Acta Biol Cracov Ser Bot, 1997, 39: 55—61

Macknight R, Bancroft I, Page T, et al. FCA, a gene controlling flowering time in *Arabidopsis*, encodes a protein containing RNA-binding domains. Cell, 1997, 89: 737—745

Magel EA, Monties B, Drouet A, et al. Heartwood formation: biosynthesis of heartwood extractives and "secondary" lignification. In: Sandermann Jr H, Bonnet-Masimbert M ed. Eurosilva-contribution to forest tree physiology. France: INRA Versailles, 1995: 35—56

Magioli C, Barroco RM, Rocha CAB, et al. Somatic embryo formation in *Arabidopsis* and eggplant is associated with expression of a glycine-rich protein gene (*Atgrp*-5). Plant Sci, 2001, 161 (3): 559—567

Mahlstede JP, Watson DP. An anatomical study of adventitious root development in stems of *Vaccinium corynbosum*. Bot Gaz, 1952, 112: 279—285

Maini JS. The relationship between the origin of adventitious buds and the orientation of *Populus tremuloides* root cuttings. Bul Ecol Soc Amer, 1968, 49: 81—82

Malamy JE. Intrinsic and environmental response pathways that regulate root system architecture. Plant Cell Env, 2005, 28 (1): 67—77

Malepszy S, Niemirowicz-Szczytt K. Sex determination in cucumber (*Cucumis sativus*) as a model system for molecular biology. Plant Sci, 1991, 80: 39—47

Malerba M, CeranA R, Crosti P. Fusicoccin induces in plant cells a programmed cell death showing apoptotic features. Protoplasma, 2003, 222 (3,4): 113—116

Malpighi M. Opera omnia, tomo duobus. Londini, Robertum Scott. 1686 (See Esau K. The Phloem. Berlin: Gebruder Borntraeger, 1969, p 6)

Malstede JP, Watson JP. An anatomical study of adventitious root development in stems of *Vacinium corymbosum*. Bot Gaz, 1952, 113: 279—285

Mandel MA, Gustafson-Brown C, Savidge B, et al. Molecular characterization of the *Arabidopsis* floral homeotic gene *APETALA1*. Nature, 1992, 360(6401): 273—277

Mandel MA, Yanofsky MF. A gene triggering flower formation in *Arabidopsis*. Nature, 1995, 377(6549): 522—524

Manwiller FG. Tension wood anatomy of silver maple (*Acer saccharinum*). For Prod J, 1967, 17: 43—48

Marc J, Gifford RM. Floral initiation in wheat, sunflower and sorghum under carbon dioxide enrichment. Can J Bot, 1984, 62: 9—14

Mariani C, De Beuckeleer M, Truetter J, et al. Induction of male sterility in plants by a chimeric ribonuclease gene. Nature, 1990, 347: 737—741

Martin GM, Oshima J. Lessons from human progeroid syndromes. Nature, 2000, 408: 263—266

Martin SJ, Green DR. Protease activation during apoptosis: Death by a thousand cuts? Cell, 1995, 82: 349—352

Martin SM. Environmental factors. B. Temperature, aeration, and pH. In: Staba EJ ed. Plant tissue culture as a source of bichemicals. Boca Raton: CRC, 1980, 143—148

Martinez-Zapater JM, Somerville CR. Effect of light quality and vernalization on late flowering mutants of *Arabidopsis thaliana*. Plant Physiol, 1990, 92: 770—776

Martzivanou M, Hampp R. Hyper-gravity effects on the *Arabidopsis* transcriptome. Physiol Plant, 2003, 118 (2): 221—231

Mason MG, Schaller GE. Histidine kinase activity and the regulation of ethylene signal transduction. Can J Bot, 2005, 83 (6): 563—570

Matsumoto T. Studies on compression wood V: relation of the slope angle of the fibrils to shrinkage of leaning *Thujopsis dolobrata*. Iwata Univ Fac Agr Bull, 1957, 3: 190—193

Matsuzaki T, Koiwai A, Iwai S, et al. *In vitro* proliferation of stigma-like, styli-like structures of *Nicotiana tabacum* and its fatty acid composition. Plant Cell Physiol, 1984, 25: 197—203

Mayer U, Herzog U, Berger F, et al. Mutations in the pilz group genes disrupt the microtubule cytoskeleton and uncouple cell cycle progression from cell division in *Arabidopsis* embryo and endosperm. Eur J Cell Biol, 1999, 78 (2): 100—108

Mayer U, Torres-Ruiz RA, Berleth T, et al. Mutations affecting body organization in the *Arabidosis* embryo. Nature, 1991, 353: 402—407

McArthur ICS, Steeves TA. On the occurrence of root thorns on a Central American palm. Can J Bot, 1969, 47: 1377—1382

McCabe PF, Leaver CJ. Programmed cell death in cell cultures. Plant Mol Biol, 2000, 44: 359—368

McCabe PF, Levine A, Meijer PJ, et al. A programmed cell death pathway activated in carrot cells cultured at low cell density. Plant J, 1997, 12(2): 267—280

McCabe PF, Pennell RI. Apoptosis in plant cells *in vitro*. In: Kotter TG, Martin SJ ed. Techniques in apoptosis. London: Portland Press, 1996, 301—326

McClure BA, Haring V, Ebert PR, et al. Style self-incompatibility gene products of *Nicotiana alata* are ribonucleases. Nature, 1989, 342(6252): 955—957

McConkey DJ, Orrenius S. Calcium and cyclosporin in the regulation of apoptosis. In: Kroemer G, Martinerz C ed. Apoptosis in immunology. Berin: Springer-Verlag, 1995, 95—105

McCullough PE, Liu HB, McCarty LB. Ethephon and gibberellic acid inhibitors influence creeping bentgrass putting green quality and ball roll distances. Hort science, 2005, 40 (6): 1902—1903

McCully ME. Structural aspects of graft formation. In: Moore R ed. Vegetative compatibility responses in plants. Texas: Baylor University Press, 1983, 71—88

McElver J, Tzafrir I, Aux G, et al. Insertional mutagenesis of genes required for seed development in *Arabidopsis thaliana*. Genetics, 2001, 159 (4): 1751—1763

McLean FT. A loop method of dwarfing plants and inducing flowering. Contrib Boyce Thompson Inst, 1940, 11: 123—125

McVeigh I. Regeneration in *Crassula multicava*. Am J Bot, 1938, 25: 7—11

Melcher G. Kie Bluhhormone. Ber Deutch Bot. Ges. 1939, 57: 29—48

Melcher G, Long A. Weitere Untersuchungen zur frage der Blühhormone. Biol Zentralble, 1943, 61: 16—39

Mellerowicz EJ, Coleman WK, Riding RT, et al. Periodicity of cambial activity in *Abies balsamea* Ⅰ: effects of temperature and photoperiod on cambial dormancy and frost hardiness. Physiologia Plantarum, 1992a, 85: 515—525

Mellerowicz EJ, Coleman WK, Riding RT, et al. Periodicity of cambial activity in *Abies balsamea* Ⅱ: effects of temperature and photoperiod on the size of the nuclear genome in fusiform cambial cells. Physiol plant, 1992b, 85: 526—530

Mellerowicz EJ, Riding RT, Little CHA. Genomic variability in the vascula cambium of *Abies balsae*. Can J Bot, 1989, 67: 990—996

Mellerowicz EJ, Riding RT, Little CHA. Nuclear size and shape changes in fusiform cambial cells of *Abies balsamea* during the annual cycle of activity and dormancy. Can J Bot, 1990, 68: 1857—1863

Mendel K. The anatomy and histology of the bud-union incirrus. Palestine J Bot Hort Sci, 1936, 1(2): 13—46

Mergen F. Anatomical study of slash pine graft unions. Qaut J Florida Acad Sci, 1954, 17: 237—245

Mergen F. Distribution of reaction wood in eastern hemlok as a function of its terminal growth. For Sci, 1958, 4: 98—108

Metzger JD. Hormones and reproductive development. In: Davies PJ ed. Plant hormones and their role in plant growth and development. Dordrecht: Martinus Nijhff Publisher, 1987, P. 431—463

Miller H, Barnett JR. The formation of callus at the graft interface in Sitka spruce. IAWA J, 1993, 14: 13—21

Minami A, Fukuda H. Transient and specific expression of a cysteine endopeptidase during autolysis in differentiating tracheary elements from *Zinnia* mesophyll cells. Plant Cell Physiol, 1995, 36: 1599—1606

Minami A, Fukuda H. Transient and specific expression of a cysteine endopeptidase associated with autolysis dyring differentiation of *Zinnia* mesophyll cells into tracheary elements. Plant Cell Physiol, 1995, 36: 1599—1606

Minter TC, Lord EM. A comparison of cleistogamous and chasmogamous floral development in *Collomia grandiflora* Dougl. ex. Lindl. (Polemoniaceae). Am J Bot, 1983, 70: 1499—1508

Mitra J, Steward FC. Growth induction in cultures of *Haplopappus gracilis*. Ⅲ. The behaviour of the nucleus. Am J Bot, 1961, 48: 358

Mitsuhara I, Malik MA, Miura M, et al. Animal cell-death suppressors Bcl-xl and Ced-9 inhibit cell death in tobacco. Curr Biol, 1999, 9: 775—778

Mittempergher L. Indagini sull' origine delle radici avventizie in talee legnose di pero. Ortoflorofrutticoltura Ital, 1964, 48: 39—44

Mittler R, Feng X, Cohen M. Post-transcriptional suppression of cytosolic ascorbate peroxidase expression during pathogen-induces programmed cell death in tobacco. Plant Cell, 1998, 10: 461—473

Mittler R, Lam E. Identification, characterization, and purification of a tobacco endonuclease activity induced upon hypersensitive response cell death. Plant Cell, 1995, 7: 1951—1962

Mittler R, Lam E. *In situ* detection of nDNA fragmentation during the differentiation of tracheary elements in higher plants. Plant physiol, 1995, 108: 489—493

Mittler R, Shulaev V, Lam E. Coordinated activation of programmed cell death and detense mechanisms in transgenic tobacco plants expressing a bacterial proton pump. Plant Cell, 1995, 7: 29—42

Mittler R, Shulaev V, Seskar M, et al. Inhibition of programmed cell death in tobacco plants during a-pathogen-induced hypersensitive response at low oxygen pressure. Plant Cell, 1996, 8: 1991—2001

Mittler R, Lam E. *In situ* detection of nDNA fragmentation during the differentiation of tracheary elements in higher plants. Plant Physiol, 1995, 108: 489—493

Mizukami T, Ma H. Ectopic expression of the floral homeotic gene *AGAMOUS* in transgenic *Arabidopsis* plants alter floral identity. Cell, 1992, 71: 119—131

Mohammed S, Ericksen EN. Root formation in pea cuttings Ⅳ: further studies on the influence of indole-3-acetic acid at different development stages. Physiol Plant, 1974, 32: 94—96

Monzer J, Kollmann R. Vascular connection in the heterograft *Lophophora williamsii* Coult on *Trichocerous spachianus* Ricc. J Plant Physiol, 1986, 123: 359—372

Moore HM, Nasrallah JB. A brassica self-incompatibility gene is expressed in the stylar transmitting tissue of transgenic Tobacco. Plant Cell, 1990, 2(1): 29—38

Moore R. A model for graft compatibility-incompatibility in higher plants. Am J Bot, 1984b, 71: 752—758

Moore R. Ultrastructural aspects of graft incompatibility between pear and quince *in vitro*. Ann Bot, 1984a, 53: 447—451

Moore RK, Walker DB. Studies of vegetative compatibility-incompatibility in higher plants Ⅰ: a structural study of a compatible autograft in *Sedum telephoides* (Crassulaceae). Am J Bot, 1981. 68: 820—830

Moran JF, Becaca M. Iturbe-ormartxe Ⅰ: drought induces oxydative stress in pea plants. Planta, 1994, 94: 346—352

Morey PR, Cronshaw J. Induced structural changes in cambial derivatives of *Ulmus americana*. Protoplasma, 1966, 62: 76—85

Morey PR. How Trees Grow. London: Edward Arnold, 1973, 39

Mork E. Die Qualitat des Fichtenholzes unter besonderer Rucksichtnahme auf Schleifund Papierholz. Papier-Fabr. 1928, 26: 741—747

Morton RA, Davies CH. Regulation of muscarinic acetylcholine receptor-mediated synaptic responses by adenosine receptors in the rat hippocampus. J Physiol (London), 1997, 502 (1): 75—90

Muday GK, Haworth P. Tomato root growth, gravitropism, and lateral development: corelation with auxin transport. Plant Physiol Biochem, 1994, 32: 193—203

Muday GK, Lomax TL, Rayle DL. Characterization of the growth and auxin physiology of roots of the tomato mutant, diageotropica. Planta, 1995, 195: 548—553

Muir WH, Hildebrandt AC, Riker AJ. The preparation, isolation and growth in culture of single cells from higher plants. Am J Bot, 1958, 45: 589—597

Mullins MG. Auxin and ethylene in adventitious root formation in *Phaseolus aureus* (Roxb.). In: Carr DJ ed. Plant Growth Substances. Berlin: Springer-Verlag, 1972

Munch E. Statik und Dynamik des Schraubigen baues der Zellwand besonders des Druck-und Zugholzes. Flora (Jena), NS, 1938, 32: 354—424

Muns R, Sharp PE. Involvement of abscisic acid in controlling plant growth in soil of low water potential. Aust J Plant Physiol, 1993, 20: 425—437

Murashige T. Plant propagation through tissue cultures. Ann Rev Plant Physiol, 1974, 25: 135

Muzik TJ, Cruzado. Transmission of juvenile rooting ability from seedings to adults of *Hevea brasiliensis*. Nature, 1958, 181: 1288

Mwange KN, Hou HW, Cui KM. Relationship between endogenous indole-3-acetic acid and abscisic acid changes and bark recovery in *Eucommia ulmoides* Oliv. after girdling. J Exp Bot, 2003a, 54 (389): 1899—1907

Mwange KN' K, Wang XW, Cui KM. Mechanism of dormancy in the buds and cambium of *Eucommia ulmoides*. Acta Bot Sin, 2003b, 45: 698—704

Mwange KN' K, Wang XW, Wang YQ, et al. Opposite patterns in the annual distribution and time course of endogenous abscisic acid and indole-3-acetic acid in relation to the periodicity of cambial activity in *Eucommia ulmoides* Oliv. J Exp Bot, 2005, 56(413): 1017—1028

Nagata T, Takebe T. Plating of isolated tobacco mesophyll protoplasts on agar medium. Planta, 1971, 99: 12

Naik, GG. Studies on the effects of temperature on the growth of plant tissues. University of Edinnbungh, 1965

Nakamura A, Yamada T, Kadotani N, et al. Improvement of flue-cured tobacco variety MCI610 by means of haploid breeding method and some problems of the method. In: Kasha KJ ed. Haploids in higher plants: advances and potentials. Canada: University of Guelph. 1974. 227

Nalini E, Bhagwat SG, Jawali N. Validation of allele specific primers for identification of *Rht* genes among Indian bread wheat varieties. Cereal Res Com, 2005, 33 (2,3): 439—446

Nanda KK, Jain MK, Malhotra S. Effect of glucose and auxins in rooting etiolated stem segments of *Populus nigra*. Physiol Plant, 1971, 24: 387—391

Nandi SK, Tamta S, Palni LMS. Adventitious root formation in young shoots of *Cedrus deodara* a. Bio Plant, 2002, 45 (3): 473—476

Napier R. Plant hormone binding sites. Ann Bot, 2004, 93 (3): 227—233

Natali L, Giordani T, Cavallini A. Sequence variability of a dehydrin gene within *Helianthus annuus*. Theor App Gen, 2003, 106 (5): 811—818

Nawy T, Lee JY, Colinas J, et al. Transcriptional profile of the *Arabidopsis* root quiescent center. Plant Cell, 2005, 17 (7): 1908—1925

Naylor EE, Johnson B. A histological study of vegetative reproduction in *Santpaulia ionantha*. Am J Bot, 1937, 24: 673—678

Necesany V. Effect of b-indoleacetic acid on the formation of reaction wood. Phyton. 1958, 11(2): 117—127

Necesany V. Effect of growth substances on chemical composition and ultrastructure of cell wall. Drev Vysk, 1971, 16: 93—106

Nelson ND, Hillis WE. Association between altitude and xylem ethylene levels in *Eucalyptus pauciflora*. Aust For Res, 1978a, 8: 69—73

Nelson ND, Hillis WE. Ethylene and tension wood formation in *Eucalyptus gomphocephola*. Wood Sci Technol, 1978c, 12: 309—315

Nelson ND, Hillis WE. Genetic and biochemical aspects of kino vein formation in *Eucalyptus* Ⅱ: hormanal influence on kino formation in *E. regnans*. Aust For Res, 1978b, 8: 83—91

Neta-Sharir I, Isaacson T, Lurie S, et al. Dual role for tomato heat shock protein 21: Protecting photosystem Ⅱ from oxidative stress and promoting color changes during fruit maturation. Plant Cell, 2005, 17 (6): 1829—1838

Newman Ⅳ. Pattern in the meristems of vascular plants Ⅲ: pursuing the patterns in the apical meristem where no cell is a permanent cell. J Linn Soc (Bot), 1965, 59: 185—214

Ni M, Tepperman J, Quail P. PIF3, a phytochrome-interaction factor necessary for normal photoinduced signal transduction, is a novel basic helix-loop-helix protein. Cell, 1998, 95: 657—667

Ni M, Tepperman J, Quail P. Binding of phytochrome B to its nuclear signalling partner PIF3 is reversibly induced by light. Nature, 1999, 400: 781—784

Nishitani C, Demura T, Fukuda H. Primary phloem-specific expression of a *Zinnia elegans* homeobox gene. Plant Cell Physiol, 2001, 42: 1210—1218

Nitsch C, Norreel C. Effet d'un choc themique sur le pouvoir embryogene du pollen de *Datura innoxia* cultive dans l' anthere ou idole de L'anthere. C R Acad Sci, 1973, 276D: 303

Nobuoka T, Nishimoto T, Tori K. Wind and light promote graft-take and growth of grafted tomato seedlings. J Japan Soc Hort Sci, 2005, 74(2): 170—175

Nobuoka T, Oda M, Sasaki H. Effects of relative humidity, light intensity and leaf temperature on transpiration of tomato scions. J Jap Soc Hor Sci, 1996, 64 (4): 859—865

Nobuoka T, Oda M, Sasaki H. Effects of wind and vapor pressure deficit on transpiration of tomato scions. J Japan Soc Hort Sci, 1997, 66(1): 105—112

Noel ARA. The girdling trees. Bot Rev, 1970, 36: 162—195

Nonomura KL, Nakano M, Fukuda T, et al. The novel gene *HOMOLOGOUS PAIRING ABERRATION IN RICE MEIOSIS1* of rice encodes a putative coiled-coil protein required for homologous chromosome pairing in meiosis. Plant Cell, 2004, 16 (4): 1008—1020

Noodén LD, Leopold AC. Phytohormones and the endogenous regulation of senescence and abscission. In: Goodwin DL, Higgins T ed. Phytohormones and related compounds: A comprehensive treatise. Vol 2. New York: Elsevier, 1978, 329—369

Northcote DH. Aspects of vascular tissue differentiation in plants-parameters that may be used to monitor the process. Int J Plant Sci, 1995, 156 (3): 245—256

Odani K. Effects of chilling on exogenous indole-3-acetic acid mediated wood formation and vessel diameter of white ash and poplar. Mokuzai Gakkaishi, 1980, 26: 127—131

Odani K. Indole-3-acetic acid transport in pine shoots under the stage of true dormancy. J Jap For Soc, 1985, 67: 332—334

Ohata S. Tension wood from the stems of poplar (*Populus* × *euramericana* c v) with various degrees of leaning. 1. The macroscopic identification and distribution of tension wood within stem. Mokuzai Gakkaishi, 1979, 25: 610—614

Ohta Y, Chuong PV. Hereditary changes in *Capsicum annuum* (L.) Ⅰ: induced by ordinary grafting. Euphytica, 1975, 24: 355—368

Ohta Y. Graft-transformation, the mechanism for graft-induced genetic changes in higher plants. Euphytica, 1991, 55: 91—99

Okada K, Shimura Y. Aspects of recent developments in mutational studies of plant signaling pathways. Cell, 1992, 70: 369—372

Okada K, Shimura Y. Reversible root tip rotation in *Arabidopsis* seedlings induced by obstacle-touching stimulus. Science, 1990, 250: 274—276

Okamoto T, Suzuki H, Umezaki T, et al. Effects of using virus free plants in the Chinese yam (*Dioscorea opposita* Thunb.) cultivation and practical method to distinguish a Japanese yam mosaic virus plant. Japan J Crop Sci, 2001, 70 (2): 179—185

Okoro OO, Grace J. The physiology of rooting *Populus* cuttings Ⅱ: cytokinin activity in leafless hardwood cuttings. Physiol Plant, 1978, 44: 167—170

Onaka F. On the influnce of heteroauxin on the radial growth and especially the formation of compression wood in trees. J Jan For Soc, 1940, 22: 573—580

Onaka F. Studies on compression and tension wood. Kyoto: Mokuzai Kenkyo Wood Res Inst, University of Kyoto, 1, 88

Orzaez D, Granell A. DNA fragmentation is regulated by ethylene during carpel senescence in *Pisum sativum*. Plant J, 1997a, 11: 137—144

Orzaez D, Granell A. The plant homologue of the defender against apoptotic death gene is down-regulated during senescence of flower petals. FEBS Letters, 1997b, 404: 275—278

Ouyang XZ, Xie SP, Li BJ. Differentiation and ultrastructure of the protophloem sieve elements of minor veins in the maize leaves: Changes in the protoplast. Acta Bot Sin, 1998, 40 (1): 14—21

Oven P, Torolli N. Wound response of the bark in health and declining silver firs (*Abies alba*). IAWA J, 1994, 15 (4): 407—415

Overmyer K, Brosche M, Kangasjarvi J. Reactive oxygen species and hormonal control of cell death. Trends Plant Sci, 2003, 8(7): 335—342

Owen HA, Makaroff CA. Ultrastructure of microsporogenesis and microgametogenesis in *Arabitopsis thaliana* (Brassicaceae). Protoplasma, 1995, 185: 7—21

O'Brien TP. The primary xylem. In: Barnett JR ed. Xylem Cell Development. Tunbridge Wells: Castle House, 1981: 14—46

Paker J. Seasonal changes in the physical nature of the bark phloem parenchyma cells of *Pinus strobus*. Protoplasma, 1960, 52: 223—229

Paliwal GS, Prasad NVSRK, Sajwan VS, et al. Seasonal activity of cambium in some tropical trees Ⅱ: *Polyalthia longifolia*. Phytomorphology, 1975, 25: 478—484

Pandey KK. Genetic transformation and graft hybridization in flowering plants. Theor Appl Genet, 1976, 47: 299—302

Papini A, Mosti S, Brighigna L. Programmed-cell-death events during tapetum development of angiosperms. Protoplasma, 1999, 207: 213—221

Parker JS, Clark MS. Dosage sex chromosome system in plants. Plant Sci, 1991, 80: 79—92

Parrish J, Li L, Klotz K, et al. Mitochondrial endonuclease G is important for apoptosis in *C. elegans*. Nature, 2001; 412: 90—94

Parthasarathy MV. Ultrastructure of phloem in palma Ⅱ: structural changes, and fate for the organelles in differentiating sieve elements. Protoplasma, 1974, 79: 93—125

Pate JS, Gunning BES, Milliken FF. Function of transfer cells in the nodal regions of stems, particularly in relation to the nutrition of young seedlings. Protoplasma, 1970, 71: 313—334

Pate JS, Gunning BES. Transfer cells. A Rev Pl Physiol, 1972, 23: 173—196

Pate JS. Exchange of solutes between phloem and xylem and circulation in the whole plant. In: Zimmermann MH, Kilburn JA ed. Encyclopedia of plant physiology, new series, Vol Ⅰ. Transport in plants Ⅰ: phloem transport. Berlin: Springer-Verlag, 1975, 451—473

Patel RN. On the occurrence of gelatinous fibres with special refence to root wood. J Inst Wood Sci, 1964, 12: 67—80

Paton DM, Willing RR, Nichols W, et al. Rooting of stem cuttings of eucalyptus: A rooting inhibitor in adult tissue. Austral J Bot, 1970, 18: 175—183

Pauls KP. Plant biotechnology for crop improvement. Biotech Adv, 1995, 13 (4): 673—693

Peitsh MC, Polzar B, Stepham H, et al. Characterization of the endogenous deoxyribonuclease involved in nuclear DNA degradation during apoptosis (programmed cell death). EMBO J, 1993, 12: 371—377

Pennell R I, Lamb C. Programmed cell death in plants. Plant Cell, 1997, 9: 1157—1168

Perbal G, Driss-Ecole D. Mechanotransduction in gravisensing cells. Trend Plant Sci, 2003, 8 (10): 498—504

Pereira H, Graca J, Baptista C. The effect of growth rate on the structure and compressive properties of cork. IAWA Bull ns, 1992, 13: 389—396

Perira H, Rosa ME, Fortes MA. The cellular structure of cork from *Quercus suber* (L.). IAWA Bull ns, 1987, 8: 213—218

Peterson RL, Yeung EC. Ontogeny of phloem transfer cells in *Hieracium floribundum*. Can J Bot, 1975, 53: 2745—

2758

Petri PS, Mazzi S, Strigoli P. Considerazione sulla formazione celle radici avventizie con particolare riguardo a: *Cucurbia pepo*, *Nerium oleander*, *Menyanthes trifoliatae*, *Solanum lycopersicum*. Nuovo Gioen Bot Ital, 1960, 67: 131—175

Pharis RP, Evans LT, King RW. Gibberellins, endogenous and applied, in relation to the long-day plant *Lolium temulentum*. Plant Physiol, 1987, 84: 1132—1138

Pharis RP, Jenkins PA, Aoki H, et al. Hormonal physiology of wood growth in *Pinus radiate* D. Don: Effects of gibberellin A_4 and the influence of abscisic acid upon [^{3}H] gibberellin A_4 metabolism. Aust J Plant Physiol, 1981, 8: 559—570

Pharis RP, King RW. Gibberellins and reproductive development in seed plant. Ann Rev Plant Physiol, 1985, 36: 517—568

Philipson JJ, Coutts MP. Effects of growth hormone application on the secondary growth of roots and stems in *Picea sitchensis* (Bong.) Carr. Ann Bot, 1980, 46: 747—755

Pilkington M. The regeneration of the stem apex. New Phytol, 1929, 28: 37—53

Plantefol L. Helices foliaires, poent vegetetif et stele chez les Dicotyledones. La notion d'anneu initial. Rev Gen Bot, 1947, 54: 49—80

Ponce G, Barlow PW, Feldman LJ, et al. Auxin and ethylene interactions control mitotic activity of the quiescent centre, root cap size, and pattern of cap cell differentiation in maize. Plant Cell Env, 2005, 28 (6): 719—732

Poole CF. Genetics of cultivated cucumbit. J Hered, 1944, 35: 122—128

Popham RA, Chan AP. Origin and development of the receptacle of *Chrysnthemum morifolium*. Am J Bot, 1952, 39: 329—339

Porandowski J, Rakowski K, Wodzicki TJ. Apical control of xylem formation in the pine stem Ⅱ: responses of differentiating tracheids. Acta Soc Bot Pol, 1982, 51: 203—214

Pozo O, Lam E. Caspases and programmed cell death in the hypersensitive response of plants to pathogens. Curr Biol, 1998, 8: 1129—1132

Priestley JH, Swingle CF. Vegetative propagation from the standpoint of plant anatomy. USDA tech Bull, 1929, No. 151

Priestley JH, Woffenden LM. Physiological studies in plant anatomy Ⅴ: causal factors in cork formation. New Phytol. 1922, 21: 252—268

Priestley JH, Woffenden LM. The healing of wounds in potato tubers and their propagation by cut sets. Ann appl Biol, 1923, 10: 96—115

Przemeck GKH, Mattsson J, Hardtke CS, et al. Studies on the role of the *Arabidopsis* gene *MONOPTEROS* in vascular development and plant cell axialization. Planta, 1996, 200 (2): 229—237

Pugsley SAT. A genetical analysis of the spring and winter habit of growth in wheat. Aus J Agric Res, 1971, 22: 21—31

Pumobasuki H, Suzuki M. Root system architecture and gravity perception of a mangrove plant, *Sonneratia alba* J. Smith. J Plant Biol, 2004, 47 (3): 236—243

Quail PH. Phytochrome—a light-activated molecular switch that regulates plant gene-expression. Ann Rev Gen, 1991, 25: 389—409

Raghavan V. Plant embryology during and after Panchanan Maheshwari's time-changing face of research in the embryology of flowering plants. Cur Sci, 2004, 87 (12): 1660—1665

Rahman MA, Yasmin F. Performance of electric current treated seed of Bottle gourd [Lagenaria siceraria (mol) standl] on growth, sex expression and yield. Bangladesh J Bot, 1994, 23: 67

Ralph J, Mackay JJ, Hatfield RD, et al. Abnormal lignin in a loblolly pine. Science, 1997, 277: 235—239

Rao AN. Periodic changes in the cambial activity of *Hevea bnrasikiensis*. J Indian Bot Coc, 1970, 51: 13—17

Rao KS, Catesson AM. Changes in the membrane components of nondividing cambial cells. Can J Bot, 1987, 65: 246—254

Rao KS, Dave YS. Seasonal histochemical changes in the cambium of *Tectona grandis* L. f. and *Gmelina arborea* Roxb. Biol Plant 1983c, 25: 241—245

Rao KS, Dave YS. Ultrastructure of active and dormant cambial cells in teak (*Tectona grandis* Lf.). New Phytol, 1983b, 93: 447—456

Rao KS, Dave YS. Ultrastructure of dormant cambium in *Holoptelea* (Roxb.) Planch. Flora, 1983a, 174: 165—172

Rao KS. Cambial activity and developmental-changes in ray initials of some tropical trees. Flora (Jena), 1988, 181: 425—434

Rao KS. Seasonal ultrastructural changes in the cambium of *Aesculus hippocatanum* L.. Ann Sci Nat Bot, 1985, 7: 213—228

Rappaport J. The influence of leaves and growth substances on the rooting response of cuttings. Natuurw Tijdschr,

1940, 21: 356—359

Rappaport L, Sachs M. Wound-induced gibberellings. Nature, 1967, 214: 1149—1150

Rashid A. Cell physiology and genetics of higher plants. Vol Ⅰ. Boca Raton: CRC Press, 1988

Rasmussen S, Andersen AS. Water stress and root formation in pea cuttings Ⅱ: effect of abscisic acid treatment of cuttings from stock plants grown under two levels of irradiance. Physiol Plant, 1980, 48: 150—154

Ratcliffe OJ, Amaya I, Vincent CA, et al. A common mechanism controls the life cycle and architecture of plants. Development, 1998, 125(9): 1609—1615

Raven JA. Transport of indoleacetic acid in plant cell in relation to pH and electrical potential gradients, and its significance for polar IAA transport. New Phytol, 1975, 74: 163—172

Raven PH, Evert RF, Eichhorn SE. Biology of Plants. 4th ed. New York: Worth Publishers, 1987, 434

Read PE, Hoysler VC. Stimulation and retardation of adventitious root formation by application of B-Nine and Cycocel. J Amer Soc Hort Sci, 1969, 94, 314—316

Redoute PJ. Romantic Roses. London: Taschen, 2002, 111

Reed JW, Nagpal P, Poole DS, et al. Mutations in the gene for the red far-red light receptor phytochrome-balter cell elongation and physiological-responses throughout arabidopsis development. Plant Cell, 1993, 5: 147—157

Reed RC, Brady SR, Muday GK. Inhibition of auxin movement from the shoot into the root inhibits lateral root development in *Arabidopsis*. Plant Physiol, 1998, 118: 1369—1378

Reinert J. Untersuchungen uber die Morphogenese an Gewebekulturen. Ber Dtsch Bot, 1958, 71: 15

Rejon CR, Jamilena M, Ramos MG, et al. Cytogenetic and molecular analysis of the multiple sex chromosome system of *Rumec acetosa*. Heredity, 1994, 72: 209—215

Rendle BJ, Tension wood: a natural defect in hardwoods. Wood, 1955, 20: 348—351

Rensing KH, Samuels AL. Cellar changes associated with rest and quiescence in winter-dormant vascular cambium of *Pinus contorta*. Trees, 2004, 18: 373—380

Reuveni O, Raviv M. Importance of leaf retention to rooting avocado cuttings. J Am Soc Hort Sci, 1981, 106 (2): 127—130

Ribeiro JM, Carson DA. Ca^{2+}/Mg^{2+}-dependent endonuclease from human spleen: purification, properties, and role in apoptosis. Biochemistry, 1993, 32: 9129—9136

Richardson SD. The external enviromentand tracheid size in conifer. In: Zimmermann MH ed. The formation of wood in forest trees. New York: Academic Press, 1964b, 367—388

Richardson SD. Studies on the physiology of xylem development Ⅲ: effects of temperature, defoliation and stem girdling on tracheid size in conifer seedlings. J Inst Wood Sci, 1964a, 12: 3—11

Riding RT, Little CHA. Anatomy and histochemistry of *Abies balsamea* cambial zone cells during the onset and breaking of dormancy. Can J Bot, 1984, 62: 2570—2579

Riding RT, Little CHA. Histochemistry of the dormant vascular cambium of *Abies balsamea*: change associated with tree age and crown position. Can J Bot, 1986, 64: 2082—2087

Riechmann JL, Krizek BA, Meyerowitz EM. Dimerization specificity of *Arabidopsis* MADS domain homeotic proteins Apetala1, Apetala3, Pistillata and Agamous. Proceedings of the National Academy of Sciences USA, 1996a, 93: 4793—4798

Riechmann JL, Meyerowitz EM. Determination of floral organ identity by *Arabidopsis* MADS domain homeotic proteins AP1, AP3, PI, and AG is independent of their DNA-binding specificity. Mol Biol Cell, 1997, 8(7): 1243—1259

Rietveld PL, Wikinson C, Fransen HM, et al. Low temperature sensing in tulip (*Tulipa gesneriana* L.) is mediated through an increased response to auxin. J Exp Bot, 2000, 344: 587—594

Ritchie S, Gilroy S. Abscisic acid stimulation of phospholipase D in the barley aleurone is G-protein-mediated and localized to the plasma membrane. Plant Physiol, 2000, 124 (2): 693—702

Ritchie SM, Swanson SJ, Gilroy S. From common signalling components to cell specific responses: insights from the cereal aleurone. Physiol Plant, 2002, 115 (3): 342—351

Robards AW. The application of the modified sine rule to tension wood production and eccentric growth in the stem of crack willow (*Salix fragilis* L.). Ann Bot, 1966, 30: 513—523

Robbins WJ. Further observations on juvenile and adult *Hedera*. Am J Bot, 1960, 47: 485—491

Roberson RW, Munger HM, Whitaker TW, et al. Genes of the Cucurbitaceae. Hort Sci, 1976, 11: 534—568

Roberts DWA, MacDonald MD. Evidence for the multiplicity of alleles at Vrn1, winter-spring habit locus in common wheat. Can J Genet Cytol, 1984, 26: 191—193

Roberts AW, Haigler CH. Tracheary element differentiation in suspension-cultured cells of *Zinnia* requires uptake of extracellular Ca^{2+}. Planta, 1990, 180: 502—509

Roberts LW, Gahan PBG, Aloni R. Vascular differentiation and plant growth regulators. Berlin: Springer-

Verlag, 1988

Roberts LW. Evidence from wound responses and tissue cultures. In: Roberts LW et al ed. Vascular differentiation and plant growth regulators. Berlin: Springer-Verlag, 1988b, 63—88

Roberts LW. Hormonal aspects of vacular differentiation. In: Roberts LW et al. ed. Vascular differentiation and plant growth regulators. Berlin: Springer-Verlag, 1988a, 22—38

Roberts LW. Physical factors, hormones, and differentiation. In: Roberts LW et al. ed. Vascular differentiation and plant growth regulators. Berlin: Springer-Verlag, 1988c, 89—105

Robinson JC, Schwabe WW. Studies on the regeneration of apple cultivars from root cuttings Ⅰ: propagation aspects. J Hort Sci, 1977, 52: 205—220

Robinson JC, Schwabe WW. Studies on the regeneration of apple cultivars from root cuttings Ⅱ: carbohydrate and auxin relations. J Hort Sci, 1977, 52: 221—23

Robinson JC. The regeneration of plants from root cuttings with special reference to the apple. Hort Abst, 1975, 45 (6): 305—315

Robitaile HA, Leopold AC. Ethylene and the regulation of apple stem growth under stress. Physiol Plant, 1974, 32: 301—304

Robnett WE, Morey PR. Wood formation in Prosopis: effect of 2, 4-D, 2, 4, 5-T and TIBA. Arm J Bot, 1973, 60: 745—754

Robson CA, Vanlerberghe GC. Transgenic plant cells lacking mitochondrial alternative oxidase have increased susceptibility to mitochondria-dependent and-independent pathways of programmed cell death. Plant Physiol, 2002, 129: 1908—1920

Rodriguez-Rodriguez JF, Shishkova S, Napsucialy-Mendivil S, et al. Apical meristem organization and lack of establishment of the quiescent center in Cactaceae roots with determinate growth. Planta, 2003, 217 (6): 849—857

Roland JC. Early differences between radial walls and tangential walls of actively growing cambial zone. IAWA Bull ns, 1978, 1: 7—10

Rood SB, Pharis RP, Major DJ. Changes of endogenous gibberellin substances with sex reveral of the apical inflorescence of corn. Plant Physiol, 1976, 66: 793—796

Rosa ME, Fortes MA. Rate effects on the compression and recovery of dimensions of cork. J Mat Science, 1988, 23: 879—885

Rosa ME, Peira H, Fortes MA. Effect of hot water treatment on the structure and properties of cork. Wood and Fiber Science, 1990, 22: 149—164

Rosier CL, Frampton J, Goldfarb B, et al. Growth stage, auxin type, and concentration influence rooting of stem cuttings of *Fraser fir*. Hort science, 2004, 39 (6): 1397—1402

Rubery PH, Sheldrake AR. Carrier-mediated auxin transport. Planta, 1974, 118: 101—121

Ruegger M, Dewey E, Hobbie L, et al. Reduced naphthylphthalamic acid binding in the *tir3* mutant of *Arabidopsis* is associated with areduction in polar auxin transport and diverse morphological defects. Plant Cell, 1997, 9: 745—757

Russell SD. Fine structure of megagametophyte development in *Zea mays*. Can J Bot, 1979, 57: 1093—1110

Ryan CA, Bishop P, Pearce G, et al. A sycamore cell wall polysaccharide and a chemically related tomato leaf polysaccharide possess similar proteinase inhibitor-inducing activities. Plant Physiol, 1981, 616—618

Ryerson DE, Heath MC. Cleavage of nuclear DNA into oligonucleosomal fragments during cell death induced by fungal infection or by abiotic treatments. Plant Cell, 1996, 8: 393—402

Sabba RP, Lulai EC. Histological analysis of the maturation of native and wound periderm in potato (*Solanum tuberosum* L.) tuber. Ann Bot, 2002, 90 (1): 1—10

Sabba RP, Lulai EC. Immunocytological comparison native and wound periderm maturation in potato tuber. Am J Pot Res, 2004, 81 (2): 119—124

Sablowski RW, Meyerowitz EM. A homolog of NO APICAL MERISTEM is an immediate target of the floral homeotic genes *APETALA3/PISTILLATA* [published erratum appears in Cell 1998, 92(4): 585]. Cell, 1998, 92(1): 93—103

Sachs J. Stoff und Form der Pflanzenorgane Ⅰ and Ⅱ: Arb bot Inst Wiirzburg, 1880 and 1882, 2: 452—88 and 4: 689—718 (See Hartmann & Kester 1983)

Sachs RM, Hackett WP. Source-sink relationships and flowering. In: Mendt WJ ed. Strategies of plant reproduction, 1983, 263—272. NJ: Allenheld Osmun

Sachs T. The control of patterned differentiation of vascular tissues. In: Woolhouse HW ed. Advances in Botanical Research, Vol 9. London: Academic Press, 1981, 151—262

Sachs T. Axiality and polarity in vascular plants. In: Barlovo PW, Carr DJ ed. Positional controls in plant development. Cambridge: Cambridge University Press. 1984, 193—224

Sachs T. Cellular patterns determined by polar transport. In: Bopp M ed. Plant growth substrances. Berlin: Springer-

Verlag, 1986, 231—235

Sachs T. Regeneration experiments on the determination of the form of leaves. Israel J Bot, 1969, 18: 21—30

Sachs T. The control of the patterned differentiation of vascualar tissues. Adv Bot Res, 1981, 9: 152—255

Sachs. Control of intercalary growth in the scape of Gerbera by auxin and gibberellic acid. Am J Bot, 1968, 55: 62—68

Sachsse H. Anteil und verteilung von Richtgewebe im Holze der Rotbuche. Holz Roh-Werkst, 1961, 19: 253—259

Sack FD. Plastids and gravitropic sensing. Planta, 1997, 203(suppl): S63—S68

Sacristan MD, Wendt-Gallitelli MF. Transformation to auxin autotrophy and its reversibility in a mutant line of *Crepis capillaries* callus culture. Mol Gen Genet, 1977, 110: 355

Sacristan MD. Karyotypic changes in callus cultures from haploid and diploid plants of *Crepis cepillaris*. Chromosoma, 1971, 33: 273

Sakai H, Medrano LJ, Meyerowitz EM. Role of *SUPERMAN* in maintaining *Arabidopsis* floral whorl boundaries. Nature, 1995, 378(6553): 199—203

Saks Y, Van Staden. Effects of gibberellic acid in ACC controlled EFE activity and ethylene release by floral parts of the senescing carnation flowers. Plant Growth Regulation, 1993, 12: 94—104

Salishury FB, Ross CW. Plant Physiology. Belmount: Wadsworth, 1978

Sandberg G, Ericsson A. Seasonal changes of indole-3-acetic acid concentrations in shoots and living stem bark of scots pine trees and effects of pruning. Tree Physiol, 1987, 3: 173—183

Sandberg G, Oden PC. Effects of a short-day treatment on pool size, synthesis, degradation and transport of 3-indole-acetic acid in scots pine (*Pinus sylvestris* L.) seedlings. Physiol Plant, 1982, 55: 309—314

Santamour FS Jr, Garrett PW, Paterson DB. Oak provenance research: The Michaux Quercetum after 25 years. J Arboriculture, 1980, 6: 156—160

Santamour FS Jr, Demuth P. Variation in cambial peroxidase isozymes in *Quercus* species, provenances, and progenies. Northeast forest Tree Impr Proc, 1981, 27: 63—71 (1980)

Santamour FS Jr. Cambial peroxidase enzymes related to graft incompatibility in red oak. J Environ Hort, 1988c, 6: 87—93

Santamour FS Jr. Cambial peroxidase pattern in *Quercus* related to taxonomic classification and graft compatibility. Bull Torrey Bot Club, 1983, 110: 280—286

Santamour FS Jr. Graft compatibility related in woody plants: an expanded perspective. J Environ Hort, 1988a, 6: 27—32

Santamour FS Jr. Graft incompatibility related to cambial peroxidase isozymes in Chinese chestnut. J Environ Hort, 1988b, 6: 33—39

Sass JE, Skogman J. The initiation of the inflorescence in *Bromus inermis* Leyss. Iowa State college J Sci. 1951, 25: 513—519

Sato Y, Sugiyama M, Komamine A, et al. Separation and characterization of the isoenzymes of wall-bound peroxidase from cultured *Zinnia* cells during tracheary element differentiation. Planta, 1995, 196: 141—147

Savidge RA, Farrar JL. Cellular adjustments in the vascular cambium leading to apiral grain formation in conifers. Can J Bot, 1984, 62: 2872—2879

Savidge RA, Wareing PF. A tracheid-differentiation factor from pine needles. Planta, 1981a, 153: 395—404

Savidge RA, Wareing PF. Apparent auxin production and transport during winter in the nongrowing pine tree. Can J Bot, 1982, 60: 681—691

Savidge RA, Wareing PF. Plant growth regulators and the differentiation of vascular elements. In: Barnett JR ed. Xylem cell development. Tunbridge Wells: Castle House, 1981b, 192—235

Savidge RA, Wareing PF. Seasonal cambial activity and xylem development in *Pinus contorta* in relation to endogenous indole-3-ylacetic and (S)-abscisic acid levels. Can J For Res, 1984, 14: 676—682

Savidge RA. Prospects for manipulating vascular cambium productivity and xylem cell differentiation. In: Canell MGR, Jackson JE ed. Atributes of trees as crop plants, abbots ripton, England: Inst Terrestrisl Ecol Momks Exp Sta, 1985, 208—227

Savidge RA. The role of plant hormones in higher plant cellular differentiation Ⅱ: experiments with the vascular cambium, and sclereid and tracheid differentiation in the pine, *Pinus contorta*. Histochem J, 1983, 15: 447—466

Sax K. Aspects of aging in plants. Ann Rev Plant Physiol, 1962, 13: 489—506

Schaeffer GW. Recovery of heritable variability in anther derived doubled haploid rice. Crop Sci, 1982, 22: 1160

Schaffalitzky De Muckadell M. Investigation on aging of apical meristems in woody plants and its importance in silviculture. Denmark: Forstlige Forsgov, 1959, 25: 310—455

Schaller GE, Bleecker AB. Ethylene-binding sites generated in yeast expressing the *Arabidopsis* ETR1 gene. Science, 1995, 270: 1809—1811

Schantz ML, Jamet E, Guitton AE, et al. Functional analysis of the bell pepper *KNOLLE* gene (*cakn*) promoter region in tobacco plants and in synchronized BY2 cells. Plant Sci, 2005, 169 (1): 155—163

Schantz ML, Schantz R, Houlne G. Fruit-developmental regulation of bell pepper knolle gene (*cakn*) expression. Biochem Biophys Acta, 2001, 1518 (3): 221—225

Schier GA. Origin and development of aspen root suckers. Can J For Res, 1973, 3: 39—44

Schindler T, Bergfeld R, Schopfer P. Arabinogalactan proteins in maize coleoptiles: Developmental relationship to cell death during xylem differentiation but not to extension growth. Plant J, 1995, 7: 25—36

Schmidt A. Histologische Studien an phangrogamen Vegetationspunkten. Bot Arch, 1924, 8: 345—404

Schnepe E. Sekretion und Exkretion bei Pflanzen. Protoplasmatologia, 1969, 8: 1—181

Schonherr J, Ziegler H. Water permeability of *Betula* periderm. Planta, 1980, 147: 345—354

Schoof H, Lenhard M, Haecker A, et al. The stem cell population of *Arabidopsis* shoot meristems is maintained by a regulatory loop between the *CLAVATA* and *WUSCHEL* genes. Cell, 2000, 100 (6): 635—644

Schrader J, Moyle R, Bhalerao R, et al. Cambial meristem dormancy in trees involves extensive remodelling of the transcriptome. Plant J, 2004, 40: 173—187

Schraudolf H, Reinert J. Interaction of plant growth regulators in regeneration processes. Nature, 1959, 184: 465—466

Schroder R, Knoop B. An oligosacchande growth factor in plant suspenson cultures: a proposed structure. J Plant Physiol, 1995, 246: 139—147

Schultz EA, Haughn GW. *LEAFY*, a homeotic gene that regulates inflorescence development in *Arabidopsis*. The Plant Cell, 1991, 3: 771—781

Schultz EA, Haughn GW. Genetic analysis of the floral initiation process (FLIP) in *Arabidopsis*. Development, 1993, 119: 745—765

Schulz SR, Jensen WA. Capsella embryogenesis: The synergids before and after fertilization. Am J Bot, 1968, 55: 541—552

Schüepp O. Untersuchungen über Wachsum und Formwechsel von Vegetationsunkten. Jb Wiss Bot, 1917, 57: 17—79 (See Cutter 1971)

Scott R, Dagless E, Hodge R, et al. Patterns of gene expression in developing anthers of *Brassica napus*. Plant Mol Biol, 1991, 17: 195—207

Scurfield G, Silva. The structure of reaction wood as indicated by scanning electron microscopy. Aust J Bot, 1969, 17: 391—402

Scutt CP, Sjenton MR. Gilmartin PM. Sex determination in *Silene latifolia*. In: Abstracts 2nd international congress of plant molecular biology. Amsterdam, June 19—14, 1994, 781

Seeni S, Gnanam A. Phytosythesis in cell suspension culture of C_4 plant *Gisekia pharnacloides*. Plant Cell Physiol, 1983, 24: 1033

Selivankina SY, Karavaiko NN, Maslova GG, et al. Cytokinin-binding protein from *Arabidopsis thaliana* leaves participating in transcription regulation. Plant Growth Reg, 2004, 43 (1): 15—26

Semiarti E, Ueno Y, Tsukaya H, et al. The asymmetric leaves2 gene of *Arabidopsis thaliana* regulates formation of a symmetric lamina, establishment of venation and repression of meristem-related homeobox genes in leaves. Development, 2001, 128 (10): 1771—1783

Sena-Gomes AR, Kozlowski TT. Responses of *Melaleuca quinque nervia* seedlings to flooding. Physiol Pl, 1980, 49: 373—377

Sennerby-Forse L, von Fircks HAM. Ultrastructure of cells in the cambial region during winter hardening and spring hardening in *Salix dasyclados* Wim. grown at two England: nutrient levels. Trees, 1987, 1: 151—163

Seth MK, Jain KK. Relationship between percentage of compression wood and tracheid length in blue pin (*Pinus wallichiana* A B Jackson). Holzforschung, 1977, 31: 80—83

Seurinck J, Truettner J, Goldberg RB. The nucleotide sequence of an anther-specific gene. Nucleic Acids Res, 1990, 18 (11): 3403

Shalitin D, Yang H, Mockler TC, et al. Regulation of *Arabidopsis* cryptochrome 2 by blue-light-dependent phosphorylation. Nature, 2002, 417: 763—767

Shannon S, Meeks-Wagner DR. Genetic interactions that regulate inflorescene development in *Arabidopsis*. Plant Cell, 1993, 5: 639—655

Shapiro S. The role of light in the growth of root primordia in the stem of *Lombardy poplar*. In: Thimann KV ed. The physiology of forest trees. New York: Ronald Press, 1958

Sharma HK, Sharma DD, Paliwal GS. Effect of chloflurenol and FMC 10637 on cambial activity and xylem differentiation in *Morus alba*. Phytomorphology, 1979, 29: 53—56

Sharples A, Gunnery H. Callus formation in *Hibiscus rosasinensis* L. and *Hevea brasiliensis* Mull. Ann Bot, 1933, 47: 827—839

Shaybany B, Martin GC. Abscisic acid identification and its quantitation in leaves of *Juglans* seedlings during waterlonging. J Am Soc Hortic Sci, 1977, 102: 300—302

Shelbourne CJK. Studies on the interiance and relationship of bole straightness and compression wood in southern pines. Raleigh: NC State University, 1966, 274

Sheldon CC, Conn AB, Dennis ES, et al. Different regulatory regions are required for the vernalization-induced repression of FLOWERING LOCUS C and for the epigenetic maintenance of repression. Plant Cell, 2002, 14: 2527—2537

Sheldon CC, Finnegan EJ, Rouse DT, et al. The control of flowering by vernalization. Curr Opin Plant Biol, 2000a, 3: 418—422

Sheldon CC, Rouse DT, Finnegan EJ, et al. The molecular basis of vernalization: the central role of FLOWERING LOCUS C. Proc Natl Acad Sci USA, 2000b, 3753—3758

Sheldrak AR, Northcote DH. The production of auxin by tobacco internode tissues. New Phytol, 1968, 67: 1—13

Shepelyakovskaya AO, Teplova IR, Veselov DS, et al. A cytokinin-binding 70-kD protein is localized predominantly in the root meristem. Russian J Plant Physiol, 2002, 49 (1): 99—106

Sheriff DW. Control by indole-3-acetic acid of wood production in *Pinus radiata* D. don segments in culture. Aust J Plant Physiol, 1983, 10: 131—135

Shevell DE, Leu WM, Gillmor CS, et al. *EMB30* is essential for normal cell division, cell expansion, and cell adhesion in Arabidopsis and encodes a protein that has similarity to Sec7. Cell, 1994, 77: 1051—1062

Shimomura T, Fujihara K. Physiological study of graft union formation in cactus Ⅱ: role of auxin on vascular connection between stock and scion. J Jpn Soc Hort Sci, 1977, 45: 397—406

Shininger TL. Is DNA synthesis required for the induction of differentiation in quiescent root cortical parenchyma? Dev Biol, 1975, 45: 137—150

Shinkle JR, Kadakia R, Jones AM. Dim-red-light-induced increase in polar auxin transport in cucumber seedling Ⅰ: development of altered capacity, velocity, and response to inhibitors. Plant Physiol, 1998, 116: 1505—1013

Shippy WB. Influence of environment on the callusing of apple cuttings and graft. Am J Bot, 1930, 17: 290—327

Siddiqi TQ. Impact of seasonal variation on the structure and activity of vascular cambium in *Ficus religiosa*. IAWA Bull ns, 1991, 12: 177—185

Siebers AM. Vascular bundle differentiation and cambial development in cultured tissues blocks excised from the embryo of *Ricinus communis* (L.). Acta Bot Neerl, 1972, 21: 327—342

Siebers AM. Differentiation of isolated interfascicular tissues of *Ricinus communis* (L.). Acta Bot Neerl, 1971b, 20: 243—355

Siebers AM. Factors controlling cambial development in the hypocotyl of Ricinus communis. Acta Bot Neerl, 1973, 22: 416—432

Siebers AM. Initiation of radial polarity in the interfascicular cambium of *Ricinus communis* (L.). Acta Bot Neerl, 1971a, 20: 211—220

Sievers A, Sondag C, Trebacz K, et al. Gravity-induced changes in intracellular-potentials in statocytes of cress roots. Planta, 1995, 197 (2): 392—398

Simeonova E, Sikora, Charzyńska M, et al. Aspects of programmed cell death during leaf senescence of mono- and dicotyledonous plants. Protoplasma, 2000, 214: 93—101

Simon R, Igeno MI, Coupland G. Activation of floral meristem identity genes in *Arabidopsis*. Nature, 1996, 384 (6604): 59—62

Simon S. Transplantationsversuche zwischen *Solanum melongena* und Iresine Lindeni. Jahrb Wiss Bot, 1930, 72: 137—160

Singh BD, Harvey BL. Selection for diploid cells in suspension cultures of *Haplopappus gracilis*. Nature (London), 1975, 253: 453

Skoog F, Tsui C. Chemical control of growth and bud formation in tobacco stem and callus. Am J Bot, 1948, 35: 782—787

Skutch AF. Anatomy of the axis of banana. Bot Gaz, 1932, 93: 233—253

Slooten L, Capiau K, Camp WV, et al. Factors affecting the enhancement of oxidative stress tolerance in transgenic tobacco overexpressing maganese superoxide dismutase in the chloroplasts. Plant Physiol, 1995, 107: 737—750

Smertenko AP, Bozhkov PV, Filonova LH, et al. Reorganisation of the cytoskeleton during developmental programmed cell death in *Picea abies* embryos. Plant J, 2003, 33 (5): 813—824

Smith H, Wareing PF. Gravimorphism in trees 2: the effect of gravity on bud-break in osier willow. Ann Bot, 1964a, 28: 283—295

Smith H, Wareing PF. Gravimorphism in trees 3: the possible implication of a root factor in the growth and dominance relationships of the shoots. Ann Bot, 1964b, 28: 297—309

Smith RH. Muranshige T. *In vitro* development of the isolated shoot apical meristem of angiosperm. Am J Bot, 1970, 57: 562—568

Smulders MJM, Janssen GFE, Croes AF, et al. Auxin regulation of flower bud formation in tobacco explants. J Exp Bot, 1988, 39: 451—459

Snijman DA, Noel ARA, Bornman CH, et al. *Nicotiana tabacum* callus studies Ⅱ: variability in cultures. Z Pflanzenphysiol, 1977, 66: 93

Snow M, Snow R. On the determination of leaves. New Phystol, 1947, 46: 5—19

Snow R. On the causes of regeneration after longifudinal splits. New Phytol, 1942, 41: 101—107

Snyder WE. Effect of photoperiod on cuttings of *Taxus cusbidata* while in propagation bench and during the first growing season. Proc Amer Soc Hort Sci, 1955, 66: 397—402

Sommer H, Beltran JP, Huijser P, et al. Deficiens, a homeotic gene involved in the control of flower morphogenesis in *Antirrhinum majus*: the protein shows homology to transcription factors. EMBO J, 1990, 9(3): 605—13

Song C, Du Z, Cao G, et al. $NaHSO_3$ inhibits photorespiration by decreasing the production superoxide anion. In: Asada K ed. Frotires of reactive oxygen species in biology and medicine. New York: Elsevier Sci, 1994, 35—36

Souter M, Topping J, Pullen M, et al. *hydra* Mutants of *Arabidopsis* are defective in sterol profiles and auxin and ethylene signaling. Plant Cell, 2002, 14 (5): 1017—1031

Spiegel P. Auxin and inhibitions in canes of vitis. Bull Res Coun Israel, 1954, 4: 176—183

Srivatanakul M, Park SH, Sanders JR, et al. Multiple shoot regeneration of kenaf (*Hibiscus cannabinus* L.) from a shoot apex culture system. Plant Cell Rep, 2000, 19 (12): 1165—1170

Stangler BB. An anatomical study of the origin and development of adventitious roots in stem cuttings of *Chrysanthemum morifolium* Bailey, *Dianthus caryophyllus* (L.) and *Rosa dilecta* Rend. NY: Cornell University, 1949

Starbuck CJ, Robert AN. Compression wood in rooted cuttings of Douglas-fir. Physiol Plant, 1983, 57: 371—374

Starbuck CJ, Robert AN. Movement and distribution of ^{14}C-indole-3-acetic acid in branches and rooted cuttings of Douglas-fir. Physiol Plant, 1982, 55: 389—394

Staudt G. Cytogenetische Untersuchungen an *Fragaria orientalis* Loc. und ihre Bedeutung fur Artbildung und Geschlechtsdifferenzierung in der Gattung fragaria L. Z Vererbl, 1952, 84: 361—416

Staudt G. Die Vererbung des Geschlechtes bei der Tetraploiden diocischen *Fragaria orientalis* Los. Ber Dt Bot Ges, 1954, 67: 385—387

Steeves TA, Sussex IM. Patterns in plant development. 2nd ed. Cambridge: Cambridge University Press. 1989.

Steponkus PL, Hogan L. Some effects of photoperiod on the rooting of *Abelia grandiflora* Rend. “Prostrata” cuttings. Proc Amer Soc Hort Sci, 1967, 91: 706—715

Sterling C. Growth and vascular development in the shoot apex of *Sequois sempervirens* (Lamb.) Endl Ⅲ-Cytological aspects of vascularization. Am J Bot, 1946, 33: 35—45

Steward FC, Mapes MO, Kent AE, et al. Growth and development of cultured plant cells. Science, 1964, 163: 20

Steward FC, Mapes MO, Mears K. Growth and organized development of cultured cells Ⅱ: organization in cultures grown from freely suspended cells. Am J Bot, 1958, 45: 705—708

Steward FC, Shantz EM. The chemical induction of growth in plant tissue cultures. In: Wain RL, Wighman F, ed. The chemistry and mode of action of plant growth substances. London: Butterworths, 1965, 165

Steward FC, Shantz EM. The chemical regulation of growth: some substances and extracts which induced growth and morphogenesis. Ann Rev Plant Physiol, 1959, 10: 379

Stobbe H, Schmitt U, Eckstein D, et al. Developmental stages and fine structure of surface callus formed after debarking of living lime trees (*Tilia* sp.). Ann Bot, 2002, 89 (6): 773—782

Stoddard FLK, McCully ME. Histology of the development of the graft union in pea roots. Can J Bot, 1979, 57: 1486—1501

Stoutemyer VT, Britt OK, Goodin JR. The influence of chemical treatments, understocks, and environment on growth phase changes and propagation of *Hedera canariensis*. Proc Amer Soc Hort Sci, 1961, 77: 552—557

Stoutemyer VT, Close AW. Changes of rooting response in cuttings following exposure of the stock plants to light of different qualities. Proc Amer Soc Hort Sci, 1947, 49: 392—394

Stoutemyer VT, Close AW. Rooting cuttings and germinating seeds under fluorescent and cold cathode light. Proc Amer Soc Hort Sci, 1946, 48: 309—325

Stoutemyer VT. Regeneration in various types of apple wood. Iowa Agr Exp Sta Res Bull, 1937, 220: 309—352

Stridh H, Kimland M, Jones DP, et al. Cytochrome c release and caspase activation in hydrogen peroxide- and tributyltin-induced apoptosis. FEBS Letters, 1998, 429: 351—355

Strompen G, El Kasmi F, Richter S, et al. The *Arabidopsis HINKEL* gene encodes a kinesin-related protcin involved in cytokinesis and is expressed in a cell cycle-dependent manner. Cur Biol, 2002, 12 (2): 153—158

Stromquist L, Hansen J. Effects of auxin and irradiance on the rooting of cuttings of *Pinus sylvestris*. Physiol Plant, 1980, 49: 346—350

Suarez MF, Filonova LH, Smertenko A, et al. Metacaspase-dependent programmed cell death is essential for plant embryogenesis. Cur Biol, 2004, 14 (9): R339—R340

Subtelny S, Konigsberg IR. Determinants of Spatial Organization. New York: Academic Press, 1979

Sugiyama M, Komamine A. Transdifferentiation of quiescent parenchymatous cells into tracheary elements. Cell Differ Dev, 1990, 31: 77—87

Sun L, Touraud G, Charbonnier C, et al. Modification of phenotypein Belgian endive (*Cichorium intybus*) throngh genetictransformation by agrobacterium rhizogenes: conversion from biennial to annual flowering. Transgenic Research, 1991, 1: 14—22

Sun YL, Zhao Y, Hong X, et al. Cytochrome c release and caspase activation during menadione-induced apoptosis in plants. FEBS Letters, 1999, 462: 317—321

Sundberg B, Little CHA, Cui KM, et al. Level of endogenous indole-3-acetic acid in the stem of *Pinus sylvestris* in relation to the seasonal variation of cambial activity. Pant, Cell and Environ. 1991, 14: 241—246

Sundberg B, Little CHA, Cui KM. Distribution of indole-3-acetic acid and the occurrence of its alkoli-labile conjugates in the extraxylary region of *Pinus sylvestris* stems. Plant Physiol, 1990, 93: 1295—1302

Sundberg B, Little CHA, Tuominen H. Metabolism of IAA relation to NPA-induced compression wood formation in *Pinus sylvestris* (*L.*) shoots. In: IUFRO Workshop. Advances in tree development control and biotecnique. Beijing: Beijing Forestry Univesity, 1993: 48

Sundberg B, Little CHA. Effect of defoliation on tracheid production and the level of indole-3-acetic acid in *Abies balsamea* shoots. Physiol Plant, 1987, 71: 430—435

Sunderland N. Nuclear cytology. In: Street HK ed. Plant tissue and cell culture. Oxford: Blackwell, 1977, 177

Sussex IM, Steeves TA. Growth of excised fern leaves in sterile culture. Nature, 1953, 172(4379): 624—625

Sussex IM. Morphogenesis in *Solarium tuberosum*. Experimental investigation of leaf dorsiventrality and orientation in the juvenile shoot. Phytornorphology, 1955, 5: 286—300

Sussex IM. The permanence of meristems: Development organizers or reactor to exogenous stimuli? Brookhaven Symp Biol, 1964, 16: 1—12

Suzuki T, Inagaki S, Nakajima S, et al. A novel *Arabidopsis* gene *TONSOKU* is required for proper cell arrangement in root and shoot apical meristems. Plant J, 2004, 38 (4): 673—684

Swamy BGL, et al. Variation in vellel length within one growth ring of certain arborescent dicotyledons. J India Bot Soc, 1960, 39: 163—170

Swamy, BGL, Govindarajalu E. Studies in the anatomical variability in the stem of *Phoenix sylvestris* Ⅰ: trends in behaviour of certain cells and tissues. J Ind Bot Soc, 1961, 40: 243—262

Swift H. The constancy of DNA in plant nuclei. Proc Nat Acad Sci, 1950, 36: 643—654

Syono K, Furuya T. Effects of temperature on the cytokinin requirement of tobacco calluses. Plant Cell Physiol, 1971, 12: 61—71

Tabeka G, Nakajima Y, Kozaki A, et al. A flowering-inducing substance of high molecular weight from higher plants. Plant Physiol, 1990, 94: 1677—1681

Taiz L, Zeiger E. Plant Physiology. Redwood City: Benjamin/Cammings, 1991: 386—387

Takimoto A, Kaihara S. The mode of action of benzoic acid and some related compounds on flowering in *Lemna paucicostata*. 1986, 27: 1309—1316

Takimptp A, Kaihara S. Production of the water-extractable flowering-inducing substance(s) in *Lemna*. Plant cell Plant Physiol, 1990, 31: 887—891

Taller J, Hirata Y, Yagishita N, et al. Graft-induced genetic changes and the inheritance of several characteristics in pepper. Theor Appl Genet, 1998, 97: 705—713

Tamborindeguy C, Ben C, Liboz T, et al. Sequence evaluation of four specific cDNA libraries for developmental genomics of sunflower. Mol Genetic Genomics, 2004, 271 (3): 367—375

Tamimi SM. Stimulation of adventitious root formation in non-woody stem cuttings by uridine. Plant Grow Reg, 2003, 40 (3): 257—260

Tanimoto S, Harada E. Roles of auxin and cytokinin in organogenesis in *Torenia* stem segments cultured *in vitro*. J Plant Physiol, 1984, 115: 1 1

Taniraoto S, Miyazaka A, Harada H. Regulation by abscisic acid of *in vitro* flower formation in *Torenia* stem segments. Plant Cell Physiol, 1985, 26: 675

Tanuma SI, Shikowa D. Multiple forms od nuclear deoxyribonuclease in rat thymocytes. Biochem Biophys Res Commun, 1994, 203: 789—797

Tanya A, Wagner TA, Sack FD. Gravitropism and gravimorphism during regeneration from protoplasts of the moss *Ceratodon purpureus* (Hedw.) Brid. Planta, 1998, 205 (3): 352—358

Telewski FW, Aloni R, Sauter JJ. Physiology of secondary tissues of *Populus*. In: Stettler RF, Bradshaw HD Jr, Heilman PE ed. Biology of *Populus* and its implications for management and conservation. Ottawa: NRC Research Press, National Research Council of Canada, 1996: 301—329

Telewski FW, Jaff MJ. Thigmomorphogenesis: field and laboratory studies of *Abies fraseri* in response to wind or mechanical perturbation. Physiol Plant, 1986a, 66: 211—218

Telewski FW, Jaff MJ. Thigmomorphogenesis: anatomical morphological and mechanical analysis of genetically different sibs of *Pinus taeda* in response to mechanical perturbation. Physiol Plant, 1986b, 66: 219—226

Telewski FW, Jaff MJ. Thigmomorphogenesis: the role of ethylene in the response of *Pinus taeda* and *Abies fraseri* to mechanical perturbation. Physiol Plant, 1986c, 66: 227—233

Telewski FW, Wakefield AH, Jaffe MJ. Computer-assisted image analysis of tissues of ethrel-treated *Pinus taeda* seedlings. Plant Physiol, 1983, 72: 177—181

Teo WL, Kumar P, Goh CJ, et al. The expression of *Brostm*, a KNOTTED1-like gene, marks the cell type and timing of *in vitro* shoot induction in *Brassica oleracea*. Plant Mol Biol, 2001, 46 (5): 567—580

Tepfer SS. Floral anatomy and ontogeny in *Aquilegia formosa* var *truncata* and *Ranunculus repens*. Univ Calif Publ Bot, 1953, 25: 513—648

Thair BW, Steeves TA. Response of the vascular cambium to reorientation in patch grafts. Can J Bot, 1976, 54: 361—373

Thelen MP, Northcote DH. Identification and purification of a nuclease from *Zinnia elegans* (L.): a potential molecular marker for xylogenesis. Planta, 1989, 179: 181—195

Thimanm KV, Koepfli JB. Identity of the growth-promoting and root-forming substances of plants. Nature, 1935, 135: 101—102

Thimanm KV. On the plant growth hormone produced by *Rhizopus suinus*. J Bio Chem, 1935, 109: 279—291

Thimann KV, Delisle AL. The vegetative propagation of difficult plants. J Arnold Arb, 1939, 20: 116—136

Thimann KV, Went FW. On the chemical nature of the root-forming hormone. Proc Kon Ned Akad Wet, 1934, 37: 456—459

Thimann KV. On an analysis of activity of two growth-promoting substances on plant tissues. Proc Kon Ned Akad Wet, 1935, 38: 896—912

Thompson HC. Vernalization of growing plants. In: Loomis WE ed. Growth and differentiation in plants. Iowa: The Iawa State College Press, 1953

Thornberry NA, Lazebnik Y. Caspase: Enemies within. Science, 1998, 281: 1312—1316

Thorpe TA, Murashige T. Starch accumulation in shoot forming tobacco callus cultures. Science, 1968, 160: 421

Tian GW, Shen JH, You RL. Ultracytochemical localization of acid phosphatase in nucellar cells of wheat during degeneration. Acta Bot Sin, 1999, 41: 791—794

Tiburcio AF, Kaur-Sawhney R, Calston AW. Polyamine biosynthesis during vegetative and differentiation in thin layer tobacco culture. Plant Cell Physiol, 1988, 29: 1241—1249

Tillburg E. Levels of indole-3-acetic acid and acid inhibitors in green and etiolated bean seedlings (*Phaseolus vulgaris*). Physiol Plant, 1974, 31: 106—111

Timell TE. Ultrastructure of compression wood in *Ginkgo biloba*. Wood Sci Technol, 1978, 12: 89—103

Timell TE. Compression wood in gymnosperms. Vol Ⅱ. Berlin: Springer-Verlag, 1986, 983—1262

Timell TE. Compression wood in gymnosperms. Vol Ⅲ. Berlin: Springer-Verlag, 1986

Timell TE. Compression wood in gymnosperms. Vol Ⅰ. Berlin: Springer-Verlag, 1986

Tirlapur UK, Konig K. Near-infrared femtosecond laser pulses as a novel non-invasive means for dye-permeation and 3D imaging of localised dye-coupling in the *Arabidopsis* root meristem. Plant J, 1999, 20 (3): 363—370

Tiwari BS, Belenghi B, Levine A. Oxidative stress increased respiration and generation of reactive oxygen species, resulting in ATP depletion, opening of mitochondrial permeability transition, and programmed cell death. Plant Physiol, 2002, 128: 1271—1281

Tiwari SB, Hagen G, Guilfoyle TJ. Aux/IAA proteins contain a potent transcriptional repression domain. Plant Cell, 2004, 16: 533—543

Tiwari SB, Wang X-J, Hagen G, et al. Aux/IAA proteins are active repressors, and their stability and activity are modulated by auxin. Plant Cell, 2001, 13: 2809—2822

Tkachinkom NN. Preliminary results of a genetic investigation of the cucumber *Cucumis sativus* L. Bul Appl Plant

Breed Ser, 1935, 29: 311—356

Tomlinson PB. The Botany of Mangroves. Cambridge: Cambridge University Press, 1986

Topa MA, McLeod KW. Aerenchyma and lenticel formation in pine seedlings: a possible avoidance mechanism to anaerobic growth conditions. Physiol Plant, 1986, 68: 540—550

TorresRuiz RA, Lohner A, Jurgens G. The *GURKE* gene is required for normal organization of the apical region in the *Arabidopsis* embryo. Plant J, 1996, 10 (6): 1005—1016

Trainotti L, Pavanello A, Casadoro G. Different ethylene receptors show an increased expression during the ripening of strawberries: does such an increment imply a role for ethylene in the ripening of these non-climacteric fruits? J Exp Bot, 2005, 56 (418): 2037—2046

Tran Thanh Van K. Control of morphogenesis by inherent and exogenously applied factors in thin cell layers. Intl Rev Cytol, 1980, 32: 291—311

Trewavas A. How do growth substances work? Plant Cell Environ, 1981, 4: 203—228

Trewavas AJ. Growth substance sensitivity: the limiting factor in plant development. Physiol Plant, 1982, 55: 60—72

Tsao TH, Cao Zong-Xun. Sex expression in flowering. Acta Phytophysiology Sinica, 1988, 14: 203—207

Tsao TH. Growth substances: Roles in fertilization and sex expression. Plant growth substances, 1979, 346: 348

Tulecke W, Weinstein LH, Ratmer A, et al. The biochemical composition of coconut water (coconut milk) as related to its use in plant tissue culture. Contrib Boyce Thompson Inst, 1961, 21: 115

Turner R, Pulverer B, Dhand R, et al. Ageing. Nature, 2000, 408: 231—232

Twell D, Wing R, Yamaguchi J, et al. Isolation and expression of an anther-specific gene from tomato. Mol Gen Genetics, 1989, 217: 240—245

Ueguchi-Tanaka M, Ashikari M, Nakajima M, et al. Gibberellin insensitive dwarf1 encodes a soluble receptor for gibberellin. Nature, 2005, 437 (7059): 693—698

Ulmasov T, Murfett J, Hagen G, et al. Aux/IAA proteins repress expression of reporter genes containing natural and highly active synthetic auxin response elements. Plant Cell, 1997b, 9: 1963—1971

Ulmasov T, Hagen G, Guilfoyle TJ. ARF1, a transcription factor that binds auxin response elements. Science, 1997a, 276: 1865—1868

Ulmasov T, Hagen G, Guilfoyle TJ. Activation and repression of transcription by auxin-response factors. Proc Natl Acad Sci USA, 1999, 96: 5844—5849

Van den Berg C, Weisbeek P, Scheres B. Cell fate and cell differentiation status in the *Arabidopsis* root. Planta, 1998, 205 (4): 483—491

Van Loo, Schotte GP, van Gurp M, et al. Endonuclease G: a mitochondrial protein released in apoptosis and involved in caspase-independent DNA degradation. Cell Death Diff, 2001, 8: 1136—1142

Van Overbeek J, Gordon SA, Gregory LE. An analysis of the function of the leaf in the process of root formation in cuttings. Am J Bot, 1946, 33: 100—107

Van Overbeek J, Gregory LE. A physiological separation of two factors necessary for the formation of roots on cuttings. Am J Bot, 1945, 32: 336—341

Van Tieghem P. Douliot, recherches comparatives sur l'origine des members endogenes dans les plantes vasculaires. Ann Sci Nat Bot, Ⅶ. 1888, 8: 1—160

Van Wezel AL. The large scale cultivation of dipoid cell stains in microcarrier culture. Improvement of microcarriers. Dev Biol Stand, 1967, 37: 143

Vasilevskaya VK. The anatomy of bud formation on the roots of some woody plants. Russian Vest Lenngr Univ Ser Bio Bull, 1957, 1: 3—21

Verdaguer D, Molinas M. Developmental anatomy and apical organization of the primary root of cork oak (*Quercus suber* L.). Inter J Plant Sci, 1999, 160 (3): 471—481

Veshkurova ON, Mangutova YS, Sagdiev NZ, et al. Molecular mechanisms of the regulatory action of phytohormones and defoliants of the cytokinin type. Chem Natural Compounds, 1999, 35 (4): 452—454

Viczian A, Kircher S, Fejes E, et al. Functional characterization of phytochrome interacting factor 3 for the *Arabidopsis thaliana* circadian clockwork. Plant Cell Physiol, 2005, 46 (10): 1591—1602

Vincent CA, Carpenter R, Coen ES. Cell lineage patterns and homeotic gene activity during *Antirrhinum* flower development. Curr Biol, 1995, 5(12): 1449—1458

Vince-Prue D. The duration of light and photoperiodic responses. In: Kendrick RE, Kronenberg GHM ed. Photomorphogenesis in plants. 2nd ed. Dordrecht: Kluwer Academic Publishers, 1994, 447—489

Vochting H. Uber Organbildung im Pflanzenreich. Bonn: Berlag Max Cohen, 1878, 1—258

Vochting H. Uber Transplantation am Pflanzenkorper. Tubingen: Verlag H Laupp' schen Buchhandlung, 1892

Volk GM, Turgeon R, Beebe DU. Secondary plasmodesmata formation in the minor-vein phloem of *Cucumis melo* L.

and Cucurbita pepo (L.) Planta, 1996, 199 (3): 425—432

Volker A, Stierhof YD, Jurgens G. Cell cycle-independent expression of the *Arabidopsis* cytokinesis-specific syntaxin KNOLLE results in mistargeting to the plasma membrane and is not sufficient for cytokinesis. J Cell Sci, 2001, 114 (16): 3001—3012

Vollbrecht E, Veit B, Sinha N, et al. The developmental gene *Knotted-1* is a member of a maize homeobox gene family. Nature, 1991, 350(6315): 241—243

von Arnold S, Sabala I, Bozhkov P, et al. Developmental pathways of somatic embryogenesis. Plant Cell, Tissue and Organ Culture, 2002, 69: 233—249

Wagner TA, Sack FD. Gravitropism and gravimorphism during regeneration from protoplasts of the moss *Ceratodon purpureus* (Hedw.) Brid. Planta, 1998, 205 (3): 352—358

Waisel Y, Liphschitz N, Arzee T. Phellogen activity in *Robinia pseudacacia* (L.). New Phytol, 1967, 66: 331—335

Wan YS, Hasenstein KH. Purification and identification of ABA-binding proteins and antibody preparation. J Mol Rec, 1996, 9 (5,6): 722—727

Wang DY, Gao YF, Cui KM, et al. Primary observation of the existence of Fas-like cytoplasmic death factor in plant cells. Chin Sci Bull, 2002, 47: 736—740

Wang DY, Hu S, Li Q, et al. Photoperiod control of apical bud and leaf senescence in Pumpkin (*Cucurbita pepo*) strain 185. Acta Bot Sin, 2002, 44: 55—62

Wang H, Li J, Bostock RH, et al. Apoptosis: a functional paradigm for programmed plant cell death induced by a host-selective phytotoxin and invoked during development. Plant Cell, 1996, 8: 375—391

Wang H, Ma LG, Li JM, et al. Direct interaction of *Arabidopsis* cryptochrome with COP1 in light control development. Science, 2001, 294: 154—158

Wang JG, Zhang CL. DNA damage and repair of two ecotypes of *Phragmites communis* subjected to water stress. Acta Bot Sin, 2001, 43: 490—494

Wang M, Oppetijk BJ, Lu X, et al. Apoptosis in barley aleurone during germination and its inhibition by abscisic acid. Plant Mol Biol, 1996, 32: 1125—1134

Wang YQ, Mwange KN'K, Cui KM. Ultracytochemical localization of ATPase during the secondary xylem differentiation and dedifferentiation in *Eucommia ulmoides* trunk. Acta Bot Sin, 2000, 42: 4551—4600

Wang Z, Cui KM. Effects of exogenous IAA and GA on regeneration of vascular tissues and periderm in *Broussonetia papyrifera* stems after removal of the xylem. Acta Sci Nat Uni Pek, 1999, 35 (4): 459—466

Wardlaw CW. Morphogenesis in plants. London: Methuen, 1968

Wardlaw CW. Experimental and analytical studies of pteridophytes Ⅲ: stelar morphology: The initial differentiation of vascular tissue. Ann Bot NS, 1944, 8: 173—188

Wardlaw CW. Experimental and analytical studies of pteridophytes Ⅹ: the size-structure correlation, in the fillicinean vascular system. Ann Bot, 1947, 11: 203—217

Wardlaw CW. Further experimental obervations on the shoot apex of *Dryopheris aristata* Druce. Phil Trans Roy Soc London, B, 1949, 233: 415—451

Wardrop AB, Dadswell HE. The nature of reaction wood Ⅰ: the structure and properties of tension wood fibres. Aust J Sci Res, 1948, B1: 3—16

Wardrop AB, Dadswell HE. The nature of reaction wood Ⅳ: variations in cell wall organization of tension wood fibres. Aust J Bot, 1955, 3: 177—189

Wardrop AB, Dadswell HE. The nature of reaction wood Ⅲ: cell division and cell wall formation in conifer stem. Aust J Sci Res, 1952, B5: 385—398

Wardrop AB, Davies GW. The nature of reaction wood Ⅷ: the structure and differentiation of compression wood. Aust J Bot, 1964, 12: 24—38

Wardrop AB. The nature of reaction wood Ⅴ: the distribution and formation of tension wood in some species of *Eucalyptus*. Aust J Bot, 1956, 4: 1562—166

Wareing PF, Hanney CEA, Digby J. The role of endogenous hormones in cambial activity and xylem differentiation. In: Zimmermann MH ed. The formation of wood in forest trees. New York: Academic Press, 1964, 323—344

Wareing PF, Nasr TAA. Gravimorphism in trees 1: effects of gravity on growth and apical dominance in fruit trees. Ann Bot, 1961, 25: 321—340

Wareing PF, Nasr TAA. Effects of gravity on growth, apical dominane and flowering in fruit trees. Nature, 1968, 182: 378—380

Wareing PF, Phillips IDJ. Growth and differentiation in plants. 3rd ed. Oxford: Pergamon Press, 1981, 121, 189—201, 247, 343

Wareing PF. A plant physiological odyssey. Ann Rev Plant Physiol, 1982, 33: 1—26

Wareing PF. Growth substances and integration in the whole plant. Symp Soc Exp Biol, 1977, 31: 337—365

Wareing PF. The physiology of cambial activity. J Inst Wood Sci, 1958, 1: 34—42

Warmke HE, Warmke GL. The role of auxin in the differentiation of root and shoot primordia from root cuttings of *Taraxacum* and *Cichorium*. Am J Bot, 1950, 37: 272—280

Warmke HE. A study of spontaneous breakage of the Y-chromosome in *Melandrium*. Am J Bot, 1946b, 33: 324

Warmke HE. An analysis of male development in *Melandrium* by means of Y-chromosome deficiencies. Genetics, 1946a, 31: 235—235

Warren Wilson J, Warren Wilson P M. Control of tissus patterns in normal development and in regeneration. In: Barlow PM, Carri DJ ed. Positional control in plant development, Cambridge: Cambridge University Press, 1984, 225—280

Warren Wilson J, Warren Wilson PM. The position of regenerating cambia: a new hypothesis. New phytol, 1961, 60: 63—73

Warren Wilson J. The position of regenerting cambia: auxin/sucrose ratio and the gradient induction hypothesis. Proc R Soc Lond, B, 1978, 203: 153—176

Waterkeyn L. Les parois microcytaires de nature callosique chez Helleborus et Tradescantia. Cellule 1962, 62: 225—255

Wattendorff TC. The formation of cork cells in the periderm of *Acacia senegal* (L.) Willd and their ultrastructure during suberin deposition. Z. Pflanzenphysiol. 1974, 72: 110—134

Waxman S. Propagation of blueberries under fluorescent light at various intensities. Proc Inter Plant Prop Soc, 1965, 15: 154—158

Webb DT. Developmental anatomy and histochemistry of light-induced callus formation by *Dioon edule* (Zamiaceae) seedling roots *in vitro*. Am J Bot, 1984, 71: 65

Webber JE, Laver ML, Zaerr JB, et al. Seasonal variation of abscisic acid in the dormant shoots of Douglas-fir. Can J Bot, 1979, 57: 534—538

Weigel D, Nilsson O. A developmental switch sufficient for flower initiation in diverse plants. Nature, 1995, 377 (6549): 495—500

Weigel D, Alvarez J, Smyth DR, et al. *LEAFY* controls floral meristem identity in *Arabidopsis*. Cell, 1992, 69: 843—859

Weigel D, Meyerowitz EM. The ABCs of floral homeotic genes. Cell, 1994, 78: 203—209

Weigel D. The genetics of flower development: from floral induction to ovule morphogenesis. Ann Rev Gen, 1995, 29: 19—39

Weiser CJ. Rooting and night-lighting trials with deciduous azaleas and dwarf rhododendrons. Am Hort Mag, 1963, 42: 95—100

Wellensiek SJ. Rejuvenile of woody plants by formation of sphaeroblasts. Proc Kon Ned Akad Wet, 1952, 55: 567—573

Welling A, Kaikuranta P, Rinne P. Photoperiodic induction of dormancy and freezing tolerance in *Betula pubescens*, involvement of ABA and dehydrins. Physiol Plant, 1997, 100: 119—125

Welling A, Moritz T, Palva ET, et al. Independent activation of cold acclimation by low temperature and short photoperiod in hybrid aspen. Plant Physiol, 2002, 129: 1633—1641

Went FW. On the pea test method for auxin, the plant growth hormone. Proc Kon Ned Akad Wet, 1934b, 37: 547—555

Went FW. Atest method for rhizocaline, the root-forming substance. Proc Kon Ned Akad Wet, 1934a, 37: 445—455

Went FW. Hormones involved in root formation. Proc 6th Inter Bot Cong, 1935, 2: 267—269

Went FW. On a substance causing root formation. Proc Kon Ned Akad Wet, 1929, 32: 35—39

Wergin W, Casperson G. Uber Entstehung und Aufbau von Reaktionsholzzellen 2: Morphologie der Druckholzzellen von Taxus baccata L. Holzforschung, 1961, 15: 44—49

Westergaard M. The mechanism of sex determination in dioecious flowering plants. Adv Genetics, 1958, 9: 217—281

Westing AH. Asymmetric distribution of a substance found in horizontally displanced eastern white pine leader which reacts with Salkowski reagent. For Sci, 1960, 6: 240—245

Westing AH. Formation and function of compression wood in gymnosperms Ⅱ. Bot Rev, 1965b, 31: 381—480

Wetmore RH. The use of *in vitro* cultures in the investigation of growth and differentiation in vascular plants. Brookhaven Symp Biol, 1954, 6: 22—40

Wheeler RM, Salisbury FB. Gravitropism in higher plant shoots Ⅰ: a role for ethylene. Plant Physiol, 1981, 67: 686—690

Whitehill SJ, Schwabe WW. Vegetative propagation of *Pinus sylvestris*. Physiol Plant, 1975, 35: 66—71

Wigginton MJ. Effects of temperature, oxygen tension and relative humidity on the wound-healing process in the potato tuber. Potato Res, 1974, 17: 200—214

Wijnsma R, Go JTKA, Weerden INV, et al. Anthraquinones as phytoalexins in cell and tissue cultures of *Cinchona* sp. Plant Cell Rep, 1985, 4: 241

Wijsman JH, Jorker RR, Reijzer R, et al. A new method to detect apoptosis in paraffin sections in situ end-labeling of fragmented DNA. J Histochem Cytochem, 1993, 41: 7—12

Wilcox H. Cambial growth characterists. In: Kozlowski TT ed. Tree Growth. New York: Ronald Press, 1962, 57—88

Wilkins MB. The role of the root cap in root geotropism. Cur Adv Plant Sci, 1975, 6(3): 317—328

Wilkinson RE. Adventitious shoots on saltcedar roots. Bot Gaz, 1966, 127: 103—104

Willemsen V, Friml J, Grebe M, et al. Cell polarity and PIN protein positioning in *Arabidopsis* require sterol methyltransferase1 function. Plant Cell, 2003, 15 (3): 612—625

Willemsen V, Wolkenfelt H, de Vrieze G, et al. The *HOBBIT* gene is required for formation of the root meristem in the *Arabidopsis* embryo. Development, 1998, 125 (3): 521—531

Williams EG, Maheswaran G. Somatic embryogenesis: factors influencing coordinated behaviour of cells as an embryogenic group. Ann Bot, 1986, 57: 443—462

Williams RF. The shoot apex and leaf growth: a study in quantitative biology. London-New York: University Press, 1975

Wilson BF. A model for cell production by the cambium of conifers. In: Zimmermann MH ed. The formation of wood in forest trees. New York: Academic Press, 1964, 19—36

Wilson BF. Apical control of branch growth and angle in woody plants. Am J Bot, 2000, 87 (5): 601—607

Wilson BF. The development of growth stains and stresses in reaction wood. In: Barnett JR ed. Xylem cell development. England: Castle House Publication, 1981, 275—290

Wilson G, Balague C. Biosynthesis of anthraquinones by cell of *Galium mullugo*, growth in a chemostat with limiting sucrose or phosphate. J Exp Bot, 1985, 36: 483

Wilson RN, Heckman JW, Somerville CR. Gibberellin is required for flowering in *Arabidopsis thaliana* under short days. Plant Physiol, 1992, 100: 403—408

Winkler H. Uber Merogonie und Befruchtung. Jahrb Wiss Bot, 1901, 36: 753

Wodzicki TJ, Wodzicki AB. Seasonal abscisic acid accumulation in the stem cambial region of *Pinus sylvestris*, and its contribution to the hypothesis of a latewood control system in conifers. Physiol Plant, 1980, 48: 443—447

Wodzicki TJ, Abe H, Wodzicki AB, et al. Investigation on the nature of the auxin-wave in the cambial region of pine stems. Plant physiol, 1987, 84: 135—143

Wodzicki TJ, Kenegt E, Wodzicki AB, et al. Is indolyl-3-acetic acid involved in the wave-like pattern of auxin efflux from *Pinus sylvestris* stem segments? Physiol Plant, 1984, 61: 209—213

Wodzicki TJ, Rakowski K, Starck Z, et al. Apical control of xylem formation in the pine stem Ⅰ: auxin effects and distribution of assimilates. Acta Soc Bot Pol. 1982, 51: 187—201

Wolpert L. Positional information and the spatial pattern of cellular differentiation. J Theor Biol, 1969, 25: 1—47

Woltering EJ, van der Bent A, Hoeberichts FA. Do plant caspase exist? Plant Physiol, 2002, 130: 1764—1769

Woodward AW, Bartel B. Auxin: regulation, action, and interaction. Ann Bot, 2005a, 95 (5): 707—735

Woodward AW, Bartel B. A receptor for auxin. Plant Cell, 2005b, 17 (9): 2425—2429

Worrall J. The impact of environment on cambial growth. In: Little CHA ed. Control of shoot growth in trees. New Brunswick: IUTRO Workshop Proc, 1980, 126—142

Wu H, Zheng XF. Ultrastructural studies on the sieve elements in root protophleom of *Arabidopsis thaliana*. Acta Bot Sin, 2003, 45 (3): 322—330

Wu XQ, Zhu JM, Huang RZ, et al. Evidence of casparian strip in the foliar endodermis in *Pinus bengeana*. Acta Bot Sin, 2001, 43: 1081—1084

Wu YC, Stanfield GM, Horvitz HR. NUC-1 a Caenorhabditis elegans DNase Ⅱ homolog, function in an intermediate step of DNA degradation during apoptosis. Gene Dev, 2000, 14: 536—548

Wylie AW, Ryugo K, Sachs RM. Effects of growth retardants on biosynthesis of gibberellin precursors in root tips of peas, *Pisum sativum* L.. J Am Soc Hort Sci, 1970, 95: 627—630

Xiao WM, Sakamoto W, Sodmergen. Isolation and characterization of Ty1/Copia-like reverse transcriptase sequences from Mung Bean. Acta Bot Sin, 2004, 46 (5): 582—587

Xu WJ, Mwange KN'K, Cui KM. Programmed cell death during terminal bud senescence in a sympodial branching tree, *Eucommia ulmoides*. Pro Nat Sci, 2004, 14: 694—699

Xu WJ, Wang BW, Cui KM. RAPD and SCAR markers linked to sex determination in *Eucommia ulmoides* Oliv. Euphytica, 2004, 136 (3): 233—238

Xu Y, Hanson MR. Programmed cell death during pollination-induced petal senescence in *Petunia*. Plant Physiol, 2000, 122: 1323—1333

Xu Y, Sun Y, Liang WQ, et al. The *Arabidopsis AS2* gene encoding a predicted leucine-zipper protein is required for leaf polarity formation. Acta Bot Sin, 2002, 44: 1194—1202

Xu YY, Chong K, Xu ZH, et al. Expression patterns of a vernalization-related genes responding to jasmonate. Acta Bot Sin, 2001, 43: 871—873

Xu YY, Wang XM, Li J, et al. Activation of the *WUS* gene induces ectopic initiation of floral meristems on mature stem surface in *Arabidopsis thaliana* a. Plant Mol Biol, 2005, 57 (6): 773—784

Xu ZH, Chong K. Plant development biology in China: past, present and future. Acta Bot Sin, 2002, 44: 1085—1095

Xu ZH, Davey MR, Cocking EC. Callus formation from root protoplasts of *Glycine max* (soybean). Plant Sci Lett, 1982a, 24: 111

Xu ZH, Davey MR, Cocking EC. Isolation and sustained division of *Phaseolus aureus* (mung bean) root protoplasts. Z Pflanzenphysiol, 1981, 104: 289

Xu ZH, Davey MR. Cocking EC. Organogenesis from root protoplasts of the forage legumes *Medicago sativa* and *Trigonella foenum-graecum* Z pflanzenphysiol, 1982b, 107: 231

Xu ZH, Davey MR. Shoot regeneration from mesophyll protoplasts and leaf explants of *Rehmania glutinosa*. Plant Cell Rep, 1983, 2: 55

Xu ZH, Sundland N. Inoculation density in the culture of barley anthers. Sci Sin, B, 1982, 25: 961—965

Yamaguchi K, Shmaji K. Compression wood induced by 1-N-naphthylphthalamic acid (NPA), an IAA transport inhibitor. Wood Sci Technol, 1980, 14: 181—185

Yamakawa Y, Chen LH. Agrobacterium rhizogenes-mediated transformation of kiwifruit (*Actinidia deliciosa*) by direct formation of adventitious buds. J Japan Soc Hort Sci, 1996, 64 (4): 741—747

Yamamoto F, Angeles G, Kozlowski TT. Effect of ethrel on stem anatomy of *Ulmus americana* seedlings. IAWA Bull ns, 1987, 8: 3—9

Yamamoto F, Kozlowski TT. Effect of ethrel on growth and stem anatomy of *Pinus halepenis* seedlings. IAWA Bull ns, 1987a, 8: 11—19

Yamamoto F, Kozlowski TT. Effect of flooding of soil on growth, stem anatomy, and ethylene production of *Thuji orientalis* seedlings. IAWA Bull ns, 1987b, 8: 21—29

Yamamoto H, Yoshida M, Okuyama T. Growth stress controls negative gravitropism in woody plant stems. Planta, 2002, 216: 280—292

Yamamoto M, Yamamoto KT. Differential effects of 1-naphthaleneacetic acid, indole-3-acetic acid and 2, 4-dichlorophenoxyacetic acid on the gravitropic response of roots in an auxin-resistant mutant of *Arabidopsis*, aux1. Plant Cell Physiol, 1998, 39: 660—664

Yamazaki D, Yoshida S, Asami T, et al. Visualization of abscisic acid-perception sites on the plasma membrane of stomatal guard cells. Plant J, 2003, 35 (1): 129—139

Yampolsky C, Yampolsky G. Distribution of sex forms of the phanerogamic flora. Bibe Genet, 1922, 3: 1—62

Yang DZ, Zhang ZY, Lu AM, et al. Floral organogenesis and development of two taxa in tribe hyoscyameae (Solanaceae) - *Przewalskia tangutica and Hyoscyamus niger*. Acta Bot Sin, 2002, 44 (8): 889—894

Yang HQ, Tang RH, Cashmore AR. The signaling mechanism of *Arabidopsis* CRY1 involves direct interaction with COP1. Plant Cell, 2001, 13: 2573—2587

Yang HQ, Wu YJ, Tang RH, et al. The C termini of *Arabidopsis* cryptochromes mediate a constitutive light response. Cell, 2000, 103: 815—827

Yang S, Xiang G, Zhang S, et al. Electrical resistance as a measure of graft union. J Plant Physiol, 1992, 141: 98—104

Yang Z, Cai CL, Song YC. Recent progress of plant apoptosis. Prog Biochem Biophys, 1999, 26 (5): 439—443

Yarborough JA. Regeneration in the foliage leaf of *Sedum*. Am J Bot, 1936, 23: 303—307

Yarborough JA. Anatomical and developmental studies of the foliar embnryos of *Bryophyllum calycinum*. Am J Bot, 1932, 19: 443—453

Ye DM, Oliveira M, Veuskens J, et al. Sex determination in the dioecious *Melandrium*. The X/Y chromosome system allows complementary cloning strategies. Plant Sci, 1991, 80: 93—106

Ye ZH, Droste DL. Isolation and characterization of cDNAs encoding xylogenesis-associated and wound-induced ribonucleases in *Zinnia elegans*. Plant Mol Biol, 1996, 30: 697—709

Yen CH, Yang CH. Evidence for programmed cell death during leaf senescence in plants. Plant Cell Physiol, 1998, 39: 922—927

Yeoman MM, Brown R. Implication of the formation of the graft union for organisation in the intact plant. Ann Bot,

1976, 40: 1265—1276

Yeoman MM, Davidson AW. Effect of light on cell division in developing callus cultures. Ann Bot, 1971, 35: 1085

Yeoman MM, Dyer AF, Robertson AI. Growth and differentiation of plant tissue cultures Ⅰ: changes accompanying the growth of explants from *Helianthus tuberosus* tubers. Ann Bot, 1965, 29: 265

Yeoman MM, Kilpatrick, Miedzybrodzka DC, et al. Cellular interactions during graft formation in plants, are they cognition phenomenon? Symp Soc Exp Biol, 1978, 32: 139—160

Yeoman MM. Cellular recognition systems in grafting. In: Linskens HF, Heslop-Harrison JW ed. Intercellular Interactions. Encyclopedia of Plant Physiology, New Series. Berlin: Springer-Verlag, 1983, 453—472

Yeung EC, Peterson RL. Fine structure during ontogeny of xylem transfer cells in the rhizome of *Hieracium floribundum*. Can J Bot, 1975, 53: 432—438

Yeung EC, Peterson RL. Ontogeny of xylem transfer cells in *Hieracium floribundum*. Protoplasma. 1974, 80: 155—174

Yin YF, Jiang XM, Cui KM. Seasonal changes in the ultrastructure of the vascular cambium in shoots of *Populus tomentosa*. Acta Bot Sin, 2002, 22: 1268—1277

You RL, Jensen WA. Ultrastructural observation of the mature megagametophyte and the fertilization in wheat (*Triticum aestivum*). Can J Bot, 1985, 63: 163—178

Young BS. The effects of leaf primordia on differentiation in the stem. New Phytol, 1954, 53: 445—460

Yuan J, Horvitz HR. The *Caenorhabditis elegans* cell death gene *ced-4* encodes a novel protein and its expressed during the period of extensive programmed cell death. Development, 1992, 116: 309—320

Yuan J, Shaham S, Ledoux S, et al. The *Caenorhabditis elegans* cell death gene *ced-3* encodes a protein similar to mammalian interleukin-1β-converting enzyme. Cell, 1993, 75: 641—652

Yumoto M, Ishida S, Fukazawa K. Studies on the formation and structure of the compression-wood cells induced by artificial inclination of young trees of *Picea glauca* Ⅳ: gradation of the severity of compression wood tracheids. Res Bull Coll Exp For Hokkaido Univ, 1983, 40: 409—454

Zachgo S, Silva Ede A, Motte P, et al. Functional analysis of the *Antirrhinum floral* homeotic *DEFICIENS* gene *in vivo* and *in vitro* by using a temperature-sensitive mutant. Development, 1995, 121(9): 2861—2875

Zaczek JJ, Steiner KC. Grafting-mediated meristem selection influences rooting success of *Quercus rubra*. Can J For Res-Rev, 1997, 27 (1): 86—90

Zagorska-Marek B, Little CHA. Control of fusiform initial orientation in the vascular cambium of *Abies balsamea* stem by indol-3-ylacetic acid. Can J Bot, 1986, 64: 1120—1128

Zagorska-Marek B. Pseudotransverse divisions and intrusive elongation of fusiform initials in the storeyed cambium of *Tilia*. Can J Bot, 1984, 62: 20—27

Zagorska-Marek K, Little CHA. Control of fusiform initial orientation in the vascular cambium of *Abies balsamea* by indol-3-ylacetic acid. Can J Bot, 1986, 64: 1120—1128

Zajaczkowiski S, Wodzicki TJ. Auxin and plant morphogenesis a model of regulation. Acta Soc Bot Polon, 1978b, 47: 233—243

Zajaczkowiski S, Wodzicki TJ. On the question of stem polarity with respect to auxin transport. Physiol Plant, 1978a, 44: 122—126

Zajaczkowski S, Romberger JA. Polarity of xylem formation in isolated stem segments of *Pinus silvestris*. Physiol Plant 1978, 44: 175—180

Zakrzewski J, Wodzicki TJ, Romberger JA. Auxin waves and plant morphogenesis. In: Scott TK ed, Hormonal regulation of development Ⅱ: the function of hormones from the level of the cell to the whole plant. Encyelopedia of plant physiology, Berlin: Springer-Verlag, 1984, 10: 244—262

Zakrzewski J. Effect of indole-3-acetic acid (IAA) and sucrose on vessel size and density in isolated stem segments of oak (*Quercus robur*). Physiol Plant, 1991, 81: 234—238

Zakrzewski J. Hormonal control of cambial activity and vessel differentiation in *Quercus robur*. Physiol Plant, 1983, 57: 537—542

Zanewich KP, Rood SB. Vernalization and gibberellin physiology of winter canola. Endogenous gibberellin (GA) content and metabolism of [^{3}H]GA_1, and [^{3}H]GA_{20}. Plant Physiol, 1995, 108: 615—621

Zeevaart JAD. Phytohormones and flower formation. In: Letham DS, Goodwin PB, Higgins TJV ed. Phytohormones and related compounds: A comprehensive Treatise. Amsterdam: Elsevier/North Holland Biomedical Press, 1978, 2, 291—2, 327

Zenkteler M. *In vitro* production of haploid plants from pollen grains of *Atropa belladonna* (L.). Experientia (Basel), 1971, 27: 1087

Zenser N, Ellsmore A, Leasure C, et al. Auxin modulates the degradation rate of Aux/IAA proteins. Proc Natl Acad

Sci USA, 2001, 98: 11795—11800

Zhang DH, Meng ZH, Xiao WM, et al. Graft- induced inheritable variation in mungbean and its application in mungbean breeding. Acta Bot Sin, 2002, 44 (7): 832—837

Zhang DP, Wu ZY, Li XY, et al. Purification and identification of a 42-kilodalton abscisic acid-specific-binding protein from epidermis of broad bean leaves. Plant Physiol, 2002, 128 (2): 714—725

Zhang SQ, Outlaw WH Jr. Abscisic acid in the apoplast of guard cells. Report on the meeting of SS ASPP USA, 1995

Zhang XY, Li ZL. Studies on the phloem of *Eucommia ulmoides in vitro*. Sci Sin, 1984, 27: 671—678

Zhao DZ, Chong K, Wan L, et al. Molecular cloning of a vernalization-related cDNA: clone (*vrc*) of *vrc 79* in winter wheat (*Triticum aestivum* L.). Acta Bot Sin, 1999, 41(1): 34—39

Zhao DZ, Chen M, Chong K, et al. Isolation of vernalization related cDNA in winter wheat. Chin Sci Bull, 1998, 43 (9): 965—968

Zhao J, Chen F, Yan F, et al. *In vitro* regeneration of style-like structre from stamens of *Crocus sativus*. Acta Bot Sin, 2001, 43(5): 475—479

Zhao QH, Fisher R, Auer C. Developmental phases and *STM* expression during *Arabidopsis* shoot organogenesis. Plant Growth Reg, 2002, 37 (3): 223—231

Zhou J, Chen HM, Jiang XF, et al. Construction of a ce-free system using extracts from apoptotic plant cells. Chin Sci Bull, 1999b, 44: 1494—1497

Zhou J, Zhu HZ, Dai YR. Effect of ethrel on apoptosis in carrot protoplasts. Plant Grow Reg, 1999a, 27: 119—123

Zhu Y, Zhang Y, Luo J, et al. *PPF-1*, a post-floral-specific gene expressed in short-day grown G2 pea may be important for its never-senescing phenotype. Gene, 1998, 208: 1—6

Zhu YX, Davies PI. The control of apical bud growth and senescence by auxin and gibberellin in genetic lines of peas. Plant Physiol, 1997, 113: 631—637

Zimmerman JL. Somatic embryogenesis: a model for early development in higher plants. Plant Cell, 1993, 5: 1411—1423

Zimmerman P W, Wilwxon F. Several chemical growth substances which cause initiation of roots and other responses in plants. Contrib Boyce Thompson Inst, 1935, 7: 209—228

Zimmerman PW. Hitchcock AE. Initiation and stimulation of adventitious roots caused by unsaturated hydrocarbon gases. Contrib Boyce Thomp Inst, 1933, 5: 351—369

Zimmermann M. Functional xylem anatomy of angiosperm trees. In: Baas P ed. New perspectives in wood anatomy. The Hague: Martinus Nijhoff/Dr W. Junk Publishers, 1982, 59—84

索　引

C

D

E

F

G

H

I

J

K

O

P

Q

R

S

T

V

W

X

Z